Teubner-Ingenieurmathematik

Burg/Haf/Wille: **Höhere Mathematik für Ingenieure**

Band 1: **Analysis**
3. Aufl. 632 Seiten. DM 46,–

Band 2: **Lineare Algebra**
3. Aufl. 414 Seiten. DM 44,–

Band 3: **Gewöhnliche Differentialgleichungen, Distributionen, Integraltransformationen**
3. Aufl. 429 Seiten. DM 44,–

Band 4: **Vektoranalysis und Funktionentheorie**
580 Seiten. DM 47,–

Band 5: **Funktionalanalysis und Partielle Differentialgleichungen**
2. Aufl. 461 Seiten. DM 49,–

Dorninger/Müller: **Allgemeine Algebra und Anwendungen**
324 Seiten. DM 48,–

v. Finckenstein: **Grundkurs Mathematik für Ingenieure**
3. Aufl. 466 Seiten. DM 49,80

Heuser/Wolf: **Algebra, Funktionalanalysis und Codierung**
168 Seiten. DM 36,–

Hoschek/Lasser: **Grundlagen der geometrischen Datenverarbeitung**
2. Aufl. 655 Seiten. DM 68,–

Kamke: **Differentialgleichungen, Lösungsmethoden und Lösungen**

Band 1: **Gewöhnliche Differentialgleichungen**
10. Aufl. 694 Seiten. DM 88,–

Band 2: **Partielle Differentialgleichungen erster Ordnung für eine gesuchte Funktion**
6. Aufl. 255 Seiten. DM 68,–

Köckler: **Numerische Algorithmen in Softwaresystemen**
410 Seiten. Buch mit MS-DOS-Diskette DM 58,–

Krabs: **Einführung in die lineare und nichtlineare Optimierung für Ingenieure**
232 Seiten. DM 38,–

Pareigis: **Analytische und projektive Geometrie für die Computer-Graphik**
303 Seiten. DM 42,–

Schwarz: **Numerische Mathematik**
3. Aufl. 575 Seiten. DM 48,–

Preisänderungen vorbehalten.

B. G. Teubner Stuttgart

Teubner Studienbücher Mathematik

W. Hackbusch
Iteraktive Lösung großer
schwachbesetzter Gleichungssysteme

Leitfäden der angewandten Mathematik und Mechanik LAMM

Herausgegeben von
Prof. Dr. G. Hotz, Saarbrücken
Prof. Dr. P. Kall, Zürich
Prof. Dr. Dr.-Ing. E. h. K. Magnus, München
Prof. Dr. E. Meister, Darmstadt

Band 69

Die Lehrbücher dieser Reihe sind einerseits allen mathematischen Theorien und Methoden von grundsätzlicher Bedeutung für die Anwendung der Mathematik gewidmet; andererseits werden auch die Anwendungsgebiete selbst behandelt. Die Bände der Reihe sollen dem Ingenieur und Naturwissenschaftler die Kenntnis der mathematischen Methoden, dem Mathematiker die Kenntnisse der Anwendungsgebiete seiner Wissenschaft zugänglich machen. Die Werke sind für die angehenden Industrie- und Wirtschaftsmathematiker, Ingenieure und Naturwissenschaftler bestimmt, darüber hinaus aber sollen sie den im praktischen Beruf Tätigen zur Fortbildung im Zuge der fortschreitenden Wissenschaft dienen.

Iterative Lösung großer schwachbesetzter Gleichungssysteme

Von Prof. Dr. rer. nat. Wolfgang Hackbusch
Universität Kiel

2., überarbeitete und erweiterte Auflage
Mit zahlreichen Abbildungen, Beispielen
und Übungsaufgaben

 B.G.Teubner Stuttgart 1993

Prof. Dr. rer. nat. Wolfgang Hackbusch

Geboren 1948 in Westerstede. Von 1967 bis 1971 Studium der Mathematik und Physik an den Universitäten Marburg und Köln; Diplom 1971 und Promotion 1973 in Köln. Von 1973 bis 1980 Assistent am Mathematischen Institut der Universität zu Köln und Habilitation im Jahre 1979. Von 1980 bis 1982 Professor an der Ruhr-Universität Bochum. Seit 1982 Professor am Institut für Informatik und Praktische Mathematik der Christian-Albrechts-Universität zu Kiel.

Die Deutsche Bibliothek – CIP-Einheitsaufnahme

Hackbusch, Wolfgang:
Iterative Lösung großer schwachbesetzter Gleichungssysteme :
mit Beispielen und Übungsaufgaben / von Wolfgang Hackbusch. –
2., überarb. und erw. Aufl. – Stuttgart : Teubner, 1993
   (Leitfäden der angewandten Mathematik und Mechanik ; Bd. 69)
   (Teubner-Studienbücher : Mathematik)

   ISBN 978-3-519-12372-9   ISBN 978-3-663-05633-1 (eBook)
   DOI 10.1007/978-3-663-05633-1

NE: 1. GT

Gesamtherstellung: Druckhaus Beltz, Hemsbach/Bergstraße
Umschlaggestaltung: P. P. K, S-Konzepte, T. Koch, Ostfildern/Stuttgart

> «Ich empfehle Ihnen diesen Modus zur Nach=
> ahmung. Schwerlich werden Sie je wieder direct
> eliminiren, wenigstens nicht, wenn Sie mehr als 2
> Unbekannte haben. Das indirecte Verfahren läßt
> sich halb im Schlafe aufführen, oder man kann
> während desselben an andere Dinge denken.»
>
> C. F. Gauß in einem Brief vom 26.12.1823 an
> Gerling (Werke Bd. 9, S. 280f, Göttingen 1903)

Vorwort zur zweiten, erweiterten Auflage

Bei der vorliegenden zweiten Auflage wurden neben den üblichen Berichtigungen und einigen Schönheitskorrekturen auch größere Änderungen und Ergänzungen vorgenommen. Das Mehrgitterkapitel enthält ein neues Resultät von A. Reusken zur Glättungseigenschaft (Satz 10.6.8).

Entscheidend erweitert und umgestaltet wurde das letzte Kapitel über Gebietszerlegungsverfahren. Hier findet sich eine vollständige Analyse zu den additiven und multiplikativen Varianten der Schwarz-Iteration. Insbesondere findet sich die Interpretation der Mehrgitteriteration als Teilraumzerlegung, die neue Konvergenzbeweise unter schwächeren Voraussetzungen erlaubt. Für die Neugestaltung des letzten Kapitels waren die Diskussionen sehr hilfreich, die ich mit den Kollegen M. Dryja, O. Widlund und H. Yserentant führen konnte und denen mein besonderer Dank gilt.

Nicht zuletzt danke ich aber meiner Mitarbeiterin Frau B. Faermann für zahlreiche Hinweise auf Druckfehler und dem Teubner-Verlag für die ständige gute Zusammenarbeit.

Kiel, im Dezember 1992   W. Hackbusch

Vorwort zur ersten Auflage

Welcher Unterschied könnte zwischen der Lösung «großer» und «kleiner» Gleichungssysteme bestehen? Die jedem Hörer der Linearen Algebra geläufigen Verfahren sind für jede Dimension – gleich ob groß oder klein – anwendbar. Aber der benötigte Rechenaufwand steigt mit der Dimension so stark an, daß man zur Lösung von *1000, 10 000* oder einer Million Gleichungen nach besseren Verfahren suchen muß. Die Suche wird bestimmt durch die speziellen Eigenschaften der Matrizen, die diese Gleichungssysteme in der Praxis haben. Ein wichtiges praktisches Beispiel für das Auftreten großer Gleichungssysteme ist die Diskretisierung partieller Differentialgleichungen. In diesem Falle sind die Matrizen schwachbesetzt (d.h. sie enthalten überwiegend Nullen) und eignen sich besonders gut zur iterativen Lösung. Wegen des Hintergrundes der partiellen Differentialgleichungen stellt das vorliegende Buch eine Fortsetzung der Monographie «Theorie und Numerik elliptischer Differentialgleichungen» dar, die der Autor in der gleichen Teubner-Reihe veröffentlicht hat.

Das Buch entstand aus einem Vorlesungsmanuskript, das der Autor an der Christian-Albrechts-Universität zu Kiel für Studenten der Mathematik gelesen hat. Es versucht, den heutigen Stand der iterativen und damit verwandten Verfahren zu beschreiben, ohne allerdings auf zu spezielle Gebiete einzugehen. Mit der Beschränkung auf iterative Verfahren ist bereits ein Auswahl getroffen: Verschiedene schnelle, direkte Verfahren für spezielle Aufgaben wie auch optimierte Versionen der Gaußschen Eliminationsmethode bzw. des Cholesky-Verfahrens oder die Bandbreitenreduktion werden nicht berücksichtigt.

Obwohl das besondere Interesse den modernen, effektiven Verfahren (konjugierte Gradienten, Mehrgitterverfahren) gilt, wird auch Wert auf die Theorie der klassischen Iterationsverfahren gelegt. Andererseits werden einige effektive Algorithmen nicht oder nur am Rande berücksichtigt, wenn sie zu eng mit Diskretisierungstechniken verknüpft sind. Die iterative Behandlung nichtlinearer Problemen oder Eigenwertaufgaben bleibt völlig unerwähnt. Ein Kapitel über die in vielen Bereichen auftretenden Sattelpunktprobleme (spezielle indefinite Aufgaben) wurde aus Gründen des Buchumfanges nicht verwirklicht.

Das Buch setzt keine speziellen Kenntnisse voraus, die über die Anfangsvorlesungen «Analysis» und «Lineare Algebra» hinausgingen. Die aus der Linearen Algebra benötigten Grundlagen sind noch einmal in Kapitel 2 dieses Buches zusammengestellt. Damit soll zum einen eine geschlossene Darstellung ermöglicht werden, zum anderen ist es notwendig, die aus der Linearen Algebra bekannten Sätze in die hier benötigte Formulierung zu bringen.

Vom Umfang her eignet sich eine Auswahl des vorliegenden Stoffes für eine 4-stündige Vorlesung nach dem Vordiplom. Eine Teilauswahl ist auch für die Vorlesung «Numerische Mathemati II» empfehlenswert.

Die aufgeführten Übungsaufgaben, die auch als Bemerkungen ohne Beweis verstanden werden können, sind in die Darstellung integriert. Wird dieses Buch als Grundlage einer Vorlesung benutzt, können sie als Übungen dienen. Aber auch der Leser sollte versuchen, sein Verständnis der Lektüre an den Aufgaben zu testen.

Die Diskussion der Verfahren ist durch zahlreiche numerische Beispiele zumeist anhand des Poisson-Modellproblems illustriert. Damit der interessierte Leser die Verfahren mit anderen Parametern, Schrittweiten etc. testen kann, sind die Verfahren auch explizit als Pascal-Programme angegeben. Die Sammlung der Quelltexte ist als Diskette erhältlich (siehe [Prog] im Literaturverzeichnis und Bestellformular auf den Seiten 403/4). Diese Programmsammlung könnte auch unabhängig vom Buch zur Unterstützung von Vorlesungen oder Seminaren durch numerische Beispiele herangezogen werden.

Der Autor dankt seinen Mitarbeitern, insbesondere Herrn J. Burmeister für Literaturrecherchen und die Unterstützung beim Lesen und Korrigieren des Manuskriptes. Diskussionen mit den Kollegen Niethammer, Maeß, Dryja, Wittum, u.a. verdanke ich viele Anregungen und Literaturhinweise. Dem Teubner-Verlag gilt der Dank für die stets freundliche Zusammenarbeit.

Kiel, im September 1990   W. Hackbusch

Inhaltsverzeichnis

Hinweise als Lesefahrplan:

§1: Ein Präludium zum Einstimmen

§2: Im wesentlichen zum Nachschlagen gedacht. Man sollte jedoch einen Blick auf §2.1 werfen.

§3: Zuerst §§3.1-3 lesen. Rest ad libitum.

§4: Die Abschnitte 4.2-3 (klassische Iterationsverfahren) sind Grundlage fast aller anderen Erörterungen. §4.4 enthält die zugehörige Konvergenzanalyse. §§4.1 und 4.7 beziehen sich auf das Poisson-Modellproblem und dienen mehr der Illustration. §§4.5 und 4.8 können zunächst ausgelassen werden.

§5: Dient im wesentlichen der SOR-Analyse und kann gegebenenfalls ausgelassen werden.

§6: Eigenständiges Kapitel, auf das später nur gelegentlich zurückgegriffen wird.

§7: Notwendige Vorbereitung für §9

§§9-11: Jeweils eigenständige Kapitel

Notationen

Formelnummern: Gleichungen im Unterkapitel x.y sind mit (x.y.1), (x.y.2) usw. durchnumeriert. Die Gleichung (3.2.1) wird im gleichen Unterkapitel 3.2 nur mit (1) zitiert, während sie in anderen Unterkapiteln des Hauptkapitels 3 als (2.1) bezeichnet wird.

Satznumerierung: Alle Sätze, Definitionen, Lemmata etc. werden *gemeinsam* durchnumeriert. Die Zitierung ist analog zum oben Gesagten: Das **Lemma 3.2.7** wird in Unterkapitel 3.2 als «**Lemma 7**» bezeichnet, während es in anderen Unterkapiteln des Abschnittes 3 «**Lemma 2.7**» heißt.

Spezielle Symbole, Abkürzungen und Konventionen:

a, b	Schranken für $\sigma(M)$; vgl. (4.8.4c), Satz 7.3.8
A, A_ℓ	Matrix des Gleichungssystems; vgl. (1.2.5), (10.1.8a)
$A^{\alpha\beta}, A^{ij}$	Block von A; vgl. (2.5.2b,c)
$A_{\alpha\beta}, a_{\alpha\beta}, A_{ij}, a_{ij}$	Komponenten einer Matrix A
b, b_ℓ	rechte Seite des Gleichungssystems; vgl. (1.2.5), (10.1.8a)
$\text{Bild}(\Phi)$	Bildraum der Abbildung Φ
blockdiag{...}	Blockdiagonalmatrix; vgl. (2.5.3a,b)
blocktridiag{...}	Blocktridiagonalmatrix; vgl. (2.5.4)
$\mathbb{C}$	komplexe Zahlen
cond	Kondition, cond_2: Spektralkondition; vgl. (2.10.7)
$D, D', D_1, \ldots$	(Block-)Diagonalmatrix
det	Determinante
diag{...}	Diagonalmatrix bzw. Diagonalanteil; vgl. (2.1.5a–c)
e^m	Fehler $x^m - x$ der m-ten Iterierten
E	strikte untere Dreiecksmatrix; vgl. (1.4.2)
F	strikte obere Dreiecksmatrix; vgl. (1.4.2)
$G(A)$	Graph einer Matrix; vgl. (6.2.1)
h, h_ℓ	Gitterweite; vgl. (1.2.2)
i, j, k	Indizes der angeordneten Indexmenge $I = \{1, \ldots, n\}$
I	Einheitsmatrix
I	Indexmenge (nicht notwendig angeordnet)
I_α	Blockindexteilmenge; vgl. (2.5.1)
$\mathbb{K}^I$	Raum der Vektoren zur Indexmenge I
$\mathbb{K}^{I \times I}$	Raum der Matrizen zur Indexmenge I
ℓ	Stufenzahl in der Diskretisierungshierarchie; vgl. §10.1.2

$L, L', \hat{L}$ untere (Block–)Dreiecksmatrix

$\log$ natürlicher Logarithmus

m Iterationszahl; vgl. x^m

M, M^{xyz} Iterationsmatrix (der Iteration «xyz»); vgl. §3.2.1

n, n_ℓ Dimension des Gleichungssystems; vgl. §3.3, (10.1.8b)

N Anzahl der Gitterpunkte pro Zeile bzw. Spalte; vgl. (1.2.2)

N, N^{xyz} Matrix der 2. Normalform (der Iteration «xyz»); vgl. (3.2.4)

$\mathbb{N}$ natürliche Zahlen $\{1, 2, 3, \ldots\}$

$\mathbb{N}_0$ $\mathbb{N} \cup \{0\} = \{0, 1, 2, \ldots\}$

$O(\cdot)$ Landau-Symbol: $f(\alpha) = O(g(\alpha))$, falls $|f(\alpha)| \leqslant C|g(\alpha)|$ beim zugrundeliegenden Grenzprozeß $\alpha \to 0$ oder $\alpha \to \infty$. In der Schreibweise $f(h) = 1 - O(h^\tau)$ ist spezieller gemeint: $f(h) \leqslant 1 - Ch^\tau$ mit $C > 0$ für $h \to 0$.

o.B.d.A.   ohne Beschränkung der Allgemeinheit

p Prolongation; §10.1.3, (11.2.1)

Q häufig unitäre Matrix

r Restriktion; vgl. §10.1.4, (11.2.8a)

$r(A)$ numerischer Radius einer Matrix A; vgl. §2.9.5

$\mathbb{R}$ reelle Zahlen

S_ℓ Iterationsmatrix der Glättung $\mathscr{S}_\ell$; vgl. Lemma 10.2.1

$\mathscr{S}_\ell$ Glättungsiteration; vgl. §10.1.1, §10.2.1

span$\{\ldots\}$ von $\{\ldots\}$ aufgespannter linearer Raum

T_ℓ, T_r Links–, Rechtstransformation; vgl. (8.1.4), (8.1.11)

tridiag$\{\ldots\}$ Tridiagonalmatrix; vgl. (2.1.6)

u_{ij} Komponenten der Gitterfunktion $u = x$; vgl. (1.2.6b)

$U, U', \hat{U}$ obere (Block–)Dreiecksmatrix

W, W^{xyz} Matrix der 3. Normalform (der Iteration «xyz»); vgl. (3.2.5)

x Vektor; meist Lösung der Gleichung $Ax = b$

x^* Lösung des Gleichungssystems $Ax = b$, falls das Symbol x als Variable benötigt wird

x_ℓ, x_ℓ^* Vektoren x, x^* auf der Stufe ℓ; vgl. §10

x^0 Startwert der Iteration

x^m m–te Iterierte

x^α, x^i Block von x zum Index α bzw. i; vgl. (2.5.2a)

x_α, x_i Komponenten eines Vektors x

$\mathbb{Z}$ ganze Zahlen

griechische Buchstaben:

α , β , γ — Indizes der Indexmenge; vgl. §2.1

γ in §10: — Anzahl der sekundären Mehrgitterschritte für die Grobgitter-gleichung; vgl. (10.4.2d$_2$)

γ , Γ — untere, obere Eigenwertschranken von $W^{-1}A$; vgl. (4.8.4c)

δ_{ij} — Kronecker-Symbol: $\delta_{ij} = 1$ für $i = j$, $\delta_{ij} = 0$ sonst

ζ — häufig für Kontraktionszahl; vgl. (10.3.21b), (10.5.3)

$\eta (\nu)$ — Nullfolge für Glättungseigenschaft, vgl. (10.6.4b)

$\eta_0(\nu)$ — spezielle Funktion, definiert in Lemma 10.6.1

ϑ , Θ — Dämpfungsfaktor; vgl. §§4.3.1-2

$\varkappa (A)$ — Konditionszahl (2.10.8)

λ , Λ — Eigenwertschranken von A; vgl. Satz 9.2.3, Satz 4.4.8

$\lambda_{\max}(A)$ — maximaler Eigenwert der Matrix A, wenn $\sigma (A) \subset \mathbb{R}$

$\lambda_{\min}(A)$ — minimaler Eigenwert der Matrix A, wenn $\sigma (A) \subset \mathbb{R}$

ν , ν_1, ν_2 in §10: — Anzahl der Glättungsschritte; vgl. §§10.2.1-2

$\varrho (A)$ — Spektralradius der Matrix A ; vgl. Def. 2.4.13

$\varrho_{m+k,m}$ — Konvergenz- bzw. Reduktionsfaktoren; vgl. (3.2.18a,b)

$\sigma (A)$ — Spektrum der Matrix A ; vgl. (2.4.1)

ω — Relaxationsparameter; vgl. §4.3.3.1

Ω_h — Gitter; vgl. (1.2.3)

Symbole:

$\mathbb{1}$ — Vektor $(1 , 1 , \ldots , 1)^{\top}$

$A^{\top}, A^{H}, A^{-H}$ — vgl. (2.1.1/2)

Δ — Laplace-Operator; vgl. (1.2.1a)

$\langle \cdot , \cdot \rangle$ — (Euklidisches) Skalarprodukt; vgl. (2.2.1a-c)

$\langle \cdot , \cdot \rangle_A$ — Energie-Skalarprodukt; vgl. (2.10.5b)

$\| \cdot \| , \|\!| \cdot \|\!|$ — Norm (von Vektoren oder Matrizen)

$\| \cdot \|_A$ — Energienorm; vgl. (2.10.5a)

$\| \cdot \|_2$ — Euklidische Norm; vgl. (2.6.2). Spektralnorm; vgl. (2.9.4a)

$\| \cdot \|_\infty$ — Maximumnorm; vgl. (2.6.2). Zeilensummennorm; vgl. (2.6.8)

$\| \cdot \|_{Y \leftarrow X}$ — vgl. (2.6.11): Norm einer Abbildung (Matrix) von X nach Y

$| \cdot |$ — Betrag, in §6 auch auf Matrizen angewandt

$< , \leqslant , > , \geqslant$ — bezeichnet bei Matrizen im allgemeinen die Ordnungsrelation aus §2.10.2; nur in §6 (und Teilen von §8.5) wird es im Sinne von (6.1.1a,b) verwandt

1. Einleitung

1.1 Historische Bemerkungen zu Iterationsverfahren

Iterationsverfahren sind knapp 170 Jahre alt. Die erste Iterationsmethode für lineare Gleichungssysteme stammt von Carl Friedrich Gauß. Seine Methode der «kleinsten Fehlerquadrate» führte ihn auf Gleichungssysteme, die zu groß waren, als daß er sie mit der direkten Methode der Gauß-Elimination bequem berechnen konnte. Das in seinem "Supplementum theoriae combinationis observationum erroribus minime obnoxiae" (1819-1822) beschriebene Iterationsverfahren ist eine Variante des Gauß-Seidel-Verfahrens. Welchen Wert Gauß seinem Iterationsverfahren zumaß, kann man seinem Brief von 1823 entnehmen, der im Auszug dem Vorwort vorangestellt ist.

Ein sehr ähnliches Verfahren beschrieb Carl Gustav Jacobi 1845 in seiner Arbeit "Über eine neue Auflösungsart der bei der Methode der kleinsten Quadrate vorkommenden linearen Gleichungen" (Astronom. Nachr.). Phillip Ludwig Seidel, ein Schüler von Jacobi, schrieb 1874 "Über ein Verfahren, die Gleichungen, auf welche die Methode der kleinsten Quadrate führt, sowie lineare Gleichungen überhaupt, durch successive Annäherung aufzulösen" (Münch. Abh.).

Seitdem die Gleichungssysteme auf elektronischen Rechnern gelöst werden konnten, stieg die Anzahl der Gleichungen um eine weitere Größenordnung, und die oben genannten Verfahren erwiesen sich als zu langsam. Nach 100 Jahren Stillstand auf diesem Gebiet experimentierte Southwell [1-3] mit Varianten der Gauß-Seidel-Methode («Relaxation»), und Young [1] gelang 1950 ein Durchbruch mit einer wesentlichen Beschleunigung des Gauß-Seidel-Verfahrens. Dieses sogenannte SOR-Methoden werden wir in Kapitel 1.4 als ein erstes Beispiel eines Iterationsverfahrens beschreiben. In der Folgezeit entstanden viele weitere, noch effektivere Verfahren, die in ihrer Mehrzahl in diesem Buch behandelt werden.

1.2 Das Modellproblem (Poisson-Gleichung)

Während zur Zeit von Gauß, Jacobi und Seidel die Gleichungen der kleinsten-Quadrat-Methode den Anlaß für eine größere Anzahl von Gleichungen ergab, sind es heute vor allem die Randwertaufgaben, d.h. die partiellen Differentialgleichungen vom elliptischem Typ, die eine Gleichungsanzahl der Größenordnung 1000 bis eine Million ergeben können. Im folgenden werden wir immer wieder auf ein Modellproblem zurückgreifen, das das einfachste nichttriviale Beispiel einer Randwertaufgabe darstellt. Es ist die *Poisson-Gleichung*

$$(1.2.1a) \qquad -\Delta u(x,y) = f(x,y) \qquad \text{für } (x,y) \in \Omega,$$

$$(1.2.1b) \qquad u(x,y) = \varphi(x,y) \qquad \text{auf } \Gamma = \partial\Omega.$$

Dabei ist

$$\Delta = \frac{\partial^2}{\partial x^2} + \frac{\partial^2}{\partial y^2}$$

der *Laplace-Operator*. Ω ist hier als Einheitsquadrat

(1.2.1c) $\Omega = (0,1) \times (0,1)$

gewählt. In (1a,b) sind der «Quellterm» f und die «Randwerte» φ gegeben, während die Funktion u gesucht ist.

Zur Diskretisierung der Differentialgleichung (1a–c) wird Ω mit einem Gitter der Schrittweite h überzogen (vgl. Abb. 1a). Jeder Gitterpunkt (x,y) muß die Darstellung $x = ih$, $y = jh$ $(0 \leqslant i, j \leqslant N)$ haben, wobei

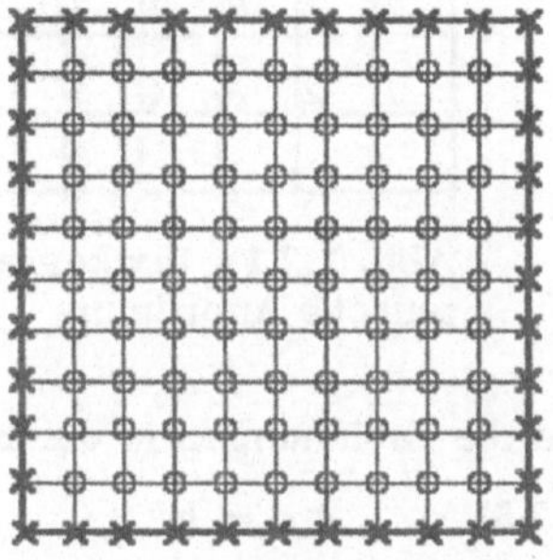

Abb. 1.2.1a Innere Gitterpunkte (∘) und Randpunkte (×)

(1.2.2) $h = 1/N$.

Als Gitter bezeichnen wir die Menge der *inneren* Gitterpunkte:

(1.2.3) $\Omega_h := \{(x,y) = (ih,jh): 1 \leqslant i, j \leqslant N-1\}$

Die gesuchten Werte $u(x,y) = u(ih,jh)$ kürzen wir mit u_{ij} ab. Eine Näherung für die Differentialgleichung (1a) stellt die sogenannte *Fünfpunktformel*

(1.2.4a) $h^{-2}[4u_{ij} - u_{i-1,j} - u_{i+1,j} - u_{i,j-1} - u_{i,j+1}] = f_{ij}$

mit $f_{ij} := f(ih,jh)$ für $1 \leqslant i, j \leqslant N-1$ dar. Die linke Seite in (4a) stimmt bis auf $O(h^2)$ mit $-\Delta u(ih,jh)$ überein, wenn die Lösung u von (1a,b) eingesetzt wird (vgl. Hackbusch [15]). Für Gitterwerte auf dem Rand, d.h. für $i=0$, $i=N$, $j=0$ oder $j=N$, ist u_{ij} wegen der Randwertvorgabe (1b) bekannt:

(1.2.4b) $u_{ij} := \varphi(ih,jh)$ für $i=0, i=N, j=0$ oder $j=N$.

Die Anzahl der unbekannten u_{ij} ist $n := (N-1)^2$ und entspricht der Anzahl der inneren Gitterpunkte. Um das Gleichungssystem aufzustellen, hat man in (4a) die eventuell vorkommenden aus (4b) bekannten Randwerte zu eliminieren. Für $N \geqslant 3$ erhält man beispielsweise zum Index $(i,j) = (1,1)$ die Gleichung

$$h^{-2}[4u_{11} - u_{12} - u_{21}] = g_{11} \quad \text{mit} \quad g_{11} := f(h,h) + h^{-2}[\varphi(0,h) + \varphi(h,0)].$$

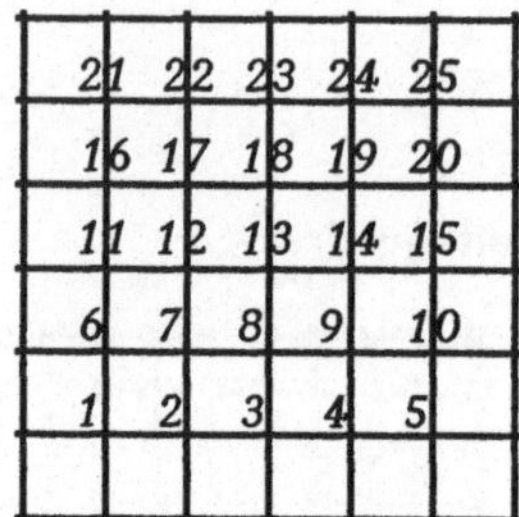

Abb. 1.2.1b lexikographische Anordnung

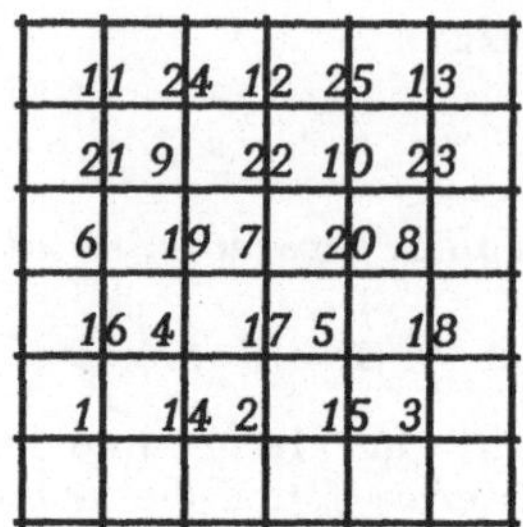

Abb. 1.2.1c Schachbrettanordnung

Um die Gleichungen in der herkömmlichen Matrixformulierung

$$(1.2.5) \qquad Ax = b$$

mit einer $n \times n$-Matrix A und n-dimensionalen Vektoren x und b mit $n = (N-1)^2$ aufzuschreiben, ist man genötigt, die zweidimensional indizierten Unbekannten u_{ij} durch einen einfach indizierten Vektor x darzustellen. Dies bedeutet, daß die (inneren) Gitterpunkte in irgendeiner Weise durchnumeriert werden müssen. Abbildung 1b zeigt die lexikographische Numerierung. Die exakte Definition der Matrix A und der rechten Seite b ist dem folgenden Programm zu entnehmen:

(1.2.6a)   Definition der Matrix A und des Vektors b bei lexikographischer Anordnung für das Poisson-Modellproblem:

```
N1 := N-1;  n := N1*N1;  h2 := 1/(N*N);
k := 0;          {1≤k≤n ist der Index bezüglich der lex. Anordnung}
A := 0;          {alle Elemente von A auf null setzen}
for j := 1 to N1 do  for i := 1 to N1 do
begin k := k+1;  a_kk := 4*h2;  b_k := f(ih,jh);
      if i>1   then a_{k-1,k}   := -h2 else b_k := b_k + h2 * φ(0,jh);
      if i<N1 then a_{k+1,k}   := -h2 else b_k := b_k + h2 * φ(1,jh);
      if j>1   then a_{k,k-N1} := -h2 else b_k := b_k + h2 * φ(ih,0);
      if j<N1 then a_{k,k+N1} := -h2 else b_k := b_k + h2 * φ(ih,1)
end;
```

Umgekehrt ist die Lösung der Gleichung $Ax = b$ so zu interpretieren, daß

$$(1.2.6b) \qquad x_k = u_{ij} = u(ih,jh) \quad \text{für} \quad k = i + (j-1)*(N-1) \quad \text{mit} \quad 0 \le i,j \le N.$$

Wenn x als Gitterfunktion interpretiert wird, werden wir auf die Notation u_{ij} oder $u(x,y)$ mit $x = ih$, $y = jh$ zurückgreifen.

Bemerkung 1.2.1. Die Umformulierung der zweidimensional angeordneten Unbekannten in einen eindimensionalen Vektor ist recht unanschaulich. Die Ursache sollte man dabei nicht in der zweidimensionalen Natur des Problems sehen, sondern in der Vorstellung, daß die Komponenten eines Vektors stets in linearer Reihenfolge numeriert sein sollen. Wir werden sehen, **daß die Matrix A nie in der in (2.6a) gegebenen Darstellung gebraucht wird.**

Will man dennoch die Matrix A in der gewohnten Form darstellen, muß man sie als *Blockmatrix* schreiben. Der Vektor x zerfällt in natürlicher Weise in $N-1$ Blöcke

$$(1.2.7) \qquad x^{(j)} := \begin{bmatrix} x_{k+1} \\ \vdots \\ x_{k+N-1} \end{bmatrix} = \begin{bmatrix} u_{1,j} \\ \vdots \\ u_{N-1,j} \end{bmatrix} \qquad \begin{array}{l} \text{mit } k := (j-1)*(N-1) \\ \text{für } j = 1, \ldots, N-1, \end{array}$$

die der j-ten Zeile im Gitter Ω_h entsprechen. Dementsprechend stellt sich die Matrix A als tridiagonale Blockmatrix dar bestehend aus $(N-1)\times(N-1)$ Blöcken T, die wiederum tridiagonale $(N-1)\times(N-1)$-Matrizen sind:

$$(1.2.8) \qquad A = h^{-2} \begin{bmatrix} T & -I \\ -I & T & -I \\ & -I & T & -I \\ & & \ddots & \ddots & \ddots \\ & & & -I & T & -I \\ & & & & -I & T \end{bmatrix}, \quad T = \begin{bmatrix} 4 & -1 \\ -1 & 4 & -1 \\ & -1 & 4 & -1 \\ & & \ddots & \ddots & \ddots \\ & & & -1 & 4 & -1 \\ & & & & -1 & 4 \end{bmatrix}.$$

I ist die $(N-1)\times(N-1)$-Einheitsmatrix. Nicht eingetragene Matrixelemente bzw. -blöcke sind stets Nullen bzw. Nullblöcke. Die Darstellung (8) beweist die

Bemerkung 1.2.2. Bei lexikographischer Anordnung der Unbekannten besitzt A Blocktridiagonalstruktur.

Die lexikographische Numerierung ist keineswegs die einzig denkbare. Ebenso häufig wird die Schachbrettnumerierung (vgl. Abb. 1c) angewandt. Dabei werden zunächst die u_{ij} mit gerader Summe $i+j$ («schwarze Felder») und danach jene mit ungerader Summe $i+j$ («weiße Felder») lexikographisch durchnumeriert. Im Laufe der nächsten Kapitel werden weitere Anordnungen erwähnt werden. Eine reiche Zusammenstellung praktisch interessanter Numerierungen enthält die Arbeit Duff-Meurant [1].

Übungsaufgabe 1.2.3. Bei der Schachbrettanordnung zerfällt A in zwei Blöcke, die den «weißen» und «schwarzen» Indizes entsprechen. Man zeige, daß A bei dieser Numerierung die folgende Blockstruktur mit einer rechteckigen Untermatrix B und Einheitsmatrizen I_s, I_w besitzt, wobei die Blockgröße durch die Anzahl der schwarzen bzw. weißen

Gitterpunkte gegeben ist:

$$(1.2.9) \qquad A = \begin{bmatrix} D_s & B \\ B^T & D_w \end{bmatrix}, \qquad D_s = 4h^{-2} I_s, \qquad D_w = 4h^{-2} I_w.$$

1.3 Aufwand für direkte Lösung des Gleichungssystems

Als *direkte* Verfahren bezeichnet man solche, die nach endlich vielen Rechenschritten die (bis auf Rundungsfehler) exakte Lösung des Gleichungssystems liefern. Die bekannteste direkte Methode ist das Gaußsche Eliminationsverfahren. Im Falle des Modellproblems aus §1.2 kann man dieses Verfahren *ohne* Pivotwahl durchführen (vgl. §6.4.4). Für die Bewertung des Rechenaufwandes wird im folgenden nicht zwischen einer Addition, Subtraktion, Multiplikation oder Division unterschieden. Jede wird als eine (arithmetische) Operation gezählt. Arithmetische Operationen im Indexbereich, Umspeicherungen und ähnliches werden traditionell nicht mitgezählt.

Bemerkung 1.3.1. Im allgemeinen Fall benötigt die Gauß–Elimination für die Lösung eines Gleichungssystems $Ax = b$ mit n Unbekannten $2n^3/3 + O(n^2)$ Operationen. Der Speicherbedarf beträgt $n^2 + n$.

Beweis. Im i-ten Eliminationsschritt enthält die i-te Zeile $n - i$ Nichtnullelemente, deren Vielfache von $n - i - 1$ Matrixzeilen zu subtrahieren sind. Summation dieser $2(n-i)^2 + O(n)$ Operationen über $1 \leqslant i \leqslant n$ ergibt die Behauptung.   ▣

Für das Modellproblem ist $n = (N-1)^2 = h^{-2} + O(h^{-1})$. Daher die

Folgerung 1.3.2. Eine naive Anwendung des Verfahrens der Gaußschen Elimination auf das Modellproblem aus §1.2 benötigt $2N^6/3 + O(N^5) = 2h^{-6}/3 + O(h^{-5})$ Operationen und einen Speicherbedarf vom Umfang $N^4 + O(N^3) = h^{-4} + O(h^{-3})$.

Eine Halbierung der Schrittweite h vervierundsechzigfacht den Rechenaufwand. Angenommen die Gleichungsauflösung benötige eine CPU-Sekunde für eine Schrittweite h, so benötigt die gleiche Rechnung für die geviertelte Schrittweite $h/4$ mehr als eine CPU-Stunde!

Der Rechenaufwand verringert sich jedoch, wenn die Matrix A des Gleichungssystems eine Bandmatrix ist.

Definition 1.3.3 A ist eine *Bandmatrix* der *Bandbreite* w, wenn $a_{ij} = 0$ für alle Indizes mit $|i - j| > w$.

Eine Bandmatrix enthält außer der Diagonalen maximal $2w$ Nebendiagonalen. Zur Analyse der Eigenschaften einer Bandmatrix sei auf Berg [1] verwiesen.

Bemerkung 1.3.4. Die Matrix A, die sich gemäß (2.7) bei lexikographischer Numerierung für das Modellproblem ergibt, ist eine Bandmatrix der Bandbreite $w=N-1$.

Der überwiegende Anteil des in Bemerkung 1 genannten Aufwand besteht in der überflüssigen Multiplikation und Addition mit Nullen. Im i-ten Eliminationsschritt enthält die i-te Zeile $w+1$ Nichtnullelemente. Bei der Elimination sind nur die w darunterstehenden Zeilen zu berücksichtigen. Dies führt zu $2w^2$ Operationen. Insgesamt erhält man die

Bemerkung 1.3.5. Der Aufwand der Gauß-Elimination ohne Pivotwahl zur Lösung eines Gleichungssystems mit einer $n \times n$-Bandmatrix der Bandbreite w beträgt $2nw^2+O(nw+w^3)$. Der Speicherbedarf reduziert sich auf $2n(w+1)$, wenn nur die $2w+1$ Diagonalen von A und die rechte Seite b gespeichert werden.

Folgerung 1.3.6. Für das Modellproblem aus §1.2 ist $w=N-1$. Daher benötigt die Band-Gauß-Elimination $2N^4+O(N^3) = h^{-4}+O(h^{-3})$ Operationen und $2N^2+O(N^2)$ Speicherplätze.

In der letztgenannten Version werden $2w+1$ Diagonalen von A verwendet, obwohl die Matrix A aus (2.8) nur 5 Diagonalen, die Hauptdiagonale, zwei Nebendiagonalen im Abstand 1 und zwei weitere im Abstand $N-1$ besitzt. Leider läßt sich diese Eigenschaft bei der Gauß-Elimination nicht ausnutzen, denn es gilt die

Bemerkung 1.3.7. Die Nullen in den zweiten bis $(N-2)$-ten Nebendiagonalen der Matrix A aus (2.8) werden während des Eliminationsprozesses sämtlich (mit der Ausnahme des ersten Blockes) mit Nichtnullen aufgefüllt.

Dieser Vorgang wird als *Auffüllen* (engl. *fill-in*) bezeichnet und weist auf einen grundsätzlichen Nachteil der Gauß-Elimination bei Anwendung auf *schwachbesetzte* Matrizen hin. Dabei heißt eine $n \times n$-Matrix schwachbesetzt, wenn die Anzahl ihrer Nichtnullelemente deutlich kleiner als n^2 ist. Andernfalls wird eine Matrix *vollbesetzt* genannt. Aufgrund der Äquivalenz der Gauß-Elimination mit der *Dreiecks- oder LU-Zerlegung* (vgl. Stoer [1,§4.1]) ergibt sich die

Folgerung 1.3.8. Die Zerlegung $A=LU$ in eine untere Dreiecksmatrix L und eine obere Dreiecksmatrix U ergibt für die schwachbesetzte Matrix A aus (2.8) Faktoren L und U, die innerhalb der Bandbreite $w=N-1$ vollbesetzt sind. Gleiches gilt für die Cholesky-Zerlegung.

Es gibt auch spezielle direkte Verfahren , die das in §1.2 beschriebene Gleichungssystem mit einem Aufwand zwischen $O(n)=O(N^2)$ bis $O(n \log n)=O(N^2 \log N)$ lösen können. Hierzu gehören der Buneman-Algorithmus und das Verfahren der totalen Reduktion, die beide im Buch Meis-Marcowitz [1] beschrieben sind (vgl. Buneman [1], Bjørstad [1], Duff-Erisman-Reid [1], Schröder-Trottenberg [1]).

1.4 Beispiele für iterative Verfahren

Bei der iterativen Lösung eines Gleichungssystems berechnet man ausgehend von einem beliebigen *Startvektor* x^0 eine Folge von *Iterierten*
x^m für $m=1,2,\ldots$:

$$x^0 \mapsto x^1 \mapsto x^2 \mapsto x^3 \mapsto \ldots \mapsto x^m \mapsto x^{m+1} \mapsto \ldots .$$

Im folgenden ist x^{m+1} nur von x^m abhängig, so daß die Abbildung
$x^m \mapsto x^{m+1}$ das Iterationsverfahren bestimmt. Die Wahl des Startwertes x^0 ist nicht Teil des Verfahrens.

Die schon in §1.1 erwähnte Gauß-Seidel-Iteration zur Lösung der
Aufgabe (2.5): $Ax=b$ lautet

Gauß-Seidel-Iteration

$$(1.4.1) \qquad \text{for } i:=1 \text{ to } n \text{ do } \quad x_i^{m+1} := (b_i - \sum_{j=1}^{i-1} a_{ij} x_j^{m+1} - \sum_{j=i+1}^{n} a_{ij} x_j^m) / a_{ii} .$$

Bemerkung 1.4.1 (a) Die Gauß-Seidel-Iteration (1) ist immer dann
durchführbar, wenn alle Diagonalelemente $a_{ii} \neq 0$.
(b) Bei der Ausführung der Iteration kann der Speicherplatz von x_i^m
mit dem neuen Wert x_i^{m+1} überschrieben werden.
(c) Verschiedene Numerierungen (z.B. lexikographische oder Schachbrettanordnung) ergeben unterschiedliche Iterationsverfahren.

Jede Matrix A läßt sich eindeutig in die Summe

$$(1.4.2) \qquad A = D - E - F \qquad \begin{pmatrix} D & \text{Diagonalmatrix,} \\ E & \text{strikte untere,} \\ F & \text{strikte obere Dreiecksmatrix} \end{pmatrix}$$

zerlegen. Dabei heißt E *untere Dreiecksmatrix*, falls $E_{ij}=0$ für $j>i$, und
strikte untere Dreiecksmatrix, falls $E_{ij}=0$ für $j \geqslant i$. Analog ist die
(strikte) obere Dreiecksmatrix definiert. Das Gleichungssystem $Ax=b$
ist äquivalent zu

$$(1.4.3) \qquad (D - E)x = b + Fx .$$

Setzt man auf der rechten Seite x^m und auf der linken Seite x^{m+1} an
die Stelle von x, so erhält man die Iterationsvorschrift

$$(1.4.4\text{a}) \qquad (D - E)x^{m+1} = b + Fx^m$$

oder

$$(1.4.4\text{b}) \qquad x^{m+1} = (D - E)^{-1}(b + Fx^m) .$$

Übungsaufgabe 1.4.2. Man zeige: (4a/b) und (1) sind äquivalent. D.h.
(4a) oder (4b) sind die Vektordarstellungen der Gauß-Seidel-Iteration,
während (1) die komponentenweise Darstellung ist.

Eine Pascal-Prozedur, die einen Iterationsschritt $x^m \mapsto x^{m+1}$ ausführt, könnte im Fall einer *allgemeinen* Matrix A wie folgt aussehen:

(1.4.5)

```
const n =... ;
type Vektor = array [1:n] of real;  Matrix = array [1:n] of Vektor;
procedure GaußSeidel(var x,b : Vektor; var A: Matrix);
var i,j: integer; s: real;
begin   for i :=1 to n do
            begin s :=0;  for j :=1 to i-1 do  s := s + A[i,j]*x[j];
                          for j := i+1 to n do  s := s + A[i,j]*x[j];
                   x[i] := (b[i] -s) / A[i,i]
end     end ;
```

Anstatt A und b für das Modellproblem (2.4a,b) in aufwendiger Weise durch (2.6a) zu definieren und in (5) einzusetzen, verwendet man die Originaldaten $f_{ij}=f[i,j]$ aus (2.4a) und die Randdaten $\varphi(ih,jh)=u_{ij}=u[i,j]$, die auf den Randpunkten des Feldes u abzuspeichern sind. In Anlehnung an die Aufgabenstellung und wie in (2.6b) werden die Variablen u und f anstelle von x und b verwendet. Das Gauß-Seidel-Verfahren für das Modellproblem nimmt dann die folgende Form an:

```
const N =... {N aus (2.2)};
type Gitterfunktion = array [0:N,0:N] of real;
var u,f: Gitterfunktion ; i,j: integer;
```

(1.4.6)

```
procedure GaußSeidel(var u, f: Gitterfunktion );
var i,j: integer; h2: real;
begin h2 :=1/(N*N);                                    {h2=h²}
   for j :=1 to N-1 do for i :=1 to N-1 do       {lex. Anordnung}
   u [i,j] :=
   (h2*f[i,j]+u[i-1,j]+u[i+1,j]+u[i,j-1]+u[i,j+1])/4
end;
```

```
begin   {Hauptprogramm für das Beispiel f=-4, φ(x,y) =x²+y² }
   for i :=1 to N-1 do for j :=1 to N-1 do f[i,j] :=-4;
   for i =0 to N do
   begin u[i,0] := i*i/(N*N); u[0,i] :=u[i,0]; {Definition der}
      u[i,N] :=1+i*i/(N*N); u[N,i] :=u[i,1 ]      {Randwerte }
   end;
   for i :=1 to N-1 do for j :=1 to N-1 do u [i,j] :=0; {Startwert}
   for i :=1 to 300 do GaußSeidel(u,f);                {Iteration }
end.
```

Die Matrix A ist in der Doppelschleife von (6) durch ihre Nichtnullelemente direkt repräsentiert. Die Indizierung wird durch die «natürlichen» Doppelindizes vorgenommen. Die lexikographische Anordnung der Gitterpunkte ergibt sich aus der Anordnung der j- und i-Schleife. Zur Realisierung der Schachbrettanordnung kann die Schleife in (6) wie folgt verändert werden:

24   1. Einleitung

(1.4.7) $w := 0$; {«weiße Felder»} for $j := 1$ to $N-1$ do
               begin $w := -1-w$; $i := w$; while $i \leq N-3$ do
                   begin $i := i+2$; $u[i,j] := (h2*f[i,j]+u[i-1,j]$
                                      $+u[i+1,j]+u[i,j-1]+u[i,j+1])/4$
               end end;
               $w := -1$; {«schwarze Felder»} for $j := 1$ to $N-1$ do ... {wie oben}

Da man sofort $h2*f[i,j]$ anstelle von $f[i,j]$ abspeichern kann, ergibt
sich die

Bemerkung 1.4.3. Pro Iteration benötigt das Gauß-Seidel-Verfahren
(unabhängig von der Anordnung) im Falle des Modellproblems $5n$
Operationen ($4n$ Additionen, n Divisionen).

Bemerkung 1.4.4. In Programm (6) ist die Gleichung (2.5) mit $f_{ij}=-4$,
$\varphi(x,y) = x^2 + y^2$ realisiert. Für diese Daten lautet die Lösung
$u_h(x,y)=x^2+y^2$, d.h. $u_{ij}=(i^2+j^2)h^2$. Als Startwert dient $u_{ij}^0=0$. Das
Gleichungssystem (4a) mit diesen Daten bezeichnen wir im folgenden als
Poisson-Modellproblem und werden im Laufe der nächsten Kapitel die
verschiedenen Iterationsverfahren hieran testen.

Tabelle 1 zeigt für $h=1/32$ die Fehler

$$\varepsilon_m := \max\{|u_{ij}^m - (i^2+j^2)h^2|: 1 \leq i,j \leq N-1\}$$

der m-ten Iterierten und den Wert $u_{16,16}^m$ im Mittelpunkt $(16h,16h)=$
$(\tfrac{1}{2},\tfrac{1}{2})$, der gegen den Wert $u(\tfrac{1}{2},\tfrac{1}{2})=0.5$ konvergieren soll. Man entnimmt
den tabellierten Werten zwar, daß das Gauß-Seidel-Verfahren konver-
giert, aber die Langsamkeit der Konvergenz ist enttäuschend. Nach 100
Iterationen ist die erste Dezimale von $u_{16,16}^m$ noch völlig falsch! Die dritte
Spalte enthält den «Reduktionsfaktor»: den Quotienten $\varepsilon_{m-1}/\varepsilon_m$

m	lexikographische Anordnung			Schachbrettanordnung		
	$u_{16,16}$	ε_m	$\varepsilon_{m-1}/\varepsilon_m$	$u_{16,16}$	ε_m	$\varepsilon_{m-1}/\varepsilon_m$
0	0.0	1.877		0.0	1.877	
1	-0.002	1.760	0.93756	-0.001	1.759	0.93704
2	-0.004	1.646	0.93563	-0.003	1.589	0.90323
9	-0.018	1.276		-0.017	1.202	
10	-0.019	1.246	0.97637	-0.019	1.165	0.96903
99	0.1102	0.404		0.1353	0.380	
100	0.1135	0.400	0.98989	0.1385	0.376	0.98994
199	0.3479	0.152		0.3585	0.142	
200	0.3494	0.151	0.99041	0.3598	0.140	0.99041
299	0.4421	0.058		0.4461	0.054	
300	0.4426	0.057	0.99039	0.4466	0.053	0.99039

Tabelle 1.4.1. Resultate der Gauß-Seidel-Iteration für $N=32$

zweier aufeinanderfolgender Fehler. Der Faktor gibt an, um wieviel der Fehler pro Iteration verkleinert wird. Der Vergleich der Daten in Tabelle 1 zeigt, daß die Anordnung zwar die Ergebnisse, nicht aber die Konvergenzgeschwindigkeit beeinflußt.

Die Gauß–Seidel–Iteration (1) ist äquivalent mit der Darstellung

$$(1.4.8) \quad \text{for } i := 1 \text{ to } n \text{ do } x_i^{m+1} := x_i^m - \Big(\sum_{j=1}^{i-1} a_{ij} x_j^{m+1} + \sum_{j=i}^{n} a_{ij} x_j^m - b_i \Big)/a_{ii},$$

die verdeutlicht, daß sich x_i^{m+1} aus x_i^m durch Subtraktion einer Korrektur ergibt. Man beachte, daß die zweite Summe in (8) anders als in (1) mit $j=i$ beginnt. Eine scheinbar geringfügige Änderung stellt die Multiplikation dieser Korrektur mit einem Faktor ω dar. Das entstehende Verfahren heißt *Überrelaxationsverfahren*. Die englische Bezeichnung «successive overrelaxation method» erklärt das Kürzel «*SOR-Verfahren*». Im allgemeinen Fall lautet es wie folgt.

SOR-Verfahren

$$(1.4.9) \quad \text{for } i := 1 \text{ to } n \text{ do } x_i^{m+1} := x_i^m - \omega \Big(\sum_{j=1}^{i-1} a_{ij} x_j^{m+1} + \sum_{j=i}^{n} a_{ij} x_j^m - b_i \Big)/a_{ii}$$

Im Modellfall muß man in (6) bzw. (7) lediglich die Wertzuweisung an u durch `u [i,j]:=u[i,j] -ω* (4*u[i,j]-u [i-1,j]-u[i+1,j]-u[i,j-1]-u[i,j+1]-h2*f[i,j])/4` ersetzen. In §5.6 werden wir beweisen, daß $\omega = 2/(1 + \sin(\pi h))$ (d.h. $\omega = 1.821...$ für $N = 32$) ein geeigneter Wert ist. Tabelle 2 gibt für das gleiche Beispiel wie oben die Fehler ε_m der ersten 150 Iterationen wieder. Die Konvergenz ist offenbar erheblich schneller als beim Gauß–Seidel–Verfahren. Die Analyse der genannten Verfahren und die Konstruktion noch effektiverer Iterationen ist der Zweck der nachfolgenden Kapitel.

m	$u_{16,16}^m$	ε_m	$\varepsilon_{m-1}/\varepsilon_m$	m	$u_{16,16}^m$	ε_m	$\varepsilon_{m-1}/\varepsilon_m$
0	0.0	1.877	0.94677				
1	−0.016	1.777	0.94512	39	0.4805	0.050	0.85661
2	−0.027	1.680		40	0.4838	0.043	
9	−0.065	1.046	0.91970	49	0.4964	0.0055	0.88303
10	−0.068	0.962		50	0.4970	0.0049	
19	0.1111	0.399	0.91550	99	0.4999996	$9.05_{10}{-}7$	0.79768
20	0.1486	0.365		100	0.4999997	$7.23_{10}{-}7$	
29	0.4198	0.166	0.90620	129	$0.5 - 1.5_{10}{-}9$	$3.57_{10}{-}9$	0.78805
30	0.4445	0.150		130	$0.5 - 1.2_{10}{-}9$	$2.81_{10}{-}9$	

Tabelle 1.4.2. Resultate der SOR-Iteration (lexikographisch) für $N = 32$ und $\omega = 1.821465$

2. Grundlagen aus der Linearen Algebra

2.1 Bezeichnungen für Vektoren und Matrizen

2.1.1 Nichtangeordnete Indexmenge

Gemäß Bemerkung 1.2.1 werden die Indizes der Vektoren zunächst als nicht angeordnet angesehen. Die stets endliche *Indexmenge* wird mit I bezeichnet. Ein Vektor $b \in \mathbb{R}^I$ bzw. $b \in \mathbb{C}^I$ ist eine Abbildung $b: I \to \mathbb{K}$ mit $\mathbb{K} = \mathbb{R}$ im reellen und $\mathbb{K} = \mathbb{C}$ im komplexen Falle. Der Wert von b für $\alpha \in I$ wird als Vektorkomponente b_α geschrieben. Ein aus seinen Komponenten b_α zusammengesetzter Vektor wird in der Form

$$b = (b_\alpha)_{\alpha \in I}$$

dargestellt. Ist die Indexmenge I *angeordnet*, so werden die Indizes mit $1, 2, \ldots, n := \#I$ (Elementeanzahl von I) identifiziert, wenn nicht explizit anders angegeben. Die Indizes werden dann im allgemeinen mit $i, j, k, \ldots$ statt $\alpha, \beta, \gamma, \ldots$ bezeichnet.

Bemerkung 2.1.1. Sei $n := \#I$ und $I_n = \{1, \ldots, n\}$. Eine Anordnung der Elemente von I kann als surjektive Abbildung $\alpha: I_n \to I$ dargestellt werden: $\alpha(i) \in I$ ist der i-te Index in I. Ersetzt man den Namen $\alpha(i)$ durch i, erhält man die oben erwähnte Identifizierung von I mit I_n.

Im allgemeinen wird ein unterer Index nur zur Bezeichnung einer Komponente benutzt. Gelegentlich muß ein unterer Index auch für einen indizierten Vektor verwandt werden, z.B. könnte der erste Spaltenvektor einer Matrix mit $\mathbf{a}_1$ bezeichnet werden. Um Verwechslungen mit Vektorkomponenten zu vermeiden, werden die Vektorvariablen dann wie im Beispiel fett gedruckt. Wenn nicht anders angegeben, bezeichnet $\mathbf{e}_\alpha$ den α-*Einheitsvektor* mit den Komponenten $(\mathbf{e}_\alpha)_\beta = \delta_{\alpha\beta}$. Dabei ist

$$\delta_{\alpha\beta} = 1 \quad \text{für } \alpha = \beta \qquad \text{und} \qquad \delta_{\alpha\beta} = 0 \quad \text{für } \alpha \neq \beta \qquad (\alpha, \beta \in I)$$

das *Kronecker-Symbol*.

Quadratische Matrizen sind Abbildungen der Indexpaarmenge $I \times I$ in $\mathbb{K}$. Die Menge dieser Matrizen wird mit $\mathbb{K}^{I \times I}$ bezeichnet. Matrizen sind im folgenden durch Großbuchstaben symbolisiert. Die Matrixkomponente von A zum Indexpaar $(\alpha, \beta) \in I \times I$ wird im allgemeinen durch $a_{\alpha\beta}$ oder $a_{\alpha,\beta}$ mit einem Kleinbuchstaben, gelegentlich auch durch $A_{\alpha\beta}$ wiedergegeben. Insbesondere wird $(A + B)_{\alpha\beta}$, $(A^{-1})_{\alpha\beta}$ u.s.w. für Komponenten von Matrixausdrücken geschrieben. Die aus ihren Komponenten zusammengesetzte Matrix ist

$$A = (a_{\alpha\beta})_{\alpha, \beta \in I}.$$

Die Matrixmultiplikation lautet $(AB)_{\alpha\beta} = \sum_{\gamma \in I} a_{\alpha\gamma} b_{\gamma\beta}$ in dieser

Schreibweise. Entsprechend ist $(Ax)_\alpha = \sum_{\beta \in I} a_{\alpha\beta} x_\beta$. Das Symbol

$$I = (\delta_{\alpha\beta})_{\alpha, \beta \in I}$$

wird auch für die *Einheitsmatrix* benutzt, da diese nicht mit der Indexmenge I verwechselt werden kann.

Bei Rechtecks- oder Untermatrizen können die Indizes α und β aus verschiedenen Mengen I und J stammen: $A = (a_{\alpha\beta})_{\alpha \in I, \beta \in J}$ ist eine $I \times J$-Matrix. Die Menge dieser Matrizen ist $\mathbb{K}^{I \times J}$. Ist die Menge J einelementig, so wird die $I \times J$-Matrix mit einem I-Vektor (genauer Spaltenvektor) identifiziert. Ist umgekehrt I einelementig, wird die $I \times J$-Matrix als J-Zeilenvektor angesehen.

Ist die Indexmenge I angeordnet, d.h. $I = \{1, \ldots, n\}$, werden wie üblich Indizes a_{ij} oder A_{ij} verwendet.

2.1.2 Bezeichnungen und Notationen

Ist $A = (a_{\alpha\beta})_{\alpha, \beta \in I}$, so bezeichnet man A^T als *transponierte* Matrix, $\bar{A}$ als *komplex konjugierte* Matrix und A^H als *adjungierte* (oder Hermitesch transponierte) Matrix zu A, wobei

$$(2.1.1) \qquad A^T = (a_{\beta\alpha})_{\alpha, \beta \in I}, \quad \bar{A} = (\bar{a}_{\alpha\beta})_{\alpha, \beta \in I}, \quad A = \bar{A}^T = (\bar{a}_{\beta\alpha})_{\alpha, \beta \in I}.$$

Für die Inverse der adjungierten Matrix hat sich die Bezeichnung

$$(2.1.2) \qquad A^{-H} := (A^H)^{-1}$$

eingebürgert. Im Rahmen dieses Buches wird die Notation A^T nur für reellwertige Matrizen benutzt, so daß sie nicht von A^H abweicht. Weil mit $(x_1, x_2, \ldots)$ ein Zeilenvektor bezeichnet wird, schreibt man $(x_1, x_2, \ldots)^T$ für den entsprechenden Spaltenvektor. Die Definition der Notationen A^T, A^H für rechteckige Matrizen $A \in \mathbb{K}^{I \times J}$, $I \neq J$, ist analog.

Übungsaufgabe 2.1.2. Man zeige für ^{T} und ^{H} die Rechenregeln $(\lambda \in \mathbb{K})$:

$$(2.1.3a) \qquad (A+B)^T = A^T + B^T, \quad (AB)^T = B^T A^T, \quad (\lambda A)^T = \lambda A^T, \quad (A^{-1})^T = (A^T)^{-1},$$

$$(2.1.3b) \qquad (A+B)^H = A^H + B^H, \quad (AB)^H = B^H A^H, \quad (\lambda A)^H = \bar{\lambda} A^H, \quad (A^{-1})^H = (A^H)^{-1} = A^{-H}.$$

Definition 2.1.3. Sei $A \in \mathbb{K}^{I \times I}$. Die Matrix A heißt

$(2.1.4a) \qquad$ *symmetrisch*, $\quad$ wenn $A = A^T$,

$(2.1.4b) \qquad$ *Hermitesch*, $\quad$ wenn $A = A^H$,

$(2.1.4c) \qquad$ *regulär*, $\quad$ wenn A^{-1} existiert,

$(2.1.4d) \qquad$ *unitär*, $\quad$ wenn $A A^H = I$ $\quad$ (d.h. A regulär und $A^{-1} = A^H$),

$(2.1.4e) \qquad$ *normal*, $\quad$ wenn $A A^H = A^H A$.

Bemerkung 2.1.4 (a) Ist eine Matrix A Hermitesch oder unitär, so ist sie auch normal.

(b) Jede der Eigenschaften (4a-e) übertragen sich von A auf ihre Adjungierte A^H.

(c) Produkte regulärer (unitärer) Matrizen sind wieder regulär (unitär).

Für eine *Diagonalmatrix* D reicht die Angabe der Diagonalelemente. Man schreibt

$$(2.1.5a) \qquad D = \mathrm{diag}\{d_\alpha : \alpha \in I\} \qquad \text{für } D \text{ mit } D_{\alpha\alpha} = d_\alpha, \quad D_{\alpha\beta} = 0 \quad (\alpha \neq \beta).$$

Ist I angeordnet, ist auch die Aufzählung

$$(2.1.5b) \qquad D = \mathrm{diag}\{d_1, d_2, \ldots, d_n\}$$

möglich. Ist $A \in \mathbb{K}^{I \times I}$ eine beliebige Matrix, so wird mit

$$(2.1.5c) \qquad D = \mathrm{diag}\{A\}$$

der *Diagonalanteil* $\mathrm{diag}\{a_{\alpha\alpha} : \alpha \in I\}$ von A bezeichnet.

Im Falle einer angeordneten Indexmenge heißt eine Matrix T *tridiagonal* oder *Tridiagonalmatrix*, falls $T_{ij} = 0$ für alle $|i-j| > 1$, d.h. wenn T die Bandbreite 1 besitzt (vgl. Definition 1.3.3). Die Elemente $\alpha_i = T_{i,i-1}$ definieren die untere Nebendiagonale, $\beta_i = T_{ii}$ die (Haupt-) Diagonale und $\gamma_i = T_{i,i+1}$ die obere Nebendiagonale, während alle anderen Elemente von T gleich null sind. Eine solche Matrix wird abgekürzt durch das Symbol

$$(2.1.6) \qquad T = \mathrm{tridiag}\{(\alpha_i, \beta_i, \gamma_i) : i \in I\}.$$

Man beachte, daß die Werte α_1 und γ_n, $n = \#I$, in (6) ohne Bedeutung sind. $\mathrm{tridiag}\{A\}$ bezeichnet den tridiagonalen Anteil einer beliebigen Matrix A.

2.1.3 Sternnotation

In §1.2 trat die Indexmenge $I = \Omega_h$ auf. Im folgenden kann Ω_h allgemeiner als in (1.2.3) eine beliebige Teilmenge des zweidimensionalen, unendlichen Gitters $\{(x,y) = (ih, jh) : i, j \in \mathbb{Z}\}$ sein. Der Vektor $x \in \mathbb{K}^I$ wird dann als *Gitterfunktion* interpretiert. Da das Symbol x sowohl den Vektor als auch die erste Komponente im Index $(x,y) \in \Omega_h$ bezeichnet, schreiben wir in Anlehnung an die Gleichung (1.2.1a,b) u anstelle von $x \in \mathbb{K}^I$:

$$(2.1.7a) \qquad x_\alpha = u(x,y) \qquad\qquad \text{für } \alpha = (x,y) \in I = \Omega_h.$$

Wenn es schreibtechnisch vorteilhaft erscheint, wird das Argument $(x,y) = (ih, jh)$ durch die Indizes «$_{ij}$» ersetzt:

$$(2.1.7b) \qquad u(ih, jh) = u_{ij} \qquad\qquad \text{für } (ih, jh) \in \Omega_h.$$

Die erste Indexkomponente x oder i entspricht der Gitterzeile (von links nach rechts gezählt), die zweite Komponente y oder j entspricht der Gitterspalte (von unten nach oben orientiert).

Für Abbildungen (Matrizen) auf $\mathbb{K}^I$ mit $I = \Omega_h$ bedient man sich der sogenannten *Sternschreibweise*. Der *Neunpunktstern*

$$(2.1.8a) \qquad \begin{bmatrix} a_{-1,1} & a_{01} & a_{1,1} \\ a_{-1,0} & a_{00} & a_{1,0} \\ a_{-1,-1} & a_{0,-1} & a_{1,-1} \end{bmatrix} \quad \text{oder} \quad \begin{bmatrix} a^{ij}_{-1,1} & a^{ij}_{01} & a^{ij}_{1,1} \\ a^{ij}_{-1,0} & a^{ij}_{00} & a^{ij}_{1,0} \\ a^{ij}_{-1,-1} & a^{ij}_{0,-1} & a^{ij}_{1,-1} \end{bmatrix}$$

repräsentiert eine Matrix A, die *pro Zeile* die in (8a) auftretenden neun Koeffizienten a_{pq} $(-1 \leqslant p,q \leqslant 1)$ besitzt: Die Komponente von Ax zum Index $(ih,jh) \in \Omega_h$ lautet

$$(2.1.8b) \qquad \sum_{p,q=-1}^{1} a_{pq} u_{i+p,j+q} \qquad \text{bzw.} \qquad \sum_{p,q=-1}^{1} a_{pq}^{ij} u_{i+p,j+q},$$

wobei $u = x$ gemäß (7a). Im ersten Fall sind die Matrixelemente wie beim Poisson-Modellproblem unabhängig, im zweiten abhängig vom Gitterpunkt. $a_{00} = a_{00}^{ij}$ ist das Diagonalelement (zum Index «ij»). Das in (8a) z.B. rechts von der Mitte stehende Element $a_{1,0}$ ist der Matrixeintrag, mit dem der rechte Nachbar $u_{i+1,j}$ vom Gitterpunkt $(ih,jh) \in \Omega_h$ zu multiplizieren ist u.s.w.

Wenn $(ih,jh) \in \Omega_h$, muß der in (8b) auftretende Index «$i+p,j+q$», genauer der Gitterpunkt $((i+p)h,(j+q)h)$ nicht mehr zu Ω_h gehören. In diesem Falle ist der Summand $a_{pq}^{ij} u_{i+p,j+q}$ in (8b) zu ignorieren. Der gleiche Effekt wird erreicht, wenn man formal $u_{i+p,j+q} := 0$ setzt.

Die *Fünfpunktformel* des Poisson-Modellproblems schreibt sich als

$$(2.1.9) \qquad h^{-2} \begin{bmatrix} & -1 & \\ -1 & 4 & -1 \\ & -1 & \end{bmatrix}.$$

Nicht eingetragene Werte a_{pq} wie hier in den Positionen $p,q = \pm 1$ sind als Nullen zu lesen. Die «Sterne» sind nicht auf das Format 3×3 beschränkt. Die Interpretation des 3×5-Sternes

$$\frac{h^{-2}}{12} \begin{bmatrix} & & -12 & & \\ 1 & -16 & 54 & -16 & 1 \\ & & -12 & & \end{bmatrix}$$

ist offensichtlich. Das Format $\ell \times k$ darf jedoch nur ungradzahlige ℓ und k verwenden, damit die Mitte (und damit das Diagonalelement) eindeutig erkennbar ist.

2.2 Lineare Gleichungssysteme

Sei $A \in \mathbb{K}^{I \times I}$ und $b \in \mathbb{K}^I$. Zu lösen ist das Gleichungssystem

$$(2.2.1) \qquad Ax = b, \quad \text{d.h.} \quad \sum_{\beta \in I} a_{\alpha\beta} x_\beta = b_\alpha \qquad \text{für alle } \alpha \in I.$$

Bedingungen für die Lösbarkeit dieser Gleichung lassen sich sofort angeben, sind aber im numerischen Zusammenhang von geringerem Interesse. Da z.B. die rechte Seite b durch Eingabefehler (Rundungsfehler etc.) gestört sein kann, steht die Frage «wann ist (1) für *alle* $b \in \mathbb{K}^I$ lösbar» im Vordergrund. Der folgende Satz erinnert daran, daß diese Eigenschaft mit der Regularität von A äquivalent ist.

Satz 2.2.1. Sei $A \in \mathbb{K}^{I \times I}$. Die folgenden Eigenschaften sind äquivalent:
(a) A regulär,
(b) $\operatorname{rang}(A) = \#I$ (Elementeanzahl von I),
(c) $\det(A) \neq 0$,
(d) $Ax = 0$ hat nur die triviale Lösung $x = 0$,
(e) $Ax = b$ ist für jedes b lösbar,
(f) $Ax = b$ hat höchstens eine Lösung,
(g) $Ax = b$ ist für alle b eindeutig lösbar.

2.3 Permutationsmatrizen

Jede surjektive Abbildung $\pi : I \to I$ heißt *Permutation*. Die zugehörige *Permutationsmatrix* $P = P_\pi$ ist definiert durch

$$(2.3.1) \qquad (Px)_\alpha = x_{\pi(\alpha)} \qquad\qquad \text{für alle } \alpha \in I \text{ und } x \in \mathbb{K}^I.$$

Lemma 2.3.1 (a) Die komponentenweise Darstellung der zu π gehörenden Permutationsmatrix P lautet $P_{\alpha\beta} = \delta_{\pi(\alpha),\beta} = \delta_{\alpha,\pi^{-1}(\beta)}$.
(b) P ist reell und unitär: $P^{-1} = P^T$.

Beweis. $P_{\alpha\beta} = (Pe_\beta)_\alpha \cdot (PP^H)_{\alpha\beta} = \sum_k \delta_{k,\pi(\alpha)} \delta_{k,\pi(\beta)} = \delta_{\pi(\alpha),\pi(\beta)} = \delta_{\alpha\beta} = (I)_{\alpha\beta}$. ▣

Übungsaufgabe 2.3.2. Man zeige: Die Multiplikation $A \mapsto PA$ permutiert die Zeilen der Matrix A, während $A \mapsto AP$ die Spalten permutiert.

Ist $A \in \mathbb{K}^{I \times I}$, so definieren wir die π-permutierte Matrix A_π durch

$$(2.3.2) \qquad A_\pi = P_\pi A P_\pi^T.$$

Definition 2.3.3. Matrizen $A, B \in \mathbb{K}^{I \times I}$ heißen *p-äquivalent* (permutationsäquivalent, in Zeichen $A \underset{p}{\sim} B$), falls eine Permutation $\pi : I \to I$ existiert, so daß $B = A_\pi$. Zu jedem A gehört eine Äquivalenzklasse $\varkappa(A) := \{B : A \underset{p}{\sim} B\}$.

Im folgenden wollen wir feststellen, welche Eigenschaften Matrizen haben können, wenn wir keine Anordnung der Indizes definieren. Beispiele für eine mit $E(A)$ abgekürzte Eigenschaft von A sind: «A ist Hermitesch», «A ist Diagonalmatrix».

Bemerkung 2.3.4 (a) Sei I nicht angeordnet. $E(A)$ sei eine Eigenschaft, die von der Benennung der Indizes unabhängig ist. Da sich jedes $B \underset{p}{\sim} A$ nur in der Indexbenennung von A unterscheidet, überträgt sich die Eigenschaft $E(A)$ auf die gesamte Äquivalenzklasse $\varkappa(A)$.
(b) I sei angeordnet. Genau dann, wenn eine Eigenschaft E mit $\underset{p}{\sim}$ verträglich ist (d.h. $E(A)$ und $E(B)$ sind äquivalent für Matrizen $A \underset{p}{\sim} B$), läßt sich E als Eigenschaft der Matrix $A = (a_{\alpha\beta})_{\alpha,\beta \in I}$ mit nichtgeordneter Indexmenge I erklären.

Aus Teil (a) der Bemerkung folgt, daß alle in (1.4a-e) genannten Eigenschaften (symmetrisch, Hermitesch,...) unabhängig von der Numerierung der Indizes sind. Mit Teil (b) läßt sich entscheiden, ob sich eine für übliche Matrizen definierte Eigenschaft übertragen läßt.

Beispiel 2.3.5 (a) Ist $A \in \mathbb{K}^{I \times I}$ (I angeordnet) eine Diagonalmatrix, so rechnet man nach, daß A_π wieder eine Diagonalmatrix ist. Daher ist der Begriff «Diagonalmatrix» für nichtgeordnete Indexmengen sinnvoll. Ihre direkte Definition ist: A ist *Diagonalmatrix*, wenn $a_{\alpha\beta}=0$ für $\alpha \neq \beta$. **(b)** Die *Determinante* ist wegen $\det(P^T)=\det(P^{-1})=1/\det(P)$ und $\det(A_\pi)=\det(PAP^T)=\det(P)\det(A)\det(P^T)=\det(A)$ invariant, so daß $\det(A)$ auch für $A \in \mathbb{K}^{I \times I}$ mit nichtgeordnetem I erklärt werden kann.

Übungsaufgabe 2.3.6. Man zeige, daß sich die Begriffe «tridiagonale Matrix» oder «obere Dreiecksmatrix» nicht für Matrizen ohne Indexanordnung übertragen lassen.

2.4 Eigenwerte und Eigenvektoren

Sei $A \in \mathbb{K}^{I \times I}$ ($\mathbb{K}=\mathbb{R}$ oder $\mathbb{K}=\mathbb{C}$). Das *Spektrum* der Matrix A ist definiert durch

$$(2.4.1) \qquad \sigma(A) := \{ \lambda \in \mathbb{C} : \det(A-\lambda I)=0 \}.$$

Jedes $\lambda \in \sigma(A)$ heißt *Eigenwert* von A. Ein Eigenwert hat die *algebraische Vielfachheit k*, falls er k-fache Nullstelle des *charakteristischen Polynoms* $\det(A-\lambda I)$ ist. Da $\det(A-\lambda I)$ den Grad $n=\#I$ besitzt, existieren genau n Eigenwerte, wenn sie gemäß ihrer algebraischen Vielfachheit gezählt werden.

Die Eigenschaften der Determinante beweist die

Bemerkung 2.4.1. $\sigma(A^T) = \sigma(A)$, $\sigma(A^H)=\sigma(\bar{A})=\overline{\sigma(A)} := \{ \bar{\lambda}: \lambda \in \sigma(A) \}$.

$e \in \mathbb{K}^I$ heißt *Eigenvektor* der Matrix A, falls $e \neq 0$ und

$$(2.4.2) \qquad Ae = \lambda e.$$

Nach Satz 2.1c,d folgt aus (2), daß λ ein Eigenwert sein muß. Umgekehrt beweist der gleiche Satz das

Lemma 2.4.2. Zu jedem $\lambda \in \sigma(A)$ existiert ein Eigenvektor e, der das Eigenwertproblem (2) erfüllt.

Übungsaufgabe 2.4.3. $A=(a_{ij})_{i,j \in I}$ sei eine obere oder untere Dreiecksmatrix oder Diagonalmatrix. Man zeige: $\sigma(A)=\{a_{ii}: i \in I\}$.

Definition 2.4.4. Zwei Matrizen $A, B \in \mathbb{K}^{I \times I}$ heißen *ähnlich*, wenn es eine reguläre Matrix T gibt, so daß

$$(2.4.3) \qquad A = T^{-1} B T.$$

Satz 2.4.5 (a) Die Eigenwerte ähnlicher Matrizen A und B stimmen einschließlich ihrer Vielfachheiten überein: $\sigma(A) = \sigma(B)$.
(b) Ist T die Ähnlichkeitstransformation aus (3) und e ein Eigenvektor von A, so ist Te ein Eigenvektor von B.

Beweis. (i) Teil (a) ist Folge von $\det(A-\lambda I) = \det\big(T^{-1}(B-\lambda I)T\big) = \det(T^{-1})\det(B-\lambda I)\det(T) = (1/\det(T))\det(B-\lambda I)\det(T) = \det(B-\lambda I)$.
(b) $B(Te) = TT^{-1}BTe = TAe = T(\lambda e) = \lambda(Te)$.   ■

Satz 2.4.6. Die Produkte AB und BA haben bis eventuell auf den Eigenwert null das gleiche Spektrum:

$$(2.4.4) \qquad \sigma(AB)\setminus\{0\} = \sigma(BA)\setminus\{0\}.$$

Diese Aussage gilt auch für Rechtecksmatrizen $A\in\mathbb{K}^{I\times J}$, $B\in\mathbb{K}^{J\times I}$.

Beweis. Zum Eigenwert $\lambda\in\sigma(AB)\setminus\{0\}$ gehöre der Eigenvektor $e\neq 0$: $ABe = \lambda e$. Da $\lambda e \neq 0$, verschwindet $v := Be$ nicht. Multiplikation mit B liefert $BABe = \lambda Be$, d.h. $BAv = \lambda v$ mit $v\neq 0$. $\lambda\in\sigma(BA)\setminus\{0\}$ beweist $\sigma(AB)\setminus\{0\}\subset\sigma(BA)\setminus\{0\}$. Analog ergibt sich die umgekehrte Inklusion. ■

    Ist $P(\xi) = \sum_\nu a_\nu \xi^\nu$ ein Polynom in $\xi\in\mathbb{C}$, so erweitert man den Definitionsbereich von P durch

$$(2.4.5a) \qquad P(A) := \sum_\nu a_\nu A^\nu \qquad\qquad \text{für beliebige } A\in\mathbb{K}^{I\times I}$$

auf (quadratische) Matrizen. Dabei ist A^0 durch I definiert. Am Ende des §2.8.1 wird folgendes Lemma bewiesen werden.

Lemma 2.4.7 (a) Für die Spektren von A und $P(A)$ gilt der Zusammenhang: $\sigma(P(A)) = P(\sigma(A)) := \{P(\lambda): \lambda\in\sigma(A)\}$.
(b) Die algebraische Vielfachheit des Eigenwertes $P(\lambda)$ von $P(A)$ ist die Summe der Vielfachheiten aller Eigenwerte $\lambda_1, \lambda_2,\ldots, \lambda_k$ von A, für die $P(\lambda_j)=P(\lambda)$ $(1\leqslant j\leqslant k)$ zutrifft.
(c) Jeder Eigenvektor von A zum Eigenwert λ ist auch Eigenvektor von $P(A)$ zum Eigenwert $P(\lambda)$.

Übungsaufgabe 2.4.8. Man zeige: **(a)** Enthält $\sigma(A)$ keine Nullstelle von $P(\xi)$, so ist $P(A)$ regulär.
(b) Die Eigenschaften «diagonal», «obere Dreiecksmatrix», «untere Dreiecksmatrix» übertragen sich von A auf $P(A)$. Hat P reelle Koeffizienten, gilt dies auch für die Begriffe «symmetrisch» und «Hermitesch».
(c) A sei regulär. Alle in (b) genannten Eigenschaften übertragen sich von A auf A^{-1}.

Lemma 2.4.9. $A\in\mathbb{K}^{I\times I}$ sei eine *strikte* (obere oder untere) Dreiecksmatrix, d.h. auch die Diagonalelemente sind null (vgl. §1.4). Dann gilt für jedes $m\geqslant \#I$, daß $A^m=0$. Ebenso gilt $A_1 D_1 A_2 D_2\cdots\cdot A_m D_m = 0$ für das Produkt mit $m\geqslant\#I$ strikten oberen Dreiecksmatrizen A_i und beliebigen Diagonalmatrizen D_i.

Beweis. Man beweist man durch Induktion, daß A^m für $m \in \mathbb{N}$ außer der Diagonalen $m-1$ verschwindende Nebendiagonalen besitzt: $(A^m)_{ij}=0$ für $|i-j|<m$. Da $|i-j|<m$ für $m \geqslant \#I$ alle Indizes umfaßt, ist $A^m=0$. ▨

Zwei Matrizen A, B heißen *vertauschbar*, wenn $AB=BA$.

Übungsaufgabe 2.4.10. Man zeige: **(a)** Sind A und B vertauschbar, so auch $P(A)$ und $Q(B)$ für beliebige Polynome P und Q. Vertauschbar sind insbesondere $P(A)$ und $Q(A)$ oder noch spezieller: $P(A)$ und A.
(b) Ist A regulär, so sind $P(A)$ und $P(A^{-1})$ vertauschbar.
(c) Unter der Voraussetzung von (a) sind $P(A)$, $P(A)^{-1}$, $Q(B)$, $Q(B)^{-1}$ wechselseitig vertauschbar, solange die Inversen existieren.

Zwei Polynome P und Q definieren die rationale Funktion $R(\xi) := P(\xi)/Q(\xi)$. Nach Übungsaufgabe 8a ist die Matrix

$$(2.4.5b) \qquad R(A) := P(A)(Q(A))^{-1}$$

genau dann definiert, wenn $\sigma(A)$ keine Nullstelle des Nennerpolynoms Q enthält. Die vorhergehenden Resultate beweisen die

Bemerkung 2.4.11. $\sigma(A)$ enthalte keine Polstelle der rationalen Funktion R. Dann gilt: **(a)** (5b) ist gleichbedeutend mit $R(A)=(Q(A))^{-1}P(A)$.
(b) Lemma 7 gilt auch für R anstelle von P. Insbesondere ist $\sigma(R(A))=R(\sigma(A))$ das Spektrum von $R(A)$.
(c) Die Eigenschaften «diagonal», «obere Dreiecksmatrix», «untere Dreiecksmatrix» übertragen sich von A auf $R(A)$. Hat R reelle Koeffizienten, gilt dies auch für die Begriffe «symmetrisch» und «Hermitesch».

Übungsaufgabe 2.4.12. $\sigma(A)$ enthalte keine Polstelle der rationalen Funktion R. Man zeige: **(a)** Gilt die Ähnlichkeitsbeziehung $A=T^{-1}BT$ (vgl. (3)), so auch $R(A)=T^{-1}R(B)T$.
(b) Ist $D=\mathrm{diag}\{d_\alpha: \alpha \in I\}$, so auch $R(D)=\mathrm{diag}\{R(d_\alpha): \alpha \in I\}$.

Einen für Iterationsverfahren fundamentalen Begriff enthält die

Definition 2.4.13. Der *Spektralradius* $\rho(A)$ einer Matrix A ist der betragsmäßig größte Eigenwert:

$$\rho(A) := \max\{|\lambda|: \lambda \in \sigma(A)\}.$$

Lemma 2.4.14. Der Spektralradius genügt den folgenden Rechenregeln:

$$(2.4.6a) \qquad \rho(\zeta A) = |\zeta|\,\rho(A) \qquad \text{für alle } \zeta \in \mathbb{C} \text{ und } A \in \mathbb{K}^{I \times I},$$

$$(2.4.6b) \qquad \rho(A^k) = \big(\rho(A)\big)^k \qquad \text{für alle } k \in \mathbb{N}_0 \text{ und } A \in \mathbb{K}^{I \times I},$$

$$(2.4.6c) \qquad \rho(A) = \rho(B) \qquad \text{für ähnliche Matrizen } A,\, B \in \mathbb{K}^{I \times I},$$

$$(2.4.6d) \qquad \rho(A) = \rho(A^H) = \rho(A^T) \qquad \text{für alle } A \in \mathbb{K}^{I \times I}.$$

Beweis. (i) Das Maximum von $\{|\lambda|: \lambda\epsilon\sigma(A)\}$ sei für $\lambda'\epsilon\sigma(A)$ angenommen: $|\lambda'| = \rho(A)$. Dann nehmen auch $|\zeta\lambda|$ und $|\lambda^k|$ $(\lambda\epsilon\sigma(A))$ ihre Maxima für $\lambda=\lambda'$ an, was (6a,b) beweist.
(ii) Für ähnliche Matrizen A, B ist $\sigma(A)=\sigma(B)$ (vgl. Satz 5a). Dies impliziert (6c).
(iii) (6d) ist Folge der Bemerkung 1.   ∎

Übungsaufgabe 2.4.15. Man beweise: **(a)** Für eine Diagonal- oder Dreiecksmatrix gilt $\rho(A) = \max\{|a_{\alpha\alpha}|: \alpha\epsilon I\}$.
(b) Es gilt $\rho(A)=0$ für strikte Dreiecksmatrizen A.

Lemma 2.4.16. Es gilt $\rho(AB)=\rho(BA)$ für alle $A\epsilon K^{I\times J}$, $B\epsilon K^{J\times I}$.

Beweis. Die Spektren von AB und BA unterscheiden sich gemäß (4) höchstens um den Eigenwert 0, der bei der Definition des Spektralradius keine Rolle spielt.   ∎

Für mehrfache Produkte ergibt sich $\rho(A_0 A_1 \cdot...\cdot A_m)=\rho(A_1 \cdot...\cdot A_m A_0)$.

2.5 Blockvektoren, Blockmatrizen

Wie die Matrix (1.2.8) des Modellproblems zeigt, haben die Vektoren und Matrizen häufig eine spezielle Blockgestalt. Zur exakten Definition der *Blockstruktur* gehen wir von einer Zerlegung der Indexmenge I in disjunkte, nichtleere Teilmengen aus:

(2.5.1) $I = \bigcup_{\varkappa\epsilon B} I_\varkappa,$ $I_\varkappa, I_\lambda$ $(\varkappa,\lambda\epsilon B)$ paarweise disjunkt.

B ist die Indexmenge der Blöcke. Der Vektor $x\epsilon K^I$ zerfällt in die *Blöcke* $x^\varkappa$ $(\varkappa\epsilon B)$:

(2.5.2a) $x^\varkappa := (x_\alpha)_{\alpha\epsilon I_\varkappa},$ $x = (x^\varkappa)_{\varkappa\epsilon B}.$

Beispiel 2.5.1. Im Falle des Modellproblems aus §1.2 ist das Gitter Ω_h aus (1.2.3) die naheliegende Indexmenge. Das Gitter besteht aus $N-1$ «Zeilen» $I_j=\{(ih,jh): 1\leqslant i\leqslant N-1\}$, $j=1,...,N-1$. In diesem Falle ist $B=\{j: 1\leqslant j\leqslant N-1\}$ die Blockindexmenge.

Sei $A\epsilon K^{I\times I}$. Die Zerlegung (1) von I definiert für jedes Paar $\varkappa,\lambda\epsilon B$ einen *Block* (*Untermatrix*)

(2.5.2b) $A^{\varkappa\lambda} :=(a_{\alpha\beta})_{\alpha\epsilon I_\varkappa,\beta\epsilon I_\lambda}$ für jedes $\varkappa,\lambda\epsilon B$.

Im allgemeinen sind die Blöcke $A^{\varkappa\lambda}$ rechteckige Untermatrizen. Aus den Blöcken kann die Gesamtmatrix zusammengesetzt werden:

(2.5.2c) $A = (A^{\varkappa\lambda})_{\varkappa,\lambda\epsilon B}.$

Ein Block ist eine spezielle Untermatrix. Als *Hauptuntermatrix* bezeichnet man jede Matrix $(a_{\alpha\beta})_{\alpha,\beta\epsilon K}$ zu einer Teilmenge $K\subset I$. Die

Diagonalblöcke $A^{\varkappa\varkappa}$ aus (2b) sind spezielle Hauptuntermatrizen. Der Begriff «Block» ist mehrdeutig. Er wird für die Indexuntermenge $I_\varkappa$, für einen Vektorblock $x^\varkappa$ wie auch für eine Block-Untermatrix verwendet. Unter den möglichen Blockzerlegungen gibt es zwei extreme Fälle: Ist B einelementig, besteht A nur aus einem Block, der mit A übereinstimmt. Ist $B = I$, d.h. sind alle Untermengen $I_\varkappa = \{\varkappa\}$ einelementig, fallen die Begriffe «Block» und «Matrixelement» zusammen.

Sind die Blockindizes $B = \{1,\ldots,k\}$ angeordnet, läßt sich eine Blockmatrix in der Form

$$A = \begin{bmatrix} A^{11} & A^{12} & \ldots & A^{1k} \\ A^{21} & A^{22} & \ldots & A^{2k} \\ \vdots & \vdots & & \vdots \\ A^{k1} & A^{k2} & \ldots & A^{kk} \end{bmatrix}$$

darstellen. Man beachte, daß im allgemeinen nur die Diagonalblöcke A^{ii} quadratische Untermatrizen sind.

Beispiel 2.5.2. Für das Modellproblem seien die Zeilen als Blöcke verwendet, wie in Beispiel 1 definiert. Dann sind $A^{jj} = h^{-2} T$ (vgl. (1.2.8)) die Diagonalblöcke und $A^{j,j-1} = A^{j,j+1} = -h^{-2} I$ die Nebendiagonalblöcke. Alle weiteren Blöcke sind Nullblöcke und daher nicht in (1.2.8) dargestellt. Man beachte, daß eine Darstellung durch (1.2.8) erst möglich ist, wenn die Indizes angeordnet sind.

Bemerkung 2.5.3. Blockmatrizen lassen sich in zweierlei Weise interpretieren. Zum einen kann man sie als Matrizen verstehen, die durch die Indexzerlegung (1) strukturiert worden sind. Zum anderen kann man sie auch als Matrizen zur Indexmenge B (nicht I) darstellen, deren Matrixelemente matrixwertig (nicht $\mathbb{K}$-wertig) sind. Zum Beispiel kann man die Matrixmultiplikation AB direkt über $(AB)^{\varkappa\lambda} = \sum_{\gamma \in B} A^{\varkappa\gamma} B^{\gamma\lambda}$ durch seine Blöcke definieren.

Die zweite Interpretation aus Bemerkung 3 gestattet es, die Begriffe «Diagonal-, Tridiagonal-, und Dreiecksmatrix» sofort auf Blockmatrizen zu übertragen: Bezüglich einer Indexzerlegung (1) heißt A *Blockdiagonalmatrix*, falls $A^{\varkappa\lambda} = 0$ (Nullblock) für alle $\varkappa \neq \lambda$, $\varkappa, \lambda \in B$. In Analogie zu (1.5a) schreibt man

(2.5.3a) $A = \text{blockdiag}\{D^\varkappa : \varkappa \in B\}$

für eine Blockdiagonalmatrix mit $A^{\varkappa\varkappa} = D^\varkappa$. Ist $C \in \mathbb{K}^{I \times I}$ eine beliebige Matrix, bezeichnet

(2.5.3b) $A = \text{blockdiag}\{C\} := \text{blockdiag}\{C^{\varkappa\varkappa} : \varkappa \in B\}$

den *Blockdiagonalanteil* von C, der nach Nullsetzen aller Außerdiagonalblöcke entsteht. Unterschiedliche Blockstrukturen B können zu unterschiedlichen Blockdiagonalanteilen blockdiag$\{C\}$ führen!

Entsprechend schreiben wir

(2.5.4) $A = \text{blocktridiag}\{(E^j, D^j, F^j): j \in B\}$

für eine _Blocktridiagonalmatrix_ (vgl. (1.6)), wenn B angeordnet ist. A ist eine obere (untere) _Blockdreiecksmatrix_, wenn $A^{ij} = 0$ für alle i, $j \in B$ mit $i > j$ $(i < j)$.

Übungsaufgabe 2.5.4. Man zeige: **(a)** $(A^T)^{\varkappa\lambda} = (A^{\lambda\varkappa})^T$, $(A^H)^{\varkappa\lambda} = (A^{\lambda\varkappa})^H$.
(b) Die Diagonalblöcke Hermitescher Matrizen sind wieder Hermitesch.
(c) A sei eine Blockdiagonal- oder Blockdreiecksmatrix mit Diagonalblöcken $A^{\varkappa\varkappa}$ $(\varkappa \in B)$. Das charakteristische Polynom von A ist das Produkt der charakteristischen Polynome von $A^{\varkappa\varkappa}$ $(\varkappa \in B)$. Für das Spektrum und den Spektralradius von A gilt

(2.5.5a) $\sigma(A) = \cup\{\sigma(A^{\varkappa\varkappa}): \varkappa \in B\}$,

(2.5.5b) $\rho(A) = \max\{|\lambda|: \lambda \text{ Eigenwert von } A^{\varkappa\varkappa}: \varkappa \in B\}$
                 $= \max\{\rho(A^{\varkappa\varkappa}): \varkappa \in B\}$.

(d) Für die Diagonalblöcke von Blockdreiecks- und Blockdiagonalmatrizen gilt

(2.5.5c) $(P(A))^{\varkappa\varkappa} = P(A^{\varkappa\varkappa})$ $(\varkappa \in B, P \text{ Polynom})$.

(e) Die Blockdiagonalstruktur bleibt bei Anwendung von Polynomen P erhalten:

(2.5.5d) $P(\text{blockdiag}\{D^\varkappa: \varkappa \in B\}) = \text{blockdiag}\{P(D^\varkappa): \varkappa \in B\}$.

2.6 Normen

2.6.1 Vektornormen

Im folgenden sei V ein endlichdimensionaler Vektorraum über dem Körper $\mathbb{K}$, der wahlweise für $\mathbb{R}$ oder $\mathbb{C}$ eingesetzt wird. In den bisherigen Anwendungen trat der Vektorraum $V = \mathbb{K}^I$ auf. Eine Abbildung $\|\cdot\|$: $V \to [0, \infty)$ heißt _Norm_ (auf V), wenn

(2.6.1a) $\|x\| = 0$ nur für $x = 0$,

(2.6.1b) $\|x + y\| \leqslant \|x\| + \|y\|$ für alle $x, y \in V$,   (Dreiecksungleichung)

(2.6.1c) $\|\lambda x\| = |\lambda| \|x\|$ für alle $\lambda \in \mathbb{K}$ und $x \in V$.

Gelegentlich wird auch $\|\|\cdot\|\|$ als Normsymbol verwendet. Spezielle Normen werden durch Indizes gekennzeichnet.

Beispiel 2.6.1. Spezielle Normen sind die _Maximumnorm_ $\|\cdot\|_\infty$ und die _Euklidische Norm_ $\|\cdot\|_2$, die wie folgt definiert sind:

(2.6.2) $\|x\|_\infty := \max\{|x_\alpha|: \alpha \in I\}$, $\|x\|_2 := \left(\sum_{\alpha \in I} |x_\alpha|^2\right)^{1/2}$.

Übungsaufgabe 2.6.2 (a) Man prüfe die Eigenschaften (1a–c) für die Normen (2) nach. Man zeige:
(b) Sei $c > 0$. Ist $\|\cdot\|$ eine Norm auf V, so auch $\|\|x\|\| := c\|x\|$.
(c) Ist $\|\cdot\|$ eine Norm auf $V = \mathbb{K}^I$ und $A \in \mathbb{K}^{I \times I}$ eine reguläre Matrix, so ist $\|\|x\|\| := \|Ax\|$ ebenfalls eine Norm auf V.

Lemma 2.6.3. Es gilt die «umgekehrte Dreiecksungleichung»

$$(2.6.3) \qquad \big|\, \|x\| - \|y\| \,\big| \leqslant \|x - y\| \qquad\qquad \text{für alle } x, y \in V.$$

Jede Norm definiert eine Topologie auf V. Im normierten Vektorraum $(V, \|\cdot\|)$ ist die Stetigkeit von Abbildungen definiert. Ungleichung (3) führt unmittelbar zur

Folgerung 2.6.4. Die Norm $\|\cdot\|$ ist eine stetige (sogar Lipschitz-stetige) Abbildung von $(V, \|\cdot\|)$ in $\mathbb{R}$.

2.6.2 Äquivalenz aller Normen

Zwei Normen $\|\cdot\|$, $\|\|\cdot\|\|$ auf V heißen _äquivalent_, wenn es eine Konstante C gibt mit

$$(2.6.4) \qquad \|x\| \leqslant C\|\|x\|\|, \quad \|\|x\|\| \leqslant C\|x\| \qquad \text{für alle } x \in V.$$

Übungsaufgabe 2.6.5. Man beweise: **(a)** Es gilt die Transitivität: Sind $(\|\cdot\|_a, \|\cdot\|_b)$ und $(\|\cdot\|_b, \|\cdot\|_c)$ zwei Paare äquivalenter Normen, so sind auch $\|\cdot\|_a$ und $\|\cdot\|_c$ äquivalent.
(b) Für die Euklidische Norm und die Maximumnorm gilt

$$(2.6.5) \qquad \|x\|_\infty \leqslant \|x\|_2, \quad \|x\|_2 \leqslant \sqrt{\#I}\,\|x\|_\infty \qquad \text{für alle } x \in V = \mathbb{K}^I.$$

Da im folgenden stets der endlichdimensionale Raum $V = \mathbb{K}^I$ betrachtet wird ($\#I < \infty$), gilt generell die Voraussetzung des folgenden Satzes.

Satz 2.6.6. Ist $\dim(V) < \infty$, so sind alle Normen auf V äquivalent.

Beweis. (i) Sei $\{\mathbf{e}_\alpha : \alpha \in I\}$ eine Basis von V. Durch

$$\|x\| := \max\{|a_\alpha| : \alpha \in I\} \qquad \text{mit } a_\alpha \text{ aus der Darstellung } x = \sum_\alpha a_\alpha \mathbf{e}_\alpha$$

definieren wir eine Referenznorm. $\|\|\cdot\|\|$ sei eine weitere Norm auf V. Wegen der Transitivität (vgl. Übungsaufgabe 5a) reicht es, die Äquivalenz von $\|\cdot\|$ und $\|\|\cdot\|\|$ zu zeigen.
(ii) Die zweite Ungleichung in (4): $\|\|x\|\| \leqslant c\|x\|$, folgt mit $c := \sum_\alpha \|\|\mathbf{e}_\alpha\|\|$ aus der Dreiecksungleichung:

$$\|\|x\|\| = \|\|\textstyle\sum a_\alpha \mathbf{e}_\alpha\|\| \leqslant \sum |a_\alpha|\,\|\|\mathbf{e}_\alpha\|\| \leqslant c\max_\alpha |a_\alpha| = c\|x\|.$$

(iii) Die Menge $S := \{x \in V : \|x\| = 1\}$ ist in $(V, \|\cdot\|)$ beschränkt (die Schranke ist 1) und als Urbild des Wertes 1 unter einer stetigen Abbildung (vgl. Folgerung 4) abgeschlossen. Da $\dim(V) < \infty$, ist S somit kompakt. Ungleichung (3) und Teil (ii) ergeben $\big|\,\||x\|| - \||y\||\,\big| \leqslant \||x-y\|| \leqslant$ $c\,\|x-y\|$, d.h. auch $\||\cdot\||$ ist bezüglich des durch $\|\cdot\|$ normierten Raumes $(V,\|\cdot\|)$ stetig. Da eine stetige Funktion auf einer kompakten Menge ihr Minimum annimmt, gibt es ein $x_0 \in S$ mit

$$\||x_0\|| \leqslant \||x'\|| \qquad\qquad\qquad \text{für alle } x' \in S \,.$$

(iv) Da (4) für $x=0$ trivial ist, sei $x \neq 0$ angenommen. Wegen (1a) ist $\xi := \|x\| > 0$, so daß $x' := x/\xi$ wohldefiniert ist und $\|x'\| = 1$, d.h. $x' \in S$ erfüllt. Teil (iii) liefert

$$\|x\| = \xi \leqslant \xi\,\||x'\|| / \||x_0\|| = c_0\,\xi\,\||x'\|| = c_0\,\||\xi x'\|| = c_0\,\||x\||$$

für $c_0 := 1/\||x_0\||$. Damit ist (4) mit $C := \max\{c,c_0\}$ bewiesen. ∎

Bemerkung 2.6.7 (a) Die Konstante C aus (4) hängt zwar nicht von $x \in V$, wohl aber von V, genauer von $\dim(V)$ ab, wie das Beispiel (5) zeigt.
(b) Da nach Ungleichung (4) die in $(V,\|\cdot\|)$ offenen Mengen auch in $(V,\||\cdot\||)$ offen sind, läßt sich die Äquivalenz der Normen auch wie folgt ausdrücken: In einem endlichdimensionalen normierten Raum $(V,\|\cdot\|)$ ist die Auswahl der die Topologie definierenden Norm $\|\cdot\|$ beliebig.

2.6.3 Zugeordnete Matrixnormen

Der Raum $\mathbb{K}^{I \times I}$ der $I \times I$-Matrizen ist ebenfalls ein linearer Vektorraum der Dimension $(\#I)^2$, so daß man auf ihm Normen (die sogenannten *Matrixnormen*) definieren kann. Normen auf $\mathbb{K}^I$ werden im Unterschied dazu *Vektor*normen genannt.

Beispiel 2.6.8. Die Verallgemeinerung der Euklidischen Norm ergibt die *Frobenius-Norm* $\|A\|_F := \big(\sum_{\alpha,\beta \in I} |a_{\alpha,\beta}|^2\big)^{1/2}$.

Da die Matrizen aufgrund der Matrixmultiplikation auch eine Algebra bilden, ist eine Teilklasse der Matrixnormen von größerem Interesse.

Definition 2.6.9. $\|\cdot\|$ sei eine (Vektor-)Norm auf $\mathbb{K}^I$. Die *zugeordnete Matrixnorm* ist

$$(2.6.6) \qquad \||A\|| := \sup\Big\{ \frac{\|Ax\|}{\|x\|} : 0 \neq x \in \mathbb{K}^I \Big\}.$$

Übungsaufgabe 2.6.10. Man zeige: (a) $\||\cdot\||$ aus (6) ist eine Norm auf $\mathbb{K}^{I \times I}$.
(b) Das Supremum (6) wird angenommen, so daß «sup» durch «max» ersetzbar ist.
(c) Unterscheiden sich zwei Vektornormen nur um einen Faktor (vgl. Übungsaufgabe 2b), so sind die zugeordneten Matrixnormen identisch.
(d) $\||A\||$ ist die kleinste Schranke C in der Ungleichung

$$(2.6.7) \qquad \|Ax\| \leqslant C\,\|x\| \qquad\qquad\qquad \text{für alle } x \in \mathbb{K}^I.$$

Im folgenden werden die Vektor- und die zugeordnete Matrixnorm stets mit dem gleichen Normsymbol bezeichnet, da eine Verwechslung wegen der disjunkten Definitionsbereiche nicht möglich ist. Insbesondere sind $\|A\|_\infty$, $\|A\|_2$ die der Maximumnorm $\|x\|_\infty$ bzw. der Euklidischen Norm $\|x\|_2$ zugeordneten Matrixnormen. Wegen seiner Nähe zum Spektralradius (vgl. §2.9.2) wird $\|A\|_2$ als *Spektralnorm* bezeichnet. Der Name *Zeilensummennorm* für $\|A\|_\infty$ erklärt sich aus

Übungsaufgabe 2.6.11. Man zeige: **(a)** $\|A\|_\infty$ hat die Darstellung

$$(2.6.8) \qquad \|A\|_\infty = \max\{\sum_{\beta\in I}|a_{\alpha\beta}|: \alpha\in I\} \qquad (A\in\mathbb{K}^{I\times I}).$$

(b) Für eine Diagonalmatrix gilt $\|D\|_\infty = \|D\|_2 = \max\{|d_\alpha|: \alpha\in I\} = \rho(D)$.
(c) Der Wert $\|A\|_2$ ist unabhängig davon, ob in (6) $\mathbb{K}=\mathbb{C}$ oder $\mathbb{K}=\mathbb{R}$ gewählt wird (vgl. (2.9.4a)).

Satz 2.6.12. $\|\cdot\|$ bezeichne sowohl die Vektornorm auf $\mathbb{K}^I$ als auch die zugeordnete Matrixnorm (6) auf $\mathbb{K}^{I\times I}$. Dann gilt:

$$(2.6.9a) \qquad \|AB\| \le \|A\|\,\|B\| \quad \text{für alle } A,B\in\mathbb{K}^{I\times I} \text{ (Submultiplikativität)},$$

$$(2.6.9b) \qquad \|Ax\| \le \|A\|\,\|x\| \quad \text{für alle } A\in\mathbb{K}^{I\times I}, x\in\mathbb{K}^I.$$

Beweis. **(b)** Nach Übung 10d kann man $C := \|\!|A|\!\|$ in (7) einsetzen.
(a) Man wende (9b) für Bx anstelle von x an: $\|ABx\| \le \|A\|\,\|Bx\|$. Anwendung von (9b) auf Bx liefert $\|ABx\| \le \|A\|\,\|B\|\,\|x\|$. Damit ist (7) mit $C := \|A\|\,\|B\|$ und AB statt B erfüllt. Übung 10d zeigt $\|AB\| \le C$. ▨

Übungsaufgabe 2.6.13 (a) $\|I\| = 1$ für jede zugeordnete Matrixnorm.
(b) Die Frobenius-Norm aus Beispiel 8 ist keiner Vektornorm zugeordnet.
(c) Zu einer Vektornorm $\|\cdot\|$ und einer regulären Matrix T sei $\|\!|\cdot|\!\|_T$ durch $\|\!|x|\!\|_T := \|Tx\|$ als weitere Vektornorm definiert (vgl. Übung 2c). Für die gleichbezeichnete zugeordnete Matrixnorm gilt dann die Beziehung

$$(2.6.10) \qquad \|\!|A|\!\|_T = \|TAT^{-1}\| \qquad\qquad \text{für alle } A\in\mathbb{K}^{I\times I}.$$

Definition 9 ordnet jeder Vektor- eine Matrixnorm zu. Diese Zuordnung ist nicht injektiv (vgl. Übung 10b). Zu jeder zugeordneten Matrixnorm $\|\cdot\|_M$ läßt sich aber die zugrundeliegende Vektornorm $\|\cdot\|_V$ bis auf einen Faktor zurückgewinnen. Dazu wähle man $0\ne a\in\mathbb{K}^I$. Das Produkt xa^H ($x\in\mathbb{K}^I$) stellt die Matrix $(x_\alpha a_\beta)_{\alpha,\beta\in I}$ dar. $\|x\|_a := \|xa^H\|_M$ ist eine Vektornorm, die sich von $\|\cdot\|_V$ nur um einen Faktor unterscheidet. Ist $\|\cdot\|_{a,M}$ die $\|\cdot\|_a$ zugeordnete Matrixnorm, so gilt: Eine beliebige Matrixnorm $\|\cdot\|_M$ ist genau dann zugeordnet, wenn $\|\cdot\|_M = \|\cdot\|_{a,M}$.

Sind X und Y zwei normierte Räume mit den Normen $\|\cdot\|_X$ und $\|\cdot\|_Y$, und stellt $A: X\to Y$ eine lineare Abbildung dar, so bezeichnet

$$(2.6.11) \qquad \|A\|_{Y\leftarrow X} := \sup\{\|Ax\|_Y / \|x\|_X: 0\ne x\in X\}$$

die zugehörige Matrixnorm.

2.7 Skalarprodukt

Ein *Skalarprodukt* auf einem Vektorraum V ist eine positive, symmetrische Sesquilinearform $\langle\cdot,\cdot\rangle : V\times V\to\mathbb{K}$ ($\mathbb{K}=\mathbb{R}$ oder $\mathbb{K}=\mathbb{C}$), d.h. es erfüllt

$$(2.7.1a) \qquad \langle x,x\rangle > 0 \qquad\qquad \text{für alle } 0\neq x\in V,$$

$$(2.7.1b) \qquad \langle x+\lambda x',y\rangle = \langle x,y\rangle + \lambda\langle x',y\rangle \qquad \text{für alle } x,x',y\in V,\ \lambda\in\mathbb{K},$$

$$(2.7.1c) \qquad \langle x,y\rangle = \overline{\langle y,x\rangle} \qquad\qquad \text{für alle } x,y\in V.$$

Aus (1b,c) folgert man die Halblinearität im zweiten Argument:

$$(2.7.1b') \qquad \langle x,y+\lambda y'\rangle = \langle x,y\rangle + \bar\lambda\langle x,y'\rangle \qquad \text{für alle } x,y,y'\in V,\ \lambda\in\mathbb{K}.$$

Für den reellen Fall $\mathbb{K}=\mathbb{R}$ können die Querstriche für die komplex konjugierten Werte ignoriert werden. Bekannte Eigenschaften des Skalarproduktes enthält die

Bemerkung 2.7.1. Jedes Skalarprodukt induziert durch

$$(2.7.2) \qquad \|x\| := \sqrt{\langle x,x\rangle}$$

eine Norm auf V. Es gilt die *Cauchy-Schwarzsche Ungleichung*

$$(2.7.3) \qquad |\langle x,y\rangle| \leqslant \|x\|\,\|y\| \qquad\qquad \text{für alle } x,y\in V,$$

wobei Gleichheit nur für linear abhängige Vektoren x,y zutrifft, und die Dualitätsaussage

$$(2.7.4) \qquad \|x\| = \max\{|\langle x,y\rangle|/\|y\| : 0\neq y\in V\}.$$

Das *Euklidische Skalarprodukt* auf $V=\mathbb{K}^I$ ist durch

$$(2.7.5) \qquad \langle x,y\rangle := \sum_{\alpha\in I} x_\alpha \bar y_\alpha$$

definiert. Wenn nicht explizit anders definiert, ist im folgenden mit $\langle\cdot,\cdot\rangle$ stets das Euklidische Skalarprodukt (5) gemeint. Das Euklidische Skalarprodukt $\langle x,y\rangle$ läßt sich auch in der Form $y^H x$ schreiben.

Bemerkung 2.7.2 (a) Die vom Euklidischen Skalarprodukt induzierte Norm (2) ist die Euklidische Norm $\|\cdot\|_2$ aus (6.2).
(b) Es gilt

$$(2.7.6) \qquad \langle Ax,y\rangle = \langle x,A^H y\rangle \qquad\qquad \text{für } x,y\in\mathbb{K}^I,\ A\in\mathbb{K}^{I\times I}.$$

Zwei Vektoren $x,y\in V$ heißen *orthogonal* (bezüglich $\langle\cdot,\cdot\rangle$), in Zeichen $x\perp y$, falls $\langle x,y\rangle=0$. x,y heißen *orthonormal*, falls sie orthogonal und normiert sind, d.h. $\langle x,x\rangle=\langle y,y\rangle=1$. Eine Basis $\{b^\alpha:\alpha\in I\}$ heißt *Orthonormalbasis*, falls die Vektoren b^α paarweise orthonormal sind.

Bemerkung 2.7.3 (Orthogonalisierungsverfahren). Sind b^1, b^2, ..., b^m m linear unabhängige Vektoren aus V, so definiert die Vorschrift

$$(2.7.7) \qquad w^i := b^i - \sum_{j=1}^{i-1} \langle v^j, b^i \rangle v^j, \quad v^i := w^i / \| w^i \| \quad (i=1,2,\dots,m)$$

mit der Norm $\| \cdot \|$ aus (2) m paarweise orthonormale Vektoren v^i, die den gleichen Unterraum aufspannen:

$$\operatorname{span}\{ b^1, \dots, b^m \} = \operatorname{span}\{ v^1, \dots, v^m \}.$$

Dabei ist $\operatorname{span}\{ x^\alpha : \alpha \in J \} := \{ x = \sum_{\alpha \in J} a_\alpha x^\alpha : a_\alpha \in \mathbb{K} \}$.

Ist W ein Unterraum des Vektorraums V, so heißt $x \in V$ orthogonal auf W (in Zeichen: $x \perp W$), wenn $x \perp w$ für alle $w \in W$. $W^\perp$ bezeichnet den _Orthogonalraum_ zu W:

$$W^\perp := \{ x \in V : x \perp W \}.$$

Lemma 2.7.4. Sei $\mathbf{a}_\alpha = (a_{\alpha\beta})_{\beta \in I}$ für $\alpha \in I$ der α-Spaltenvektor von $A = (a_{\alpha\beta})_{\alpha,\beta \in I}$. A ist genau dann eine unitäre Matrix, wenn $\{ \mathbf{a}_\alpha : \alpha \in I \}$ eine Orthonormalbasis darstellt.

Beweis. Folgt aus $(A^H A)_{\alpha\beta} = a_\alpha^H a_\beta = \langle a_\beta, a_\alpha \rangle = \delta_{\alpha\beta}$, d.h. $A^H A = I$. ∎

2.8 Normalformen

2.8.1 Schur-Normalform

Der folgende Satz besagt, daß jede Matrix unitär-ähnlich zu einer oberen Dreiecksmatrix ist. Selbstverständlich könnte die obere auch durch eine untere Dreiecksmatrix ersetzt werden. Damit von einer Dreiecksmatrix gesprochen werden kann, ist die Indexmenge I als angeordnet angenommen.

Satz 2.8.1 (Schur-Normalform). Zu jeder Matrix $A \in \mathbb{K}^{I \times I}$ gibt es eine unitäre Matrix Q und eine obere Dreiecksmatrix U, so daß

$$(2.8.1) \qquad A = Q U Q^H.$$

Q beschreibt eine unitäre Ähnlichkeitstransformation von A auf obere Dreiecksgestalt (Normalform):

$$(2.8.1') \qquad U = Q^H A Q.$$

Der Name «Normalform» beinhaltet nicht, daß Q und U eindeutig bestimmt sind.

Beweis des Satzes 1 durch Induktion nach $n := \# I$. Für $n = 1$ erfüllen $Q := I$ und $U := A$ Gleichung (1). Sei nun die Behauptung für $n - 1$ vorausgesetzt. Man wähle einen Eigenwert $\lambda \in \sigma(A)$ und einen zugehörigen Eigenvektor e (möglich nach Lemma 4.2). Der normierte Vektor $x^1 := e / \| e \|_2$ kann durch $x^2, \ldots, x^n$ zu einer Orthonormalbasis fortgesetzt werden. $X := [x^1, x^2, \ldots, x^n]$ bezeichne die Matrix mit den Spaltenvektoren x^i. Gemäß Lemma 7.4 ist X eine unitäre Matrix. e^1 sei der erste Einheitsvektor: $e_i^1 = \delta_{1i}$. Die erste Spalte von $A' := X^H A X$ ist $A' e^1 = X^H A X e^1 = X^H A x^1 = \lambda X^H x^1 = \lambda X^H X e^1 = \lambda e^1$, da x^1 ebenso wie e ein Eigenvektor zu λ ist. Die Zerlegung der Indexmenge $I = \{1, \ldots, n\}$ in $I_1 := \{1\}$ und $I_2 := \{2, \ldots, n\}$ induziert die Blockzerlegung von A' in $A' = [\lambda e^1, \ldots] = \begin{bmatrix} \lambda & a \\ 0 & A'' \end{bmatrix}$ mit einer $I_2 \times I_2$-Matrix A'' und einem I_2-Zeilenvektor a. Da $\# I_2 = n - 1$, gibt es nach Induktionsvoraussetzung eine unitäre $I_2 \times I_2$-Matrix Y, so daß $Y^H A'' Y = U'$ eine obere $I_2 \times I_2$-Dreiecksmatrix ist. Lemma 7.4 zeigt, daß die um eine Zeile und Spalte erweiterte $I \times I$—Matrix $Y' := \begin{bmatrix} 1 & 0 \\ 0 & Y \end{bmatrix}$ wieder unitär ist. Das Produkt $U := Y'^H A' Y' = Y'^H X^H A X Y'$ ergibt sich zu

$$Y'^H \begin{bmatrix} \lambda & aY \\ 0 & A''Y \end{bmatrix} = \begin{bmatrix} 1 & 0 \\ 0 & Y^H \end{bmatrix} \begin{bmatrix} \lambda & aY \\ 0 & A''Y \end{bmatrix} = \begin{bmatrix} \lambda & aY \\ 0 & Y^H A''Y \end{bmatrix} = \begin{bmatrix} \lambda & aY \\ 0 & U'' \end{bmatrix}.$$

Mit U'' ist auch U eine obere Dreiecksmatrix. Das Produkt $Q := XY'$ ist unitär (vgl. Bemerkung 1.4c). Damit sind (1') und (1) bewiesen.

Übungsaufgabe 4.3 und Satz 4.5 liefern den

Zusatz 2.8.2. Die Diagonale von U aus (1) enthält die Eigenwerte von A:

$$\sigma(A) = \{u_{ii} : i \in I\}.$$

Beweis zu Lemma 4.7. P sei ein Polynom. A sei gemäß (1) durch $Q U Q^H$ dargestellt. Wegen $P(A) = Q P(U) Q^H$ (vgl. Übungsaufgabe 4.12a) stimmen die charakteristischen Polynome von $P(A)$ und $P(U)$ überein (vgl. Satz 4.5a). $P(U)$ ist wieder obere Dreiecksmatrix (vgl. Übungsaufgabe 4.11c) mit den Diagonalelementen $(P(U))_{ii} = P(U_{ii})$ (vgl. Übungsaufgabe 4.12c). Da die U_{ii} die Eigenwerte von A mit der gleichen Vielfachheit durchläuft (vgl. Satz 4.5a), folgen die Aussagen (a), (b) des Lemmas. Teil (c) ergibt sich unmittelbar.

2.8.2 Jordan-Normalform

Durch eine Untersuchung der Kerne von $(A - \lambda I)^k$ für $\lambda \in \sigma(A)$ und $k = n, n - 1, \ldots, 1$ läßt sich eine Basis bestehend aus Haupt- und Eigenvektoren finden, die eine Transformation T auf die Jordan-Normalform erzeugt (vgl. Gantmacher [1, VII.§7]). Die Jordan-Normalform ist eine obere Dreiecksmatrix mit stärkerer Struktur als U aus (1). Ihr Nachteil ist, daß T im allgemeinen nicht unitär ist.

Die $k \times k$-Bidiagonalmatrix («Jordan-Block»)

$$(2.8.2) \qquad J(\lambda,k) = \begin{bmatrix} \lambda\,1 & & & O \\ & \lambda\,1 & & \\ & & \ddots\ \ddots & \\ & & & \lambda\,1 \\ O & & & \lambda \end{bmatrix} \Bigg\}\ k \text{ Zeilen und Spalten}$$

hat den Eigenwert λ zur algebraischen Vielfachheit k. Da aber nur ein Eigenvektor existiert, beträgt die geometrische Vielfachheit 1.

Satz 2.8.3 (Jordan-Normalform). Zu jeder Matrix $A \in \mathbb{K}^{I \times I}$ gibt es eine reguläre Matrix T, die A auf seine Jordan-Normalform J transformiert:

$$(2.8.3a) \qquad A = T J T^{-1} \quad \text{bzw.} \quad J = T^{-1} A T.$$

Dabei ist J eine obere Dreiecksmatrix mit der Blockdiagonalgestalt:

$$(2.8.3b) \qquad J = \text{blockdiag}\{ J(\lambda_i,k_i) : i=1,\ldots,K\} \quad \text{mit } k_i \geqslant 1,\ \sum_{i=1}^{K} k_i = n \mathrel{\vcenter{:}}= \# I.$$

Die λ_i durchlaufen alle Eigenwerte $\sigma(A)$. Die Summe der k_i zu gleichen Eigenwerten λ_i ergibt die algebraische Vielfachheit von λ_i. K stimmt mit der Maximalanzahl linear unabhängiger Eigenvektoren überein.

Da A und J ähnlich sind, haben sie das gleiche charakteristische Polynom (vgl. Satz 4.5a). Gemäß Übungsaufgabe 5.4c lautet das gemeinsame charakteristische Polynom

$$(2.8.4a) \qquad \chi(\xi) = \prod_{i=1}^{K} \det(J(\lambda_i,k_i) - \xi I) = \prod_{i=1}^{K} (\lambda_i - \xi)^{k_i}.$$

Da die λ_i in (4a) nicht paarweise verschieden zu sein brauchen, ist k_i nicht notwendigerweise die Vielfachheit von λ_i. Wir definieren

$$(2.8.4b) \qquad \bar{k}(\lambda) \mathrel{\vcenter{:}}= \text{algebraische Vielfachheit von } \lambda \in \sigma(A),$$

$$(2.8.4c) \qquad \underline{k}(\lambda) \mathrel{\vcenter{:}}= \max\{k_i : \lambda_i = \lambda,\ 1 \leqslant i \leqslant K\} \quad \text{für } \lambda \in \sigma(A).$$

Offenbar gilt $\bar{k}(\lambda) \geqslant \underline{k}(\lambda)$ und $\chi(\xi) = \prod\limits_{\lambda \in \sigma(A)} (\lambda - \xi)^{\bar{k}(\lambda)}$, wobei das Produkt über die *verschiedenen* Eigenwerte aus $\sigma(A)$ zu bilden ist. Damit ist das Polynom

$$(2.8.4d) \qquad \mu(\xi) \mathrel{\vcenter{:}}= \prod\limits_{\lambda \in \sigma(A)} (\lambda - \xi)^{\underline{k}(\lambda)}$$

ein Teiler des charakteristischen Polynoms $\chi(\xi)$. $\mu(\xi)$ heißt *Minimalpolynom* von A, weil es das Polynom kleinsten Grades ist, das die Forderung (5) erfüllt.

Satz 2.8.4 (Cayley-Hamilton). μ und χ seien das Minimalpolynom bzw. das charakteristische Polynom zu einer Matrix A. Dann gilt

$$(2.8.5) \qquad \mu(A) = \chi(A) = 0 \qquad\qquad (0 = \text{Nullmatrix}).$$

Beweis. (i) Will man $p(B)=0$ für ein Polynom p beweisen, genügt es, $q(B)=0$ für ein Teilerpolynom q nachzuweisen.

(ii) Man setze $q(\xi) := (\lambda - \xi)^{\underline{k}(\lambda)}$ mit $\lambda = \lambda_i$ für ein $i \in \{1, \ldots, K\}$. Da $\lambda_i I - J(\lambda_i, k_i)$ eine strikte obere Dreiecksmatrix ist und nach Definition (4c) $\underline{k}(\lambda) \geqslant k_i$ gilt, ergibt $q(J(\lambda_i, k_i))$ die Nullmatrix (vgl. Lemma 4.9). $q(\xi)$ ist Teiler von $\mu(\xi)$, also $\mu(J(\lambda_i, k_i)) = 0$ nach Teil (i) für alle $i = 1, \ldots, K$.

(iii) Übung 5.4e angewandt auf die Blockdiagonalmatrix J ergibt $\mu(J) = \text{blockdiag}\{\mu(J(\lambda_i, k_i)): 1 \leqslant i \leqslant K\} = \text{blockdiag}\{0: 1 \leqslant i \leqslant K\} = 0$. Nach Übung 4.12a schließt man aus (3a), daß $\mu(A) = T\mu(J)T^{-1} = 0$. Da μ Teiler von χ, folgt der restliche Teil der Aussage (5) aus (i). ▨

2.8.3 Diagonalisierbarkeit

Wenn $k_i = 1$ für alle $i = 1, \ldots, K$, wird J aus (3b) zur Diagonalmatrix. In diesem Falle beschreibt (3a) eine Transformation auf Diagonalgestalt.

Satz 2.8.5 (Diagonalisierbarkeit). Sei $A \in \mathbb{K}^{I \times I}$. Eine reguläre Matrix T, die A auf Diagonalform transformiert,

$$(2.8.6) \qquad A = TDT^{-1}, \qquad D = \text{diag}\{\lambda_\alpha: \alpha \in I\},$$

existiert genau dann, wenn es $n := \#I$ linear unabhängige Eigenvektoren gibt. In diesem Falle heißt A _diagonalisierbar_. Sind zudem alle λ_α ($\alpha \in I$) reell, heißt A _reell diagonalisierbar_.

Beweis. Gilt (6), so schließt man aus $AT = TD$, daß die α-Spaltenvektoren $e^\alpha := T\mathbf{e}_\alpha$ ($\mathbf{e}_\alpha$: α-Einheitsvektor) von T die (linear unabhängigen) Eigenvektoren von A sind. Setzt man umgekehrt aus den n linear unabhängigen Eigenvektoren als Spaltenvektoren die Matrix T zusammen, folgt $AT = TD$, d.h. (6). ▨

Bemerkung 2.8.6. Sind die Matrizen A und B ähnlich, so ist A genau dann diagonalisierbar, wenn auch B diagonalisierbar ist.

Die Transformationsmatrix T aus (6) ist i.a. nicht unitär. Genauer gilt:

Satz 2.8.7. Eine _unitäre_ Matrix Q, die A auf Diagonalform transformiert,

$$(2.8.7) \qquad A = QDQ^H, \qquad Q \text{ unitär}, \qquad D = \text{diag}\{\lambda_{\alpha\alpha}: \alpha \in I\},$$

existiert genau dann, wenn A normal ist.

Beweis. (i) Gilt $A = QBQ^H$ mit unitärem Q, so ist A genau dann normal, wenn B normal ist, denn $A^H A = (QB^H Q^H)(QBQ^H) = QB^H BQ^H$ und $AA^H = (QBQ^H)(QB^H Q^H) = QBB^H Q^H$.

(ii) Falls (7) gilt, kann (i) mit $B = D$ angewandt werden: Eine Diagonalmatrix ist stets normal, also auch A.

(iii) A sei normal und QUQ^H ihre Schur-Normalform. Nach Teil (i) ist U normal. Durch Induktion nach $n := \#I$ wollen wir beweisen: Eine normale obere Dreiecksmatrix ist diagonal. Für $n = 1$ fallen diese Begriffe zusammen. Die $n \times n$-Matrix U kann in der Blockgestalt $U = \begin{bmatrix} \lambda & a^H \\ 0 & U' \end{bmatrix}$ mit einer oberen $(n-1) \times (n-1)$-Dreiecksmatrix U' und einem $(n-1)$-Zeilenvektor a^H geschrieben werden. Der Vergleich von $U U^H = \begin{bmatrix} \lambda & a^H \\ 0 & U' \end{bmatrix} \begin{bmatrix} \bar\lambda & 0 \\ a & U'^H \end{bmatrix} = \begin{bmatrix} |\lambda|^2 + a^H a & \dots \\ \dots & U' U'^H \end{bmatrix}$ mit $U^H U = \begin{bmatrix} \bar\lambda & 0 \\ a & U'^H \end{bmatrix} \begin{bmatrix} \lambda & a^H \\ 0 & U' \end{bmatrix} = \begin{bmatrix} |\lambda|^2 & \dots \\ \dots & U'^H U' \end{bmatrix}$ zeigt $a^H a = \langle a, a \rangle = 0$, also $a = 0$. Ferner ist U' normal, also nach Induktionsannahme diagonal. Damit ist auch U diagonal, d.h. $D := U$ erfüllt (7). ∎

Da Hermitesche Matrizen A insbesondere normal sind (vgl. Bemerkung 1.4a), existiert die Darstellung (7). $A = A^H$ ist äquivalent zu $D = D^H$. Andererseits charakterisiert $D = D^H$ die reellen Diagonalmatrizen. Somit folgt der

Satz 2.8.8. Eine unitäre Matrix Q, die A auf *reelle* Diagonalform transformiert,

$$(2.8.8) \qquad A = Q D Q^H, \qquad Q \text{ unitär}, \qquad D = \operatorname{diag}\{\lambda_\alpha : \alpha \in I\} \text{ reell,}$$

existiert genau dann, wenn A *Hermitesch* ist.

Auf diagonalisierbare Matrizen lassen sich nicht nur Polynome, sondern auch allgemeine Funktionen anwenden:

Bemerkung 2.8.9. A sei diagonalisierbar. Ist $f: \sigma(A) \to \mathbb{K}$ eine beliebige Funktion, so ist die Matrix $f(A)$ durch

$$(2.8.9a) \qquad f(A) := T \operatorname{diag}\{f(\lambda_\alpha) : \alpha \in I\} T^{-1}$$

mit T und $D = \operatorname{diag}\{\lambda_\alpha : \alpha \in I\}$ aus (6) definiert. A und $f(A)$ sind vertauschbar. Ist $g: \sigma(A) \to \mathbb{K}$ eine zweite Funktion, sind $f(A)$ und $g(A)$ vertauschbar. Ferner gilt für alle regulären $S \in \mathbb{K}^{I \times I}$

$$(2.8.9b) \qquad f(S A S^{-1}) = S f(A) S^{-1}.$$

Satz 2.8.10. Seien A, B normal. A, B sind genau dann vertauschbar, wenn eine simultane unitäre Transformation auf Diagonalform existiert:

$$(2.8.10) \qquad Q^H A Q = \operatorname{diag}\{\lambda_\alpha : \alpha \in I\}, \qquad Q^H B Q = \operatorname{diag}\{\mu_\alpha : \alpha \in I\}.$$

Die Spaltenvektoren von Q sind die gemeinsamen Eigenvektoren von A, B.

Beweis. (i) Da Diagonalmatrizen stets vertauschbar sind, folgt aus (10)

$$Q^H A B Q = (Q^H A Q)(Q^H B Q) = (Q^H B Q)(Q^H A Q) = Q^H B A Q$$

und damit $A B = B A$.

(ii) Sei T unitär mit $T^H A T = D_A := \mathrm{diag}\{\lambda_\alpha : \alpha \in I\}$. Aus $AB = BA$ folgt $D_A X = X D_A$ mit $X := T^H B T$. Sei zunächst $\lambda_\alpha \neq \lambda_\beta$ für $\alpha \neq \beta$ angenommen. Aus $\lambda_\alpha X_{\alpha\beta} = (D_A X)_{\alpha\beta} = (X D_A)_{\alpha\beta} = \lambda_\beta X_{\alpha\beta}$ folgt $X_{\alpha\beta} = 0$ für $\alpha \neq \beta$. Also ist X diagonal, d.h. $Q := T$ transformiert auch B auf die Diagonalmatrix $X = T^H B T$. Im Falle mehrfacher Eigenwerte ist X eine Blockdiagonalmatrix. Man kann $S = \mathrm{blockdiag}\{S^\varkappa : \varkappa \in B\}$ so wählen, daß $S^\varkappa$ unitär ist und den Diagonalblock $X^{\varkappa\varkappa}$ auf Diagonalform bringt. $Q := TS$ hat die gewünschten Eigenschaften.   ▨

Folgerung 2.8.11. Sind A, B vertauschbar und normal mit Eigenwerten $\lambda_\alpha, \mu_\alpha$ $(\alpha \in I)$, so hat $aA + bB$ die Eigenwerte $a\lambda_\alpha + b\mu_\alpha$ $(\alpha \in I)$.

2.9 Zusammenhang zwischen Normen und Spektralradius

2.9.1 Zugeordnete Matrixnormen als obere Eigenwertschranken

Lemma 2.9.1. $\|\cdot\|$ sei eine zugeordnete Matrixnorm. Dann gilt

(2.9.1a) $|\lambda| \le \|A\|$ für alle Eigenwerte λ der Matrix A,

(2.9.1b) $\rho(A) \le \|A\|$ für alle Matrizen A.

Beweis. Nach Lemma 4.2 gibt es zu λ einen Eigenvektor e mit $Ae = \lambda e$. Elementare Normeigenschaften (vgl. (6.1c) und (6.9b)) liefern $|\lambda|\,\|e\| = \|\lambda e\| = \|Ae\| \le \|A\|\,\|e\|$, damit (1a). (1b) folgt aus (1a).   ▨

2.9.2 Die Spektralnorm

In §2.6.3 wurde die *Spektralnorm* $\|\cdot\|_2$ als die der Euklidischen Vektornorm zugeordnete Matrixnorm definiert.

Lemma 2.9.2. Die Euklidische Norm und die Spektralnorm sind im folgende Sinne invariant gegen unitäre Transformationen. Für eine unitäre Matrix $Q \in \mathbb{K}^{I \times I}$ gilt

(2.9.2a) $\|Qx\|_2 = \|x\|_2$ für alle $x \in \mathbb{K}^I$,

(2.9.2b) $\|Q\|_2 = \|Q^H\|_2 = 1$,

(2.9.2c) $\|QA\|_2 = \|AQ\|_2 = \|Q^H A\|_2 = \|AQ^H\|_2 = \|Q^H A Q\|_2 = \|QAQ^H\|_2 = \|A\|_2$.

Beweis. (a) Es gilt $\|Qx\|_2^2 = \langle Qx, Qx \rangle = \langle x, Q^H Q x \rangle = \langle x, x \rangle = \|x\|_2^2$ wegen (7.2), (1.4d) und (7.6).
(b) Da nach Bemerkung 1.4b mit Q auch Q^H unitär ist, reicht es, die Aussagen für Q zu beweisen. (2b) folgt aus Definition (6.6) wegen (2a).
(c) (6.9a) und (2b) ergeben $\|QA\|_2 \le \|Q\|_2 \|A\|_2 = \|A\|_2$. Die gleiche Abschätzung mit Q^H und QA für Q und A zeigt $\|A\|_2 = \|Q^H Q A\|_2 \le \|QA\|_2$, so daß $\|QA\|_2 = \|A\|_2$ bewiesen ist. Alle weiteren Aussagen in (2c) werden analog bewiesen oder ergeben sich aus den vorhergehenden.   ▨

Lemma 2.9.3. Eine äquivalente Definition der Spektralnorm ist

$$(2.9.3) \qquad \|A\|_2 = \max\{|\langle Ax,y\rangle|/(\|x\|_2\|y\|_2): 0 \neq x,y \in \mathbb{K}^I\}.$$

Beweis. Man drücke $\|Ax\|_2$ in (6.6) mit Hilfe von (7.4) aus.　　　∎

Aus (3), (7.6) und (7.1c) ergibt sich sofort der ersten Teil der

Folgerung 2.9.4. $\|A^H\|_2 = \|\bar{A}\|_2 = \|A^T\|_2 = \|A\|_2$.

Der Name «Spektralnorm» beruht darauf, daß diese Norm für normale Matrizen mit dem Spektralradius übereinstimmt und auch im allgemeinen Fall aus dem Spektralradius hervorgeht, wie der folgende Satz zeigt.

Satz 2.9.5. Für die Spektralnorm gilt

$$(2.9.4a) \qquad \|A\|_2 = \sqrt{\rho(A^H A)} = \sqrt{\rho(AA^H)} \qquad \text{für alle } A \in \mathbb{K}^{I \times I},$$

$$(2.9.4b) \qquad \|A\|_2 = \rho(A) \qquad \text{für alle } \textit{normalen} \text{ Matrizen } A \in \mathbb{K}^{I \times I}.$$

(4a) gilt auch für rechteckige Matrizen $A \in \mathbb{K}^{I \times J}$.

Beweis. (i) Nach Definition 6.9 ist das Quadrat $\|A\|_2^2$ das Maximum von $\|Ax\|_2^2/\|x\|_2^2 = \langle Ax,Ax\rangle/\langle x,x\rangle = \langle A^H A x,x\rangle/\langle x,x\rangle$ über alle $x \neq 0$. Die Hermitesche Matrix $A^H A$ hat die Darstellung QDQ^H mit der Diagonalmatrix $\mathrm{diag}\{\lambda_\alpha\}$ aus den Eigenwerten λ_α von $A^H A$. Diese Eigenwerte sind reell und ≥ 0 (vgl. Übung 10.10a, Lemma 10.3). Sei $\rho(A^H A) = \lambda_\beta$ für $\beta \in I$. Substitution $y = Q^H x$ und (2a) ergeben $\|Ax\|_2^2/\|x\|_2^2 = \langle y,Dy\rangle/\langle y,y\rangle$. Letzteres ist maximal für den Einheitsvektor $y = e_\beta$ und liefert den Wert $\|A\|_2^2 = \rho(A^H A)$. Die zweite Gleichheit in (4a) ergibt sich aus Lemma 4.16. (ii) Nach Satz 8.7 gibt es zu einer normalen Matrix A eine unitäre Matrix Q und eine Diagonalmatrix D derart, daß $A = QDQ^H$. (2c) zeigt $\|A\|_2 = \|D\|_2$. Gemäß Übungsaufgabe 6.11b ist aber $\|D\|_2 = \rho(D)$. Da A und D ähnliche Matrizen sind, ist $\rho(A) = \rho(D)$, so daß (4b) bewiesen ist.　　　∎

Da $A^H A$ und $A A^H$ als Hermitesche Matrizen normal sind, zeigen (4a,b) auch, daß

$$(2.9.4c) \qquad \|A\|_2^2 = \|A^H A\|_2 = \|AA^H\|_2 \qquad \text{für alle } A \in \mathbb{K}^{I \times J}.$$

Übungsaufgabe 2.9.6. Man beweise: (a) Für alle $A \in \mathbb{K}^{I \times I}$ mit $n := \#I$ gilt
$\|A\|_2 \leq [\|A^H\|_\infty \|A\|_\infty]^{1/2}$, $\|A\|_2 \leq \sqrt{n}\|A\|_\infty$, $\|A\|_\infty \leq \sqrt{n}\|A\|_2$.
(b) $\|A\|_2 \leq \|A\|_\infty$ für normale A.
(c) $|a_{\alpha\beta}| \leq \|A\|_2$ für jedes Matrixelement von A.
(d) $|a_{\alpha\beta}| \leq C$ für alle $\alpha,\beta \in I$ impliziert $\|A\|_2 \leq nC$.

2.9.3 Den Spektralradius approximierende Matrixnormen

Lemma 2.9.7. Zu jeder Matrix $A \in \mathbb{K}^{I \times I}$ und jedem $\varepsilon > 0$ gibt es eine zugeordnete Matrixnorm $\|\cdot\|_{A,\varepsilon}$ mit der Eigenschaft

$$(2.9.5) \qquad \rho(A) \le \|A\|_{A,\varepsilon} \le \rho(A) + \varepsilon .$$

Beweis. Sei $A = QUQ^H$ die Schur-Normalform (8.1). Die Eigenwerte von A sind die Diagonalelemente $\lambda_i := u_{ii}$ von U (vgl. Übungsaufgabe 4.3). Für die Diagonalmatrix $D := \mathrm{diag}\{\lambda_1, \ldots, \lambda_n\}$, $n := \#I$, gilt daher (vgl. (4b))

$$(2.9.6a) \qquad \rho(A) = \rho(D) = \|D\|_2 .$$

Wir setzen $\xi := \min\{1, \varepsilon / [n\|A\|_2]\}$ und wenden die Ähnlichkeitstransformation mit der Diagonalmatrix $X := \mathrm{diag}\{1, \xi, \xi^2, \ldots, \xi^{n-1}\}$ auf U an:

$$V := X^{-1} U X = \begin{bmatrix} \lambda_1 & \xi u_{12} & \xi^2 u_{13} & \cdots \\ & \lambda_2 & \xi\, u_{23} & \cdots \\ O & & \ddots & \end{bmatrix} = D + R, \qquad R_{ij} = \begin{cases} 0 & \text{für } i \ge j, \\ \xi^{j-i} u_{ij} & \text{für } i < j. \end{cases}$$

Gemäß Übung 6c, (2c) und $\xi \le 1$ ist $|R_{ij}| \le \xi^{j-i} |u_{ij}| \le \xi \|U\|_2 = \xi \|A\|_2 \le \varepsilon/n$ für $i < j$ nach Wahl von ξ. Übung 6d liefert $\|R\|_2 \le \varepsilon$. Wir definieren die Vektornorm $\|x\|_{A,\varepsilon} := \|X^{-1}Q^H x\|_2$ (vgl. Übung 6.2c). Die zugeordnete Matrixnorm ist $\|A\|_{A,\varepsilon} = \|X^{-1}Q^H A Q X\|_2$ (vgl. (6.10)). Damit erhalten wir

$$(2.9.6b) \qquad \|A\|_{A,\varepsilon} = \|X^{-1}Q^H A\, Q X\| = \|X^{-1}U X\|_2 = \|V\|_2 \le \|D\|_2 + \|R\|_2 .$$

Gleichung (6a) und $\|R\|_2 \le \varepsilon$ ergeben $\|A\|_{A,\varepsilon} \le \rho(A) + \varepsilon$. Der erste Teil der Ungleichung (5) ist trivial wegen (1b). ∎

Der folgende Satz zeigt den asymptotischen Zusammenhang einer beliebigen Norm mit dem Spektralradius.

Satz 2.9.8. Für alle $A \in \mathbb{K}^{I \times I}$ und jede (auch nicht-zugeordnete) Matrixnorm gilt

$$(2.9.7) \qquad \rho(A) = \lim_{m \to \infty} \|A^m\|^{1/m} .$$

Beweis. (i) Sei $\|\!|\cdot|\!\|$ eine zweite Matrixnorm. Man folgert aus der Äquivalenz $\|\cdot\| \le C \|\!|\cdot|\!\|$ (vgl. Satz 6.6), daß $\underline{\lim}\|A^m\|^{1/m} \le \underline{\lim}(C\|\!|A^m|\!\|)^{1/m} = \underline{\lim}\|\!|A^m|\!\|^{1/m}$. Ebenso folgt $\underline{\lim}\|\!|A^m|\!\|^{1/m} \le \underline{\lim}\|A^m\|^{1/m}$ aus $\|\!|\cdot|\!\| \le C\|\cdot\|$, so daß die Gleichheit bewiesen ist. Die analoge Argumentation trifft auch auf den Limes superior zu: Für beliebige Matrixnormen $\|\!|\cdot|\!\|$, $\|\cdot\|$ gilt

$$(2.9.7') \qquad \underline{\lim}\|\!|A^m|\!\|^{1/m} = \underline{\lim}\|A^m\|^{1/m} \le \overline{\lim}\|A^m\|^{1/m} = \overline{\lim}\|\!|A^m|\!\|^{1/m} .$$

(ii) $\|\cdot\|_{A,\varepsilon}$ $(\varepsilon > 0)$ sei die Norm aus Lemma 7 und $\|\!|\cdot|\!\|$ die zugeordnete Matrixnorm. (5) zeigt, daß $\rho(A) = \rho(A^m)^{1/m} \le \|\!|A^m|\!\|^{1/m} \le (\|\!|A|\!\|^m)^{1/m} = \|\!|A|\!\| \le \rho(A) + \varepsilon$ für alle m, also liegen auch der Limes inferior und der Limes superior von $\|\!|A^m|\!\|^{1/m}$ im Intervall $[\rho(A), \rho(A) + \varepsilon]$. Wegen (7') folgt $\rho(A) \le \underline{\lim}\|A^m\|^{1/m} \le \overline{\lim}\|A^m\|^{1/m} \le \rho(A) + \varepsilon$. Da $\varepsilon > 0$ beliebig, ist (7) bewiesen. ∎

2.9.4 Die geometrische Reihe (Neumannsche Reihe) für Matrizen

Für die endliche geometrische Reihe rechnet man sofort nach, daß

$$(2.9.8) \qquad \left[\sum_{\nu=0}^{m-1} A^{\nu} \right][I-A] = I - A^m .$$

gilt. Ist 1 kein Eigenwert von A, d.h. $I-A$ regulär, formt man (8) um zu

$$(2.9.8') \qquad \sum_{\nu=0}^{m-1} A^{\nu} = (I - A^m)(I-A)^{-1} .$$

Lemma 2.9.9. Sei $A \in \mathbb{K}^{I \times I}$. $\lim\limits_{m \to \infty} \| A^m \| = 0$ gilt genau dann, wenn $\rho(A) < 1$.

Beweis. (i) Wenn $\rho := \rho(A) < 1$, schließt man aus (7): $\| A^m \|^{1/m} \to \rho$ für jedes ρ' mit $\rho < \rho' < 1$, daß $\| A^m \| < \rho'^m \to 0$ für $m \geq m_0$ mit hinreichend großem m_0. Also ist $\rho(A) < 1$ hinreichend für $\| A^m \| \to 0$.
(ii) Wenn $\rho := \rho(A) \geq 1$, zeigt (1b), daß $\| A^m \| \geq \rho(A^m) = \rho(A)^m \geq 1$ (vgl. (4.6b)). Also ist $\rho(A) < 1$ auch notwendig für $\| A^m \| \to 0$.   ◻

> **Satz 2.9.10.** Genau dann wenn $\rho(A) < 1$, konvergiert die geometrische Reihe und ergibt
>
> $$(2.9.9) \qquad \sum_{\nu=0}^{\infty} A^{\nu} = (I-A)^{-1} .$$

Beweis. (i) Für $\rho(A) < 1$ kann man nach Lemma 9 in (8) den Limes $m \to \infty$ durchführen und erhält $(\sum_{\nu=0}^{\infty} A^{\nu})(I-A) = I$, d.h. (9).
(ii) Für $\rho(A) \geq 1$ bilden die Reihenglieder A^{ν} nach Lemma 9 keine Nullfolge, so daß die geometrische Reihe divergieren muß.   ◻

2.9.5 Der numerische Radius einer Matrix

Eine Stellung zwischen Spektralradius und Spektralnorm nimmt die folgende Größe ein, die *numerischer Radius* der Matrix A heißt:

$$(2.9.10) \qquad r(A) := \max\{ |\langle Ax, x \rangle| / \| x \|_2^2 : 0 \neq x \in \mathbb{C}^I \} .$$

Die interessante Eigenschaft ist die Abschätzbarkeit gegenüber der Spektralnorm in (11b,d).

Lemma 2.9.11. Der numerische Radius $r(A)$ erfüllt die Eigenschaften

$(2.9.11a)$	$r(A^H) = r(A)$	für alle $A \in \mathbb{K}^{I \times I}$,
$(2.9.11b)$	$\rho(A) \leq r(A) \leq \| A \|_2$	für alle $A \in \mathbb{K}^{I \times I}$,
$(2.9.11c)$	$r(A) = \| A \|_2 = \rho(A)$	für alle normalen A,
$(2.9.11d)$	$\| A \|_2 \leq 2\, r(A)$	für alle $A \in \mathbb{K}^{I \times I}$.

Beweis. (i) (11a) ist Folge von (7.6) und (7.1c): $|\langle Ax, x \rangle| = |\langle A^H x, x \rangle|$.
(ii) Aus $|\langle Ax, x \rangle| \leq \| Ax \|_2 \| x \|_2 \leq \| A \|_2 \| x \|_2^2$ schließt man $r(A) \leq \| A \|_2$. Sei x der Eigenvektor von A zum Eigenwert λ mit maximalem Betrag: $|\lambda| = \rho(A)$. $|\langle Ax, x \rangle| = |\lambda| \langle x, x \rangle$ führt auf $r(A) \geq |\lambda| = \rho(A)$.

(iii) (11b) und (4b) beweisen (11c).

(iv) Jede Matrix A erlaubt die eindeutige Zerlegung

$$(2.9.12)\qquad A = A_0 + i A_1, \quad A_0 := \tfrac{1}{2}(A+A^H), \quad A_1 := \tfrac{1}{2i}(A-A^H)$$

in den symmetrischen Anteil A_0 und schiefsymmetrischen Anteil $i A_1$ von A. Man prüft nach, daß A_0 und A_1 Hermitesch sind:

$$A_0 = A_0^H, \qquad A_1 = A_1^H.$$

Hermitesche Matrizen sind normal, so daß $\|A_k\|_2 = r(A_k)$ $(k=0,1)$ und

$$(2.9.11d')\qquad \|A\|_2 \leqslant \|A_0\|_2 + \|A_1\|_2 = r(A_0) + r(A_1).$$

Da $\langle By, y\rangle$ für jede Hermitesche Matrix B und alle y *reell* ist, besteht $\langle Ax, x\rangle$ aus dem Realteil $\langle A_0 x, x\rangle$ und dem Imaginärteil $\langle A_1 x, x\rangle$, so daß mit $\zeta := \langle Ax, x\rangle / \|x\|_2^2$ gilt: $\langle A_k x, x\rangle / \|x\|_2^2 \leqslant |\zeta| \leqslant r(A)$, $k=0,1$. Maximierung über alle x liefert $r(A_k) \leqslant r(A)$. Mit (11d') folgt (11d). ◨

$r(\cdot)$ ist eine (nicht zugeordnete) Matrixnorm, wobei die Submultiplikativität auf die Potenzen von A beschränkt ist (vgl. Pearcy [1]):

$$(2.9.11e)\qquad r(A) = 0 \qquad\qquad\qquad \text{nur für } A=0,$$

$$(2.9.11f)\qquad r(A+B) \leqslant r(A)+r(B) \qquad \text{für } A, B \in \mathbb{K}^{I\times I},$$

$$(2.9.11g)\qquad r(\lambda A) = |\lambda| r(A) \qquad\qquad \text{für } \lambda \in \mathbb{K}, \; A \in \mathbb{K}^{I\times I},$$

$$(2.9.11h)\qquad r(A^n) \leqslant r(A)^n \qquad\qquad \text{für } n \in \mathbb{N}_0, \; A \in \mathbb{K}^{I\times I}.$$

Übungsaufgabe 2.9.12 (a) Sei A wie in (12) zerlegt. Man beweise:

$$(2.9.13a)\qquad r(A) \leqslant \sqrt{r(A_0)^2 + r(A_1)^2} = \sqrt{\|A_0\|_2^2 + \|A_1\|_2^2}.$$

(b) Zu $\vartheta \in \mathbb{C}$ sei ϑA gemäß (12) in $\vartheta A = A_{\vartheta,0} + i A_{\vartheta,1}$ zerlegt. Man zeige:

$$(2.9.13b)\qquad r(A) = \inf\{\sqrt{\|A_{\vartheta,0}\|_2^2 + \|A_{\vartheta,1}\|_2^2} : \vartheta \in \mathbb{C}, \; |\vartheta| = 1\}.$$

2.10 Positiv definite Matrizen

2.10.1 Definitionen und Bezeichnungen

Definition 2.10.1. Sei $\langle \cdot, \cdot \rangle$ das Euklidische Skalarprodukt auf $\mathbb{K}^I$ und $A \in \mathbb{K}^{I\times I}$. Dann heißt A

$(2.10.1a)$ *positiv definit,*   wenn A Hermitesch und $\langle Ax, x\rangle > 0$ für alle $0 \neq x \in \mathbb{K}^I$,

$(2.10.1b)$ *positiv semidefinit,*   wenn A Hermitesch und $\langle Ax, x\rangle \geqslant 0$ für alle $x \in \mathbb{K}^I$,

$(2.10.1c)$ *negativ definit,*   wenn $-A$ positiv definit ist,

$(2.10.1d)$ *negativ semidefinit,*   wenn $-A$ positiv semidefinit ist.

Die Begriffe «positiv/negativ (semi)definit» definieren eine partielle Ordnung unter den Hermiteschen Matrizen. Im Falle von (1a) (bzw. (1b,c,d)) schreiben wir $A>0$ (bzw. $A\geqslant 0$, $A<0$, $A\leqslant 0$). Für beliebige Hermitesche A, B wird definiert:

(2.10.2) $A>B$, falls $A-B>0$, d.h. $A-B$ positiv definit

($A\geqslant B$, $A<B$, $A\leqslant B$ analog). **Eine Ungleichung der Art $A>B$ soll stets auch beinhalten, daß die beteiligten Matrizen Hermitesch sind.**

Die Definitionen (1a-d) hängen von der Wahl des Skalarproduktes ab (vgl. Übungsaufgabe 10c). Es sei auch darauf hingewiesen, daß der Begriff «positiv definit» anderenorts auch für <u>nicht</u>-Hermitesche Matrizen mit $\langle Ax,x\rangle>0$ für alle $0\neq x\in\mathbb{K}^I$ benutzt wird.

2.10.2 Rechenregeln und Kriterien für positiv definite Matrizen

Lemma 2.10.2. In der Schreibweise (2) gelten die Regeln:

(2.10.3a)	$A>0 \Longleftrightarrow CAC^H>0$	für jedes reguläre $C\in\mathbb{K}^{I\times I}$,
(2.10.3a')	$A>B \Longleftrightarrow CAC^H>CBC^H$	für jedes reguläre $C\in\mathbb{K}^{I\times I}$,
(2.10.3b)	$A\geqslant 0 \Longrightarrow CAC^H\geqslant 0$	für jedes $C\in\mathbb{K}^{I\times I}$,
(2.10.3b')	$A\geqslant B \Longrightarrow CAC^H\geqslant CBC^H$	für jedes $C\in\mathbb{K}^{I\times I}$,

(2.10.3c) $A,B\geqslant 0 \Longrightarrow A+B\geqslant 0$
und $A+B>0$, falls außerdem $A>0$ oder $B>0$,

(2.10.3d)	$A>0 \Longleftrightarrow \xi A>0$	für jedes $\xi>0$,
(2.10.3e)	$\zeta I\leqslant A\leqslant \xi I \Longleftrightarrow \sigma(A)\subset[\zeta,\xi]$	für Hermitesche $A\in\mathbb{K}^{I\times I}$.
(2.10.3f)	$-\xi I\leqslant A\leqslant \xi I \Longleftrightarrow \|A\|_2\leqslant\xi$	für Hermitesche $A\in\mathbb{K}^{I\times I}$.
(2.10.3g)	$A\geqslant B>0 \Longleftrightarrow 0<A^{-1}\leqslant B^{-1}$.	

Beweis. (i) $x\neq 0$ impliziert $y:=C^Hx\neq 0$, so daß die Ungleichung $0<\langle Ay,y\rangle=\langle AC^Hx,C^Hx\rangle=\langle CAC^Hx,x\rangle$ zeigt, daß $CAC^H>0$. Erneute Anwendung mit C^{-1} statt C ergibt die umgekehrte Richtung. (ii) (3b) ist analog zu (3a). (3c) und (3d) ergeben sich sofort aus der Definition (1a,b). (iii) A wird durch ein unitäres Q diagonalisiert: $A=QDQ^H$. (3b') mit $C=Q^H$ bringt (3e) auf die Form $\zeta I\leqslant D\leqslant\xi I$, wobei die Diagonalmatrix D die Eigenwerte $\lambda\in\sigma(A)$ als Elemente enthält. Die Äquivalenz von $\zeta I\leqslant D\leqslant\xi I$ zu $\sigma(A)\subset[\zeta,\xi]$ ist leicht zu sehen. (iv) Setzt man in (3e) $\zeta=-\xi$ ein und beachtet die Äquivalenz von $\sigma(A)\subset[-\xi,\xi]$ und $\rho(A)=\|A\|_2\leqslant\xi$, erhält man (3f). (v) Der Beweis zu (3g) wird nach Bemerkung 6 nachgeholt. ∎

Lemma 2.10.3. Eine Matrix A ist genau dann positiv definit (semidefinit), falls A Hermitesch ist und alle Eigenwerte positiv (nichtnegativ) sind.

Beweis. Der Nachweis dieser Behauptung für eine Diagonalmatrix D ist elementar. Sei $A = QDQ^H$ die Diagonalisierung von A (vgl. (8.8)). Aufgrund von Lemma 2 sind die Positivdefinitheit von A und D äquivalent. Da beide Matrizen die gleichen Eigenwerte haben, ist die Behauptung bewiesen. ∎

2.10.3 Folgerungen für positiv definite Matrizen

Lemma 2.10.4 (a) Eine positiv definite Matrix ist regulär.
(b) A ist genau dann positiv definit, wenn A^{-1} positiv definit ist:

$$(2.10.4a) \qquad A > 0 \quad \Longleftrightarrow \quad A^{-1} > 0 .$$

(c) Jede Hauptuntermatrix $(a_{\alpha\beta})_{\alpha,\beta\in J}$ $(J \subset I)$ einer positiv (semi-) definiten Matrix ist positiv (semi)definit:

$$(2.10.4b) \qquad A > 0 \Longrightarrow (a_{\alpha\beta})_{\alpha,\beta\in J} > 0 \quad \text{bzw.} \quad A \geqslant 0 \Longrightarrow (a_{\alpha\beta})_{\alpha,\beta\in J} \geqslant 0 \quad \text{für } J \subset I.$$

(d) Alle Diagonalelemente einer positiv (semi)definiten Matrix sind positiv (nichtnegativ):

$$(2.10.4c) \qquad A > 0 \Longrightarrow a_{\alpha\alpha} > 0 \quad \text{bzw.} \quad A \geqslant 0 \Longrightarrow a_{\alpha\alpha} \geqslant 0 \quad \text{für alle } \alpha \in I.$$

(e) A sei positiv (semi)definit. Der Diagonalanteil $D = \text{diag}\{A\}$ und jeder Blockdiagonalanteil $D = \text{blockdiag}\{A\}$ von A sind wieder positiv (semi)definit.

Beweis. (a,b) Folgt nach Lemma 3, da A^{-1} die inversen Eigenwerte von A besitzt (vgl. Bemerkung 4.11b).
(c) Gilt nach Definition (1a), wenn man x auf den Unterraum mit $x_\alpha = 0$ für $\alpha \notin J$ beschränkt.
(d) Spezialfall von (c) für $J := \{\alpha\}$. (e) Folge von (d) und (c). ∎

Lemma 2.10.5 (a) $0 \leqslant A \leqslant B$ impliziert $\|A\|_2 \leqslant \|B\|_2$ und $\rho(A) \leqslant \rho(B)$.
(b) $0 \leqslant A < B$ impliziert $\|A\|_2 < \|B\|_2$ und $\rho(A) < \rho(B)$.

Beweis. Wegen $\rho(A) = \|A\|_2$ und $\rho(B) = \|B\|_2$ reicht es, $\rho(A) \leqslant \rho(B)$ zu zeigen. $A \geqslant 0$ hat einen Eigenwert $\lambda = \rho(A)$ und zugehörigen Eigenvektor x mit $\|x\|_2 = 1$. $\rho(A) = \langle Ax, x\rangle \leqslant \langle Bx, x\rangle \leqslant r(B) = \rho(B)$ (vgl. (9.11c)) beweist die Behauptung (a). (b) folgt analog. ∎

Die Anwendung der Bemerkung 8.9 und des Lemmas 3 für die auf $[0, \infty)$ wohldefinierte nichtnegative Wurzel $f(\xi) = \sqrt{\xi}$ liefert die Matrix $A^{1/2} := f(A)$. Allgemein ist A^α für $\alpha > 0$ wohldefiniert.

Bemerkung 2.10.6 (a) Wenn A positiv definit ist, stellt $A^{1/2}$ wieder eine positiv definite Matrix dar. Für ihre Inverse schreibt man $A^{-1/2}$. Es ist $A^{-1/2} = (A^{1/2})^{-1}$. Für positiv semidefinite A ist $A^{1/2}$ ebenfalls positiv semidefinit.
(b) $A^{1/2}$ ist mit A und jedem Polynom in A vertauschbar.
(c) $A^{1/2}$ ist die eindeutige, positiv semidefinite Lösung der Matrixgleichung $X^2 = A \geqslant 0$.

Beweis zu Lemma 2, (3g). (3b') mit $C = B^{-1/2}$ ergibt $X := B^{-1/2} A B^{-1/2} \geqslant I$. Nach (3e) sind alle X-Eigenwerte $\geqslant 1$. Die Eigenwerte von X^{-1} sind folglich $\leqslant 1$. Mit (3e) schließt man auf $X^{-1} \leqslant I$, also $B^{1/2} A^{-1} B^{1/2} \leqslant I$. Erneute Anwendung von (3b') zeigt $A^{-1} \leqslant B^{-1/2} I B^{-1/2} = B^{-1}$.   ▣

(3c) besagt, daß die positiv (semi)definiten Matrizen eine Halbgruppe bezüglich der Matrixaddition bilden. Dies gilt nicht für die Multiplikation: AB ist i.a. nicht mehr positiv (semi)definit. Es gilt aber noch die

Bemerkung 2.10.7. Sind A und B positiv (semi)definit, so ist das Produkt AB reell diagonalisierbar und besitzt nur positive (nichtnegative) Eigenwerte.

Beweis. Der Beweis ist einfach, wenn einer der Faktoren regulär ist (z.B. A). Man verwendet dann die Ähnlichkeitstransformation $AB \mapsto A^{-1/2} A B A^{1/2} = A^{1/2} B A^{1/2}$. Der allgemeine Beweis gliedert sich wie folgt.
(i) Sind X und Y ähnlich, so ist die reelle Diagonalisierbarkeit von X mit der von Y äquivalent.
(ii) Die positiv semidefinite Matrix B läßt sich unitär auf Diagonalgestalt transformieren: $B = Q D Q^H$ mit $D = \mathrm{diag}\{d_\alpha : \alpha \in I\}$, $d_\alpha \geqslant 0$. Damit ist AB ähnlich zu $A'D$ mit der positiv semidefiniter Matrix $A' := Q^H A Q$.
(iii) Sei $J := \{\alpha \in I : d_\alpha = 0\}$ sowie $d'_\alpha = 1$ für $\alpha \in J$ und $d'_\alpha = d_\alpha$ sonst. Die Diagonalmatrix $D' := \mathrm{diag}\{d'_\alpha : \alpha \in I\}$ ist regulär und erfüllt $D = D'P = PD'$ und $D^{1/2} = D'^{1/2}P$, wobei $P := \mathrm{diag}\{p_\alpha : \alpha \in I\}$ mit $p_\alpha = 0$ für $\alpha \in J$, $p_\alpha = 1$ sonst.
(iv) $A'D = A'PD'$ ist ähnlich zu $D'^{1/2} A' P D'^{1/2} = D'^{1/2} A' D'^{1/2} P = A''P$ mit der positiv semidefiniten Matrix $A'' = D'^{1/2} A' D'^{1/2}$.
(v) O.B.d.A. sei I so numeriert, daß $I \setminus J = \{1, \ldots, k\}$ und $J = \{k+1, \ldots, n\}$. A'' hat dann die Blockdarstellung $A'' = \begin{bmatrix} C & E^H \\ E & F \end{bmatrix}$ mit positiv definitem Block C (vgl. (4b)). Durch $T = \begin{bmatrix} I & 0 \\ S & I \end{bmatrix}$ mit $S := -EC^{-1}$ wird $A''P = \begin{bmatrix} C & 0 \\ E & 0 \end{bmatrix}$ in $A''' := TA''PT^{-1} = \begin{bmatrix} C & 0 \\ 0 & 0 \end{bmatrix}$ transformiert. Damit ist auch A''' positiv semidefinit und somit reell diagonalisierbar. (ii) bis (v) zeigt die Ähnlichkeit von A''' und AB. Nach (i) ist daher auch AB reell diagonalisierbar. Wegen $A''' \geqslant 0$ hat AB nur nichtnegative Eigenwerte.
(vi) Sind A und B positiv definit, ist auch AB regulär und kann daher nur positive Eigenwerte besitzen.   ▣

Sei A eine positiv definite Matrix. Nach Übung 6.2c beschreibt

$$(2.10.5a) \qquad \| x \|_A := \| A^{1/2} x \|_2 \qquad\qquad (x \in \mathbb{K}^I)$$

wieder eine Norm, die sogenannte *Energienorm* (bezüglich A). Die Notationen in (5a) und (6.10) hängen über $\| \cdot \|_A = |\!|\!| \cdot |\!|\!|_{A^{1/2}}$ zusammen. Mit der Definition (5a) und Übung 6.13c beweist man die folgende

Bemerkung 2.10.8. A sei positiv definit. Die Norm $\| \cdot \|_A$ aus (5) wird vom («Energie»-)Skalarprodukt

$$(2.10.5b) \qquad \langle x, y \rangle_A := \langle Ax, y \rangle$$

erzeugt. Eine äquivalente Darstellung von $\|\cdot\|_A$ ist

$$(2.10.5c) \qquad \|x\|_A := \langle Ax, x \rangle^{1/2} \qquad\qquad (x \in \mathbb{K}^I).$$

Die zugehörige Matrixnorm $\|\cdot\|_A$ hängt mit der Spektralnorm über

$$(2.10.5d) \qquad \|B\|_A = \|A^{1/2} B A^{-1/2}\|_2 \qquad\qquad (B \in \mathbb{K}^{I \times I})$$

zusammen.

Die positiv definiten Matrizen entsprechen eineindeutig den Skalarprodukten. In (5b) wird jeder Matrix $A > 0$ ein Skalarprodukt zugeordnet.
Die umgekehrte Richtung enthält die

Bemerkung 2.10.9. Sind $\langle\!\langle \cdot, \cdot \rangle\!\rangle$ ein beliebiges Skalarprodukt auf $\mathbb{K}^I$ und
$\langle \cdot, \cdot \rangle$ das Euklidische Skalarprodukt, so gibt es eine positiv definite
Matrix A mit

$$(2.10.6) \qquad \langle\!\langle x, y \rangle\!\rangle = \langle Ax, y \rangle = \langle A^{1/2} x, A^{1/2} y \rangle \quad \text{für alle } x, y \in \mathbb{K}^I.$$

Beweis. Mit den Einheitsvektoren $\mathbf{e}_\alpha$ definiere man $a_{\alpha\beta} := \langle\!\langle \mathbf{e}_\beta, \mathbf{e}_\alpha \rangle\!\rangle$. ▨

Übungsaufgabe 2.10.10. Man zeige: (a) Stets gilt $CC^H \geqslant 0$ und $C^H C \geqslant 0$.
(b) Ist C regulär, sind diese Matrizen auch positiv definit.
(c) Die *Adjungierte* $C^* \in \mathbb{K}^{I \times J}$ einer Matrix $C \in \mathbb{K}^{J \times I}$ bezüglich zweier Skalarprodukte in $\mathbb{K}^I$ und $\mathbb{K}^J$ ist durch $\langle Cx, y \rangle_J = \langle x, C^* y \rangle_I$ für alle $x \in \mathbb{K}^I$,
$y \in \mathbb{K}^J$ definiert. Wenn $\langle \cdot, \cdot \rangle_J = \langle \cdot, \cdot \rangle_I = \langle\!\langle \cdot, \cdot \rangle\!\rangle$ durch (6) definiert ist, gilt
$C^* = A^{-1} C^H A$. C ist bezüglich $\langle\!\langle \cdot, \cdot \rangle\!\rangle$ *selbstadjungiert,* wenn $C^H A = A C$.

Die *Kondition* einer regulären Matrix (bezüglich einer Norm $\|\cdot\|$) ist
allgemein durch (7) definiert:

$$(2.10.7) \qquad \operatorname{cond}(A) := \|A\| \, \|A^{-1}\|.$$

Mit $\operatorname{cond}_2(\cdot)$ wird insbesondere die *Spektralkondition* bezeichnet, die
zur Euklidischen Norm gehört. Um von der Norm unabhängig zu sein,
definieren wir außerdem die *Konditionszahl*

$$(2.10.8) \qquad \varkappa(A) := \rho(A) \rho(A^{-1}).$$

Übungsaufgabe 2.10.11. Man zeige: (a) Für normale A ist $\operatorname{cond}_2(A) = \varkappa(A)$.
(b) Für reguläre A ist $\varkappa(A) = \max\{|\lambda| : \lambda \in \sigma(A)\} / \min\{|\lambda| : \lambda \in \sigma(A)\}$.
(c) Hat A ein positives Spektrum mit $\lambda_{\min}$ als minimalem und $\lambda_{\max}$
als maximalem Eigenwert, so gilt

$$(2.10.9) \qquad \varkappa(A) = \lambda_{\max} / \lambda_{\min}.$$

(d) Für positiv definite Matrizen A hat $\operatorname{cond}_2(A) = \varkappa(A)$ die Darstellung
(9), wobei die extremen Eigenwerte gegeben sind durch

$$(2.10.10) \qquad \lambda_{\max} := \|A\|_2, \qquad \lambda_{\min} := 1 / \|A^{-1}\|_2.$$

3. Allgemeines zu iterativen Verfahren

In diesem Kapitel werden allgemeine Eigenschaften iterativer Verfahren untersucht. Dazu gehört die *Konsistenz*, die den Zusammenhang zwischen dem Iterationsverfahren und dem vorgelegten Gleichungssystem schafft, sowie die *Konvergenz*, die den Erfolg der Iteration garantieren soll. Das wesentliches Ergebnis dieses Abschnittes ist die Charakterisierung der Konvergenz linearer Iterationsverfahren durch den Spektralradius der Iterationsmatrix in §3.1.3. Da nur iterative Verfahren für Gleichungssysteme mit regulärer Matrix untersucht werden, wird nicht auf Iterationsverfahren für singuläre Systeme oder Systeme mit Rechtecksmatrizen eingegangen. Hierzu findet man Hinweise bei Maeß [2], Marek [1], Kosmol-Zhou [1].

3.1 Allgemeine Aussagen zur Konvergenz

3.1.1 Bezeichnungen

Zu lösen ist die *lineare Gleichung*

$$(3.1.1) \qquad A x = b \qquad\qquad (A \in \mathbb{K}^{I \times I},\ b \in \mathbb{K}^{I}\ \text{gegeben}).$$

Damit diese für alle $b \in \mathbb{K}^{I}$ lösbar ist, wird generell vorausgesetzt:

$$(3.1.2) \qquad A\ \text{ist regulär.}$$

Ein Iterationsverfahren, das aus dem Startwert x^0 die Iterierten $x^1, x^2, \ldots$ produziert, kann durch eine Vorschrift $x^{m+1} := \Phi(x^m)$ charakterisiert werden. Φ wird von den Daten A und b aus (1) abhängen. Insbesondere die Abhängigkeit von b wollen wir explizit in die Notation aufnehmen und schreiben

$$(3.1.3) \qquad x^{m+1} := \Phi(x^m, b) \qquad\qquad (m \geqslant 0,\ b\ \text{aus (1)}).$$

Definition 3.1.1. Ein *Iterationsverfahren* ist eine (lineare oder nicht-lineare) Abbildung

$$(3.1.4) \qquad \Phi : \mathbb{K}^I \times \mathbb{K}^I \to \mathbb{K}^I.$$

Die Folgenglieder (die sogenannten *Iterierten*), die durch die Vorschrift (3) aus einem Startwert $x^0 \in \mathbb{K}^I$ erzeugt werden, seien mit $x^m(x^0, b)$ bezeichnet:

$$(3.1.5) \qquad x^0(y,b) := y; \quad x^{m+1}(y,b) := \Phi(x^m(y,b),b) \quad \text{für } m \geqslant 0.$$

3.1.2 Fixpunkte

Definition 3.1.2. $x^* = x^*(b)$ heißt *Fixpunkt* des Iterationsverfahrens Φ zu $b \in \mathbb{K}^I$, falls

$$(3.1.6) \qquad x^* = \Phi(x^*, b).$$

Wenn die Folge $\{x^m\}$ der Iterierten aus (3) konvergiert, geht man in (3) zum Limes über und erhält das

Lemma 3.1.3. Die Iteration Φ sei stetig im ersten Argument. Wenn $x^* := \lim_{m \to \infty} x^m(y,b)$ existiert (vgl. (5)), ist x^* Fixpunkt von Φ zu $b \in \mathbb{K}^I$.

3.1.3 Konsistenz

Lemma 3 besagt, daß mögliche Resultate des Iterationsverfahrens unter den Fixpunkten zu suchen sind. Eine Mindestforderung ist daher, daß sich die Lösung des Systems (1) zur rechten Seite $b \in \mathbb{K}^I$ unter den Fixpunkten zu b befindet. Diese Eigenschaft ist Gegenstand der

Definition 3.1.4. Das Iterationsverfahren Φ heißt _konsistent_ zum Gleichungssystem (1), wenn für alle $b \in \mathbb{K}^I$ gilt: Jede Lösung von (1), $A x = b$, ist Fixpunkt von Φ zu b.

Die Konsistenz bedeutet nach Definition 4: Für alle $b, x \in \mathbb{K}^I$ gilt: $A x = b \implies x = \Phi(x,b)$. Die Umkehr der Implikation ergäbe eine alternative, von der vorigen abweichende Definition:

$$(3.1.7) \qquad A x = b \quad \text{für alle Fixpunkte } x \text{ von } \Phi \text{ zu } b \text{ und alle } b \in \mathbb{K}^I.$$

3.1.4 Konvergenz

Eine naheliegende Festlegung der Konvergenz eines Iterationsverfahrens Φ wäre

$$(3.1.8) \qquad \lim_{m \to \infty} x^m(y,b) \quad \text{existiert für alle } y, b \in \mathbb{K}^I,$$

wobei $x^m(y,b)$ die in (5) definierten Iterierten von Φ zum Startwert $x^0 := y$ sind. Da der Startwert nicht Teil des Iterationsverfahrens Φ ist, könnte eine (8) erfüllende Iteration zwar konvergieren, aber gegen einen vom Startwert _abhängigen_ Grenzwert. Aus diesem Grund wird die Unabhängigkeit des Limes vom Startwert in die Definition mit aufgenommen.

> **Definition 3.1.5.** Ein Iterationsverfahren Φ heißt _konvergent_, wenn für alle $b \in \mathbb{K}^I$ ein vom Startwert $x^0 = y \in \mathbb{K}^I$ unabhängiger Grenzwert $x^*(b)$ der Iterierten (5) existiert.

3.1.5 Konvergenz und Konsistenz

Im folgenden werden die Iterationsverfahren Φ als konvergent _und_ konsistent vorausgesetzt. Dabei zeigt sich, daß die gewählten Festlegungen der Begriffe Konvergenz und Konsistenz von Φ zusammengenommen mit den alternativen Möglichkeiten (7) und (8) fast äquivalent sind.

Satz 3.1.6. Φ sei stetig im ersten Argument. Dann ist Φ genau dann konsistent und konvergent, wenn A regulär ist und Φ die Bedingungen (7) und (8) erfüllt.

Beweis. (i) Sei Φ konsistent und konvergent. (8) gilt, da es eine Abschwächung der Konvergenzdefinition 5 darstellt. Wäre A singulär, hätte die Gleichung $Ax = 0$ außer $x^* = 0$ eine nichttriviale Lösung $x^{**} \neq 0$. Aufgrund der Konsistenz sind beides Fixpunkte von Φ zu $b = 0$. Daher führt Φ bei Wahl der Startwerte $x^0 = x^*$ bzw. $x^0 = x^{**}$ zu konstanten Folgen $x^m(x^*, 0) = x^*$ bzw. $x^m(x^{**}, 0) = x^{**}$. Die Konvergenzdefinition besagt, daß die Limites x^* und x^{**} vom Startwert $x^0 = x^*$ bzw. $x^0 = x^{**}$ unabhängig sind, so daß $x^* = x^{**}$ im Widerspruch zur Annahme steht. Also muß A regulär sein. Es bleibt (7) zu zeigen. Die vorhergehende Argumentation zeigt, daß ein konvergentes Iterationsverfahren nur *einen* Fixpunkt zu b besitzen kann. Wegen der Regularität von A hat $Ax = b$ eine Lösung, die aufgrund der Konsistenz ein Fixpunkt von Φ zu b ist. Damit ist (7) bewiesen.
(ii) Sei $\Phi(x, b)$ stetig in x und erfülle (7) und (8). Ferner sei A regulär. Nach Lemma 3 ist $x^* := \lim x^m(y, b)$ ein Fixpunkt von Φ zu b und damit nach (7) eine Lösung von $Ax = b$. Infolge der Regularität von A ist die Lösung des Gleichungssystems eindeutig und somit auch der Grenzwert der $x^m(y, b)$, der deshalb nicht von y abhängen darf. Damit ist Φ konvergent im Sinne der Definition 5. Die Konvergenz erzwingt die Eindeutigkeit des Fixpunktes zu b (vgl. (i)). Da dieser nach (7) die eindeutig bestimmte Lösung von $Ax = b$ darstellt, ist Φ auch konsistent. ∎

3.2 Lineare Iterationsverfahren

3.2.1 Bezeichnungen, erste Normalform

Man wird erwarten, daß Iterationsverfahren zur Lösung linearer Gleichungen wieder linear sind. Die meisten Verfahren, die in diesem Buch behandelt werden, sind linear, aber es gibt auch wichtige nichtlineare Iterationen wie die in §9 behandelten Gradienten-Verfahren.

Definition 3.2.1. Ein Iterationsverfahren Φ heißt *linear*, wenn $\Phi(x, b)$ in x und b linear ist, d.h. wenn es Matrizen M und N gibt, so daß

$$(3.2.1) \qquad \Phi(x, b) = Mx + Nb.$$

Die Matrix M heißt dabei die *Iterationsmatrix* der Iteration Φ.

Die Iteration (1.3) nimmt somit die Gestalt (2) an, die als *erste Normalform* des Verfahrens bezeichnet sei:

$$(3.2.2) \qquad x^{m+1} := Mx^m + Nb \qquad\qquad (m \geqslant 0, \ b \text{ aus } (1.1)).$$

3.2.2 Konsistenz, zweite und dritte Normalform

Ist eine lineare Iteration Φ konsistent, muß jede Lösung von $A\,x = b$ ein Fixpunkt zu b sein: $x = M\,x + N\,b$. Jedes $x \in \mathbb{K}^I$ tritt als Lösung von $A\,x = b$ (nämlich für $b := A\,x$) auf. Da dann $x = M\,x + N\,b = M\,x + N\,A\,x$ für alle x gilt, folgt die Matrixgleichung

$$(3.2.3) \qquad M + N\,A = I\,,$$

die eine Beziehung zwischen M und N aus (2) herstellt. Sie beweist den

> **Satz 3.2.2.** Eine lineare Iteration Φ ist genau dann konsistent, wenn sich die Iterationsmatrix M durch
>
> $$(3.2.3') \qquad M = I - N\,A$$
>
> aus N ergibt. Ist außerdem A regulär, läßt sich (3) nach N auflösen:
>
> $$(3.2.3'') \qquad N = (\,I - M\,)\,A^{-1}\,.$$

Nimmt man die Formeln (2) und (3') zusammen, kann man eine lineare und konsistente Iteration in der _zweiten Normalform_ (4) schreiben:

$$\boxed{(3.2.4) \qquad x^{m+1} := x^{m} - N\,(\,A\,x^{m} - b\,) \qquad\quad (m \geqslant 0,\ b \text{ aus } (1.1)).}$$

Die Matrix N wird im folgenden als «Matrix der zweiten Normalform von Φ» bezeichnet. Gleichung (4) macht deutlich, daß x^{m+1} aus x^{m} durch eine Korrektur hervorgeht, die sich aus der Multiplikation des _Defektes_ $A\,x^{m} - b$ von x^{m} mit N ergibt. Da der Defekt für eine Lösung der Gleichung $A\,x = b$ verschwindet, ergibt sich sofort die

Bemerkung 3.2.3. Die zweite Normalform (4) mit beliebigem $N \in \mathbb{K}^{I \times I}$ repräsentiert genau alle linearen und konsistenten Iterationen.

Die _dritte Normalform_ einer Iteration lautet:

$$\boxed{(3.2.5) \qquad W\,(\,x^{m} - x^{m+1}\,) = A\,x^{m} - b \qquad\quad (m \geqslant 0,\ b \text{ aus } (1.1)).}$$

W heißt die «Matrix der dritten Normalform von Φ». Gleichung (5) ist algorithmisch in der Form

$$(3.2.5') \qquad \text{löse } W\,\delta = A\,x^{m} - b \qquad \text{und setze } x^{m+1} := x^{m} - \delta$$

zu lesen und stellt genau dann eine Definition von x^{m+1} dar, wenn W regulär ist. Unter dieser Voraussetzung kann man aber nach x^{m+1} auflösen, und ein Vergleich mit (4) beweist

Bemerkung 3.2.4. Ist W in (5) regulär, stimmt die Iteration (5) mit der zweiten Normalform (4) überein, wenn man dort

(3.2.6) $N = W^{-1}$

setzt. Umgekehrt läßt sich die Darstellung (4) mit regulärem N in (5) mit $W = N^{-1}$ umschreiben. Für die interessierenden Fälle wird N regulär sein (vgl. Bemerkung 9).

3.2.3 Darstellung der Iterierten x^m

In (1.5) wurde durch die Notation $x^m(x^0, b)$ die Abhängigkeit vom Startwert x^0 und von der rechten Seite b des Gleichungssystems deutlich gemacht. Die explizite Darstellung beschreibt der

---

Satz 3.2.5. Die lineare Iteration (1) liefert die Iterierten

$$(3.2.7) \qquad x^m(x^0, b) = M^m x^0 + \sum_{k=0}^{m-1} M^k N b \qquad \text{für } m \geqslant 0.$$

Beweis durch Induktion. Für $m = 0$ nimmt (7) die Form $x^0(x^0, b) = x^0$ in Übereinstimmung mit (1.5) an. Ist (7) für $m-1$ richtig, ergibt (1), daß

$$x^m(x^0, b) = M x^{m-1} + N b = M\left(M^{m-1} x^0 + \sum_{k=0}^{m-2} M^k N b\right) + N b =$$

$$= M^m x^0 + \sum_{k=1}^{m-1} M^k N b + N b. \qquad \blacksquare$$

Im folgenden wird e^m den *(Iterations-)Fehler* von x^m darstellen:

$$(3.2.8) \qquad e^m := x^m - x, \qquad \text{wobei } x \text{ die Lösung von } A x = b \text{ ist.}$$

Ist das Verfahren konsistent, haben wir $x = M x + N b$ für die Lösung x aus (8). Bildet man die Differenz zu (2): $x^{m+1} = M x^m + N b$, erhält man die einfache Beziehung

$$(3.2.9a) \qquad e^{m+1} = M e^m \quad (m \geqslant 0), \qquad e^0 = x^0 - x,$$

zwischen zwei aufeinanderfolgenden Fehlern. Eine triviale Folgerung ist

$$(3.2.9b) \qquad e^m = M^m e^0 \qquad\qquad (m \geqslant 0).$$

Im Anschluß an (4) wurde bereits der Begriff des *Defektes* $A \bar{x} - b$ eines Vektors $\bar{x}$ benutzt. Insbesondere bezeichnet

$$(3.2.10) \qquad d^m := A x^m - b$$

den Defekt der m-ten Iterierten x^m.

Übungsaufgabe 3.2.6. Man zeige: (a) Der Defekt $\bar{d} = A \bar{x} - b$ sowie der Fehler $\bar{e} = \bar{x} - x$ erfüllen die Gleichung

$$(3.2.11) \qquad A \bar{e} = \bar{d}.$$

(b) Sind das Iterationsverfahren linear und konsistent und A regulär, so erfüllen die Defekte die Gleichungen

$$(3.2.12) \qquad d^{m+1} = A M A^{-1} d^m, \quad d^0 = A x^0 - b, \quad d^m = (A M A^{-1})^m d^0.$$

3.2.4 Konvergenz

Ein hinreichendes und notwendiges Konvergenzkriterium ist durch den Spektralradius der Iterationsmatrix gegeben:

> **Satz 3.2.7.** Ein lineares Iterationsverfahren (1) mit der Iterations- matrix M ist genau dann konvergent, wenn
>
> (3.2.13) $\rho(M) < 1$.
>
> $\rho(M)$ heißt die _Konvergenzrate_ der Iteration (1).

Die Begriffe _Konvergenzrate, Konvergenzgeschwindigkeit, Iterations- geschwindigkeit_ werden im folgenden synonym für $\rho(M)$ verwendet. Diese Namensgebung ist nicht einheitlich: Bei vielen Autoren wird der negative Logarithmus $-\log(\rho(M))$ als Konvergenzrate definiert (vgl. (3.3a) und Varga [2], Young [2]).

Beweis. (i) Das Iterationsverfahren (1) sei konvergent. Wir setzen in Definition 1.5 $b := 0$ und verwenden die Darstellung (7): $x^m = M^m x^0$. Der Startwert $x^0 := 0$ liefert den Grenzwert $x^* = 0$, der nach der Kon- vergenzdefinition für jeden Startwert gelten muß. Sei λ ein Eigenwert von M mit $|\lambda| = \rho(M)$ und $x^0 \neq 0$ ein zugehöriger Eigenvektor. Da $x^m = \lambda^m x^0$ gegen $x^* = 0$ konvergieren muß, folgt $|\lambda| = \rho(M) < 1$. (ii) Gilt umgekehrt (13): $\rho(M) < 1$, so konvergiert $M^m x^0$ nach Lemma 2.9.9 gegen null, während Satz 2.9.10 $\sum_{k=0}^{m-1} M^k \to (I-M)^{-1}$ beweist. Ge- mäß Darstellung (7) konvergiert x^m gegen $(I-M)^{-1} N b$. Da der Grenz- wert nicht vom Startwert x^0 abhängt, ist die Iteration (1) konvergent. ☒

Der Beweis enthält bereits die erste Aussage aus

Zusatz 3.2.8 (a) Wenn das Iterationsverfahren (1) konvergent ist, so konvergieren die Iterierten gegen $(I-M)^{-1} N b$.
(b) Ist es außerdem konsistent, so sind A und N regulär, und die Iterierten x^m konvergieren gegen die eindeutige Lösung $x = A^{-1} b$.

Beweis zu (b). Die Regularität von A erhält man aus Satz 1.6. Direkter ist jedoch die Herleitung aus der Konsistenzbedingung (3), die man in der Form $NA = I - M$ schreibt. Wegen $\rho(M) < 1$ ist 1 kein Eigenwert von M und daher $I - M$ regulär. Dann müssen aber beide Faktoren N und A aus $NA = I - M$ ebenfalls regulär sein: $(I-M)^{-1} N = A^{-1}$ beweist (b). ☒

Bemerkung 3.2.9. Da im allgemeinen nur konvergente _und_ konsistente Iterationsverfahren von Interesse sind und für diese nach Zusatz 8b die Matrizen A und N regulär sind, sind die Darstellung (3") von N und die dritte Normalform (5) mit der Matrix $W = N^{-1}$ möglich.

Die Konvergenz $x^m \to x$ ist eine asymptotische Aussage für $m \to \infty$, die keine Rückschlüsse auf den Fehler $e^m = x^m - x$ für festes m zuläßt.

Die in den Tabellen 1.4.1 und 1.4.2 angegebenen Werte für $u_{16,16}$ verschlechtern sich sogar zunächst, bevor sie monoton gegen den Grenzwert $\frac{1}{2}$ streben. Häufig möchte man Aussagen für eine feste Iterationszahl m erhalten. In diesem Fall ist das Konvergenzkriterium (13) durch eine Normabschätzung zu verstärken.

Satz 3.2.10. Sei $\|\cdot\|$ eine zugeordnete Matrixnorm. Eine hinreichende Bedingung für die Konvergenz einer Iteration ist die Abschätzung

$$(3.2.14) \qquad \|M\| < 1$$

der Iterationsmatrix M. Ist die Iteration konsistent, gelten die Fehlerabschätzungen

$$(3.2.15) \qquad \|e^{m+1}\| \leqslant \|M\|\,\|e^m\|, \qquad \|e^m\| \leqslant \|M\|^m\,\|e^0\|.$$

Beweis. (14) impliziert (13) (vgl. (2.9.1b)). (15) ist Folge von (9a,b).

$\|M\|$ heißt die *Kontraktionszahl* der Iteration (bzgl. der Norm $\|\cdot\|$). Im Falle von (14) heißt die Iteration *monoton konvergent* in der Norm $\|\cdot\|$, da $\|e^{m+1}\| < \|e^m\|$. Gilt für eine Norm $\|\cdot\|$ die Gleichheit $\rho(M) = \|M\|$, so stimmen «Konvergenz» und «monotone Konvergenz» überein.

3.2.5 Konvergenzgeschwindigkeit

Die Ungleichung (15), $\|e^{m+1}\| \leqslant \zeta \|e^m\|$ mit $\zeta := \|M\| < 1$, beschreibt *lineare Konvergenz*. Schnellere als lineare Konvergenz ist nur mit nichtlinearen Verfahren zu erreichen (vgl. §9.4.3). Die Kontraktionszahl ζ hängt von der Wahl der Norm ab. Wegen (2.9.1b) ist die Kontraktionszahl ζ stets größer oder gleich der Konvergenzrate $\rho(M)$. Andererseits garantiert Lemma 2.9.7, daß bei geeigneter Wahl der Norm die Kontraktionszahl ζ der Konvergenzrate $\rho(M)$ beliebig nahe kommen kann.

Sowohl die Kontraktionszahl als auch die Konvergenzrate bestimmen die Güte eines Iterationsverfahrens. Beide Größen lassen sich aus den Fehlern e^m wie folgt bestimmen.

Bemerkung 3.2.11. Die Kontraktionszahl ist das Maximum der Quotienten $\|e^1\|/\|e^0\|$ genommen über alle Startwerte $x^0 \neq x := A^{-1}b$.

Beweis. (9b) und Übungsaufgabe 2.6.10d

Übungsaufgabe 3.2.12. Man zeige: **(a)** Die Behauptung der Bemerkung 11 wird im allgemeinen falsch, wenn $\|e^1\|/\|e^0\|$ durch den Quotienten $\|e^{m+1}\|/\|e^m\|$ ersetzt wird.
(b) Der letztgenannte Quotient nimmt als Maximum

$$(3.2.16) \qquad \zeta_{m+1} := \begin{cases} \max\{\|Mx\|/\|x\|: 0 \neq x \in \text{Bild}(M^m)\}, & \text{falls } M^m \neq 0, \\ 0 & \text{sonst.} \end{cases}$$

an, das sich als zugeordnete Matrixnorm der Abbildung $x \mapsto Mx$

beschränkt auf den Unterraum $V_m := \text{Bild}(M^m) := \{ y: y = M^m x,\ x \in \mathbb{K}^I \}$ interpretieren läßt.

(c) Es gilt die Inklusion $V_{m+1} \subset V_m$ mit Gleichheit spätestens ab $m \geqslant \#I$.

(d) Es gilt $\rho(M) \leqslant \zeta_{m+1} \leqslant \zeta_m \leqslant \zeta_0 = \zeta := \|M\|$.

(e) Für reguläres M ist $\zeta_m = \zeta$ für alle m.

Die Übungsaufgabe 12 zeigt, daß der Begriff der Kontraktionszahl etwas zu grob ist, d.h. es besteht die Gefahr, daß die Kontraktionszahl eine zu pessimistische Vorhersage der Konvergenzgeschwindigkeit ergibt. Etwas günstiger ist die Abschätzung mit Hilfe des numerischen Radius $r(\cdot)$ der Matrix M^m (vgl. §2.9.5). Aufgrund der Ungleichungen

$$(3.2.17\text{a}) \qquad \|M^m\|_2 \leqslant 2\,r(M^m) \leqslant 2\,r(M)^m \qquad (\text{vgl. } (2.9.11\text{d,e}))$$

ergibt sich aus (9b) die Fehlerabschätzung

$$(3.2.17\text{b}) \qquad \|e^m\|_2 \leqslant 2\,r(M)^m\,\|e^0\|_2 \qquad (m \geqslant 0)$$

in der Euklidischen Norm. Ist $\|\cdot\|_C$ die mit positiv definitem C definierte Norm aus (2.10.5a), so beweist man analog die Ungleichung

$$(3.2.17\text{c}) \qquad \|e^m\|_C \leqslant 2\,r(C^{1/2} M C^{-1/2})^m\,\|e^0\|_C.$$

Zur praktischen Beurteilung der Konvergenzgeschwindigkeit aus einem «Experiment» - d.h. aus einer Folge von Fehlern e^m zu einem speziellen Startwert x^0 - kann man die *Reduktionsfaktoren*

$$(3.2.18\text{a}) \qquad \rho_{m+1,m} := \|e^{m+1}\| / \|e^m\|$$

heranziehen. Diese finden sich z.B. in den letzten Spalten der Tabellen 1.4.1/2. Interessanter als ein einzelner Wert $\rho_{m+1,m}$ ist das geometrische Mittel $\rho_{m+k,m} := [\rho_{m+k,m+k-1} \cdot \ldots \cdot \rho_{m+1,m}]^{1/k}$, das nach Definition (18a) einfacher durch (18b) darzustellen ist:

$$(3.2.18\text{b}) \qquad \rho_{m+k,m} := \left[\|e^{m+k}\| / \|e^m\| \right]^{1/k}.$$

Die Eigenschaften von $\rho_{m+k,m}$ sind zusammengestellt in

Bemerkung 3.2.13 (a) Die Abhängigkeit der Größe $\rho_{m+k,m}$ vom Startwert x^0 sei durch $\rho_{m+k,m}(x^0)$ ausgedrückt. Es gilt

$$(3.2.18\text{c}) \qquad \lim_{k \to \infty} \max\{ \rho_{m+k,m}(x^0): x^0 \in \mathbb{K}^I \} = \rho(M) \qquad \text{für alle } m.$$

(b) Es gilt sogar ohne die Maximumbildung über alle $x^0 \in \mathbb{K}^I$, daß

$$(3.2.18\text{d}) \qquad \lim_{k \to \infty} \rho_{m+k,m}(x^0) = \rho(M) \qquad\qquad \text{für alle } m.$$

wenn x^0 nicht in dem speziellen Unterraum $U \subset \mathbb{K}^I$ der Dimension $< \#I$ liegt, der von allen Eigen- und eventuellen Hauptvektoren der Iterationsmatrix M zu Eigenwerten λ mit $|\lambda| < \rho(M)$ aufgespannt wird. Da ein zufälliger Startwert x^0 mit der Wahrscheinlichkeit 0 in einem niederdimensionalen Unterraum liegt, gilt (18d) «fast immer».

(c) Die einfachen Reduktionsfaktoren konvergieren gegen $\rho(M)$:

$$(3.2.18e) \qquad \lim_{m \to \infty} \rho_{m+1,m}(x^0) = \rho(M)$$

für alle $x^0 \notin U$ mit $\dim U < \#I$ genau dann, wenn es nur einen Eigenwert $\lambda \in \sigma(M)$ mit $|\lambda| = \rho(M)$ gibt und für diesen die geometrischen und algebraischen Vielfachheiten übereinstimmen. Hinreichend sind: (i) $\lambda \in \sigma(M)$ mit $|\lambda| = \rho(M)$ ist einfacher Eigenwert; oder: (ii) $M \geqslant 0$. **(d)** Zu (18a) sei $\|\cdot\| = \|\cdot\|_C$ ($C > 0$, vgl. (17c)) gewählt. Wenn $C^{1/2} M C^{-1/2}$ Hermitesch ist, konvergiert $\rho_{m+1,m}(x^0)$ ($x^0 \notin U$) *monoton steigend* gegen $\rho(M)$.

Beweis zu a: Man beachte $\rho(M) \leqslant \max\{\rho_{m+k,m}(x^0): x^0 \in \mathbf{K}^I\} \leqslant \|M^k\|^{1/k}$ und Satz 2.9.8: $\|M^k\|^{1/k} \to \rho(M)$.

zu b: Sei $I_0 \subset I$ die nichtleere Indexuntermenge $I_0 := \{i \in I: |J_{ii}| = \rho(M)\}$, wobei J_{ii} die Diagonalelemente der Jordan-Normalform gemäß (2.8.3a,b) sind: $M = T J T^{-1}$. Der Unterraum $U := \{x: (T^{-1}x)_i = 0$ für alle $i \in I_0\}$ ist der maximale Unterraum mit der Eigenschaft $\lim[\|M^m x\|/\|x\|]^{1/m} < \rho(M)$. Es gilt $\dim(U) = \#I - \#I_0 < \#I$.

zu d: Wir setzen $\hat{M} := C^{1/2} M C^{-1/2}$ und $\hat{e}^m := C^{1/2} e^m$. Da sich die Norm gemäß $\|e^m\|_C = \|\hat{e}^m\|_2$ umrechnet, erhalten wir für $m \geqslant 1$

$$\|\hat{e}^m\|_2^2 = \|\hat{M}^m \hat{e}^0\|_2^2 = \langle \hat{M}^m \hat{e}^0, \hat{M}^m \hat{e}^0 \rangle = \langle \hat{M}^{m+1} \hat{e}^0, \hat{M}^{m-1} \hat{e}^0 \rangle =$$

$$= \langle \hat{e}^{m+1}, \hat{e}^{m-1} \rangle \leqslant \|\hat{e}^{m+1}\|_2 \|\hat{e}^{m-1}\|_2.$$

Also folgt $\rho_{m+1,m} = \|e^{m+1}\|/\|e^m\| = \|\hat{e}^{m+1}\|_2/\|\hat{e}^m\|_2 \geqslant \|\hat{e}^m\|_2/\|\hat{e}^{m-1}\|_2 = \rho_{m,m-1}$.   ∎

Bemerkung 13 gestattet es, den Wert $\rho_{m+k,m}$ und eventuell auch $\rho_{m+1,m}$ für hinreichend großes m als gute Näherung des Spektralradius zu betrachten. Diese Sichtweise läßt sich auch umkehren:

Bemerkung 3.2.14. Die Konvergenzrate $\rho(M)$ ist das geeignete Maß zur (asymptotischen) Beurteilung der Konvergenzgeschwindigkeit. Dies gilt auch, wenn die Konvergenz bezüglich einer speziellen Norm zu untersuchen ist.

Beweis. Nach Satz 2.9.8 gibt es zu jedem $\varepsilon > 0$ ein m_0, so daß $\rho(M) \leqslant \|M^m\|^{1/m} \leqslant \rho(M) + \varepsilon$ für $m \geqslant m_0$. Also ist $\|e^m\| \leqslant (\rho(M) + \varepsilon)^m \|e^0\|$.   ∎

3.2.6 Bemerkungen zu den Normalformmatrizen **M**, **N** und **W**

Die Untersuchungen der §§3.2.4-5 ergaben, daß die Iterationsmatrix M unmittelbar mit der Konvergenz(geschwindigkeit) zusammenhängt. M beschreibt direkt die Fehlerentwicklung (vgl. (9a)). Vereinfacht gesagt, ist die Konvergenz um so besser, je kleiner M ist. Optimal wäre $M = 0$; dann wäre Φ ein direktes Verfahren, denn x^1 wäre die exakte Lösung.

Die Matrix N transformiert den Defekt $A x^m - b$ in die Korrektur $x^m - x^{m+1}$. Der oben als optimal bezeichnete Fall $M = 0$ entspricht $N = A^{-1}$. Daher kann man N als *eine Näherung der Inversen von A* ansehen.

Für die Implementierung ist jedoch die Matrix W der dritten Normalform (5) entscheidend. Wegen der Relation (6): $W = N^{-1}$, wäre $W = A$ optimal. Doch wäre dann die Bestimmung der Korrektur $x^m - x^{m+1}$ schon mit der Auflösung der ursprünglichen Gleichung identisch. Man muß daher nach Näherungen W von A suchen, so daß Gleichungssysteme der Form $W\delta = d$ *hinreichend einfach* nach δ aufgelöst werden können.

3.2.7 Produktiterationen

Definition 3.2.15. Sind Φ und Ψ zwei Iterationen, so beschreibt $\Phi \circ \Psi$ die *Produktiteration*

$$(3.2.19) \qquad x^{m+1} = (\Phi \circ \Psi)(x^m, b) := \Phi(\Psi(x^m, b), b).$$

Spezielle Produktiterationen werden z.B. in §4.8 untersucht.

Übungsaufgabe 3.2.16 (a) Mit Φ und Ψ ist auch $\Phi \circ \Psi$ konsistent.
(b) Für die Iterationsmatrizen von Φ, Ψ und $\Phi \circ \Psi$ gilt

$$(3.2.20a) \qquad M_{\Phi \circ \Psi} = M_\Phi M_\Psi.$$

Die Konvergenzeigenschaften von $\Phi \circ \Psi$ und $\Psi \circ \Phi$ sind identisch.
(c) Seien N_Φ, N_Ψ und $N_{\Phi \circ \Psi}$ die Matrizen der zweiten und W_Φ, W_Ψ und $W_{\Phi \circ \Psi}$ jene der dritten Normalform von Φ, Ψ bzw. $\Phi \circ \Psi$. Es gilt der Zusammenhang

$$(3.2.20b) \qquad N_{\Phi \circ \Psi} = M_\Phi N_\Psi + N_\Phi = N_\Phi + N_\Psi - N_\Phi A N_\Psi.$$

(d) Seien W_Φ, W_Ψ und $W_{\Phi \circ \Psi}$ die Matrizen der dritten Normalform von Φ, Ψ bzw. $\Phi \circ \Psi$. W_Φ und W_Ψ seien regulär. Falls $W_\Phi + W_\Psi - A$ singulär ist, divergiert $\Phi \circ \Psi$. Andernfalls ist

$$(3.2.20c) \qquad W_{\Phi \circ \Psi} = W_\Psi (W_\Phi + W_\Psi - A)^{-1} W_\Phi.$$

Bemerkung 3.2.17. Anders als bei der Konsistenz kann man aus der Konvergenz der Faktoren Φ und Ψ *nicht* auf die Konvergenz des Produktverfahrens schließen. Hinreichend für die Konvergenz von $\Phi \circ \Psi$ ist jedoch, daß Φ und Ψ das Kriterium (14) aus Satz 10 für die gleiche Norm erfüllen: $\|M_\Phi\| < 1$ und $\|M_\Psi\| < 1$, wobei in einer der Ungleichungen "< 1" durch "≤ 1" ersetzt werden darf.

Umgekehrt können Produkte divergenter Verfahren konvergieren.

Definition 3.2.18 (a) Eine lineare Abbildung $P : \mathbb{K}^I \to \mathbb{K}^I$ heißt *Projektion* auf $U \subset \mathbb{K}^I$, wenn $P^2 = P$ und $U := \{Px : x \in \mathbb{K}^I\}$ der Bildraum von P ist.
(b) P heißt *orthogonale Projektion* (auf U), wenn P eine Hermitesche Projektion ist: $P = P^H$.
(c) Eine lineare Iteration Φ heißt (orthogonale) Projektion, wenn sie mit dem Produktverfahren $\Phi \circ \Phi$ übereinstimmt (und die Iterationsmatrix M Hermitesch ist).

Übungsaufgabe 3.2.19. Man beweise: (a) $P = P^2$ ist genau dann orthogonale Projektion, wenn $P = 0$ oder $\|P\|_2 = 1$ bezüglich der Spektralnorm.
(b) Ist P orthogonale Projektion auf U, so liefern $u := Px$ und $u^{\perp} := x - u$ die eindeutig bestimmte Zerlegung $x = u + u^{\perp}$ in $u \in U$ und $u^{\perp} \in U^{\perp}$.
(c) Eine lineare Iteration Φ ist genau dann eine orthogonale Projektion, wenn M eine orthogonale Projektion ist und $MN = 0$ gilt.
(d) Eine orthogonale Projektion P erfüllt $0 \leqslant P \leqslant I$.

3.2.8 Drei-Term-Rekursionen (Zweischrittiterationen)

Gelegentlich treten lineare Iterationen auf, die zur Berechnung von x^{m+1} auf x^m *und* x^{m-1} zurückgreifen:

$$(3.2.21) \qquad x^{m+1} = M_0 x^m + M_1 x^{m-1} + N_0 b \qquad (m \geqslant 1).$$

Zum Start benötigt man zwei Startwerte x^0 und x^1. Derartige Dreitermrekursionen lassen sich formal auf die bisher untersuchten Iterationen, die nun als «Zweitermrekursionen» oder «Einschritt-iterationen» zu bezeichnen wären, im Raum $(\mathbb{K}^I)^2$ zurückführen:

$$(3.2.22) \qquad \begin{pmatrix} x^{m+1} \\ x^m \end{pmatrix} = \mathbf{M} \begin{pmatrix} x^m \\ x^{m-1} \end{pmatrix} + \begin{pmatrix} N_0 b \\ 0 \end{pmatrix} \qquad \text{mit } \mathbf{M} := \begin{pmatrix} M_0 & M_1 \\ I & 0 \end{pmatrix}.$$

Damit lautet die Konvergenzbedingung: $\rho(\mathbf{M}) < 1$.

Übungsaufgabe 3.2.20. Ausgehend von einer Iteration $x^{m+1} = Mx^m + Nb$ können die Matrizen M_0, M_1, N_0 in (21) durch

$$M_0 := \Theta M + \vartheta I, \qquad M_1 := (1 - \Theta - \vartheta) I, \qquad N_0 := \Theta N$$

mit $\vartheta, \Theta \in \mathbb{R}$ definiert werden. Die Dreitermrekursion (21) lautet dann

$$(3.2.23) \qquad x^{m+1} = \Theta \left\{ (Mx^m + Nb) - x^{m-1} \right\} + \vartheta (x^m - x^{m-1}) + x^{m-1}.$$

Man zeige: (a) $\mathbf{M}$ hat das Spektrum

$$\sigma(\mathbf{M}) = \left\{ \tfrac{1}{2}(\Theta\lambda + \vartheta) \pm \sqrt{1 - \Theta - \vartheta + \tfrac{1}{4}(\Theta\lambda + \vartheta)^2} : \lambda \in \sigma(M) \right\}.$$

(b) Aus $\rho(M) < 1$ und $\Theta > 0$, $\vartheta \geqslant 0$, $\Theta + \vartheta \leqslant 1$ folgt $\rho(\mathbf{M}) < 1$.

3.3 Effektivität von Iterationsverfahren

Die Konvergenzrate kann kein alleiniges Kriterium für die Güte iterativer Verfahren darstellen, da hierfür auch der möglicherweise unterschiedliche Rechenaufwand zu berücksichtigen ist.

3.3.1 Rechenaufwand

Aus der Darstellung (2.5') geht hervor, daß jede Iteration als Mindestaufwand die Berechnung des Defektes $Ax^m - b$ verlangt. Ist $A \in \mathbb{K}^{I \times I}$ eine Matrix der Größe $n := \#I$, so würde eine allgemeine Matrix für die Multiplikation $A * x^m$ $2n^2$ Operationen benötigen. Häufig ist A jedoch *schwachbesetzt*, d.h. die Anzahl $s(n)$ der Nichtnullelement von A ist deutlich kleiner als n^2. Für Matrizen, die aus Diskretisierungen partieller Differentialgleichungen stammen, gilt

$$(3.3.1) \qquad s(n) \leqslant C_A\, n$$

(vgl. Hackbusch [15]). Für die Fünfpunktformel (1.2.4a) des Modellproblems ist (1) mit $C_A = 5$ erfüllt. Unter der Voraussetzung (1) kann die Matrixvektormultiplikation mit $2C_A n$ Operationen durchgeführt werden.

Nach der Auswertung von $d := A x^m - b$ muß in (2.5') noch das Gleichungssystem $W\delta = d$ gelöst werden. Von jedem praktikablen Iterationsverfahren wird man daher fordern, daß die Auflösung von $W\delta = d$ nur $O(n)$ Operationen benötigt, so daß auch der Gesamtaufwand von der Ordnung $O(n)$ ist. Indem wir die Konstante in $O(n)$ in Relation zu C_A bringen, gelangen wir zu folgender Forderung:

$$(3.3.2) \qquad \begin{array}{l} \text{Anzahl der arithmetischen Operationen pro Iterations-}\\ \text{schritt des Verfahrens } \Phi \text{ sei } \textit{Aufwand}\,(\Phi, A) \leqslant C_\Phi C_A n\,. \end{array}$$

Dabei ist *Aufwand*(Φ, A) der Aufwand der Φ-Iteration bei Anwendung auf $A x = b$. Man beachte, daß C_Φ eine iterationsspezifische Konstante sein soll, während $C_A n$ den Grad der Schwachbesetztheit von A kennzeichnet. Die Konstante C_Φ kann daher *Kostenfaktor der Iteration* Φ genannt werden.

3.3.2 Effektivität

Eine Iteration Φ kann man «effektiver» als Ψ nennen, wenn sie bei gleichen Kosten schneller ist oder bei gleicher Konvergenzrate weniger Rechenaufwand verlangt. Ein Maß gewinnt man, indem man nach dem Aufwand fragt, der notwendig ist, um eine Reduktion des Fehlers um einen festen Faktor zu erreichen. Da der Logarithmus verwendet werden wird, wählen wir $1/e$ als Faktor. Gemäß Bemerkung 2.14 ziehen wir die Konvergenzrate $\rho(M)$ zur (asymptotischen) Beschreibung der Fehlerreduktion pro Iteration heran. Nach m Iterationsschritten beträgt die asymptotische Fehlerreduktion $\rho(M)^m$. Damit diese Zahl $\leqslant 1/e$ wird, hat man $m \geqslant -1/\log(\rho(M))$ zu wählen, vorausgesetzt es liegt überhaupt Konvergenz vor: $\log(\rho(M)) < 0$. Wir definieren daher

$$(3.3.3a) \qquad It(\Phi) := -1 / \log(\rho(M))$$

als (asymptotische) *Anzahl der Iterationsschritte zur Fehlerreduktion um den Faktor $1/e$*.

Bemerkung 3.3.1 (a) Konvergenz von Φ ist mit $0 \leqslant It(\Phi) < \infty$ äquivalent. **(b)** Φ sei konvergent und konsistent. Um (im asymptotischen Sinne) den Iterationsfehler um einen Faktor $\varepsilon < 1$ zu reduzierten, benötigt man

$$(3.3.3b) \qquad It(\Phi, \varepsilon) := - It(\Phi) \log(\varepsilon)$$

Iterationsschritte.

(c) Gilt $\rho(M) = \|M\|$ oder ersetzt man $\rho(M)$ in (3a) durch $\|M\| < 1$, so ist

(3.3.3c) $\|e^{m+k}\| \leqslant \varepsilon \|e^{m}\|$ für $k \geqslant It(\Phi,\varepsilon)$

garantiert (nicht nur «asymptotisch»).
(d) Falls $r(M) < 1$ für den numerischen Radius von M gilt (vgl. §2.9.5),
kann man Definition (3b) durch $It(\Phi,\varepsilon) := \log(\varepsilon/2)/\log(r(M))$
ersetzen. Dann ist Ungleichung (3c) in der Euklidischen Norm erfüllt.

Der mit der Fehlerreduktion um $1/e$ verbundene Rechenaufwand ist
das Produkt $It(\Phi)\,Aufwand(\Phi,A) \leqslant It(\Phi)\,C_\Phi C_A n$ (vgl. (2)). Als
Kenngröße wählen wir den «*effektiven Aufwand*»

(3.3.4a) $Eff(\Phi) := It(\Phi)\,C_\Phi = -C_\Phi/\log(\rho(M))$

Mit $Eff(\Phi)$ wird der Aufwand zur $(1/e)$-Fehlerreduktion in der
Maßeinheit «$C_A n$ arithmetische Operationen» gemessen. Entsprechend
beträgt der effektive Aufwand zur Fehlerreduktion um den Faktor ε

(3.3.4b) $Eff(\Phi,\varepsilon) := -It(\Phi)\,C_\Phi \log(\varepsilon) = C_\Phi \log(\varepsilon)/\log(\rho(M))$.

Beispiel 3.3.2. Im Falle des Modellproblems gilt für die Gauß–Seidel-
Iteration $C_\Phi = 1$ (wegen $C_A = 5$, vgl. Bemerkung 1.4.3). Die numerischen
Werte aus Tabelle 1.4.1 legen $\rho(M) = 0.99039$ für die Schrittweite
$h = 1/32$ nahe. Dies ergibt einen effektiven Aufwand von $Eff(\Phi) = 103.6$.
Schätzt man $\rho(M) = 0.82$ für das SOR-Verfahren aus der Tabelle 1.4.2
und berücksichtigt $C_\Phi = 7/5$, ist der effektive Aufwand des SOR-
Verfahrens für $h = 1/32$ mit $Eff(\Phi) = 7.05$ zu bewerten.

3.3.3 Ordnung der linearen Konvergenz

Die Konvergenzraten $\rho(M)$ aus Beispiel 2 liegen typischerweise nahe
bei 1. Wir können daher den Ansatz

(3.3.5a) $\rho(M) = 1 - \eta$ (η klein)

machen. Taylor-Entwicklung um $\eta = 0$ liefert $\log(1-\eta) = -\eta + O(\eta^2)$ und
$-1/\log(1-\eta) = 1/[\eta(1+O(\eta)] = 1/\eta + O(1)$ wegen $1/(1-\zeta) = 1 + \zeta + O(\zeta^2)$.
Unter der Voraussetzung (5a) beträgt der effektive Aufwand somit

(3.3.5b) $Eff(\Phi) = C_\Phi/\eta + O(1)$.

Für die Zahlen aus Beispiel 2 ergäbe sich $C_\Phi/\eta = 104$ bzw. 7.8.
Für die meisten der noch zu diskutierenden Verfahren ist Annahme
(5a) bei Anwendung auf das Modellproblem richtig, wobei η gemäß

(3.3.5c) $\eta = C_\eta h^\tau + O(h^{2\tau})$, d.h. $\rho(M) = 1 - C_\eta h\tau + O(h^{2\tau})$ mit $\tau > 0$,

mit der Schrittweite $h = 1/N = 1/(1+\sqrt{n})$ zusammenhängt. (5b) ergibt

(3.3.5d) $Eff(\Phi) = C_{eff} h^{-\tau} + O(1)$ mit $C_{eff} := C_\Phi/C_\eta$.

Bemerkung 3.3.3 (a) τ aus (5c) kann *Ordnung der Konvergenzrate* genannt werden. Hat Φ eine größere Ordnung als Ψ, so ist Φ bei hinreichend kleinem h aufwendiger als Ψ. *Je kleiner die Ordnung ist, desto besser ist das Verfahren.*
(b) Sind Φ_1 und Φ_2 zwei Verfahren gleicher Ordnung, aber mit verschiedenen Konstanten $C_{eff,1} < C_{eff,2}$, so ist Φ_2 um den Faktor $C_{eff,2}/C_{eff,1}$ aufwendiger.

Aus praktischer Sicht sei noch ein Kommentar zu der anzustrebenden Größe des Iterationsfehlers $\|e^m\|$ gegeben. Läßt man die Iteration unbegrenzt arbeiten, pegelt sich der Fehler auf Grund der Rundungsfehler bei «const·$\|x\|$·eps» (eps = relative Maschinengenauigkeit) ein. Zum Testen der Iterationen kann man bis zu dieser unteren Grenze gehen, in der Praxis besteht aber selten Anlaß für eine derartige Genauigkeit.

Bemerkung 3.3.4. Die zu berechnende Lösung x des Poisson-Modell-problems aus §1.2 stellt selbst nur eine Approximation der eigentlich gesuchten Lösung der Randwertaufgabe (1.2.1a,b) dar. Diese weicht von der diskreten Lösung um einen Diskretisierungsfehler ab, der hier die Größenordung $O(h^2)$ hat (vgl. Hackbusch [15,§4.5]). Daher ist ein zusätzlicher Iterationsfehler der gleichen Ordung $O(h^2)$ akzeptabel. In der Praxis heißt dies, daß eine Iteration bei $\|e^m\|/\|x\| \leqslant 1/100$ bis $1_{10}-4$ gestoppt werden kann.

3.4 Test iterativer Verfahren

In den weiteren Kapiteln werden zahlreiche Iterationsverfahren vorgestellt werden. Für die Präsentation numerischer Ergebnisse hat man sich zu fragen, wie man Iterationen testen soll. Die Güte einer Iterationsmethode wird (zumindest in asymptotischer Sicht) durch den effektiven Aufwand $Eff(\Phi)$ gegeben. Den Rechenaufwand pro Iteration bestimmt man durch Abzählen der Operationen. Es bleibt die Konvergenzgeschwindigkeit experimentell zu bestimmen. Die folgende triviale Bemerkung zeigt, daß man das Verfahren keineswegs mit verschiedenen rechten Seiten b und damit verschiedenen Lösungen x zu testen braucht.

Bemerkung 3.4.1. Eine lineare Iteration angewandt auf die beiden Gleichungen $Ax = b$ und $Ax' = b'$ ergibt die gleichen Fehler $x^m - x$ und $x'^m - x'$, wenn die jeweiligen Startwerte x^0 bzw. x'^0 über $x^0 - x = x'^0 - x'$ zusammenhängen.

Folgerung 3.4.2. O.B.d.A. kann man stets $x = b = 0$ mit irgendeinem Startwert $x^0 \neq 0$ wählen.

Abweichend vom Vorschlag $x = b = 0$ werden wir wie schon in §1.4 für die *Poisson-Modellaufgabe* die Lösung x mit den Komponenten

$$(3.4.1a) \qquad u_{ij} = (ih)^2 + (jh)^2 \qquad\qquad (1 \leqslant i,j \leqslant N-1)$$

und die rechte Seite (1b) verwenden (vgl. Bemerkung 1.4.4):

(3.4.1b) $\quad b$ definiert durch (1.2.6) mit $f = -4$.

Gemäß Bemerkung 1 kann sich ein Test darauf beschränken, für ein oder mehrere Startvektoren x^0 die Fehler $e^m = x^m - x$ und die Quotienten ihrer Normen

$$\rho_{m+1,m} := \|e^{m+1}\| / \|e^m\| \qquad (\text{vgl. (2.18a)})$$

zu berechnen.

Indem man den Startwert ändert, ergeben sich andere Resultate. Da die geometrischen Mittel (2.18b): $\rho_{m+k,m} := [\|e^{m+k}\| / \|e^m\|]^{1/k}$ jedoch für $k \to \infty$ gegen $\rho(M)$ konvergieren, macht sich der Unterschied nur in den ersten Iterationen bemerkbar. Man beachte aber die folgende

Bemerkung 3.4.3. Wenn der Startfehler $e^0 = x^0 - x$ in dem Unterraum liegt, der von allen Eigen- und eventuellen Hauptvektoren der Matrix M zu Eigenwerten λ mit $|\lambda| < \rho(M)$ aufgespannt wird, approximiert $\rho_{m+k,m}$ einen Wert $< \rho(M)$.

In der Praxis ist dieser Ausnahmefall schwer zu treffen, zumal wenn die Lösung x unbekannt ist.

Die Berechnung von $\rho_{m+1,m} = \|e^{m+1}\| / \|e^m\|$ setzt voraus, daß die exakte Lösung bekannt ist. Hierzu ist auf Folgerung 2 hinzuweisen: O.B.d.A. kann das Gleichungssystem mit $b = 0$ und $x = 0$ verwendet werden, so daß $\rho_{m+1,m} = \|x^{m+1}\| / \|x^m\|$. Wenn jedoch während der iterativen Berechnung einer noch unbekannten Lösung x die Konvergenzrate gemessen werden soll, kann man die Größen

$$\hat{\rho}_{m+1,m} := \|x^{m+1} - x^m\| / \|x^m - x^{m-1}\|$$

und $\hat{\rho}_{m+k,m} := (\hat{\rho}_{m+k,m+k-1} \times \cdots \times \hat{\rho}_{m+1,m})^{1/k}$ heranziehen.

Übungsaufgabe 3.4.4. Man beweise: Trotz $1 \in \sigma(M)$ kann $\hat{\rho}_{m+k,m} \to \rho < 1 \leqslant \rho(M)$ für $k \to \infty$ gelten. Falls $1 \notin \sigma(M)$, gilt $\hat{\rho}_{m+k,m} \to \rho(M)$ für alle Startfehler e^0, die nicht in dem speziellen Unterraum aus Bemerkung 3 liegen.

3.5 Erläuterungen zu den Pascal-Prozeduren

3.5.1 Zu Pascal

Wie einfach oder wie kompliziert ein Verfahren ist, erweist sich letztlich bei seiner Programmierung. Deshalb wird zu allen erwähnten Iterationen stets eine Pascal-Prozedur angegeben.

Die folgenden Ausführungen dieses Abschnittes richten sich an Leser ohne Vorkenntnisse in der Programmiersprache Pascal (vgl. Jensen-Wirth [1]). Die meisten Programmteile sind selbsterklärend. In Pascal ist es möglich, über «real», «integer», «Boolean» hinaus eigene Typen von Variablen zu definieren. Zum einen kann man *Felder* von Variablen

eines schon definierten Typus bilden (z.B. **array [3:10] of** ...). In (7) wird
der *Aufzählungstyp* verwendet werden. Ein Beispiel für einen standardmäßig definierten Aufzählungstyp ist **type Boolean = (false, true)**. Die
dritte, wichtige Konstruktionsmethode ist der Record, der Variablen
schon definierter Typen zu einem Gesamttyp zusammenfaßt. Im Beispiel

(3.5.1)   **type R = record A: real; B: Boolean; C: type1 end;**

werden drei Variablen zusammengefaßt. «type1» steht für einen schon
definierten Typ. Eine Variable x des Recordtyps **R** definiert man durch

　　　　　var x: R;

Um die einzelnen Komponenten «A», «B», «C» von x anzusprechen,
indiziert man in der Form

　　　　　x.A := 3.14;   x.B := true;

Wenn **type1** in (1) wiederum ein Record mit den Komponenten «P»,
«Q», «R»,... ist, spricht man diese mit «x.C.P», «x.C.Q», «x.C.R», ... an.
Eine Vereinfachung der Schreibweise (nämlich das Weglassen des
Präfixes «x.») erlaubt das **with**-Statement:

　　　　　with x do begin A:= 3.14; B :=true; C.P :=... end;

3.5.2 Zu den Testbeispielen

Programme zu Iterationsverfahren lassen sich nur schreiben, wenn
festgelegt ist, von welcher Struktur die Gleichungssysteme sind. Je
einfacher die Struktur der Matrix A, desto einfacher werden die
Programme. Das Modellproblem aus §1 hat unter allen nichttrivialen
Beispielen die einfachste Struktur. Wir wollen die Programme aber nicht
auf diesen Fall begrenzen. Die nächste Stufe wäre ein Gleichungssystem,
in dem die Koeffizienten $4, -1$ der Fünfpunktformel (1.2.4a) durch fünf
andere Konstanten ersetzt sind. Mit dem «Fünfpunktstern»

$$(3.5.2) \qquad \begin{bmatrix} & \alpha_{01} & \\ \alpha_{-1,0} & \alpha_{00} & \alpha_{10} \\ & \alpha_{0,-1} & \end{bmatrix}$$

charakterisiert man die Matrix A, die zu den Gleichungen

$$(3.5.3) \qquad \alpha_{00}u_{ij} + \alpha_{-1,0}u_{i-1,j} + \alpha_{01}u_{i,j+1} + \alpha_{0,-1}u_{i,j-1} + \alpha_{10}u_{i+1,j} = f_{ij}$$
$$(1 \le i,j \le N-1)$$

(vgl. §2.1.3) gehört. Für $\alpha_{00} = 4h^{-2}$, $\alpha_{-1,0} = \alpha_{10} = \alpha_{01} = \alpha_{0,-1} = -h^{-2}$
erhält man die Fünfpunktformel (2.1.9) des Poisson-Problems (1.2.4a).

　　Spätestens wenn die Differentialgleichung gemischte Ableitungen
$\partial^2 u/\partial x\,\partial y$ enthält, reicht ein Fünfpunktstern nicht mehr aus (vgl.
Hackbusch [15, §5.1.4]). Deshalb wird als allgemeinster Fall der «Neunpunktstern» (2.1.8a) hinzugenommen, der die Gleichungen (2.1.8b)

beschreibt. Zu Neunpunktformeln für die Poisson-Gleichung sei auf Hackbusch [15, §4.6 und dortige Übungsaufgabe 8.3.16] verwiesen.

Da der Neunpunktstern die vorhergehenden Fälle umfaßt, könnte man sich darauf beschränken, Programme nur für die Neunpunktformel anzugeben. Dieser Weg wird aber absichtlich nicht eingeschlagen. *Schwachbesetzte Gleichungssysteme zu lösen heißt immer, die vorhandene Struktur auszunutzen.* Indem die Terme $\alpha_{11} = \ldots = 0$ bei der Fünfpunktformel vermieden werden und indem Multiplikationen mit $h^2 \alpha_{01} = 1$ beim Poisson-Modellproblem überflüssig werden, kann der Aufwand wesentlich reduziert werden. Wir werden deshalb in den Prozeduren stets die Fallunterscheidung

(3.5.4a)   Poisson-Modellproblem: (1.2.4a) bzw. (2.1.9)
(3.5.4b)   Fünfpunktformel: (2)
(3.5.4c)   Neunpunktformel: (2.1.8a,b)

vornehmen. Schreibtechnisch ist diese Fallunterscheidung kürzer als die Angabe von drei verschiedenen Prozeduren, die jeweils einem Fall entsprechen. Es ist jedem Anwender überlassen, den Quelltext zu kürzen, indem die Programmteile für die nicht interessierenden Fälle gestrichen werden.

Im folgenden ist zugelassen, daß das Quadrat $\Omega = (0,1) \times (0,1)$ (vgl. (1.2.1c)) durch ein Rechteck ersetzt wird und das Gitter Ω_h innere Knoten (ih, jh) mit

(3.5.5) $1 \leq i \leq Nx - 1, \quad 1 \leq j \leq Ny - 1$

besitzt. Diese Verallgemeinerung wird insbesondere deshalb eingeführt, um in den Programmen klarer erkennen zu können, welche Schleifen über Zeilen- und Spaltenindizes laufen.

3.5.3 Konstanten und Typen

Die Konstanten und Typen, die im weiteren benötigt werden, lauten wie folgt:

(3.5.6)   Konstanten

```
const Nmax = 128; ITmax = 300; Lmax = 5; ADImax = 16;
pi = 3.1415926535897932384626433383279;
```

(3.5.7)   Typen

```
type Spalte = array[0:Nmax] of real;
Gitterfunktion = array[0:Nmax] of Spalte;
Matrixart = (Poisson_Modellproblem,Fuenfpunktformel,Neunpunktformel);
Restriktionsart = (triviale_Restriktion,Fuenfpunktrestriktion,
    Siebenpunktrestriktion, Neunpunktrestriktion,allgemeine_Restriktion,
    matrixabhaengige_Restriktion);
Prolongationsart = (Fuenfpunktprolongation,Siebenpunktprolongation,
    Neunpunktprolongation,allgemeine_Prolongation,
    matrixabhaengige_Prolongation);
```

Vergleichsdaten = record z: ^Gitterfunktion; Anfang,aktuell: integer end;
Spaltenstern = array[-1:1] of real;
Stern = array[-1:1] of Spaltenstern;
Restriktionsdaten = record Art: Restriktionsart; S: Stern end;
Prolongationsdaten = record Art: Prolongationsart; S: Stern end;
ADIParameter = array [1:ADImax] of real;
CR_Parameter = record a,aalt,palt,w: Gitterfunktion end;
cg_Parameter = record r,p: Gitterfunktion; rho: real; CR: ^CR_Parameter end;
Parameterfeld = record Laenge,aktuell: integer; om: ADIParameter end;
tridiag = record Zerlegung_berechnet: boolean; unten,diag,oben: Spalte end;
ABFG = record A,B,F,G: Gitterfunktion end;
Iterationsparameter = record Nr: integer; omega, theta, gmg, gpg, sigma,
   diag: real; vorher,Res: ^Gitterfunktion; zykl: ^Parameterfeld;
   cg: ^cg_Parameter end;
MG_Parameter = record gamma,ny1,ny2,lm,lmin,aktuelle_Stufe: integer;
   direkt,Galerkin: Boolean; R: Restriktionsdaten; P: Prolongationsdaten end;
Diskretisierungsdaten = record Art: Matrixart; S: Stern; T: ^tridiag;
   ILUD: ^Gitterfunktion; ILU7: ^ABFG; nx,ny: integer; h,h2: real end;
Diskretisierungshierarchie = array[0:Lmax] of Diskretisierungsdaten;
H_Stern = array [0:2] of Stern;
MG_Daten = record AL: Diskretisierungshierarchie; SH: H_Stern;
   MI: MG_Parameter; IP: array[0:Lmax] of Iterationsparameter end;
Iterationsdaten = record x,b: Gitterfunktion; A: Diskretisierungsdaten;
   IP: Iterationsparameter end;
Iterationsgeschichte = record Wert: array[0:ITmax] of real; Belegt: integer end;

Mit **Nmax** aus (6) ist die obere Grenze von Nx und Ny aus (5)
bezeichnet. Auch **ITmax**, **Lmax**, **ADImax** werden als Feldgrenzen verwendet. Ihre Werte können je nach zur Verfügung stehendem Speicherplatz
verändert werden.

Unter den aufgeführten Typen interessieren im Augenblick nur die
folgenden: **Gitterfunktion** ist schon in (1.4.6) eingeführt. **Matrixart** enthält
die in (4a–c) erwähnten Fälle.

3.5.4 Format der Iterationsprozeduren

Alle Iterationsverfahren haben den folgenden Prozedurkopf:

(3.5.8a)   procedure Iterationsname(var neu: Gitterfunktion;
                    var A: Diskretisierungsdaten; var x,b: Gitterfunktion;
                    var IP: Iterationsparameter);

Ein Aufruf von **Iterationsname**(...) produziert aus $x^{m-1} = x$ die neue
Iterierte x^m = **neu**. Dabei ist es stets zugelassen, daß für **neu** und x ein
und dieselbe Variable eingesetzt wird, d.h. **Iterationsname**(x,A,x,b,IP) mit
$x = x^{m-1}$ als Eingabe liefert $x = x^m$. Sicherheitshalber wird stets dafür
gesorgt, daß die Variable x unverändert bleibt, wenn verschiedene
Variablen für **neu** und x eingesetzt werden. Der Parameter **IP** enthält die
Parameter, die von manchen Verfahren benötigt werden (z.B. den Relaxationsparameter ω des SOR-Verfahrens). Da stets der gleiche Prozedurkopf verwendet werden soll, wird der Parameter formal auch in solchen
Iterationsprozeduren auftreten, die keine Parameter brauchen.

Bei späteren Anwendungen werden Iterationsverfahren und andere Prozeduren als Parameter übergeben. Hier weichen wir aus schreibtechnischen Gründen vom Konzept, wie es bei Jensen-Wirth [1] beschrieben wird, ab und verwenden, wie auch bei Turbo-Pascal üblich, Typenvereinbarungen für Funktionen und Prozeduren. (8a) wird abgekürzt mittels

(3.5.8b)   **type PIteration = procedure(var neu: Gitterfunktion;**
              var A: Diskretisierungsdaten;
              var x,b: Gitterfunktion; var IP: Iterationsparameter);

Ferner treten reellwertige Funktionen der Koordinaten x, y auf:

(3.5.8c)   **type Fxy = function(x,y: real): real;**

3.5.5 Testumgebung

Um die Iteration (8) zu testen, sind folgende Schritte durchzuführen: (i) Definition der Diskretisierungsdaten, (ii) Definition der rechten Seite und der Randwerte, (iii) Definition des Startwertes, (iv) Definition der exakten Lösung für Vergleichszwecke, (v) Berechnung der Normen $\|x^m - x\|$ und ihrer Quotienten (vgl. §3.4). Mit den in [Prog] vorhandenen Prozeduren kann der Aufruf wie folgt lauten:

(3.5.9)   Beispiel für ein Rahmenprogramm

```
program Iterationsaufruf;
{Konstanten und Typen aus (6), (7) einfügen. Für das hier gewählte Beispiel
sind z.B. die Prozeduren "lex_SOR" und "Maximum_Norm" einzufügen}
var it: Iterationsdaten; i,itzahl: integer; v: Vergleichsdaten;
    Max: Iterationsgeschichte;
function rechte_Seite(x,y: real): real; begin rechte_Seite:=-4 end;
function Nullfunktion(x,y: real): real; begin Nullfunktion:=0 end;
function exakte_Loesung(x,y: real): real; begin exakte_Loesung:=x*x+y*y end;
function Randwerte(x,y: real): real; begin Randwerte:=x*x+y*y end;
begin initialisiere_IT(it); initialisiere_Vergleichsdaten(v);
  repeat Freigabe_IT(it); Freigabe_Vergleichsdaten(v);
  definiere_Problem(it,Randwerte,Rechte_Seite); writeln('Problem definiert.');
  definiere_SOR_Parameter(it); writeln('SOR-Parameter ω=',it.IP.omega);
  definiere_Startiteration(it,Nullfunktion); writeln('Startwert definiert.');
  definiere_Vergleichsloesung(v,it.A,exakte_Loesung); writeln('Vergleich:');
  Vergleich_mit_exakter_Loesung(max,v,it,Maximum_Norm);
  write(' --> Anzahl der Iterationen = '); readln(itzahl);
  for i:=1 to itzahl do
  begin  Iteration_1(it, lex_SOR);
         Vergleich_mit_exakter_Loesung(max,v,it,Maximum_Norm);
         writeln('Iterationsnr. ',it.IP.Nr,' Maximumnorm: ',max.Wert[i-1])
  end;
  writeln('Lauf beendet.'); {Es folgt die Darstellung der Resultate:}
  writeln('*** Auswertung der Iterationsgeschichte ***');
  writeln('lex. Gauß-Seidel-Verfahren / Maximumnorm');
  schreibe_Diskretisierungsdaten_Bildschirm(it.A);
  writeln('SOR-Parameter ist omega=',it.IP.omega);
```

```
for i:=0 to max.belegt do
begin  writeln; write(i:3,' ');
          Auswertung_der_Iterationsgeschichte_Bildschirm(max,i)
end; writeln; {hier Möglichkeit, die berechneten Daten abzuspeichern.}
write('Wird eine Wiederholung gewünscht?')
until not ja_nein
end.
```

Zum Auffinden der zu vereinbarenden Prozeduren und Funktionen **initialisiere_IT**, **initialisiere_Vergleichdaten**, etc. sei auf das Verzeichnis «Pascal-Namen» auf Seite 402 verwiesen.

Durch den Aufruf von **definiere_Problem** lassen sich die Größen Nx, Ny (vgl. (5) und $h := $ Intervallänge$/Nx$ interaktiv bestimmen. Die rechte Seite b des Gleichungssystems läßt sich wie in §1.4 beschrieben aus den Randwerten und der rechten Seite der Differentialgleichung ermitteln. Hierfür sind Funktionen **Randwerte** und **Rechte_Seite** einzusetzen.

Mittels **definiere_Startiteration** wird die Startiterierte x^0 bestimmt (vgl. (11c)). Im Beispiel ist $x^0 := 0$ (vgl. Bemerkung 1.4.4).

```
procedure definiere_Gleichungsdaten(var It: Iterationsdaten;
                                     Randwerte, RechteSeite: Fxy);
begin with it do with A do              {zu Fxy vergleiche (8c)}
  begin rechte_Seite_setzen(it,RechteSeite);
  if Art=Poisson_Modellproblem then Faktor_mal_Vektor(nx,ny,b,h2,b);
  definiere_Randwerte(nx,ny,x,Randwerte)
end end;

procedure definiere_Problem (var It: Iterationsdaten;
                             Randwerte, RechteSeite: Fxy);
begin with it do with A do
  begin bestimme_nxnyh(nx,ny,h); h2:=h*h; bestimme_Diskretisierung(A) end;
definiere_Gleichungsdaten(it,Randwerte,RechteSeite)
end;

procedure definiere_Startiteration (var It: Iterationsdaten; Startwert: Fxy);
begin definiere_innere_Punkte(it.A.nx,it.A.ny,it.x,Startwert); it.IP.Nr:=0 end;
```

Wenn benötigt, sind Parameter zu definieren. Im vorliegenden Falle kann ω interaktiv mittels **definiere_SOR_Parameter** gesetzt werden.

Falls gewünscht, kann durch **definiere_Vergleichsloesung** auf der hier v genannten Variablen die exakte Lösung x bereitgestellt werden. Dann ist es möglich, nach Berechnung einer neuen Iterierten die Fehlernorm und ihre Quotienten mittels **Vergleich_mit_exakter_Loesung** abzuspeichern. Die verwendete Variable heißt hier max, da die **Maximum_Norm** zugrundelegt wurde. In [Prog] stehen weitere Funktionen zur Verfügung: **Euklidische_Norm**, **A_Norm** (= Energienorm), **Wert_in_der_Mitte**. Die Variable max kann höchstens **ITmax** Einträge aufnehmen. Mit **schreibe_Diskretisierungsdaten_Bildschirm** werden die in **it.A** enthaltenen Daten ausgegeben.

Durch **Iteration_1** wird ein Iterationsschritt des im Parameter angegebenen Verfahrens durchgeführt. Die Funktion **ja_nein** fragt interaktiv nach **true** bzw. **false**.

4. Jacobi-, Gauß-Seidel- und SOR-Verfahren im positiv definiten Fall

Die Verfahren von Jacobi, Gauß-Seidel und die SOR-Methode hängen eng zusammen und werden deshalb gemeinsam analysiert. Allerdings unterscheidet sich die Analyse bei positiv definiter Matrix A wesentlich von anderen Fällen, die den §§5-6 vorbehalten sind. Daß der positiv definite Fall von praktischem Interesse ist, belegt der Abschnitt 4.1: Die Poisson-Modellmatrix ist positiv definit. Das Kapitel 4.2 ist eine Rekapitulation und Verallgemeinerung der aus §1.4 schon bekannten Algorithmen. §4.3 und §4.6 enthalten einfache Modifikationen dieser Iterationen. Konvergenzresultate qualitativer und quantitativer Art finden sich in §4.4. Abschnitt 4.8 ist den symmetrischen Iterationen, insbesondere dem SSOR-Verfahren gewidmet.

4.1 Eigenwertanalyse des Modellproblems

Die Eigenwerte der Matrix A aus §1.2 (z.B. in der Darstellung (1.2.8)) können explizit angegeben werden.

Satz 4.1.1. Die $n \times n$-Matrix A des Poisson-Modellproblems aus §1.2 mit $n = (N-1)^2$ hat die folgenden n Eigenwerte

$$(4.1.1a) \qquad \lambda_{ij} = 4h^{-2}[\sin^2(i\pi h/2) + \sin^2(j\pi h/2)] \qquad (1 \le i,j \le N-1),$$

die nicht alle verschieden sind. Die Vielfachheit von $\lambda = \lambda_{ij}$ ist durch die Anzahl der Indizes $i',j' \in [1,N-1]$ mit $\lambda_{ij} = \lambda_{i'j'}$ gegeben. Der minimale Eigenwert wird für $i = j = 1$, der maximale für $i = j = N-1$ angenommen:

$$(4.1.1b) \qquad \lambda_{\min} = \|A^{-1}\|_2^{-1} = 8h^{-2}\sin^2(\pi h/2),$$

$$(4.1.1c) \qquad \lambda_{\max} = \|A\|_2 = 8h^{-2}\cos^2(\pi h/2).$$

Insbesondere ist A eine positiv definite Matrix.

Beweis. (1.2.8) zeigt $A = A^H$. Die Positivdefinitheit ist Folge von (1a) und Lemma 2.10.3. Auch (1b,c) schließt man aus (1a). λ_{ij} aus (1a) hängt monoton von $1 \le i,j \le N-1$ ab, so daß $\lambda_{\max} = \lambda_{N-1,N-1} = \rho(A) = \|A\|_2$ und $\lambda_{\min} = \lambda_{1,1} = 1/\rho(A^{-1}) = 1/\|A^{-1}\|_2$. Behauptung (1a) ergibt sich aus

Lemma 4.1.2. Die n linear unabhängigen und sogar *orthonormalen* Eigenvektoren zur Matrix A aus §1.2 zu den Eigenwerten λ_{ij} aus (1a) sind die Vektoren e^{ij} mit

$$(4.1.2) \qquad (e^{ij})_{\nu\mu} = 2h\sin(ih\nu\pi)\sin(jh\mu\pi) \qquad (1 \le i,j,\nu,\mu \le N-1).$$

Beweis. e^{ij} kann als Tensorprodukt $e^i \otimes e^j$ mit den Vektoren

$$e^k \in \mathbb{R}^{N-1}, \qquad (e^k)_\nu = \sqrt{2h}\,\sin(kh\nu\pi) \qquad\qquad (1 \leqslant k, \nu \leqslant N-1)$$

angesehen werden, da $(e^{ij})_{\nu\mu} = (e^i)_\nu (e^j)_\mu$. Das Skalarprodukt im $\mathbb{R}^n$ ist

$$\langle e^{ij}, e^{kl} \rangle = \sum_{\nu,\mu} e^{ij}_{\nu\mu} e^{kl}_{\nu\mu} = \sum_{\nu,\mu} e^i_\nu e^j_\mu e^k_\nu e^l_\mu = \sum_\nu e^i_\nu e^k_\nu \sum_\mu e^j_\mu e^l_\mu =$$

$$= \langle e^i, e^k \rangle \langle e^j, e^l \rangle,$$

wobei die letztnotierten Skalarprodukte jene des $\mathbb{R}^{N-1}$ sind. Aus der Identität der Skalarprodukte geht hervor, daß $\{ e^{ij} : 1 \leqslant i, j \leqslant N-1 \}$ eine Orthonormalbasis bildet, wenn $\{ e^i : 1 \leqslant i \leqslant N-1 \}$ eine Orthonormalbasis des $\mathbb{R}^{N-1}$ ist. Letzteres ist Gegenstand der

Übungsaufgabe 4.1.3. Sei $hN = 1$ und $1 \leqslant k, l \leqslant N-1$. Man zeige:

$$(4.1.3) \qquad \sum_{\nu=1}^{N-1} \sin kh\nu\pi \, \sin lh\nu\pi = \begin{cases} 1/(2h) & \text{für } k = l, \\ 0 & \text{sonst}. \end{cases}$$

Für die Modellmatrix A erhält man für Ae^{ij} im inneren Gitterpunkt $(x, y) = (kh, lh) \in \Omega_h$ den Wert

$$(Ae^{ij})(x, y) = h^{-2} 2h\,[4 \sin ix\pi \sin jy\pi$$
$$(4.1.4) \qquad\qquad - \sin i(x+h)\pi \sin jy\pi - \sin i(x-h)\pi \sin jy\pi$$
$$- \sin ix\pi \sin j(y+h)\pi - \sin ix\pi \sin j(y-h)\pi].$$

Mit Hilfe des Sinusadditionstheorems erhält man

$$(4.1.5a) \qquad \begin{aligned} \sin i(x+h)\pi + \sin i(x-h)\pi &= 2 \sin ix\pi \cos ih\pi, \\ \sin j(y+h)\pi + \sin j(y-h)\pi &= 2 \sin jy\pi \cos jh\pi \end{aligned}$$

und damit $(Ae^{ij})(x, y) = h^{-2} 2h \sin ix\pi \, \sin jy\pi\,[4 - 2\cos ih\pi - 2\cos jh\pi]$. Über die Identität

$$(4.1.5b) \qquad 1 - \cos\xi = 2 \sin^2 \tfrac{\xi}{2}$$

ergibt sich die Behauptung (1a): $Ae^{ij} = \lambda_{ij} e^{ij}$. Gleichung (4) erfordert noch eine Zusatzüberlegung. Wenn alle Nachbarn $(x \pm h, y)$ und $(x, y \pm h)$ des Gitterpunktes (x, y) wieder zu Ω_h gehören, stellt (4) unmittelbar die dem Punkt (x, y) entsprechende Komponente des Vektors Ae^{ij} dar. Wenn dagegen ein Nachbar Q - z.B. $Q = (x-h, y)$ wegen $x = h$ - kein innerer Gitterpunkt ist, dürfte der Summand $-h^{-2} e^{ij}(Q)$ nicht mehr auftreten. Da aber in diesem Falle $e^{ij}(Q) = 0$ gilt, ist (4) weiterhin gültig. ▩

In der Pascal-Realisierung enthält A für den Poisson-Modellfall keinen Faktor h^{-2} (dafür ist die rechte Seite mit h^2 multipliziert), so daß h^{-2} auch in (1a-c) entfällt. $\lambda_{\min}$ und $\lambda_{\max}$ entsprechen den Funktionen

---

```
function minimaler_EW(var A: Diskretisierungsdaten): real;
begin minimaler_EW:=4*(sqr(sin(pi/(2*A.nx)))+sqr(sin(pi/(2*A.ny)))) end;

function maximaler_EW(var A: Diskretisierungsdaten): real;
begin maximaler_EW:=8-minimaler_EW(A) end;
```

4.2 Konstruktion der Iterationsverfahren

4.2.1 Jacobi-Iteration

4.2.1.1 Die additive Aufspaltung der Matrix A

Gegeben das Gleichungssystem

$$(4.2.1) \qquad A\,x\ =\ b \qquad\qquad\qquad (A\in\mathbb{K}^{I\times I},\ b\in\mathbb{K}^{I}),$$

spalte man A in

$$(4.2.2) \qquad A\ =\ W - R \qquad\qquad\qquad (W\ \text{regulär})$$

auf. Das Gleichungssystem (1) ist äquivalent zu

$$(4.2.1') \qquad W\,x\ =\ R\,x + b\,.$$

Hieraus gewinnt man das Iterationsverfahren

$$(4.2.3) \qquad W\,x^{m+1}\ =\ R\,x^{m} + b\,.$$

Lemma 4.2.1 (a) Es gelte (2): $A=W-R$. Dann ist das Iterationsverfahren (3) stets konsistent. Die Matrizen der ersten Normalform (3.2.2) lauten

$$M\ =\ W^{-1}R\,, \qquad N\ =\ W^{-1}.$$

Die Notation «W» für die Matrix in (2) ist so gewählt, daß die dritte Normalform (3.2.5):

$$(4.2.3') \qquad W\,(x^{m} - x^{m+1})\ =\ A\,x^{m} - b$$

mit der gleichen Matrix W gültig ist.
(b) Umgekehrt läßt sich jedes konsistente, lineare Iterationsverfahren Φ mit regulärem N durch eine additive Aufspaltung (2) gewinnen.

Beweis. (a) Ein Vergleich der aus (3) folgenden Iterationsdarstellung $x^{m+1}=W^{-1}R\,x^{m}+W^{-1}b$ mit (3.2.2) zeigt $M=W^{-1}R,\ N=W^{-1}$.
(b) Man wähle in (2) $W := N^{-1}$ und $R := W - A$. ■

4.2.1.2 Definition des Jacobi-Verfahrens

Das *Jacobi-Verfahren* (auch *Gesamtschrittverfahren* genannt) ergibt sich aus (3) für die Wahl

$$(4.2.4) \qquad W := D := \operatorname{diag}\{A\} \quad \text{und} \quad R := D - A\,,$$

d.h. D ist der Diagonalanteil $\operatorname{diag}\{a_{\alpha\alpha}\colon \alpha\in I\}$ der Matrix A, während R den Außerdiagonalanteil mit umgekehrtem Vorzeichen enthält.

Bemerkung 4.2.2 (a) Das Jacobi-Verfahren ist genau dann wohldefiniert, wenn $a_{\alpha\alpha}\neq0$ für alle $\alpha\in I$.
(b) Die Normalformen des Jacobi-Verfahrens lauten

$$(4.2.5a) \quad x^{m+1} = M^{\mathrm{Jac}} x^m + N^{\mathrm{Jac}} b \quad \text{mit}$$
$$M^{\mathrm{Jac}} = D^{-1}(D-A) = I - D^{-1}A, \quad N^{\mathrm{Jac}} = D^{-1},$$

$$(4.2.5b) \quad x^{m+1} = x^m - D^{-1}(A x^m - b),$$

$$(4.2.5c) \quad D(x^m - x^{m+1}) = A x^m - b.$$

(c) Das Jacobi-Verfahren hängt nicht von der Indexanordnung ab.

Die Aussage (c) hat das Jacobi-Verfahren in der letzten Zeit wieder interessant gemacht, denn sie zeigt, daß das Verfahren nicht sequentiell ablaufen muß, sondern auch parallel organisiert werden kann. Damit lassen sich die sämtliche Operationen in $x^m \mapsto D^{-1}[(A-D)x^m + b]$ mit Hilfe von arithmetischen *Vektoroperationen* berechnen.

In §1.1 wurde auf die Originalarbeit von Jacobi aus dem Jahr 1845 hingewiesen. Von H. Liebmann stammt eine Arbeit («Die angenäherte Ermittelung harmonischer Funktionen und konformer Abbildungen», Sitzungsber. der Math.-Phys. Klasse der K. B. Akad. der Wiss. zu München, Bd 47) aus dem Jahr 1918, in der die Jacobi-Iteration auf das Poisson-Problem angewandt wird und zurückverwiesen wird auf Vorlesungen von L. Boltzmann im Wintersemester 1892/93.

4.2.1.3 Pascal-Prozedur

Da für neu und x möglicherweise die gleichen Variablen eingesetzt werden, darf neu[i,j] nicht sofort mit dem neuen Resultat überschrieben werden. In der nachfolgenden Prozedur wird die $(i-1)$-te Spalte v auf neu[i-1] übertragen, sobald die i-te Spalte vollständig berechnet ist.

(4.2.6)   procedure Jacobi_Iteration

```
procedure Jacobi_Iteration (var neu: Gitterfunktion;
                 var A: Diskretisierungsdaten; var x,b: Gitterfunktion;
                 var IP: Iterationsparameter);
var i,j: integer; v,z: Spalte;
begin with A do
  begin v:=x[0]; for i:=1 to nx-1 do
    begin z[0]:=x[i,0]; z[ny]:=x[i,ny]; case Art of
Poisson_Modellproblem:
      for j:=1 to ny-1 do z[j]:=(b[i,j]+x[i-1,j]+x[i+1,j]+x[i,j-1]+x[i,j+1])/4;
Fuenfpunktformel:
      for j:=1 to ny-1 do z[j]:=(b[i,j]-S[0,-1]*x[i,j-1]-S[-1,0]*x[i-1,j]
                        -S[1,0]*x[i+1,j]-S[0,1]*x[i,j+1])/S[0,0];
Neunpunktformel:
      for j:=1 to ny-1 do z[j]:=(b[i,j]-S[-1,-1]*x[i-1,j-1]-S[0,-1]*x[i,j-1]
                        -S[1,-1]*x[i+1,j-1]-S[-1,0]*x[i-1,j]-S[1,0]*x[i+1,j]
                        -S[-1,1]*x[i-1,j+1]-S[0,1]*x[i,j+1]-S[1,1]*x[i+1,j+1])/S[0,0]
    end {case};
    neu[i-1]:=v; v:=z
  end; neu[nx-1]:=v; neu[nx]:=x[nx]
end end;
```

4.2.2 Gauß-Seidel-Verfahren

4.2.2.1 Definition

Die Indexmenge I sei angeordnet und mit $\{1,\ldots,n\}$ identifiziert. Dann ist die Zerlegung von A in

(4.2.7a) $A = D - E - F$

(4.2.7b) D : Diagonalmatrix $(D := \mathrm{diag}\{A\}$: Diagonalanteil von A),

(4.2.7c) E : strikte untere Dreiecksmatrix,

(4.2.7d) F : strikte obere Dreiecksmatrix

eindeutig bestimmt (vgl. (1.4.2)).

Das *Gauß-Seidel-Verfahren* (auch *Einzelschrittverfahren* genannt) ergibt sich aus (3) für die Wahl

(4.2.8) $W = D - E$ $(D,E$ aus $(7a))$.

Die folgenden, offensichtlichen Eigenschaften sind teilweise schon in Bemerkung 1.4.1 aufgeführt.

Bemerkung 4.2.3 (a) Das Gauß-Seidel-Verfahren ist genau dann wohl-definiert, wenn I angeordnet und $a_{ii} \neq 0$ für alle $i \in I$.
(b) Die Normalformen des Gauß-Seidel-Verfahrens lauten

(4.2.9a)
$$x^{m+1} = M^{GS}x^m + N^{GS}b \quad \text{mit}$$
$$M^{GS} = (D-E)^{-1}F, \qquad N^{GS} = (D-E)^{-1},$$

(4.2.9b) $x^{m+1} = x^m - (D-E)^{-1}(Ax^m - b)$,

(4.2.9c) $(D-E)(x^m - x^{m+1}) = Ax^m - b$,   d.h. $W^{GS} = D - E$.

(c) Im Gegensatz zum Jacobi-Verfahren hängt die Gauß-Seidel-Iteration von der Anordnung der Indizes ab.

Wegen Teil (c) gehört zur präzisen Bezeichnung des Gauß-Seidel-Verfahrens auch die Nennung der Anordnung, wenn diese noch nicht durch das Problem festgelegt ist. Im Modellfall (1.2.4a) spricht man z.B. vom *lexikographischen Gauß-Seidel-Verfahren* bzw. vom *Schachbrett-Gauß-Seidel-Verfahren* bei entsprechender Anordnung der Gitterpunkte.

Die komponentenweise Darstellung

(4.2.10) for $i := 1$ to n do $x_i^{m+1} := (b_i - \sum_{j=1}^{i-1} a_{ij}x_j^{m+1} - \sum_{j=i+1}^{n} a_{ij}x_j^m)/a_{ii}$

zeigt, daß das Verfahren sequentiell abläuft. Anders als in der Jacobi-Iteration (5) kommt man ohne Zwischenspeicherung aus. Die Vektor-komponenten können direkt überschrieben werden (vgl. Bemerkung

1.4.1b). Dafür ist die parallele Durchführung über Vektoroperationen erschwert (bei der Schachbrettvariante für das Modellproblem ist die parallele Behandlung der beiden Farben möglich; vgl. Niethammer [3]).

4.2.2.2 Pascal-Prozedur

Der Poisson-Modellfall wurde bereits in (1.4.6) angegeben. Die lexikographische Variante lautet jetzt wie folgt.

(4.2.11)   procedure lex_Gauss_Seidel

```
procedure lex_Gauss_Seidel (var neu: Gitterfunktion;
                .  var A: Diskretisierungsdaten; var x,b: Gitterfunktion;
                   var IP: Iterationsparameter);  var i,j: integer;
begin with A do begin case Art of
Poisson_Modellproblem:
      for j:=1 to ny-1 do for i:=1 to nx-1 do
      neu[i,j]:=(b[i,j]+neu[i-1,j]+x[i+1,j]+neu[i,j-1]+x[i,j+1])/4;
Fuenfpunktformel:
      for j:=1 to ny-1 do for i:=1 to nx-1 do
      neu[i,j]:=(b[i,j]-S[0,-1]*neu[i,j-1]-S[-1,0]*neu[i-1,j]-S[1,0]*x[i+1,j]
            -S[0,1]*x[i,j+1])/S[0,0];
Neunpunktformel:
      for j:=1 to ny-1 do for i:=1 to nx-1 do
      neu[i,j]:=(b[i,j]-S[-1,-1]*neu[i-1,j-1]-S[0,-1]*neu[i,j-1]
            -S[1,-1]*neu[i+1,j-1]-S[-1,0]*neu[i-1,j]-S[1,0]*x[i+1,j]
            -S[-1,1]*x[i-1,j+1]-S[0,1]*x[i,j+1]-S[1,1]*x[i+1,j+1])/S[0,0]
      end {case};
      Randwerte_uebertragen(nx,ny,x,neu)
end end;
```

Dabei wird die Prozedur **Randwerte_uebertragen** benötigt, um die Randwerte der alten Iterierten x, die zur rechten Seite b des Gleichungssystems beitragen, auf die neue Iterierte zu übertragen:

```
procedure Randwerte_uebertragen(nx,ny: integer; var von,auf:Gitterfunktion);
var i: integer;
begin for i:=0 to nx do  begin auf[i,0]:=von[i,0]; auf[i,ny]:=von[i,ny]  end;
        for i:=1 to ny-1 do  begin auf[0,i]:=von[0,i]; auf[nx,i]:=von[nx,i]  end
end;
```

Die Schachbrettnumerierung kann im Fall der Neunpunktformel verallgemeinert werden, indem man eine *Vierfarbennumerierung* einführt:

$$\Omega_h^1 := \{(x,y) = (ih,jh)\epsilon\Omega_h: i,j \text{ gerade}\},$$

(4.2.12)

$$\Omega_h^2 := \{(x,y) = (ih,jh)\epsilon\Omega_h: i,j \text{ ungerade}\},$$

$$\Omega_h^3 := \{(x,y) = (ih,jh)\epsilon\Omega_h: i \text{ gerade}, j \text{ ungerade}\},$$

$$\Omega_h^4 := \{(x,y) = (ih,jh)\epsilon\Omega_h: i \text{ ungerade}, j \text{ gerade}\}.$$

Zunächst werden die Punkte von Ω_h^1, dann die von Ω_h^2, von Ω_h^3 und schließlich jene von Ω_h^4 durchnumeriert. Da $\Omega_h^1 \cup \Omega_h^2$ die schwarzen und $\Omega_h^3 \cup \Omega_h^4$ die weißen Felder darstellen und da bei der Fünfpunktformel die Numerierung innerhalb einer Farbe belanglos ist, stimmt die oben definierte Vierfarbennumerierung für jede Fünfpunktformel mit der Schachbrettnumerierung überein. Die Einzelschritte auf Ω_h^1, die einem Viertel der Iteration entsprechen, werden ausgeführt durch

(4.2.13)   procedure Schachbrett_Gauss_Seidel_Viertelschritt

```
procedure Schachbrett_Gauss_Seidel_Viertelschritt (var neu: Gitterfunktion;
                          var A: Diskretisierungsdaten; var x,b: Gitterfunktion;
                          istart,jstart: integer; UB: Boolean);
var i,j: integer;
begin with A do
  begin i:=istart; if UB then Randwerte_uebertragen(nx,ny,x,neu);
    while i<nx do
    begin j:=jstart;
      case Art of
Poisson_Modellproblem:
      while j<ny do
      begin neuCi,j]:=(bCi,j]+xCi-1,j]+xCi+1,j]+xCi,j-1]+xCi,j+1])/4; j:=j+2 end;
Fuenfpunktformel:
      while j<ny do
      begin neuCi,j]:=(bCi,j]-SC0,-1]*xCi,j-1]-SC-1,0]*xCi-1,j]-SC1,0]*xCi+1,j]
                                  -SC0,1]*xCi,j+1])/SC0,0]; j:=j+2 end;
Neunpunktformel:
      while j<ny do
      begin neuCi,j]:=(bCi,j]-SC-1,-1]*xCi-1,j-1]-SC0,-1]*xCi,j-1]
          -SC1,-1]*xCi+1,j-1]-SC-1,0]*xCi-1,j]-SC1,0]*xCi+1,j]-SC-1,1]*xCi-1,j+1]
          -SC0,1]*xCi,j+1]-SC1,1]*xCi+1,j+1])/SC0,0]; j:=j+2
      end end {case};
      i:=i+2
end end end;
```

Die Schachbrett-Gauß-Seidel-Iteration lautet damit wie folgt:

(4.2.14)   procedure Schachbrett_Gauss_Seidel

```
procedure Schachbrett_Gauss_Seidel (var neu: Gitterfunktion;
                        var A: Diskretisierungsdaten; var x,b: Gitterfunktion;
                        var IP: Iterationsparameter);
begin {schwarze Felder:}
      Schachbrett_Gauss_Seidel_Viertelschritt(neu,A,x,b,1,1,true);
      Schachbrett_Gauss_Seidel_Viertelschritt(neu,A,neu,b,2,2,false);
      {weiße Felder:}
      Schachbrett_Gauss_Seidel_Viertelschritt(neu,A,neu,b,1,2,false);
      Schachbrett_Gauss_Seidel_Viertelschritt(neu,A,neu,b,2,1,false)
end;
```

Wenn man die lexikographische Numerierung umkehrt (d.h. die bisherige Nummer i wird zu $n+1-i$) und diese dem Gauß-Seidel-Verfahren zu Grunde legt, erhält man die *rückwärts durchgeführte lexikographische Gauß-Seidel-Iteration*. In [Prog] findet sich die zugehörige Pascal-Prozedur unter dem Namen

(4.2.15)   **procedure lex_Gauss_Seidel_rueckwaerts**

4.3 Gedämpfte bzw. extrapolierte Iterationsverfahren

4.3.1 Gedämpftes Jacobi-Verfahren

4.3.1.1 Definition

Ein lineares Iterationsverfahren Φ sei durch seine zweite Normalform

(4.3.1a) $x^{m+1} = x^m - N(Ax^m - b)$

gegeben. Man bezeichnet das um den skalaren (Dämpfungs-)Faktor ϑ angereicherte Verfahren

(4.3.1b) $x^{m+1} = x^m - \vartheta N(Ax^m - b)$ $(\vartheta \in \mathbb{K})$

als das zugehörige *gedämpfte Verfahren* Φ_ϑ. Dabei trifft der Name «gedämpft» im eigentlichen Sinne nur für $0 < \vartheta < 1$ zu. Für $\vartheta = 1$ erhält man das (ungedämpfte) Originalverfahren zurück, während man bei $\vartheta > 1$ gelegentlich vom «*extrapolierten Verfahren*» spricht. Es gilt die

Bemerkung 4.3.1. Das Verfahren (1b) ist für alle ϑ konsistent.

Im Falle des Jacobi-Verfahrens mit $N^{\mathrm{Jac}} = D^{-1}$ (vgl. (2.5b)) nimmt das *gedämpfte Jacobi-Verfahren* die Gestalt

(4.3.2) $x^{m+1} = x^m - \vartheta D^{-1}(Ax^m - b)$ $(\vartheta \in \mathbb{K})$

an, wobei D der Diagonalanteil von A ist.

4.3.1.2 Pascal-Prozeduren

Der Dämpfungsparameter ϑ kann durch **setze_theta** oder **bestimme_theta** definiert bzw. interaktiv bestimmt werden:

```
procedure setze_theta (var IP: Iterationsparameter; theta: real);
begin IP.theta:=theta end;
procedure bestimme_theta (var IP: Iterationsparameter);
begin write(' --> theta = '); readln(IP.theta) end;
```

Die Dämpfung einer beliebigen Iteration $\Phi(x,b)$ ergibt

$$\Phi_\vartheta(x,b) := x + \vartheta(\Phi(x,b) - x) = (1-\vartheta)x + \vartheta\Phi(x,b).$$

Φ_ϑ erhält man mittels

```
procedure gedaempfte_Iteration (var neu: Gitterfunktion;
                  var A: Diskretisierungsdaten; var x,b: Gitterfunktion;
                  var IP: Iterationsparameter;   Iteration: PIteration);
var y: Gitterfunktion;
begin Iteration(y,A,x,b,IP);
  Faktor_mal_Vektor_plus_Faktor_mal_Vektor (A.nx,A.ny,neu,
                                            IP.theta,y,1-IP.theta,x);
  Randwerte_uebertragen(A.nx,A.ny,x,neu)
end;
```

wobei die Prozeduren **Randwerte_uebertragen** (vgl. §4.2.1.3) und **Faktor_mal_Vektor_plus_Faktor_mal_Vektor** zu vereinbaren sind:

```
procedure Faktor_mal_Vektor_plus_Faktor_mal_Vektor (nx,ny: integer;
                  var resultat: Gitterfunktion;
                  Faktor1: real; var x: Gitterfunktion;
                  Faktor2: real; var y: Gitterfunktion);
var i,j: integer;
begin
  for i:=1 to nx-1 do for j:=1 to ny-1 do resultat[i,j]:=faktor1*x[i,j]+faktor2*y[i,j]
end;
```

Das gedämpfte Jacobi-Verfahren nimmt damit folgende Gestalt an:

```
procedure gedaempfte_Jacobi_Iteration (var neu: Gitterfunktion;
                  var A: Diskretisierungsdaten; var x,b: Gitterfunktion;
                  var IP: Iterationsparameter);
begin gedaempfte_Iteration(neu,A,x,b,IP,Jacobi_Iteration) end;
```

Eine Prozedur zur Bestimmung des optimalen Dämpfungsparameters wird in Bemerkung 9.2.9 zu finden sein.

4.3.2 Richardson-Iteration

4.3.2.1 Definition

Wenn wie beim Modellproblem die Diagonale D ein Vielfaches der Einheitsmatrix ist: $D = d\,I$, kann man die Faktoren d und ϑ zu $\Theta := \vartheta/d$ zusammenfassen und erhält das mit (2) identische Verfahren

$$(4.3.3) \qquad x^{m+1} = x^m - \Theta\,(A\,x^m - b) \qquad (\Theta \in \mathbb{K}).$$

Der Wert $\Theta := 1/d$ liefert das (ungedämpfte) Jacobi-Verfahren (5a) zurück. Für Matrizen mit nichtkonstanten Diagonalelementen stellt (3) eine neue Iteration dar: die (stationäre) *Richardson-Iteration*. Wie das Jacobi- ist auch das Richardson-Verfahren unabhängig von der Indexanordnung.

Die Namensgebung «Richardson-Verfahren» für (3) ist nicht ganz korrekt, da unter dieser Bezeichnung eigentlich ein modifiziertes Verfahren (3) mit vom Iterationsindex m abhängigen Parametern $\Theta = \Theta_m$ verstanden wird (vgl. §7). Letzteres soll im weiteren das «instationäre Richardson-Verfahren» oder das «semiiterative Richardson-Verfahren» genannt werden. Im Gegensatz dazu heißt (3) «stationäres Richardson-Iteration» oder der Einfachheit halber nur «Richardson-Verfahren».

Die Richardson-Iteration mit $\Theta = 1$ ist in dem folgenden Sinne das *Grundmuster jeder linearen Iteration*. Sei eine beliebige konsistente Iteration Φ mit regulärem N gegeben (zur Regularität von N vergleiche man Bemerkung 3.2.9). Die Iteration Φ habe die zweite Normalform (1a): $x^{m+1} = x^m - N(Ax^m - b)$. Indem man das Gleichungssystem $Ax = b$ in das äquivalente System

$$(4.3.4) \qquad \hat{A}x = \hat{b} \quad \text{mit} \quad \hat{A} := NA, \quad \hat{b} := Nb$$

überführt, schreibt sich (1a) als

$$(4.3.5) \qquad x^{m+1} = x^m - (\hat{A}x^m - \hat{b}).$$

> **Bemerkung 4.3.2.** Also läßt sich jedes lineare Iterationsverfahren mit regulärem N als Richardson-Iteration mit $\Theta = 1$ angewandt auf das transformierte Gleichungssystem (4) ansehen.

4.3.2.2 Pascal-Prozeduren

Es werden die folgenden Prozeduren benötigt:

```
procedure Vektor_plus_Faktor_mal_Vektor (nx,ny: integer;
            var resultat,x: Gitterfunktion; Faktor: real; var y: Gitterfunktion);
var i,j: integer;
begin  for i:=1 to nx-1 do for j:=1 to ny-1 do resultat[i,j]:=x[i,j]+faktor*y[i,j]  end;

procedure Null_Randwerte (nx,ny: integer; var x: Gitterfunktion);
var i: integer;
begin for i:=0 to nx do    begin x[i,0]:=0; x[i,ny]:=0 end;
      for i:=1 to ny-1 do  begin x[0,i]:=0; x[nx,i]:=0 end
end;

procedure Residuum(var R: Gitterfunktion; var A: Diskretisierungsdaten;
                  var x,b: Gitterfunktion);
{Berechnung von r:=b-Ax, wobei die Gitterfunktion x nichthomogene
Randwerte tragen darf.}
var i,j: integer; v,z: Spalte;
begin with A do
 begin v:=x[0];
   for i:=1 to nx-1 do
   begin case Art of
Poisson_Modellproblem:
     for j:=1 to ny-1 do z[j]:=b[i,j]-4*x[i,j]+x[i,j-1]+x[i,j+1]+x[i-1,j]+x[i+1,j];
```

Fuenfpunktformel:
```
    for j:=1 to ny-1 do z[j]:=b[i,j]-S[-1,0]*x[i-1,j]-S[1,0]*x[i+1,j]
                        -S[0,-1]*x[i,j-1]-S[0,1]*x[i,j+1]-S[0,0]*x[i,j];
```
Neunpunktformel:
```
    for j:=1 to ny-1 do z[j]:=b[i,j]-S[-1,-1]*x[i-1,j-1]-S[0,-1]*x[i,j-1]
                        -S[1,-1]*x[i+1,j-1]-S[-1,0]*x[i-1,j]-S[0,0]*x[i,j]-S[1,0]*x[i+1,j]
                        -S[-1,1]*x[i-1,j+1]-S[0,1]*x[i,j+1]-S[1,1]*x[i+1,j+1]
    end {case};
    R[i-1]:=v; v:=z
  end;
  R[nx-1]:=v; Null_Randwerte(nx,ny,R)
end end;
```

Die Prozeduren **setze_theta** und **bestimme_theta** aus §4.3.1.2 können
zur Definition des Faktors Θ verwandt werden. Mit **Residuum** wird
$r := b - A\,x$ berechnet. Die eigentliche Iteration lautet dann:

```
procedure Richardson_Iteration (var neu: Gitterfunktion;
                                var A: Diskretisierungsdaten;
                                var x,b: Gitterfunktion;
                                var IP: Iterationsparameter);
var r: Gitterfunktion;
begin Residuum(r,A,x,b);
        Vektor_plus_Faktor_mal_Vektor(A.nx,A.ny,neu,x,IP.theta,r)
end;
```

4.3.3 SOR-Verfahren

4.3.3.1 Definition

Das *SOR-Verfahren* (successive overrelaxation) oder *Überrelaxations-verfahren* wurde bereits in (1.4.9) durch

$$(4.3.6) \quad \text{for } i:=1 \text{ to } n \text{ do } x_i^{m+1} := x_i^m - \omega\left(\sum_{j=1}^{i-1} a_{ij} x_j^{m+1} + \sum_{j=i}^{n} a_{ij} x_j^m - b_i\right)/a_{ii}$$

definiert. Zwar ist jede Korrektur von x_i^m durch den (Relaxations-)
Faktor ω gedämpft (bzw. extrapoliert), trotzdem ist die Iteration (6)
nicht von der Form (1b). Der Grund ist, daß die rechte Seite in (6)
teilweise die bereits gedämpften x^{m+1}-Komponenten enthält.

Übungsaufgabe 4.3.3. Man beweise mit Hilfe der Darstellung (6), daß
das SOR-Verfahren konsistent ist.

Bemerkung 4.3.4 (a) Für $\omega = 1$ stimmt das SOR-Verfahren (6) mit dem
Gauß-Seidel-Verfahren (2.10) überein, das gelegentlich auch mit
dem Namen «*Relaxation*» bezeichnet wird. Für $0 < \omega < 1$ heißt (6)
«*Unterrelaxationsverfahren*» und für $\omega > 1$ «*Überrelaxationsverfahren*».

(b) Wie das Gauß–Seidel–Verfahren ist auch die SOR–Methode von der Indexanordnung abhängig.

Die Darstellung der SOR–Iteration in der Matrixformulierung ist etwas umständlicher als die komponentenweise Darstellung (6).

Lemma 4.3.5. Die SOR–Iteration (6) lautet in Matrixschreibweise

$$(4.3.7a) \qquad x^{m+1} = M_\omega^{SOR} x^m + N_\omega^{SOR} b \qquad \text{mit}$$

$$(4.3.7b) \qquad \begin{aligned} M_\omega^{SOR} &:= (I - \omega L)^{-1}\left\{(1-\omega)I + \omega U\right\} \\ &= (D - \omega E)^{-1}\left\{(1-\omega)D + \omega F\right\}, \end{aligned}$$

$$(4.3.7c) \qquad N_\omega^{SOR} := \omega(I - \omega L)^{-1} D^{-1} = \omega(D - \omega E)^{-1}, \text{ wobei}$$

$$(4.3.7d) \qquad L := D^{-1}E, \quad U := D^{-1}F \quad \text{mit } A = D - E - F \quad \text{gemäß (2.7a–d).}$$

Die Matrix der dritten Normalform ist

$$(4.3.7e) \qquad W_\omega^{SOR} := \tfrac{1}{\omega}(D - \omega E) = \tfrac{1}{\omega}D - E.$$

Beweis. (7a) erhält nach Multiplikation mit $I - \omega L$ die Gestalt

$$(I - \omega L)x^{m+1} = \left\{(1-\omega)I + \omega U\right\}x^m + \omega D^{-1} b$$

oder

$$(4.3.7f) \qquad x^{m+1} = x^m - \omega\left[-Lx^{m+1} + \{I - U\}x^m - D^{-1}b\right].$$

Indem man D^{-1} aus der Klammer nimmt, bleibt dort gemäß Definition (7d) von L und U der Ausdruck $\left[-E x^{m+1} + (D-F)x^m - b\right]$. Die komponentenweise Darstellung dieser Gleichung stimmt mit (6) überein. ∎

4.3.3.2 Pascal–Prozeduren

Der Relaxationsparameter ω kann mittels **setze_omega** oder **bestimme_omega** definiert werden (vgl. §4.3.1.3). Eine Alternative ist die Prozedur **definiere_SOR_Parameter**, deren Begründung sich aus §5.6.2 ergeben wird (vgl. auch das Beispiel (3.5.9)).

```
procedure setze_omega (var IP: Iterationsparameter; omega: real);
begin IP.omega:=omega end;

procedure bestimme_omega (var IP: Iterationsparameter);
begin write(' --> omega = '); readln(IP.omega) end;

function Jacobi_Konvergenz_Faktor (var it: Iterationsdaten): real; {Satz 7.2}
begin with it.A do Jacobi_Konvergenz_Faktor:=(cos(pi/nx)+cos(pi/ny))/2 end;

function optimales_omega_fuer_SOR (beta: real): real;
begin optimales_omega_fuer_SOR:=2/(1+sqrt((1+beta)*(1-beta))) end;

procedure definiere_SOR_Parameter(var it: Iterationsdaten);  var beta: real;
begin with it do with A do with IP do
```

```
begin writeln(
  'Wahl des SOR-Parameters. Omega kann über beta definiert werden.');
  write('Soll omega direkt eingegeben werden?');
  if ja_nein then bestimme_omega(IP) else
  begin if Art=Poisson_Modellproblem then
    beta := Jacobi_Konvergenz_Faktor(it) else
    begin write('Jacobi-Konvergenz-Faktor angeben: '); readln(beta) end;
    setze_omega(IP, optimales_omega_fuer_SOR(beta))
end end end;
```

In Analogie zum Gauß-Seidel-Verfahren (2.11) lautet die SOR-Prozeduren für die lexikographische Numerierung folgendermaßen:

```
procedure lex_SOR (var neu: Gitterfunktion;  var A: Diskretisierungsdaten;
                   var x,b: Gitterfunktion;  var IP: Iterationsparameter);
var i,j: integer; om1,om4: real;
begin with A do with IP do
  begin om1:=1-omega; om4:=omega/S[0,0];
  Randwerte_uebertragen(nx,ny,x,neu);
  case Art of
Poisson_Modellproblem: for j:=1 to ny-1 do for i:=1 to nx-1 do
  neu[i,j]:=om1*x[i,j]+om4*(b[i,j]+neu[i-1,j]+x[i+1,j]+neu[i,j-1]+x[i,j+1]);
Fuenfpunktformel:
  for j:=1 to ny-1 do  for i:=1 to nx-1 do  neu[i,j]:=om1*x[i,j]+om4*(b[i,j]
      -S[0,-1]*neu[i,j-1]-S[-1,0]*neu[i-1,j]-S[1,0]*x[i+1,j]-S[0,1]*x[i,j+1]);
Neunpunktformel:
  for j:=1 to ny-1 do for i:=1 to nx-1 do
  neu[i,j]:=om1*x[i,j]+om4*(b[i,j]-S[-1,-1]*neu[i-1,j-1]-S[0,-1]*neu[i,j-1]
      -S[1,-1]*neu[i+1,j-1] -S[-1,0]*neu[i-1,j]-S[1,0]*x[i+1,j]
      -S[-1,1]*x[i-1,j+1]-S[0,1]*x[i,j+1]-S[1,1]*x[i+1,j+1])
end end end;
```

Für die Schachbrettnumerierung werden die Prozeduren

```
procedure Schachbrett_SOR_Viertelschritt
procedure Schachbrett_SOR
```

entsprechend den Prozeduren **Schachbrett_Gauss_Seidel_Viertelschritt** und **Schachbrett_Gauss_Seidel** aufgebaut (vgl. [Prog]).

Wenn man die lexikographische Numerierung umkehrt, erhält man in Analogie zu (2.15) die *rückwärts durchgeführte lexikographische SOR-Iteration*, die in [Prog] unter dem Namen

```
procedure lex_SOR_rueckwaerts
```

zu finden ist. Die *rückwärts ausgeführte Schachbrett-SOR-Variante* erhält man durch Umkehrung der vier «Farben» von Ω_h^1, Ω_h^2, Ω_h^3 und Ω_h^4:

```
procedure Schachbrett_SOR_rueckwaerts
```

4.4 Konvergenzuntersuchung

Die Konvergenzüberlegungen gehen im folgenden von der Annahme aus, daß A positiv definit ist oder verwandte, abgeschwächte Eigenschaften besitzt. In §§5-6 werden andere Annahmen vorausgesetzt.

4.4.1 Richardson-Iteration

Die Iterationsmatrix des Richardson-Verfahrens

$$(4.4.1) \qquad x^{m+1} = x^m - \Theta(Ax^m - b) \qquad (\Theta \in \mathbb{C})$$

ist

$$(4.4.2) \qquad M_\Theta^{\text{Rich}} = I - \Theta A.$$

Sie hat die Form $M_\Theta^{\text{Rich}} = P(A)$ mit dem Polynom $P(\xi) = 1 - \Theta\xi$. Sind $\lambda_\nu \in \sigma(A)$ die Eigenwerte von A, so sind $\mu_\nu = P(\lambda_\nu) = 1 - \Theta\lambda_\nu$ jene von M_Θ^{Rich} (vgl. Lemma 2.4.7a). Da die Funktion $|1 - \Theta\xi|$ keine lokalen Maxima besitzt, erhält man das

Lemma 4.4.1. A habe nur *reelle* Eigenwerte. Seien $\lambda_{\min} := \min\{\lambda: \lambda \in \sigma(A)\}$ und $\lambda_{\max} := \max\{\lambda: \lambda \in \sigma(A)\}$ die extremen Eigenwerte von A. Dann ist das Spektrum von M_Θ^{Rich} für $\Theta \in \mathbb{R}$ reell: $\sigma(M_\Theta^{\text{Rich}}) \subset \mathbb{R}$. Für alle $\Theta \in \mathbb{C}$ gilt

$$(4.4.3) \qquad \rho(M_\Theta^{\text{Rich}}) = \max\{|1 - \Theta\lambda_{\min}|, |1 - \Theta\lambda_{\max}|\}.$$

Satz 4.4.2. A habe nur *positive* Eigenwerte. $\lambda_{\max}(A)$ sei der maximale Eigenwert von A. Θ sei reell. Dann konvergiert das Richardson-Verfahren genau dann, wenn

$$(4.4.4) \qquad 0 < \Theta < 2/\lambda_{\max}(A).$$

Die Konvergenzrate ist durch (3) gegeben.

Beweis. (i) Für $0 < \Theta < 2/\lambda_{\max}$ gilt $-1 < 1 - \Theta\lambda_{\max} \leq 1 - \Theta\lambda_{\min} < 1$. Nach (3) erhält man $\rho(M_\Theta^{\text{Rich}}) < 1$, also Konvergenz.
(ii) Ist umgekehrt Konvergenz angenommen: $\rho(M_\Theta^{\text{Rich}}) < 1$, folgert man aus (3), daß $1 > \rho(M_\Theta^{\text{Rich}}) \geq |1 - \Theta\lambda_{\max}|$ gelten muß. Die Ungleichung $1 \geq |1 - \Theta\lambda_{\max}|$ ist äquivalent zu $0 < \Theta\lambda_{\max} < 2$, d.h. (4) ist auch notwendig. $\blacksquare$

Die Darstellung (3) ermöglicht es, den Faktor Θ so zu bestimmen, daß $\rho(M_\Theta^{\text{Rich}})$ *minimal* wird. Der *optimale Dämpfungsfaktor* Θ ergibt sich als Schnitt der Geraden $y(\Theta) = \Theta\lambda_{\max} - 1$ und $y = 1 - \Theta\lambda_{\min}$.

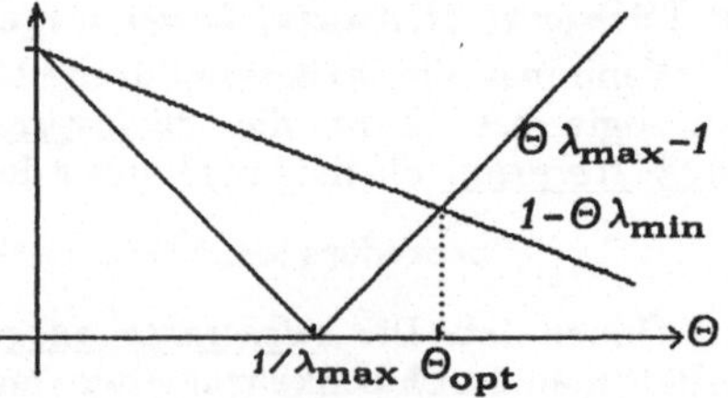

Abb. 4.4.1 Optimales Θ

> **Satz 4.4.3.** A habe nur *positive* Eigenwerte. λ_{max} und λ_{min} seien der maximale bzw. minimale Eigenwert von A. Die optimale Konvergenzrate des Richardson-Verfahrens ergibt sich für
>
> $$(4.4.5) \qquad \Theta_{opt} = \frac{2}{\lambda_{max} + \lambda_{min}}, \qquad \rho(M_{\Theta_{opt}}^{Rich}) = \frac{\lambda_{max} - \lambda_{min}}{\lambda_{max} + \lambda_{min}}.$$

Die Voraussetzung, daß A nur positive Eigenwerte besitzt, ist insbesondere für *positiv definite Matrizen* erfüllt.

Korollar 4.4.4. A sei positiv definit und Θ reell. Das Richardson-Verfahren konvergiert genau dann, wenn

$$(4.4.6a) \qquad 0 < 2\,\Theta < 2\,/\,\|A\|_2 .$$

Die Konvergenz ist monoton in der Euklidischen Norm $\|\cdot\|_2$ und in der Energienorm $\|\cdot\|_A$, die in (2.10.5a,c) als $\|x\|_A := \|A^{1/2}x\|_2$ definiert ist. Darüberhinaus stimmen Konvergenzrate und Kontraktionszahl überein:

$$(4.4.6b) \qquad \rho(M_\Theta^{Rich}) = \|M_\Theta^{Rich}\|_2 = \|M_\Theta^{Rich}\|_A .$$

Die optimale Konvergenzrate (5) läßt sich allein mit Hilfe der *Konditionszahl* $\varkappa(A) = \mathrm{cond}_2(A) := \|A\|_2\|A^{-1}\|_2$ ausdrücken:

$$(4.4.6c) \qquad \rho(M_{\Theta_{opt}}^{Rich}) = \frac{\varkappa(A)-1}{\varkappa(A)+1} \qquad \text{für } \Theta_{opt} = \frac{2\|A^{-1}\|_2}{\varkappa(A)+1} .$$

Beweis. In (6a) wird $\lambda_{max} = \|A\|_2$ ausgenutzt. Mit $\lambda_{min} = 1/\|A^{-1}\|_2$ (vgl. (2.10.10)) und $\varkappa(A) = \lambda_{max}/\lambda_{min}$ läßt sich (5) in (6c) umformen. Mit A ist auch $M := M_\Theta^{Rich}$ normal, so daß $\rho(M) = \|M\|_2$ folgt (vgl. (2.9.4b)). Die zweite Gleichheit in (6b) ergibt sich aus $\|M\|_A = \|A^{1/2}M A^{-1/2}\|_2$ und der Vertauschbarkeit $A^{1/2}M = M A^{1/2}$ (vgl. (2.10.5d), Bemerkung 2.10.6b). ∎

Daß die Voraussetzung der Positivität der Eigenwerte wichtig ist, zeigen die Gegenbeispiele der

Übungsaufgabe 4.4.5. Man beweise: (a) Wenn A mindestens einen positiven und einen negativen Eigenwert besitzt, divergiert das Richardson-Verfahren für jede Wahl von $\Theta \in \mathbb{C}$.
(b) Wenn A unter anderem zwei komplexe Eigenwerte λ_1, λ_2 mit entgegengesetztem Vorzeichen besitzt: $\lambda_1/|\lambda_1| = -\lambda_2/|\lambda_2|$, so divergiert das Richardson-Verfahren ebenfalls.

Trotzdem läßt sich die Voraussetzung der Positivität abschwächen:

Übungsaufgabe 4.4.6 (a) Das Spektrum $\sigma(A)$ von A liege in einem abgeschlossenen Kreis um $\mu \in \mathbb{C}\setminus\{0\}$ mit dem Radius $r < |\mu|$. Man zeige: Die Wahl $\Theta = 1/\mu$ führt zur Konvergenz des Richardson-Verfahrens:

$$\rho(M_\Theta^{Rich}) \leq r\,/\,|\mu| < 1 .$$

(b) Sei g eine beliebige Gerade der komplexen Zahlenebene, die durch den Ursprung $z = 0$ verläuft und $\mathbb{C} \setminus g$ in zwei Halbebenen zerfallen läßt. Liegt $\sigma(A)$ in einer der Halbebenen, so konvergiert das Richardson-Verfahren für geeignetes Θ.

Im nicht-Hermiteschen Fall kann man A in den symmetrischen und schiefsymmetrischen Anteil zerlegen (vgl. (2.9.12)):

$$(4.4.7) \qquad A = A_0 + i A_1 \quad \text{mit} \quad A_0 := \tfrac{1}{2}(A + A^H), \quad A_1 := \tfrac{1}{2i}(A - A^H).$$

Bei geeigneten Abschätzungen der Hermiteschen Matrizen A_0 und A_1 gelingen die folgenden Konvergenzaussage für das Richardson-Verfahren (vgl. Sätze 7 und 8 sowie (10c,d), Samarskii-Nikolaev [1,§6.4]).

Satz 4.4.7. Für A und A_0 aus (7) gebe es Konstanten $0 < \lambda \leqslant \Lambda$, so daß

$$(4.4.8a) \qquad 0 < \lambda I \leqslant A_0,$$
$$(4.4.8b) \qquad A^H A \leqslant \Lambda A_0.$$

Dann konvergiert das Richardson-Verfahren für die Parameter

$$(4.4.8c) \qquad 0 < \Theta < \frac{2}{\Lambda}$$

monoton in der Euklidischen Norm:

$$(4.4.9a) \qquad \rho(M_\Theta^{\text{Rich}}) \leqslant \|M_\Theta^{\text{Rich}}\|_2 \leqslant \sqrt{1 - \Theta\lambda(2 - \Theta\Lambda)} < 1.$$

Die Schranke auf der rechten Seite ist minimal für $\Theta' := 1/\Lambda$:

$$(4.4.9b) \qquad \rho(M_{\Theta'}^{\text{Rich}}) \leqslant \|M_{\Theta'}^{\text{Rich}}\|_2 \leqslant \sqrt{1 - \lambda/\Lambda}.$$

Beweis. (8a,b) ermöglichen die Abschätzung

$$(M_\Theta^{\text{Rich}})^H (M_\Theta^{\text{Rich}}) = (I - \Theta A)^H (I - \Theta A) = I - \Theta(A + A^H) + \Theta^2 A^H A \underset{(8b)}{\leqslant}$$
$$\leqslant I - 2\Theta A_0 + \Theta^2 \Lambda A_0 = I - \Theta(2 - \Theta\Lambda) A_0 \underset{(8a)}{\leqslant} I - \Theta\lambda(2 - \Theta\Lambda) I,$$

die $\|M_\Theta^{\text{Rich}}\|_2^2 = \|(M_\Theta^{\text{Rich}})^H (M_\Theta^{\text{Rich}})\|_2 \leqslant 1 - \Theta\lambda(2 - \Theta\Lambda)$ und damit (9a) nach sich zieht (vgl. (2.10.3f)). Die Konvergenz: $1 - \Theta\lambda(2 - \Theta\Lambda) < 1$ ist durch (8c) gesichert. (9b) ist einfach nachzuprüfen. $\blacksquare$

Bedingung (8b) kann auch als (8b') geschrieben werden:

$$(4.4.8b') \qquad \langle Ax, Ax \rangle \leqslant \Lambda \langle A_0 x, x \rangle \qquad\qquad \text{für alle } x \in \mathbb{K}^I.$$

Im positiv definiten Fall sind (8a,b) mit $\lambda = \lambda_{\min}$, $\Lambda = \lambda_{\max}$ erfüllt. Trotzdem sind die optimalen Parameter Θ_{opt} und Θ' aus den Sätzen 3 und 7 verschieden und ergeben auch unterschiedliche Schranken in (6c) und (9b). Eine schärfere Abschätzung als (9b) wird möglich, wenn der schiefsymmetrische Anteil A_1 zusätzlich abgeschätzt wird.

Satz 4.4.8. Für A_0 und A_1 aus (7) gebe es Konstanten $0 < \lambda \leqslant \Lambda$, $\tau \geqslant 0$ mit

(4.4.10a) $\quad \lambda I \leqslant A_0 \leqslant \Lambda I$,

(4.4.10b) $\quad \| A_1 \|_2 \leqslant \tau$.

Dann konvergiert das Richardson-Verfahren für

(4.4.11a) $\quad 0 < \Theta < \dfrac{2\lambda}{\lambda\Lambda + \tau^2}$

monoton bezüglich der Euklidischen Norm:

(4.4.11b) $\quad \| M_\Theta^{\text{Rich}} \|_2 \leqslant \tfrac{1}{2}\Theta(\Lambda - \lambda) + \sqrt{[1 - \tfrac{1}{2}\Theta(\Lambda + \lambda)]^2 + \Theta^2 \tau^2} < 1$.

Die beste obere Schranke ist

(4.4.11c) $\quad \| M_{\Theta'}^{\text{Rich}} \|_2 \leqslant \dfrac{1 - \xi}{1 + \xi} \quad$ für $\quad \Theta' = \dfrac{2}{\lambda + \Lambda}\left(1 - s\,\dfrac{1-\xi}{1+\xi}\right)$,

wobei $s := \tau/\sqrt{\lambda\Lambda + \tau^2}$, $\quad \xi := \dfrac{1-s}{1+s}\,\dfrac{\lambda}{\Lambda}$.

Beweis. Sei $\vartheta \in (0,1)$ beliebig. Der erste Summand in

$$\| M_\Theta^{\text{Rich}} \|_2 = \| I - \Theta A \|_2 = \| [\vartheta I - \Theta A_0] + [(1-\vartheta)I - i\Theta A_1] \|_2 \leqslant$$
$$\leqslant \| \vartheta I - \Theta A_0 \|_2 + \| (1-\vartheta)I - i\Theta A_1 \|_2$$

hat in Analogie zu (3) die Schranke $\| \vartheta I - \Theta A_0 \|_2 \leqslant \max\{|\vartheta - \Theta\lambda|, |\vartheta - \Theta\Lambda|\}$. Da $C := (1-\vartheta)I - i\Theta A_1$ normal ist, gilt $\| C \|_2 = \rho(C)$. Aus $\sigma(C) = \{1 - \vartheta - i\Theta\mu : \mu \in \sigma(A_1)\}$ und $\sigma(A_1) \subset [-\tau, \tau]$ (vgl. (2.10.3e)) folgt, daß $\rho(C) \leqslant [(1-\vartheta)^2 + \Theta^2\tau^2]^{1/2}$. Zusammen erhält man

$$\| M_\Theta^{\text{Rich}} \|_2 \leqslant \max\{|\vartheta - \Theta\lambda|, |\vartheta - \Theta\Lambda|\} + [(1-\vartheta)^2 + \Theta^2\tau^2]^{1/2}.$$

Für die optimale Wahl $\vartheta = \tfrac{1}{2}\Theta(\Lambda + \lambda)$ ergibt sich (11b). Man prüft nach, daß diese Schranke unter der Bedingung (11a) unter 1 bleibt. ◫

Für den Hermiteschen Fall ($\tau = 0$) entspricht die Abschätzung (11c) exakt der Konvergenzrate (6c). Für $\tau \neq 0$ läßt sich die Konvergenzrate noch schärfer als durch die $\| M_\Theta^{\text{Rich}} \|_2$-Schranke aus (11c) abschätzen.

Satz 4.4.9. Unter den Voraussetzungen (10a,b) gilt

(4.4.12a) $\quad \rho(M_\Theta^{\text{Rich}}) \leqslant r_\Theta := \sqrt{[\max\{|1 - \Theta\lambda|, |1 - \Theta\Lambda|\}]^2 + \Theta^2\tau^2}$.

Die Konvergenz ist in der Form $r_\Theta < 1$ gesichert, wenn

(4.4.12b) $\quad 0 < \Theta < \overline{\Theta} \quad$ mit $\quad \overline{\Theta} := \begin{cases} 2\Lambda/(\Lambda^2 + \tau^2) & \text{falls } \tau^2 < \lambda\Lambda, \\ 2\lambda/(\lambda^2 + \tau^2) & \text{falls } \tau^2 > \lambda\Lambda. \end{cases}$

r_Θ wird minimal für $\Theta' := \min\{\dfrac{\lambda}{\lambda^2 + \tau^2}, \dfrac{2}{\lambda + \Lambda}\}$. Ferner gilt die Normabschätzung

(4.4.12c) $\quad \| (M_\Theta^{\text{Rich}})^m \|_2 \leqslant 2\, r_\Theta^m \quad\quad\quad (m \geqslant 0)$.

Beweis. (2.9.13a) zeigt, daß r_Θ eine obere Schranke des numerischen Radius $r(M_\Theta^{\mathrm{Rich}})$ der Iterationsmatrix ist. Die Analyse von r_Θ als Funktion von Θ liefert (12b) und den Wert Θ'. (12c) folgt aus (2.9.11d). ▨

Während (10b) die Ungleichung $-\tau I \leqslant A_1 \leqslant \tau I$ darstellt, ist es auch möglich, A_1 relativ zu A_0 abzuschätzen:

(4.4.10c) $A_1^2 \leqslant \tau A_0$

oder auch nur

(4.4.10d) $-\sqrt{\tau}\, A_0^{1/2} \leqslant A_1 \leqslant \sqrt{\tau}\, A_0^{1/2}.$

(10c) impliziert (10d). Aus (10d) kann man über (10a) die Abschätzung (10b) mit $\sqrt{\tau\Lambda}$ statt τ gewinnen. Eine Abschätzung, die *direkt* auf (10a) und (10c) beruht, findet man bei Samarskii–Nikolaev [1, Seite 101]:

Satz 4.4.10. Sei $A = A_0 + A_1$ mit positiv definitem A_0. Es gelte (10a) und

(4.4.10e) $A_1^H A_1 \leqslant \tau A_0.$

Dann gilt $r(M_\Theta^{\mathrm{Rich}}) = \left\{ \begin{array}{ll} (1-\Theta\lambda)^2 + \Theta^2\lambda\tau & \text{für } 0 \leqslant \Theta \leqslant \Theta^* \\ (1-\Theta\Lambda)^2 + \Theta^2\Lambda\tau & \text{für } \Theta \geqslant \Theta^* \end{array} \right\}$ für den numerischen Radius, wobei $\Theta^* := 2/(\lambda+\Lambda+\tau)$. Der optimale Parameter Θ ist $\Theta_{\mathrm{opt}} := \min\{1,\varkappa\}\Theta^*$, wobei $\varkappa := (\lambda+\Lambda+\tau)/(2(\lambda+\Lambda))$. Dieser Wert liefert

$$r(M_{\Theta_{\mathrm{opt}}}^{\mathrm{Rich}})^2 = 1 - \frac{1-\varrho_0}{1+\varrho_0}\left(2-\tfrac{1}{\varkappa}\right)\min\{1,\varkappa\}, \qquad \varrho_0 := \frac{1-\lambda/\Lambda}{1+\lambda/\Lambda}.$$

Ein Vermerk zur monotonen Konvergenz soll den Abschnitt beschließen. Sei $K > 0$ eine beliebige positiv definite Matrix und $\|\cdot\|_K$ die zugehörige Norm (2.10.5a,c). Um monotone Konvergenz der Richardson-Iteration bezüglich $\|\cdot\|_K$ zu erhalten, hat man in Satz 7 die Voraussetzung (8a,b) durch

(4.4.13) $A^H K + K A \geqslant 2\lambda K, \qquad A^H K A \leqslant \tfrac{1}{2}\Lambda(A^H K + K A)$

zu ersetzen. Diese Ungleichungen sind äquivalent zu

(4.4.13'a) $\mathrm{Re}\langle A x, K x\rangle \geqslant \lambda\langle K x, x\rangle$ für alle $x \in \mathbb{K}^I,$

(4.4.13'b) $\langle A x, K A x\rangle \leqslant \Lambda\,\mathrm{Re}\langle A x, K x\rangle$ für alle $x \in \mathbb{K}^I.$

Unter der Voraussetzung (13) gelten die entsprechenden Abschätzungen (9a,b) mit $\|M_\Theta^{\mathrm{Rich}}\|_K$ anstelle von $\|M_\Theta^{\mathrm{Rich}}\|_2$. Sei $M := M_\Theta^{\mathrm{Rich}} = I - \Theta A$ abgekürzt. Zum Beweis schließt man mit (13) über

$$M^H K M = K - \Theta(A^H K + K A) + \Theta^2 A^H K A \leqslant$$
$$\leqslant K - \Theta(1 - \tfrac{1}{2}\Theta\Lambda)(A^H K + K A) \leqslant$$
$$\leqslant K - \Theta(2 - \Theta\Lambda)K$$

auf $I - \Theta(2-\Theta\Lambda)I \geqslant K^{-1/2} M^H K M K^{-1/2} = (K^{1/2} M K^{-1/2})^H (K^{1/2} M K^{-1/2})$. Dies ist äquivalent zu $1 - \Theta(2-\Theta\Lambda) \geqslant \|K^{1/2} M K^{-1/2}\|_2^2 = \|M\|_K^2 \geqslant \varrho(M)^2$ (vgl. (2.10.3f)) und zeigt (9a) mit der $\|\cdot\|_K$-Norm. ▨

4.4.2 Jacobi–Iteration

> **Satz 4.4.11.** Hinreichend für die Konvergenz des Jacobi-Verfahrens (2.5b) sind die Bedingungen (14), die auch $\sigma(M^{\mathrm{Jac}}) \subset (-1,1)$ implizieren:
>
> (4.4.14) A und $2D-A$ sind positiv definit: $2D > A > 0$.
>
> Die Kontraktionszahlen bezüglich der Normen $\|\cdot\|_A$ und $\|\cdot\|_D$ stimmen mit der Konvergenzrate überein:
>
> (4.4.15) $\rho(M^{\mathrm{Jac}}) = \|M^{\mathrm{Jac}}\|_A = \|M^{\mathrm{Jac}}\|_D < 1$.

Beweis. Im nachfolgenden Kriterium 12a setze man $W := D$.   ◨

Kriterium 4.4.12 W sei die Matrix der dritten Normalform (3.2.5), so daß $M = I - W^{-1}A$ die Iterationsmatrix ist.
(a) Unter der Voraussetzung

(4.4.16a) $2W > A > 0$

konvergiert die Iteration $x^{m+1} = x^m - W^{-1}(A x^m - b)$. Außerdem ist die Konvergenz monoton in der Energienorm $\|\cdot\|_A$ und der Norm $\|\cdot\|_W$:

(4.4.16b) $\rho(M) = \|M\|_A = \|M\|_W < 1$.

(b) Für reelle λ, Λ mit $0 < \lambda \leqslant \Lambda$ gelte

(4.4.16c) $0 < \lambda W \leqslant A \leqslant \Lambda W$.

Dann ist das Spektrum von M reell und enthalten in

(4.4.16d) $\sigma(M) \subset [1-\Lambda, 1-\lambda]$,

und die Konvergenzrate beträgt

(4.4.16e) $\rho(M) = \|M\|_A = \|M\|_W \leqslant \max\{1-\lambda, \Lambda-1\}$,

wobei die Gleichheit anstelle von «$\leqslant$» gilt, wenn λ und Λ die optimalen Schranken in (16c) sind. Letztere lassen sich wie folgt ausdrücken:

(4.4.16f) $\lambda = 1/\|W^{1/2}A^{-1}W^{1/2}\|_2$, $\Lambda = \|W^{-1/2}A W^{-1/2}\|_2$.

(c) Seien $W > 0$, $A = A^H$ und $0 < \lambda \leqslant \Lambda$. Die Bedingungen (16c) und (16d) sind äquivalent. Insbesondere ist (16a) äquivalent zu $\sigma(M) \subset (-1,1)$, und es gilt

(4.4.16g) $W \geqslant A > 0 \iff \sigma(M) \subset [0,1]$.

Beweis. (i) Ähnlich zur Iterationsmatrix $M = I - W^{-1}A$ sind die Matrizen

$$M' := A^{1/2}M A^{-1/2} = I - A^{1/2}W^{-1}A^{1/2},$$
$$M'' := W^{1/2}M W^{-1/2} = I - W^{-1/2}A W^{-1/2},$$

so daß $\rho(M) = \rho(M') = \rho(M'')$. M' und M'' sind Hermitesch, so daß
$\rho(M') = \|M'\|_2 = \|M\|_A$ und $\rho(M'') = \|M''\|_2 = \|M\|_W$ (vgl. (2.9.4b), (2.10.5d)).
(ii) Multiplikation von (16a) und (16c) mit $W^{-1/2}$ von beiden Seiten
liefert nach (2.10.3a',b') die Ungleichungen

$$2I > A' := W^{-1/2} A W^{-1/2} > 0 \qquad \text{bzw.} \quad \lambda I \leqslant A' \leqslant \Lambda I.$$

Nach (2.10.3e) hat A' damit ein Spektrum in $(0,2)$ bzw. $[\lambda, \Lambda]$. Aus
$M'' = I - A'$ folgert man $\sigma(M'') \subset (-1,1)$ bzw. $\sigma(M'') \subset [1-\Lambda, 1-\lambda]$.
Der erste Fall beweist mit Teil (i) die Behauptung (16b). Der zweite
Fall führt auf (16d).
(iii) (16e) ist eine Konsequenz von $\rho(M) \leqslant \max\{|\xi|: \xi \in [1-\Lambda, 1-\lambda]\} =$
$= \max\{|1-\Lambda|, |1-\lambda|\}$. Aus $0 < \lambda \leqslant \Lambda$ schließt man $\ldots = \max\{1-\lambda, \Lambda-1\}$.
(iv) Da das Spektrum von M mit dem von $M'' = W^{1/2} M W^{-1/2}$ überein-
stimmt und letzteres unter der Voraussetzung $W > 0$, $A = A^H$ reell ist,
gibt es einen minimalen und maximalen Eigenwert ρ_{min} bzw. ρ_{max}.
$\lambda := 1 - \rho_{max}$ und $\Lambda := 1 - \rho_{min}$ sind die minimalen und maximalen Eigenwerte von $A' := W^{-1/2} A W^{-1/2}$. Aus $\sigma(A') \subset [\lambda, \Lambda]$ schließt man nach
(2.10.3e) auf $\lambda I \leqslant A' \leqslant \Lambda I$ und damit auf (16c) mit den oben genannten
extremen Eigenwerten von A'. (16f) folgt aus $\|A'\|_2 = \rho(A') = \Lambda$ und
$0 < \lambda = 1 / \|A'^{-1}\|_2$. Damit ist auch die in Teil (c) des Kriteriums
behauptete Äquivalenz von (16d) und (16c) gezeigt.   ▨

Die optimalen Schranken λ und Λ aus (16c) sind die minimalen und
maximalen Eigenwerte des *verallgemeinerten Eigenwertproblems*

$$(4.4.17) \qquad A e = \lambda W e \qquad\qquad\qquad (W > 0, \, e \neq 0).$$

Bemerkung 4.4.13 (a) Die Matrizen A und $2D - A$ haben gleiche Diagonalelemente und im Vorzeichen entgegengesetzte Außerdiagonaleinträge.
(b) Die Aussagen $A > 0$ und $2D - A > 0$ sind für 2×2-Matrizen identisch,
fallen für höhere Dimensionen jedoch auseinander.

Die Voraussetzung $2D - A > 0$ in (14) kann bei geeigneter Dämpfung
entfallen:

Satz 4.4.14. A sei positiv definit. Die mit ϑ *gedämpfte Jacobi-Iteration*
(3.2) konvergiert für

$$(4.4.18) \qquad 0 < \vartheta < 2/\Lambda \quad \text{mit} \quad \Lambda := \|D^{-1/2} A D^{-1/2}\|_2 = \rho(D^{-1}A).$$

Eine äquivalente Formulierung der Bedingung (18) ist

$$(4.4.18') \qquad 0 < \vartheta A < 2D.$$

Beweis. Die Matrix der dritten Normalform ist $W := \frac{1}{\vartheta} D$. Kriterium 12a
führt auf $2W > A > 0$, also (18').   ▨

Die Aussage des Satzes 14 entspricht dem Satz 2, wenn man das
Jacobi-Verfahren als Richardson-Verfahren für $\hat{A} x = \hat{b}$ mit $\hat{A} := D^{-1}A$

auffaßt (vgl. Bemerkung 3.2). In Analogie zu Satz 3 beweist man die

Übungsaufgabe 4.4.15. Sei A positiv definit, und seien $0 < \lambda \leqslant \Lambda$ die besten Schranken in

$$(4.4.19) \qquad \lambda D \leqslant A \leqslant \Lambda D.$$

(a) Das *gedämpfte Jacobi-Verfahren* hat für alle $\vartheta \in \mathbb{C}$ die Konvergenzrate (20a), wobei $0 < \vartheta < 2/\Lambda$ (vgl. (18)) $\rho(M_\vartheta^{\mathrm{Jac}}) < 1$ garantiert:

$$(4.4.20a) \qquad \rho(M_\vartheta^{\mathrm{Jac}}) = \| M_\vartheta^{\mathrm{Jac}} \|_A = \| M_\vartheta^{\mathrm{Jac}} \|_D = \max\{|1 - \vartheta \lambda|, |1 - \vartheta \Lambda|\}.$$

(b) Die optimale Konvergenzrate ist

$$(4.4.20b) \qquad \rho(M_\vartheta^{\mathrm{Jac}}) = \| M_\vartheta^{\mathrm{Jac}} \|_A = \| M_\vartheta^{\mathrm{Jac}} \|_D = \frac{\Lambda - \lambda}{\Lambda + \lambda} \quad \text{für } \vartheta = \frac{2}{\Lambda + \lambda}.$$

(c) Eine untere Abschätzung für λ aus (19) ist $\lambda \geqslant 1/\varkappa(A) = 1/\mathrm{cond}_2(A)$. *Hinweis*: $\| D \|_2 \leqslant \| A \|_2$, $D \leqslant \| A \|_2 I$, $A \geqslant \| A^{-1} \|_2^{-1} I$.

Wenn A nicht Hermitesch, aber reell ist, gilt $D = \mathrm{diag}\{A\} = \mathrm{diag}\{A_0\}$ für A_0 aus der Zerlegung (7). Die Aussage des Satzes 8 läßt sich wie folgt übertragen.

Satz 4.4.16. Der symmetrische Anteil A_0 aus (7): $A = A_0 + i A_1$ sei positiv definit: $A_0 > 0$. Für $D = \mathrm{diag}\{A_0\}$ gebe es Konstanten $0 < \lambda \leqslant \Lambda$ und $\tau \geqslant 0$ mit

$$(4.4.21) \qquad \lambda D \leqslant A_0 \leqslant \Lambda D, \qquad -\tau D \leqslant A_1 \leqslant \tau D.$$

Dann konvergiert das *gedämpfte Jacobi-Verfahren* für $0 < \vartheta < \dfrac{2\lambda}{\lambda \Lambda + \tau^2}$ monoton bezüglich der Norm $\| \cdot \|_D$:

$$(4.4.22) \qquad \| M_\vartheta^{\mathrm{Jac}} \|_D \leqslant \tfrac{1}{2}\vartheta(\Lambda - \lambda) + \sqrt{[1 - \tfrac{1}{2}\vartheta(\Lambda + \lambda)]^2 + \vartheta^2 \tau^2} < 1.$$

Das optimale ϑ bestimmt man wie in (11c).

Beweis. M^{Jac} ist ähnlich zu $M := D^{1/2} M_\vartheta^{\mathrm{Jac}} D^{-1/2} = I - \vartheta D^{-1/2} A D^{-1/2}$. M kann als Iterationsmatrix der Richardson-Methode für $\Theta = \vartheta$ und $A' := D^{-1/2} A D^{-1/2}$ anstelle von A aufgefaßt werden. Die Zerlegung (7) für A induziert die Aufspaltung $A' = A_0' + i A_1'$ mit den Hermiteschen Matrizen

$$(4.4.23) \qquad A_0' = D^{-1/2} A_0 D^{-1/2}, \qquad A_1' = D^{-1/2} A_1 D^{-1/2}.$$

Die Ungleichungen (10a,b) angewandt auf A' sind äquivalent zu (21). Die aus Satz 8 folgende Abschätzung (11b) bezieht sich auf die Iterationsmatrix M: $\| M \|_2 = \| D^{1/2} M_\vartheta^{\mathrm{Jac}} D^{-1/2} \|_2 = \| M_\vartheta^{\mathrm{Jac}} \|_D$. ▪

Bemerkung 4.4.17. In keinem der Beweise wurde von der Diagonalgestalt der Matrix D Gebrauch gemacht. Verwendet wurde nur, daß aus $A > 0$ auch $D > 0$ folgt. Wenn daher $D = \mathrm{diag}\{A\}$ durch irgendeine andere positiv definite Matrix W (vgl. Kriterium 12) ersetzt wird, bleiben alle Aussagen des Abschnittes 4.4.2 gültig. Ausnahme: Übung 15c bleibt nur für Blockdiagonalen von A gültig.

4.4.3 Gauß-Seidel- und SOR-Verfahren

Satz 4.4.18. Das Gauß-Seidel-Verfahren konvergiert für positiv definite Matrizen A. Die Konvergenz ist monoton in der Energienorm:

$$(4.4.24) \qquad \rho(M^{GS}) \leqslant \|M^{GS}\|_A < 1.$$

Beweis. $A > 0$ impliziert $D > 0$. Die Matrix $W = W^{GS}$ aus (2.8) erfüllt

$$W + W^H = D - E + (D - E)^H = 2D - E - F = D + A > A.$$

Damit ist das nachfolgende Konvergenzkriterium erfüllt. ▫

Kriterium 4.4.19. Für die Matrix W der dritten Normalform gelte

$$(4.4.25) \qquad W + W^H > A > 0.$$

Dann ist W regulär, und die Iteration konvergiert monoton in der Energienorm $\|\cdot\|_A$:

$$\rho(M) \leqslant \|M\|_A < 1 \qquad\qquad \text{für } M = I - W^{-1}A.$$

Beweis. a) Wäre W singulär, gäbe es ein $x \neq 0$ mit $Wx = 0$. Dies führt wegen $0 = \langle Wx, x \rangle + \langle x, Wx \rangle = \langle (W + W^H)x, x \rangle > 0$ zum Widerspruch.
b) Da $\rho(M) \leqslant \|M\|_A$ nach (2.9.1b), ist nur $\|M\|_A < 1$ zu zeigen. Nach (2.10.5d) ist $\|M\|_A = \|A^{1/2}MA^{-1/2}\|_2 = \|\hat{M}\|_2$ für $\hat{M} := I - A^{1/2}W^{-1}A^{1/2}$. Man prüft nach, daß

$$
\begin{aligned}
\hat{M}^H\hat{M} &= (I - A^{1/2}W^{-H}A^{1/2})(I - A^{1/2}W^{-1}A^{1/2}) = \\
&= I - A^{1/2}(W^{-H} + W^{-1})A^{1/2} + A^{1/2}W^{-H}AW^{-1}A^{1/2} = \\
&= I - A^{1/2}W^{-H}(W + W^H)W^{-1}A^{1/2} + A^{1/2}W^{-H}AW^{-1}A^{1/2} < \\
&< I - A^{1/2}W^{-H}AW^{-1}A^{1/2} + A^{1/2}W^{-H}AW^{-1}A^{1/2} = I,
\end{aligned}
$$

(4.4.26)

also nach Lemma 2.10.5b

$$\|M\|_A = \|\hat{M}\|_2 = \rho(\hat{M}^H\hat{M})^{1/2} < \rho(I)^{1/2} = 1. \qquad ▫$$

Man beachte: Die Bedingung (25) stimmt für $W = D$ mit (14) überein.

Da das Gauß-Seidel-Verfahren der Spezialfall $\omega = 1$ des SOR-Verfahrens ist, werden wir weitere Konvergenzaussagen, z.B. quantitative Beschreibungen, für das SOR-Verfahren formulieren. Fragt man nach den reellen Werten von ω, für die Konvergenz des SOR-Verfahrens auftritt, muß notwendigerweise $0 < \omega < 2$ gelten, wie das folgende Lemma lehrt.

Lemma 4.4.20. Ohne weitere Voraussetzungen an A gilt

$$(4.4.27) \qquad \rho(M_\omega^{SOR}) \geqslant |\omega - 1| \qquad\qquad \text{für alle } \omega \in \mathbb{C}.$$

Beweis. Sei $n := \#I$ die Matrixgröße. Da $I - \omega L$ und $(1 - \omega)I + \omega U$ Dreiecksmatrizen sind, gilt $\det(I - \omega L) = 1$ und $\det\big((1 - \omega)I + \omega U\big) = (1 - \omega)^n$, also

$$\det(M_\omega^{SOR}) = \frac{1}{\det(I - \omega L)} \det\big((1 - \omega)I + \omega U\big) = (1 - \omega)^n.$$

Andererseits ist jede Determinante das Produkt aller Eigenwerte der Matrix (vgl. Jordan-Normalform (2.8.3a,b)), so daß $\det(M_\omega^{SOR}) = \prod_{\nu=1}^{n} \lambda_\nu$ mit den Eigenwerten λ_ν von M_ω^{SOR}. Zusammen ergibt sich $\prod_{\nu=1}^{n} \lambda_\nu = (1 - \omega)^n$ oder $\Pi |\lambda_\nu| = |1 - \omega|^n$. Damit muß mindestens ein Faktor (Eigenwert) λ_ν existieren mit $|\lambda_\nu| \geq |1 - \omega|$ und so zur Behauptung (27) führen. ∎

Die Ungleichung (27) erlaubt $\rho(M_\omega^{SOR}) < 1$ nur für $0 < \omega < 2$. Daß $0 < \omega < 2$ nicht nur notwendig, sondern auch hinreichend für Konvergenz ist, zeigt der

---

Satz 4.4.21. (Ostrowski [2]). Es gelte: A sei positiv definit und zerlegt in

(4.4.28a) $A = D - E - E^H$

mit den Eigenschaften (28b,c):

(4.4.28b) E ist strikte untere Dreiecksmatrix,

(4.4.28c) D ist Diagonale von A.

Ferner sei

(4.4.28d) $0 < \omega < 2$.

Dann konvergiert die SOR-Iteration (3.7a-c):

(4.4.28e) $\rho(M_\omega^{SOR}) < 1$.

Das Konvergenzverhalten ist monoton in der Energienorm:

(4.4.28f) $\rho(M_\omega^{SOR}) \leq \| M_\omega^{SOR} \|_A < 1$.

Die Aufspaltung (28a) unterscheidet sich nicht von $A = D - E - F$ aus (2.7a-d), da $F = E^H$ für jede Hermitesche Matrix A gelten muß. Die Voraussetzungen des Satzes 21 können abgeschwächt werden und beziehen sich dann auf allgemeinere Verfahren als die bisherige SOR-Methode. Der Beweis des Satzes 21 erübrigt sich daher mit dem Beweis von

Zusatz 4.4.22. Sei $A > 0$. Die Aussagen (28e-f) des Satzes 21 bleiben gültig, wenn anstelle von (28b) und (28c) lediglich vorausgesetzt wird:

(4.4.28b') E ist beliebig,

(4.4.28c') D ist eine beliebige positiv definite Matrix.

Die Matrix $D - \omega E$ ist unter den Bedingungen (28a,c',d) stets regulär.

Wegen Lemma 2.10.4e ist die Diagonale D aus (28c) eine positiv definite Matrix und erfüllt somit auch (28c'). Es sei angemerkt, daß die Voraussetzung «A positiv definit» aus Satz 21 nicht nur hinreichend, sondern auch notwendig ist (vgl. Varga [2, S. 77]).

Beweis. Die Matrix der dritten Normalform ist $W = W_\omega^{SOR} = \frac{1}{\omega} D - E$ (vgl. (3.7e)). Ihre Regularität garantiert Kriterium 19. Die Ungleichung (25) des Konvergenzkriteriums 19 ist erfüllt:

$$(4.4.29) \qquad W + W^H = \tfrac{2}{\omega} D - E - F = A + (\tfrac{2}{\omega} - 1) D > A > 0$$

wegen (28c') und $\frac{2}{\omega} - 1 > 0$ ($\Longleftrightarrow$ $0 < \omega < 2$).

Satz 21 macht keine Aussagen, welches ω am günstigsten ist. Diese Frage wird später in Satz 5.6.5 für den Spektralradius $\rho(M_\omega^{SOR})$ beantwortet werden. Stattdessen kann man auch die Kontraktionszahl $\| M_\omega^{SOR} \|_A$ bzw. ihre obere Schranke als Funktion von ω untersuchen und ein in diesem Sinne optimales ω suchen.

Lemma 4.4.23. Unter den Voraussetzungen $A > 0$ und (28a,b',c',d) gilt

$$(4.4.30) \qquad \| M_\omega^{SOR} \|_A = \sqrt{ 1 - (\tfrac{2}{\omega} - 1) / \| A^{-1/2} W_\omega^{SOR} D^{-1/2} \|_2^2 } .$$

Die Norm $\| A^{-1/2} W_\omega^{SOR} D^{-1/2} \|_2^2$ in (30) kann durch

$$(4.4.31a) \qquad \| A^{-1/2} W_\omega^{SOR} D^{-1/2} \|_2^2 \leqslant 1/c$$

genau dann abgeschätzt werden, wenn (31b) oder (31c) zutreffen:

$$(4.4.31b) \qquad W D^{-1} W^H \;\leqslant\; \tfrac{1}{c} A, \qquad\qquad (W = W_\omega^{SOR})$$

$$(4.4.31c) \qquad W^{-H} D W^{-1} \;\geqslant\; c\, A^{-1} .$$

Beweis. (i) Die Äquivalenz von (31b) und (31c) ergibt sich aus (2.10.3g). Die Äquivalenz von (31b) und (31a) erhält man über:

$$\tfrac{1}{c} I \;\geqslant\; A^{-1/2} W D^{-1} W^H A^{-1/2} = \qquad\qquad \text{(vgl. (2.10.3b'))}$$

$$= [A^{-1/2} W D^{-1/2}][A^{-1/2} W D^{-1/2}]^H \; (\geqslant 0),$$

$$\tfrac{1}{c} \;\geqslant\; \| [A^{-1/2} W D^{-1/2}][D^{-1/2} W^H A^{-1/2}] \|_2 =$$

$$= \| A^{-1/2} W D^{-1/2} \|_2^2 \qquad\qquad \text{(vgl. (2.10.3f))}.$$

(ii) Sei $\hat{M} := A^{1/2} M_\omega^{SOR} A^{-1/2}$. Aus der Ungleichung (26), der Darstellung (29): $A - W - W^H = (1 - \tfrac{2}{\omega}) D$ und (31c) erhält man

$$\hat{M}^H \hat{M} = I + A^{1/2} W^{-H} [A - W - W^H] W^{-1} A^{1/2} =$$

$$= I - (\tfrac{2}{\omega} - 1) A^{1/2} W^{-H} D W^{-1} A^{1/2} .$$

Der größte Eigenwert von $\hat{M}^H \hat{M}$ ist 1 minus das $(\tfrac{2}{\omega} - 1)$-fache des kleinsten Eigenwertes von $A^{1/2} W^{-H} D W^{-1} A^{1/2} = X^{-H} X^{-1} = (X X^H)^{-1}$ für $X := A^{-1/2} W D^{-1/2}$. Letzterer ist $1/\rho(X X^H) = 1/\| X \|_2^2$. (30) ergibt sich aus

$$\|M_\omega^{SOR}\|_A^2 = \|\hat{M}\|_2^2 = \rho(\hat{M}^H\hat{M}) = 1-(\tfrac{2}{\omega}-1)/\|A^{-1/2}W_\omega^{SOR}D^{-1/2}\|_2^2. \quad \blacksquare$$

Die rechte Seite in (30) hängt über $\tfrac{2}{\omega}-1$ explizit von ω ab. Aber auch $W_\omega^{SOR}=\tfrac{1}{\omega}D-E$ enthält den Parameter ω. Die Minimierung der Norm $\|M_\omega^{SOR}\|_A$ ist Gegenstand des folgenden Satzes (vgl. Samarskii-Nikolaev [1], Young [2, Seite 464]).

Satz 4.4.24. Es gebe Konstanten $\gamma,\Gamma>0$ mit

(4.4.32a) $0 < \gamma D \leqslant A$,

(4.4.32b) $(\tfrac{1}{2}D-E)D^{-1}(\tfrac{1}{2}D-E^H) \leqslant \tfrac{1}{4}\Gamma A$.

Ferner gelte (28a,d). Dann kann in (31a-c) der Wert

(4.4.32c) $c = 1/[\dfrac{\Omega^2}{\gamma}+\Omega+\dfrac{\Gamma}{4}]$ $\qquad$ mit $\Omega := \dfrac{2-\omega}{2\omega}\in(0,\infty)$

gewählt werden. Die SOR-Kontraktionszahl ist abschätzbar durch

(4.4.33a) $\|M_\omega^{SOR}\|_A \leqslant \sqrt{1-2\Omega/[\dfrac{\Omega^2}{\gamma}+\Omega+\dfrac{\Gamma}{4}]}$.

Die rechte Seite nimmt folgendes Minimum an:

(4.4.33b) $\|M_{\omega'}^{SOR}\|_A \leqslant \sqrt{\dfrac{\sqrt{\Gamma}-\sqrt{\gamma}}{\sqrt{\Gamma}+\sqrt{\gamma}}}$ $\qquad$ für $\omega' := 2/(1+\sqrt{\gamma\Gamma})$.

Beweis. Wir schreiben $W := W_\omega^{SOR}=\tfrac{1}{\omega}D-E$ als

(4.4.34) $\qquad W = \Omega D+(\tfrac{1}{2}D-E)$ $\qquad$ mit $\Omega := \dfrac{2-\omega}{2\omega}=\tfrac{1}{\omega}-\tfrac{1}{2}$

und schließen wie folgt:

$$W D^{-1}W^H = [\Omega D+(\tfrac{1}{2}D-E)]D^{-1}[\Omega D+(\tfrac{1}{2}D-E^H)] =$$

$$=\Omega^2 D+\Omega(\tfrac{1}{2}D-E+\tfrac{1}{2}D-E^H)+(\tfrac{1}{2}D-E)D^{-1}(\tfrac{1}{2}D-E^H)\underset{(28a)}{=}$$

$$= \Omega^2 D+\Omega A+(\tfrac{1}{2}D-E)D^{-1}(\tfrac{1}{2}D-E^H)\underset{(32a,b)}{\leqslant}$$

$$\leqslant(\dfrac{\Omega^2}{\gamma}+\Omega+\dfrac{\Gamma}{4})A.$$

Also gilt (31b) mit $\tfrac{1}{c}=\dfrac{\Omega^2}{\gamma}+\Omega+\tfrac{\Gamma}{4}$. Einsetzen der Ungleichung (31a) in (30) liefert (33a). Die Funktion $\Omega/[\dfrac{\Omega^2}{\gamma}+\Omega+\tfrac{\Gamma}{4}]$ hat in $(0,\infty)$ ihr globales Maximum bei $\Omega=\tfrac{1}{2}\sqrt{\gamma\Gamma}$, was ω' entspricht. Einsetzen ergibt (33b). $\quad\blacksquare$

Zu den Konstanten γ und Γ seien die folgenden Kommentare gegeben.

Zusatz 4.4.25. Es gelte (28a,b',c'). **(a)** Das Jacobi-Verfahren sei mit Hilfe von D aus (28a) definiert: $M^{Jac} := D^{-1}(E+E^H)$. Die optimale Schranke in (32a) ist

(4.4.35a) $\qquad \gamma = 1-\rho(M^{Jac})$.

(b) Sei $d := \rho(D^{-1}E D^{-1}E^H)=\|D^{-1/2}E D^{-1/2}\|_2^2$. Abschätzung (32b) gilt mit

$$(4.4.35\text{b}) \qquad \Gamma = 2 + \frac{4d-1}{\gamma} \qquad\qquad \left\{ \leqslant 2 \ \text{für} \ d \leqslant \tfrac{1}{4} \right\}.$$

Beweis. (a) Die beste Schranke in (32a) ist der kleinste Eigenwert von $D^{-1}A = I - D^{-1}(E + E^H) = I - M^{\text{Jac}}$.

(b) Ausmultiplizieren in (32b) liefert wegen $E + E^H = D - A$ und $D \leqslant \tfrac{1}{\gamma} A$

$$\tfrac{1}{4} D - \tfrac{1}{2}(E + E^H) + E D^{-1} E^H \leqslant \tfrac{1}{4} D - \tfrac{1}{2}(E + E^H) + d\, D =$$

$$= \tfrac{1}{4}\left\{ (4d+1)D - 2(E+E^H) \right\} = \tfrac{1}{4}\left\{ (4d-1)D + 2A \right\} \leqslant \tfrac{1}{4}\left\{ 2 + \frac{4d-1}{\gamma} \right\} A. \quad \blacksquare$$

Die Bezeichnungen M_ω^{SOR} in (33a,b) und M^{Jac} in (35a) sind nur berechtigt, wenn D die Diagonale oder Blockdiagonale von A ist. Ist dagegen D in Satz 24 eine andere Matrix, liegt ein neues Verfahren vor, dessen Iterationsmatrix in (33a,b) auch anders bezeichnet werden sollte.

Folgerung 4.4.26 (Ordnungsverbesserung). Es gelte (28a,b',c') und $d := \rho(D^{-1}E D^{-1}E^H) \leqslant 1/4$. Sei τ die Ordnung des Jacobi-Verfahrens: $\rho(M^{\text{Jac}}) = 1 - \gamma = 1 - C h^\tau + O(h^{2\tau})$. Die Schranke (33a) hat für den Fall der Gauß-Seidel-Iteration ($\omega = 1$) die gleiche Ordnung:

$$(4.4.36\text{a}) \qquad \|M_1^{\text{SOR}}\|_A = \|M^{\text{GS}}\|_A \leqslant \sqrt{1 - 4/(\Gamma + 2 + \tfrac{1}{\gamma})} = (1 + 4\gamma)^{-1/2}.$$

Dagegen verbessert (halbiert) sich die Ordnung für $\omega = \omega'$ aus (33b):

$$(4.4.36\text{b}) \qquad \|M_{\omega'}^{\text{SOR}}\|_A \leqslant 1 - \sqrt{\gamma/\Gamma} + O(\gamma/\Gamma) = 1 - \sqrt{\tfrac{C}{2}}\, h^{\tau/2} + O(h^\tau).$$

(36b) gilt mit anderer Konstante auch dann, wenn die Bedingung $d \leqslant 1/4$ in $d \leqslant 1/4 + O(h^\tau)$ abgeschwächt wird. Für (36a) reicht $d = O(1)$.

Beweis. Man setze die Werte (35a,b) in (33a,b) ein. $\quad \blacksquare$

Die Verbesserung der Ordnung wird in §5.6.3 noch deutlicher werden.

Eine Diskussion der optimalen Wahl von ω für *verallgemeinerte SOR-Verfahren*, in denen L und U nicht notwendigerweise strikte Dreiecksgestalt haben, findet man bei Hanke-Neumann-Niethammer [1].

In Übereinstimmung mit der Kapitelüberschrift behandeln die Sätze 21 und 24 die Konvergenz nur für positiv definite Matrizen A. In den Kapiteln §5 und §6 werden Matrizen anderer Struktur zugelassen, die auch nichtsymmetrisch sein können. Trotzdem werden von §§5–6 nicht alle Matrizen erfaßt. Deshalb seien hier noch Resultate zum nichtsymmetrischen und insbesondere schiefsymmetrischen Fall erwähnt, die von Niethammer [1] stammen. In allen Aussagen wird

$$(4.4.37) \qquad D = \text{diag}\{A\} = I$$

verlangt. Diese Bedingung läßt sich durch die Transformationen $A \mapsto D^{-1}A$ oder $A \mapsto D^{-1/2}A D^{-1/2}$ stets erreichen, wenn D regulär ist. Es gilt $L = E$ und $U = F$ (vgl. (3.7d)).

Satz 4.4.27. Für die reelle Matrix A gelte (37) und $A + A^T > 0$. Für $\Lambda, \widetilde{\Lambda}$ aus

$$\Lambda := \lambda_{\max}(\tfrac{1}{2}(L + L^T + U + U^T)), \quad \widetilde{\Lambda} := \lambda_{\max}(\tfrac{1}{2}(L + L^T - U - U^T)),$$

$$\sigma := \rho(\tfrac{1}{2}(L - L^T + U - U^T)), \quad \widetilde{\sigma} := \rho(\tfrac{1}{2}(L - L^T - U + U^T))$$

gilt $0 \le \Lambda < 1$ und $\widetilde{\Lambda} \ge 0$. Das SOR-Verfahren konvergiert für ω mit

$$(4.4.38) \qquad 0 < \omega < 2 / [\, 1 + \widetilde{\Lambda} + \sigma\widetilde{\sigma} / (1 - \Lambda)\,].$$

Für $\Lambda > 0$ ergibt sich $\sigma = \widetilde{\Lambda} = 0$, so daß (38) zu $0 < \omega < 2$ wird (vgl. Satz 21). Wenn $A - I$ schiefsymmetrisch ist, d.h. $L = -U^T$, erhält man wegen $\Lambda = \widetilde{\sigma} = 0$, $\widetilde{\Lambda} = \rho(U - L)$ den

Zusatz 4.4.28. Sei $A = I - L + L^T$ (L untere Dreiecksmatrix). Dann konvergiert das SOR-Verfahren für ω mit $0 < \omega < 2 / (1 + \rho(L + L^T))$. Ist außerdem L elementweise ≥ 0 und $\rho(L + L^T) < 1$, so *divergiert* die SOR-Iteration für alle anderen reellen ω.

Eine ähnliche Divergenzaussage läßt sich auch für $L \ne -U^T$ zeigen, wenn $L - U$ elementweise ≥ 0 ist. Für den optimalen Relaxationsparameter läßt sich $\omega_{\text{opt}} < 1$ zeigen.

Konvergenzresultate für *komplexe Matrizen* findet man bei Niethammer [2].

4.5 Blockversionen

4.5.1 Block-Jacobi-Verfahren

4.5.1.1 Definition

Gegeben sei eine Blockstruktur $\{I_\varkappa : \varkappa \in B\}$, wie sie in §2.5 beschrieben ist. Mit D sei im folgenden nicht die Diagonale, sondern die *Block*diagonale von A bezeichnet:

$$(4.5.1) \qquad D := \text{blockdiag}\{A\} = \text{blockdiag}\{A^{\varkappa\varkappa} : \varkappa \in B\} = \begin{bmatrix} \ast & & & 0 \\ & \ast & & \\ & & \ast & \\ 0 & & & \ddots \; \ast \end{bmatrix}$$

Dabei sind $A^{\varkappa\varkappa}$ die Diagonalblöcke von A.

Das *Block-Jacobi-Verfahren* ist die Iteration (2.3) mit

$$(4.5.2) \qquad W := D \quad \text{aus (1)}, \qquad R := D - A.$$

Bemerkung 4.5.1 (a) Das Block-Jacobi-Verfahren ist genau dann wohldefiniert, wenn alle Diagonalblöcke $A^{\varkappa\varkappa}$ ($\varkappa \in B$) regulär sind.
(b) Wenn A positiv definit ist, sind D und alle Diagonalblöcke $A^{\varkappa\varkappa}$ positiv definit und damit insbesondere regulär (vgl. Lemma 2.10.4e).
(c) Die Darstellungen (2.5a-c) sind weiterhin gültig, wenn D durch (1) definiert ist.
(d) Das Block-Jacobi-Verfahren hängt weder von der Anordnung der Blöcke noch von der Indexanordnung innerhalb der Blöcke ab.

(e) Wenn $\{1, 2, \ldots, \beta\}$ die Numerierung der Blöcke und $(x^m)^i$, A^{ij} die Blöcke von x^m und A sind, lautet die blockweise Darstellung wie folgt:

$$(4.5.3) \qquad \text{for } i := 1 \text{ to } \beta \text{ do } \quad (x^{m+1})^i := (A^{ii})^{-1}\Big\{ b^i - \sum_{\substack{j=1 \\ j \neq i}}^{\beta} A^{ij}(x^m)^j \Big\}.$$

Die auftretende Inverse $(A^{ii})^{-1}$ macht deutlich, daß zur Berechnung des i-ten Blockes $(x^{m+1})^i$ je ein Gleichungssystem $A^{ii}\delta = r$ aufzulösen ist.

Für das Modellproblem können jeweils die Spalten $(x = ih$ konstant)

$$u^i := \big(u_{i,1}, u_{i,2}, \ldots, u_{i,N-1}\big)^T \qquad (1 \leqslant i \leqslant N-1)$$

der Unbekannten als Blöcke gewählt werden. Im Falle des Poisson-Modellproblems lauten die Matrixblöcke gemäß (1.2.8):

$$A^{ii} = h^{-2}\begin{bmatrix} 4 & -1 & & \\ -1 & 4 & -1 & \\ & \ddots & \ddots & \ddots \\ & & -1 & 4 \end{bmatrix}, \quad A^{i,i\pm1} = -h^{-2}I, \quad A^{i,j} = 0 \text{ sonst.}$$

Bilden wie hier die «Spalten» die Blöcke, spricht man vom _Spalten-Jacobi-Verfahren_. Ebenso könnte man die _Zeilen-Jacobi-Iteration_ definieren.

4.5.1.2 Pascal-Prozeduren

Zunächst wird ein Löser für das tridiagonale Blocksystem benötigt:

```
procedure definiere_Tridiag (var A: Diskretisierungsdaten;
                        u,d,o: real; neu: Boolean);   var i: integer; q: real;
begin with A do if T=nil then  begin new(T); T^.Zerlegung_berechnet:=false end;
  with A do with T^ do if neu or not Zerlegung_berechnet then
    begin for i:=1 to ny-1 do begin unten[i]:=u; diag[i]:=d; oben[i]:=o end;
    for i:=1 to ny-2 do          {LU-Dreieckszerlegung erzeugen};
    begin q:=unten[i+1]/diag[i];unten[i+1]:=q; diag[i+1]:=diag[i+1]-q*oben[i] end;
    Zerlegung_berechnet:=true
  end end;

procedure loese_Tridiag (var A: Diskretisierungsdaten; var R, z: Spalte);
var i: integer; label 1;
begin if A.T=nil then 1: definiere_Tridiag(A,A.S[0,-1],A.S[0,0],A.S[0,1],true);
  if not A.T^.Zerlegung_berechnet then goto 1;   {Standardwahl}
  with A do with T^ do
  begin for i:=0 to ny-2 do R[i+1]:=z[i+1]-unten[i+1]*R[i];
        for i:=ny-1 downto 1 do R[i]:=(R[i]-oben[i]*R[i+1])/diag[i]
end end;
```

Die Komponente **A.T^.Zerlegung_berechnet** zeigt an, ob die Blockmatrix bereits in die Faktoren **L** (untere Dreiecksmatrix) und **U** (obere Dreiecks-

matrix) zerlegt ist. Wenn ein neues Problem mit einer anderen Matrix
behandelt wird, muß durch **Zerlegung_berechnet:=false** angezeigt werden,
daß die Zerlegung neu zu erstellen ist. Der hierfür benötigte Speicherbereich wird erst im Bedarfsfall mittels **new(T)** angelegt und kann durch
dispose(T) wieder freigegeben werden. Damit **T** an Anfang nicht undefiniert ist, sondern als leerer Zeiger **T**=nil definiert wird, ist zu Beginn
die Initialisierung der Variablen **A** vom Typ **Diskretisierungsdaten** notwendig:

```
procedure initialisiere_Diskretisierungsdaten (var A: Diskretisierungsdaten);
begin A.T:=nil; A.ILUD:=nil; A.ILU7:=nil end;
```

Wenn die Komponente **A** wie im Beispiel (3.5.9) in der Variablen **it**
enthalten ist, impliziert der Aufruf   **initialisiere_IT(it)**   die Initialisierung
von **it.A**.

Das Block-Jacobi-Verfahren (genauer: Spalten-Jacobi-Verfahren)
nimmt die folgende Gestalt an:

```
procedure Spalten_Jacobi (var neu: Gitterfunktion;
                          var A: Diskretisierungsdaten;  var x,b: Gitterfunktion;
                          var IP: Iterationsparameter);
var i,j: integer; v,z: Spalte;
begin with A do begin v:=x[0]; for i:=1 to nx-1 do
  begin case Art of
Poisson_Modellproblem:  for j:=1 to ny-1 do z[j]:=b[i,j]+x[i-1,j]+x[i+1,j];
Fuenfpunktformel:
    for j:=1 to ny-1 do  z[j]:=b[i,j]-S[-1,0]*x[i-1,j]-S[1,0]*x[i+1,j];
Neunpunktformel:
    for j:=1 to ny-1 do  z[j]:=b[i,j]-S[-1,-1]*x[i-1,j-1]-S[1,-1]*x[i+1,j-1]
        -S[-1,0]*x[i-1,j]-S[1,0]*x[i+1,j]-S[-1,1]*x[i-1,j+1]-S[1,1]*x[i+1,j+1]
    end {case};
    neu[i-1]:=v; v[0]:=x[i,0]; v[ny]:=x[i,ny];  loese_Tridiag(A,v,z)
  end; neu[nx-1]:=v; Randwerte_uebertragen(nx,ny,x,neu)
end end;
```

Man beachte, daß die Randwerte bei $j=0$ und $j=N$ in die rechte Seite
des Block-Gleichungssystems eingehen müssen. Im Poisson-Modellfall
lautet das zur i-ten Spalte gehörende tridiagonale Gleichungssystem

$$(4.5.4a) \qquad \begin{bmatrix} 4 & -1 & & \\ -1 & 4 & -1 & \\ & \ddots & \ddots & \ddots \\ & & -1 & 4 \end{bmatrix} v = z' + \begin{bmatrix} u[i,0] \\ 0 \\ \vdots \\ u[i,N] \end{bmatrix} =: z \quad (N-1 \text{ Gleichungen})$$

mit $z'[j] = h^2 f[i,j] + u[i-1,j] + u[i+1,j]$. Da die Faktoren L und U
der LU-Zerlegung jeweils nur 2 Nichtnulldiagonalen haben und zudem
$L_{ii}=1$ gilt, erfordert die Auflösung von $LU\,v = z$ nur

$$(4.5.4b) \qquad 5N \text{ arithmetische Operationen pro Problem (4a).}$$

4.5.2 Block-Gauß-Seidel- und Block-SOR-Verfahren

4.5.2.1 Definition

Beim *Block-Gauß-Seidel-Verfahren* sind lediglich die Bedingungen (2.7b-d) zu ändern:

(4.5.5a) $\qquad A = D - E - F$,

(4.5.5b) $\qquad D$: Blockdiagonalmatrix blockdiag$\{A\}$,

(4.5.5c) $\qquad E$: strikte untere Blockdreiecksmatrix,

(4.5.5d) $\qquad F$: strikte obere Blockdreiecksmatrix.

Mit dieser Bedeutung der Matrizen D, E, F liefern (2.9a-c) die Normalformen des Block-Gauß-Seidel-Verfahrens.

Bemerkung 4.5.2 (a) Das Block-Gauß-Seidel-Verfahren ist unter den gleichen Voraussetzungen wie die Block-Jacobi-Iteration wohldefiniert. (b) Das Block-Gauß-Seidel-Verfahren hängt von der Anordnung der Blöcke ab, nicht jedoch von der Indexanordnung innerhalb der Blöcke. (c) Die blockweise Beschreibung des Verfahrens lautet (vgl. (3)):

(4.5.6) $\qquad$ for $i := 1$ to β do
$$(x^{m+1})^i := (A^{ii})^{-1} \left\{ b^i - \sum_{j=1}^{i-1} A^{ij}(x^{m+1})^j - \sum_{j=i+1}^{\beta} A^{ij}(x^m)^j \right\}.$$

(d) Wenn das in §4.2.2 behandelte (nicht blockweise) Gauß-Seidel-Verfahren im Gegensatz zur Block-Version gemeint ist, bezeichnet man es als *punktweises Gauß-Seidel-Verfahren*.

Für das Modellproblem kann man die Zeilen bzw. Spalten als Blöcke einführen und so zu dem *Zeilen-Gauß-Seidel-* bzw. *Spalten-Gauß-Seidel-Verfahren* gelangen. In Analogie zur lexikographischen und Schachbrettanordnung werden das *lexikographische Spalten-Gauß-Seidel-Verfahren* (8) und die *«Zebra»-Spalten-Gauß-Seidel-Iteration* (9) im nachfolgenden Abschnitt vorgestellt. Letzteres bedeutet, daß zunächst die Spalten mit ungerader Zahl («schwarz») und dann jene mit gerader Zahl («weiß») durchnumeriert werden.

Sind die Matrizen in $A = D - E - F$ gemäß (5b-d) definiert und L und U durch (3.7d): $L = D^{-1}E$, $U = D^{-1}F$ bestimmt, definiert (3.7a-c) das *Block-SOR-Verfahren*. Die blockweise Beschreibung lautet

(4.5.7) for $i := 1$ to β do
$$(x^{m+1})^i := (x^m)^i + \omega \,(A^{ii})^{-1}\left\{ b^i - \sum_{j=1}^{i-1} A^{ij}(x^{m+1})^j - \sum_{j=i}^{\beta} A^{ij}(x^m)^j \right\}.$$

Bemerkung 4.5.3. Da in allen genannten Blockversionen die Anordnung der Indizes innerhalb eines Blockes beliebig ist, können auf der Blockebene arithmetische *Vektor*operationen verwendet werden, soweit es die Berechnung von $z := h2 * f[i] - u[i-1] - u[i+1]$ in (4a) betrifft. Der Aufruf von **loese_Tridiag** ist in der vorgeschlagenen Form sequentiell. Im Falle der Zebra-Versionen (9), (11) und (12b,d) ist eine Parallelisierung innerhalb der gleichen «Farbe» möglich.

4.5.2.2 Pascal-Prozeduren

Die Prozeduren

(4.5.8)   procedure lex_Spalten_Gauss_Seidel
(4.5.9)   ·   procedure Zebra_Spalten_Gauss_Seidel

ergeben sich aus den nachfolgenden SOR-Varianten, indem man **omega** als *1* (und damit om1 := 0) wählt. Die Statements

> loese_Tridiag(A,z,z); for j:=1 to ny-1 do neu[i,j]:=om1*x[i,j]+omega*z[j]

in (10/11) kann man somit zu **loese_Tridiag(A,neu[i],z)** vereinfachen.

   Die SOR-Versionen lauten

(4.5.10)   procedure lex_Spalten_SOR

```
procedure lex_Spalten_SOR (var neu: Gitterfunktion;
                           var A: Diskretisierungsdaten;  var x,b: Gitterfunktion;
                           var IP: Iterationsparameter);
var i,j: integer; z: Spalte; om1: real;
begin with A do with IP do
  begin Randwerte_uebertragen(nx,ny,x,neu); om1:=1-omega;
    for i:=1 to nx-1 do begin case Art of
Poisson_Modellproblem: for j:=1 to ny-1 do z[j]:=b[i,j]+neu[i-1,j]+x[i+1,j];
Fuenfpunktformel:
    for j:=1 to ny-1 do z[j]:=b[i,j]-S[-1,0]*neu[i-1,j]-S[1,0]*x[i+1,j];
Neunpunktformel:
    for j:=1 to ny-1 do z[j]:=b[i,j]-S[-1,-1]*neu[i-1,j-1]-S[1,-1]*x[i+1,j-1] -
      S[-1,0]*neu[i-1,j]-S[1,0]*x[i+1,j]-S[-1,1]*neu[i-1,j+1]-S[1,1]*x[i+1,j+1]
    end {case};
    z[0]:=x[i,0]; z[ny]:=x[i,ny]; loese_Tridiag(A,z,z);
    for j:=1 to ny-1 do neu[i,j]:=om1*x[i,j]+omega*z[j]
end end end;
```

(4.5.11)   procedure Zebra_Spalten_SOR

```
procedure Zebra_Spalten_SOR (var neu: Gitterfunktion;
                             var A: Diskretisierungsdaten;  var x,b: Gitterfunktion;
                             var IP: Iterationsparameter);
var i,j,Farbe: integer; z: Spalte; om1: real;
begin with A do with IP do
  begin Randwerte_uebertragen(nx,ny,x,neu); om1:=1-omega;
    for Farbe:=1 to 2 do begin i:=Farbe; while i<n do begin case Art of
Poisson_Modellproblem: for j:=1 to ny-1 do z[j]:=b[i,j]+neu[i-1,j]+x[i+1,j];
Fuenfpunktformel: for j:=1 to ny-1 do
                            z[j]:=b[i,j]-S[-1,0]*neu[i-1,j]-S[1,0]*x[i+1,j];
Neunpunktformel:
        for j:=1 to ny-1 do z[j]:=b[i,j]-S[-1,-1]*neu[i-1,j-1]-S[1,-1]*x[i+1,j-1] -
S[-1,0]*neu[i-1,j]-S[1,0]*x[i+1,j]-S[-1,1]*neu[i-1,j+1]-S[1,1]*x[i+1,j+1]
        end {case}; z[0]:=x[i,0]; z[ny]:=x[i,ny]; loese_Tridiag(A,z,z);
        for j:=1 to ny-1 do neu[i,j]:=om1*x[i,j]+omega*z[j]; i:=i+2
end end end end;
```

Der Bestimmung des Relaxationsparameters dienen die Prozeduren

```
function Spalten_Jacobi_Konvergenz_Faktor (var it: Iterationsdaten): real;
begin with it.A do Spalten_Jacobi_Konvergenz_Faktor              {vgl. (7.6)}
                             :=cos(pi/nx)/(1+2*sqr(sin(pi/ny))) end;

procedure definiere_Spalten_SOR_Parameter (var it: Iterationsdaten);
var beta: real;
begin with it do with A do with IP do
  begin writeln('Wahl des Spalten-SOR-Parameters. ',
                               'Omega kann über beta definiert werden.');
    write('Soll omega direkt eingegeben werden?');
    if ja_nein then bestimme_omega(IP) else
    begin if Art=Poisson_Modellproblem then
      beta := Spalten_Jacobi_Konvergenz_Faktor(it) else
      begin write('Spalten-Jacobi-Konvergenz-Faktor angeben: '); readln(beta)
      end; setze_omega(IP, optimales_omega_fuer_SOR(beta))
end end end;
```

In [Prog] sind auch die «Zeilen»-Versionen

```
            function Zeilen_Jacobi_Konvergenz_Faktor
            procedure definiere_Zeilen_SOR_Parameter
(4.5.12a)   procedure lex_Zeilen_Gauss_Seidel
(4.5.12b)   procedure Zebra_Zeilen_Gauss_Seidel
(4.5.12c)   procedure lex_Zeilen_SOR
(4.5.12d)   procedure Zebra_Zeilen_SOR
```

und die rückwärts ausgeführten Varianten

```
(4.5.13a)   procedure lex_Spalten_Gauss_Seidel_rueckwaerts
(4.5.13b)   procedure lex_Zeilen_Gauss_Seidel_rueckwaerts
(4.5.13c)   procedure lex_Spalten_SOR_rueckwaerts
(4.5.13d)   procedure lex_Zeilen_SOR_rueckwaerts
```

vorhanden.

4.5.3 Konvergenz der Blockvarianten

Satz 4.5.4. Die Sätze 4.11, 4.14, 4.16 und Zusatz 4.12 gelten auch für das *Block-Jacobi-Verfahren*, wenn D in den Formeln (4.14-23) die Blockdiagonale darstellt.

Beweis. Nicht nur die Diagonale, sondern auch die Blockdiagonale ist positiv definit (vgl. Bemerkung 1b), so daß sich die Behauptung aus Bemerkung 4.17 ergibt.   ◫

Der Bemerkung 4.13b entspricht eine interessante Feststellung:

Übungsaufgabe 4.5.5. A sei eine 2×2-Blockmatrix, d.h. es gelte $\#B = 2$. Man zeige: A und $2D-A$ (D: Blockdiagonale von A) haben die gleichen Eigenwerte: $\sigma(A) = \sigma(2D-A)$.

Aus Übungsaufgabe 5 folgert man, daß mit A auch $2D-A$ positiv definit ist und erhält den

Zusatz 4.5.6. Für eine positiv definite 2×2-Blockmatrix A konvergiert das Block-Jacobi-Verfahren.

Im Falle der blockweisen Gauß-Seidel- und SOR-Verfahren erfüllt die Blockdiagonale D einer positiv definiten Matrix A die Bedingungen (4.28b',c'). Damit gilt zum Beispiel die Aussage des Satzes von Ostrowski (Satz 4.21) auch für das Block-SOR-Verfahren und enthält für $\omega = 1$ die Block-Gauß-Seidel-Iteration.

Satz 4.5.7. Die Sätze 4.18, 4.21, 4.24 mit Zusatz 4.22 und die Lemmata 4.20, 4.23 bleiben für die Blockversionen der *Gauß-Seidel-* und *SOR-Iteration* gültig.

Die Matrix

$$I_j := \text{blockdiag}\{\underbrace{I,I,\ldots,I}_{j\ \text{Blöcke}},\underbrace{0,\ldots,0}_{\beta-j\ \text{Blöcke}}\} \qquad \text{für } 1 \leqslant j \leqslant \beta$$

ist die Einheitsmatrix bezüglich der ersten j Blöcke. Die folgende Konvergenzaussage wird von Bank-Dupont-Yserentant [1; dort in Theorem 3.4, (3.42), (3.67)] beweisen.

Satz 4.5.8. Sei $A > 0$. Das Block-Gauß-Seidel-Verfahren konvergiert mit der Rate

$$\rho(M^{\text{blockGS}}) \leqslant \left(1 - 1 \Big/ \sum_{j=1}^{\beta} \| I_j \|_A^2\right)^{1/2}.$$

4.6 Aufwand der Verfahren

4.6.1 Der Fall allgemeiner, schwachbesetzter Matrizen

Sei im folgenden $s(n) \leqslant C_A n$ die Zahl der Nichtnullelemente von A (vgl. (3.3.1)). Da die Diagonalelemente von null verschieden sind, enthält die Iterationsmatrix $M^{\text{Jac}} = D^{-1}(D-A)$ des Jacobi-Verfahrens $s(n) - n \leqslant (C_A - 1)n$ Nichtnullelemente. Vorweg wird $\hat{b} := N^{\text{Jac}} b = D^{-1} b$ berechnet und anstelle von b abgespeichert. Die Multiplikation $M^{\text{Jac}} x$ benötigt $(C_A - 1)n$ Multiplikation und $(C_A - 2)n$ Additionen. Für $x^{m+1} = M^{\text{Jac}} x^m + \hat{b}$ ergibt sich der Aufwand:

$$(4.6.1a) \qquad Aufwand(\Phi^{\text{Jac}}, A) \leqslant 2(C_A - 1)n.$$

Da sich das Gauß-Seidel-Verfahren von der Jacobi-Iteration nur dadurch unterscheidet, daß teilweise x^{m+1}- statt x^m-Komponenten verwandt werden, erhält man den gleichen Aufwand:

$$(4.6.1\text{b}) \qquad Aufwand\,(\Phi^{GS}, A\,) \leqslant 2\,(\,C_A - 1\,)\,n\,.$$

Um mit möglichst wenig Operationen beim SOR-Verfahren auszukommen, nehmen wir den Term $a_{ij}x_j^m/a_{ii}$ für $j=i$ aus der Klammer und erhalten

$$x_i^{m+1} := (1-\omega)\,x_i^m - \omega\,(\sum_{j=1}^{i-1} a_{ij}x_j^{m+1} + \sum_{j=i+1}^{n} a_{ij}x_j^m - b_i)/a_{ii},$$

wobei $\omega' := 1-\omega$ vorweg ausgerechnet wird. Ebenso werden a_{ij}/a_{ii}, b_i/a_{ii} vorweg ausgewertet. Damit ergibt sich der

$$(4.6.1\text{c}) \qquad Aufwand\,(\Phi^{SOR}, A) \leqslant (2\,C_A + 1)\,n \quad \{\,\text{bzw.}\ = 2\,C_A\,n\,\}.$$

Der Klammerfall $\{...\}$ bezieht sich auf die Möglichkeit, auch den Faktor ω vorweg mit a_{ij}/a_{ii} und b_i/a_{ii} zu multiplizieren. Da man in der Praxis jedoch ω gelegentlich während der Iteration variiert (vgl. §5.6.4), ist dieses Vorgehen nicht immer angebracht.

Für das Richardson-Verfahren (3.3) findet man

$$(4.6.1\text{d}) \qquad Aufwand\,(\Phi_\Theta^{Rich}, A\,) \leqslant 2\,C_A\,n \qquad \{\, = (2\,C_A + 2)\,n\,\},$$

wenn $I - \Theta A$ vorher bereitgestellt wird. Der Wert in Klammern ergibt sich, wenn $x^{m+1} = x^m - \Theta\,(\,A\,x^m - b\,)$ über den Defekt $d := A\,x^m - b$ und $x^{m+1} = x^m - \Theta d$ ausgewertet wird. Analoges gilt für das gedämpfte Jacobi-Verfahren (3.1b):

$$(4.6.1\text{e}) \qquad Aufwand\,(\Phi_\omega^{gedämpftesJac}, A) \leqslant 2\,C_A\,n \qquad \{\, = (2\,C_A + 2)\,n\,\}.$$

Die in §3.3.1 definierten *Kostenfaktoren* sind demnach

$$(4.6.2\text{a,b}) \qquad C_\Phi^{Jac} = C_\Phi^{GS} = 2 - \frac{2}{C_A},$$

$$(4.6.2\text{c}) \qquad C_\Phi^{SOR} = 2 + \frac{1}{C_A} \qquad\qquad \{\,\text{bzw.}\ = 2\,\},$$

$$(4.6.2\text{d}) \qquad C_\Phi^{Rich} = C_\Phi^{gedämpftes\,Jac} = 2 \qquad \{\, = 2 + 2/C_A\,\}.$$

Der Aufwand der Blockvarianten hängt von der Struktur der Diagonalblöcke ab. Zur weiteren Behandlung sei angenommen:

$$\text{es gibt } \beta \text{ Blöcke der Größe } n/\beta,$$

$$(4.6.3) \qquad \text{der Aufwand zur Lösung von } A^{ii}u = z \text{ ist } \leqslant C_B\,n/\beta,$$

$$A - D \text{ hat } s_1(n) \leqslant C_{AD}\,n \text{ Nichtnullelemente},$$

wobei $D = \text{blockdiag}\{A\}$ ist. Dann zählt man

(4.6.4a) $\quad Aufwand(\Phi^{\text{BlockJac}},A) = Aufwand(\Phi^{\text{BlockGS}},A) \leqslant (C_B + 2C_{AD})n,$

(4.6.4b) $\quad Aufwand(\Phi^{\text{BlockSOR}},A) = Aufwand(\Phi^{\text{gedämpftes BlockJac}},A) =$

$$= (C_B + 2C_{AD} + 3)n \qquad \{\,\text{bzw. } (C_B + 2C_{AD} + 2)n\,\},$$

wobei die Klammer zutrifft, wenn der Dämpfungsfaktor schon in der Matrix steckt, so daß keine Multiplikation mit ω bzw. Θ notwendig ist.

4.6.2 Aufwand im Modellfall

Für das Modellproblem aus §1.2 ergibt sich ein geringerer Aufwand, als man ihn aus den Zahlen (1-4) mit

$$C_A = 5, \quad C_B = 5, \quad C_{AD} = 2$$

erhielte. Der Grund ist, daß die Multiplikation mit den Koeffizienten -1 entfällt. Der Vorwegberechnung von $D^{-1}b$ entspricht die Ersetzung von f durch $h^2 f$. Nachzählen der Operationen in (2.6) u.s.w. zeigt:

(4.6.5a) $\qquad Aufwand(\Phi^{\text{Jac}},A) = Aufwand(\Phi^{\text{GS}},A) \leqslant 5n,$

(4.6.5b) $\qquad Aufwand(\Phi^{\text{SOR}},A) = Aufwand(\Phi_{\Theta}^{\text{Rich}},A) =$

$$= Aufwand(\Phi^{\text{gedämpftes Jac}},A) \leqslant 7n.$$

Für die Blockvarianten ergibt sich wegen (5.4b) $C_B = 5$ und

(4.6.6a) $\qquad Aufwand(\Phi^{\text{BlockJac}},A) = Aufwand(\Phi^{\text{BlockGS}},A) \leqslant 7n,$

(4.6.6b) $\qquad Aufwand(\Phi^{\text{BlockSOR}},A) =$

$$= Aufwand(\Phi^{\text{gedämpftes BlockJac}},A) \leqslant 9n \quad \{\,\text{bzw. } 10n\,\},$$

wobei $9n$ für den Fall gilt, daß anstelle von $h^2 A^{ii}$ die Matrizen $h^2 A^{ii}/\omega$ oder $h^2 A^{ii}/\Theta$ LU-zerlegt werden.

Für das Modellproblem lauten die _Kostenfaktoren_ somit

(4.6.7a) $\qquad C_{\Phi}^{\text{Jac}} = C_{\Phi}^{\text{GS}} = 1,$

(4.6.7b) $\qquad C_{\Phi}^{\text{SOR}} = C_{\Phi}^{\text{Rich}} = C_{\Phi}^{\text{gedämpftes Jac}} =$

$$= C_{\Phi}^{\text{BlockJac}} = C_{\Phi}^{\text{BlockGS}} = 7/5 = 1.4,$$

(4.6.7c) $\qquad C_{\Phi}^{\text{BlockSOR}} = C_{\Phi}^{\text{gedämpftes BlockJac}} = 9/5 = 1.8 \quad \{\,= 2\,\}.$

Interessant werden diese Zahlen erst, wenn wir auch die verschiedenen Konvergenzgeschwindigkeiten kennen und dann abwägen können, ob beispielsweise das Block-Gauß-Seidel-Verfahren trotz des 1.4-fachen Aufwandes der punktweisen Gauß-Seidel-Iteration vorzuziehen ist.

4.7 Konvergenzraten im Falle des Modellproblems

Aufgrund der bisherigen Ergebnisse können wir zunächst nur für das Richardson-, das Jacobi- und das Block-Jacobi-Verfahren die Konvergenzraten im Modellfall bestimmen. Die Diskussion der Gauß-Seidel-Iteration und des SOR-Verfahrens werden in §5.6 nachgeholt werden. Dort werden dann auch die im Satz 4.24 abgeschätzten Kontraktionszahlen diskutiert.

4.7.1 Richardson- und Jacobi-Iteration

Die Konvergenzrate $\rho(M_\Theta^{Rich}) = \max\{|1 - \Theta\lambda_{min}|, |1 - \Theta\lambda_{max}|\}$ des Richardson-Verfahrens hängt lediglich von den extremen Eigenwerten λ_{min}, λ_{max} der Matrix A ab (vgl. (4.3)). Setzt man die in (1.1b,c) angegebenen Werte für λ_{min} und λ_{max} in (4.3-5) ein, erhält man den

Satz 4.7.1. Im Modellfall hat das *Richardson-Verfahren* die Rate

$$(4.7.1) \qquad \begin{aligned} \rho(M_\Theta^{Rich}) &= \\ &= \max\{|1 - 8\Theta h^{-2}\sin^2(\pi h/2)|, |1 - 8\Theta h^{-2}\cos^2(\pi h/2)|\}. \end{aligned}$$

Konvergenz liegt für $0 < \Theta < h^2/[4\cos^2(\pi h/2)]$ vor. Die optimale Konvergenzrate ergibt sich für $\Theta = h^2/4$ und lautet

$$(4.7.2) \qquad \rho(M_\Theta^{Rich}) = 1 - 2\sin^2(\tfrac{\pi h}{2}) \qquad \text{für } \Theta = \Theta_{opt} = h^2/4.$$

Im Modellfall ist $D = 4h^{-2}I$. Damit ist das Jacobi-Verfahren $x^{m+1} = x^m - D^{-1}(Ax^m - b)$ für $\Theta = h^2/4$ mit der Richardson-Iteration $x^{m+1} = x^m - \Theta(Ax^m - b)$ identisch. Aussage (2) ergibt sofort den

> **Satz 4.7.2.** Im Modellfall hat das *Jacobi-Verfahren* die Konvergenzrate
>
> $$(4.7.3) \qquad \rho(M^{Jac}) = 1 - 2\sin^2(\tfrac{\pi h}{2}) = \cos\pi h.$$

Für das Modellproblems über einem Rechteck (statt eines Quadrates) erhält man für $\rho(M^{Jac})$ die Funktion **Jacobi_Konvergenz_Faktor** aus §4.3.3.2.

Bemerkung 4.7.3. Die Konvergenzrate (3) des Jacobi-Verfahrens hat die Form (3.3.5a): $\rho(M^{Jac}) = 1 - \eta^{Jac}$ mit

$$(4.7.4a) \qquad \eta^{Jac} = 2\sin^2(\tfrac{\pi h}{2}) = \tfrac{\pi^2}{2}h^2 + O(h^4),$$

d.h. die Konvergenz ist von der Ordnung $\varkappa = 2$ und in (3.3.5c) ist

$$(4.7.4b) \qquad C_\eta^{Jac} = \pi^2/2.$$

4.7.2 Block-Jacobi-Iteration

Der in (1.2) definierte Eigenvektor e^{ij} von A ist auch Eigenvektor der Blockdiagonalmatrix D von A, wobei die Zeilen die Blöcke seien. Aus Symmetriegründen erhält man die gleichen Resultate, wenn man die Spalten anstelle der Zeilen als Blöcke wählt.

Lemma 4.7.4. A habe Zeilenblockstruktur, und D sei die zugehörige Blockdiagonalmatrix. Dann ist e^{ij} Eigenvektor von D zum Eigenwert d_{ij}:

$$(4.7.5) \qquad De^{ij} = d_{ij}\, e^{ij} \quad \text{mit} \quad d_{ij} = h^{-2}[2 + 4\sin^2\tfrac{ih\pi}{2}] \quad \text{für } 1 \leqslant i, j \leqslant N\text{-}1.$$

Beweis. Für jeden Gitterpunkt $(x,y) = (\nu h, \mu h) \in \Omega_h$ gilt (vgl. (1.4-5))

$$(D\,e^{ij})(x,y) = h^{-2}\, 2h\, [4\,\sin i x\pi\, \sin j y\pi$$

$$- \sin i(x+h)\pi\, \sin j y\pi - \sin i(x-h)\pi\, \sin j y\pi] =$$

$$= h^{-2}[4 - 2\cos ih\pi]\, e^{ij}(x,y) = h^{-2}[2 + 4\sin^2\tfrac{ih\pi}{2}]\, e^{ij}(x,y). \qquad \blacksquare$$

Die Eigenwerte von $2D-A$ sind $2d_{ij} - \lambda_{ij} = 4h^{-2}[\cos^2\tfrac{ih\pi}{2} + \sin^2\tfrac{ih\pi}{2}]$ (vgl. λ_{ij} aus (1.1a)). Ihre Positivheit beweist $2D-A > 0$. Also konvergiert das Block-Jacobi-Verfahren (vgl. Satz 5.4). Zur Bestimmung der Konvergenzgeschwindigkeit hat man die Eigenwerte der Iterationsmatrix $M = I - D^{-1}A$ zu untersuchen:

$$\sigma(M^{\mathrm{BlockJac}}) = \left\{ \frac{d_{ij} - \lambda_{ij}}{d_{ij}} : 1 \leqslant i, j \leqslant N-1 \right\}.$$

Da

$$\left| \frac{d_{ij} - \lambda_{ij}}{d_{ij}} \right| = \left| \frac{1 - 2\,\sin^2(j\,h\,\pi/2)}{1 + 2\,\sin^2(i\,h\,\pi/2)} \right| \qquad (1 \leqslant i, j \leqslant N\text{-}1),$$

kann man Zähler und Nenner getrennt optimieren. Der Zähler ist für $j=1$ maximal, der Nenner für $i=1$ minimal. Dies liefert

$$(4.7.6) \qquad \rho(M^{\mathrm{BlockJac}}) = \frac{1 - 2\,\sin^2(h\,\pi/2)}{1 + 2\,\sin^2(h\,\pi/2)}.$$

Für das Modellproblem über einem Rechteck sei auf die Funktion **Spalten_Jacobi_Konvergenz_Faktor** aus §4.5.2.2 verwiesen. Die asymptotische Entwicklung von (6) bezüglich h ergibt

$$\rho(M^{\mathrm{BlockJac}}) = 1 - 4\sin^2(h\pi/2) + O(h^4) = 1 - \pi^2 h^2 + O(h^4) =$$

$$= 1 - \eta^{\mathrm{BlockJac}}$$

mit

$$(4.7.7\mathrm{a}) \qquad \eta^{\mathrm{BlockJac}} = \pi^2 h^2 + O(h^4),$$

d.h. es hat die Ordnung $\tau = 2$, und in (3.3.5c) lautet die Konstante

$$(4.7.7\mathrm{b}) \qquad C_\eta^{\mathrm{BlockJac}} = \pi^2.$$

Mit den Kostenfaktoren C_Φ aus (6.7a,b) und den Größen C_η aus

(4b/7b) ermittelt man den Koeffizienten C_{eff} des effektiven Aufwandes (vgl. (3.3.5d)):

(4.7.8a) $\qquad Eff(\Phi^{Jac}) = \frac{2}{\pi^2} h^{-2} + O(1)$,

(4.7.8b) $\qquad Eff(\Phi^{BlockJac}) = \frac{7}{5\pi^2} h^{-2} + O(1)$.

Dies beweist die

Bemerkung 4.7.5. Für das Poisson-Modellproblem aus §1.2 ist das *Block*-Jacobi-Verfahren um den Faktor 0.7 effektiver als das *punktweise* Jacobi-Verfahren.

4.7.3 Numerische Beispiele zu den Jacobi-Varianten

Die nachfolgende Tabelle 1 gibt die Resultate des punktweisen und des blockweisen Jacobi-Verfahrens wieder. Wie in Tabelle 1.4.1 beziehen sich die Zahlen auf das Poisson-Modellproblem zur Schrittweite $h=1/32$. Die Tabelle gibt zur Iterationszahl m den Wert $u_{16,16}^m$ im Mittelpunkt wieder, der gegen $u(\frac{1}{2},\frac{1}{2})=0.5$ konvergieren soll. Ferner enthält sie die Maximumnorm $\varepsilon_m := \|u^m - u_h\|_\infty$ des Fehlers $e^m = u^m - u_h$ und den Reduktionsfaktor $\wp_{m,m-1} = \varepsilon_m / \varepsilon_{m-1}$.

punktweises Jacobi-Verfahren				blockweises Jacobi-Verfahren			
m	$u_{16,16}$	ε_m	$\wp_{m,m-1}$	m	$u_{16,16}$	ε_m	$\wp_{m,m-1}$
1	−0.0010	1.759		1	−0.0019	1.666	
2	−0.0019	1.644	0.93504	2	−0.0039	1.560	0.93621
3	−0.0029	1.588	0.96598	3	−0.0059	1.475	0.94605
62	−0.0480	0.795	0.99321	37	−0.0449	0.734	0.98597
63	−0.0480	0.789	0.99311	38	−0.0426	0.727	0.98953
64	−0.0480	0.784	0.99313	39	−0.0429	0.715	0.98478
100	−0.0230	0.629	0.99468	100	0.14077	0.374	0.98565
101	−0.0217	0.626	0.99462	101	0.14176	0.372	0.99433
102	−0.0205	0.623	0.99464	102	0.14713	0.367	0.98619
103	−0.0192	0.619	0.99458	103	0.14812	0.364	0.99376
200	0.14011	0.374	0.99497	200	0.36033	0.141	0.99008
201	0.14173	0.372	0.99493	201	0.36077	0.139	0.99077
202	0.14333	0.370	0.99497	202	0.36299	0.138	0.98996
203	0.14493	0.368	0.99493	203	0.36342	0.137	0.99090
297	0.27122	0.231	0.99508	297	0.44474	0.055	0.99411
298	0.27231	0.230	0.99512	298	0.44563	0.055	0.98671
299	0.27340	0.229	0.99508	299	0.44580	0.054	0.99414
300	0.27447	0.228	0.99512	300	0.44666	0.053	0.98668

Tabelle 4.7.1. Resultate der Jacobi-Iteration für $N=32$ im Modellfall

Bei den Reduktionsfaktoren fällt auf, daß sie gegen verschiedene Werte für gerade und ungerade m konvergieren. Die Erklärung ist, daß mit $r := \rho(M^{[\text{Block}]\text{Jac}})$ auch $-r$ Eigenwert der Iterationsmatrix ist (vgl. Bemerkung 5.2.2). Der dominierende Fehleranteil hat damit die Gestalt

$$r^m e_1 + (-r)^m e_2 = r^m [e_1 + (-1)^m e_2]$$

und oszilliert mit der Periode 2. Das geometrische Mittel zweier aufeinanderfolgender Faktoren stellt eine Näherung des Spektralradius $\rho(M^{[\text{Block}]\text{Jac}})$ dar. Dieser Mittelwert lautet

$$\sqrt{\varepsilon_{300}/\varepsilon_{298}} = \begin{cases} 0.995099 & \text{für das punktweise Verfahren,} \\ 0.990401 & \text{für das blockweise Verfahren,} \end{cases}$$

und stimmt gut überein mit den Werten $\rho(M^{\text{Jac}}) = \cos \pi/32 = 0.99518$ und $\rho(M^{\text{BlockJac}}) = 0.990416$, die sich für $h = 1/32$ aus (3) und (6) ergeben.

4.7.4 SOR- und Block-SOR-Iteration mit numerischen Beispielen

Zur Auswertung der SOR-Schranken aus Satz 4.24 sind die Konstanten γ, Γ anzugeben.

Lemma 4.7.6. Das punktweise SOR-Verfahren für das Modellproblem mit lexikographischer Anordnung erfüllt (4.32a,b) mit $\gamma = 2 \sin^2(\pi h/2)$ und $\Gamma = 2$. Das optimale ω' aus (4.33b) ist

$$(4.7.9a) \qquad \omega' = 2 / [1 + 2 \sin \tfrac{\pi h}{2}] = 2 - 2\pi h + O(h^2).$$

Die Schranken für $\omega = 1$ und $\omega = \omega'$ sind

$$(4.7.9b) \qquad \| M^{\text{GS}} \|_A \leq \sqrt{1 / [1 + 8 \sin^2 \tfrac{\pi h}{2}]} = 1 - \pi^2 h^2 + O(h^4),$$

$$(4.7.9c) \qquad \| M_{\omega'}^{\text{SOR}} \|_A \leq \cos \tfrac{\pi h}{2} / [1 + \sin \tfrac{\pi h}{2}] = 1 - \tfrac{\pi h}{2} + O(h^2).$$

Beweis. (i) γ in (4.32a) ist der kleinste Eigenwert von $D^{-1}A = \tfrac{1}{4} h^2 A$, also $\gamma = \tfrac{1}{4} h^2 \lambda_{\min} = 2 \sin^2(\pi h/2)$ (vgl. 1.1b)).
(ii) Bei lexikographischer Anordnung enthält E pro Zeile und Spalte höchstens zwei Elemente $-h^{-2}$, so daß $\| E \|_\infty \leq 2 h^{-2}$ und $\| E^H \|_\infty \leq 2 h^{-2}$. Daher gilt $\rho(E E^H) \leq \| E E^H \|_\infty \leq 4 h^{-4}$. Die Ungleichung

$$(\tfrac{1}{2}D - E) D^{-1} (\tfrac{1}{2}D - E^H) = \tfrac{1}{4}D - \tfrac{1}{2}(E + E^H) + E D^{-1} E^H =$$
$$= -\tfrac{1}{4}D + \tfrac{1}{2}A + E D^{-1} E^H = -h^{-2}I + \tfrac{1}{2}A + \tfrac{1}{4}h^2 E E^H \leq$$
$$\leq -h^{-2}I + \tfrac{1}{2}A + \tfrac{1}{4}h^2 4 h^{-4} I = \tfrac{1}{2}A$$

zeigt (4.32b) mit $\Gamma = 2$.
(iii) Die übrigen Aussagen (9a–c) ergeben sich durch Einsetzen.

Die letzte Abschätzung zeigt, daß die Ordnung der Konvergenz von $1 - O(h^2)$ auf $1 - O(h)$ verbessert wurde. Allerdings ist die Schranke in (9c) deutlich ungünstiger als die Konvergenzraten $\rho(M_\omega^{\text{SOR}})$. Dagegen stimmen die Schranke in (9c) und die Konvergenzrate $\rho(M^{\text{GS}})$ bis auf

$O(h^4)$ überein. Tabelle 2 stellt die Schranken (9b,c) den Spektralradien gegenüber, die in Satz 5.6.5 bestimmt werden. Da sich die jeweils optimalen Parameter ω' aus (9a) und ω_{opt} aus (5.6.5b) geringfügig unterscheiden, sind die Resultate für beide Werte angegeben.

h	$1/8$	$1/16$	$1/32$	$1/64$	$1/128$
Schranke (9b) für $\|M^{GS}\|_A$	0.8756	0.9637	0.9905	0.9975996	0.9993982
$\varrho(M^{GS})$	0.8536	0.9619	0.9904	0.9975924	0.9993977
ω'	1.4387	1.6722	1.8213	1.9064278	1.9520897
ω_{opt}	1.4465	1.6735	1.8215	1.9064547	1.9520932
Schranke (9c) für $\|M^{SOR}_{\omega'}\|_A$	0.8207	0.9063	0.9521	0.9757526	0.9878028
$\varrho(M^{SOR}_{\omega'})$	0.5174	0.6991	0.8293	0.9086167	0.9526634
Schranke für $\|M^{SOR}_{\omega_{opt}}\|_A$	0.8207	0.9063	0.9521	0.9757527	0.9878028
$\varrho(M^{SOR}_{\omega_{opt}})$	0.4465	0.6735	0.8215	0.9064547	0.9520932

Tabelle 4.7.2 Kontraktionsschranken und Konvergenzraten im Modellfall

Im Fall des Block-SOR-Verfahrens ist γ der kleinste Eigenwert von $D^{-1}A$ mit $D = \mathrm{blockdiag}(A)$. Ähnliche Überlegungen wie in §4.7.2 zeigen $\gamma = 1 - [1 - 2\sin^2(\pi h/2)]/[1 + 2\sin^2(\pi h/2)]$. Lemma 4 zeigt $d_{ij} \geqslant 2h^{-2}$. Dies impliziert $D \geqslant 2h^{-2}I$ und $\|D^{-1}\|_2 = \varrho(D^{-1}) \leqslant \tfrac{1}{2}h^2$. Die Matrix E aus $A = D - E - E^H$ enthält pro Zeile und Spalte nur einen Eintrag $-h^{-2}$, so daß $\|E\|_\infty = \|E^H\|_\infty = h^{-2}$ und $\varrho(EE^H) \leqslant \|EE^H\|_\infty \leqslant h^{-4}$. Wie zuvor erhält man $\Gamma = 2$ aus

$$(\tfrac{1}{2}D - E)D^{-1}(\tfrac{1}{2}D - E^H) = -\tfrac{1}{4}D + \tfrac{1}{2}A + ED^{-1}E^H \leqslant \tfrac{1}{2}A$$

wegen $ED^{-1}E^H \leqslant \tfrac{1}{2}h^2 EE^H \leqslant \tfrac{1}{2}h^{-2}I \leqslant \tfrac{1}{4}D$. Dies beweist

Lemma 4.7.7. Das Block-SOR-Verfahren für das Modellproblem mit lexikographischer Blockanordnung erfüllt (4.32a,b) mit $\Gamma = 2$ und $\gamma = 1 - [1 - 2\sin^2\tfrac{\pi h}{2}]/[1 + 2\sin^2\tfrac{\pi h}{2}]$. Das optimale ω' aus (4.33b) ist

$$(4.7.10a) \qquad \omega' = 2/[1 + \sqrt{8}\sin\tfrac{\pi h}{2}/\sqrt{1 + 2\sin^2\tfrac{\pi h}{2}}] = 2 - 2\sqrt{2}\,\pi h + O(h^2).$$

Die Schranken für $\omega = 1$ und $\omega = \omega'$ sind

$$(4.7.10b) \qquad \|M^{BlockGS}\|_A \leqslant 1 - 2\pi^2 h^2 + O(h^4),$$

$$(4.7.10c) \qquad \|M^{BlockSOR}_{\omega'}\|_A \leqslant 1 - \tfrac{\pi h}{\sqrt{2}} + O(h^2).$$

4.8 Symmetrische Verfahren

4.8.1 Allgemeine Form der symmetrischen Iteration

Auch wenn A Hermitesch ist, braucht die Iterationsmatrix M im allgemeinen noch nicht Hermitesch zu sein. Während M^{Jac} im Falle des Jacobi-Verfahrens wenigstens noch positive Eigenwerte besitzt, enthält das Spektrum der SOR-Iterationsmatrix im allgemeinen auch komplexe Eigenwerte.

Eine Iteration heiße _symmetrisch_, falls für Hermitesche Matrizen A, auch die Matrix N der zweiten Normalform Hermitesch ist. Für konvergente Iterationen folgert man aus $A > 0$ die Positivdefinitheit von N und $W = N^{-1}$ Bedingung (1b). Wir gehen deshalb im folgenden von der dritten Normalform

(4.8.1a) $\qquad W(x^m - x^{m+1}) = A x^m - b$

aus und nehmen (1b) bzw. (1c) an:

(4.8.1b) $\qquad W$ positiv definit, A Hermitesch: $\qquad W > 0, \quad A = A^H$.

(4.8.1c) $\qquad W, A$ positiv definit: $\qquad W > 0, \quad A > 0$.

Beispiel 4.8.1. Beispiele für (1a,c) sind das punktweise und das Block-Jacobi-Verfahren mit $W = D$, falls A positiv definit ist.

4.8.2 Konvergenz

Die Konvergenz ist bereits in Kriterium 4.12 untersucht worden. Die wesentlichen Aussagen seien noch einmal in den folgenden Bemerkungen wiederholt.

Bemerkung 4.8.2 (a) Die Iterationsmatrix der symmetrischen Iteration (1a) ist

(4.8.2a) $\qquad M = I - W^{-1}A$.

(b) Es gelte (1b). Die Iterationsmatrix M ist ähnlich zu

(4.8.2b) $\qquad \hat{M} := W^{1/2} M W^{-1/2} = I - W^{-1/2}A W^{-1/2}$.

(c) Für positiv definites A ist die Iterationsmatrix M auch ähnlich zu

(4.8.2c) $\qquad \check{M} := A^{1/2} M A^{-1/2} = I - A^{1/2} W^{-1} A^{1/2}$.

(d) Es gelte (1c). Bezüglich der Normen $\|\cdot\|_A$ und $\|\cdot\|_W$ (vgl. (2.10.5a)) stimmen die Kontraktionszahlen mit der Konvergenzrate überein:

(4.8.2d) $\qquad \varrho(M) = \|M\|_A = \|M\|_W$.

(e) Sei $A > 0$. Bezüglich der Energienorm $\|\cdot\|_A$ ist für symmetrische Iterationen Bemerkung 3.2.13d anwendbar: $\varrho(M) \geqslant \varrho_{m+1,m} \geqslant \varrho_{m,m-1}$.

Die transformierte Matrix $\hat{M}$ ist unter der Voraussetzung (1b) wieder Hermitesch. Die Positivdefinitheit von W wird benötigt, um $W^{1/2}$ definieren zu können (vgl. Lemma 2.10.6). $\check{M}$ ist Hermitesch, falls W Hermitesch und A positiv definit sind.

Bemerkung 4.8.3. Es gelte (1a,b). (a) Die Konvergenz der symmetrischen Iteration ist äquivalent zu (3a) wie auch zu (3b):

$$(4.8.3a) \qquad 2W > A > 0,$$

$$(4.8.3b) \qquad \sigma(M) = \sigma(\hat{M}) \subset (-1,1).$$

(b) Die verschärfte Ungleichung

$$(4.8.4a) \qquad W \geqslant A > 0$$

ist äquivalent zu

$$(4.8.4b) \qquad \sigma(M) = \sigma(\hat{M}) \subset [0,1).$$

(c) Sei $a < b$. Die Inklusion $\sigma(M) \subset [a,b]$ ist äquivalent zu

$$(4.8.4c) \qquad \gamma W \leqslant A \leqslant \Gamma W \qquad \text{mit } \gamma := 1-b, \ \Gamma := 1-a.$$

Zur *optimalen Dämpfung* einer symmetrischen Iteration sei auf Übungsaufgabe 8.3.1 verwiesen.

4.8.3 Symmetrisches Gauß-Seidel-Verfahren

Die Gauß-Seidel-Iteration ist nicht von der Form (1a,b), da $W = D - E$ bis auf den uninteressanten Fall $A = D$, $E = F = 0$, nicht symmetrisch ist. Daß die Aufspaltung von $A = W - R$ so gewählt wurde, daß die Matrix E in $W = D - E$ und F in R erscheint, ist willkürlich. Genausogut könnte man die Matrix $A = D - E - F$ in

$$(4.8.5a) \qquad W = D - F, \quad R = E \qquad\qquad (A = W - R)$$

aufteilen und so die Iteration

$$(4.8.5b) \qquad (D - F)\, x^{m+1} = E\, x^m + b$$

definieren. Falls $D = \mathrm{diag}\{A\}$, lautet die Iteration (5b) komponentenweise

$$(4.8.5c) \quad \text{for } i := n \text{ downto } 1 \text{ do } x_i^{m+1} := (b_i - \sum_{j=1}^{i-1} a_{ij} x_j^m - \sum_{j=i+1}^{n} a_{ij} x_j^{m+1})/a_{ii},$$

d.h. (5b) beschreibt das Gauß-Seidel-Verfahren, das der *umgekehrten Indexanordnung* entspricht, sozusagen die *rückwärts ausgeführte Gauß-Seidel-Iteration*, deren Pascal-Realisierung schon in §4.3.3.2 angegeben wurde.

Bemerkung 4.8.4. Die rückwärts durchgeführte Gauß-Seidel-Iteration ist charakterisiert durch die Matrizen

$$(4.8.6) \qquad M^{rGS} = (D-F)^{-1}E, \quad N^{rGS} = (D-F)^{-1}, \quad W^{rGS} = D - F.$$

Definition 4.8.5. Seien Φ^{GS} und Φ^{rGS} die normale bzw. die rückwärts ausgeführte Gauß-Seidel-Iteration. Das Produktverfahren

$$(4.8.7) \qquad \Phi^{symGS} := \Phi^{rGS} \circ \Phi^{GS}$$

definiert das _symmetrische Gauß-Seidel-Verfahren_.

Lemma 4.8.6. Die Iterationsmatrix des symmetrischen Gauß-Seidel-Verfahrens ist

$$(4.8.8a) \qquad M^{symGS} = (D - F)^{-1} E (D - E)^{-1} F .$$

Die Matrix der zweiten Normalform lautet

$$(4.8.8b) \qquad N^{symGS} = (D - F)^{-1} D (D - E)^{-1} .$$

Die Matrix der dritten Normalform ist

$$(4.8.8c) \qquad W^{symGS} = (D - E) D^{-1} (D - F) = A + E D^{-1} F .$$

Beweis. (8a) ergibt sich aus (3.2.20a), (8c) aus der nachfolgenden Charakterisierung (12b), und schließlich (8b) aus (8c) und (3.2.6).   ◨

Satz 4.8.7. A sei positiv definit. (a) Die Matrix W^{symGS} der dritten Normalform ist ebenfalls positiv definit, so daß das symmetrische Gauß-Seidel-Verfahren von der Form (1a,b) ist.
(b) Die symmetrische Gauß-Seidel-Iteration konvergiert.
(c) Das Spektrum der Iterationsmatrix ist nichtnegativ:

$$\sigma(M^{symGS}) \subset [0,1) .$$

Beweis. (i) Mit A sind auch D und D^{-1} positiv definit. Aus $D^{-1} > 0$ folgt $E D^{-1} F = E D^{-1} E^{H} \geqslant 0$, also $W^{symGS} = A + E D^{-1} F \geqslant A > 0$. (4a) beweist die Behauptungen (b), (c) des Satzes.   ◨

Quantitative Abschätzungen der Konvergenzrate werden im allgemeineren Zusammenhang des SSOR-Verfahrens in §4.8.5 folgen.

4.8.4 Adjungierte und zugehörige symmetrische Iterationen

Die Konstruktion einer symmetrischen Iteration aus einer gegebenen nichtsymmetrischen Iteration ist nicht nur bei der Gauß-Seidel-Iteration möglich, sondern läßt sich allgemein durchführen.

Sei $W^{\Phi}(A)$ die Matrix der dritten Normalform (1a) von Φ angewandt auf $A x = b$ und analog $W^{\Phi}(A^{H})$ die entsprechende Matrix bei Anwendung auf $A^{H} x' = b'$. Die _adjungierte Iteration_ Φ^* ist durch (9) definiert:

$$(4.8.9) \qquad W^{\Phi}(A^{H})^{H} (x^{m} - x^{m+1}) = A x^{m} - b ,$$

d.h. zu Φ^* gehört die Matrix $W^{\Phi^*}(A) := W^{\Phi}(A^{H})^{H}$

Übungsaufgabe 4.8.8. Man zeige: (a) Seien M_A^Φ die Iterationsmatrix von Φ angewandt auf $Ax = b$ und $M_{A^H}^{\Phi^*}$ diejenige der adjungierten Iteration Φ^* angewandt auf $A^H x' = b'$. Dann gilt die Ähnlichkeitsbeziehung

$$(4.8.10) \qquad M_A^\Phi = A^{-1} (M_{A^H}^{\Phi^*})^H A .$$

(b) Sei $A = A^H$. Es gilt $\rho(M_A^\Phi) = \rho(M_{A^H}^{\Phi^*})$, so daß Φ nur gleichzeitig mit Φ^* konvergieren kann.

(c) Sei $A = A^H$. Eine Iteration mit $\Phi = \Phi^*$ ist symmetrisch, d.h. N (Matrix der zweiten Normalform) ist Hermitesch. Falls N regulär, ist auch W Hermitesch.

(d) Stets gilt $\Phi^{**} = \Phi$.

Sei $A > 0$. Zu jeder konsistenten, linearen Iteration Φ läßt sich die _zugehörige symmetrische Iteration_

$$(4.8.11) \qquad \Phi^{\mathbf{sym}} := \Phi^* \circ \Phi$$

definieren.

Bemerkung 4.8.9. Sei $W = W^\Phi(A)$ die Matrix der dritten Normalform einer Iteration Φ bei Anwendung auf $Ax = b$. Mit V sei $W^\Phi(A^H)^H$ abgekürzt. Zur zugehörigen symmetrischen Iteration (11) gehören die Matrizen

$$(4.8.12a) \qquad M^{\mathbf{sym}} = (I - V^{-1}A)(I - W^{-1}A) = I - (W^{\mathbf{sym}})^{-1}A ,$$

$$(4.8.12b) \qquad W^{\mathbf{sym}} = W(W + V - A)^{-1} V \qquad \text{(falls Inverse existiert)}.$$

Beweis. Man wende Übungsaufgabe 3.2.16b,d an.   ▨

Satz 4.8.10. Sei $A > 0$. Zu Φ mögen die Matrizen M und W gehören. Die zugehörige symmetrische Iteration (11) konvergiert genau dann, wenn

$$(4.8.13) \qquad W + W^H > A .$$

$\Phi^{\mathbf{sym}}$ aus (11) erfüllt dann (1a,b). Die Konvergenzrate stimmt stets mit der Kontraktionszahl bezüglich der Energienorm überein:

$$(4.8.14) \qquad \rho(M^{\mathbf{sym}}) = \| M^{\mathbf{sym}} \|_A = \| M \|_A^2 .$$

Das Spektrum zu $\Phi^{\mathbf{sym}}$ ist nichtnegativ: $\sigma(M^{\mathbf{sym}}) \subset [0, \rho(M^{\mathbf{sym}})]$. (13) ist auch hinreichend für die Konvergenz von Φ: $\| M \|_A^2 < 1$.

Angemerkt sei, daß unter der Voraussetzung (13) die Zerlegung $A = W - R$ mit regulärem W bei Ortega [1] als _P-regulär_ bezeichnet wird.

Beweis. (i) Die Matrix $M^{\mathbf{sym}}$ aus (12a) ist ähnlich zu $A^{1/2} M^{\mathbf{sym}} A^{-1/2} = (A^{1/2} M^{\Phi^*} A^{-1/2})(A^{1/2} M^\Phi A^{-1/2})$. Da sich der erste Faktor zu $A^{1/2} M^{\Phi^*} A^{-1/2} = I - A^{1/2} W^{-H} A^{1/2} = (I - A^{1/2} W^{-1} A^{1/2})^H = (A^{1/2} M^\Phi A^{-1/2})^H$ umformen läßt (W ist nach Kriterium 4.19 regulär!), ist $A^{1/2} M^{\mathbf{sym}} A^{-1/2}$ Hermitesch und positiv semidefinit (d.h. $\sigma(M^{\mathbf{sym}}) \subset [0, \rho(M^{\mathbf{sym}})]$).

Die Gleichungen (14) folgen aus

$$\rho(M^{\text{sym}}) = \rho(A^{1/2}M^{\text{sym}}A^{-1/2}) = \|A^{1/2}M^{\text{sym}}A^{-1/2}\|_2 = \|M^{\text{sym}}\|_A$$

(vgl. Satz 2.9.5, (2.10.5d)) und

$$\|A^{1/2}M^{\text{sym}}A^{-1/2}\|_2 = \|(A^{1/2}M^{\Phi}A^{-1/2})^H(A^{1/2}M^{\Phi}A^{-1/2})\|_2 =$$
$$= \|A^{1/2}M^{\Phi}A^{-1/2}\|_2 = \|M^{\Phi}\|_A^2 \qquad (M^{\Phi} = M).$$

(ii) Unter der Annahme (13) folgt aus Kriterium 4.19 die Abschätzung $\|M\|_A < 1$. Die Darstellung (14) garantiert die Konvergenz der symmetrischen Iteration. Sei nun angenommen, daß (13) nicht zutrifft. Dann haben $W + W^H - A$ und folglich auch $X := A^{1/2}W^{-H}(W+W^H-A)W^{-1}A^{1/2}$ einen nichtpositiven Eigenwert (vgl. Lemma 2.10.3). Hat X einen nichtpositiven Eigenwert $\mu \leqslant 0$, so besitzt M^{sym} wegen der Ähnlichkeit zu $I - X$ den Eigenwert $1 - \mu \geqslant 1$, d.h. $\rho(M^{\text{sym}}) \geqslant 1$.

Satz 10 macht deutlich, daß die bisher nur hinreichende Konvergenzbedingung $\|M\|_A < 1$ (die monotone Konvergenz bezüglich der Energienorm) jetzt auch eine notwendige Forderung ist. Damit gewinnen die Energienormabschätzungen von $\|M\|_A$ in Korollar 4.4, Satz 4.11, Kriterium 4.12, (4.21a,b), Lemma 4.23, Satz 4.24 an Bedeutung.

4.8.5 SSOR: Symmetrisches SOR

Das zur SOR-Iteration adjungierte Verfahren erhält man durch Austausch von U und L (bzw. E und F). Es ist die *rückwärts ausgeführte SOR-Iteration* $\Phi_\omega^{\text{rSOR}}$:

(4.8.15)
$$\text{for } i := n \text{ downto } 1 \text{ do}$$
$$x_i^{m+1} := x_i^m - \omega\left(\sum_{j=1}^{i} a_{ij}x_j^m + \sum_{j=i+1}^{n} a_{ij}x_j^{m+1} - b_i\right)/a_{ii}.$$

Das *symmetrische SOR-Verfahren* (Abkürzung: SSOR) ist das Produkt

(4.8.16) $\qquad \Phi_\omega^{\text{SSOR}} := \Phi_\omega^{\text{rSOR}} \circ \Phi_\omega^{\text{SOR}}.$

Satz 4.8.11. A sei positiv definit. Das symmetrische SOR-Verfahren (16) konvergiert für $0 < \omega < 2$. Das Spektrum $\sigma(M_\omega^{\text{SSOR}})$ der Iterationsmatrix ist in $[0,1)$ enthalten. Gleiches gilt für die Block-SSOR-Version.

Beweis. Da das SOR-Verfahren gemäß Satz 4.21 (Ostrowski) monoton in der Norm $\|\cdot\|_A$ konvergiert (vgl. (4.28f)), ist Satz 10 anwendbar.

Das SSOR-Verfahren wurde erstmals 1955 von Sheldon [1] beschrieben. Der Aufwand für die symmetrische SOR-Iteration erscheint zunächst doppelt so groß wie der des Original-SOR-Verfahrens, da ein SSOR-Schritt aus zwei SOR-Schritten besteht. Es gilt jedoch die

Bemerkung 4.8.12 (Niethammer [2],[3]). Die SSOR-Iteration erfordert im wesentlichen den *gleichen Aufwand* wie das SOR-Verfahren, wenn man den zusätzlichen Speicheraufwand für einen Hilfsvektor in Kauf nimmt. Der Kostenfaktor (vgl. §3.3) beträgt

$$(4.8.17a) \qquad C_\Phi^{SSOR} = 2 + 6/C_A = C_\Phi^{SOR} + 5/C_A$$

bei optimaler Implementierung anstelle von

$$(4.8.17b) \qquad C_\Phi^{SSOR} = 2\, C_\Phi^{SOR} = 4 + 2/C_A \qquad \text{bei naiver Ausführung.}$$

Beweis. Der erste SSOR-Halbschritt $x^m \mapsto x^{m+1/2}$ läßt sich als

$$(4.8.17c) \qquad x^{m+1/2} = x^m + \omega\{L\,x^{m+1/2} - x^m + U\,x^m + D^{-1}b\}$$

schreiben (vgl. (3.7f)). Der zweite, rückwärts ausgeführte SOR-Schritt

$$(4.8.17d) \qquad x^{m+1} = x^{m+1/2} + \omega\{U\,x^{m+1} - x^{m+1/2} + L\,x^{m+1/2} + D^{-1}b\}$$

enthält den bereits in (17c) ausgewerteten Summanden $L\,x^{m+1/2}$. Analog kann der in (17d) berechnete Term $U\,x^{m+1}$ im folgenden Halbschritt

$$x^{m+3/2} = x^{m+1} + \omega\{L\,x^{m+3/2} - x^{m+1} + U\,x^{m+1} + D^{-1}b\}$$

verwertet werden. Damit entfallen im Mittel auf einen SSOR-Schritt je eine Auswertung von $L\,x$ und $U\,x$. ◻

Dieses und die folgenden Resultate übertragen sich auf das symmetrische Gauß–Seidel–Verfahren wegen der

Bemerkung 4.8.13. Für $\omega = 1$ stimmt das SSOR-Verfahren mit der symmetrischen Gauß–Seidel–Methode überein: $\Phi_1^{SSOR} = \Phi^{symGS}$.

Die Aussagen des Satzes 4.24 nehmen für das SSOR-Verfahren die folgende Form an.

Satz 4.8.14. Es gelte $A = D - E - E^H > 0$ und $0 < \omega < 2$. Ferner gebe es Konstanten $\gamma, \Gamma > 0$ mit (18a,b) (vgl. (4.32a,b)):

$$(4.8.18a) \qquad 0 < \gamma D \leqslant A,$$
$$(4.8.18b) \qquad (\tfrac{1}{2}D - E)\,D^{-1}(\tfrac{1}{2}D - E^H) \leqslant \tfrac{1}{4}\Gamma A.$$

Dann gilt die Abschätzung

$$(4.8.18c) \qquad \rho(M_\omega^{SSOR}) = \|M_\omega^{SSOR}\|_A \leqslant 1 - 2\Omega/[\tfrac{\Omega^2}{\gamma} + \Omega + \tfrac{\Gamma}{4}] \quad \text{mit } \Omega := \frac{2-\omega}{2\omega}.$$

Für $\omega' = 2/(1 + \sqrt{\gamma\Gamma})$ wird die Schranke in (18c) minimal:

$$(4.8.18d) \qquad \rho(M_\omega^{SSOR}) \leqslant \frac{\sqrt{\Gamma} - \sqrt{\gamma}}{\sqrt{\Gamma} + \sqrt{\gamma}} = \frac{1 - \sqrt{\gamma/\Gamma}}{1 + \sqrt{\gamma/\Gamma}}.$$

Beweis. Man kombiniere (14) mit Satz 4.24. ◻

In Analogie zu Folgerung 4.26 gilt die

Folgerung 4.8.15 (Ordnungsverbesserung). Wenn $\rho(D^{-1}E\,D^{-1}E^H)\le$ $\le 1/4$ {oder $\le 1/4+O(1-\rho(M^{\mathrm{Jac}}))$}, ist durch die Wahl $\omega=\omega'$ eine Verbesserung der Ordnung möglich. Ist τ die Ordnung des Jacobi- (und des symmetrischen Gauß-Seidel-)Verfahrens, so ist $\tau/2$ die Ordnung des SSOR-Verfahrens mit $\omega=\omega'$.

Die Bedingung $\rho(D^{-1}E\,D^{-1}E^H)\le 1/4$ ist wesentlich. Sie ist für das Modellproblem mit Schachbrettanordnung nicht erfüllt. Dann - so werden wir in §5.8.4 sehen - ist auch keine Ordnungsverbesserung möglich.

symmetrisches Gauß-Seidel-Verfahren					SSOR mit $\omega=1.8213$	
m	$\|e^m\|_\infty$	$\|e^m\|_A$	$\dfrac{\|e^m\|_\infty}{\|e^{m-1}\|_\infty}$	$\dfrac{\|e^m\|_A}{\|e^{m-1}\|_A}$	$\|e^m\|_A$	$\dfrac{\|e^m\|_A}{\|e^{m-1}\|_A}$
1	1.48	202	0.79011	0.579572	$2.3_{10}+02$	0.67588
2	1.35	159	0.91627	0.790646	$1.6_{10}+02$	0.71534
3	1.27	137	0.94025	0.858495	$1.2_{10}+02$	0.72622
4	1.20	122	0.94528	0.891046	$9.0_{10}+01$	0.73679
5	1.14	111	0.94734	0.910237	$6.7_{10}+01$	0.74876
94	0.158	11.2	0.98074	0.980884	$3.2_{10}-04$	0.87961
95	0.155	11.0	0.98075	0.980891	$2.8_{10}-04$	0.87961
96	0.152	10.8	0.98075	0.980897	$2.5_{10}-04$	0.87961
97	0.149	10.6	0.98076	0.980903	$2.2_{10}-04$	0.87961
98	0.146	10.4	0.98076	0.980909	$1.9_{10}-04$	0.87961
99	0.144	10.2	0.98077	0.980914	$1.7_{10}-04$	0.87961
100	0.141	10.0	0.98077	0.980919	$1.5_{10}-04$	0.87961

Tabelle 4.8.1 Symmetrische Gauß-Seidel-Methode und SSOR bei $h=1/32$

4.8.6 Pascal-Prozeduren und numerische Resultate zum SSOR-Verfahren

Die folgenden Prozeduren machen der Vereinfachung halber keinen Gebrauch von der Niethammerschen Technik aus Bemerkung 12. Das symmetrische lexikographische Gauß-Seidel-Verfahren lautet

(4.8.20a)   **procedure symmetrisches_lex_Gauss_Seidel**

```
procedure symmetrisches_lex_Gauss_Seidel (var neu: Gitterfunktion;
                    var A: Diskretisierungsdaten;  var x,b: Gitterfunktion;
                    var IP: Iterationsparameter);
begin lex_Gauss_Seidel(neu,A,x,b,IP);
      lex_Gauss_Seidel_rueckwaerts(neu,A,x,b,IP)
end;
```

Ebenso einfach sind die weiteren in [Prog] enthaltenen Iterationen realisiert:

(4.8.20b)   **procedure symmetrisches_Spalten_Gauss_Seidel**
(4.8.20c)   **procedure symmetrisches_Zeilen_Gauss_Seidel**
(4.8.20d)   **procedure lex_SSOR**
(4.8.20e)   **procedure Spalten_SSOR**
(4.8.20f)   **procedure Zeilen_SSOR**

Um ω als das optimale ω' aus (4.33b) zu wählen, steht die folgende Prozedur zur Verfügung:

```
function optimales_omega_fuer_SSOR(kleinG,grossG: real): real;
begin optimales_omega_fuer_SSOR:=2/(1+sqrt(kleinG*grossG)) end;

procedure definiere_optimalen_SSOR_Parameter(var it: Iterationsdaten);
var kg,gg: real;
begin with it do with A do with IP do
   begin if Art=Poisson_Modellproblem then
      begin gg:=2; kg:=sqr(sin(pi/nx)+sqr(sin(pi/ny) end else
      begin writeln('Bestimmung des optimalen SSOR-Parameters.');
         write(' --> obere Schranke Groß-Gamma aus (4.8.18b) = ');  readln(gg);
         write(' --> untere Schranke Klein-Gamma aus (4.8.18a) = '); readln(kg);
         setze_omega(IP, optimales_omega_fuer_SSOR(kg,gg))
end end end;
```

Für Iterationen mit der Iterationsmatrix $0 \leqslant M \leqslant \rho(M)\,I$ ist Bemerkung 3.2.13d anwendbar: Die Quotienten $\|e^{m+1}\|_A / \|e^m\|_A$ konvergieren monoton gegen $\rho(M)$. Da $M = M_\omega^{SSOR}$ diese Voraussetzung erfüllt, beobachtet man dieses Verhalten auch beim SSOR-Verfahren und für $\omega=1$ beim symmetrischen Gauß-Seidel-Verfahren. Tabelle 1 enthält die Resultate des symmetrischen Gauß-Seidel-Verfahrens bei lexikographischer Anordnung. Für die Schrittweite $h = 1/32$ erhält man die Konvergenzrate 0.98092. Nach Tabelle 7.2 ist $\omega = \omega' = 1.8213$ der optimale Wert für die Schranke (7.9c), die $\|M_\omega^{SSOR}\|_A \leqslant 0.9065$ lautet. Tabelle 2 zeigt die Konvergenzraten für verschiedene ω. Offenbar ist $\rho(M_\omega^{SSOR})$ nicht bei $\omega=\omega'$, sondern bei $\omega=\omega_{opt}$ aus $[1.845, 1.846]$ optimal. Die Werte der Tabelle 2 demonstrieren, daß – anders als beim SOR-Verfahren – die Konvergenzrate ein flaches Minimum durchläuft. Geringe Fehler in der Wahl von $\omega=\omega_{opt}$ verschlechtern die Konvergenzrate nur unwesentlich. Insofern ist die Wahl $\omega=\omega'$ völlig hinreichend.

ω	$\rho(M_\omega^{SSOR})$
1	0.98092
1.8	0.88376
1.81	0.88163
1.8213	0.87962
1.83	0.87845
1.84	0.87765
1.8450	0.877529
1.8455	0.877528
1.8460	0.877528
1.847	0.877538
1.85	0.87762
1.86	0.87855
1.87	0.88066

Tab. 4.8.2 Konvergenzraten des SSOR-Verfahrens bei $h=1/32$

5. Analyse im 2-zyklischen Fall

Ziel dieses Kapitels sind *quantitative* Konvergenzaussagen für die klassischen Verfahren (Jacobi-, Gauß-Seidel-, SOR-Iteration).

5.1 Die 2-zyklischen Matrizen

Zunächst sei der Begriff «schwach 2-zyklisch» für Matrizen und für das Paar $\{A, D\}$ definiert, wobei im letzteren Falle D die Diagonale oder der Blockdiagonalanteil von A ist.

Definition 5.1.1. Eine Matrix $A \in \mathbb{K}^{I \times I}$ heißt _schwach 2-zyklisch_ (oder: _schwach zyklisch vom Index 2_), wenn eine Blockstruktur $\{I_1, I_2\}$ mit nichtleeren Indexteilmengen $I_1, I_2 \subset I$ existiert, so daß

$$(5.1.1) \qquad a_{\alpha\beta} = 0 \qquad \text{für } \alpha, \beta \in I_1 \text{ wie auch } \alpha, \beta \in I_2.$$

Die Bedingung (1) bedeutet, daß die Diagonalblöcke verschwinden:

$$(5.1.1') \qquad A^{11} = 0, \qquad A^{22} = 0 .$$

Oft hat nicht A selbst, sondern $A - D$ die in (1) verlangte Gestalt. In diesem Fall verwenden wir den gleichen Namen für das Paar $\{A, D\}$:

Definition 5.1.2. Das Paar $\{A, D\}$, $A, D \in \mathbb{K}^{I \times I}$, heißt _schwach 2-zyklisch_, wenn $A - D$ schwach 2-zyklisch ist.

Für diagonales D ist die Definition äquivalent dazu, daß eine Blockstruktur $\{I_1, I_2\}$ mit nichtleeren Indexteilmengen $I_1, I_2 \subset I$ existiert, so daß

$$(5.1.2) \qquad D = \text{blockdiag}\{A^{11}, A^{22}\}.$$

Sei B die Blockstruktur $\{I_1, I_2\}$ aus Definition 1. Mit $\text{blockdiag}_B\{\cdot\}$ sei der Blockdiagonalanteil einer Matrix bezüglich B bezeichnet. Dann ist A genau dann schwach 2-zyklisch, wenn

$$(5.1.1'') \qquad \text{blockdiag}_B\{A\} = 0 .$$

Das Paar $\{A, D\}$ ist schwach 2-zyklisch, falls

$$(5.1.2') \qquad \text{blockdiag}_B\{A\} = D .$$

Ist D diagonal oder blockdiagonal mit einer Blockstruktur, die in B enthalten ist, ist (2') auch notwendig für «schwach 2-zyklisch».

Der Zusatz «schwach» vor «2-zyklisch» weist darauf hin, daß die Indexanordnung keine Rolle spielt. Anders ist es in

Definition 5.1.3. A bzw. $\{A, D\}$ heißen _2-zyklisch_, falls die Indexmenge I angeordnet ist und die Matrix A bzw. das Paar $\{A, D\}$ schwach 2-zyklisch bezüglich der Blöcke $I_1 = \{1, \ldots, n_1\}$, $I_2 = \{n_1+1, \ldots, n\}$ für ein geeignetes n_1 mit $1 \leqslant n_1 \leqslant n - 1$ ist.

Die Eigenschaft «2-zyklisch» ist *verschieden* von der Eigenschaft «*zyklisch vom Index 2*», wie sie z.B. bei Varga [2, S.35] zu finden ist. Eine 2-zyklische Matrix A hat die Gestalt

$$(5.1.3a) \qquad A = \begin{array}{c} \left.\begin{array}{|c|c|} \hline 0 & A_1 \\ \hline A_2 & 0 \\ \hline \end{array}\right\} \begin{array}{l} I_1 \\ I_2 \end{array} \\ \underbrace{}_{I_1} \underbrace{}_{I_2} \end{array} .$$

Man beachte, daß $A_1 = A^{12} \in \mathbb{K}^{I_1 \times I_2}$ und $A_2 = A^{21} \in \mathbb{K}^{I_2 \times I_1}$ im allgemeinen nichtquadratische Blockmatrizen sind. Das Paar $\{A, D\}$ ist 2-zyklisch, wenn

$$(5.1.3b) \qquad A = \begin{array}{|c|c|} \hline D_1 & A_1 \\ \hline A_2 & D_2 \\ \hline \end{array} \quad \text{und} \quad D = \begin{array}{|c|c|} \hline D_1 & 0 \\ \hline 0 & D_2 \\ \hline \end{array}, \quad A - D = \begin{array}{|c|c|} \hline 0 & A_1 \\ \hline A_2 & 0 \\ \hline \end{array} .$$

Aus den Definitionen folgt sofort die

Bemerkung 5.1.4 (a) Die Eigenschaft «2-zyklisch» für eine spezielle Indexanordnung impliziert «schwach 2-zyklisch» für jede Indexanordnung.
(b) Die Eigenschaft «schwach 2-zyklisch» ist unabhängig von der Indexanordnung, während beim Begriff «2-zyklisch» die Indizes nur *innerhalb* der jeweiligen Blöcke I_1, I_2 permutiert werden können.
(c) Seien A bzw. $\{A, D\}$ schwach 2-zyklisch. Falls I nicht angeordnet ist, gibt es eine Indexanordnung, so daß bezüglich dieser A bzw. $\{A, D\}$ 2-zyklisch sind. Falls I bereits angeordnet ist, gibt es eine Permutation der Indizes mit zugehöriger Permutationsmatrix P, so daß $\hat{A} := P A P^T$ bzw. $\{\hat{A}, \hat{D} := P D P^T\}$ 2-zyklisch sind.

Beispiele für (schwach) 2-zyklische Matrizen finden sich für das Modellproblem:

Beispiel 5.1.5. A sei die Matrix des Modellproblems aus §1.2. **(a)** Ist $D = \text{diag}\{a^{\alpha\alpha}: \alpha \in I\}$ die Diagonale von A, so ist $\{A, D\}$ schwach 2-zyklisch. Wenn die *Schachbrettanordnung* aus Abb. 1.2.1c zugrundegelegt wird, ist $\{A, D\}$ sogar 2-zyklisch. Die exakte Definition der Schachbrettblockstruktur (*engl.*: chequer-board ordering, red-black ordering) lautet:

$$(5.1.4a) \qquad I_1 = I_{\text{schwarz}} = \{(x, y) = (i h, j h) \in \Omega_h: i + j \text{ gerade}\},$$

$$(5.1.4b) \qquad I_2 = I_{\text{weiß}} \quad = \{(x, y) = (i h, j h) \in \Omega_h: i + j \text{ ungerade}\}.$$

(b) Die Zeilen (oder Spalten) des Gitters Ω_h mögen die Blockstruktur B bilden. D sei als $D = \text{blockdiag}\{A^{\alpha\alpha}: \alpha \in B\}$ gewählt. Dann ist $\{A, D\}$ schwach 2-zyklisch. Wenn die Zeilen (bzw. Spalten) im Zebramuster (vgl. §4.5.2) angeordnet werden, ist $\{A, D\}$ sogar 2-zyklisch. Die exakte Definition der *Zebra-(Zeilen-)Blockstruktur* lautet:

(5.1.5a) $I_1 = I_{\text{schwarz}} = \{(x,y) = (ih, jh) \in \Omega_h : j \text{ ungerade}\},$

(5.1.5b) $I_2 = I_{\text{weiß}} \;\;\; = \{(x,y) = (ih, jh) \in \Omega_h : j \text{ gerade}\}.$

Bei der _Zebra-Spalten-Blockstruktur_ ist in (5a,b) «j (un)gerade» durch «i (un)gerade» zu ersetzen.

Beweis. (i) Wenn die Schachbrettanordnung zugrundeliegt, hat A die Blockstruktur (1.2.9) mit Diagonalmatrizen $4h^{-2}I$ in den Diagonalblöcken. Daher stimmen die Diagonale und der Blockdiagonalanteil von A überein: $D = 4h^{-2}I$. Damit ist (2) erfüllt, also $\{A,D\}$ 2-zyklisch. Bei der Schachbrettanordnung ist $I_1 = \{1,\dots,n_1\}$, $I_2 = \{n_1+1,\dots,n\}$ mit $n_1 := \#I_1 =$ Anzahl der «schwarzen» Gitterpunkte. Für alle $n>1$ (d.h. $h<\tfrac{1}{2}$) ist $n_1 \in [1,n-1]$. Gemäß Bemerkung 4a ist A bei beliebiger oder keiner Indexanordnung schwach 2-zyklisch.

(ii) Für die Zeilenblockstruktur sind die Diagonalblöcke von A durch die Matrizen $h^{-2}T$ aus (1.2.8) gegeben: $T = \text{tridiag}\{-1,4,-1\}$. Die in (1.2.8) angegebene Blockstruktur von A entspricht der lexikographischen Anordnung der Zeilen. Die Zebraanordnung (5a,b) führt auf

$$(5.1.6) \qquad A = h^{-2}
\begin{bmatrix}
\begin{array}{ccc|ccc}
T &   &   & -I &   & \\
  & T   &   & -I & -I & \\
  &   \ddots &   &   & \ddots & \ddots \\
  &   &   &   &   & -I \\
  &   & T &   &   & -I \\ \hline
-I & -I   &   & T &   & \\
   & \ddots & \ddots &   & \ddots & \\
   &   & -I & -I &   & T
\end{array}
\end{bmatrix}
\quad \text{mit } T \text{ aus (1.2.8).}$$

Wenn man die feinere Zeilenblockstruktur zur gröberen Zebrablockstruktur zusammenfaßt, lauten die Diagonalblöcke von A: $A^{ii} = h^{-2}\,\text{blockdiag}\{T,\dots,T\}$ für $i = 1,2$, wobei die Anzahl der T-Diagonalblöcke durch die Anzahl der «schwarzen» ($i=1$) bzw. «weißen» ($i=2$) Zeilen bestimmt ist. Die Blockdiagonalanteile D von A bezüglich der _Zeilen_blockstruktur wie auch der _Zebra_blockstruktur stimmen überein. Dies zeigt (2): $\{A,D\}$ ist 2-zyklisch. Wie in (i) ergibt sich, daß $\{A,D\}$ unabhängig von der Indexanordnung schwach 2-zyklisch ist. ▣

Die Modellgleichung (1.2.4a) heißt _Fünfpunktformel_, weil die Gleichung in (ih, jh) nur die fünf Unbekannten u_{ij}, $u_{i+1,j}$, $u_{i-1,j}$, $u_{i,j+1}$, $u_{i,j-1}$ enthält. Für allgemeinere Probleme als die Poisson-Gleichung (1.2.1a) kommt man nicht mit Fünfpunktformeln aus, sondern muß _Neunpunktformeln_ verwenden. In diesem Falle enthält die Gleichung in (ih, jh) die neun Unbekannten

$$\{u_{k\ell}: \; k = i-1, i, i+1, \;\; \ell = j-1, j, j+1\}.$$

Da nicht ausgeschlossen wird, daß die entsprechenden Matrixkoeffizienten verschwinden, sind die Fünfpunktformeln eine Teilmenge der Neunpunktformeln.

Übungsaufgabe 5.1.6. Man zeige: **(a)** Repräsentiert A eine Neunpunkt-formel, so ist $\{A,D\}$ mit der Diagonalen D von A im allgemeinen *nicht* schwach 2-zyklisch. Insbesondere findet man keine Numerierung, so daß $\{A,D\}$ 2-zyklisch ist.
(b) Repräsentiert A eine Neunpunktformel und ist D die Zeilen- oder Spaltenblockdiagonale von A, so ist $\{A,D\}$ wie in Beispiel 5b schwach 2-zyklisch und für die Zebrablockanordnung sogar 2-zyklisch.

Die Aussage von Übung 6b läßt sich wie folgt verallgemeinern.

Lemma 5.1.7. Ist A eine *Tridiagonalmatrix* mit der Diagonalen D oder eine *Blocktridiagonalmatrix* bezüglich einer Blockstruktur $\{I_1, I_2, \ldots\}$ mit der Blockdiagonalen D, so ist $\{A,D\}$ schwach 2-zyklisch.

Beweis. Es genügt ein Beweis für die Blockversion. Durch die Index-mengen $J_1 := I_1 \cup I_3 \cup \ldots$, $J_2 := I_2 \cup I_4 \cup \ldots$ wird eine übergeordnete Blockstruktur definiert. Man prüft nach, daß die Blockdiagonale be-züglich der Blockstruktur $\{J_1, J_2\}$ wieder mit D übereinstimmt. ▣

5.2 Vorbereitende Lemmata

In diesem Abschnitt werden die Eigenschaften einer schwach 2-zyklischen Matrix B untersucht. Bei geeigneter Anordnung der Indizes hat sie die Gestalt

$$(5.2.1) \qquad B = \begin{array}{|c|c|} \hline 0 & B_1 \\ \hline B_2 & 0 \\ \hline \end{array} .$$

Lemma 5.2.1. Das Spektrum einer schwach 2-zyklischen Matrix B mit den Außerdiagonalblöcken $B_1 = B^{12}$, $B_2 = B^{21}$ ist durch (2a) gegeben:

$$(5.2.2a) \qquad \sigma(B) = \pm\sqrt{\sigma(B_1 B_2)} \cup \pm\sqrt{\sigma(B_2 B_1)} .$$

Dabei gelte $\pm\sqrt{\sigma(C)} := \{\lambda \in \mathbb{C}: \lambda^2 \in \sigma(C)\}$. Die Spektren $\sigma(B_1 B_2)$ und $\sigma(B_2 B_1)$ stimmen bis auf einen eventuellen Nulleigenwert überein:

$$(5.2.2b) \qquad \sigma(B_1 B_2)\setminus\{0\} = \sigma(B_2 B_1)\setminus\{0\}.$$

Beweis. **(i)** Sei e ein Eigenvektor von B zum Eigenwert $\lambda \in \sigma(B)$, und seien e^1, e^2 die entsprechenden Blockvektoren. Es gilt die Äquivalenz

$$(5.2.3a) \qquad B e = \lambda e \quad \Longleftrightarrow \quad \begin{cases} B_1 e^2 = \lambda e^1 \\ B_2 e^1 = \lambda e^2 \end{cases}$$

Setzt man die rechten Gleichungen ineinander ein, erhält man

$$(5.2.3b) \qquad \lambda^2 e^1 = B_1 B_2 e^1, \qquad \lambda^2 e^2 = B_2 B_1 e^2.$$

Da $e \neq 0$, muß entweder $e^1 \neq 0$ oder $e^2 \neq 0$ gelten und damit $\lambda^2 \in \sigma(B_1 B_2)$

bzw. $\lambda^2 \in \sigma(B_2 B_1)$. In jedem Falle ist $\lambda \in \pm \sqrt{\sigma(B_1 B_2)} \cup \pm \sqrt{\sigma(B_2 B_1)}$. Da $\lambda \in \sigma(B)$ beliebig, ist $\sigma(B) \subset \pm \sqrt{\sigma(B_1 B_2)} \cup \pm \sqrt{\sigma(B_2 B_1)}$ bewiesen.

(ii) Sei $0 \neq \lambda \in \pm \sqrt{\sigma(B_1 B_2)}$, d.h. $0 \neq \lambda^2 \in \sigma(B_1 B_2)$. Der zugehörige Eigenvektor sei $e^1 \neq 0$: $\lambda^2 e^1 = B_1 B_2 e^1$. Für $e^2 := \frac{1}{\lambda} B_2 e^1$ findet man

$$B_1 e^2 = \frac{1}{\lambda} B_1 B_2 e^1 = \frac{1}{\lambda} \lambda^2 e^1 = \lambda e^1.$$

Nach Definition von e^2 gilt $B_2 e^1 = \lambda e^2$. Also genügt $e := \binom{e^1}{e^2}$ den Gleichungen (3a), d.h. $\lambda \in \sigma(B)$.

(iii) Ist $0 = \lambda^2 \in \sigma(B_1 B_2) \cup \sigma(B_2 B_1)$, so muß eine der Matrizen B_1, B_2 einen nichttrivialen Kern besitzen. Sei dies z.B. B_1: $B_1 e^2 = 0$ für $e^2 \neq 0$. Mit $e^1 := 0$ folgt $B_2 e^1 = 0$, so daß $e := \binom{e^1}{e^2}$ der Eigenvektor zum Eigenwert $0 = \lambda \in \sigma(B)$ ist.

(iv) Die Teile (ii) und (iii) beweisen $\sigma(B) \supset \pm \sqrt{\sigma(B_1 B_2)} \cup \pm \sqrt{\sigma(B_2 B_1)}$. Zusammen mit (i) erhält man die Behauptung (2a). (2b) ist Gegenstand des Satzes 2.4.6. ∎

Aus der Definition von $\pm \sqrt{\sigma(C)}$ folgt die

Bemerkung 5.2.2. Ist λ ein Eigenwert einer schwach 2-zyklischen Matrix, so auch $-\lambda$.

Lemma 5.2.3. Unter den Voraussetzungen von Lemma 1 gilt für die Spektralradien

$$(5.2.4) \qquad \rho(B) = \sqrt{\rho(B_1 B_2)} = \sqrt{\rho(B_2 B_1)}.$$

Beweis. Nach Lemma 2.4.16 gilt $\rho(B_1 B_2) = \rho(B_2 B_1)$. Dies liefert mit (2a) die Behauptung. ∎

Bemerkung 5.2.4. Im symmetrischen Falle $B = B^H$ gilt für die Blöcke aus Lemma 1 $B_1 = B_2^H$. Nach Satz 2.9.5 stimmt $\rho(B_1 B_2) = \rho(B_2 B_1) = \rho(B_1^H B_1) = \rho(B_2^H B_2)$ mit $\|B_1\|_2^2 = \|B_2\|^2$ überein, so daß

$$(5.2.5) \qquad \rho(B) = \|B_1\|_2 = \|B_2\|_2.$$

Übungsaufgabe 5.2.5. Für eine allgemeine Matrix der Form (1) zeige man

$$(5.2.6) \qquad \|B\|_2 = \max\{\|B_1\|_2, \|B_2\|_2\}.$$

5.3 Analyse der Richardson-Iteration

Zunächst behandeln wir den Fall der Parameterwahl $\Theta = 1$. Als Blockdiagonale soll A die Einheitsmatrix I besitzen. Bei geeigneter Indexnumerierung hat A damit die Gestalt

$$(5.3.1) \qquad A = \begin{array}{|c|c|} \hline I & A_1 \\ \hline A_2 & I \\ \hline \end{array}.$$

Satz 5.3.1. $\{A, I\}$ sei schwach 2-zyklisch mit den Außerdiagonalblöcken $A_1 = A^{12}$, $A_2 = A^{21}$ (vgl. (1)). Dann hat die *Richardson-Iteration* $x^{m+1} = x^m - \Theta(Ax^m - b)$ mit $\Theta = 1$ die Konvergenzrate

$$(5.3.2) \qquad \rho(M_1^{\text{Rich}}) = \sqrt{\rho(A_1 A_2)} = \sqrt{\rho(A_2 A_1)}.$$

Beweis. Die Iterationsmatrix $M_1^{\text{Rich}} = I - A$ stimmt mit B aus §5.2 überein, wenn $B_i := -A_i$, so daß (2.4) aus Lemma 2.3 das Resultat (2) liefert. ▱

Wenn wir $\Theta \neq 1$ zulassen, erhält man aufgrund von $M_\Theta^{\text{Rich}} = I - \Theta A$:

$$(5.3.3) \qquad \sigma(M_\Theta^{\text{Rich}}) = \{\lambda = 1 - \Theta(1 - \mu) : \mu \in \sigma(B)\} \qquad \text{mit } B = I - A$$

und $\sigma(B)$ aus (2.2a), wobei $B_1 := -A_1$, $B_2 := -A_2$. Für ein beliebiges, komplexes Spektrum $\sigma(B)$ fällt es schwer, den Spektralradius $\rho(M_\Theta^{\text{Rich}})$ in einfacher Weise zu charakterisieren. Es sei deshalb angenommen, daß

$$(5.3.4) \qquad \beta := \rho(B) \in \sigma(B) \quad \text{für } B = I - A = -\begin{bmatrix} 0 & A_1 \\ A_2 & 0 \end{bmatrix}.$$

Die Bedingung (4) besagt, daß $\rho(B)$ nicht nur der Betrag $|\lambda|$ eines geeigneten Eigenwertes $\lambda \in \sigma(B)$, sondern selbst Eigenwert von B ist. Hinreichende Bedingungen für (4) werden nach Satz 2 angegeben.

Satz 5.3.2. $\{A, I\}$ sei schwach 2-zyklisch und erfülle (4). Dann hat die Richardson-Iteration $x^{m+1} = x^m - \Theta(Ax^m - b)$ die Konvergenzrate

$$(5.3.5a) \qquad \rho(M_\Theta^{\text{Rich}}) = \begin{cases} 1 - \Theta(1 - \rho(B)) & \text{für } 0 \leqslant \Theta \leqslant 1, \\ \Theta(1 + \rho(B)) - 1 & \text{für } \Theta \geqslant 1, \\ 1 + |\Theta|(1 + \rho(B)) & \text{für } \Theta \leqslant 0 \end{cases}$$

mit

$$(5.3.5b) \qquad \rho(B) = \sqrt{\rho(A_1 A_2)} = \sqrt{\rho(A_2 A_1)}.$$

Wenn $\rho(B) \geqslant 1$, ist das Verfahren für alle Parameter $\Theta \in \mathbb{R}$ divergent. Wenn $\rho(B) < 1$, konvergiert das Verfahren für $0 < \Theta < 2/(1 + \rho(B))$, wobei sich für $\Theta = 1$ die optimale Konvergenzrate (2) ergibt.

Beweis. (i) Sei $\Theta \in [0, 1]$, $\mu \in \sigma(B)$ und $\beta := \rho(B)$. Gemäß (3) ist $\lambda = 1 - \Theta(1 - \mu)$ abzuschätzen. Da $|\mu| \leqslant \beta$ nach Voraussetzung (4), gilt

$$(5.3.6) \quad |\lambda| = |1 - \Theta(1 - \mu)| = |(1 - \Theta) + \Theta\mu| \leqslant 1 - \Theta + \Theta|\mu| \leqslant 1 - \Theta + \Theta\beta = 1 - \Theta(1 - \beta).$$

Für $\mu = \beta \in \sigma(B)$ gilt in (6) die Gleichheit, so daß $1 - \Theta(1 - \beta)$ die kleinste Schranke für $\rho(M_\Theta^{\text{Rich}})$ ist. Somit ist die erste Zeile in (5a) bewiesen. (ii) Die Fälle $\Theta \geqslant 1$ und $\Theta \leqslant 0$ in (5a) sind analog zu behandeln. (iii) Aus (5a) folgen direkt die weiteren Aussagen. ▱

Die in Satz 2 benötigte Bedingung (4) ist Gegenstand der folgenden Kriterien.

Kriterium 5.3.3. Wenn B nur *reelle* Eigenwerte besitzt, ist die Bedingung (4) erfüllt. Insbesondere reicht die Symmetrie von B aus: $A_1 = A_2^H$.

Beweis. Seien β_{min} und β_{max} der minimale bzw. der maximale Eigenwert von B. Da das Spektrum $\sigma(B)$ nach Bemerkung 2.2 symmetrisch ist, muß $\beta_{min} = -\beta_{max} \leqslant 0 \leqslant \beta_{max}$ gelten und beweist $\varrho(B) = \max\{|\beta_{min}|, |\beta_{max}|\} = \beta_{max} \epsilon \sigma(B)$.

Kriterium 5.3.4. Wenn alle Matrixelemente von A_1 und A_2 nichtnegativ (oder alle nichtpositiv) sind, ist die Bedingung (4) erfüllt.

Beweis. Satz 6.3.10 wird $\beta := \varrho(-B) \epsilon \sigma(-B)$ zeigen. Da $\sigma(-B) = \sigma(B)$ (vgl. Bemerkung 2.2), gilt auch $\beta = \varrho(B) \epsilon \sigma(B)$.

5.4 Analyse des Jacobi-Verfahrens

Im folgenden sei D die (punktweise) Diagonale oder der Blockdiagonalanteil von A. Bezüglich einer Blockstruktur $\{I_1, I_2\}$ sei $\{A, D\}$ schwach 2-zyklisch mit den Außerdiagonalblöcken $A_1 = A^{12}$, $A_2 = A^{21}$. Bei geeigneter Indexnumerierung haben A und D die Gestalt

$$(5.4.1) \qquad A = \begin{bmatrix} D_1 & A_1 \\ A_2 & D_2 \end{bmatrix} \quad \text{und} \quad D = \begin{bmatrix} D_1 & 0 \\ 0 & D_2 \end{bmatrix}.$$

Die Matrix $A' := D^{-1}A$ hat die Darstellung

$$(5.4.2a) \qquad D^{-1}A = \begin{bmatrix} I & A_1' \\ A_2' & I \end{bmatrix} = I - B \quad \text{mit} \quad B := -\begin{bmatrix} 0 & A_1' \\ A_2' & 0 \end{bmatrix},$$

wobei

$$(5.4.2b) \qquad A_1' := D_1^{-1}A_1, \qquad A_2' := D_2^{-1}A_2.$$

Je nachdem ob D die Diagonale oder die Blockdiagonale von A ist, beschreibt der folgende Satz das *punktweise* bzw. das *blockweise* *Jacobi-Verfahren*.

Satz 5.4.1. $\{A, D\}$ sei schwach 2-zyklisch. Dann hat das *Jacobi-Verfahren* $x^{m+1} = x^m - D^{-1}(Ax^m - b)$ die Konvergenzrate

$$(5.4.3) \qquad \varrho(M^{Jac}) = \varrho(B) = \sqrt{\varrho(A_1'A_2')} = \sqrt{\varrho(D_1^{-1}A_1 D_2^{-1}A_2)}.$$

Beweis. Das Jacobi-Verfahren ist mit der Richardson-Iteration angewandt auf $A'x = b'$ mit $A' := D^{-1}A$, $b' := D^{-1}b$ und $\Theta = 1$ identisch (vgl. Bemerkung 4.3.2), so daß (3) aus Satz 3.1 folgt.

Um Aussagen über das *gedämpfte Jacobi-Verfahren* zu gewinnen, hat man die Bedingung (3.4) für B aus (2a) zu erfüllen. Neben den Kriterien 3.3 und 3.4 steht hierfür das folgende zur Verfügung:

Kriterium 5.4.2. $\{A, D\}$ sei schwach 2-zyklisch. **(a)** Wenn D positiv definit und A Hermitesch, hat $B = M^{\text{Jac}}$ nur reelle Eigenwerte, und es gilt

$$(5.4.4) \qquad \rho(B) \in \sigma(B) \qquad\qquad\qquad \text{für } B = I - D^{-1}A .$$

(b) Wenn A positiv definit ist, gilt neben (4) auch $\rho(B) < 1$, d.h. die Jacobi-Iteration konvergiert.

Beweis. (a) Als Hermitesche Matrix besitzt $\hat{B} := D^{-1/2}(D - A)D^{-1/2}$ nur reelle Eigenwerte. Da $\hat{B}$ zu $B = D^{-1}(D - A)$ ähnlich ist, gilt $\sigma(\hat{B}) = \sigma(B)$. Also besitzt B nur reelle Eigenwerte, und Kriterium 3.3 ist anwendbar. (b) Nach Zusatz 4.5.6 konvergiert die Jacobi-Iteration. Da $B = M^{\text{Jac}}$, folgt $\rho(B) < 1$.   ∎

Eine weitere, Kriterium 3.4 entsprechende hinreichende Bedingung für (4) lautet: D_1^{-1}, A_1, D_2^{-1}, A_2 besitzen nur nichtnegative Matrixelemente. Gemäß Satz 3.2 gilt die

Folgerung 5.4.3. Das Paar $\{A, D\}$ sei schwach 2-zyklisch und erfülle (4). Wenn $\rho(B) \geqslant 1$ gilt, divergiert das *gedämpfte Jacobi-Verfahren* $x^{m+1} = x^m - \omega D^{-1}(Ax^m - b)$ für alle $\omega \in \mathbb{R}$. Wenn $\rho(B) < 1$, konvergiert es für $0 < \omega < 2/(1 + \rho(B))$, wobei die optimale Konvergenzrate für $\omega = 1$, d.h. für das ungedämpfte Jacobi-Verfahren angenommen wird.

5.5 Analyse der Gauß-Seidel-Iteration

Die Indexmenge I sei angeordnet. Bezüglich der Blockstruktur $\{I_1, I_2\}$ habe die Matrix A die Gestalt

$$(5.5.1a) \qquad A = \begin{bmatrix} D_1 & A_1 \\ A_2 & D_2 \end{bmatrix} .$$

Für

$$(5.5.1b) \qquad D = \begin{bmatrix} D_1 & 0 \\ 0 & D_2 \end{bmatrix} , \qquad E = \begin{bmatrix} 0 & 0 \\ A_2 & 0 \end{bmatrix} , \qquad F = \begin{bmatrix} 0 & -A_1 \\ 0 & 0 \end{bmatrix}$$

besitzt A die Aufspaltung $A = D - E - F$ (vgl. (4.5.5a-d)). Außerdem ist $\{A, D\}$ 2-zyklisch. Falls D die punktweise bzw. blockweise Diagonale von A ist, wird im folgenden das punktweise bzw. blockweise Gauß-Seidel-Verfahren beschrieben.

Die Iterationsmatrix der Gauß-Seidel-Iteration ist $M^{\text{GS}} = (D - E)^{-1}F$. Da

$$(D - E)^{-1} = \begin{bmatrix} D_1 & 0 \\ A_2 & D_2 \end{bmatrix}^{-1} = \begin{bmatrix} D_1^{-1} & 0 \\ -D_2^{-1}A_2 D_1^{-1} & D_2^{-1} \end{bmatrix} ,$$

erhält man

(5.5.1c) $M^{GS} = (D-E)^{-1}F = \begin{bmatrix} 0 & -D_1^{-1}A_1 \\ 0 & D_2^{-1}A_2\,D_1^{-1}A_1 \end{bmatrix}.$

Dies beweist den

Satz 5.5.1. Das Gauß–Seidel–Verfahren $x^{m+1} = (D-E)^{-1}(Fx^m+b)$ mit Matrizen $A = D - E - F$ gemäß (1b) hat die *Konvergenzrate*

(5.5.2) $\rho(M^{GS}) = \rho(D_1^{-1}A_1\,D_2^{-1}A_2).$

Beweis. Inspektion von (1c) ergibt $\rho(M^{GS}) = \rho(D_2^{-1}A_2\,D_1^{-1}A_1)$ (vgl. (2.5.5b)). Nach Lemma 2.4.16 ist $\rho(D_2^{-1}A_2\,D_1^{-1}A_1) = \rho(D_1^{-1}A_1\,D_2^{-1}A_2)$.   ▢

Folgerung 5.5.2. $\{A,D\}$ sei 2-zyklisch. **(a)** Dann konvergiert das Jacobi-Verfahren genau dann, wenn das Gauß–Seidel–Verfahren konvergiert. **(b)** *Die Konvergenzrate der Gauß–Seidel–Iteration ist exakt doppelt so schnell wie die Jacobi-Iteration:*

(5.5.3) $\rho(M^{GS}) = \rho(M^{Jac})^2.$

(c) M^{GS} hat mindestens einen n_1-fachen Eigenwert $\lambda = 0$, wenn der erste Block D_1 von A die Größe $n_1 \times n_1$ hat.

Beweis. Ein Vergleich von (2) mit (4.3) liefert Gl. (3). Hieraus folgt Teil (a). Behauptung (c) ergibt sich aufgrund der Nullblöcke in (1c).   ▢

Da die Jacobi- und Gauß–Seidel–Iterationen den gleichen Rechenaufwand erfordern, ergibt sich aus (3) die

Folgerung 5.5.3. $\{A,D\}$ sei 2-zyklisch. Der in (3.3.4a) definierte effektive Aufwand ist beim Jacobi-Verfahren doppelt so groß wie beim Gauß–Seidel-Verfahren:

(5.5.4) $Eff(\Phi^{Jac}) = 2\,Eff(\Phi^{GS}).$

Die in §3.3.3 definierte Ordnung der linearen Konvergenz ist jedoch bei beiden Verfahren die gleiche.

Übungsaufgabe 5.5.4. $\{A,D\}$ sei 2-zyklisch. **(a)** Welche Gestalt hat die Iterationsmatrix M^{symGS} des symmetrischen Gauß–Seidel-Verfahrens? **(b)** Man zeige: $\rho(M^{symGS}) = \rho(M^{GS})$ (vgl. auch §5.8.3).

Unter etwas schwächeren Voraussetzungen werden die Ergebnisse aus den Folgerungen 2 und 3 noch einmal in §5.6 bestätigt werden.

5.6 Analyse des SOR-Verfahrens

5.6.1 Konsistent geordnete Matrizen

In §5.5 wurde $\{A, D\}$ als 2-zyklisch vorausgesetzt. Diese Annahme entspricht im wesentlichen der «property A» von Young [2]. Diese Bedingung kann durch den Begriff der «konsistenten Ordnung» verallgemeinert werden, der von Varga [2] stammt.

Definition 5.6.1. Die Indexmenge I sei angeordnet. A sei gemäß (4.2.7a–d) oder (4.5.5a–d) aufgespalten: $A = D - E - F$. Die Matrizen $L := D^{-1}E$, $U := D^{-1}F$ sind folglich strikte Dreiecksmatrizen. Man nennt A _konsistent geordnet_, falls die Eigenwerte der Matrix $zL + \frac{1}{z}U$ nicht von $z \in \mathbb{C} \setminus \{0\}$ abhängen.

Wir werden im folgenden nicht direkt mit diesem Begriff arbeiten, da er einerseits etwas unpräzise ist (weil L und U nicht nur von A, sondern auch von D abhängen, wenn man sowohl die Diagonale als auch Blockdiagonalen zuläßt) und da die darin angesprochene Eigenschaft im Gegensatz zur Namensgebung von der Indexanordnung unabhängig ist, wenn allgemeinere als Dreiecksmatrizen L, U zugelassen werden.

Wir verlangen von $\{L, U\}$ die Eigenschaft

$$\boxed{\text{(5.6.1) Die Eigenwerte von } zL + \frac{1}{z}U \text{ sind nicht von } z \in \mathbb{C} \setminus \{0\} \text{ abhängig.}}$$

Kriterium 5.6.2. $\{L, U\}$ erfüllt (1) und A ist im Sinne der Definition 1 konsistent geordnet, wenn L und U strikte untere bzw. obere Dreiecksmatrizen sind, für die eine der folgenden Bedingungen (2a–d) zutreffen:

(5.6.2a) $L + U$ ist 2-zyklisch,

(5.6.2b) $L + U$ ist tridiagonal,

(5.6.2c) $L + U$ ist blocktridiagonal mit verschwindenden Diagonalblöcken,

(5.6.2d) $L + U$ ist blocktridiagonal, wobei die Diagonalblöcke $(L + U)^{ii}$ tridiagonal und die (eventuell rechteckigen) Nebendiagonalblöcke $(L + U)^{i,i\pm1}$ diagonal sind.

Eine rechteckige Matrix A heißt dabei diagonal, wenn höchstens die Diagonalelemente A_{ii} von null verschieden sind.

Beweis. (i) Sei $B := L + U$ gesetzt. Da L, U strikte Dreiecksmatrizen sind, gilt $b_{ii} = 0$ für die Diagonalelemente.
(ii) (2a) ist ein Spezialfall von (2c). Ein direkter Beweis ist mit Lemma 2.1 möglich.
(iii) Es gelte (2b). Zu $z \in \mathbb{C} \setminus \{0\}$ konstruiere man die Diagonalmatrix

$$\Delta := \operatorname{diag}\{1, z, z^2, z^3, \ldots, z^{n-1}\}.$$

$B' := \Delta B \Delta^{-1}$ hat die Elemente $b'_{ij} = b_{ij} z^{i-j}$. Da $b'_{ij} \neq 0$ nur für

$|i - j| = 1$, hat B' die Form $zL + \frac{1}{z}U$. Weil B und B' ähnlich sind, hat $\{L, U\}$ die Eigenschaft (1).

(iv) Sei $\{I_1, \ldots, I_b\}$ die Blockstruktur im Falle (2c). Wir setzen

$$\Delta_b := \mathrm{blockdiag}\{I, zI, z^2 I, z^3 I, \ldots, z^{b-1} I\},$$

wobei I Einheitsmatrizen der jeweiligen Blockgröße sind: $I \in \mathbb{R}^{I_k \times I_k}$. $B' := \Delta_b B \Delta_b^{-1}$ hat die Blöcke $(B')^{ij} = z^{i-j} B^{ij}$, so daß die Behauptung wie in (iii) folgt.

(v) Man wende im Falle (2d) zunächst die Ähnlichkeitstransformation Δ_b aus (iv) an: B' enthält den Faktor z (bzw. $\frac{1}{z}$) in den Blöcken unter (bzw. über) der Diagonalen, jedoch sind die (tridiagonalen) Diagonalblöcke $(B')^{ii} = B^{ii}$ noch unverändert. Man definiere die Diagonalmatrix

$$\Delta_B \quad \text{mit} \quad (\Delta_B)^{ii} := \mathrm{diag}\{1, z, z^2, z^3, \ldots, z^{\#I_i - 1}\}.$$

Die Transformation $C' := \Delta_B C \Delta_B^{-1}$ läßt Blöcke mit Diagonalstruktur unverändert. Damit hat

$$B'' := \Delta_B B' \Delta_B^{-1} = \Delta_B \Delta_b B \Delta_b^{-1} \Delta_B^{-1}$$

weiterhin die Nebendiagonalblöcke $(B'')^{i,i-1} = z B^{i,i-1}$, $(B'')^{i,i+1} = \frac{1}{z} B^{i,i+1}$, während die Diagonalblöcke wie in (iii) die Elemente $z b_{ij}$ im unteren bzw. $\frac{1}{z} b_{ij}$ im oberen Dreiecksbereich haben, d.h. $B'' = zL + \frac{1}{z}U$. Da B'' zu B ähnlich ist, folgt die Behauptung. ∎

Bemerkung 5.6.3. Die Eigenschaften (2a), (2b), (2c) oder (2d) implizieren, daß $\{A, D\}$ schwach 2–zyklisch ist, wenn D in den Fällen (2b,d) die Diagonale und sonst die Blockdiagonale von A ist.

Beweis. Für (2a–c) wende man Bemerkung 1.4a bzw. Lemma 1.7a,b an. Im Falle von (2d) hat $L + U$ eine Fünfpunktstruktur, die eine schachbrettartige Numerierung zuläßt, für die $A - D = -L - U$ 2–zyklisch ist. ∎

Lemma 5.6.4. $\{L, U\}$ erfülle die Bedingung (1). **(a)** Dann gilt

$$\sigma(\alpha L + \beta U) = \sigma(\pm \sqrt{\alpha\beta}(L + U)) \qquad \text{für alle } \alpha, \beta \in \mathbb{C}.$$

(b) Insbesondere haben $L + U$ und $-(L + U)$ die gleichen Spektren.

(c) Sind alle Eigenwerte von $L + U$ reell, so gilt $\rho(L + U) \in \sigma(L + U)$.

Beweis. (i) Für $\alpha\beta \neq 0$ setze man $z := \pm\sqrt{\alpha/\beta}$. Da $zL + \frac{1}{z}U$ und $L + U$ gleiche Eigenwerte haben, gilt dies auch für

$$\alpha L + \beta U = \pm\sqrt{\alpha\beta}\,(zL + \frac{1}{z}U) \quad \text{und} \quad \pm\sqrt{\alpha\beta}\,(L + U).$$

(ii) Da $\alpha = \beta = 0$ einen trivialen Fall darstellt, sei $\alpha = 0$, $\beta \neq 0$ angenommen. Die Behauptung lautet dann $\sigma(\beta U) = \sigma(0(L + U)) = \sigma(0) = \{0\}$. Sie trifft zu, da U eine strikte Dreiecksmatrix ist (vgl. Übungsaufgabe 2.4.15b). Der Fall $\beta = 0$ ist analog.

(iii) Für $\alpha = \beta = 1$ nimmt $\pm\sqrt{\alpha\beta}$ auch den Wert -1 an, so daß $\sigma(L + U) = \sigma(-(L + U))$ den Teil (b) beweist. Teil (c) zeigt man wie in Kriterium 3.3. ∎

5.6.2 Satz von Young

Der nachfolgende Satz, der in der Grundgestalt auf Young [1] zurückgeht, beschreibt die punkt- bzw. blockweise SOR-Iteration (4.3.7a):

$$(5.6.3a) \qquad x^{m+1} = M_\omega^{SOR} x^m + N_\omega^{SOR} b$$

mit

$$(5.6.3b) \qquad A = D - E - F, \qquad L := D^{-1}E, \qquad U := D^{-1}F,$$

$$(5.6.3c) \qquad M^{SOR} := (I-\omega L)^{-1}\{(1-\omega)I+\omega U\}, \quad N_\omega^{SOR} := \omega(I-\omega L)^{-1}D^{-1},$$

wenn $A = D - E - F$ gemäß (4.2.7a–d) oder (4.5.5a–d) aufgespalten ist. Der folgende Satz ist für jede Iteration der Gestalt (3a–c) gültig. Die Matrix

$$(5.6.3d) \qquad M^{Jac} := L + U = I - D^{-1}A$$

stellt nur dann die (punkt- bzw. blockweise) Jacobi-Iterationsmatrix dar, wenn D die Diagonale oder Blockdiagonale von A ist, was in Satz 5 nicht vorausgesetzt ist.

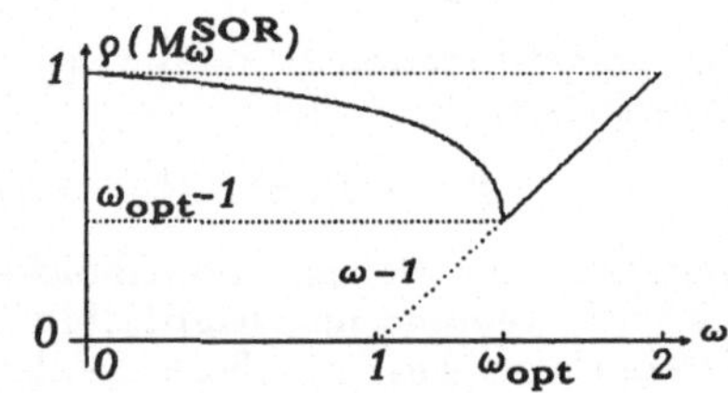

Abb. 5.6.1 Konvergenzrate $\varrho(M^{SOR})$

Satz 5.6.5. Für die Iteration (3a–c) sei vorausgesetzt:

$$(5.6.4a) \qquad 0 < \omega < 2,$$

$(5.6.4b) \qquad M^{Jac}$ habe nur reelle Eigenwerte,

$$(5.6.4c) \qquad \beta := \varrho(M^{Jac}) < 1,$$

$(5.6.4d) \qquad D$ und $I - \omega L$ seien regulär, $\{L, U\}$ erfülle Bedingung (1).

Dann gilt: **(a)** Die Iteration (3a–c) konvergiert.
(b) Die Konvergenzrate beträgt

$$(5.6.5a) \qquad \varrho(M_\omega^{SOR}) = \begin{cases} 1-\omega+\frac{1}{2}\omega^2\beta^2 + \omega\beta\sqrt{1-\omega+\frac{\omega^2\beta^2}{4}} & \text{für } 0<\omega\le\omega_{opt} \\ \omega-1 & \text{für } \omega_{opt}\le\omega<2, \end{cases}$$

wobei

$$(5.6.5b) \qquad \omega_{opt} := \frac{2}{1+\sqrt{1-\beta^2}}.$$

(c) Die Konvergenzrate $\varrho(M_\omega^{SOR})$ ist für $\omega = \omega_{opt}$ minimal.
(d) Für $\omega \le \omega_{opt}$ ist $\varrho(M_\omega^{SOR}) \in \sigma(M_\omega^{SOR})$ selbst Eigenwert.
(e) Für $\omega \ge \omega_{opt}$ haben alle Eigenwerte von M_ω^{SOR} den Betrag $\omega-1$.

Bevor der Satz bewiesen wird, seien die Voraussetzungen und Resultate diskutiert:

<u>zu (4a)</u>: Die Voraussetzung $0 < \omega < 2$ ist nach Lemma 4.4.20 für die Konvergenz notwendig.

<u>zu (4b)</u>: Nach Kriterium 4.2a hat M^{Jac} die verlangten reellen Eigenwerte, wenn A Hermitesch und D positiv definit sind. Kriterium 4.2b und Zusatz 4.4.22 geben sogar ein hinreichendes Kriterium für (4b-d):

Kriterium 5.6.6. Sei D die (Block-)Diagonale von A. Wenn A positiv definit ist, sind (4b,c) und der erste Teil von (4d) erfüllt.

<u>zu (4c)</u>: $\beta < 1$ beinhaltet die Konvergenz des Jacobi-Verfahrens. Dies ist notwendig wegen

Übungsaufgabe 5.6.7. Für $\beta \geqslant 1$ divergiert die SOR-Iteration für alle $\omega \in \mathbb{R}$.

<u>zu (4d)</u>: Wenn (3a-c) eine SOR-Iteration darstellen soll, muß L eine strikte Dreiecksmatrix sein, so daß $I - \omega L$ trivialerweise regulär ist.

<u>zu (5a,b)</u>: Den trivialen Fall $\beta = 0$ ausgenommen, gilt

$$(5.6.5c) \qquad 1 < \omega_{opt} < 2,$$

so daß die optimale Konvergenzgeschwindigkeit stets zum _Über_relaxationsverfahren führt. Unterrelaxation $(0 < \omega < 1)$ ist stets langsamer als das Gauß-Seidel-Verfahren, das für $\omega = 1$ vorliegt. Für $\omega = 1$ erhalten wir das Resultat (5.3) zurück. Die Abb. 1 zeigt $\rho(M_\omega^{SOR})$ als Funktion von ω für $\beta = \cos(\pi/8) = 0.92388$ mit $\omega_{opt} = 2/(1 + \sin \pi/8) = 1.44646$, wie es sich beim Modellproblem für $h = 1/8$ ergibt.

Beweis des Satzes 5. (i) Sei $\lambda \in \sigma(M_\omega^{SOR})$. Der zugehörige Eigenvektor e erfüllt $\{(1 - \omega)I + \omega U\}e = \lambda(I - \omega L)e$, d.h.

$$(\omega U + \lambda \omega L)e = (\lambda + \omega - 1)e,$$

so daß $\lambda + \omega - 1 \in \sigma(\omega U + \lambda \omega L)$. Da $\sigma(\omega U + \lambda \omega L) = \sigma(\pm\sqrt{\lambda}\,\omega(L + U))$ nach Lemma 4a, gibt es einen Eigenwert $\mu \in \sigma(M^{Jac}) = \sigma(L + U)$, so daß

$$(5.6.6a) \qquad \lambda + \omega - 1 = \pm\sqrt{\lambda}\,\omega\mu, \quad \text{d.h.}$$

$$(5.6.6b) \qquad (\lambda + \omega - 1)^2 = \omega^2 \lambda \mu^2.$$

Da $M^{Jac} = L + U$ aber mit jedem Eigenwert μ auch $-\mu$ als Eigenwert besitzt (vgl. Lemma 4b), gehört jede Lösung μ von (6b) zu $\sigma(M^{Jac})$. Umgekehrt schließt man, daß zu jedem $\mu \in \sigma(M^{Jac})$ beide Lösungen

$$(5.6.6c) \qquad \lambda = 1 - \omega + \tfrac{1}{2}\omega^2\mu^2 \pm \omega\mu\sqrt{1 - \omega + \frac{\omega^2\mu^2}{4}}$$

die Gleichung (6a) für ein spezielles Vorzeichen in $\pm\sqrt{\lambda}$ erfüllen. Da $\pm\sqrt{\lambda}\,\omega\mu$ Eigenwert von $\pm\sqrt{\lambda}\,\omega(L + U)$, ist es auch Eigenwert von $\omega U + \lambda \omega L$, so daß wir auf $\lambda \in \sigma(M_\omega^{SOR})$ schließen können. Also gilt

$$(5.6.6d) \qquad \lambda \in \sigma(M_\omega^{SOR}) \iff \mu \in \sigma(M^{Jac}) \qquad (\lambda, \mu \text{ genügen (6b)}).$$

(ii) Sei $\omega_{opt} \leqslant \omega < 2$. Die Ungleichung ist äquivalent zu $1 - \omega + \frac{\omega^2 \beta^2}{4} \leqslant 0$. Damit gilt wegen $-\beta \leqslant \mu \leqslant \beta$ für alle $\mu \epsilon \sigma(M^{Jac})$:

$$1 - \omega + \frac{\omega^2 \mu^2}{4} \leqslant 0,$$

so daß Gleichung (6b) zwei konjugiert komplexe Lösung hat:

$$(5.6.6e) \qquad \lambda = \lambda_{Re} \pm i\,\lambda_{Im}, \qquad\qquad \lambda_{Re} := 1 - \omega + \tfrac{1}{2}\omega^2 \mu^2.$$

Da das Produkt der Lösungen einer quadratischen Gleichung mit dem absoluten Term der Gleichung übereinstimmt, gilt in diesem Falle

$$(5.6.6f) \qquad |\lambda|^2 = (\omega - 1)^2, \quad \text{d.h. } |\lambda| = |\omega - 1|.$$

Damit hat M_ω^{SOR} nur Eigenwerte λ vom Betrag $\omega - 1$. Dies beweist den zweiten Fall in (5a) sowie die Aussagen (a) und (e).

(iii) Sei der zweite Fall $0 < \omega < \omega_{opt}$ angenommen. Wenn $\omega \epsilon (1, \omega_{opt})$, kann es Eigenwerte $\mu \epsilon \sigma(M^{Jac})$ mit $\mu^2 < 4(\omega - 1)/\omega^2$ geben, für die der Radikand in (6c) negativ ist. Wie vorhin erzeugen diese μ Eigenwerte $\lambda \epsilon \sigma(M_\omega^{SOR})$ mit $|\lambda| = |\omega - 1|$. Dieser Wert ist jedoch kleiner als die rechte Seite in (5a). Letztere ergibt sich als Eigenwert von M_ω^{SOR}, wenn man $\mu := \beta \epsilon \sigma(M^{Jac})$ einsetzt (zu $\beta \epsilon \sigma(M^{Jac})$ vergleiche Lemma 4c). Da man nur noch den Fall reeller Lösungen von (6c) zu diskutieren braucht, überzeugt man sich leicht, daß $|\lambda|$ sein Maximum für $\mu = \beta$ annimmt. ▢

Da $\omega_{opt} \geqslant 1$ (vgl. (5b)), liegt $\omega = 1$ im Intervall $(0, \omega_{opt}]$. Satz 5 liefert die folgenden Ergebnisse über das bei $\omega = 1$ vorliegende Gauß-Seidel-Verfahren.

Folgerung 5.6.8 (Gauß-Seidel-Verfahren). Unter den Voraussetzungen (4b–d) konvergiert das [Block-]Gauß-Seidel-Verfahren und hat exakt die doppelte Konvergenzgeschwindigkeit der [Block-]Jacobi-Iteration:

$$\rho(M^{[Block]GS}) = \rho(M_1^{[Block]SOR}) = \beta^2 = \rho(M^{[Block]Jac})^2,$$

wie schon in (5.3) für den 2-zyklischen Fall angegeben. Außerdem gehört $\rho(M^{[Block]GS})$ zum Spektrum $\sigma(M^{[Block]GS})$. Die Aussage von Folgerung 5.3 ist weiterhin gültig.

Für den Fall eines *komplexen Relaxationsparameters* ω mit $|1 - \omega| < 1$ findet man ein Konvergenzresultat bei Niethammer-Varga [1,Th.12].

5.6.3 Ordnungsverbesserung durch SOR

Es sei an den Begriff der *Ordnung* eines Iterationsverfahrens nach §3.3.3 erinnert: Wenn wie im Modellfall eine Familie von Gleichungssystemen zu verschiedenen Schrittweiten h (und damit zu verschiedenen Dimensionen) vorliegt, hat z.B. die Jacobi-Iteration die Ordnung τ, wenn

$$(5.6.7a) \qquad \rho(M^{Jac}) = 1 - C_\eta^{Jac} h^\tau + O(h^{2\tau}) \qquad \text{für } h \to 0.$$

Für das Modellproblem aus §1.2 gilt $\tau = 2$. Der Vergleich zwischen Jacobi und Gauß-Seidel mit Hilfe von (5.3): $\rho(M^{GS}) = \rho(M^{Jac})^2$ zeigt wegen

$$\rho(M^{Jac})^2 = (1 - C_\eta^{Jac} h^\tau + \ldots)^2 = 1 - 2 C_\eta^{Jac} h^\tau + \ldots = 1 - C_\eta^{GS} h^\tau + \ldots,$$

daß sich nur der Koeffizient $C_\eta^{GS} = 2 C_\eta^{Jac}$ verbessert, während die Ordnung erhalten bleibt.

Die Variation des Parameters ω im gedämpften bzw. extrapolierten Jacobi-Verfahren (4.3.2) ist im schwach 2-zyklischen Fall erfolglos: Nach Folgerung 4.3 ist $\omega = 1$ und damit das übliche Jacobi-Verfahren optimal. Umso bemerkenswerter ist die Möglichkeit, die Konvergenzrate des SOR-Verfahrens durch geeignete Wahl $\omega = \omega_{opt}$ zu verbessern. Der nächste Satz zeigt, daß hierdurch außerdem die Ordnung verbessert (halbiert) wird.

Satz 5.6.9. Das Jacobi-Verfahren habe die Ordnung $\tau > 0$ (vgl. (7a)). Es seien die Voraussetzungen des Satzes 5 erfüllt. Dann hat das SOR-Verfahren für $\omega = \omega_{opt}$ die Ordnung $\tau/2$:

$$(5.6.7b) \qquad \rho(M_{\omega_{opt}}^{SOR}) = 1 - C_\eta^{SOR} h^{\tau/2} + O(h^\tau) \quad \text{mit}$$

$$(5.6.7c) \qquad C_\eta^{SOR} := 2\sqrt{2 C_\eta^{Jac}}.$$

Beweis. Nach (5b) gilt

$$(5.6.8) \qquad \rho(M_{\omega_{opt}}^{SOR}) = \omega_{opt} - 1 = \frac{2}{1 + \sqrt{1 - \beta^2}} - 1 = \frac{1 - \sqrt{1 - \beta^2}}{1 + \sqrt{1 - \beta^2}}.$$

Da $1 - \beta^2 = 1 - \rho(M^{Jac})^2 = 1 - [1 - C_\eta^{Jac} h^\tau + O(h^{2\tau})]^2 = 2 C_\eta^{Jac} h^\tau + O(h^{2\tau})$, hat die Wurzel $\sqrt{1 - \beta^2}$ die Entwicklung $\sqrt{2 C_\eta^{Jac}}\, h^{\tau/2} + O(h^\tau)$. Einsetzen in (8) liefert $\rho(M_{\omega_{opt}}^{SOR}) = 1 - 2\sqrt{2 C_\eta^{Jac}}\, h^{\tau/2} + O(h^\tau)$ und beweist (7b,c). $\blacksquare$

5.6.4 Praktische Handhabung des SOR-Verfahrens

Im allgemeinen ist $\beta = \rho(M^{Jac})$ unbekannt, so daß auch der optimale Relaxationsparameter ω_{opt} nicht zur Verfügung steht. Man kann dann wie folgt vorgehen (vgl. auch Young [2,§6.6]).

Zum Start wähle man ein $\omega \leqslant \omega_{opt}$, z.B. $\omega := 1$. Man führe einige SOR-Schritte mit dem Parameter ω durch und bestimme aus den Quotienten von $\|x^{m+1} - x^m\|_2$ eine Näherung $\tilde{\lambda}$ von $\rho(M_\omega^{SOR})$ (vgl. Ende von §3.4). Mit dieser läßt sich über Gleichung (5a) (Fall $\omega \leqslant \omega_{opt}$) auf β zurückschließen:

$$\beta \approx \tilde{\beta} := |\tilde{\lambda} + \omega - 1| / (\omega\sqrt{\tilde{\lambda}})$$

(vgl. (6a)). Mit $\tilde{\beta}$ bestimmt man über (5b) eine Näherung ω von ω_{opt}. Solange $\omega \leqslant \omega_{opt}$, kann man die beschriebene Schätzung von ω_{opt} iterieren. Da die Funktion $\rho(M_\omega^{SOR})$ bei $\omega = \omega_{opt}$ von links eine senkrechte Tangente besitzt, führt jede Abweichung $\omega = \omega_{opt} - \varepsilon$ ($\varepsilon > 0$) nach links zu einer erheblichen Konvergenzverschlechterung, so daß man $\omega \approx \omega_{opt}$ eher zu groß wählen sollten. Ein Programm, das dieser Strategie folgt, findet man bei Meis-Marcowitz [1,Anhang A.4].

5.7 Anwendung auf das Modellproblem

5.7.1 Analyse im Modellfall

Für die Fünfpunktformel des Modellproblems aus §1.2 ist stets das Kriterium 6.2 anwendbar.

i) *punktweise Varianten* (d.h. D ist Diagonale):

Bei *lexikographischer* Indexanordnung hat A die Form (1.2.8). Die Summe $L + U$ erfüllt die Bedingung (6.2d) des Kriteriums 6.2.

Bei *Schachbrett*-Indexanordnung nimmt A die 2-zyklische Gestalt (1.2.9) an, so daß $L + U$ der Bedingung (6.2a) genügt.

ii) *blockweise Varianten* (d.h. D ist Blockdiagonale):

Es seien die Zeilen oder Spalten des Gitters als Blockstruktur gewählt. Werden diese Blöcke *lexikographisch* angeordnet, hat $L + U$ die in (6.2c) verlangte Blocktridiagonalgestalt.

Für die «Zebra-Anordnung» der Blöcke aus Beispiel 1.5, hat $L + U$ 2-zyklische Gestalt und erfüllt (6.2a). ·

Das Kriterium 6.2 beweist neben der Eigenschaft (6.1) auch, daß $\{A, D\}$ in allen genannten Fällen schwach 2-zyklisch ist.

Satz 5.7.1. Es sei das Modellproblem aus §1.2 zur Schrittweite h zugrundegelegt. **(a)** Das punktweise *Gauß-Seidel-Verfahren* hat sowohl bei lexikographischer als auch bei Schachbrettanordnung die Konvergenzgeschwindigkeit

$$(5.7.1a) \qquad \varrho(M^{\text{GS}}) = \cos^2 \pi h = 1 - \sin^2 \pi h = 1 - \pi^2 h^2 + O(h^4).$$

(b) Das Zeilen- bzw. Spaltenblock-Gauß-Seidel-Verfahren hat bei lexikographischer wie auch Zebraanordnung die Konvergenzrate

$$(5.7.1b) \qquad \varrho(M^{\text{BlockGS}}) = 1 - 8\sin^2\frac{\pi h}{2} / (1 + 2\sin^2\frac{\pi h}{2})^2 =$$
$$= 1 - 2\pi^2 h^2 + O(h^4).$$

(c) Für die dem Fall (a) entsprechenden punktweisen *SOR-Verfahren* ist

$$(5.7.2a) \qquad \omega_{\text{opt}} = 2 / (1 + \sin \pi h) = 2 - 2\pi h + O(h^2)$$

der optimale Relaxationsparameter und führt zur Konvergenzrate

$$(5.7.2b) \qquad \varrho(M^{\text{SOR}}_{\omega_{\text{opt}}}) = \omega_{\text{opt}} - 1 = 1 - \frac{2\sin(\pi h)}{1 + \sin(\pi h)} = \frac{1 - \sin(\pi h)}{1 + \sin(\pi h)}.$$

(d) Für die dem Fall (b) entsprechenden Block-SOR-Versionen gilt

$$(5.7.3a) \qquad \omega_{\text{opt}} = 2 / \left[1 + 2\sqrt{2}\sin(\tfrac{1}{2}\pi h) / \cos(\pi h)\right],$$

$$(5.7.3b) \qquad \varrho(M^{\text{BlockSOR}}_{\omega_{\text{opt}}}) = \omega_{\text{opt}} - 1 = 1 - \frac{4\sqrt{2}\sin(\pi h/2)}{\cos(\pi h) + 2\sqrt{2}\sin(\tfrac{1}{2}\pi h)}.$$

Beweis. Gemäß Folgerung 6.8 ist $\rho(M^{[\text{Block}]\text{GS}})$ das Quadrat von $\rho(M^{[\text{Block}]\text{Jac}})$, das in (4.7.3) bzw. (4.7.6) für das Modellproblem angegeben ist. Die Teile (c,d) ergeben sich aus (6.5b,a).   □

Bemerkung 5.7.2. Die in Satz 1 genannten punkt- bzw. blockweisen Gauß-Seidel- und SOR-Iterationen haben den *effektiven Aufwand*

$$(5.7.4\text{a}) \qquad Eff(\Phi^{\text{GS}}) \qquad = \pi^{-2} h^{-2} + O(1) = 0.101\ h^{-2} + O(1),$$

$$(5.7.4\text{b}) \qquad Eff(\Phi^{\text{BlockGS}}) = 0.7\,\pi^{-2}h^{-2} + O(1) = 0.0709\, h^{-2} + O(1),$$

$$(5.7.4\text{c}) \qquad Eff(\Phi^{\text{SOR}}) \qquad = 0.7\,\pi^{-1}h^{-1} + O(1) = 0.2228\, h^{-1} + O(1),$$

$$(5.7.4\text{d}) \qquad Eff(\Phi^{\text{BlockSOR}}) = 0.9/(\sqrt{2}\,\pi)\, h^{-1} + O(1) = 0.2026\, h^{-1} + O(1).$$

Beweis. Die Kostenfaktoren C_Φ sind in (4.6.7a–c) angegeben: $C_\Phi^{\text{GS}} = 1$, $C_\Phi^{\text{BlockGS}} = C_\Phi^{\text{SOR}} = 7/5$, $C_\Phi^{\text{BlockSOR}} = 9/5$. Die Konvergenzraten (1a,b), (2b), (3b) haben die Form $1 - C_\eta h^{-\tau}$ mit

$$(5.7.5\text{a}) \qquad C_\eta^{\text{GS}} = \pi^2, \quad C_\eta^{\text{BlockGS}} = 2\pi^2, \qquad \tau^{[\text{Block}]\text{GS}} = 2,$$

$$(5.7.5\text{b}) \qquad C_\eta^{\text{SOR}} = 2\pi, \quad C_\eta^{\text{BlockSOR}} = 2\sqrt{2}\,\pi, \quad \tau^{[\text{Block}]\text{GS}} = 1$$

(vgl. auch (6.7c)). Die Behauptung folgt aus der Darstellung (3.3.5d).   □

Aus den Zahlen (4a–d) ist z.B. abzulesen, daß die Blockvarianten effektiver sind als die entsprechenden punktweisen Iterationen. Obwohl das SOR-Verfahren etwas aufwendiger als die Gauß-Seidel-Iteration ist, erweist sich schon für $h \leqslant 0.7/\pi \approx 1/5$ das SOR-Verfahren als effektiver.

5.7.2 Gauß-Seidel-Iteration: numerische Beispiele

Die Einleitung enthält in den Tabellen 1.4.1 die Resultate des lexikographischen und des Schachbrett-Gauß-Seidel-Verfahrens. Nachdem die Fehlerreduktionsfaktoren $\varepsilon_{m-1}/\varepsilon_m$ zunächst günstigere Werte zeigen, strebt dieser Faktor für beide Indexanordnungen deutlich erkennbar gegen $\rho(M^{\text{GS}}) = \cos^2 \pi/32 = 0.99039264$ (vgl. (1a)).

Für die Blockvarianten sei im folgenden die Spaltenblockstruktur zugrundegelegt. Tabelle 1 enthält den Wert von u^m im Mittelpunkt, die Maximumnorm $\varepsilon_m = \| u^m - u_h \|_\infty$ und die Reduktionsfaktoren $\rho_{m,m-1} = \varepsilon_{m-1}/\varepsilon_m$, die sich in den Beispielen (fast monoton steigend) dem Grenzwert $\rho(M^{\text{BlockGS}}) = 1 - 8 \sin^2(\pi/64)/(1 + 2\sin^2(\pi/64))^2 = 0.980923$ nähern.

m	lexikographische Anordnung			Zebraanordnung der Blöcke		
	$u_{16,16}$	ε_m	Faktoren	$u_{16,16}$	ε_m	Faktoren
5	−0.01926	1.23834	0.939842	−0.01950	1.17160	0.958731
10	−0.03592	1.01501	0.965208	−0.03752	0.95064	0.968133
20	−0.04928	0.76180	0.974912	−0.04015	0.71340	0.976522
100	0.34781	0.15219	0.980968	0.36033	0.14097	0.980690
200	0.47781	0.02229	0.980934	0.47964	0.02046	0.980916
300	0.49677	0.00325	0.980924	0.49703	0.00298	0.980923

Tabelle 5.7.1 Resultate der Block-Gauß-Seidel-Verfahren für $N = 32$

5.7.3 SOR-Iteration: numerische Beispiele

Die Tabelle 1.4.2 enthält die Resultate der SOR-Iteration für den bei $h = \frac{1}{32}$ optimalen Relaxationsparameter $\omega_{\mathrm{opt}} = 2/(1 + \sin \pi h) = 1.821465$. Der Reduktionsfaktor, der gegen $\omega_{\mathrm{opt}} - 1 = 0.821465$ streben sollte, verhält sich sehr unregelmäßig. Insbesondere besteht die Tendenz, daß die Reduktionsfaktoren zu Beginn deutlich schlechter als die asymptotische Konvergenzrate ausfallen. Das gleiche Bild ergibt sich für die Blockvarianten, die in Tabelle 2 wiedergegeben sind und den optimalen Relaxationsparameter $\omega_{\mathrm{opt}} = 1.7572848$ verwenden. Da sich die Faktoren $q_m := \varepsilon_{m-1}/\varepsilon_m$ so unregelmäßig verhalten, ist eine weitere Spalte mit über 10 Werte gemittelten Faktoren

$$(5.7.6) \qquad \overline{q}_m := (\varepsilon_{m-10}/\varepsilon_m)^{1/10} = (q_{m-9} q_{m-8} \cdots q_m)^{1/10}$$

angegeben.

m	lexikographische Anordnung			Zebraanordnung der Blöcke		
	ε_m	q_m	$\overline{q}_m$	ε_m	q_m	$\overline{q}_m$
10	0.6217327	0.9109	0.8954	0.2978516	0.7280	0.8318
20	0.2146420	0.8841	0.7142	0.0279097	0.7847	0.7892
30	0.0146717	0.4890	0.7647	0.0023936	0.7675	0.7822
40	0.0017416	0.8516	0.8081	0.0002034	0.7723	0.7815
50	0.0001095	0.7375	0.7583	0.0000144	0.8078	0.7672
60	0.0000119	0.7585	0.8007	$9.6527_{10}{-}7$	0.7777	0.7632
70	$6.4684_{10}{-}7$	0.7814	0.7477	$6.8937_{10}{-}8$	0.7684	0.7680
80	$5.6020_{10}{-}8$	0.8006	0.7830	$4.8121_{10}{-}9$	0.7545	0.7663
90	$3.5398_{10}{-}9$	0.7565	0.7587	$3.092_{10}{-}10$	0.7407	0.7600
100	$2.269_{10}{-}10$	0.7139	0.7598	$4.184_{10}{-}11$	−	−

Tabelle 5.7.2 Resultate der Block-SOR-Verfahren für $N = 32$ mit $\omega = \omega_{\mathrm{opt}}$

. Da die Konvergenzgeschwindigkeit des SOR-Verfahrens zu Beginn langsamer ausfällt, ist es kein Widerspruch, wenn – wie in Meis-Marcowitz [1] empfohlen und durch Beispiele belegt – ω etwas größer als ω_{opt} gewählt wird, um schneller eine vorgegebene Fehlerschranke zu erreichen.

5.8 Ergänzungen

5.8.1 p-zyklische Matrizen

Die Eigenschaft «schwach 2-zyklisch» kann verallgemeinert werden. A heißt «schwach p-zyklisch», wenn eine $p \times p$-Blockstruktur existiert, so daß nur die Blöcke A^{1p}, A^{21}, A^{32},..., $A^{p,p-1}$ von null verschieden sind. Dieser Fall wird bei Varga [2,§4.2] ausführlich diskutiert. Unter geeigneten weiteren Voraussetzungen konvergiert das SOR-Verfahren für

$$0 < \omega < \frac{p}{p-1}.$$

Optimale Konvergenz liegt bei der einzigen positiven Wurzel $\omega = \omega_{opt} < < p/(p-1)$ des Polynoms

$$(p-1)^{p-1}\varrho(M^{Jac})^p \omega^p = p^p(\omega-1)$$

vor: $\varrho(M^{SOR}_{\omega_{opt}}) = (\omega_{opt}-1)(p-1) < 1$. Auch hier kommt es zu einer Halbierung der Ordnung (vgl. Satz 5.6.9). Man vergleiche auch Eiermann-Niethammer-Ruttan [1].

5.8.2 Modifiziertes SOR

Im 2-zyklischen Fall kann man das SOR-Verfahren als Produktiteration $\Phi^{SOR}_\omega = \Phi^{(2)}_\omega \circ \Phi^{(1)}_\omega$ auffassen, wobei $\Phi^{(1)}_\omega$ nur den ersten Block und $\Phi^{(2)}_\omega$ nur den zweiten Block des Vektors bearbeitet:

$$(5.8.1a) \qquad \Phi^{(1)}_\omega(x,b) = \begin{pmatrix} x^1 - \omega[x^1 - D_1^{-1}(A_1 x^2 - b^1)] \\ x^2 \end{pmatrix},$$

$$(5.8.1b) \qquad \Phi^{(2)}_\omega(x,b) = \begin{pmatrix} x^1 \\ x^2 - \omega[x^2 - D_2^{-1}(A_2 x^1 - b^2)] \end{pmatrix},$$

wobei $x = \begin{pmatrix} x^1 \\ x^2 \end{pmatrix}$, $b = \begin{pmatrix} b^1 \\ b^2 \end{pmatrix}$ und A wie in (1.3b) aufgespalten seien. Die zugehörigen Iterationsmatrizen sind

$$(5.8.2) \qquad M^{(1)}_\omega = \begin{bmatrix} (1-\omega)I & \omega D_1^{-1}A_1 \\ 0 & I \end{bmatrix}, \quad M^{(2)}_\omega = \begin{bmatrix} I & 0 \\ \omega D_2^{-1}A_2 & (1-\omega)I \end{bmatrix}.$$

Somit ist $M^{SOR}_\omega = M^{(2)}_\omega M^{(1)}_\omega$. Das *modifizierte SOR-Verfahren* verwendet in beiden Halbschritten verschiedene Relaxationsparameter ω, ω':

$$(5.8.3) \qquad \Phi^{modSOR}_{\omega,\omega'} := \Phi^{(2)}_{\omega'} \circ \Phi^{(1)}_\omega.$$

Wie immer, wenn man weitere Parameter einführt, kann die Konvergenz nicht schlechter werden: Für die Wahl $\omega=\omega'$ stimmt das modifizierte mit dem ursprünglichen SOR-Verfahren überein. Allerdings entnimmt man der Analyse bei Young [2,§8], daß kaum eine Verbesserung gegenüber der SOR-Iteration zu erreichen ist.

5.8.3 SSOR im 2–zyklischen Fall

Im 2-zyklischen Fall kann man die rückwärts durchgeführte SOR-Iteration als $\Phi_\omega^{\text{rSOR}}=\Phi_\omega^{(1)}\circ\Phi_\omega^{(2)}$ mit den in (1a,b) definierten Teilschritten schreiben. Die symmetrische SOR-Iteration hat damit die Produktgestalt

$$(5.8.4)\qquad \Phi_\omega^{\text{SSOR}} \;=\; \Phi_\omega^{(1)}\circ\Phi_\omega^{(2)}\circ\Phi_\omega^{(2)}\circ\Phi_\omega^{(1)}.$$

Übungsaufgabe 5.8.1. Man zeige: **(a)** Für die SSOR-Iterationsmatrix $M_\omega^{\text{SSOR}} = M_\omega^{(1)}\,M_\omega^{(2)}\,M_\omega^{(2)}M_\omega^{(1)}$ gilt

$$(5.8.5)\qquad \rho(M_\omega^{(1)}\,M_\omega^{(2)}\,M_\omega^{(2)}\,M_\omega^{(1)}) \;=\; \rho(M_\omega^{(2)}M_\omega^{(2)}\,M_\omega^{(1)}\,M_\omega^{(1)}).$$

(b) Es ist $M_\omega^{(1)}\,M_\omega^{(1)} = M_{\omega'}^{(1)}$ und $M_\omega^{(2)}\,M_\omega^{(2)} = M_{\omega'}^{(2)}$ mit $\omega' := \omega\,(2-\omega)$.
(c) Für $0<\omega<2$ ist $0<\omega'\leqslant 1$. $\omega'=1$ gilt nur für $\omega=1$.

Mit Übungsaufgabe 1 erhält man die folgende negative Aussage:

Folgerung 5.8.2. Im 2-zyklischen Fall gilt $\rho(M_\omega^{\text{SSOR}})=\rho(M_{\omega'}^{\text{SOR}})$ mit $\omega' := \omega\,(2-\omega)\leqslant 1$ für alle $0<\omega<2$. Nach Satz 6.5 ist Unterrelaxation ($\omega'<1$) stets langsamer als das Gauß-Seidel-Verfahren ($\omega'=1$). Somit ist $\omega=1$ der optimale Parameter, für den sich das SSOR-Verfahren zum symmetrischen Gauß-Seidel-Verfahren vereinfacht (vgl. Alefeld [2]).

Daß anders als in Folgerung 4.8.15 keine Ordnungsverbesserung möglich ist, liegt daran, daß die Bedingung $\rho(D^{-1}E\,D^{-1}E^H)\leqslant 1/4$ nicht erfüllt ist. Im 2-zyklischen Fall ist $\rho(D^{-1}E\,D^{-1}E^H)=\rho(D_1^{-1}A_1 D_2^{-1}A_2)=$ $=\rho(M^{\text{GS}})\approx 1$ (vgl. Satz 5.1).

5.8.4 Unsymmetrisches SOR-Verfahren

Im folgenden braucht A nicht 2-zyklisch zu sein. Das unsymmetrische SOR-Verfahren ist nur deshalb hier erwähnt, weil es in Analogie zum modifizierten SOR-Verfahren aus §5.8.2 konstruiert wird. Das SSOR-Verfahren ist das Produkt $\Phi_\omega^{\text{SSOR}}=\Phi_\omega^{\text{rSOR}}\circ\Phi_\omega^{\text{SOR}}$ (vgl. (4.8.16)). Man kann in beiden Faktoren unterschiedliche Parameter verwenden. Das unsymmetrische SOR-Verfahren lautet demgemäß

$$(5.8.6)\qquad \Phi_{\omega,\omega'}^{\text{unsymSOR}} := \Phi_{\omega'}^{\text{rSOR}}\circ\Phi_\omega^{\text{SOR}}.$$

Auch hier ergibt sich kein Vorteil gegenüber dem SSOR-Verfahren. Insbesondere verliert die Iterationsmatrix die Eigenschaft, ein reelles Spektrum zu besitzen.

6. Analyse für M-Matrizen

6.1 Positive Matrizen

Die Positivdefinitheit $A>0$ definiert eine partielle Ordnungsrelation auf der Algebra der Hermiteschen Matrizen. Eine *andere* Ordnungsrelation auf der Algebra aller reellen Matrizen ist durch elementweise Ungleichungen definiert:

$$(6.1.1a) \qquad A > B \;:\Longleftrightarrow\; a_{\alpha\beta} > b_{\alpha\beta} \qquad \text{für alle } \alpha, \beta \in I,$$

$$(6.1.1b) \qquad A \geqslant B \;:\Longleftrightarrow\; a_{\alpha\beta} \geqslant b_{\alpha\beta} \qquad \text{für alle } \alpha, \beta \in I.$$

In diesem Kapitel werden die Zeichen «>» und «$\geqslant$» nur in der komponentenweisen Bedeutung (1a,b) verwandt werden.

Bemerkung 6.1.1. Man beachte, daß aus $A \geqslant B$ und $A \neq B$ noch nicht $A > B$ folgt (Gegenbeispiel: $A = \left(\begin{smallmatrix} 0 & 1 \\ 0 & 0 \end{smallmatrix}\right)$, $B = \left(\begin{smallmatrix} 0 & 0 \\ 0 & 0 \end{smallmatrix}\right)$). Deshalb wird gelegentlich die Notation (1c) verwandt:

$$(6.1.1c) \qquad A \gneqq B \;:\Longleftrightarrow\; A \geqslant B \text{ und } A \neq B.$$

Die *positiven Matrizen* sind durch

$$(6.1.2a) \qquad A > 0$$

charakterisiert (also $a_{\alpha\beta} > 0$ für alle $\alpha, \beta \in I$), die *nichtnegativen Matrizen* durch

$$(6.1.2b) \qquad A \geqslant 0.$$

Bemerkung 6.1.2. Für $A, B \geqslant 0$ gilt $A + B \geqslant 0$ und $AB \geqslant 0$. $AB > 0$ folgt aus $A, B > 0$, während es für $A + B > 0$ ausreicht, daß eine der Matrizen $A, B \geqslant 0$ positiv ist.

Analoge Ordnungsrelationen können für Vektoren verwendet werden:

$$x \geqslant y \;:\Longleftrightarrow\; x_\alpha \geqslant y_\alpha \text{ für alle } \alpha \in I,$$

und analog $x>y$, $x \leqslant y$, $x<y$, $x \gneqq y$, etc.

Übungsaufgabe 6.1.3. Man zeige: (a) $Ax \geqslant By$ für $A \geqslant B \geqslant 0$, $x \geqslant y \geqslant 0$. Insbesondere ist $Ax \geqslant 0$ für $A \geqslant 0, x \geqslant 0$.
(b) A ist genau dann positiv, wenn $Ax > 0$ für alle $x \gneqq 0$.

Der «Betrag» einer Matrix (eines Vektors) ist wieder eine Matrix (Vektor) und wird komponentenweise definiert (nicht mit einer Norm verwechseln!):

$$(6.1.3a) \qquad |A| := (|a_{\alpha\beta}|)_{\alpha,\beta \in I} \in \mathbf{R}^{I \times I},$$

$$(6.1.3b) \qquad |x| := (|x_\alpha|)_{\alpha \in I} \in \mathbf{R}^{I}.$$

Die definierten Ordnungsrelationen passen besonders gut zur
Maximumnorm bzw. Zeilensummennorm:

Übungsaufgabe 6.1.4. Man zeige:

(6.1.4a) $\|x\|_\infty = \||x|\|_\infty$, $x \geqslant y \geqslant 0 \implies \|x\|_\infty \geqslant \|y\|_\infty$ $(x, y \in K^I)$,

(6.1.4b) $\|A\|_\infty = \||A|\|_\infty$, $A \geqslant B \geqslant 0 \implies \|A\|_\infty \geqslant \|B\|_\infty$ $(A, B \in K^{I \times I})$.

Viele Eigenschaften positiver Matrizen entsprechen denen der positiv
definiten Matrizen. Im Gegensatz zu (2.10.3f) erhält man jedoch in

Übungsaufgabe 6.1.5. A und A^{-1} können nie zugleich positiv sein, wobei
der triviale Fall $\#I = 1$ ausgenommen sei.

6.2 Graph einer Matrix und irreduzible Matrizen

Definition 6.2.1. Sei $A \in K^{I \times I}$ eine Matrix zur Indexmenge I. Als
Graph $G(A)$ der Matrix A wird die folgende Teilmenge aller Paare
aus $I \times I$ bezeichnet:

(6.2.1) $G(A) = \{(\alpha, \beta) \in I \times I : a_{\alpha\beta} \neq 0\}.$

Die Menge $G(A)$ veranschaulicht man wie folgt. Die Indizes $\alpha \in I$
heißen *Knoten*, während $(\alpha, \beta) \in G(A)$ als (gerichtete) *Kante* von Knoten
α nach Knoten β bezeichnet und graphisch als Pfeil von α nach β
dargestellt wird (vgl. Abb. 1). Falls $a_{\alpha\beta} \neq 0$ und $a_{\beta\alpha} \neq 0$, sind die Knoten
α und β in beiden Richtungen verbunden (vgl. Abb. 1: $\alpha = 3$, $\beta = 4$). Wenn
$a_{\alpha\beta} \neq 0$ stets zusammen mit $a_{\beta\alpha} \neq 0$ auftritt, hat die Matrix A eine
symmetrische Struktur. In diesem Falle sind alle Kanten beidseitig
gerichtet, so daß man bei der Darstellung auf die Wiedergabe der
Richtungen verzichten kann (vgl. Abb. 2).

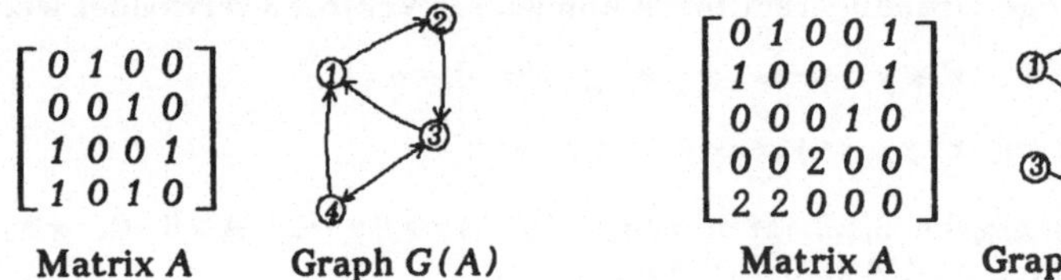

Matrix A Graph $G(A)$ Matrix A Graph $G(A)$

Abb. 6.2.1 gerichteter Graph   **Abb. 6.2.2** Matrix mit symme-
einer Matrix   trischer Struktur

Der Graph $G(A)$ ist minimal für die Nullmatrix: $G(0) = \emptyset$ und maximal
für vollbesetzte Matrizen: $G(A) = I \times I$.

Existiert die Kante $(\alpha, \beta) \in G(A)$, so heißt «α *direkt mit* β *verbunden*».
Dagegen heißt «α *mit* β *verbunden*», wenn es eine Kette direkter

Verbindungen gibt:

$$(6.2.2) \qquad \begin{aligned} &\alpha = \alpha_0, \, \alpha_1, \, \alpha_2, \, \ldots, \, \alpha_{k-1}, \, \alpha_k = \beta \qquad \text{mit} \\ &k \in \mathbb{N}, \qquad (\alpha_{i-1}, \alpha_i) \in G(A) \quad \text{für alle } i = 1, 2, \ldots, k. \end{aligned}$$

Übungsaufgabe 6.2.2. Man zeige: **(a)** Die Relation «α ist mit β verbunden» ist transitiv, aber nicht notwendigerweise symmetrisch.
(b) Sei $n := \# I$. Wenn α mit β verbunden ist, kann die Kette (2) stets so gewählt werden, daß ihre Länge $k < n$ beträgt.

Definition 6.2.3. Eine Matrix $A \in \mathbb{K}^{I \times I}$ heißt *irreduzibel*, wenn jedes $\alpha \in I$ mit jedem $\beta \in I$ verbunden ist. Andernfalls heißt A *reduzibel*.

Bemerkung 6.2.4. Sei $\# I \geqslant 2$. A ist genau dann reduzibel (zerlegbar), wenn man die Indizes so anordnen kann, daß A die Blockgestalt

$$(6.2.3) \qquad A = \begin{array}{c} \left. \begin{bmatrix} A^{11} & A^{12} \\ 0 & A^{22} \end{bmatrix} \right. \begin{array}{l} \} \ I_1 \\[6pt] \} \ I_2 \end{array} \\ \underbrace{\phantom{A^{11}}}_{I_1} \underbrace{\phantom{A^{12}}}_{I_2} \end{array} \qquad (A^{11}, A^{22}: \text{quadratische Blöcke!})$$

mit nichtleeren Indexteilmengen $I_1, I_2 \subset I$ annimmt.

Beweis. (i) A habe die Gestalt (3). Man wähle $\alpha \in I_2$, $\beta \in I_1$. Angenommen, eine Kette (2) existiert, die α mit β verbindet, so muß es eine Kante $(\alpha_{\ell-1}, \alpha_\ell) \in G(A)$ mit $\alpha_{\ell-1} \in I_2$ und $\alpha_\ell \in I_1$ geben. Der Widerspruch ergibt sich aus $a_{\alpha_{\ell-1}, \alpha_\ell} = 0$, da dieses Element im Block $A^{21} = 0$ liegt. Also ist α nicht mit β verbunden und A damit reduzibel.
(ii) Sei A reduzibel. Dann müssen zwei verschiedene Indizes $\alpha, \beta \in I$ existieren, so daß α nicht mit β verbunden ist. Man wähle

$$I_1 := \{ \gamma \in I : \gamma \text{ mit } \beta \text{ verbunden oder } \gamma = \beta \}, \qquad I_2 := I \setminus I_1.$$

Die Mengen sind nicht leer, da $\beta \in I_1$, $\alpha \in I_2$. Man numeriere zunächst I_1, dann I_2 durch. Ein Element $a_{\delta\gamma}$ aus dem Block A^{21} hat die Indizes $\delta \in I_2$, $\gamma \in I_1$. Es muß $a_{\delta\gamma} = 0$ gelten, da sonst δ mit γ und dieses nach Definition von I_1 mit β verbunden ist, so daß $\delta \in I_1$ im Widerspruch zu $\delta \in I_2$ gälte. ∎

Übungsaufgabe 6.2.5. Man zeige: **(a)** Die Matrix A aus Abbildung 1 ist irreduzibel, nicht jedoch diejenige aus Abbildung 2.
(b) Hat A symmetrische Struktur, so ist A genau dann irreduzibel, wenn der Graph $G(A)$ zusammenhängend ist.
(c) Dreiecks- und Diagonalmatrizen mit $\# I > 1$ sind reduzibel.
(d) Die Matrix des Poisson-Modellproblems ist irreduzibel.

Im Zusammenhang mit Gleichungssystemen erlauben reduzible Matrizen eine *Reduktion* des Systems: Wenn A reduzibel ist und

$\{I_1, I_2\}$ die Blockstruktur aus (3) ist, kann $Ax = b$ in zwei Schritten über die kleineren Gleichungssysteme

$$A^{22} x^2 = b^2, \qquad A^{11} x^1 = b^1 - A^{12} x^2$$

gelöst werden.

Übungsaufgabe 6.2.6. Für nichtnegative Matrizen $A, B \geqslant 0$ und positive Zahlen α, β gilt $G(\alpha A + \beta B) = G(A) \cup G(B)$.

Bemerkung 6.2.7. Sei $G_k(A) := \{(\alpha, \beta) \in I \times I$: es existiert eine Kette (2) der Länge $\leqslant k$, die α mit β verbindet$\}$. Ferner sei $n := \#I$. Dann gilt:

(a) $G(A) = G_1(A) \subset G_2(A) \subset \ldots \subset G_{k-1}(A) \subset G_k(A) \subset \ldots$

(b) $G_k(A) = G_{n-1}(A)$ für alle $k \geqslant n - 1$.

(c) A ist genau dann irreduzibel, wenn $G_{n-1}(A) = I \times I$.

(d) Für $A \geqslant 0$ gilt $G_k(A) \subset G([I + A]^k)$.

(e) Ist $A \geqslant 0$ irreduzibel, so gilt $(I + A)^{n-1} > 0$ und $\sum\limits_{\nu=0}^{n-1} A^\nu > 0$.

Beweis. zu (a): Eine Kette (2) der Länge $k = 1$ ist eine direkte Verbindung, d.h. eine Kante aus $G(A)$. Umgekehrt liegt jede Kante aus $G(A)$ in $G_1(A)$, so daß $G(A) = G_1(A)$.
zu (b): gemäß Übungsaufgabe 2b.
zu (c): Wenn α mit β verbunden ist, muß (α, β) nach (a) und (b) zu $G_{n-1}(A)$ gehören. Dies beweist die Behauptung (c).
zu (d): Da in (d) und (e) nichtnegative Matrizen $A \geqslant 0$ vorliegen, kann die Bedingung $a_{\alpha\beta} \neq 0$ aus Definition 1 durch $a_{\alpha\beta} > 0$ ersetzt werden. Sei $A' := I + A$ und $(\alpha_0, \alpha_k) \in G_k(A)$, d.h. es gibt eine Kette direkter Verbindungen $(\alpha_{\ell-1}, \alpha_\ell) \in G(A)$ für $1 \leqslant \ell \leqslant k$. Der Koeffizient

$$(6.2.4a) \qquad (A'^k)_{\alpha_0, \alpha_k} = \sum_{\beta_1, \ldots, \beta_{k-1} \in I} a'_{\alpha_0 \beta_1} \, a'_{\beta_1 \beta_2} \cdot \ldots \cdot a'_{\beta_{k-1} \alpha_k}$$

der Matrix A'^k ist wegen $A' \geqslant 0$ durch

$$(6.2.4b) \qquad (A'^k)_{\alpha_0, \alpha_k} \geqslant a'_{\alpha_0 \alpha_1} a'_{\alpha_1 \alpha_2} \cdot \ldots \cdot a'_{\alpha_{k-1} \alpha_k}$$

abschätzbar. Für $\alpha_{\ell-1} \neq \alpha_\ell$ folgt $a'_{\alpha_{\ell-1} \alpha_\ell} > 0$ aus $(\alpha_{\ell-1}, \alpha_\ell) \in G(A)$, während für $\alpha_{\ell-1} = \alpha_\ell$ das Diagonalelement $a'_{\alpha_\ell \alpha_\ell} = 1 + a_{\alpha_\ell \alpha_\ell} \geqslant 1 > 0$ erfüllt. Also sind alle in (4b) auftretenden Faktoren $a'_{\alpha_{\ell-1} \alpha_\ell}$ positiv, so daß $(A'^k)_{\alpha_0, \alpha_k} > 0$ folgt und $(\alpha_0, \alpha_k) \in G(A'^k)$ beweist: $G_k(A) \subset G(A'^k)$.
zu (e): Offenbar gilt $B := (I + A)^{n-1} \geqslant 0$ (vgl. Bemerkung 1.2). Für irreduzibles A ist

$$I \times I \underset{(c)}{=} G_{n-1}(A) \underset{(d)}{\subset} G((I+A)^{n-1}) = G(B),$$

so daß stets $(\alpha, \beta) \in G(B)$, also $B_{\alpha\beta} > 0$ gilt. Dies beweist $B > 0$. Der Fall $\sum A^\nu$ ist analog. ∎

6.3 Perron-Frobenius-Theorie positiver Matrizen

Hauptresultat dieses Abschnittes ist der

Satz 6.3.1. (Perron [1], Frobenius [1]) Sei $n := \#I > 1$. $A \geqslant 0$ sei eine irreduzible Matrix aus $\mathbf{R}^{I \times I}$. Dann gilt

(6.3.1a) $\rho(A) > 0$ ist *einfacher Eigenwert* von A,

(6.3.1b)   zu $\lambda = \rho(A)$ gehört ein *positiver Eigenvektor* $x > 0$,

(6.3.1c) $\rho(B) > \rho(A)$ für alle $B \gneqq A$.

Der Beweis dieses Satzes wird durch die Lemmata 2–6 vorbereitet. Wir beginnen mit einigen Hilfskonstruktionen. Die Menge

$$E := \{ x \in \mathbf{R}^I : \|x\|_\infty = 1, \, x \geqslant 0 \}$$

besteht aus Vektoren $x \geqslant 0$ mit mindestens einer Komponente $x_\alpha = 1$.

Lemma 6.3.2. Sei $A \geqslant 0$. Die Menge

(6.3.2a) $K := \{ (x, \rho) \in E \times \mathbf{R} : \rho \geqslant 0, \, Ax \geqslant \rho x \}$

ist kompakt (d.h. abgeschlossen und beschränkt). Das Maximum

(6.3.2b) $r := \max\{ \rho : (x, \rho) \in K \text{ für ein } x \in E \}$

wird angenommen. Für jedes Paar $(y, r) \in K$ gilt

(6.3.2c) $Ay \geqslant ry$ und *nicht* $Ay > ry$.

Beweis. (i) Haben $(x_\nu, \rho_\nu) \in K$ den Limes (x, ρ), so folgt aus $Ax_\nu \geqslant \rho_\nu x_\nu$ auch $Ax \geqslant \rho x$, so daß $(x, \rho) \in K$ die Abgeschlossenheit von K beweist. (ii) Die Beschränktheit von x ist wegen $\|x\|_\infty = 1$ trivial. Die Komponente ρ von $(x, \rho) \in K$ ist durch

(6.3.2d) $0 \leqslant \rho \leqslant \|A\|_\infty$

beschränkt, denn für den Index $\alpha \in I$ mit $x_\alpha = 1$ gilt $\rho = \rho x_\alpha \leqslant (Ax)_\alpha \leqslant \|Ax\|_\infty \leqslant \|A\|_\infty \|x\|_\infty \leqslant \|A\|_\infty$. Dies beendet den Beweis der Kompaktheit von K.
(iii) Sei r das Supremum von $\{ \rho : (x, \rho) \in K \text{ für ein } x \in E \}$. Es gibt $(x_\nu, \rho_\nu) \in K$ mit $\rho_\nu \to r$. Da K kompakt ist, konvergiert eine Teilfolge gegen $(y, r) \in K$. Nach Definition von K muß $Ay \geqslant ry$ gelten. Wäre $Ay > ry$, könnte offenbar r erhöht werden im Widerspruch zur Maximalität von r.

Lemma 6.3.3. Sei $A \geqslant 0$ irreduzibel mit $n := \#I > 1$. r sei gemäß (2b) definiert, und $y \in E$ erfülle (2c). Dann gilt

(6.3.3) $r > 0, \quad y > 0, \quad Ay = ry,$

d.h. y ist positiver Eigenvektor von A zum positiven Eigenwert r.

Beweis. (i) Der Restvektor $z := Ay - ry$ ist wegen (2c) nichtnegativ. Unter der Annahme $z \neq 0$ liefert Bemerkung 2.7e, daß $(I+A)^{n-1}z > 0$ und somit

$$(6.3.4) \qquad 0 < (I+A)^{n-1}z = (I+A)^{n-1}(Ay-ry) = (I+A)^{n-1}(A-rI)\,y =$$
$$= (A-rI)(I+A)^{n-1}y = Ay'-ry' \qquad \text{für } y' := (I+A)^{n-1}y.$$

Aus $y \geqslant 0$ schließt man wieder $y' = (I+A)^{n-1}y > 0$. Der normierte Vektor $y'' := y'/\|y'\|_\infty$ gehört zu E. Aus $Ay' > ry'$ folgt $(y'',r)\epsilon K$ und $Ay'' > ry''$ im Widerspruch zu (2c). Also ist die Annahme $z \neq 0$ falsch, und $z = 0$ beweist $Ay = ry$.
(ii) Wie in (i) schon verwendet, ist $(I+A)^{n-1}y > 0$. Die Eigenwertbeziehung $Ay = ry$ liefert hieraus $(1+r)^{n-1}y > 0$. Da $1+r \geqslant 1 > 0$, folgt $y > 0$.
(iii) Wäre $r = 0$, so gälte $Ay = ry = 0$. Aus $Ay = 0$ und $y > 0$ schließt man $A = 0$. Da $n > 1$, wäre A reduzibel. Also muß $r > 0$ gelten.   ◼

Lemma 6.3.4. Seien A irreduzibel und $|B| \leqslant A$. Dann gilt

$$(6.3.5a) \qquad \varrho(B) \leqslant r \qquad\qquad\qquad\qquad (r \text{ gemäß (2b))},$$

$$(6.3.5b) \qquad \varrho(B) = r \iff |B| = A,\ B = \omega D A D^{-1},\ |D| = I,\ |\omega| = 1.$$

Beweis. (i) Seien $\beta\epsilon\sigma(B)$ und y zugehöriger, normierter Eigenvektor: $By = \beta y$, $\|y\|_\infty = 1$. Wegen

$$|\beta||y| = |\beta y| = |By| \leqslant |B||y| \leqslant A|y|$$

gehört $(|y|,|\beta|)$ zu K und beweist $|\beta| \leqslant r$. Da $\beta\epsilon\sigma(B)$ beliebig, ist (5a): $\varrho(B) \leqslant r$ gezeigt.
(ii) Sei $|\beta| = r$. Mit y aus (i) gilt $(|y|,r)\epsilon K$. Nach Lemma 3 ist $|y| > 0$ Eigenvektor von A: $A|y| = r|y|$. Die Ungleichung

$$r|y| = |\beta||y| \underset{\text{s.o.}}{\leqslant} |B||y| \underset{\text{s.o.}}{\leqslant} A|y| = r|y|$$

impliziert $|B||y| = A|y|$. Da $|y| > 0$ und $|B| \leqslant A$, folgt $|B| = A$. Die Definition $D := \mathrm{diag}\{y_\alpha/|y_\alpha| : \alpha \epsilon I\}$ ist wegen $|y| > 0$ sinnvoll und führt auf $D|y| = y$. Ferner sei $\omega := \beta/r$ ($r > 0$ nach Lemma 3). Die Bedingungen $|D| = I$ und $|\omega| = 1$ sind erfüllt. Die Eigenwertgleichung $By = \beta y$ wird zu

$$\tfrac{1}{\omega}D^{-1}BD|y| = r|y|.$$

Die Matrix $C := \tfrac{1}{\omega}D^{-1}BD$ erfüllt $|C| = |B| = A$ und $C|y| = r|y| = A|y| = |C||y|$. Wegen $|y| > 0$ schließt man auf $C = |C| = A$. Damit ist die Richtung «$\Longrightarrow$» in (5b) bewiesen.
(iii) Ist umgekehrt die rechte Seite von (5b) erfüllt, hat B einen Eigenwert $\beta = \omega r$, was $|\beta| = r$ und mit Teil (i) auch $\varrho(B) = r$ beweist.   ◼

Lemma 6.3.5. Für eine irreduzible Matrix $A \geqslant 0$ ist $r = \varrho(A)$.

Beweis. Die rechte Seite in (5b) ist für $B := A$ mit $D = I$ und $\omega = 1$ erfüllt. Also gilt $r = \varrho(B) = \varrho(A)$.   ◼

Lemma 6.3.6. Sei $A \geqslant 0$ irreduzibel. B sei eine echte *Hauptuntermatrix* von A, d.h. $B = (a_{\alpha\beta})_{\alpha,\beta \in I'}$ für eine nichtleere Indexteilmenge $I' \subsetneqq I$. Dann gilt $\rho(B) < \rho(A)$.

Beweis. Die Matrix $B' := (b'_{\alpha\beta})_{\alpha,\beta \in I}$ mit $b'_{\alpha\beta} = \begin{cases} a_{\alpha\beta} = b_{\alpha\beta} & \text{für } \alpha,\beta \in I' \\ 0 & \text{sonst} \end{cases}$ ist die Blockdiagonalmatrix blockdiag$(B,0)$ bezüglich der Blockstruktur $\{I', I \setminus I'\}$. Die Gleichheit $\sigma(B') = \sigma(B) \cup \{0\}$ beweist $\rho(B') = \rho(B)$. Offenbar gilt $|B'| = B' \leqslant A$. Da B' reduzibel ist, kann die rechte Seite in (5b) für B' und A nicht erfüllt sein, so daß $\rho(B) = \rho(B') < \rho(A)$ folgt. ▨

Beweis des Satzes 1. (i) Nach Lemma 5 ist $r = \rho(A)$, während Lemma 3 beweist, daß $r = \rho(A) > 0$ ein Eigenwert mit einem positiven Eigenvektor ist. (ii) Wenn $B \gneqq A$, ist wegen $G(B) \supset G(A)$ mit A auch B irreduzibel. Da $A = |A| \lneqq B$, schließt man aus Lemma 4 mit vertauschten Rollen von A und B, daß $\rho(A) < r_B$, wobei $r_B = \rho(B)$ der zu B gehörige Wert r aus (2b) ist. (iii) Es bleibt (1a) zu zeigen: $\lambda = \rho(A)$ ist einfacher Eigenwert. Seien A_γ für $\gamma \in I$ die Hauptuntermatrizen zur Indexmenge $I_\gamma := I \setminus \{\gamma\}$. Die Ableitung der Determinante von $\lambda I - A$ lautet

$$(6.3.6) \qquad \frac{d}{d\lambda} \det(\lambda I - A) = \sum_{\gamma \in I} \det(\lambda I - A_\gamma).$$

Da $\rho(A_\gamma) < \rho(A)$ nach Lemma 6, ist $\det(\lambda I - A_\gamma) \neq 0$ für alle $\lambda \geqslant \rho(A)$. Das Polynom $\det(\lambda I - A_\gamma) = \lambda^{n-1} + \ldots$ strebt für $\lambda \to \infty$ gegen $+\infty$, so daß es im halboffenen Intervall $[\rho(A), \infty)$ positiv sein muß. Aus $\det(\lambda I - A_\gamma) > 0$ und (6) schließt man

$$\frac{d}{d\lambda} \det(\lambda I - A) > 0 \qquad\qquad \text{für } \lambda \geqslant \rho(A).$$

Da eine doppelte Nullstelle von $\det(\lambda I - A)$ in $\lambda = \rho(A)$ zu einer verschwindenden Ableitung führen würde, ist $\lambda = \rho(A)$ nur einfache Nullstelle und damit auch einfacher Eigenwert. ▨

Übungsaufgabe 6.3.7. Man beweise: Der Eigenwert $\lambda = \rho(A)$ einer irreduziblen Matrix $A \geqslant 0$ ist der einzige mit der Eigenschaft $|\lambda| = \rho(A)$. *Hinweis.* Man zeige: Der zu λ mit $|\lambda| = \rho(A)$ gehörende Eigenvektor x liefert einen Vektor $y := |x|$, der (2c) erfüllt. Man wende Lemma 3 an.

Übungsaufgabe 6.3.8. Man zeige: Ist $x > 0$ der Eigenvektor einer irreduziblen Matrix $A \geqslant 0$, so gehört dieser zum Eigenwert $\lambda = \rho(A)$.

Die Irreduziblität von A, die in Satz 1 gefordert wird, ist insbesondere für positive $A > 0$ gesichert. Läßt man dagegen auch reduzible $A \geqslant 0$ zu, sind nicht mehr alle Behauptungen des Satzes richtig.

Übungsaufgabe 6.3.9. Man zeige: Es gibt reduzible Matrizen $A \geqslant 0$, so daß $\rho(A)$ mehrfacher Eigenwert ist und die zugehörigen Eigenvektoren $x \geqslant 0$ Komponenten $x_\alpha = 0$ besitzen.

Die für möglicherweise auch reduzible Matrizen $A \geqslant 0$ verbleibenden Eigenschaften enthält der

---

Satz 6.3.10. Sei $A \geqslant 0$. Dann gilt

(6.3.7a) $0 \leqslant \rho(A)$ ist *Eigenwert* von A: $\rho(A) \in \sigma(A)$,

(6.3.7b)   zu $\lambda = \rho(A)$ gehört ein *nichtnegativer Eigenvektor* $x \ngtr 0$,

(6.3.7c) $\rho(B) \geqslant \rho(A)$ für alle $B \geqslant A$.

Beweis. (i) Da der Fall $n := \#I = 1$ trivial ist, sei $n > 1$ angenommen. Wir setzen $A_\varepsilon := (a_{\alpha\beta} + \varepsilon)_{\alpha, \beta \in I}$ für $\varepsilon > 0$. Da $G(A_\varepsilon) = I \times I$, ist A_ε irreduzibel. Nach Satz 1 ist $\lambda_\varepsilon = \rho(A_\varepsilon)$ ein Eigenwert von A_ε zum Eigenvektor $x_\varepsilon > 0$, $\| x_\varepsilon \|_\infty = 1$. Weil die Eigenwerte als Polynomnullstellen stetig von A_ε abhängen, ist $\lambda := \lim_{\varepsilon \to 0} \lambda_\varepsilon = \lim_{\varepsilon \to 0} \rho(A_\varepsilon) = \rho(A)$ Eigenwert von A. Da $\{ x : \| x \|_\infty = 1 \}$ kompakt ist, gibt es eine konvergente Teilfolge $x_{\varepsilon_\nu} \to x$ mit $\| x \|_\infty = 1$ und $x \geqslant 0$. Aus $A_{\varepsilon_\nu} x_{\varepsilon_\nu} = \lambda_{\varepsilon_\nu} x_{\varepsilon_\nu}$ folgt $Ax = \lambda x$, d.h. $x \geqslant 0$ ist Eigenvektor.

(ii) In Analogie zu A_ε sei $B_{2\varepsilon}$ definiert. Aus $B_{2\varepsilon} \ngtr A_\varepsilon$ und $\rho(B_{2\varepsilon}) \geqslant \rho(A_\varepsilon)$ schließt man $\rho(B) \geqslant \rho(A)$ für $\varepsilon \to 0$.   ◪

Übungsaufgabe 6.3.11. Aus $|B| \leqslant A \in \mathbb{R}^{I \times I}$ schließe man auf $\rho(B) \leqslant \rho(A)$. *Hinweis.* Man führe den Grenzprozeß $A_\varepsilon \to A$ in Lemmata 4 und 5 aus.

6.4 M-Matrizen

6.4.1 Definition

Definition 6.4.1. Eine Matrix $A \in \mathbb{R}^{I \times I}$ heißt *M-Matrix*, falls

(6.4.1a) $a_{\alpha\alpha} > 0$ für alle $\alpha \in I$,

(6.4.1b) $a_{\alpha\beta} \leqslant 0$ für alle $\alpha \neq \beta$,

(6.4.1c) A regulär und $A^{-1} \geqslant 0$.

Aus Satz 4 wird hervorgehen, daß man die Bedingung (1a) streichen kann, da sie aus (1b,c) folgt. Die Eigenschaften (1a,b) sind leicht nachprüfbar. Schwieriger ist der Nachweis von $A^{-1} \geqslant 0$. Hierfür werden im weiteren Kriterien angegeben werden. Matrizen mit der Eigenschaft (1c) nennt man *inverspositiv*. M-Matrizen sind damit eine Unterklasse der inverspositiven Matrizen. Der Name «M-Matrix» ist von Ostrowski [1] 1937 in Anlehnung an den Namen «Minkowskische Determinante» eingeführt worden.

Übungsaufgabe 6.4.2. Man zeige: Gilt $b \leqslant b'$ für die rechten Seiten der Gleichungen $Ax = b$, $Ax' = b'$, so gilt unter der Annahme (1c) auch $x \leqslant x'$.

Übungsaufgabe 6.4.3. Man zeige am Beispiel einer Tridiagonalmatrix, daß das Produkt $A = A_1 A_2$ zweier M-Matrizen A_1, A_2 im allgemeinen keine M-Matrix darstellt, obwohl A stets inverspositiv ist.

6.4.2 Zusammenhang zwischen M-Matrizen und der Jacobi-Iteration

---

Satz 6.4.4. $A \in \mathbb{R}^{I \times I}$ erfülle (1b): $a_{\alpha\beta} \leqslant 0$ für alle $\alpha \neq \beta$. $D = \mathrm{diag}\{a_{\alpha\alpha} : \alpha \in I\}$ bezeichne die Diagonale von A. **(a)** Dann sind die folgenden Aussagen (2a) einerseits und ($2b_{1-3}$) andererseits äquivalent:

(6.4.2a) A regulär und $A^{-1} \geqslant 0$,

(6.4.2b_1) $a_{\alpha\alpha} > 0$ $\qquad\qquad\qquad\qquad\qquad$ für alle $\alpha \in I$,

(6.4.2b_2) $M := I - D^{-1}A \geqslant 0$,

(6.4.2b_3) $\rho(M) < 1$.

(b) Im Falle von (2a) oder ($2b_{1-3}$) ist A eine M-Matrix. Umgekehrt gilt ($2b_{2,3}$) für jede M-Matrix.

Da M aus ($2b_2$) mit der Iterationsmatrix M^{Jac} der punktweisen Jacobi-Iteration übereinstimmt (vgl. (4.2.5a)), beschreibt ($2b_3$) die Konvergenz des Jacobi-Verfahrens.

Beweis. (i) Zuerst sei «(2a) $\Longrightarrow$ ($2b_{1-3}$)» gezeigt. Sei s^γ die $\gamma \in I$ entsprechende Spalte der Matrix A. Aus $A^{-1}A = I$ ergibt sich $A^{-1}s^\gamma = e^\gamma :=$ Einheitsvektor zum Index $\gamma \in I$. Wäre $a_{\gamma\gamma} \leqslant 0$, gälte $s^\gamma \leqslant 0$ und (2a) ergäbe den Widerspruch $e^\gamma = A^{-1}s^\gamma \leqslant 0$. Also ist ($2b_1$) gezeigt. Dank ($2b_1$) ist $D \geqslant 0$ regulär. Für $A' := D^{-1}A$ findet man die nichtnegative Inverse $A'^{-1} = A^{-1}D$. $M = I - A'$ hat Diagonalelemente $M_{\alpha\alpha} = 1 - 1 = 0$ und nichtnegative Außerdiagonaleinträge $M_{\alpha\beta} = 0 - a_{\alpha\alpha}^{-1} a_{\alpha\beta} \geqslant 0$ für $\alpha \neq \beta$, so daß ($2b_2$): $M \geqslant 0$ bewiesen ist. Nach Satz 3.10 gehört zum Eigenwert $\lambda := \rho(M) \in \sigma(M)$ ein Eigenvektor $x \gneqq 0$. $Mx = \lambda x$ führt auf $A'^{-1}(1-\lambda)x = x$. Da $A'^{-1} \geqslant 0$ regulär und $x \gneqq 0$ sind, muß $1 - \lambda > 0$ gelten: $0 \leqslant \rho(M) = \lambda < 1$. Damit ist auch ($2b_3$) gezeigt.
(ii) Zum Beweis von «($2b_{1-3}$) $\Longrightarrow$ (2a)» verwenden wir Satz 2.9.10: Da $\rho(M) < 1$, konvergiert $(I-M)^{-1} = \sum M^\nu$ und ist wegen $M \geqslant 0$ nichtnegativ. $0 \leqslant (I-M)^{-1}D^{-1} = (D^{-1}A)^{-1}D^{-1} = A^{-1}DD^{-1} = A^{-1}$ beweist (2a).
(iii) Gelten (2a) oder ($2b_{1-3}$), so treffen beide Eigenschaften zu. Die M-Matrixeigenschaften liest man aus den Eigenschaften ($2b_{1,2}$), (2a) ab. $\blacksquare$

Zusatz 6.4.5. $A \in \mathbb{R}^{I \times I}$ erfülle (1b): $a_{\alpha\beta} \leqslant 0$ für alle $\alpha \neq \beta$. D und M seien wie in Satz 4. Dann sind die folgenden Aussagen (3a) und (3b) äquivalent:

(6.4.3a) A regulär und $A^{-1} > 0$,

(6.4.3b) $a_{\alpha\alpha} > 0$ $(\alpha \in I)$, $M \geqslant 0$, $\rho(M) < 1$, M irreduzibel.

Beweis. «(3a) $\Longrightarrow$ (3b)» Wäre A reduzibel, gäbe es eine Blockstruktur $\{I_1, I_2\}$ mit $A^{21} = 0$. Die Inverse $C := A^{-1}$ hätte die Blöcke $C^{ii} = (A^{ii})^{-1}$, $C^{12} = -(A^{11})^{-1}A^{12}(A^{22})^{-1}$ und insbesondere $C^{21} = 0$ im Widerspruch zu $A^{-1} > 0$. Also ist A irreduzibel. Da $G(A)$ und $G(M)$ bis auf die Diagonalpaare übereinstimmen, ist auch M irreduzibel.
«(3b) $\Longrightarrow$ (3a)» Nach dem vorigen Beweisteil (ii) ist $A^{-1} = (\sum M^\nu)D^{-1}$. Hieraus folgt $A^{-1} > 0$, da $\sum M^\nu$ nach Bemerkung 2.7e positiv ist. $\blacksquare$

Dem Satz 4 entnimmt man, daß in der Definition 1 der M-Matrix die erste Bedingung (1a): $a_{\alpha\alpha}>0$ entfallen kann, da sie aus (1b,c) notwendigerweise folgt. Die folgende Eigenschaft ist das diskrete Analogon des Maximumprinzips elliptischer Differentialgleichungen zweiter Ordnung (vgl. Hackbusch [15, Satz 2.3.3]).

Übungsaufgabe 6.4.6. Man beweise: (a) Eine irreduzible M-Matrix A hat eine positive Inverse: $A^{-1}>0$.
(b) Erfüllt eine reguläre Matrix (1b) und $\sum_\beta a_{\alpha\beta}\geqslant 0$ für alle $\alpha\in I$, so ist sie eine M-Matrix.
(c) Zu jeder M-Matrix A gibt es eine diagonal-ähnliche Matrix $A' := \Delta^{-1}A\Delta$ mit einer Diagonalmatrix $\Delta\geqslant 0$, so daß die Ungleichung $\sum_\beta a'_{\alpha\beta}\geqslant 0$ aus (b) für alle $\alpha\in I$ gilt.

6.4.3 Diagonaldominanz

Definition 6.4.7. Sei $A\in\mathbb{K}^{I\times I}$. A heißt *stark diagonaldominant* (oder auch *strikt diagonaldominant*), wenn

$$(6.4.4)\qquad |a_{\alpha\alpha}| > \sum_{\substack{\beta\in I\\ \beta\neq\alpha}} |a_{\alpha\beta}| \qquad\qquad \text{für alle } \alpha\in I,$$

schwach diagonaldominant, falls

$$(6.4.5)\qquad |a_{\alpha\alpha}| \geqslant \sum_{\substack{\beta\in I\\ \beta\neq\alpha}} |a_{\alpha\beta}| \qquad\qquad \text{für alle } \alpha\in I$$

und *irreduzibel diagonaldominant*, falls A eine irreduzible Matrix und schwach diagonaldominant ist und außerdem (6) gilt:

$$(6.4.6)\qquad |a_{\alpha\alpha}| > \sum_{\substack{\beta\in I\\ \beta\neq\alpha}} |a_{\alpha\beta}| \qquad\qquad \text{für mindestens ein } \alpha\in I.$$

Falls A nicht irreduzibel ist, hilft die folgende Verallgemeinerung.

Definition 6.4.8. Für $A\in\mathbb{K}^{I\times I}$ und $\gamma\in I$ sei die Indexmenge G_γ definiert als $G_\gamma := \{\beta\in I:\ \gamma \text{ mit } \beta \text{ im Matrixgraphen } G(A) \text{ verbunden}\}$ gesetzt. Dann heißt A *im wesentlichen diagonaldominant*, wenn A schwach diagonaldominant ist und für alle $\gamma\in I$ die Bedingung (7) zutrifft:

$$(6.4.7)\qquad |a_{\alpha\alpha}| > \sum_{\substack{\beta\in I\\ \beta\neq\alpha}} |a_{\alpha\beta}| \qquad\qquad \text{für mindestens ein } \alpha\in G_\gamma.$$

Übungsaufgabe 6.4.9. Man zeige: (a) Für irreduzible Matrizen sind die wesentliche und die irreduzible Diagonaldominanz äquivalent.
(b) Es gelten die Implikationen: stark diagonaldominant $\Rightarrow$ im wesentlichen diagonaldominant $\Rightarrow$ schwach diagonaldominant.
(c) Ist A stark, irreduzibel oder im wesentlichen diagonaldominant, so sind die Diagonalelemente $a_{\alpha\alpha}\neq 0$.
(d) Die Matrix des Modellproblems aus §1.2 ist irreduzibel diagonaldominant, aber nicht stark diagonaldominant.

Daß die Diagonaldominanz einer Matrix zusammen mit den Vorzeichenbedingungen (1a,b) hinreichend für die M-Matrixeigenschaft ist, zeigt der folgende Satz, der üblicherweise mit Hilfe der Gerschgorin-Kreise (vgl. Hackbusch [15, Krit. 4.3.4]), hier jedoch mit den Resultaten aus §6.3 bewiesen wird.

Satz 6.4.10 (a) Die Matrix $A \in \mathbb{K}^{I \times I}$ sei stark diagonaldominant oder im wesentlichen diagonaldominant oder irreduzibel diagonaldominant. Dann gilt

$$(6.4.8) \qquad \rho(M) < 1$$

für die Jacobi-Iterationsmatrix $M := I - D^{-1}A$ (D: Diagonale von A). **(b)** Sind außerdem die Vorzeichenbedingungen (1a,b) erfüllt, ist A eine *M-Matrix*.

Beweis. (i) Nach Übungsaufgabe 9c ist D regulär, so daß M wohldefiniert ist. $M' := |M|$ hat die Elemente

$$M'_{\alpha\beta} = 0 \quad \text{für } \alpha = \beta, \qquad M'_{\alpha\beta} = |a_{\alpha\beta}/a_{\alpha\alpha}| \quad \text{für } \alpha \neq \beta.$$

In Teil (ii) werden wir $\rho(M') < 1$ zeigen. Nach Übungsaufgabe 3.11 ist dann auch $\rho(M) < 1$ und beweist (8). Sind weiterhin die Bedingungen (1a,b) erfüllt, genügt M der Bedingung ($2b_2$): $M \geqslant 0$. Da auch ($2b_{1,3}$) zutreffen, ist A nach Satz 4b eine M-Matrix.
(ii) Nach Konstruktion ist $M' \geqslant 0$, so daß zu $\lambda := \rho(M') \in \sigma(M')$ ein Eigenvektor $x \geqslant 0$ mit $\|x\|_\infty = 1$ existiert. Sei $\alpha \in I$ ein Index mit $x_\alpha = 1$. Wir wollen zeigen: $\lambda < 1$ oder $x_\gamma = 1$ für alle $\gamma \in G_\alpha$, d.h. für alle mit α verbundenen γ. Für einen Induktionsbeweis reicht es offenbar, diese Behauptung für alle γ zu zeigen, die mit α *direkt* verbunden sind, d.h. für γ mit $(\alpha, \gamma) \in G(M')$. Da schwache Diagonaldominanz vorliegt, gilt

$$\lambda = \lambda x_\alpha = (M'x)_\alpha = \Big(\sum_{\beta \neq \alpha} |a_{\alpha\beta}| x_\beta \Big) / |a_{\alpha\alpha}| \leqslant \Big(\sum_{\beta \neq \alpha} |a_{\alpha\beta}| \Big) / |a_{\alpha\alpha}| \leqslant 1.$$

Die Gleichheit $\lambda = 1$ kann nur zutreffen, wenn $x_\beta = 1$ für alle β mit $a_{\alpha\beta} \neq 0$, d.h. für alle β mit $(\alpha, \beta) \in G(A) \supset G(M')$. Damit ist der Induktionsbeweis fertig. Falls $\lambda < 1$, ist $\rho(M') < 1$ gezeigt. Andernfalls muß $x_\gamma = 1$ für alle $\gamma \in G_\alpha$ gelten. Nach Übungsaufgabe 9b ist A im wesentlichen diagonaldominant. Definitionsgemäß gibt es einen Index $\gamma \in G_\alpha$ mit $|a_{\gamma\gamma}| > \sum_{\beta \neq \gamma} |a_{\gamma\beta}|$, so daß wegen $x_\gamma = x_\beta = 1$ für $\gamma, \beta \in G_\alpha$

$$\lambda = \lambda x_\gamma = (M'x)_\gamma = \Big(\sum_{\beta \neq \gamma} |a_{\gamma\beta}| x_\beta \Big) / |a_{\gamma\gamma}| = \Big(\sum_{\beta \neq \gamma} |a_{\gamma\beta}| \Big) / |a_{\gamma\gamma}| < 1$$

die Zwischenbehauptung $\lambda = \rho(M') < 1$ beweist. ▨

Die Anwendung des Zusatzes 5 liefert den

Zusatz 6.4.11. $A \in \mathbb{R}^{I \times I}$ erfülle die Vorzeichenbedingung (1a,b) und sei irreduzibel diagonaldominant. Dann ist A eine M-Matrix mit $A^{-1} > 0$.

Die Diagonaldominanz ist nicht nur ein Kriterium für die M-Matrixeigenschaft, sondern auch für die Positivdefinitheit (vgl. Hackbusch [15, Kriterium 4.3.24]).

Lemma 6.4.12. $A \in \mathbb{K}^{I \times I}$ sei Hermitesch mit positiver Diagonale: $a_{\alpha\alpha} > 0$. Ist A stark, im wesentlichen oder irreduzibel diagonaldominant, so ist A positiv definit. Für die positive *Semi*definitheit reicht aus: $A = A^H$ schwach diagonaldominant mit $a_{\alpha\alpha} \geqslant 0$.

6.4.4 Weitere Kriterien

Im folgenden werden Situationen beschrieben, in denen aus M-Matrizen neue M-Matrizen entstehen.

Satz 6.4.13. $A \in \mathbb{R}^{I \times I}$ sei eine M-Matrix, und $B \geqslant A$ erfülle (1b): $b_{\alpha\beta} \leqslant 0$ für $\alpha \neq \beta$. Dann ist auch B eine M-Matrix. Ferner gilt

$$(6.4.9) \qquad 0 \leqslant B^{-1} \leqslant A^{-1}.$$

Sind außerdem A irreduzibel und $B \neq A$, so gilt sogar $0 \leqslant B^{-1} < A^{-1}$.

Beweis. (i) Seien $M = I - D^{-1}A$ und $M_B = I - D_B^{-1}B$ die zugehörigen Jacobi-Iterationsmatrizen. Man prüft nach, daß $0 \leqslant D_B^{-1} \leqslant D^{-1}$ und $0 \leqslant M_B \leqslant M$. Aus $A^{-1} = (\sum_{\nu=0}^{\infty} M^\nu)D^{-1}$ und $B^{-1} = (\sum M_B^\nu)D_B^{-1}$ folgt (9).
(ii) Gemäß Übung 6 ist $A^{-1} > 0$ für irreduzibles A. Sei $A(\lambda) := A + \lambda(B-A)$. Für $0 \leqslant \lambda \leqslant 1$ gilt $A = A(0) \leqslant A(\lambda) \leqslant A(1) = B$. Die Ableitung

$$C(\lambda) := \frac{d}{d\lambda}A(\lambda)^{-1} = -A(\lambda)^{-1}(B-A)A(\lambda)^{-1}$$

ist wegen $A(\lambda)^{-1} \geqslant 0$ (vgl. (9)) und $B - A \geqslant 0$ nichtpositiv: $C(\lambda) \leqslant 0$. Speziell für $\lambda = 0$ erhält man $C(0) = -A^{-1}(B-A)A^{-1} < 0$, denn für jeden Vektor $x \gneqq 0$ gilt $A^{-1}x > 0$, $(B-A)A^{-1}x \geqslant 0$ und $A^{-1}(B-A)A^{-1}x > 0$, so daß $C(0) < 0$ (vgl. Übung 1.3b). $C(0) < 0$ und $C(\lambda) \leqslant 0$ beweisen $A^{-1} > A(\lambda)^{-1} \geqslant B^{-1}$ für alle $0 < \lambda \leqslant 1$. ◼

Satz 6.4.14. Jede Hauptuntermatrix einer M-Matrix ist wiederum eine M-Matrix. Genauer gilt: Ist $B = (a_{\alpha\beta})_{\alpha,\beta \in I'}$ für $I' \subset I$, so stellt B eine M-Matrix mit $0 \leqslant (B^{-1})_{\alpha\beta} \leqslant (A^{-1})_{\alpha\beta}$ für $\alpha, \beta \in I'$ dar. Sind außerdem A irreduzibel und I' eine nichtleere, echte Teilmenge von I, so gilt sogar $(B^{-1})_{\alpha\beta} < (A^{-1})_{\alpha\beta}$ für $\alpha, \beta \in I'$.

Beweis. Man definiere $B' \in \mathbb{R}^{I \times I}$ mittels $b'_{\alpha\beta} := \begin{cases} a_{\alpha\beta} & \text{für } \alpha, \beta \in I' \text{ oder } \alpha = \beta \in I \\ 0 & \text{sonst.} \end{cases}$. Da B' die Form blockdiag$\{B, D_2\}$ mit der Diagonalen D_2 des Blockes $A^{22} = (a_{\alpha\beta})_{\alpha,\beta \in I \setminus I'}$ besitzt, gilt $B'^{-1} = $ blockdiag$\{B^{-1}, D_2^{-1}\}$. Auf B' ist Satz 13 anwendbar und liefert $0 \leqslant B'^{-1} \leqslant A^{-1}$ bzw. $0 \leqslant B'^{-1} < A^{-1}$. Die Beschränkung auf den ersten Block liefert die Behauptung. ◼

Übungsaufgabe 6.4.15. Man zeige: (a) Eine 2×2-Matrix A ist genau dann eine M-Matrix, wenn (1a,b) und $\det A > 0$ gelten.

(b) Für eine M-Matrix A gilt $\det A > 0$.
(c) Alle Hauptunterdeterminanten einer M-Matrix sind positiv.
Hinweis zu (b). Man diskutiere die Determinante von $A(\lambda) := D + \lambda(A - D)$ mit der Diagonalen D von A für $0 \leqslant \lambda \leqslant 1$. *Zu (c).* Satz 14.

Die *Gauß-Elimination* wird beim folgenden Beweis eine wichtige Rolle spielen. Sie enthält als Grundoperation die Elimination eines Elementes $a_{\beta\alpha}$ ($\alpha \neq \beta$) mit Hilfe der α-ten Zeile. Diese Umformung $A \mapsto A'$ wird durch die Transformationsmatrix $T^{\beta\alpha}$ beschrieben:

$$(6.4.10) \qquad A' = T^{\beta\alpha} A \quad \text{mit} \quad T^{\beta\alpha}_{\nu\nu} = 1, \quad T^{\beta\alpha}_{\beta\alpha} = -\frac{a_{\beta\alpha}}{a_{\alpha\alpha}}, \quad T^{\beta\alpha}_{\nu\mu} = 0 \text{ sonst.}$$

Die übliche Gauß-Elimination (ohne Pivotwahl) sieht vor, daß die Indexmenge I angeordnet ist, und die Eliminationen in der Reihenfolge $(\beta, \alpha) = (2,1), (3,1), ..., (n,1), (3.2), (4,2), ..., (n,2), ..., (n,n-1)$ unterhalb der Diagonalen vorgenommen wird, wobei eine obere Dreiecksmatrix U resultiert. Die Diagonalelemente $p_i = u_{ii}$ von U sind die *Pivotelemente*. Noch einfacher sind die folgenden Betrachtungen, wenn oberhalb und unterhalb der Diagonalen eliminiert wird: $(\beta, \alpha) = (2,1), (3,1), ..., (n,1), (1,2), (3,2), ..., (n,2), (1,3), ...,$ was zur Diagonalmatrix $D = \text{diag}\{ p_i : i \in I \}$ der Pivotelemente führt. Seien H_i die *Hauptunterdeterminanten* von A:

$$(6.4.11a) \qquad H_i := \det\left((a_{k\ell})_{1 \leqslant k, \ell \leqslant i} \right) \quad \text{für } 1 \leqslant i \leqslant n, \qquad H_0 := 1.$$

Eine einfache Überlegung führt auf

$$(6.4.11b) \qquad p_i = H_i / H_{i-1} \qquad\qquad (1 \leqslant i \leqslant n),$$

vorausgesetzt $H_{i-1} \neq 0$. Dies impliziert, daß der Eliminationsprozeß in beiden, oben beschriebenen Weisen *ohne* Pivotwahl durchführbar ist, wenn alle $H_i \neq 0$ (vgl. Gantmacher [1, S. 36]).

Die Aussage der Übungsaufgabe 15c läßt sich wie folgt ausbauen.

Satz 6.4.16. Unter der Voraussetzung (1b) gilt: A ist genau dann eine M-Matrix, wenn alle Hauptunterdeterminanten positiv sind.

Beweis. (i) Da Übungsaufgabe 15c eine Richtung beweist, bleibt zu zeigen, daß positive Hauptunterdeterminanten zur M-Matrixeigenschaft führen. Die Diagonalelemente $a_{\alpha\alpha}$ sind die Determinanten der 1×1-Hauptuntermatrizen $(a_{\alpha\alpha})$. Somit ist (1a): $a_{\alpha\alpha} > 0$ gesichert. Gemäß (11b) läßt sich die Gauß-Elimination ohne Pivotwahl durchführen.
(ii) Zunächst soll bewiesen werden: Der Eliminationsschritt (10) erhält die Vorzeichenbedingungen (1a,b). Gegenüber A ist in A' nur die Zeile β geändert. Da $\varkappa := T^{\beta\alpha}_{\beta\alpha} = -\frac{a_{\beta\alpha}}{a_{\alpha\alpha}} \geqslant 0$, werden die Elemente $a_{\beta\delta}$ für $\delta \neq \alpha$ zu $a'_{\beta\delta} := a_{\beta\delta} + \varkappa a_{\alpha\delta} \leqslant 0$ verkleinert, während $a'_{\beta\alpha} = 0$ ebenfalls (1b) genügt. Das einzige Problem stellt die Bedingung (1a) dar: Gilt wieder $a'_{\beta\beta} > 0$? Wie gesehen, fällt das Diagonalelement bei jedem Eliminationsschritt. Da es am Ende des Eliminationsprozesses jedoch das Pivotelement p_i darstellt, sichert (11b) mit H_β, $H_{\beta-1} > 0$ die Ungleichung $a'_{\beta\beta} \geqslant p_\beta > 0$.

(iii) Nach Durchführung der Elimination (ober- und unterhalb der Diagonalen) erhält man die Diagonalmatrix D der positiven Pivotelemente. Bezeichnet man die Eliminationsmatrizen $T^{\beta\alpha}$ für die verschiedenen Indexpaare mit $T_1, T_2, \ldots, T_N$, so hat man die Darstellung

$$(6.4.11c) \qquad T_N\, T_{N-1} \cdot \ldots \cdot T_1\, A = D, \qquad \text{d.h. } A^{-1} = D^{-1} T_N\, T_{N-1} \cdot \ldots \cdot T_1.$$

Da alle Zwischenmatrizen gemäß (ii) den Bedingungen (1a,b) genügen, ist $T_i \geqslant 0$. Zusammen mit $D^{-1} \geqslant 0$, ergibt sich die noch fehlende M-Matrixbedingung (1c): $A^{-1} \geqslant 0$.   ■

Der enge Zusammenhang zwischen M-Matrizen und positiv definiten Matrizen wird aus der folgenden Bemerkung deutlich.

Bemerkung 6.4.17. Eine Hermitesche Matrix ist genau dann positiv definit, wenn alle Hauptunterdeterminanten positiv sind.

Beweis. (i) Nach Lemma 2.10.4 ist jede Hauptuntermatrix wieder positiv definit, so daß es reicht, $\det A > 0$ für positiv definite A zu zeigen. Dies folgt aus $\det A = \Pi\, \lambda_i$ und der Eigenschaft $\lambda_i > 0$ für alle Eigenwerte $\lambda_i \in \sigma(A)$ (vgl. Lemma 2.10.3).
(ii) Die Determinante von $A(\lambda) := A + \lambda I$ läßt sich entwickeln in $\det A + \sum_i \lambda \det A_i(\lambda)$, wobei $A_i(\lambda)$ die Hauptuntermatrix von $A(\lambda)$ zur Indexmenge $I_i := I \setminus \{i\}$ ist. Die analoge Entwicklung der Determinanten von $A_i(\lambda)$ ergibt ein Polynom $p(\lambda) = \det A(\lambda) = \sum a_\nu \lambda^\nu$ mit positiven Koeffizienten a_ν (z.B. $a_0 = \det A > 0$). Also ist $A + \lambda I$ für alle $\lambda \geqslant 0$ regulär. Da seine Eigenwerte $\lambda_i + \lambda$ sind, müssen alle Eigenwerte $\lambda_i \in \sigma(A)$ positiv sein, also ist A gemäß Lemma 2.10.3 positiv definit.   ■

Bemerkung 17 beschreibt eine der vielen zur M-Matrixeigenschaft äquivalenten Bedingungen. Der interessierte Leser findet im Buch von Berman-Plemmons [1] fünfzig(!) verschiedene Charakterisierungen.

Satz 16 und Bemerkung 17 ergeben in ihrer Kombination den

Satz 6.4.18 (a) Erfüllt eine positiv definite Matrix die Vorzeichenbedingung (1b), so ist sie eine M-Matrix.
(b) Eine Hermitesche M-Matrix ist positiv definit.

Die Diskussion der Gauß-Elimination wird fortgesetzt in

Lemma 6.4.19. Ist A eine M-Matrix und entsteht A' infolge eines Gauß-Eliminationsschrittes (10), so ist A' wieder M-Matrix.

Beweis. Die Indexanordnung kann so gewählt werden, daß $\alpha = 1$ und $\beta = 2$. Damit beschreibt (10) den ersten Schritt T_1 der gesamten Elimination $T_N T_{N-1} \cdot \ldots \cdot T_1 A = D$ (vgl. (11c)). $A'^{-1} = (T_1 A)^{-1} \geqslant 0$ liest man aus $T_i \geqslant 0$, $D^{-1} \geqslant 0$ und $(T_1 A)^{-1} = D^{-1} T_N\, T_{N-1} \cdot \ldots \cdot T_2$ ab. Da die Bedingungen (1a,b) in Beweisteil (ii) zu Satz 16 nachgewiesen sind, ist A' eine M-Matrix.   ■

Die *blockweise* Elimination in der Blockmatrix $\left[\begin{smallmatrix} A & B \\ C & D \end{smallmatrix}\right]$ führt auf $\left[\begin{smallmatrix} I & B' \\ 0 & S \end{smallmatrix}\right]$ mit $B' := A^{-1}B$ und dem *Schur-Komplement*

$$(6.4.12) \qquad S := D - CA^{-1}B.$$

Die blockweise Elimination ergibt sich als Produkt aller Elementareliminationen (10) mit Indizes α, die den Spalten des ersten Blockes entsprechen, und $\beta \in I \setminus \{\alpha\}$. Mehrfache Anwendung des Lemmas 19 beweist

Lemma 6.4.20. Mit $\left[\begin{smallmatrix} A & B \\ C & D \end{smallmatrix}\right]$ ist auch sein Schur-Komplement S aus (12) eine M-Matrix.

6.5 Reguläre Aufspaltungen

Die Aufspaltung

$$(6.5.1a) \qquad A = W - R$$

induziert das Iterationsverfahren

$$(6.5.1b) \qquad W x^{m+1} = R x^m + b,$$

falls W regulär ist (vgl. (4.2.1-3)). Zur Charakterisierung der Aufspaltung (1a) reicht die Angabe von W, da $R := W - A$. Von Varga [2] stammt die folgende Definition der «regulären Aufspaltung», die nicht nur qualitative Konvergenzaussagen, sondern auch Vergleiche verschiedener Iterationsverfahren ermöglicht.

***

Definition 6.5.1. Die Matrix $W \in \mathbb{R}^{I \times I}$ aus (1a) beschreibt eine *reguläre Aufspaltung* von $A \in \mathbb{R}^{I \times I}$, falls

$$(6.5.2) \qquad W \text{ regulär}, \quad W^{-1} \geqslant 0, \quad W \geqslant A.$$

***

Die Bedingungen (2) sind vergleichbar mit (4.8.3a) im positiv definiten Falle. Die Iterationsmatrix der Iteration (1b) ist

$$(6.5.1c) \qquad M = W^{-1}R \qquad\qquad\qquad \text{mit } R := W - A.$$

Die Bedingung (2) impliziert wegen $R \geqslant 0$

$$(6.5.3) \qquad M \geqslant 0 \quad \text{für reguläre Aufspaltungen.}$$

Mit Hilfe von (3) kann man die Definition 1 abschwächen: (1a) ist eine *schwach reguläre Aufspaltung* (vgl. Ortega [1]), falls

$$(6.5.4) \qquad W \text{ regulär}, \quad W^{-1} \geqslant 0, \quad M = W^{-1}R \geqslant 0.$$

***

Satz 6.5.2 (Konvergenz). A sei inverspositiv: $A^{-1} \geqslant 0$ (hinreichend: A ist M-Matrix). W beschreibe eine schwach reguläre Aufspaltung von A. Dann konvergiert das induzierte Iterationsverfahren (1b):

$$(6.5.5) \qquad \varrho(M) = \varrho(W^{-1}R) = \frac{\varrho(A^{-1}R)}{1 + \varrho(A^{-1}R)} < 1.$$

Beweis. (i) Offenbar reicht es, die Gleichheit $\rho(W^{-1}R) = \rho(C)/(1+\rho(C))$ für $C := A^{-1}R$ zu zeigen. Laut (3) gilt

$$0 \leqslant M = W^{-1}R = [A^{-1}W]^{-1}A^{-1}R = [A^{-1}(A+R)]^{-1}A^{-1}R = [I+C]^{-1}C.$$

Zu $\lambda = \rho(M) \in \sigma(M)$ gehört wegen $M \geqslant 0$ nach Satz 3.10 ein Eigenvektor $x \neq 0$. Die Umformung von $\lambda x = Mx = (I+C)^{-1}Cx$ liefert

$$(6.5.6a) \qquad \lambda x + \lambda Cx = Cx.$$

Der Wert $\lambda = 1$ kann nicht auftreten, da (6a) $x = 0$ ergäbe, so daß

$$(6.5.6b) \qquad Cx = \frac{\lambda}{1-\lambda} x$$

folgt. In (iii) werden wir $C \geqslant 0$ zeigen. $x \neq 0$ und $Cx \geqslant 0$ sichern mittels (6b) die Ungleichung $\frac{\lambda}{1-\lambda} \geqslant 0$, d.h. $0 \leqslant \lambda = \rho(M) < 1$.

(ii) (6b) beweist: λ' ist genau dann ein Eigenwert von M, wenn $\mu' = \frac{\lambda'}{1-\lambda'}$ ein Eigenwert von C ist. Aus $|\lambda'| \leqslant \lambda = \rho(M)$ schließt man auf $|\mu'| = |\frac{\lambda'}{1-\lambda'}| \leqslant |\lambda'|/(1-|\lambda'|) \leqslant \frac{\lambda}{1-\lambda} =: \mu$, d.h. $|\mu'|$ ist maximal für $\lambda' = \lambda = \rho(M) \in \sigma(M)$. Nach Satz 3.10 ist $\mu = \rho(C) \in \sigma(C)$ der maximale Eigenwert von C, also $\rho(C) = \rho(M)/[1-\rho(M)]$. Die Auflösung dieser Gleichung nach $\rho(M)$ liefert die Behauptung (5): $\rho(M) = \rho(C)/[1+\rho(C)]$.

(iii) Aus $0 \leqslant (\sum_{\nu=0}^{m-1} M^\nu)W^{-1}$, $W^{-1} = (I-M)A^{-1}$ und $\sum_{\nu=0}^{m-1} M^\nu(I-M) = I-M^m$ folgt die Einschließung $0 \leqslant (I-M^m)A^{-1} \leqslant A^{-1}$ und somit $0 \leqslant M^mA^{-1} \leqslant A^{-1}$. Damit ist M^m beschränkt, so daß $\lambda = \rho(M) \leqslant 1$ folgt. Da der Fall $\lambda = 1$ bereits ausgeschlossen wurde, gilt $\rho(M) < 1$ und impliziert $C = A^{-1}R = [W(I-M)]^{-1}R = (I-M)^{-1}W^{-1}R = (\sum_{\nu=0}^{\infty} M^\nu)M \geqslant 0$. ∎

Es ist naheliegend, daß die Iteration um so schneller konvergiert, je näher W bei A liegt, d.h. je kleiner der Rest $R = W-A$ ist. Diese Vermutung läßt sich im folgenden Vergleichssatz präzise fassen.

Satz 6.5.3. A sei inverspositiv: $A^{-1} \geqslant 0$. Durch W_1 und W_2 seien zwei reguläre Aufspaltungen gegeben. Wenn W_1 und W_2 in der Form

$$(6.5.7a) \qquad A \leqslant W_1 \leqslant W_2$$

vergleichbar sind, lassen sich auch die zugehörigen Konvergenzraten vergleichen:

$$(6.5.7b) \qquad 0 \leqslant \rho(M_1) \leqslant \rho(M_2) < 1, \quad \text{wobei } M_i := W_i^{-1}R_i, \quad R_i := W_i - A.$$

Beweis. Die Matrizen $B := A^{-1}R_1$ und $C := A^{-1}R_2$ erfüllen $0 \leqslant B \leqslant C$ und damit $0 \leqslant \rho(B) \leqslant \rho(C)$ (vgl. (3.7c)). Aus der Darstellung (5) erhält man $0 \leqslant \rho(M_1) = \rho(B)/[1+\rho(B)] \leqslant \rho(C)/[1+\rho(C)] = \rho(M_2) < 1$. ∎

Die Vergleiche (7a,b) können in *strikte* Ungleichungen überführt werden:

Satz 6.5.4. Aus $A^{-1} > 0$ und (8a) folgt (8b):

(6.5.8a) $A \lesseqgtr W_1 \lesseqgtr W_2$, W_i: reguläre Aufspaltungen,

(6.5.8b) $0 < \rho(M_1) < \rho(M_2) < 1$, wobei $M_i := W_i^{-1} R_i$, $R_i := W_i - A$.

Beweis. B und C seien wie im vorigen Beweis definiert. Da $B = A^{-1} R_1$ reduzibel sein kann, ist der Satz 3.1 nicht direkt anwendbar. Sei $I_+ := \{\beta \in I: R_{1,\alpha\beta} > 0 \text{ für ein } \alpha \in I\}$ und $I_0 := I \setminus I_+$. Ist s eine Spalte von R_1 zum Index $\beta \in I_+$, so ist $s \gneqq 0$ und damit $A^{-1} s > 0$ nach Übung 1.3b. Dies zeigt, daß B bezüglich der Blockstruktur $\{I_+, I_0\}$ die Gestalt $B = \begin{bmatrix} B_1 & 0 \\ B_2 & 0 \end{bmatrix}$ mit positiven Blöcken $B_1 > 0$ und $B_2 > 0$ besitzt. Insbesondere gilt

(6.5.8c) $\rho(B) = \rho(B_1) > 0$

(vgl. (3.1a)). Wegen $R_2 - R_1 = W_2 - W_1 \gneqq 0$ gibt es (α, β) mit $(R_2 - R_1)_{\alpha\beta} > 0$. Folglich ist die Spalte von $C - B = A^{-1}(R_2 - R_1)$ zum Index β positiv. Sei $\beta \in I_+$ angenommen. In diesem Falle gilt $C_1 \gneqq B_1$, $C_2 \gneqq B_2$ für die Blöcke in $C = \begin{bmatrix} C_1 & C_3 \\ C_2 & C_4 \end{bmatrix}$. Aus Lemma 3.6 und (3.1c) gewinnt man die Ungleichung

(6.5.8d) $\rho(C) \geqslant \rho(C_1) > \rho(B_1)$.

Im verbleibenden Fall $\beta \in I_0$ schließt man auf $C_3 \gneqq B_3 = 0$, $C_4 \gneqq B_4 = 0$ und

(6.5.8e) $\rho(C) > \rho(C_1) \geqslant \rho(B_1)$

(vgl. Lemma 3.6). In jedem Falle erreicht man mit (8c) die strikte Ungleichung $\rho(C) > \rho(B) > 0$, die über (5) die Behauptung liefert.   ∎

6.6 Anwendungen

Satz 6.6.1. *A* sei M-Matrix. Dann konvergiert sowohl das punktweise als auch das blockweise *Jacobi-Verfahren*, wobei letzteres schneller ist:

(6.6.1a) $\rho(M^{\mathrm{BlockJac}}) \leqslant \rho(M^{\mathrm{Jac}}) < 1$.

Ist D die Diagonale D^{pkt} bzw. die Blockdiagonale D^{block} von A, so gilt:

(6.6.1b) D beschreibt eine reguläre Aufspaltung.

Wird (1b) explizit vorausgesetzt, kann die Voraussetzung «A ist M-Matrix» durch $A^{-1} \geqslant 0$ ersetzt werden. In (1a) gilt die strikte Ungleichung $0 < \rho(M^{\mathrm{BlockJac}}) < \rho(M^{\mathrm{Jac}}) < 1$, falls $A^{-1} > 0$ und $D^{\mathrm{pkt}} \neq D^{\mathrm{block}} \neq A$.

Beweis. Ist A eine M-Matrix, so erfüllen $D = D^{\mathrm{pkt}}$ und $D = D^{\mathrm{block}}$ die Ungleichung $D \geqslant A$ und die Vorzeichenbedingung (4.1b). Nach Satz 4.13 ist D ebenfalls M-Matrix, also $D^{-1} \geqslant 0$. Damit folgt (1b). $D^{\mathrm{pkt}} \geqslant D^{\mathrm{block}}$ ergibt nach Satz 5.3 die Ungleichung (1a). Zur strikten Ungleichung vergleiche man Satz 5.4.   ∎

Satz 6.6.2. $A = D - E - F$ sei gemäß (4.2.7a-d) oder (4.5.5a-d) aufgespalten. Die Aussagen des Satzes 1 gelten analog für das punktweise bzw. blockweise *Gauß-Seidel-Verfahren*, wobei (1a,b) zu ersetzen sind durch

$$(6.6.2a) \qquad \rho(M^{\text{BlockGS}}) \leqslant \rho(M^{\text{GS}}) < 1,$$

$$(6.6.2b) \qquad D - E \text{ beschreibt eine reguläre Aufspaltung.}$$

Der Beweis kann entfallen, da er völlig analog zum vorhergehenden ist. Interessanter ist der Vergleich zwischen der Jacobi- und Gauß-Seidel-Iteration. Der nach Folgerung 5.6.8 bei konsistenter Ordnung geltende quantitative Zusammenhang $\rho(M^{\text{GS}}) = \rho(M^{\text{Jac}})^2$ kann für diesen allgemeineren Fall nicht mehr gezeigt werden. Es gilt aber noch eine entsprechende qualitative Aussage, die aus $D - E \leqslant D$ folgt.

Satz 6.6.3. A sei eine M-Matrix. Dann gilt

$$(6.6.3) \qquad \rho(M^{\text{GS}}) \leqslant \rho(M^{\text{Jac}}) < 1, \quad \rho(M^{\text{BlockGS}}) \leqslant \rho(M^{\text{BlockJac}}) < 1.$$

Diese Aussage läßt sich über M-Matrizen hinaus verallgemeinern:

Satz 6.6.4 (Stein-Rosenberg [1]). A genüge lediglich den Vorzeichenbedingungen (4.1a,b). Für die punktweisen Jacobi- und Gauß-Seidel-Iterationen trifft genau eine der folgenden Alternativen (4a-d) zu:

$$(6.6.4a) \qquad 0 = \rho(M^{\text{GS}}) = \rho(M^{\text{Jac}}),$$

$$(6.6.4b) \qquad 0 < \rho(M^{\text{GS}}) < \rho(M^{\text{Jac}}) < 1,$$

$$(6.6.4c) \qquad \rho(M^{\text{GS}}) = \rho(M^{\text{Jac}}) = 1,$$

$$(6.6.4d) \qquad \rho(M^{\text{GS}}) > \rho(M^{\text{Jac}}) > 1.$$

Insbesondere konvergieren bzw. divergieren beide Verfahren gemeinsam. Die Aussage des Satzes bleibt gültig, wenn M^{Jac} und M^{GS} durch $L + U$ und $(I - L)^{-1}U$ ersetzt werden, wobei $L \geqslant 0$ eine beliebige, strikte untere und $U \geqslant 0$ eine strikte obere Dreiecksmatrix sind.

Beweis. Vgl. Varga [2,§3.3] oder die Originalarbeit.

Die SOR-Iteration führt bei *Über*relaxation (d.h. für $\omega > 1$) nicht zu einer regulären Aufspaltung. Um diese zu sichern, muß man sich auf $0 < \omega < 1$ (Unterrelaxation) beschränken.

Übungsaufgabe 6.6.5. Man zeige: Das SOR-Verfahren entsteht bei einer Aufspaltung (5.1a) mit $W = \frac{1}{\omega}D - E$. Sei A eine M-Matrix und D seine Diagonale. Für $0 < \omega \leqslant 1$ beschreibt W eine reguläre Aufspaltung. Welchen Schluß zieht man aus $\frac{1}{\omega}D - E \geqslant D - E$?

Die Eigenschaft (5.4): $M \geqslant 0$ im Falle regulärer Aufspaltungen erlaubt eine Einschließung der Lösung $x = A^{-1}b$, wenn es gelingt, geeignete Startwerte zu finden.

Satz 6.6.6. Sei $M \geqslant 0$ die Iterationsmatrix einer konvergenten Iteration. Findet man Startvektoren x^0 und y^0, so daß

(6.6.5a) $\qquad x^0 \leqslant x^1, \qquad\qquad x^0 \leqslant y^0, \qquad\qquad y^1 \leqslant y^0,$

dann bilden die Iterierten x^m und y^m die _Einschließung_

(6.6.5b) $\qquad x^0 \leqslant x^1 \leqslant \ldots \leqslant x^m \leqslant \ldots \leqslant x = A^{-1}b \leqslant \ldots \leqslant y^m \leqslant \ldots \leqslant y^1 \leqslant y^0.$

Beweis. Folgt aus $x^{m+1} - x^m = M^m(x^1 - x^0) \geqslant 0$, $y^m - y^{m+1} = M^m(y^0 - y^1) \geqslant 0$ und $y^m - x^m = M^m(y^0 - x^0) \geqslant 0$ (vgl. (3.2.9b)).   ■

Der Begriff der M-Matrix kann wie folgt verallgemeinert werden:

Definition 6.6.7. $A \in \mathbb{K}^{I \times I}$ mit der Diagonalen D heißt _H-Matrix_, falls $B := |D| - |A - D|$ eine M-Matrix ist.

Die Konstruktion von $B := |D| - |A - D|$ ändert die Vorzeichen der Elemente $a_{\alpha\beta}$ gerade so, daß $b_{\alpha\alpha} \geqslant 0$ und $b_{\alpha\beta} \leqslant 0$ für $\alpha \neq \beta$ (vgl. (4.1a.b)). Der Buchstabe H steht für Hadamard (vgl. Ostrowski [1]).

Satz 6.6.8. Hinreichend für die Konvergenz der punktweisen Jacobi- und Gauß-Seidel-Iterationen sind eine der folgenden Bedingungen:

(6.6.6a) $\qquad$ A ist H-Matrix,

(6.6.6b) $\qquad$ A ist stark diagonaldominant, irreduzibel diagonaldominant oder im wesentlichen diagonaldominant.

Beweis. (i) Der Fall (6b) wird auf (6a) zurückgeführt:

Übungsaufgabe 6.6.9. Man beweise: Voraussetzung (6b) impliziert (6a) und die Konvergenzaussagen $\|M^{\mathrm{Jac}}\|_\infty < 1$, $\|M^{\mathrm{GS}}\|_\infty < 1$.

Beweisteil (ii). Die Jacobi-Iterationsmatrix zu $B := |D| - |A - D|$ aus Definition 7 ist $M_B^{\mathrm{Jac}} := I - |D|^{-1}B = |D|^{-1}|A - D|$. Satz 1 ergibt $\rho(M_B^{\mathrm{Jac}}) < 1$. Wegen $|M^{\mathrm{Jac}}| = M_B^{\mathrm{Jac}}$ folgt $\rho(M^{\mathrm{Jac}}) < 1$ aus dem noch zu beweisenden

Lemma 6.6.10. $\rho(A) \leqslant \rho(|A|)$ für alle $A \in \mathbb{K}^{I \times I}$.

Beweisteil (iii) $A = D - E - F$ sei gemäß (4.2.7a-d) aufgespalten und $L := D^{-1}E$, $U := D^{-1}F$ gesetzt. Da $B = |D| - |E| - |F| = |D|(I - |L| - |U|)$, lauten die Iterationsmatrizen zu A und B:

$$M^{\mathrm{GS}} = (I - L)^{-1}U = \sum_{\nu=0}^{\infty} L^\nu U, \qquad M_B^{\mathrm{GS}} = (I - |L|)^{-1}|U| = \sum_{\nu=0}^{\infty} |L|^\nu |U|$$

(vgl. Lemma 2.4.8), so daß $|M^{\mathrm{GS}}| = |\sum L^\nu U| \leqslant \sum |L|^\nu |U| = M_B^{\mathrm{GS}}$. Aus Lemma 10 und Satz 2 folgt $\rho(M^{\mathrm{GS}}) \leqslant \rho(M_B^{\mathrm{GS}}) < 1$.   ■

Beweis zu Lemma 10. Wegen $\|A^\nu\|_\infty = \||A^\nu|\|_\infty \leqslant \||A|^\nu\|_\infty$ ergibt Satz 2.9.8

$$\rho(A) = \lim_{\nu \to \infty} \|A^\nu\|_\infty^{1/\nu} \leqslant \lim_{\nu \to \infty} \||A|^\nu\|_\infty^{1/\nu} = \rho(|A|).$$ ■

Zur Konvergenz des SSOR-Verfahrens für H-Matrizen sei zum Beispiel auf Alefeld-Varga [1] und Neumaier-Varga [1] verwiesen.

7. Semiiterative Verfahren

7.1 Erste Formulierung

7.1.1 Allgemeines

Gegeben sei eine lineare, konsistente, aber nicht notwendigerweise konvergente Iteration Φ (im folgenden auch *Basisiteration* genannt) mit einer Iterationsmatrix M. Zu einem Startwert x^0 seien die Iterierten

$$(7.1.1) \qquad x^{m+1} = M x^m + N b = \Phi(x^m, b)$$

berechnet. Das Resultat der Iteration Φ war bisher die zuletzt berechnete Iterierte x^m. Die zuvor berechneten x^j $(0 \leqslant j \leqslant m-1)$ wurden «vergessen».

Eine völlig andere Sicht liegt dem semiiterativen Verfahren zugrunde. Resultat von m Iterationsschritten mit Φ als Basisverfahren ist jetzt die gesamte Folge

$$(7.1.2) \qquad X_m := (x^0, x^1, \ldots, x^m) \in (\mathbb{K}^I)^{m+1}.$$

Es ist zu untersuchen, ob aus X_m ein besseres Resultat als x^m konstruiert werden kann. Ein *semiiteratives Verfahren* ist eine Abbildung

$$(7.1.3a) \qquad \Sigma: \bigcup_{m=0}^{\infty} (\mathbb{K}^I)^{m+1} \to \mathbb{K}^I.$$

Die Resultate

$$(7.1.3b) \qquad y^m := \Sigma(X_m) \qquad\qquad (m=0,1,2,\ldots)$$

ergeben eine neue Folge: die *semiiterative Folge*. Wir werden sehen, daß $\{y^m\}$ in manchen Fällen wesentlich schneller als $\{x^m\}$ konvergieren kann.

Bemerkung 7.1.1. Das simple Beispiel $y^m = \Sigma(x^0, x^1, \ldots, x^m) := x^m$ zeigt, daß ein optimal gewähltes semiiteratives Verfahren nicht schlechter als die Basisiteration sein kann.

7.1.2 Konsistenz, asymptotische Konvergenzrate

In Anlehnung an Definition 3.1.4 heißt das semiiteratives Verfahren Σ *konsistent*, wenn Gleichung (4) für alle Lösungen von $Ax = b$ gilt:

$$(7.1.4) \qquad x = \Sigma(\underbrace{x, x, \ldots, x}_{(m+1)\text{-fach}}) \qquad\qquad (m=0,1,2,\ldots)$$

Bisher konnte die Konvergenzrate $\rho = \rho(M)$ als minimales ρ mit $\lim_{m \to \infty} (\|x^m - x\| / \|x^0 - x\|)^{1/m} \leqslant \rho$ für alle $x^0 \neq x$ bestimmt werden (vgl. Bemerkung 3.2.13b). Diese Charakterisierung kann übertragen werden:

Definition 7.1.2. Das semiiteratives Verfahren Σ hat die *asymptotische Konvergenzrate* ρ, wenn ρ die kleinste Zahl mit

(7.1.5) $\qquad \overline{\lim_{m \to \infty}} \, (\|y^m - x\| / \|y^0 - x\|)^{1/m} \leqslant \varrho \qquad (x = A^{-1}b)$

für alle semiiterativen Folgen $\{y^m\}$ ist, die aus x^0, x^1, $x^2,\ldots$ mit beliebigem Startvektor x^0 hervorgehen.

Wir werden uns auf lineare Semiiterationen beschränken. Σ heißt _linear_, falls $y^m = \Sigma(X_m)$ die Darstellung

(7.1.6) $\qquad y^m = \sum_{j=0}^{m} \alpha_{mj} x^j \qquad\qquad\qquad (m=0,1,\ldots)$

mit Koeffizienten $\alpha_{mj} \in \mathbb{C}$ $(m \in \mathbb{N}_0, \, 1 \leqslant j \leqslant m)$ hat. Offenbar ist ein _lineares, semiiteratives Verfahren genau dann konsistent, wenn_

(7.1.7) $\qquad \sum_{j=0}^{m} \alpha_{mj} = 1 \qquad\qquad\qquad$ für alle $m=0,1,\ldots$.

Indem man die Bedingung (7) für $m=0$ anwendet, findet man, daß ein konsistentes, semiiteratives Verfahren die Startbedingung (8) erfüllt:

(7.1.8) $\qquad y^0 = x^0.$

7.1.3 Fehlerdarstellung

Satz 7.1.3. x sei die Lösung von $Ax = b$ mit regulärem A. Die Basisiteration Φ sei linear und konsistent mit der Iterationsmatrix M. Das semiiterative Verfahren Σ sei linear und konsistent. Dann hat der Fehler

(7.1.9a) $\qquad \eta^m := y^m - x \qquad\qquad\qquad\qquad (x = A^{-1}b)$

die Darstellung

(7.1.9b) $\qquad \eta^m = p_m(M)\, e^0 \qquad\qquad\qquad$ mit $e^0 := x^0 - x,$

wobei $y^0 = x^0$ (vgl. (8)) der Startwert der Iteration und p_m das Polynom

(7.1.9c) $\qquad p_m(\zeta) = \sum_{j=0}^{m} \alpha_{mj} \zeta^j$

mit den Koeffizienten α_{mj} aus (7) sind.

Beweis. Indem man von $y^m = \sum_{j=0}^{m} \alpha_{mj} x^j$ die Gleichung $A^{-1}b = : x = \sum_{j=0}^{m} \alpha_{mj} x$ (vgl. (4), (7)) abzieht, erhält man

$$\eta^m = y^m - x = \sum_{j=0}^{m} \alpha_{mj} (x^j - x) = \sum_{j=0}^{m} \alpha_{mj} e^j$$

mit den Fehlern $e^j = x^j - x$ der Basisiteration. Einsetzen von (3.2.9b): $e^j = M^j e^0$ liefert

$$\eta^m = \sum_{j=0}^{m} \alpha_{mj} (M^j e^0) = (\sum_{j=0}^{m} \alpha_{mj} M^j) e^0 = p_m(M) e^0. \qquad \blacksquare$$

Der linearen Semiiteration Σ haben wir in Satz 3 assoziierte Polynome $\{p_m : m=0,1,\ldots\}$ mit $\mathrm{grad}(p_m) \leqslant m$ zugeordnet. Umgekehrt definiert jede Folge $\{p_m\}$ von Polynomen mit $\mathrm{grad}(p_m) \leqslant m$ über ihre Koeffizienten α_{mj} ein semiiteratives Verfahren. Dies sei festgehalten in

Bemerkung 7.1.4. Ein lineares semiiteratives Verfahren Σ ist eindeutig durch die assoziierte Polynomfolge $\{p_m\}$ mit $\mathrm{grad}(p_m)\leqslant m$ beschrieben. Σ ist genau dann konsistent, wenn

$$(7.1.9d)\qquad p_m(1) = 1 \qquad\qquad\qquad\qquad \text{für } m = 0,1,\dots\ .$$

Die Basisiteration mit der Iterationsmatrix M sei konsistent. Dann haben die Semiiterierten y^m die Darstellung

$$(7.1.10)\qquad y^m = M_m x^0 + N_m b \quad \text{mit } M_m := p_m(M), \quad N_m := (I - M_m)A^{-1}.$$

Die *asymptotische Konvergenzrate* lautet

$$(7.1.11)\qquad \overline{\lim_{m\to\infty}}\ \rho(p_m(M))^{1/m}\ .$$

Für diagonalisierbare M stimmt diese Größe mit $\overline{\lim_{m\to\infty}}\ \|p_m(M)\|^{1/m}$ überein. Im allgemeinen gilt die Gleichheit nicht, wohl aber für viele wichtige Polynomfolgen p_m (vgl. Eiermann–Niethammer–Varga [2]).

7.2 Zweite Formulierung semiiterativer Verfahren

7.2.1 Allgemeine Darstellung

Die in §7.1 vorgestellte Semiiteration ist in der allgemeinen Form inpraktikabel, denn alle Iterierten $\{x^0, x^1, \dots, x^m\}$ müssen abgespeichert werden, was für größere m und hochdimensionale Gleichungssysteme erhebliche Speicherprobleme bereitet. Da die Definition von $y^m = \Sigma(X_m)$ völlig unabhängig von den vorhergehenden $y^j = \Sigma(X_j)$ $(0\leqslant j\leqslant m-1)$ ist, besteht im allgemeinen keine Möglichkeit, die semiiterativen Resultate $y^0, \dots, y^{m-1}$ zur Berechnung von y^m heranzuziehen.

Ganz entgegengesetzt werden wir die *zweite Formulierung* wählen. Sei Φ die konsistente Basisiteration.

> Nach dem Start
>
> $$(7.2.1a)\qquad y^0 = x^0 \qquad\qquad\qquad\qquad (\text{vgl. (1.8)})$$
>
> wird rekursiv
>
> $$(7.2.1b)\qquad y^m = \Theta_m \Phi(y^{m-1}, b) + (1 - \Theta_m)y^{m-1} \qquad (m\geqslant 1)$$
>
> mit zu wählenden *Extrapolationsfaktoren* $\{\Theta_m:\ m\in\mathbb{N}\}$ berechnet.

Indem man die Normalformen $\Phi(x,b) = Mx + Nb = x - W^{-1}(Ax - b)$ heranzieht, läßt sich (1b) in der Gestalt (1b') oder (1b") schreiben:

$$(7.2.1b')\qquad y^m = \Theta_m(My^{m-1} + Nb) + (1 - \Theta_m)y^{m-1},$$

$$(7.2.1b'')\qquad y^m = y^{m-1} - \Theta_m W^{-1}(Ay^{m-1} - b) = \Phi_{\Theta_m}(y^{m-1}, b).$$

Für $0 < \Theta_m < 1$ liegt die gedämpfte Version der Basisiteration vor (vgl. §4.3.1.1), allerdings mit von m abhängigen, variierenden Parametern.

Für andere Θ_m ist (1b") als Extrapolation der Basisiteration anzusehen. Daß es sich bei (1a,b) um ein semiiteratives Verfahren handelt, zeigt

---

Satz 7.2.1. Der Algorithmus (1a,b) definiert für beliebige $\{\Theta_m: m \in \mathbb{N}\}$ eine lineare und konsistente Semiiteration Σ. Die Σ beschreibenden Polynome $\{p_m\}$ sind rekursiv definiert durch

$$(7.2.2) \qquad p_0(\zeta) = 1, \qquad p_m(\zeta) = [\Theta_m \zeta + 1 - \Theta_m] \, p_{m-1}(\zeta) \qquad (m \in \mathbb{N}).$$

Beweis. (i) Per Induktion zeigt man, daß die Polynome p_m aus (2) die Konsistenzbedingung (1.9d): $p_m(1) = 1$ erfüllen.
(ii) Die Basisiteration Φ sei als konsistent angenommen. Nach Konstruktion (1b') hat die Matrix M_m aus der Darstellung $y^m = M_m x^0 + N_m b$ die Gestalt $M_m = \Theta_m M M_{m-1} + (1 - \Theta_m) M_{m-1}$, wobei $M_0 = I$. Die Polynome aus (2) führen nach (1.10) zu den gleichen $M_m = p_m(M)$. Da diese über $N_m := (I - M_m) A^{-1}$ (Konsistenz von Φ!) auch y^m eindeutig bestimmen, stimmt das Verfahren (1a,b) mit der durch die Polynome (2) definierten Semiiteration überein. Der Fall einer nichtkonsistenten Basisiteration ist dem Leser überlassen (Induktionsbeweis). ☒

Der Fall $\Theta_m = 0$ ist wegen $y^m = y^{m-1}$ uninteressant. Es sei deshalb $\Theta_m \neq 0$ angenommen. Die Gesamtheit der durch (1a,b) darstellbaren Verfahren charakterisiert das

Lemma 7.2.2. Die Basisiteration sei konsistent. In (1b) sei $\Theta_m \neq 0$ vorausgesetzt. Dann werden durch die zweite Formulierung (1a,b) genau diejenigen linearen und konsistenten Semiiterationen repräsentiert, deren assoziierte Polynome p_m neben (1.9d) die Bedingungen (3a.b) erfüllen:

$$(7.2.3a) \qquad \operatorname{grad}(p_m) = m,$$

$$(7.2.3b) \qquad p_{m-1} \text{ teilt } p_m \qquad\qquad\qquad \text{für } m \geqslant 1.$$

Sind Polynome $\{p_m\}$ mit (1.9d) und (3a,b) gegeben, ist der Extrapolationsfaktor Θ_m der äquivalenten Darstellung (1a,b) durch (3c) bestimmt:

$$(7.2.3c) \qquad \frac{p_m(\zeta)}{p_{m-1}(\zeta)} = 1 + \Theta_m (\zeta - 1).$$

Beweis. Das Verfahren (1a,b) führt im Falle $\Theta_m \neq 0$ zu Polynomen (2) mit $\operatorname{grad} p_m = m$, so daß (3a,b) erfüllt sind. Umgekehrt muß p_m / p_{m-1} unter der Voraussetzung (3a,b) ein Polynom der Gestalt (3c) sein. ☒

7.2.2 Pascal-Realisierung der zweiten Formulierung

Wenn Extrapolationsfaktoren Θ_m gegeben sind, läßt sich die Semiiteration zur Basisiteration Iteration im Prinzip wie folgt realisieren:

```
for m := 1 to maximale_Iterationszahl do
begin setze_theta(IP,Θ_m); gedaempfte_Iteration(x,A,x,b,IP,Iteration) end;
```

Dabei sind **setze_theta** und **gedaempfte_Iteration** in §4.3.1.2 erklärt. Es sei aber schon darauf hingewiesen, daß diese Realisierung zu numerischen Instabilitäten führen kann (vgl. Ausführungen nach Folgerung 3.6).

7.2.3 Dreitermrekursion

Der Algorithmus (1b) berechnet y^m aus y^{m-1}. Eine Alternative ist eine Dreitermrekursion, die y^m, y^{m-1} und y^{m-2} verknüpft (vgl. §3.2.8):

$$(7.2.4a) \qquad y^0 = x^0,$$

$$(7.2.4b) \qquad y^1 = (1 - \tfrac{1}{2}\vartheta_1)\, x^1 + \tfrac{1}{2}\vartheta_1 x^0 = (1 - \tfrac{1}{2}\vartheta_1)\, \Phi(x^0, b) + \tfrac{1}{2}\vartheta_1 x^0,$$

$$(7.2.4c) \qquad y^m = \Theta_m \left\{ \Phi(y^{m-1}, b) - y^{m-2} \right\} + \vartheta_m (y^{m-1} - y^{m-2}) + y^{m-2}.$$

Aus den Normalformen $\Phi(x, b) = Mx + Nb = x - W^{-1}(Ax - b)$ gewinnt man die Darstellungen

$$(7.2.4b') \qquad y^1 = (1 - \tfrac{1}{2}\vartheta_1)(Mx^0 + Nb) + \tfrac{1}{2}\vartheta_1 x^0 = x^0 - (1 - \tfrac{1}{2}\vartheta_1)W^{-1}(Ax^0 - b),$$

$$(7.2.4c') \qquad y^m = \Theta_m \left\{ (My^{m-1} + Nb) - y^{m-2} \right\} + \vartheta_m (y^{m-1} - y^{m-2}) + y^{m-2} =$$
$$= y^{m-2}(\vartheta_m + \Theta_m)(y^{m-1} - y^{m-2}) - \Theta_m W^{-1}(Ay^{m-1} - b).$$

Analog zu Satz 1 beweist man

Satz 7.2.3. Der Algorithmus (4a,b,c) definiert für beliebige Θ_m und ϑ_m eine lineare und konsistente Semiiteration Σ. Die Σ beschreibenden Polynome $\{p_m\}$ sind rekursiv definiert durch

$$(7.2.5a) \qquad p_0(\zeta) = 1, \qquad p_1(\zeta) = (1 - \tfrac{1}{2}\vartheta_1)\zeta + \tfrac{1}{2}\vartheta_1,$$

$$(7.2.5b) \qquad p_m(\zeta) = (\Theta_m \zeta + \vartheta_m)\, p_{m-1}(\zeta) + (1 - \Theta_m - \vartheta_m)\, p_{m-2}(\zeta).$$

Speziell für $\vartheta_m = 0$ lautet die Rekursion

$$(7.2.5c) \qquad p_0(\zeta) = 1, \qquad p_1(\zeta) = \zeta,$$

$$(7.2.5d) \qquad p_m(\zeta) = \Theta_m [\zeta\, p_{m-1}(\zeta) - p_{m-2}(\zeta)] + p_{m-2}(\zeta).$$

Mit einer Rekursion der Form (5a,b) können alle Orthogonalpolynome erzeugt werden (vgl. Stoer [1,§3.5]).

7.3 Optimale Polynome

7.3.1 Aufgabenstellung

Sei Σ eine lineare und konsistente Semiiteration. Nach Satz 1.3 hat der Fehler $\eta^m = y^m - x$ die Darstellung (1.9b):

$$\eta^m = p_m(M)\, e^0.$$

Es liegt daher die folgende Aufgabenstellung nahe.

1. Minimierungsaufgabe:

Man bestimme zu $m \in \mathbb{N}$ ein Polynom p_m mit grad $p_m \leqslant m$ so, daß

$$(7.3.1) \qquad \| p_m(M)e^0 \|_2 = \min,$$

d.h. $\| p_m(M)e^0 \|_2 \leqslant \| q_m(M)e^0 \|_2$ gilt für alle in Frage kommenden Polynome q_m. Man beachte, daß nicht etwa das Nullpolynom $p_m = 0$ eine Lösung ist, da die Polynome p_m (bzw. q_m) die Konsistenzbedingung

$$(7.3.2) \qquad p_m(1) = 1$$

erfüllen müssen.

Die Lösung der Aufgabe (1–2) erscheint recht aussichtslos, da der im allgemeinen unbekannte Fehler $e^0 = x^0 - x$ in die Aufgabenstellung eingeht (Wäre e^0 bekannt, hätte man in $x = x^0 - e^0$ bereits die Lösung). Trotzdem wird diese Aufgabe in etwas modifizierter Form in §9.3 gelöst werden (vgl. Folgerung 9.4.9).

Wenn e^0 unbekannt ist, kann $\| p_m(M)e^0 \|_2$ durch

$$\| p_m(M)e^0 \|_2 \leqslant \| p_m(M) \|_2 \, \| e^0 \|_2$$

abgeschätzt und der Faktor $\| p_m(M) \|_2$ separat minimiert werden:

2. Minimierungsaufgabe:

Man bestimme zu $m \in \mathbb{N}$ ein Polynom p_m mit (2) und grad $p_m \leqslant m$ so daß

$$(7.3.3) \qquad \| p_m(M) \|_2 = \min.$$

7.3.2 Diskussion der zweiten Minimierungsaufgabe

Eine teilweise Antwort auf die Minimierungsaufgaben enthält der

Satz 7.3.1. M habe keinen Eigenwert $\lambda = 1$ (hinreichend: $\varrho(M) < 1$). Für alle $m \geqslant n := \# I$ führt die Wahl $p_m(\lambda) = \chi(\lambda) := \det(\lambda I - M)/\det(I - M)$ zu einem Polynom mit den Eigenschaften (2) und grad $p_m \leqslant m$, das die Aufgaben (1) und (3) löst. Insbesondere gilt

$$(7.3.4) \qquad p_m(M) = 0 \quad \text{und} \quad \| p_m(M) \|_2 = 0.$$

Wählt man $p_m(\lambda) = \mu(\lambda) := $ Minimalpolynom zu M (vgl. (2.8.4d)), so gilt (4) schon für $m \geqslant m_0 := $ grad μ. Sucht man für $m > n$ (bzw. $m > m_0$) eine Lösung von (1) und (3) mit grad $p_m = m$, setze man $p_m(\zeta) = \zeta^{m-n}\chi(\zeta)$ bzw. $p_m(\zeta) = \zeta^{m-m_0}\mu(\zeta)$.

Beweis. Der Satz 2.8.4 von Cayley-Hamilton garantiert $\chi(M) = \mu(M) = 0$. ∎

Die in Satz 1 gegebene Lösung ist aus zwei Gründen unbefriedigend. Zum einen ist das charakteristische Polynom χ (genauer gesagt: die benötigten Koeffizienten) nicht so schnell berechenbar, zum anderen ist der Fall $m \geqslant n$ der eher uninteressante.

Zwischenzeitlich sei angenommen:

$$(7.3.5) \qquad M \text{ sei normal,}$$

d.h. $MM'' = M''M$; hinreichend wäre, daß M Hermitesch ist. Mit M ist auch $p_m(M)$ normal, so daß nach Satz 2.9.5 auf

$$(7.3.6) \qquad \|p_m(M)\|_2 = \varrho(p_m(M)) = \max\{|p_m(\lambda)| : \lambda \epsilon \sigma(M)\}$$

geschlossen werden kann. Die Minimierung in (3) ist somit äquivalent zur Bestimmung eines Polynomes, dessen Betrag auf der Menge $\sigma(M)$ möglichst klein wird. Welchen Bezug hat die Minimierung von $\max\{|p_m(\lambda)| : \lambda \epsilon \sigma(M)\}$ zur eigentlichen Aufgabe (3), wenn die Voraussetzung (5) der Normalität nicht gegeben ist? Die Minimierung kann zum einen in der Form

$$\varrho(p_m(M)) = \min$$

gelesen werden, d.h. statt der Spektralnorm $\|p_m(M)\|_2$ wird der Spektralradius minimiert. Nimmt man die Diagonalisierbarkeit $T^{-1}MT = D$ (D diagonal) an, gilt $p_m(M) = p_m(TDT^{-1}) = T p_m(D) T^{-1}$. Mit der in Übungsaufgabe 2.6.13c definierten Norm $\|\!\|\cdot\|\!\|_T$ erhält man

$$(7.3.6') \qquad \|\!\|p_m(M)\|\!\|_T = \|T p_m(M) T^{-1}\|_2 = \|p_m(D)\|_2 = \varrho(p_m(D)) =$$
$$= \varrho(p_m(M)) = \max\{|p_m(\lambda)| : \lambda \epsilon \sigma(M)\}.$$

In §4.8.1 wurden symmetrische Iterationen im Falle $A > 0$ diskutiert, für die zwar nicht M, aber $A^{1/2}MA^{-1/2}$ Hermitesch ist. Dann gilt bezüglich der Energienorm die Gleichheit

$$(7.3.6'') \qquad \|p_m(M)\|_A = \max\{|p_m(\lambda)| : \lambda \epsilon \sigma(M)\}.$$

Man kann im Falle der Diagonalisierbarkeit $T^{-1}MT = D$ auch mittels

$$(7.3.6''') \qquad \|p_m(M)\|_2 \leqslant \|p_m(D)\|_2 \, \mathrm{cond}_2(T)$$

abschätzen. Durch die Minimierung von

$$\max\{|p_m(\lambda)| : \lambda \epsilon \sigma(M)\} = \|p_m(D)\|_2$$

anstelle des Ausdruckes $\|p_m(M)\|_2$ wird somit die obere Schranke $\|p_m(D)\|_2 \, \mathrm{cond}_2(T)$ in (6''') minimiert.

Die Minimierung von $\max\{|p_m(\lambda)| : \lambda \epsilon \sigma(M)\}$ kann nur mit der Kenntnis des Spektrums $\sigma(M)$ gelöst werden. Die Berechnung des gesamten Spektrums ist jedoch wesentlich aufwendiger als die hier anstehende Auflösung eines Gleichungssystems.

Ein Ausweg ergibt sich, wenn man das Spektrum $\sigma(M)$ durch eine *a priori bekannte* Menge

$$(7.3.7) \qquad \sigma_M \supset \sigma(M)$$

ersetzt. Ein Beispiel für die Obermenge σ_M wäre der Kreis

(7.3.8a) $\sigma_M = \{\lambda \in \mathbb{C} : |\lambda| \leq \bar{\rho}\}$ mit $\bar{\rho} \geq \rho(M)$.

Leider wird diese Menge für unsere Zwecke ungeeignet sein (vgl. Satz 9). Wenn dagegen M nur *reelle* Eigenwerte hat, bietet sich das Intervall

(7.3.8b) $\sigma_M = [-\bar{\rho}, \bar{\rho}]$ mit $\bar{\rho} \geq \rho(M)$

an. In manchen Fällen ist darüberhinaus bekannt, daß M nur nichtnegative Eigenwerte besitzt (vgl. Satz 4.8.3b). Dann kann man

(7.3.8c) $\sigma_M = [0, \bar{\rho}]$ mit $\bar{\rho} \geq \rho(M)$

wählen. In allen Fällen reicht es aus, eine obere Schranke $\bar{\rho}$ von $\rho(M)$ zu kennen, wobei $\bar{\rho} = \rho(M)$ optimal wäre und – wie wir sehen werden – $\bar{\rho} < 1$ gelten muß. Zum Beispiel kann man $\bar{\rho}$ als $\rho_{m+k,k}$ nach (3.2.18b) für geeignete m, k wählen (vgl. Bemerkung 3.4.3).

Die Minimierung des Ausdrucks (6) ersetzen wir demgemäß durch die

---

3. Minimierungsaufgabe:

Man bestimme zu $m \in \mathbb{N}$ ein Polynom p_m mit (2) und $\operatorname{grad} p_m \leq m$ so, daß

(7.3.9) $\max\{|p_m(\lambda)| : \lambda \in \sigma_M\} = \min.$

Abschließend sei kurz auf die Wahl der Norm $\|\cdot\|_2$ in (1) und (3) eingegangen. Eine Nicht-Hilbert-Norm wie etwa die Maximum- bzw. Zeilensummennorm $\|\cdot\|_\infty$ macht die Minimierung noch wesentlich komplizierter. Denkbar ist die Ersetzung der Euklidischen Norm $\|x\|_2$ durch $\|\|x\|\|_T = \|Tx\|_2$ oder $\|x\|_K = \|K^{1/2}x\|_2$ (K positiv definit), wie schon in (6') und (6") geschehen. Für K kommt außer A auch die Matrix W der dritten Normalform in Frage (vgl. Bemerkung 4.8.2d und (6")).

7.3.3 Čebyšёv-Polynome

Als Vorbereitung auf das nächste Unterkapitel seien die Čebyšёv-Polynome diskutiert (andere Schreibung: Tschebyscheff, Chebyshev,...; die Version «Chebychev» ist dagegen eine fehlerhafte Transkription).

Definition 7.3.2. Die Čebyšёv-Polynome T_m lauten

(7.3.10) $T_m(x) := \cos(m \arccos x)$ für $m \in \mathbb{N}_0$, $|x| \leq 1$.

Daß es sich bei den Funktionen T_m wirklich um Polynome vom Grad m handelt, erkennt man aus dem Teil (a) des folgenden Satzes, der alle weiterhin benötigten Eigenschaften zusammenstellt.

Lemma 7.3.3 (a) Die Funktionen T_m aus (10) genügen der Rekursion

(7.3.11a) $T_0(x) = 1$, $T_1(x) = x$, $T_{m+1}(x) = 2xT_m(x) - T_{m-1}(x)$.

(b) Für $x \geqslant 1$ haben die Polynome T_m die Darstellung

$$(7.3.11b) \qquad T_m(x) = \cosh(m \operatorname{Arcosh} x) \qquad \text{für } m \in \mathbb{N}_0, \; x \geqslant 1,$$

wobei $\cosh(x) = \frac{1}{2}(e^x + e^{-x})$ der *Cosinus hyperbolicus* und Arcosh (*Area cosinus hyperbolicus*) seine Umkehrfunktion sind.
(c) Für alle $x \in \mathbb{C}$ gilt die Darstellung

$$(7.3.11c) \qquad T_m(x) = \frac{1}{2}\left[\left(x + \sqrt{x^2 - 1}\,\right)^m + \left(x + \sqrt{x^2\; 1}\,\right)^{-m} \right].$$

Beweis. (11a) ergibt sich aus dem Additionstheorem des Cosinus. Für (11b) reicht der Nachweis, daß die dort definierten Funktionen ebenfalls der Rekursion (11a) genügen. Die Substitution $x = \cos\zeta$ in (11c) zeigt, daß (11c) mit $\cos m\zeta = T_m(x)$ übereinstimmt. ▪

Zur Ergänzung sei angefügt, daß $\{T_m\}$ die Orthogonalpolynome bezüglich der Gewichtsfunktion $(1-x^2)^{-1/2}$ sind (vgl. Stoer [1, §3.5]).

7.3.4 Die Čebyšёv-Methode (Lösung der 3. Minimierungsaufgabe)

Wie in den Beispielen (8b,c) sei angenommen, daß σ_M ein reelles Intervall ist. Die Lösung der dritten Minimierungsaufgabe (9) lautet:

Lemma 7.3.4. Sei $[a,b]$ ein Intervall mit $-\infty < a < b < 1$. Die Aufgabe

$$(7.3.12a) \qquad \begin{array}{l} \text{minimiere } \max\{|p_m(\lambda)| : a \leqslant \lambda \leqslant b\} \\ \text{unter allen Polynomen } p_m \text{ mit grad } p_m \leqslant m \text{ und } p_m(1) = 1 \end{array}$$

hat die eindeutige Lösung

$$(7.3.12b) \qquad p_m(\zeta) = T_m\left(\frac{2-a-b}{b-a}\right)/C_m \qquad \text{mit } C_m := T_m\left(\frac{2-a-b}{b-a}\right)$$

und dem Čebyšёv-Polynom T_m aus (10). Das minimierende Polynom p_m hat den Grad m und führt auf das Minimum

$$(7.3.12c) \qquad \max\{|p_m(\lambda)| : a \leqslant \lambda \leqslant b\} = 1/C_m \qquad \text{für } p_m \text{ aus (12b).}$$

Beweis. (i) Die Konstante C_m ist $\neq 0$, da das Argument $(2-a-b)/(b-a)$ außerhalb von $[-1,1]$ liegt und die Darstellung (11b) zutrifft. Per Konstruktion gilt $p_m(1) = 1$ und grad $p_m = m$. Für $a \leqslant \zeta \leqslant b$ liegt das Argument $(2\zeta - a - b)/(b-a)$ in $[-1,1]$. Dort ist nach (10) $|T_m| \leqslant 1$ und nimmt diese Grenze auch an, so daß (12c) folgt.
(ii) Es bleibt zu zeigen, daß für jedes andere Polynom das Maximum in (12c) größer als $1/C_m$ ausfällt. Sei q_m ein Polynom mit $q_m(1) = 1$, grad $q_m \leqslant m$ und $\max\{|q_m(\zeta)| : \zeta \in [a,b]\} \leqslant 1/C_m$. Das Čebyšёv-Polynom $T_m(x) = \cos(m \arccos x)$ nimmt, wie man nachrechnet, die Wert ± 1 in abwechselnder Reihenfolge in $x = \cos(\nu\pi/m)$ für $\nu = -m, 1-m, \ldots, 0$ an. Die durch die Transformation $x \mapsto \zeta = \frac{1}{2}[a+b+x(b-a)]$ aus T_m entstehende Funktion p_m hat in $\zeta_\nu = \frac{1}{2}[a+b+(b-a)\cos(\nu\pi/m)]$ $(-m \leqslant \nu \leqslant 0)$ die Werte

$$p_m(\zeta_\nu) = (-1)^\nu / C_m.$$

Aus $|q_m(\zeta_\nu)| \leq 1/C_m = |p_m(\zeta_\nu)|$ schließt man für die Differenz $r := p_m - q_m$ auf

$$r(\zeta_\nu) \geq 0 \quad \text{für gerade } \nu, \qquad r(\zeta_\nu) \leq 0 \quad \text{für ungerade } \nu.$$

Nach dem Zwischenwertsatz existiert in jedem Teilintervall $[\zeta_{\nu-1}, \zeta_\nu]$ $(1-m \leq \nu \leq 0)$ eine Nullstelle von r. Sollten die Nullstellen aus $[\zeta_{\nu-1}, \zeta_\nu]$ und $[\zeta_\nu, \zeta_{\nu+1}]$ in den gemeinsamen Punkt ζ_ν zusammenfallen, ist ζ_ν eine doppelte Nullstelle, so daß – der Vielfachheit nach gezählt – r mindestens m Nullstellen in $[a,b]$ besitzt. Wegen $p_m(1) = q_m(1) = 1$ hat r in 1 eine $(m+1)$-te Nullstelle. Aus $\operatorname{grad} r \leq m$ schließt man $r = 0$, so daß die Eindeutigkeit $p_m = q_m$ folgt. ▪

Übungsaufgabe 7.3.5. Man beweise mit Hilfe von (11a): Die Polynome p_m aus (12b) erhält man mittels der Rekursion

$$(7.3.13a) \qquad p_0(\zeta) = 1, \qquad p_1(\zeta) = \frac{2\zeta - a - b}{2 - a - b},$$

$$(7.3.13b) \qquad C_{m+1} p_{m+1}(\zeta) = 2\,\frac{2\zeta - a - b}{2 - a - b}\,C_m p_m(\zeta) - C_{m-1} p_{m-1}(\zeta).$$

Um die Güte des erreichten Minimums $1/C_m = 1/T_m(\frac{2-a-b}{b-a})$ einschätzen zu können, ist (11c) bei $x_0 = (2-a-b)/(b-a)$ auszuwerten. Man rechnet nach, daß $x_0^2 - 1 = 4(1-a)(1-b)/(b-a)^2 > 0$ und $x_0 + \sqrt{x_0^2 - 1} = (\sqrt{1-a} + \sqrt{1-b})^2/(b-a)$. Die Darstellung (11c) zeigt

$$C_m = \tfrac{1}{2}\left\{\left(\frac{(\sqrt{1-a} + \sqrt{1-b})^2}{b-a}\right)^m + \left(\frac{(\sqrt{1-a} + \sqrt{1-b})^2}{b-a}\right)^{-m}\right\}.$$

Die Klammer $\left(\frac{(\sqrt{1-a} + \sqrt{1-b})^2}{b-a}\right)$ läßt sich als $\frac{1-a}{b-a}\left(1 + \sqrt{\frac{1-b}{1-a}}\right)^2$ schreiben. Zur Vereinfachung seien

$$x := \frac{1-a}{1-b}, \quad c := (1 - \tfrac{1}{\sqrt{x}})/(1 + \tfrac{1}{\sqrt{x}})$$

eingeführt. Da $\frac{b-a}{1-a} = 1 - \frac{1}{x} = (1 + \frac{1}{\sqrt{x}})(1 - \frac{1}{\sqrt{x}})$, ist

$$\left(\frac{(\sqrt{1-a} + \sqrt{1-b})^2}{b-a}\right) = (1 - \tfrac{1}{x})^{-1}(1 + \tfrac{1}{\sqrt{x}})^2 = (1 + \tfrac{1}{\sqrt{x}})/(1 - \tfrac{1}{\sqrt{x}}) = \tfrac{1}{c}.$$

Damit reduziert sich der Ausdruck für $1/C_m$ zu

$$(7.3.13c) \qquad \frac{1}{C_m} = \frac{2\,c^m}{1 + c^{2m}}, \quad \text{wobei } c := \frac{1 - 1/\sqrt{x}}{1 + 1/\sqrt{x}} = \frac{\sqrt{x} - 1}{\sqrt{x} + 1} \quad \text{und } x := \frac{1-a}{1-b}.$$

Zur Interpretation von x als *Konditionszahl* vergleiche man §7.3.8.

Folgerung 7.3.6 (a) Für den Fall (8b): $\sigma_M = [-\bar{\rho}, \bar{\rho}]$ mit $0 < \bar{\rho} < 1$ (d.h. $a = -\bar{\rho}$, $b = \bar{\rho}$) lautet die Lösung der 3. Minimierungsaufgabe (9):

$$(7.3.14a) \qquad p_m(\zeta) = T_m(\zeta/\bar{\rho})/C_m \qquad\qquad \text{mit } C_m := T_m(1/\bar{\rho}).$$

(b) Für den Fall (8c): $\sigma_M = [\,0,\,\bar\rho\,]$ mit $0 < \bar\rho < 1$ (d.h. $a = 0$, $b = \bar\rho$) lautet die entsprechende Lösung

$$(7.3.14b) \qquad p_m(\zeta) \;=\; T_m\!\left(\frac{2\zeta - \bar\rho}{\bar\rho}\right) / C_m \qquad\qquad \text{mit } C_m \colon= T_m\!\left(\frac{2 - \bar\rho}{\bar\rho}\right).$$

(c) Die jeweils erreichten Minima sind $\dfrac{1}{C_m} = \dfrac{2\,c^m}{1 + c^{2m}}$ mit

$$(7.3.14c) \qquad c = \frac{2\,\bar\rho}{(\sqrt{1+\bar\rho}\,+\sqrt{1-\bar\rho}\,)^2} \ \text{ für (14a)}, \quad c = \frac{\bar\rho}{(1+\sqrt{1-\bar\rho}\,)^2} \ \text{ für (14b)}.$$

(d) Für die Semiiterierten y^m gelten die Fehlerabschätzungen

$$(7.3.14d_1) \qquad \| y^m - x \|_2 \;\leqslant\; \eta_m \,\mathrm{cond}_2(T)\,\| x^0 - x \|_2 \quad \text{mit}$$

$$(7.3.14e) \qquad \eta_m = 2\,(1 - \tfrac{1}{x})^m / [\,(1 + \tfrac{1}{\sqrt{x}})^{2m} + (1 - \tfrac{1}{\sqrt{x}})^{2m}\,],$$

wobei x durch (13c) definiert wird und T die Transformation aus (6''') ist. Im Falle einer symmetrischen Iteration mit $A > 0$ (vgl. §4.8.1) gilt in der Energienorm:

$$(7.3.14d_2) \qquad \| y^m - x \|_A \;\leqslant\; \eta_m \,\| x^0 - x \|_A \,.$$

Beweis zu (d). Man verwende $c = [\,1 - 1/x\,] / (1 + 1/\sqrt{x}\,)^2$. ▨

Zur Realisierung der Čebyšёv-Methode könnte man die Koeffizienten α_{mj} von $p_m(\zeta) = \sum \alpha_{mj}\zeta^j$ ermitteln und die erste Formulierung (1.6) der Semiiteration verwenden. Für ein *festes* m läßt sich im Prinzip die zweite Formulierung heranziehen. Das Čebyšёv-Polynom T_m hat die Nullstellen $x_\nu = \cos([\nu+\tfrac{1}{2}]\pi/m)$ $(1 \leqslant \nu \leqslant m)$. Damit besitzt das transformierte Polynom p_m aus (12b) die Faktorisierung $\Pi_{\nu=1}^{m}(\zeta - \zeta_\nu)/(1 - \zeta_\nu)$ mit $\zeta_\nu = \tfrac{1}{2}[a + b + (b - a)\cos([\nu+\tfrac{1}{2}]\pi/m)]$. Die Hilfspolynome

$$\hat{p}_k(\zeta) \colon= \prod_{\nu=1}^{k} (\zeta - \zeta_\nu)/(1 - \zeta_\nu) \qquad\qquad (0 \leqslant k \leqslant m)$$

erfüllen (2.3a,b) und führen in (2.3c) auf $\Theta_k \colon= 1/(1 - \zeta_k)$. Damit kann das Verfahren (2.1a,b) (die «zweite Formulierung») mit diesen Θ_k für $k = 0,1,\ldots,m$ durchgeführt werden. Da $\hat{p}_m = p_m$, hat man somit für den festen Index m die optimale semiiterative Lösung y^m berechnet. Dieses Vorgehen hat jedoch schwerwiegende Nachteile:

    i) Für eine anschließende Berechnung von y^{m+1} hat man (2.1a,b) erneut von $k = 0$ bis $k = m+1$ zu durchlaufen, da dann andere Hilfspolynome $\hat{p}_k$ auftreten.

    ii) Die zweite Formulierung (2.1a,b) ist im allgemeinen *instabil*. Schon für relativ kleine m kann der Rundungsfehlereinfluß den Iterationsfehler $y^m - x$ überwiegen.

Man kann der Instabilität allerdings mit einer geschickten Umnumerierung der Θ_ν begegnen. Zur Stabilitätsanalyse und Wahl einer geeigneten Anordnung sei auf Lebedev-Finogenov [1] verwiesen (vgl. auch Samarskii-Nikolaev [1,§6.2.4]).

Die einzig elegante und praktikable Realisierung ist der Einsatz der *Dreitermrekursion* (2.4a–c), da (2.5a,b) die Rekursion (13a,b) als Spezialfall enthält. Die in (2.4a–c) benötigten Koeffizienten Θ_m und ϑ_m werden in der nachfolgenden Übungsaufgabe bereitgestellt.

Übungsaufgabe 7.3.7. Man beweise: (a) Für den Fall $\sigma_M = [a,b]$ mit $a < b < 1$ ergibt sich für p_m aus (13a,b) die Rekursion (2.5a,b) mit den Faktoren

(7.3.15a) $\Theta_m = 4 C_{m-1} / [(b-a) C_m]$,

(7.3.15b) $\vartheta_m = -2 (a+b) C_{m-1} / [(b-a) C_m]$.

(b) Für den Fall $\sigma_M = [-\rho, \rho]$ führt (13b) auf die Rekursion (2.5c,d) mit

(7.3.15a') $\Theta_m = 2 C_{m-1} / [\rho C_m] = 1 + C_{m-2} / C_m$.

(c) Wie lauten die Koeffizienten für $\sigma_M = [0, \rho]$?

(d) Aufgrund der Gleichung (13b) für $\zeta = 1$: $C_{m+1} = A C_m - C_{m-1}$ mit $A := 2(2-a-b)/(b-a)$ beweise man für den allgemeinen Fall $\sigma_M = [a,b]$:

(7.3.15c) $\Theta_m = 16 / [8(2-a-b)-(b-a)^2 \Theta_{m-1}]$, $\Theta_1 = 4/(2-a-b)$,

(7.3.15d) $\vartheta_m = -\frac{1}{2}(a+b) \Theta_m$.

(e) Die Koeffizienten konvergieren monoton gegen $\lim \Theta_m = 4c/(b-a)$ und $\lim \vartheta_m = -2c(a+b)/(b-a)$ mit c aus (13c).

Hinweis zu (a): Für $m \geqslant 2$ Koeffizientenvergleich von (2.5b) mit (13b). Für $m=1$ Vergleich von (2.5a) mit (13a) unter Beachtung von $C_0 = 1$, $C_1 = (2-a-b)/(b-a)$ gemäß (13c). *Zu (e):* Man setze (13c) in (15a,b) ein.

Anstelle der Größen Θ_m und ϑ_m kann man auch die Summe $\sigma_m := \Theta_m + \vartheta_m$ rekursiv aus

(7.3.15e) $\sigma_m = 4 / \left\{ 4 - \left(\dfrac{1-1/\varkappa}{1+1/\varkappa}\right)^2 \sigma_{m-1} \right\}$, $\sigma_1 = 2$

berechnen (abzuleiten aus (15c,d)). Aus (15d) erhält man

(7.3.15f) $\Theta_m = 2 \sigma_m / (2-a-b)$, $\vartheta_m = -(a+b)\sigma_m / (2-a-b)$.

Die Koeffizienten σ_m aus (15e) können auch unmittelbar für die Dreitermrekursion genutzt werden. Ist W die Matrix der dritten Normalform von Φ, so ist (2.4a–c) mit den Koeffizienten (15a,b) äquivalent zu

$$
\begin{array}{ll}
(7.3.16a) & y^0 = x^0, \\[2ex]
(7.3.16b) & y^1 = y^0 - \dfrac{2}{2-a-b} W^{-1}(A y^0 - b), \\[2ex]
(7.3.16c) & y^m = \sigma_m \left\{ y^{m-1} - \dfrac{2}{2-a-b} W^{-1}(A y^{m-1} - b) \right\} + (1-\sigma_m) y^{m-2}.
\end{array}
$$

7.3.5 Konvergenzordnungsverbesserung durch die Čebyšёv-Methode

Satz 7.3.8 (a) Sei $\sigma(M) \subset \sigma_M = [a,b]$ mit $a<b<1$. Die Čebyšёv-Methode hat die asymptotische Konvergenzrate c aus (13c):

$$(7.3.17a) \qquad \lim_{m\to\infty} (1/C_m)^{1/m} = c = \frac{b-a}{2-b-a+2\sqrt{(1-a)(1-b)}}.$$

Speziell gilt

$$(7.3.17b) \qquad \lim_{m\to\infty} (1/C_m)^{1/m} = \frac{\rho}{1+\sqrt{1-\rho^2}} \qquad \text{für } \sigma_M = [-\rho,\rho], \quad \rho<1,$$

$$(7.3.17c) \qquad \lim_{m\to\infty} (1/C_m)^{1/m} = \frac{\rho}{(1+\sqrt{1-\rho})^2} \qquad \text{für } \sigma_M = [0,\rho], \quad \rho<1.$$

(b) Die Basisiteration habe die Ordnung τ: $\rho(M) = 1 - Ch^\tau + O(h^{2\tau})$. Dann hat die Čebyšёv-Methode die Ordnung $\tau/2$. Die asymptotische Konvergenzrate hat den Wert

$$(7.3.18a) \qquad 1 - 2\sqrt{C/(1-a)}\, h^{\tau/2} + O(h^\tau) \qquad \text{für (17a) mit } b = \rho(M),$$

$$(7.3.18b) \qquad 1 - \sqrt{2C}\, h^{\tau/2} + O(h^\tau) \qquad \text{für } \sigma_M = [-\rho(M), \rho(M)],$$

$$(7.3.18c) \qquad 1 - 2\sqrt{C}\, h^{\tau/2} + O(h^\tau) \qquad \text{für } \sigma_M = [0, \rho(M)].$$

Beweis. Da $0 \leqslant c \leqslant 1$, zeigt (13c) $(1/C_m)^{1/m} = c\,[2/(1+c^{2m}]^{1/m} \to c$. $\qquad\blacksquare$

Damit erreicht man mit der Čebyšёv-Methode ebenso eine Halbierung der Ordnung wie bei der SOR-Iteration. Zum Zusammenhang beider Methoden vergleiche man §7.4.3 und Varga [2,§5.2].

7.3.6 Optimierung über andere Mengen

Bisher wurde ein Intervall $[a, b]$ mit $a<b<1$ zugrundegelegt. Wenn kein Eigenwert von M in $(c,d) \subset [a,b]$ liegt, kann σ_M zu

$$\sigma_M = [a,c] \cup [d,b] \qquad\qquad (a \leqslant c < d \leqslant b)$$

verkleinert werden. Offenbar kann das Minimum $\min\limits_{p_m} \max\limits_{\sigma_M} |p_m(\zeta)|$ nur kleiner werden. Für $c-a = b-d$ läßt sich das optimale Polynom in einfacher Weise angeben (vgl. Axelsson-Barker [1, S.26f]). Zur Bestimmung der optimalen Polynome sei auf de Boor-Rice [1] verwiesen. Der Fall $\sigma_M = [a,c] \cup [d, b]$ ist insbesondere dann interessant, wenn $a \leqslant c < 1 < d \leqslant b$. Diese Situation entsteht, wenn A indefinit ist. Hierzu vergleiche man auch §8.3.2.

Wenn *ein* extremer Eigenwert c von M bekannt und die anderen durch $[a,b]$ eingeschlossen sind, gelangt man zu

$$\sigma_M = [a,b] \cup \{c\} \qquad \text{mit } c \notin [a,b], \quad 1 \notin [a,b], \quad c \neq 1.$$

q_{m-1} sei für $[a,b]$ optimal. Ein einfacher, wenn auch nicht optimaler Vorschlag für ein für σ_M geeignetes Polynom p_m ist

$$p_m(\zeta) := q_{m-1}(\zeta)(\zeta-c)/(1-c).$$

Zur prinzipiellen Konstruktion asymptotisch optimaler Polynome zu beliebigen, kompakten Mengen σ_M mit $1 \notin \sigma_M$ sei auf Niethammer-Varga [1], Eiermann-Niethammer-Varga [1] verwiesen. Die nach dem Intervall $[a,b]$ nächsteinfache Menge σ_M ist die Ellipse (vgl. Fischer-Freund [1], [2], Niethammer-Varga [1], Manteuffel [1]). Da im allgemeinen eine geeignete, die Eigenwerte von M einschließende Ellipse nicht a priori bekannt ist, hat man deren Parameter adaptiv zu verbessern (vgl. Manteuffel [1]). Die Tatsache, daß die Ellipse im Komplexen liegt, bedeutet nicht, daß auch die optimalen Polynome komplexe Parameter besitzen. Solange σ_M symmetrisch zur reellen Achse liegt, läßt sich ein optimales Polynom mit reellen Koeffizienten finden (vgl. Opfer-Schober [1]).

In jedem Falle wird das Spektrum $\sigma(M)$ durch den komplexen Kreis

$$\sigma_M = \{z = x + iy \in \mathbb{C}: x^2 + y^2 \leqslant \rho(M)^2\}$$

eingeschlossen. Hierfür ergibt sich leider keine interessante Lösung:

Satz 7.3.9. Sei σ_M der Kreis um $z_0 \in \mathbb{C} \setminus \{1\}$ mit dem Radius $r < |1 - z_0|$. Das optimale Polynom zu σ_M ist $p_m(\zeta) = [(\zeta - z_0)/(1 - z_0)]^m$. Speziell für $z_0 = 0$ stimmt die zugehörige Semiiteration mit der Basisiteration Φ überein. Im allgemeinen Falle entspricht die Semiiteration dem gedämpften Verfahren Φ_Θ mit $\Theta := 1/|1 - z_0|$.

Beweis (vgl. Opfer-Schober [1]). Das Maximum $\rho := \max\{|p_m(\zeta)|: \zeta \in \sigma_M\}$ $= r/|1 - z_0|$ nimmt p_m auf dem gesamten Rand von σ_M an. Falls p_m nicht optimal wäre, gäbe es ein q_m vom Grad $\leqslant m$ mit $q_m(1) = 1$ und $\max\{|q_m(\zeta)|: \zeta \in \sigma_M\} < \rho$. Damit wäre $q_m(\zeta) < \rho = p_m(\zeta)$ für alle Randwerte $\zeta \in \partial\sigma_M$ gültig, so daß der Satz von Rouché anwendbar ist: Die holomorphen Funktionen p_m und $p_m - q_m$ haben in σ_M die gleiche Nullstellenzahl. Da p_m in z_0 eine m-fache Nullstelle hat, besitzt $p_m - q_m$ auch m Nullstellen in σ_M. Wegen $(p_m - q_m)(1) = p_m(1) - q_m(1) =$ $= 1 - 1 = 0$ hat das Polynom $p_m - q_m$ vom Grad $\leqslant m$ sogar $m+1$ Nullstellen, was $p_m = q_m$ impliziert. Also ist p_m bereits optimal. ∎

7.3.7 Die zyklische Iteration

Im Anschluß an Folgerung 6 wurde erwähnt, daß es prinzipiell möglich ist, die zweite Formulierung (2.1b) mit Faktoren $\Theta_\nu := 1/(1 - \zeta_\nu)$, $\zeta_\nu = \cos([\nu + \frac{1}{2}]\pi/m)$ für $\nu = 1, \ldots, m$ anzuwenden. Das Resultat y^m (für dieses feste m) ist die gewünschte Čebyšёv-Semiiterierte. Nur läßt sich die Čebyšёv-Methode so nicht weiter fortsetzen. Um trotzdem zu einem unendlichen iterativen Prozeß zu kommen, wiederholt man die Extrapolationsfaktoren zyklisch:

(7.3.19a) $\qquad \Theta_1, \Theta_2, \ldots, \Theta_m \quad$ gegeben,

(7.3.19b) $\qquad \Theta_i := \Theta_{i-m} \qquad$ für $i > m$.

Das semiiterative Verfahren (2.1a,b) mit diesen Parametern heißt die *zyklische Iteration*. Wenn man nur die Iterierten y^0, y^m, y^{2m}, y^{3m}, ... in Betracht zieht, handelt es hierbei um eine echte Iteration. Die zugehörige Iterationsmatrix ist $p_m(M)$. Als Konvergenzrate der zyklischen Iteration nimmt man jedoch nicht $\rho(p_m(M))$, sondern $\rho(p_m(M))^{1/m}$, da ein Zyklus $y^0 \mapsto y^m$ aus m und nicht aus einem Schritt bestehend angesehen wird. Für die zyklische Iteration besteht die gleiche Gefahr *numerischer Instabilitäten*, die schon anschließend an Folgerung 6 diskutiert wurde.

Übungsaufgabe 7.3.10. Man beweise: Auch wenn man die zyklische Iteration als Semiiteration $\{y^0,\ y^1,\ y^2,...\}$ aller Iterierten ansieht, stimmt die asymptotische Konvergenzrate aus Definition 1.2 mit $\rho(p_m(M))^{1/m}$ überein.

7.3.8 Eine Umformulierung

Die Matrizen M und W der ersten und dritten Normalform hängen über $M = I - W^{-1}A$ zusammen (vgl. (3.2.3'/6)). Bisher haben wir nach geeigneten Polynomen $p(\zeta)$ unter der Nebenbedingung $p(1)=1$ gesucht. Ein Polynom in $M = I - W^{-1}A$ läßt sich als Polynom in $W^{-1}A$ umordnen:

$$(7.3.20a) \qquad p(M) = q(W^{-1}A)$$

mit q aus

$$(7.3.20b) \qquad q(\mu) := p(1-\mu).$$

Die Nebenbedingung $p(1)=1$ wird zu

$$(7.3.20c) \qquad q(0) = 1.$$

Da man (20c) auch durch $q(\mu)=1-\mu\,\hat{q}(\mu)$ mit $\mathrm{grad}(\hat{q})=\mathrm{grad}(q)-1$ ausdrücken kann, ist (21) eine alternative Darstellung zu (20a-c):

$$(7.3.21) \qquad p(M) = I - W^{-1}A\,\hat{q}(W^{-1}A) \qquad \text{mit } \hat{q}(\mu) := [1-p(1-\mu)]/\mu.$$

Man überlegt sich leicht, daß

(i) M genau dann ein reelles Spektrum $\sigma(M)$ besitzt, wenn auch $\sigma(W^{-1}A)$ reell ist.

(ii) a untere und b obere Schranken für $\sigma(M)$ sind, wenn

$$(7.3.22) \qquad \Gamma := 1-a, \quad \gamma := 1-b$$

obere bzw. untere Schranke von $\sigma(W^{-1}A)$ sind:

$$(7.3.23a) \qquad \sigma(W^{-1}A) \subset [\gamma,\Gamma].$$

Der Ausdruck $\varkappa$ aus (13c) schreibt sich als

$$(7.3.23b) \qquad \varkappa = \Gamma/\gamma.$$

Für $\varkappa = \Gamma/\gamma$ mit den besten Konstanten γ und Γ, die (23a) erfüllen, gilt unter der Voraussetzung $\gamma > 0$:

$$(7.3.23c) \qquad \varkappa = \varkappa(W^{-1}A) \qquad\qquad\qquad (\varkappa(\cdot) \text{ definiert in } (2.10.8)).$$

Es sei daran erinnert, daß eine symmetrische Iteration mit (4.8.1c) vorliegt, wenn W und A positiv definit sind (vgl. §4.8.1)).

Lemma 7.3.11. Für eine symmetrische Iteration ist (23a) äquivalent zu

$$(7.3.23a') \qquad \gamma W \leqslant A \leqslant \Gamma W.$$

Die in (23a') optimalen Schranken ergeben über (23b) die Konditionszahl

$$(7.3.23c') \qquad \varkappa = \varkappa(W^{-1}A) = \text{cond}_2(W^{-1/2}AW^{-1/2}).$$

Beweis. Da $\sigma(W^{-1}A) = \sigma(W^{-1/2}AW^{-1/2})$ (vgl. Satz 2.4.6), ist (23a) äquivalent zu $\gamma I \leqslant W^{-1/2}AW^{-1/2} \leqslant \Gamma I$ (vgl. (2.10.3e)). Multiplikation mit $W^{1/2}$ von beiden Seiten liefert (23a') (vgl. (2.10.3b')). ∎

Das optimale Polynom lautet $p_m(\zeta) = T_m(\frac{2\zeta-a-b}{b-a})/T_m(\frac{2-a-b}{b-a})$ (vgl. (12b)). Setzt man in $\frac{2\zeta-a-b}{b-a}$ für a, b die Ausdrücke $1-\Gamma$ und $1-\gamma$ und für ζ die Matrix $M = I - W^{-1}A$ ein, erhält man $[(\Gamma+\gamma)I - 2W^{-1}A]/(\Gamma-\gamma)$. Entsprechend wird $\frac{2-a-b}{b-a}$ zu $(\Gamma+\gamma)/(\Gamma-\gamma)$. Als Polynom in $W^{-1}A$ ausgedrückt, lautet das optimale Polynom somit

$$(7.3.24) \qquad p_m(M) = q_m(W^{-1}A) = T_m(\frac{\Gamma+\gamma}{\Gamma-\gamma}I - \frac{2}{\Gamma-\gamma}W^{-1}A) \, / \, T_m(\frac{\Gamma+\gamma}{\Gamma-\gamma}).$$

Die asymptotische Konvergenzgeschwindigkeit (17a) durch γ und Γ ausgedrückt lautet

$$(7.3.25) \qquad \lim_{m\to\infty} (1/C_m)^{1/m} = c = \frac{\sqrt{\Gamma}-\sqrt{\gamma}}{\sqrt{\Gamma}+\sqrt{\gamma}} = \frac{1-\sqrt{\gamma/\Gamma}}{1+\sqrt{\gamma/\Gamma}}.$$

7.3.9 Mehrschrittiterationen

In Übungsaufgabe 7e wurden die Limites $\Theta = \lim \Theta_m$ und $\vartheta = \lim \vartheta_m$ berechnet. Damit konvergiert die Dreitermrekursion (2.4c) gegen die (stationäre) Zweischrittiteration (3.2.23):

$$y^m = \Theta\{\Phi(y^{m-1},b) - y^{m-2}\} + \vartheta(y^{m-1} - y^{m-2}) + y^{m-2}.$$

Wie in §3.2.8 beschrieben, läßt sich die Konvergenz der Iteration (3.2.23) auf die Konvergenz einer Einschrittiteration mit der Iterationsmatrix

$$\mathbf{M} = \begin{bmatrix} \mu_0 M + \mu_1 I & \mu_2 I \\ I & O \end{bmatrix}, \qquad \mu_0 = \frac{4c}{b-a}, \qquad \mu_1 = -2c\frac{a+b}{b-a}, \qquad \mu_2 = 1 - \mu_0 - \mu_1$$

zurückführen (c aus (13c)). Unter der Annahme $\sigma(M) \subset \sigma_M$ erhält man für diese Koeffizienten mit Hilfe der Übungsaufgabe 3.2.20 $\rho(\mathbf{M})=c$, das heißt die (stationäre) Zweischrittiteration (3.2.23) erzielt die gleiche Konvergenzrate wie das semiiterative Verfahren.

Allgemein kann man die k-Schrittiteration

$$x^m = \mu_0 \Phi(x^m, b) + \sum_{i=1}^{k} \mu_i\, x^{m-i} \qquad \text{mit } \sum_{i=0}^{k} \mu_i = 1$$

untersuchen. Der Zusammenhang zwischen k-Schrittiterationen und semiiterativen Verfahren ist bei Niethammer–Varga [1] beschrieben.

7.3.10 Pascal-Prozeduren

Das Čebyšëv-Verfahren benötigt zunächst Informationen über die Spektrumsschranken a und b, die $a \leqslant \lambda_{\min} \leqslant \lambda_{\max} \leqslant b < 1$ erfüllen müssen, wobei $\lambda_{\min}$ und $\lambda_{\max}$ die extremen Eigenwerte der Iterationsmatrix M sind. Die Größen a, b werden nicht direkt gespeichert, sondern über γ und Γ aus (22) als Komponenten **gmg** $:= \Gamma - \gamma$ und **gpg** $:= \Gamma + \gamma$ des Records vom Typ **Iterationsparameter** abgelegt. Die Prozeduren **setze_lambda_Schranken** und **bestimme_lambda_Schranken** stehen zur direkten bzw. interaktiven Eingabe zur Verfügung. Es wird dabei abgeprüft, ob $a \leqslant b < 1$ erfüllt ist. Aus **gmg** und **gpg** bestimmt **asymptotische_semiiterative_Rate** die Rate (25).

```
function pruefe_lambda(a,b: real): Boolean; var ok: Boolean;
begin ok:=b<1; if not ok then writeln('b muß <1 sein!');
      if a>b then begin ok:=false; writeln('a muß <b=',b,' sein!') end;
      pruefe_lambda:=ok
end;
procedure setze_lambda_Schranken (var IP: Iterationsparameter; a,b: real);
begin
 if not pruefe_lambda(a,b) then Meldung('Ungültige Semiiterationsparameter!');
 IP.gmg:=b-a; IP.gpg:=2-a-b; IP.Nr:=0
end;
procedure bestimme_lambda_Schranken(var IP: Iterationsparameter);
var a,b: real;
begin writeln('Parameter für Semiiteration:');
      writeln('*** Eingabe einer oberen Schranke b.');
      repeat write(' --> b = '); readln(b); a:=b until pruefe_lambda(a,b);
      writeln('*** Eingabe einer unteren Schranke a.');
      repeat write(' --> a = '); readln(a) until pruefe_lambda(a,b);
      setze_lambda_Schranken(IP,a,b)
end;
procedure lambda_Schranken(var it: Iterationsdaten; a,b: real);
begin if it.A.Art=Poisson_Modellproblem then
  setze_lambda_Schranken(it.IP,a,b) else bestimme_lambda_Schranken(it.IP)
end;
function asymptotische_semiiterative_Rate(var IP: Iterationsparameter): real;
begin with IP do asymptotische_semiiterative_Rate:=
                          gmg/(gpg+sqrt(gpg*gpg-gmg*gmg)) end;
```

Ebenso können Werte für die Schranken γ und Γ aus (22) mittels

```
function pruefe_gamma(untere,obere: real): Boolean;
procedure setze_gamma_Schranken(...);
procedure bestimme_gamma_Schranken(var IP: Iterationsparameter);
procedure gamma_Schranken(var it: Iterationsdaten; untere,obere: real);
```

gesetzt werden. Die Prozeduren setzen **IP.Nr:=0**, so daß die Semi-iteration gestartet werden kann. Das semiiterative Verfahren verwendet die Darstellung (16b–c). Der Parameter σ_m entspricht der Komponente **IP.sigma**. Für die vorhergehende Iterierte y^{m-2} wird auf **IP.vorher^** ein Speicherbereich eingerichtet. Falls nach Beendigung des semiiterativen Verfahrens diese Speicherplatz wieder freigegeben werden soll, kann die «**procedure Freigabe_Iterationsparameter (var IP : Iterationsparameter);**» aufgerufen werden. Die Prozedur **Semi_Iteration** benötigt als letzten Parameter die zugrundeliegende Basisiteration. Konkrete semiiterative Verfahren werden in §7.4 beschrieben.

(7.3.26)   procedure Semi_Iteration

```
procedure Semi_Iteration (var neu: Gitterfunktion;
                var A: Diskretisierungsdaten; var x,b: Gitterfunktion;
                var IP: Iterationsparameter;  Basisiteration: PIteration);
var y: Gitterfunktion;
begin with IP do with A do
if Nr<0 then writeln('Semiiterationsparameter sind noch nicht definiert!') else
begin if Nr=0 then (Start der Semiiteration)
begin if vorher=nil then new(vorher); vorher^:=x; sigma:=1;
  Basisiteration(y,A,x,b,IP);
  Faktor_mal_Vektor_plus_Faktor_mal_Vektor(nx,ny,neu,2/gpg,y,1-2/gpg,x)
end else
begin sigma:=4/(4-sqr(gmg/gpg)*sigma); Basisiteration(y,A,x,b,IP);
  Faktor_mal_Vektor_plus_Faktor_mal_Vektor (nx,ny,y,2/gpg,y,1-2/gpg,x);
  Faktor_mal_Vektor_plus_Faktor_mal_Vektor(nx,ny,y,sigma,y,1-sigma,vorher^);
  vorher^:=x; neu:=y
end; Randwerte_uebertragen(nx,ny,x,neu); Nr:=Nr+1
end end;
```

In Analogie zum Rahmenprogramm aus §3.5.5 können die Iterations-daten in der Variablen it zusammengefaßt und je ein Semiiterations-schritt mit **Semiiteration_1** ausgeführt werden.

```
procedure Semiiteration_1 (var it: Iterationsdaten; Basisiteration: PIteration);
begin with it do begin Semi_Iteration (x,A,x,b,IP,Basisiteration) end end;
```

Ein vollständiges Rahmenprogramm in Analogie zu (3.5.9) kann wie folgt aussehen:

(7.3.27)   Rahmenprogramm zum Aufruf einer Semiiteration

```
program Semiiterationsaufruf;
var it: Iterationsdaten; i,itzahl: integer; v: Vergleichsdaten;
i2: Iterationsgeschichte;
{Rechte_Seite, Nullfunktion, Exakte_Loesung, Randwerte wie in (3.5.9)}
{Zu definieren ist ferner u.a. "Euklidische_Norm", "lex_SSOR"}
begin initialisiere_IT(it); initialisiere_Vergleichsdaten(v);
  repeat Freigabe_IT(it); Freigabe_Vergleichsdaten(v);
    definiere_Problem(it,Randwerte,Rechte_Seite); writeln('Problem definiert.');
    definiere_optimalen_SSOR_Parameter(it);
    definiere_SSOR_Semiiterationsparameter(it);
    definiere_Startiteration(it,Nullfunktion); writeln('Startwert definiert.');
    definiere_Vergleichsloesung(v,it.A,exakte_Loesung);
    write(' --> Anzahl der Iterationen = '); readln(itzahl);
    for i:=1 to itzahl do
    begin
            Semiiteration_1(it, lex_SSOR);
            Vergleich_mit_exakter_Loesung(i2,v,it, Euklidische_Norm);
            writeln('Iterationsnr. ',it.IP.Nr,' Euklidische Norm: ',i2.Wert[i])
    end;
    writeln('Lauf beendet.');        { ..., Darstellung und Auswertung wie in (3.5.9)}
    write('Wird eine Wiederholung gewünscht?')
  until not ja_nein
end.
```

7.3.11 Aufwand der semiiterativen Methode

Die Realisierung (26) erfordert (für $m \geqslant 2$) neben dem Aufruf der Basisiteration Φ 6 Operationen pro Gitterpunkt. Dies führt zu

(7.3.28a)   semiiterativer Aufwand$(\Phi) \leqslant$ Aufwand$(\Phi) + 6\,n$

(vgl. §3.3 und §4.6). Der Kostenfaktor ist demnach

(7.3.28b) $C_{\Phi,\text{semiiterativ}} = C_\Phi + \dfrac{6}{C_A}$,

wobei C_A in §3.3 als Zahl der Nichtnullelemente von A definiert ist.

Indem man in (3.3.4a) die Konvergenzrate durch den asymptotischen
Wert c aus (25) ersetzt, erhält man den *effektiven Aufwand*

(7.3.28c) $Eff_{\text{semiiterativ}}(\Phi) = -(C_\Phi + \dfrac{6}{C_A})/\log c$.

Wenn wie für die in §7.4 diskutierten Beispiele $\gamma/\Gamma \ll 1$ gilt, kann man
$\log c = -2\sqrt{\gamma/\Gamma} + O(\gamma/\Gamma)$ ausnutzen:

(7.3.28d) $Eff_{\text{semiiterativ}}(\Phi) \approx (\dfrac{C_\Phi}{2} + \dfrac{3}{C_A})\sqrt{\dfrac{\Gamma}{\gamma}}$.

Übungsaufgabe 7.3.12. Für die Iterationsmatrix von Φ gelte $\sigma(M) \subset [a,b]$
mit $b = 1 - O(h^{-\tau})$, $\tau > 0$. Man zeige den folgenden Vergleich des
iterativen und semiiterativen Aufwandes:

(7.3.29) $Eff_{\text{semiiterativ}}(\Phi) \approx (C_\Phi + \dfrac{6}{C_A})\sqrt{Eff(\Phi)/[(1-a)C_\Phi]}$.

7.4 Anwendung auf bekannte Iterationen

7.4.1 Vorbemerkungen

Wesentliche Bedingung für die Anwendbarkeit der Čebyšёv-Methode ist, daß das Spektrum $\sigma(M)$ reell ist. Dies schließt das SOR-Verfahren als Basisiteration aus. Auf das SOR-Verfahren mit $\omega \geqslant \omega_{opt}$ sind auch keine semiiterativen Varianten erfolgreich anwendbar, die auf anderen Grundmengen σ_M beruhen (vgl. §7.3.6)). Die Ursache liegt in der Aussage (e) des Satzes 5.6.5: Alle Eigenwerte $\lambda \epsilon \sigma(M_\omega^{SOR})$ liegen für $\omega \geqslant \omega_{opt}$ auf dem komplexen Kreis $|\zeta| = \omega - 1$, für den nach Satz 3.9 keine Konvergenzbeschleunigung möglich ist.

Wenn A positiv definit ist, führen die folgenden, schon erwähnten Iterationen auf ein reelles Spektrum: Richardson-, (Block-)Jacobi- und (Block-)SSOR-Verfahren. Diese werden in den nachfolgenden Abschnitten für das Poisson-Modellproblem mit numerischen Ergebnissen vorgestellt werden.

Neben den eben genannten Iterationen wurde in §4.3 ihre gedämpften Varianten konstruiert. Für die Diskussion der semiiterativen Methoden sind die gedämpften Varianten jedoch ohne jedes Interesse, wie das folgende Lemma festhält.

Lemma 7.4.1. Die Iteration Φ habe ein reelles Spektrum $\sigma(M)$. Dann erzeugen Φ und die zugehörigen gedämpften Iterationen Φ_ϑ für $\vartheta > 0$ die gleichen semiiterativen Resultate y^m.

Beweis. Die von Φ erzeugte Semiiterierte y^m hat nach (1.9a,b) die Darstellung $y^m = x^0 + p_m(M)(x^0 - x)$. Die gedämpfte Iteration hat die Iterationsmatrix $M_\vartheta = I - \vartheta W^{-1} A = I - W_\vartheta^{-1} A$ mit $W_\vartheta := W/\vartheta$. Für W_ϑ gilt die Ungleichung (3.23a) in der Form $\sigma(W_\vartheta^{-1} A) \subset [\gamma', \Gamma']$ mit $\gamma' := \vartheta \gamma$, $\Gamma' := \vartheta \Gamma$. Die rechte Seite in (3.24) ist invariant gegen die Ersetzung von γ, Γ, W durch γ', Γ', W_ϑ. Damit beweist (3.24) $p_m(M_\vartheta) = p_m(M)$. Also stimmen die Iterierten $y_\vartheta^m = x^0 + p_m(M_\vartheta)(x^0 - x)$ von Φ_ϑ mit denen von Φ überein. ∎

Die Pascal-Prozeduren aus §7.3.10 greifen der Einfachheit halber stets auf die Basisiteration in der bisher programmierten Form zurück. Es ist auch eine Alternative denkbar: Es existiert bereits die Prozedur **Residuum** (vgl. §4.3.1.2) zur Berechnung von $b - Ax$. Es würde reichen, die jeweilige Iteration Φ durch ihre Matrix $N = W^{-1}$ zu repräsentieren, indem ein Unterprogramm zur Berechnung von $r \mapsto W^{-1} r$ bereitgestellt wird. Die Darstellung des semiiterativen Verfahrens durch (3.16c) zeigt, daß $W^{-1}(b - Ay)$ den Kern des Verfahrens darstellt.

7.4.2 Das semiiterative Richardson-Verfahren

Wegen Lemma 1 darf o.B.d.A. das Richardson-Verfahren (4.3.3) mit $\Theta = 1$ zugrundegelegt werden: $x^{m+1} = x^m - (Ax - b)$. Hierfür lautet die Matrix der dritten Normalform $W = I$, so daß die Bedingung (3.23a) zu $\sigma(A) \subset [\gamma, \Gamma]$ wird. Man erhält sofort die

Bemerkung 7.4.2 (a) Die Čebyšёv-Methode ist anwendbar, wenn A nur positive Eigenwerte besitzt. Für γ und Γ aus (3.22/23a) hat man entsprechende Schranken für die extremen Eigenwerte von A zu verwenden. **(b)** Insbesondere sind die Voraussetzungen erfüllt, wenn A positiv definit ist. In diesem Falle hat man $\gamma \leqslant 1 / \|A^{-1}\|_2$ und $\Gamma \geqslant \|A\|_2$ zu wählen.

Für das Poisson-Modellproblem ist gemäß (4.1.1.b,c)

$$\gamma = \lambda_{\min} = 8 h^{-2} \sin^2(\pi h / 2), \qquad \Gamma = \lambda_{\max} = 8 h^{-2} \cos^2(\pi h / 2).$$

Setzt man diese Werte in die asymptotische Konvergenzrate (3.25) ein, erhält man

$$\lim_{m \to \infty} (1 / C_m)^{1/m} = c = \cos(\pi h) / (1 + \sin(\pi h)) = 1 - \pi h + O(h^2).$$

Für $h = 1/16$ und $h = 1/32$ ergeben sich die Werte $c = 0.82$ und $c = 0.906$. Die numerischen Resultate aus den Tabellen 1-2 zeigen, daß sich die Konvergenzraten erst für größere m einstellen. Die Quotienten

$$\varrho_m := \|y^m - x\|_2 / \|y^{m-1} - x\|_2, \qquad \hat{\varrho}_m := (\|y^m - x\|_2 / \|y^0 - x\|_2)^{1/m}$$

streben von oben gegen c.

m	$\|y^m - x\|_2$	ϱ_m	$\hat{\varrho}_m$
1	$6.44_{10}-1$	$9.09_{10}-1$	$9.09_{10}-1$
10	$2.44_{10}-1$	$8.91_{10}-1$	$8.99_{10}-1$
20	$6.35_{10}-2$	$8.59_{10}-1$	$8.86_{10}-1$
30	$1.29_{10}-2$	$8.48_{10}-1$	$8.75_{10}-1$
40	$2.36_{10}-3$	$8.41_{10}-1$	$8.67_{10}-1$
50	$4.07_{10}-4$	$8.36_{10}-1$	$8.61_{10}-1$
60	$6.75_{10}-5$	$8.34_{10}-1$	$8.57_{10}-1$
70	$1.08_{10}-5$	$8.32_{10}-1$	$8.53_{10}-1$
80	$1.72_{10}-6$	$8.31_{10}-1$	$8.50_{10}-1$
90	$2.67_{10}-7$	$8.29_{10}-1$	$8.48_{10}-1$
100	$4.11_{10}-8$	$8.28_{10}-1$	$8.46_{10}-1$

Tab. 7.4.1 Semiiteratives Richardson-Verfahren bei $h = 1/16$

m	$\|y^m - x\|_2$	ϱ_m	$\hat{\varrho}_m$
1	$7.14_{10}-1$	$9.54_{10}-1$	$9.54_{10}-1$
10	$4.47_{10}-1$	$9.48_{10}-1$	$9.49_{10}-1$
30	$1.40_{10}-1$	$9.36_{10}-1$	$9.45_{10}-1$
50	$3.21_{10}-2$	$9.24_{10}-1$	$9.38_{10}-1$
70	$6.26_{10}-3$	$9.19_{10}-1$	$9.33_{10}-1$
80	$2.66_{10}-3$	$9.17_{10}-1$	$9.31_{10}-1$
100	$4.65_{10}-4$	$9.15_{10}-1$	$9.28_{10}-1$
120	$7.80_{10}-5$	$9.13_{10}-1$	$9.26_{10}-1$
130	$3.15_{10}-5$	$9.13_{10}-1$	$9.25_{10}-1$
140	$1.27_{10}-5$	$9.12_{10}-1$	$9.24_{10}-1$
150	$5.09_{10}-6$	$9.12_{10}-1$	$9.23_{10}-1$

Tab. 7.4.2 Semiiteratives Richardson-Verfahren bei $h = 1/32$

Für das Richardson-Verfahren stehen die folgenden Pascal-Prozeduren zur Verfügung, mit denen γ, Γ bestimmt und in it.IP abgelegt werden können:

```
function unteres_gamma_Richardson(var it: Iterationsdaten): real;
begin unteres_gamma_Richardson:=it.IP.theta*minimaler_EW(it.A) end;

function oberes_gamma_Richardson(var it: Iterationsdaten): real;
begin oberes_gamma_Richardson:=it.IP.theta*maximaler_EW(it.A) end;

procedure definiere_Richardson_Semiiterationsparameter(var it:
                                             Iterationsdaten);
begin gamma_Schranken(it,unteres_gamma_Richardson(it),
                           oberes_gamma_Richardson(it)) end;
```

7.4.3 Das semiiterative Jacobi- und Block-Jacobi-Verfahren

Die den Jacobi-Verfahren entsprechenden Prozeduren sind

```
function oberes_gamma_Jacobi(var it: Iterationsdaten): real;
begin oberes_gamma_Jacobi := maximaler_EW(it.A)/it.A.S[0,0] end;

function unteres_gamma_Jacobi(var it: Iterationsdaten): real;
begin unteres_gamma_Jacobi := minimaler_EW(it.A)/it.A.S[0,0] end;

function unteres_gamma_Spalten_Jacobi(var it: Iterationsdaten): real;
begin unteres_gamma_Spalten_Jacobi :=
        1-(1-2*sqr(sin(pi/(2*it.A.nx))))/(1+2*sqr(sin(pi/(2*it.A.ny)))) end;

function oberes_gamma_Spalten_Jacobi(var it: Iterationsdaten): real;
begin oberes_gamma_Spalten_Jacobi:=2-unteres_gamma_Spalten_Jacobi(it)end;
```

Benötigt werden sie zur Definition der Semiiterationsparameter mittels

```
procedure definiere_Jacobi_Semiiterationsparameter(...);
procedure definiere_Spalten_Jacobi_Semiiterationsparameter(...);
```

Numerische Beispiele erübrigen sich, da im Falle der Poisson-Modell-aufgabe das Jacobi-Verfahren mit einem gedämpften Richardson-Verfahren übereinstimmt und damit gemäß Lemma 1 die Resultate aus Tabelle 1–2 reproduziert.

Bei der Bestimmung der *unteren Schranke* a des Spektrums $\sigma(M^{\mathrm{Jac}})$ gibt es für einen Spezialfall nach Lemma 5.2.1 die Antwort $a = -b$:

Lemma 7.4.3. Wenn (A, D) schwach 2-zyklisch ist (vgl. Definition 5.1.2), hat die Matrix M^{Jac} ein symmetrisches Spektrum: $\sigma(M^{\mathrm{Jac}}) = -\sigma(M^{\mathrm{Jac}})$. Das kleinste einschließende Intervall ist $[a,b] = [-\rho(M^{\mathrm{Jac}}), \rho(M^{\mathrm{Jac}})]$.

Es sei noch ein Vergleich mit dem SOR-Verfahren gezogen. Im schwach 2-zyklischen Fall ist nach Lemma 3 (3.17b) anwendbar und liefert die asymptotische Konvergenzrate

$$\beta/[1+\sqrt{1-\beta^2}] \quad \text{mit} \quad \beta := \rho(M^{\mathrm{Jac}}).$$

Diese Größe stimmt mit der Quadratwurzel der optimalen SOR-Konvergenzrate $\omega_{opt}-1$ überein, so daß *die semiiterative Jacobi-Iteration halb so schnell wie das SOR-Verfahren ist*. Die Ordnungsverbesserung durch optimale ω-Wahl beim SOR-Verfahren und die Ordnungsverbesserung durch die Čebyšёv-Methode (vgl. Satz 3.8b) führen demnach zu sehr ähnlichen Resultaten.

Die Block-Varianten des Jacobi-Verfahrens konvergieren schneller als die punktweise Version. Dementsprechend fallen auch die semiiterative Spalten-Jacobi-Resultate aus Tabelle 3-4 besser als jene in Tabelle 1-2 aus. Die Faktoren sollen gegen den asymptotischen Wert 0.7565 für $h=1/16$ und 0.8702 für $h=1/32$ streben.

m	$\|y^m-x\|_2$	ρ_m	$\hat{\rho}_m$
1	$6.09_{10}-1$	$8.60_{10}-1$	$8.60_{10}-1$
20	$1.62_{10}-2$	$7.95_{10}-1$	$8.27_{10}-1$
40	$1.19_{10}-4$	$7.75_{10}-1$	$8.04_{10}-1$
60	$6.68_{10}-7$	$7.69_{10}-1$	$7.93_{10}-1$
80	$3.33_{10}-9$	$7.65_{10}-1$	$7.86_{10}-1$
90	$2.1_{10}-10$	$7.55_{10}-1$	$7.84_{10}-1$

Tab. 7.4.3 semiiterative Spalten-Jacobi-Iteration für $h=1/16$

m	$\|y^m-x\|_2$	ρ_m	$\hat{\rho}_m$
1	$6.94_{10}-1$	$9.28_{10}-1$	$9.28_{10}-1$
20	$1.53_{10}-1$	$9.12_{10}-1$	$9.23_{10}-1$
40	$1.84_{10}-2$	$8.92_{10}-1$	$9.11_{10}-1$
60	$1.70_{10}-3$	$8.85_{10}-1$	$9.03_{10}-1$
80	$1.40_{10}-4$	$8.81_{10}-1$	$8.98_{10}-1$
100	$1.08_{10}-5$	$8.78_{10}-1$	$8.94_{10}-1$

Tab. 7.4.4 semiiterative Spalten-Jacobi-Iteration für $h=1/32$

7.4.4 Das semiiterative SSOR- und Block-SSOR-Verfahren

Das Gauß-Seidel- und SOR-Verfahren eignen sich – wie schon in §7.4.1 erwähnt – nicht für semiiterative Zwecke, da das Spektrum im allgemeinen nicht reell ist. Hier bieten das symmetrische Gauß-Seidel- bzw. SSOR-Verfahren Ersatz. In Satz 4.8.11 wurde festgestellt, daß das Spektrum des SSOR-Verfahrens für positiv definite Matrizen A reell ist. Satz 4.8.14 gibt eine obere Schranke für den Spektralradius $\rho(M_\omega^{SSOR})$. Damit kann das Spektrum unter den Bedingungen (4.8.18a,b) im Intervall $[a,b]$ mit

$$(7.4.1) \qquad a=0, \quad b=1-2\Omega/[\frac{\Omega^2}{\gamma}+\Omega+\frac{\Gamma}{4}] \qquad \text{mit } \Omega:=\frac{2-\omega}{2\omega}, \ 0<\omega<2,$$

eingeschlossen werden. Dabei ist Γ durch (4.8.18b) definiert. Zusatz 4.4.25 gibt einen Hinweis zur Bestimmung von Γ. Für das Poisson-Modellproblem ergibt Lemma 4.7.7 den Wert $\Gamma=2$. Die Ungleichung (4.8.18a) besagt, daß γ mit der gleichbezeichneten Schranke in der Ungleichung (3.23a') angewandt auf das (Block-)Jacobi-Verfahren übereinstimmt. Im Poisson-Modellfall gilt $\gamma=2\sin^2(\pi h/2)$.

Satz 7.4.4. $A=D-E-E^H>0$ und γ,Γ mögen die Voraussetzung (4.8.18a,b) erfüllen. Außerdem gelte $0<\omega\leq 2/(\Gamma+1)$. Dann ist

$$(7.4.2) \qquad a=\left(\frac{1-\xi}{1+\xi}\right)^2 \qquad \text{mit} \quad \xi:=\frac{2-\omega}{\Gamma\omega}$$

eine untere Schranke für das Spektrum $\sigma(M_\omega^{SSOR})$.

Beweis. Mit Ω schreibt sich $W_\omega^{SSOR} = (\frac{1}{\omega}D - E)[(\frac{2}{\omega} - 1)D]^{-1}(\frac{1}{\omega}D - E)^H$ als $W_\omega^{SSOR} = [\Omega D + \Delta](2\Omega D)^{-1}[\Omega D + \Delta]^H$ mit $\Delta := \frac{1}{2}D - E$. Man setze $X := \Omega D + (1-\alpha)\Delta$ für ein reelles α, so daß $[\Omega D + \Delta] = X + \alpha\Delta$. Ausmultiplizieren von $[X + \alpha\Delta](2\Omega D)^{-1}[X + \alpha\Delta]^H$ liefert wegen $\Delta + \Delta^H = A$

$$W_\omega^{SSOR} = \frac{1}{2\Omega}XD^{-1}X^H + \frac{\alpha}{2}A + \frac{1}{2\Omega}(2\alpha - \alpha^2)\Delta D^{-1}\Delta^H .$$

Für $\alpha \geqslant 2$ ist der Faktor $(2\alpha - \alpha^2)$ negativ, so daß (4.8.18b) angewandt werden kann. Zusammen mit $XD^{-1}X^H \geqslant 0$ folgt

$$W_\omega^{SSOR} \geqslant g(\alpha)A \quad \text{mit } g(\alpha) := \frac{\alpha}{2}[1 + \frac{\Gamma}{4}\frac{2-\alpha}{\Omega}] \quad \text{für } \alpha \geqslant 2 .$$

Unter der Voraussetzung $\omega \leqslant 2/(\Gamma+1)$ ist $\alpha_0 := 1 + 2\Omega/\Gamma \geqslant 2$. Bemerkung 4.8.3c mit $1 - a = 1/g(\alpha_0)$ liefert den Wert (2) für a. ◨

Da im Poisson-Modellfall wegen $\Gamma = 2$ Satz 4 nur für die starke Unterrelaxation $\omega \leqslant 2/3$ zutrifft, ist die Aussage von geringerem Interesse.

Die Definition der Semiiterationsparameter lautet demgemäß wie folgt:

```
function SSOR_Kontraktionszahl (omega,kleinGamma,grossGamma: real): real;
begin omega:=(2-omega)/(2*omega); SSOR_Kontraktionszahl:=
            1-2*omega/(grossGamma/4+omega*(1+omega/kleinGamma)) end;

function lambda_max_SSOR (var it: Iterationsdaten): real;
begin lambda_max_SSOR:=SSOR_Kontraktionszahl(it.IP.omega,
                            unteres_gamma_Jacobi(it),2) end;

function lambda_min_SSOR (var it: Iterationsdaten): real; var l: real;
begin l:=it.IP.omega; if l=0 then l:=1 else
  begin l:=(2-l)/(2*l); if l>1 then l:=sqr((l-1)/(l+1)) else l:=0 end;
  lambda_min_SSOR:=l
end;

function lambda_max_Spalten_SSOR (var it: Iterationsdaten): real;
begin lambda_max_Spalten_SSOR:=SSOR_Kontraktionszahl(it.IP.omega,
                            unteres_gamma_Spalten_Jacobi(i),2) end;

procedure definiere_SSOR_Semiiterationsparameter (var it: Iterationsdaten);
begin lambda_Schranken(it,lambda_min_SSOR(it),lambda_max_SSOR(it)) end;

procedure definiere_Spalten_SSOR_Semiiterationsparameter (var it:
                                                    Iterationsdaten);
begin lambda_Schranken(it, lambda_min_SSOR(it),
                            lambda_max_Spalten_SSOR(it)) end;
```

Das Rahmenprogramm für die semiiterative lexikographische SSOR-Iteration ist in (3.27) wiedergegeben.

Bisher haben wir zwei Möglichkeiten kennengelernt, um die Konvergenzordnung zu verbessern (zu halbieren). Zum einen gelang dies durch die optimale Wahl von ω im SOR- und SSOR-Verfahren (vgl.

Folgerungen 4.4.26 und 4.8.15). Zum anderen ergibt die semiiterative Methode eine Ordnungshalbierung gegenüber der Basisiteration. Beim SSOR-Verfahren können beide Möglichkeiten gleichzeitig verwirklicht werden. Zunächst wird das optimale ω' nach (4.4.33b) als Relaxationsparameter im SSOR-Verfahren gewählt. Das so definierte $\Phi_{\omega'}^{SSOR}$ wird als Basisiteration der Čebyšëv-Methode gewählt. Insgesamt kann man so eine Viertelung der Ordnung erzielen. Im Poisson-Modellfall erhält man die asymptotische Konvergenzrate $1-O(h^{1/2})$.

Die Schranke b aus (1) wird für $\omega' = 2/(1+\sqrt{\gamma\Gamma})$ minimal:

$$(7.4.3a) \qquad b = \frac{\sqrt{\Gamma}-\sqrt{\gamma}}{\sqrt{\Gamma}+\sqrt{\gamma}} = \frac{1-\sqrt{\gamma/\Gamma}}{1+\sqrt{\gamma/\Gamma}}\,.$$

Einsetzen dieses Werte in (3.17c) liefert nach leichter Umformung die asymptotische Konvergenzrate

$$(7.4.3b) \qquad \lim_{m\to\infty}(1/C_m)^{1/m} = c = \frac{1-\sqrt{1-b}}{1+\sqrt{1-b}} \qquad \text{mit } b \text{ aus (3a)}.$$

Die Konditionszahl $\varkappa = \varkappa((W^{SSOR})^{-1}A)$ aus (3.23c') berechnet sich zu $\frac{1}{2}(1+\sqrt{\Gamma/\gamma})$. Mit Hilfe der Ungleichung $\gamma \geqslant 1/\varkappa(A)$ aus Übungsaufgabe 4.4.15c gewinnt man das Resultat

$$(7.4.3c) \qquad \varkappa((W^{SSOR})^{-1}A) \leqslant \tfrac{1}{2}(1+\sqrt{\Gamma\varkappa(A)})\,.$$

Durch Einsetzen der Werte für γ,Γ aus Lemma 4.7.7 erhält man im Poisson-Modellfall für die Konvergenzrate (3b) asymptotisch den Wert

$$(7.4.4) \qquad c = 1 - Ch^{1/2} + O(h) \qquad\qquad \text{mit } C = 2\sqrt{\pi}\,.$$

Die Resultate aus Tabelle 5 beziehen sich auf die Parameter

$$(7.4.5) \qquad h = 1/32, \quad \omega = 1.8455, \quad a = 0, \quad b = 0.878.$$

Der ω-Wert hat sich in §4.8.6 als optimal erwiesen (man beachte, daß ω' nur für die Schranke in (4.8.18c) optimal ist). Der Tabelle 4.8.2 entnehmen wir, daß $b = 0.878$ eine obere Schranke der Konvergenzrate ist. Aus (3b) errechnet man für $b = 0.878$ die Rate $c = 0.482$, die numerisch gut bestätigt wird (vgl. Tabelle 5). Aus $C_\Phi^{SSOR} = 2+6/C_A = 3.2$ (nach Bemerkung 4.8.12 und wegen $C_A = 5$ für Fünfpunktformeln) berechnet man für das semiiterative SSOR-Verfahren bei $h=1/32$ den effektiven Aufwand

$$(7.4.6) \qquad Eff_{\text{semiiterativ}}(\Phi^{SSOR}) = -3.2/\log c = 4.38,$$

der z.B. mit $Eff(\Phi^{SOR}) = 7.05$ aus Beispiel 3.3.2 vergleichen werden kann.

Wenn man sich an die Werte ω' aus (4.4.33b) hält, erhält man aus (3b) die asymptotischen Konvergenzraten c, die in Tabelle 6 wiedergegeben sind und einen Eindruck von der Asymptotik $c = 1-O(h^{1/2})$ geben sollen.

m	$\|y^m-x\|_2$	ρ_m	$\hat{\rho}_m$
1	$4.673_{10}-1$	$6.24_{10}-1$	$6.24_{10}-1$
2	$2.761_{10}-1$	$5.90_{10}-1$	$6.07_{10}-1$
3	$1.359_{10}-1$	$4.92_{10}-1$	$5.66_{10}-1$
4	$7.681_{10}-2$	$5.65_{10}-1$	$5.66_{10}-1$
5	$3.801_{10}-2$	$4.94_{10}-1$	$5.51_{10}-1$
20	$2.080_{10}-6$	$5.08_{10}-1$	$5.27_{10}-1$
21	$1.007_{10}-6$	$4.84_{10}-1$	$5.25_{10}-1$
22	$5.195_{10}-7$	$5.15_{10}-1$	$5.24_{10}-1$
23	$2.541_{10}-7$	$4.89_{10}-1$	$5.23_{10}-1$
29	$3.395_{10}-9$	$4.82_{10}-1$	$5.15_{10}-1$
30	$1.628_{10}-9$	$4.79_{10}-1$	$5.14_{10}-1$

N	ω'	c
2	0.8284	0.0470
4	1.1329	0.1467
8	1.4386	0.2727
16	1.6721	0.4059
32	1.8212	0.5315
64	1.9064	0.6408
128	1.9520	0.7305
256	1.9757	0.8010
512	1.9878	0.8549
1028	1.9939	0.8953
5000	1.9987	0.9511
10000	1.9993	0.9651

Tabelle 7.4.5 semiiteratives lexikographisches SSOR für Parameter (5). Zu ρ_m und $\hat{\rho}_m$ vgl. Tabelle 1

Tabelle 7.4.6 optimales ω' und asymptotische Rate c für $h = 1/N$

7.5 Verfahren der alternierenden Richtungen (ADI)

Die Abkürzung «ADI» steht für «alternating-direction implicit iterative method». Diese Methode wurde zuerst 1955 von Peaceman-Rachford [1] im Zusammenhang mit parabolischen Differentialgleichungen beschrieben.

7.5.1 Erklärung am Modellproblem

Für das Modellproblem aus §1.2 läßt sich die Matrix A in

(7.5.1a) $\qquad A = B + C$

zerlegen, wobei

(7.5.1b) $\qquad (Bu)(x,y) = h^{-2}[-u(x-h,y) +2u(x,y)-u(x+h,y)],$

(7.5.1c) $\qquad (Cu)(x,y) = h^{-2}[-u(x,y-h) +2u(x,y)-u(x,y+h)]$

für $(x,y)\epsilon\Omega_h$ die zweiten Differenzen von u in der x- und y-Richtung sind. Wenn man die Zeilen (x-Richtung) von Ω_h als Blöcke wählt, stellt $B+2h^{-2}I$ die Blockdiagonale dar. Umgekehrt ist $C+2h^{-2}I$ die Blockdiagonale von A, wenn die Spalten (y-Richtung) als Blöcke gewählt werden.

Bemerkung 7.5.1. Für A, B und C aus (1a,b,c) gilt

(7.5.2a) $\qquad B$ und C sind positiv definit,

(7.5.2b) $\qquad A$, B, C sind paarweise vertauschbar.

Die letzte Aussage ist äquivalent zu

(7.5.2b') $\qquad A$, B, C sind simultan auf Diagonalform zu transformieren.

Beweis. In Lemma 4.7.4 wurde die Blockdiagonale von A (bezüglich der Zeilenblockstruktur) bereits analysiert. Wegen der x-y-Symmetrie gilt das gleiche Resultat für die Spaltenblockstruktur. Danach ist das Spektrum von $B+2h^{-2}I$ und $C+2h^{-2}I$ durch $\{h^{-2}[2+4\sin^2(jh\pi/2)]: 1\leqslant j\leqslant N-1\}$ gegeben, d.h. $4h^{-2}\sin^2(jh\pi/2)$ sind die Eigenwerte von B und C. Da diese positiv sind, ist (2a) bewiesen. Nach Lemma 4.7.5 sind die Eigenvektoren e^{ij} von A (vgl. Lemma 4.1.2) auch die Eigenvektoren von $B+2h^{-2}I$, $C+2h^{-2}I$ und damit von B, C. Dies beweist (2b') und (2b). ▯

Der erste Halbschritt des ADI-Verfahrens entspricht der Aufspaltung

$$(7.5.3a) \qquad A = W - R \qquad \text{mit } W = \omega I + B, \quad R = \omega I - C$$

und lautet

$$(7.5.4a) \qquad x^{m+1/2} := \Phi_\omega^B(x^m, b) := (\omega I + B)^{-1}(b + \omega x^m - C x^m),$$

wobei ω ein (reeller) Parameter ist. Indem man die Rollen von B und C vertauscht, also die *Richtungen alterniert*, erzeugt die Aufspaltung (3b) den zweiten Halbschritt (4b):

$$(7.5.3b) \qquad A = W - R \qquad \text{mit } W = \omega I + C, \quad R = \omega I - B,$$

$$(7.5.4b) \qquad x^{m+1} := \Phi_\omega^C(x^{m+1/2}, b) := (\omega I + C)^{-1}(b + \omega x^{m+1/2} - B x^{m+1/2}).$$

Bemerkung 7.5.2. Die einzelnen Halbschritte (4a,b) ähneln einem Block-Jacobi-Verfahren. Für $\omega = 2h^{-2}$ ist (4a) das Zeilen- und (4b) das Spalten-Block-Jacobi-Verfahren. Für $\omega \geqslant 0$ sind die Matrizen $\omega I + B$ und $\omega I + C$ wegen (2a) positiv definit und damit regulär, so daß die Schritte (4a,b) wohldefiniert sind. Da überdies $\omega I + B$ und $\omega I + C$ *Tridiagonalmatrizen* darstellen, ist die in (4a,b) verlangte Auflösung von $(\omega I + B)z = c$ bzw. $(\omega I + C)z = c$ einfach durchführbar.

Das vollständige ADI-Verfahren $x^m \mapsto x^{m+1}$ ist die Produktiteration

$$(7.5.4c) \qquad \Phi_\omega^{\text{ADI}} := \Phi_\omega^C \circ \Phi_\omega^B.$$

7.5.2 Allgemeine Darstellung

Im allgemeinen Falle gehen wir von einer Zerlegung (1a): $A = B + C$ aus und setzen (2a) in abgeschwächter Form voraus: Eine der Matrizen B, C braucht nur positiv *semi*definit zu sein, o.B.d.A. sei dies C:

$$(7.5.5a) \qquad B \text{ positiv definit}, \qquad C \text{ positiv semidefinit}.$$

Damit sind die Matrizen $\omega I + B$ und $\omega I + C$ für

$$(7.5.5b) \qquad \omega > 0$$

positiv definit und insbesondere regulär, so daß sich die ADI-Iteration (4c) mittels (4a,b) definieren läßt. Um Praktikabilität zu sichern, sei (5c) vorausgesetzt:

(7.5.5c)   Gleichungen mit $\omega I + B$ oder $\omega I + C$ sind leicht aufzulösen.

Satz 7.5.3 (Konvergenz) (a) Die Iterationsmatrix der ADI-Methode ist

(7.5.6a) $M_\omega^{\mathrm{ADI}} = (\omega I + C)^{-1}(\omega I - B)(\omega I + B)^{-1}(\omega I - C)$.

(b) Unter den Voraussetzungen (5a,b) konvergiert die ADI-Iteration.

Beweis. M_ω^{ADI} ist das Produkt der Iterationsmatrizen $(\omega I + C)^{-1}(\omega I - B)$ bzw. $(\omega I + B)^{-1}(\omega I - C)$ der Halbschritte Φ_ω^C und Φ_ω^B (vgl. §3.2.7). Lemma 2.4.16 ermöglicht die Umordnung der Faktoren im Spektralradius:

(7.5.6b) $\rho(M_\omega^{\mathrm{ADI}}) = \rho((\omega I - B)(\omega I + B)^{-1}(\omega I - C)(\omega I + C)^{-1}) \leqslant$

$$\leqslant \|(\omega I - B)(\omega I + B)^{-1}(\omega I - C)(\omega I + C)^{-1}\|_2 \leqslant$$

$$\leqslant \|(\omega I - B)(\omega I + B)^{-1}\|_2 \|(\omega I - C)(\omega I + C)^{-1}\|_2.$$

Mit B ist auch $B_\omega := (\omega I - B)(\omega I + B)^{-1}$ eine Hermitesche und damit normale Matrix, so daß $\rho(B_\omega) = \|B_\omega\|_2$ (vgl. Satz 2.9.5). (6b) wird somit zu

(7.5.6c) $\rho(M_\omega^{\mathrm{ADI}}) \leqslant \rho(B_\omega)\rho(C_\omega)$,

da die gleiche Überlegung für die Matrix $C_\omega := (\omega I - C)(\omega I + C)^{-1}$ zutrifft. Das Spektrum von B_ω ist nach Bemerkung 2.4.11b

(7.5.6d) $\sigma(B_\omega) = \left\{\frac{\omega - \beta}{\omega + \beta} : \beta \in \sigma(B)\right\}$, $\rho(B_\omega) = \max\left\{\left|\frac{\omega - \beta}{\omega + \beta}\right| : \beta \in \sigma(B)\right\}$.

Nach Voraussetzung (5a) ist $\beta > 0$, so daß $|\omega - \beta| < |\omega + \beta|$ für alle $\omega > 0$. Dies beweist $\rho(B_\omega) < 1$. Da C nur positiv semidefinit ist, führt eine entsprechende Argumentation auf $\rho(C_\omega) \leqslant 1$. (6c) beweist $\rho(M_\omega^{\mathrm{ADI}}) < 1$. ∎

Übungsaufgabe 7.5.4. Man formuliere eine Konvergenzaussage für den Fall normaler Matrizen B und C, indem man in (6c) $\rho(B_\omega) < 1$ und $\rho(C_\omega) \leqslant 1$ über (3a,b) als reguläre Aufspaltungen nachweist. Welche Einschränkungen ergeben sich im Modellfall für ω?

Im folgenden soll der optimale Wert ω_{opt} der ADI-Methode bestimmt werden. Dabei beschränken wir uns auf die Minimierung von $\rho(B_\omega)$. Wenn wie beim Modellproblem $\rho(C_\omega) = \rho(B_\omega)$ gilt, wird gleichzeitig die Schranke $\rho(B_\omega)\rho(C_\omega)$ in (6c) minimiert.

Die extremen Eigenwerte von B (oder ihre Schranken) seien

(7.5.7a) $0 < \beta_{\min} \leqslant \beta_{\max}$ mit $\sigma(B) \subset [\beta_{\min}, \beta_{\max}]$.

Wie aus dem Beweis zu Bemerkung 1 hervorgeht, sind im Modellfall $4h^{-2}\sin^2(jh\pi/2)$ für $1 \leqslant j \leqslant N-1$ die Eigenwerte von B, so daß

(7.5.7b) $\beta_{\min} = 4h^{-2}\sin^2(h\pi/2)$, $\beta_{\max} = 4h^{-2}\cos^2(h\pi/2)$.

Für jedes $\beta \in [\beta_{\min}, \beta_{\max}]$ und damit für jedes $\beta \in \sigma(B)$ ist

$$(7.5.7c) \qquad \left|\frac{\omega-\beta}{\omega+\beta}\right| \leq \max\left\{\left|\frac{\omega-\beta_{\min}}{\omega+\beta_{\min}}\right|, \left|\frac{\omega-\beta_{\max}}{\omega+\beta_{\max}}\right|\right\} \qquad (\omega>0),$$

da $|\omega-\beta|/|\omega+\beta|$ bezüglich β in $[0,\omega]$ fällt und in $[\omega,\infty)$ steigt. Um die rechte Seite in (7c) zu minimieren, hat man ω aus $\left|\frac{\omega-\beta_{\min}}{\omega+\beta_{\min}}\right| = \left|\frac{\omega-\beta_{\max}}{\omega+\beta_{\max}}\right|$ zu bestimmen. Das Resultat lautet

$$(7.5.7d) \qquad \omega_{\mathrm{opt}} = \sqrt{\beta_{\min}\beta_{\max}}.$$

Setzt man diesen Wert in (6d) ein, erhält man

$$(7.5.7e) \qquad \rho(B_{\omega_{\mathrm{opt}}}) = (\sqrt{\beta_{\max}} - \sqrt{\beta_{\min}})/(\sqrt{\beta_{\max}} + \sqrt{\beta_{\min}}).$$

Übungsaufgabe 7.5.5. Für das Modellproblem weise man nach: (a)

$$(7.5.8a) \qquad \omega_{\mathrm{opt}} = 2h^{-2}\sin h\pi,$$

$$(7.5.8b) \qquad \rho(B_{\omega_{\mathrm{opt}}}) = [\cos(\tfrac{1}{2}\pi h) - \sin(\tfrac{1}{2}\pi h)]/[\cos(\tfrac{1}{2}\pi h) + \sin(\tfrac{1}{2}\pi h)],$$

$$(7.5.8c) \qquad \rho(M^{\mathrm{ADI}}_{\omega_{\mathrm{opt}}}) = [1 - \sin(\pi h)]/[1 + \sin(\pi h)].$$

(b) Die Konvergenzgeschwindigkeit (8c) stimmt exakt mit der optimalen Konvergenzrate (5.7.2b) des SOR-Verfahrens überein.

Wenn man in der Voraussetzung (5a) die Definitheit durch M-Matrixeigenschaften ersetzt, gestaltet sich ein Konvergenzbeweis wesentlich schwieriger. Ein allgemeines Konvergenzresultat in dieser Richtung (auch für instationäre ADI-Verfahren) stammt von Alefeld [1]. Dabei heißt das Verfahren *stationär*, wenn ω während der Iteration konstant ist, und *instationär*, wenn es wie im nachfolgenden Abschnitt variiert.

7.5.3 ADI im kommutativen Fall

Zu den Voraussetzungen (5a-c) sei hinzugefügt:

$$(7.5.9a) \qquad BC = CB.$$

Die Vertauschbarkeit ist äquivalent zur simultanen Diagonalisierbarkeit:

$$(7.5.9b) \qquad Q^H BQ = D_B = \mathrm{diag}\{\beta_\alpha: \alpha \in I\}, \qquad Q^H CQ = D_C = \mathrm{diag}\{\gamma_\alpha: \alpha \in I\}$$

(vgl. Satz 2.8.10), die hier mit einer unitären Transformation Q möglich ist, da B und C Hermitesch sind. Mit B und C sind auch B_ω, C_ω und die hieraus aufgebaute Iterationsmatrix M^{ADI}_ω durch Q auf Diagonalform zu bringen (vgl. (6a)):

$$(7.5.9c) \qquad Q^H M^{\mathrm{ADI}}_\omega Q = \mathrm{diag}\{\frac{\omega-\gamma_\alpha}{\omega+\gamma_\alpha}\frac{\omega-\beta_\alpha}{\omega+\beta_\alpha}: \alpha \in I\}.$$

Im folgenden wird das ADI-Verfahren mit *variierenden Parametern* $\omega = \omega_m$ durchgeführt:

$$(7.5.10) \qquad y^{m+1} = \Phi^{\mathrm{ADI}}_{\omega_m}(y^m, b) \qquad (m \in \mathbb{N}).$$

Übungsaufgabe 7.5.6. x sei Lösung von $Ax=b$. Man zeige: Der Fehler $\eta^m = y^m - x$ hat die Darstellung

$$(7.5.11) \qquad \eta^m = M_{\omega_m}^{ADI} \cdot \ldots \cdot M_{\omega_2}^{ADI} M_{\omega_1}^{ADI} \, \eta^0.$$

Die Parameter $\omega_1, \omega_2, \ldots, \omega_m \geqslant 0$ sind so zu wählen, daß die Spektralnorm dieser Matrix möglichst klein wird:

$$(7.5.12a) \qquad \| M_{\omega_m}^{ADI} \cdot \ldots \cdot M_{\omega_1}^{ADI} \|_2 = \min.$$

Multiplikation mit unitären Matrizen ändert die Spektralnorm nicht:

$$\| Q^H M_{\omega_m}^{ADI} \cdot \ldots \cdot M_{\omega_1}^{ADI} Q \|_2 = \| Q^H M_{\omega_m}^{ADI} Q \cdot \ldots \cdot Q^H M_{\omega_2}^{ADI} QQ^H M_{\omega_1}^{ADI} Q \|_2 .$$

Mit (9c) erhält man hierfür

$$\| \prod_{i=1}^{m} \text{diag}\{ \frac{\omega_i - \gamma_\alpha}{\omega_i + \gamma_\alpha} \frac{\omega_i - \beta_\alpha}{\omega_i + \beta_\alpha} : \alpha \in I \} \|_2 = \| \text{diag}\{ \prod_{i=1}^{m} \frac{\omega_i - \gamma_\alpha}{\omega_i + \gamma_\alpha} \frac{\omega_i - \beta_\alpha}{\omega_i + \beta_\alpha} : \alpha \in I \} \|_2 =$$

$$= \max_{\alpha \in I} | \prod_{i=1}^{m} \frac{\omega_i - \gamma_\alpha}{\omega_i + \gamma_\alpha} \frac{\omega_i - \beta_\alpha}{\omega_i + \beta_\alpha} |.$$

Die Minimierungsaufgabe (12a) ist daher gleichbedeutend mit

$$(7.5.12b) \qquad \max_{\alpha \in I} | \prod_{i=1}^{m} \frac{\omega_i - \gamma_\alpha}{\omega_i + \gamma_\alpha} \frac{\omega_i - \beta_\alpha}{\omega_i + \beta_\alpha} | = \min.$$

Bemerkung 7.5.7. Für $m \geqslant n := \#I$ findet man wie in Satz 3.1 Parameter ω_i, die die linke Seite in (12b) auf das Minimum 0 bringen. Man kann dazu sowohl die Eigenwerte $\{\gamma_\alpha : \alpha \in I\}$ als auch $\{\beta_\alpha : \alpha \in I\}$ als ω_i wählen.

Da γ_α oder β_α im allgemeinen nicht bekannt sind, geht man wie in der dritten Minimierungsaufgabe (3.9) zu einer Optimierung auf einer Obermenge $[a, b]$ der Spektren von B und C über:

$$(7.5.13) \qquad 0 < a \leqslant \gamma_\alpha, \beta_\alpha \leqslant b \qquad\qquad \text{für alle } \alpha \in I.$$

Die Minimierungsaufgabe nimmt dann die folgende Gestalt an: Sei

$$(7.5.14) \qquad r_m(\zeta) := \prod_{i=1}^{m} \frac{\omega_i - \zeta}{\omega_i + \zeta}$$

die rationale Funktion mit Zähler- und Nennergrad m, die an die Stelle der bisherigen Polynome tritt. Ersetzt man in (12b) die diskreten Eigenwerte durch das Intervall $[a, b]$, gelangt man zur Aufgabe

$$(7.5.15a) \qquad \begin{array}{l} \text{Man bestimme } \{\omega_i : 1 \leqslant i \leqslant m\} \text{ so, daß} \\ \max\{ | r_m(\beta) r_m(\gamma) | : a \leqslant \beta, \gamma \leqslant b \} = \min. \end{array}$$

Wegen $\max | r_m(\beta) r_m(\gamma) | = \max | r_m(\beta) | \max | r_m(\gamma) |$ kann man jeden Faktor einzeln optimieren. Die Aufgabe (15a) vereinfacht sich damit zu

$$(7.5.15b) \qquad \begin{array}{l} \text{Man bestimme } \{\omega_i : 1 \leqslant i \leqslant m\} \text{ so, daß} \\ \max\{ | r_m(\zeta) | : a \leqslant \zeta \leqslant b \} = \min. \end{array}$$

Von Wachspress (aus den Jahren 1957 und 1962) stammen die folgenden Resultate, auf deren Beweis verzichtet wird, da die Ableitung der Beziehungen (16a–c) ausführlich im Buch von Varga [2, S.224–225] dargestellt ist.

Satz 7.5.8 (a) Die Aufgabe (15b) hat für jedes $m \in \mathbb{N}$ eine eindeutige Lösung $\{\omega_1,\ldots,\omega_m\}$. Die Parameter ω_i sind disjunkt und liegen in (a,b).
(b) Die aufsteigend angeordneten Parameter $\omega_1 < \omega_2 < \ldots < \omega_m$ erfüllen

$$(7.5.16a) \qquad \omega_{m+1-i} = ab/\omega_i \qquad\qquad \text{für } 1 \leqslant i \leqslant m.$$

(c) Die zu $m \in \mathbb{N}$ und dem Intervall $[a,b]$ (mit $0 < a < b$) gehörenden $\omega_1 < \omega_2 < \ldots < \omega_m$ seien mit $\omega_i(a,b,m)$ $(1 \leqslant i \leqslant m)$ bezeichnet. Dann gilt

$$(7.5.16b) \qquad \omega_{2m+1-i}(a,b,2m) =$$
$$= \omega_i(\sqrt{ab},\tfrac{a+b}{2},m) + \sqrt{\omega_i(\sqrt{ab},\tfrac{a+b}{2},m)^2 - ab} \quad \text{für } i=1,\ldots,m.$$

(d) Die minimierten Größen $\delta_m := \max\{|r_m(\zeta)| : a \leqslant \zeta \leqslant b\}$ lauten für $m = 2^p$:

$$(7.5.16c) \qquad \delta_m = (\sqrt{b_p} - \sqrt{a_p})/(\sqrt{b_p} + \sqrt{a_p}),$$

wobei $a_0 = a$, $b_0 = b$, $a_{i+1} = \sqrt{a_i b_i}$, $b_{i+1} = \tfrac{1}{2}(a_i + b_i)$ $(0 \leqslant i \leqslant p-1)$.

Die Bestimmung der ADI-Parameter ω_i ist damit für den Fall der Zweierpotenzen $m = 2^p$ leicht möglich. Für $p = 0$ (d.h. $m = 1$) findet man dank (16a) die Lösung

$$(7.5.16d) \qquad \omega_1(a,b,1) = \sqrt{ab}$$

aus (7d) wieder. Sobald die Parameter für $m = 2^{p-1}$ bekannt sind, erhält man jene für $2m = 2^p$ aus (16b) für die Indizes $2m+1-i = 2^{p-1}+1,\ldots,2^p$. Die ω_i für $1 \leqslant i \leqslant m$ gewinnt man aus (16a). Der Algorithmus kann wie folgt lauten:

```
procedure ADI_Parameter(var omega: ADIParameter; a,b: real; m: integer);
var i: integer; ab,w: real;
begin ab:=a*b; if m=1 then omega[1]:=sqrt(ab) else
  begin m:=m div 2; ADI_Parameter(omega,sqrt(ab),(a+b)/2,m);
   for i:=m downto 1 do
    begin w:=sqr(omega[i])-ab; if w<0 then w:=0 else w:=sqrt(w);
     omega[2*i]:=omega[i]+w; omega[2*i-1]:=ab/omega[2*i] {vgl. (7.5.16a,b)}
end end end;
```

Es ist naheliegend, die berechneten ω_i *zyklisch* anzuwenden: $\omega_{i+km} := \omega_i$ $(1 \leqslant i \leqslant m, \; k > 0)$. Anders als in §7.3.7 treten beim zyklischen ADI-Verfahren keine Stabilitätsprobleme auf.

δ_m aus (16c) ist die Schranke für $r_m(B_\omega)$ und $r_m(C_\omega)$. Die asymptotische Rate ist demnach $\rho_m := \delta_m^{2/m}$. Aus (16c) erkennt man, daß ρ_m nur vom Quotienten a/b abhängt, der im Modellfall die Größe $O(h^2)$ besitzt. Die Rekursion $a_{i+1} = \sqrt{a_i b_i}$, $b_{i+1} = \tfrac{1}{2}(a_i + b_i)$ führt auf die

Bemerkung 7.5.9. Sei $a/b = O(h^{\tau})$. Bei optimaler Parameterwahl hat das zyklische ADI-Verfahren mit m Parametern im kommutativen Fall die Ordnung $\tau/2m$: $\rho_m = 1 - O(h^{\tau/2m}) = 1 - C_m h^{\tau/2m} + O(h^{\tau/m})$.

Damit gestattet das instationäre ADI-Verfahren nicht nur eine Halbierung der Ordnung (zu $m=1$ vergleiche man auch Übung 5b), sondern es läßt sich eine beliebig kleine (und damit günstige) Ordnung erreichen. Daß die Folgerung m groß zu wählen auf praktische Schwierigkeiten stößt, werden wir in §7.5.6 sehen.

Die Konstruktion der ω_i ist in Satz 8b auf $m=2^p$ beschränkt. Für andere m ist eine Darstellung prinzipiell möglich, erfordert aber elliptische Integrale (vgl. Jordan in Wachspress [1], Samarskii-Nikolaev [1,S.276]). Von Lebedev [1] stammt der Hinweis, daß sich die Lösung des Approximationsproblems (15b) in eine andere Aufgabe für rationale Funktionen umwandeln läßt, die Zolotarev bereits 1877 gelöst hat. In diesem Zusammenhang sei auch auf den Übersichtsartikel Todd [1] zum «Vermächtnis Zolotarevs» hingewiesen. Die hier auftretenden Approximationsaufgaben spielen auch eine wichtige Rolle bei der iterativen Lösung der _Matrixgleichung_ $AX - XB = C$ (A, B, C gegeben, X gesucht; vgl. Starke [1]). Zur Parameterbestimmung im Falle nicht-symmetrischer Matrizen B, C vergleiche man Starke-Niethammer [1].

Wenn die asymptotischen Konvergenzraten ρ_m in Bemerkung 9 und der nachfolgenden Tabelle 1 auch recht günstig aussehen, fällt der effektive Aufwand wegen der relativ aufwendigen Iteration (4a,b) ungünstiger aus (vgl. Bemerkung 10). Außerdem ist die Voraussetzung der Kommutativität (9a) in der Praxis nur selten gegeben. Wenn sie nicht vorliegt, lassen sich für allgemeinere Fälle die guten Konvergenz-beschleunigungen nicht mehr erzielen sind.

7.5.4 Die ADI-Methode und semiiterative Verfahren

Wählt man das Richardson-Verfahren als Basisiteration, so haben die Halbschritte (4a,b) die Darstellung

$$y^{m+1/2} = \Theta_{m+1/2}(M_1^{\mathrm{Rich}} y^m + N_1^{\mathrm{Rich}} b) + (1 - \Theta_{m+1/2}) y^m,$$

$$y^{m+1} = \Theta_{m+1}(M_1^{\mathrm{Rich}} y^{m+1/2} + N_1^{\mathrm{Rich}} b) + (1 - \Theta_{m+1}) y^{m+1/2}$$

mit $M_1^{\mathrm{Rich}} = I - A$, $N_1^{\mathrm{Rich}} = I$, wenn man

$$(7.5.17) \qquad \Theta_{m+1/2} = (\omega I + B)^{-1}, \qquad \Theta_{m+1} = (\omega I + C)^{-1}$$

setzt. (17) entspricht der zweiten Formulierung (2.1a,b). Wenn wie im Falle des Abschnittes 7.5.3 die Matrizen B und C mit A vertauschen, ergibt sich eine erste Formulierung (1.6): $y^m = \sum \alpha_{mj} x^j$, wobei x^j die Richardson-Iterierten sind und α_{mj} _Matrizen_ sind, die mit A vertauschen. In diesem Sinne kann man das ADI-Verfahren als semiiterative Methode bezeichnen.

Umgekehrt kann das ADI-Verfahren als Basisiteration der Čebyšëv-Methode herangezogen werden, wie die folgende Übung zeigt.

Übungsaufgabe 7.5.10. B, C und ω mögen (5a,b) und (9) erfüllen. Man beweise: (a) Die Matrix der dritten Normalform von Φ_ω^{ADI} ist

$$W_\omega = \frac{1}{2\omega}(\omega I + C)(\omega I + B) \qquad\qquad (Hinweis: (3.2.20c)).$$

(b) Φ_ω^{ADI} ist eine symmetrische Iteration.

(c) Produkte $\Phi := \Phi_{\omega_1}^{ADI} \circ \Phi_{\omega_2}^{ADI} \circ \dots \circ \Phi_{\omega_m}^{ADI}$ mit positiven ω_j bilden eine symmetrische Iteration mit $W>0$. *Hinweis*: Die Iterationsmatrix von Φ schreibe man als $M = I - NA$, zeige $N>0$ und verwende $W = N^{-1}$.

(d) Im stationären Fall sei ω gemäß (16d) gewählt. Man bestimme die Schranken in $\gamma W \leqslant A \leqslant \Gamma W$. Wie lautet der optimale Dämpfungsfaktor für Φ_ω^{ADI} (vgl. auch Übungsaufgabe 8.3.1)?

7.5.5 Pascal-Prozeduren

Mit **definiere_ADI_Parameter** werden die Parameter ω_j für die zyklische ADI-Iteration berechnet und auf **it.IP.zykl^** abgelegt. Die Prozedur **ADI_Halbschritt** entspricht (4b) mit C aus (1c). Der erste Halbschritt (4a) ist einer Anwendung von **ADI_Halbschritt** auf die gespiegelte Gitterfunktion äquivalent (ausgeführt von **XY_Spiegelung**).

```
procedure definiere_ADI_Parameter(var it: Iterationsdaten);
var p: integer; a,b: real;
begin if it.IP.zykl=nil then new(it.IP.zykl); with it.A do with it.IP.zykl^ do
  begin writeln('Wahl der ADI-Parameter:');
    if Art=Poisson_Modellproblem then
    begin a:=4*sqr(sin(pi/(2*Maximum_(nx,ny)))); b:=4-a end else
    begin  repeat write(' --> untere Schranke a = '); readln(a) until a>0;
           repeat write(' --> obere Schranke b = '); readln(b) until b>=a
    end; writeln('Zykluslänge wird berechnet als 2 hoch p.');
    repeat write(' --> p = '); readln(p);
        Laenge:=1; for p:=p downto 1 do Laenge:=2*Laenge;
        if Laenge>ADImax then writeln('Exponent zu groß')
    until Laenge<=ADImax;
    ADI_Parameter(om,a,b,Laenge); aktuell:=1
end end;

procedure XY_Spiegelung(var x: Gitterfunktion; var A: Diskretisierungsdaten;
                        A_spiegeln: Boolean); var i,j: integer; u: real;
begin with A do
  begin for i:=0 to Maximum_(nx,ny) do for j:=0 to i-1 do
    begin u:=x[i,j]; x[i,j]:=x[j,i]; x[j,i]:=u end;
    if A_spiegeln then
    begin i:=nx; nx:=ny; ny:=i; if T<>nil then T^.Zerlegung_berechnet:=false;
        for i:=-1 to 1 do for j:=-1 to i-1 do begin u:=S[i,j]; S[i,j]:=S[j,i]; S[j,i]:=u
end end end end;
```

```
procedure ADI_Halbschritt(var A: Diskretisierungsdaten;
    var x,b: Gitterfunktion; Diagonale: real); var d: real; i,j: integer; v,z: Spalte;
begin with A do
  begin v:=x[0]; d:=S[0,0]-Diagonale;
    definiere_Tridiag(A,S[0,-1],Diagonale,S[0,1],true);
    if Art=Neunpunktformel then Meldung('ADI nicht implementiert');
    for i:=1 to nx-1 do
    begin if Art=Poisson_Modellproblem then
          for j:=1 to ny-1 do z[j]:=b[i,j]-d*x[i,j]+x[i-1,j]+x[i+1,j] else
          for j:=1 to ny-1 do z[j]:=b[i,j]-d*x[i,j]-S[-1,0]*x[i-1,j]-S[1,0]*x[i+1,j];
          x[i-1]:=v; v[0]:=x[i,0]; v[ny]:=x[i,ny]; loese_Tridiag(A,v,z)
    end; x[nx-1]:=v
end end;
procedure ADI_Verfahren(var neu: Gitterfunktion; var A:
    Diskretisierungsdaten; var x,b: Gitterfunktion; var IP: Iterationsparameter);
var dc: real; label 1;
begin if IP.zykl=nil then 1: Meldung('ADI-Parameter noch nicht definiert!')
  else with IP.zykl^ do with A do
  begin if (Laenge<1) or (aktuell<1) then goto 1;
        while aktuell>Laenge do aktuell:=aktuell-Laenge;
        dc:=-S[-1,0]-S[1,0]; {Diagonale der Matrix C}
        neu:=x; XY_Spiegelung(neu,A,false); XY_Spiegelung(b,A,true);
        ADI_Halbschritt(A,neu,b,dc+om[aktuell]);
        XY_Spiegelung(neu,A,false); XY_Spiegelung(b,A,true);
        ADI_Halbschritt(A,neu,b,S[0,0]-dc+om[aktuell]); aktuell:=aktuell+1
end end;
```

7.5.6 Aufwandsüberlegungen und numerische Beispiele

Im folgenden wird der Fall einer allgemeinen Fünfpunktformel zugrundegelegt ($C_A = 5$). Der Aufwand zur Lösung der Gleichungen mit den tridiagonalen Matrizen $\omega I + C$, $\omega I + B$ beträgt $5n$ Operationen. Die Auswertung von $b + \omega x - C x$ und $b + \omega x - B x$ benötigt jeweils $6n$ Operationen. Dies führt wegen $C_A = 5$ auf

$$(7.5.18) \qquad C_\Phi^{ADI} = \frac{22}{5}; \qquad\qquad \text{im Poisson-Modellfall: } C_\Phi^{ADI} = 4.$$

Die nach (16c) erreichbaren asymptotischen Raten $\rho_m = \delta_m^{2/m}$ sind in Tabelle 1 zusammengestellt. Man sieht, daß auch für kleine Schrittweiten gute Raten erzielt werden. Die konkreten Resultate für $h = 1/128$ mit $m = 4$ verschiedenen Parametern aus Tabelle 2 bestätigen, daß der Faktor 0.5365 aus Tab. 1 erreicht wird. Das Konvergenzverhalten ist nur modulo m

m	$h=1/32$	$h=1/64$	$h=1/128$
1	0.8215	0.9065	0.9521
2	0.5231	0.6373	0.7291
4	0.3735	0.4607	0.5365
8	0.3141	0.3874	0.4513
16	0.2880	0.3553	0.4139

Tabelle 7.5.1 asymptotische Konvergenzraten ρ_m bei Zykluslänge m

regelmäßig. Jeder zweite Quotient $\|e^k\|_2 / \|e^{k-1}\|_2$ ist ≈ 1. Da man mit weniger als m Iterationen aber nicht die Genauigkeit $\|e^k\|_2 \approx \delta_m^k \|e^0\|_2$ erzielt, ergibt sich das folgende Dilemma:

(i) Um aus der guten (asymptotischen) Konvergenzrate δ_m bei hohem m Nutzen zu ziehen, muß man auch mindestens m Iterationen durchführen.

(ii) Andererseits möchte man die Iteration z.B. bei einem Fehler $\|e^k\|_2 \approx 1/1000$ abbrechen (vgl. Bemerkung 3.3.4). Je besser die Konvergenzrate, desto weniger Iterationen möchte man durchführen.

Im Beispiel aus Tabelle 2 wären etwa 8 Iterationen hinreichend. Man könnte daher die Zykluslänge noch von 4 auf 8 erhöhen (Resultat: $\|e^8\|_2 = 1.05_{10}-3$); eine weitere Erhöhung auf 16 oder mehr Parameter käme jedoch nicht mehr in Frage. Die letzten beiden Spalten in Tabelle 2 entsprechen $\rho_{k,k-1}$ und $\rho_{k,0}$.

k	Wert in der Mitte	$\|e^k\|_2$	$\dfrac{\|e^k\|_2}{\|e^{k-1}\|_2}$	$\left(\dfrac{\|e^k\|_2}{\|e^0\|_2}\right)^{1/m}$
1	$-3.209132566_{10}-2$	$5.01883_{10}-1$	$6.44595_{10}-1$	$6.44595_{10}-1$
2	$-3.428610244_{10}-2$	$4.61552_{10}-1$	$9.19641_{10}-1$	$7.69933_{10}-1$
3	$3.534506991_{10}-1$	$5.97883_{10}-2$	$1.29537_{10}-1$	$4.25044_{10}-1$
4	$3.538351873_{10}-1$	$5.49257_{10}-2$	$9.18670_{10}-1$	$5.15365_{10}-1$
5	$4.031600829_{10}-1$	$3.87484_{10}-2$	$7.05469_{10}-1$	$5.48767_{10}-1$
6	$4.063222547_{10}-1$	$3.67588_{10}-2$	$9.48655_{10}-1$	$6.01184_{10}-1$
7	$4.976831847_{10}-1$	$4.46545_{10}-3$	$1.21480_{10}-1$	$4.78402_{10}-1$
8	$4.976688610_{10}-1$	$4.25818_{10}-3$	$9.53584_{10}-1$	$5.21481_{10}-1$
9	$4.961625617_{10}-1$	$3.10151_{10}-3$	$7.28366_{10}-1$	$5.41205_{10}-1$
10	$4.961175712_{10}-1$	$2.96750_{10}-3$	$9.56792_{10}-1$	$5.72938_{10}-1$
11	$4.990489164_{10}-1$	$3.49870_{10}-4$	$1.17901_{10}-1$	$4.96238_{10}-1$
12	$4.990525844_{10}-1$	$3.36761_{10}-4$	$9.62530_{10}-1$	$5.24405_{10}-1$
13	$4.993912351_{10}-1$	$2.51027_{10}-4$	$7.45416_{10}-1$	$5.38785_{10}-1$
14	$4.994041549_{10}-1$	$2.41296_{10}-4$	$9.61235_{10}-1$	$5.61531_{10}-1$
15	$4.999776724_{10}-1$	$2.78508_{10}-5$	$1.15422_{10}-1$	$5.05322_{10}-1$
16	$4.999776614_{10}-1$	$2.69345_{10}-5$	$9.67099_{10}-1$	$5.26244_{10}-1$

Tabelle 7.5.2 ADI-Resultate für das Modellproblem mit 4 Parametern ω_i und $h=1/128$

Bemerkung 7.5.11. Den guten Konvergenzraten steht ein relativ hoher Kostenfaktor $C_\Phi^{\mathrm{ADI}} = 4$ im Poisson-Modellfall entgegen. Für das Beispiel aus Tabelle 2 beträgt der effektive Aufwand $Eff(\Phi^{\mathrm{ADI}}) = -4/\log 0.5365 = 6.42$. Für $h=1/32$ ergibt sich bei 4 Parametern $Eff(\Phi^{\mathrm{ADI}}) = 4.06$ (zum Vergleich: $Eff(\Phi^{\mathrm{SOR}}) = 7.05$ (vgl. Beispiel 3.3.2), $Eff(\Phi_{\mathrm{semiit.}}^{\mathrm{SSOR}}) = 4.38$ (vgl. (4.6)).

8. Transformationen, sekundäre Iterationen, unvollständige Dreieckszerlegungen

Um die Vielfalt der heute angewandten iterativen Verfahren beschreiben zu können, braucht man weitere Techniken, die zum Teil aus schon bekannten Verfahren neue produzieren und zum anderen Teil neue Elemente einführen. Zu der ersten Art gehören die Transformationen, die in §§8.1-3 beschrieben werden, und die mit einer sekundären Iteration erzeugten zusammengesetzten Verfahren aus §8.4, während die ILU-Zerlegung aus §8.5 ein neues Verfahren produziert.

8.1 Erzeugung von Iterationen durch Transformationen

8.1.1 Bisherige Techniken zur Iterationserzeugung

Am Anfang des Kapitels 4.2 stand die (additive) *Aufspaltungstechnik*: Die Matrix A wird in

$$(8.1.1) \qquad A = W - R \qquad\qquad\qquad (W \text{ regulär})$$

zerlegt. Hierdurch wird die Iteration

$$(8.1.2) \qquad x^{m+1} = x^m - W^{-1}(Ax^m - b)$$

erzeugt. Die naheliegenden Wahlmöglichkeiten für W sind (i) $W=\text{diag}\{A\}$ ($\to$ Jacobi-Verfahren), (ii) $W=D-E$ untere Dreiecksmatrix ($\to$ Gauß-Seidel-Methode), (iii) $W=\Theta I$ ($\to$ Richardson-Iteration). Dagegen ist $W=(D-E)D^{-1}(D-F)$ keineswegs auf der Hand liegend. Zur Erzeugung der hierdurch definierten symmetrischen Gauß-Seidel-Iteration wurde eine zweite Technik angewandt: Die *Konstruktion einer symmetrischen Iteration* $\Phi^*\Phi$ mit Hilfe der adjungierten Iteration Φ^*. Die hierbei benutzte Bildung einer *Produktiteration* gehört ebenfalls zu dem Katalog der Erzeugungstechniken. Eine weitere Technik ist die *Dämpfung einer Iteration*, die der Ersetzung von W in (2) durch $W_\Theta = \frac{1}{\Theta}W$ entspricht.

8.1.2 Die Linkstransformation

Das (quadratische) Gleichungssystem

$$(8.1.3) \qquad Ax = b$$

wird durch Multiplikation von links mit der regulären Matrix T_ℓ in das äquivalente System

$$(8.1.4) \qquad T_\ell Ax = T_\ell b$$

überführt. Wir können (4) als neues Gleichungssystem

$$(8.1.4') \qquad \hat{A}x = \hat{b} \qquad \text{mit} \quad \hat{A} := T_\ell A, \quad \hat{b} := T_\ell b$$

ansehen, das wir den iterativen Verfahren zugrunde legen. Dabei sind zwei Vorgehensweisen denkbar. Die erste besteht darin, $\hat{A}$ und $\hat{b}$ als $T_\ell A$ bzw. $T_\ell b$ auszurechnen und nur noch mit diesen Größen zu arbeiten. Wenn beispielsweise die Transformation T_ℓ eine Diagonalmatrix ist, bedeutet der Übergang zu (4), daß die Gleichungen (3) geeignet skaliert werden. Wenn T_ℓ keine Diagonalstruktur besitzt, muß man dagegen von dieser naiven Vorgehensweise abraten. Denn wenn A schwachbesetzt ist, wird sich die Besetztheitsstruktur von $\hat{A} = T_\ell A$ in der Regel vergrößern, wenn $\hat{A}$ nicht sogar zu einer vollbesetzten Matrix wird. Dies vergrößert den Programmier- und Speicheraufwand. Aber auch wenn A schon vollbesetzt ist, erfordert die Matrix-Matrix-Multiplikation $T_\ell A$ einen größeren Rechenaufwand.

Stattdessen soll im folgenden eine zweite Ausführungsmethode beschrieben werden. Die Iteration Φ wurde bisher stets auf eine fest vorgegebene Matrix A angewandt. Bei variierenden Matrizen A kann man ein Iterationsverfahren (genauer seine dritte Normalform (2)) durch eine Vorschrift $A \mapsto W(A)$ definieren, so daß (2) zu

$$(8.1.5) \qquad x^{m+1} = x^m - W(A)^{-1}(Ax^m - b)$$

wird. Zum Beispiel ist das Jacobi-Verfahren durch $A \mapsto W(A) := \text{diag}\{A\}$ für alle A mit $a_{\alpha\alpha} \neq 0$ $(\alpha \in I)$ definiert. Die Anwendung der Vorschrift (5) auf $(\hat{A}, \hat{b})$ anstelle von (A, b) ergibt

$$(8.1.6) \qquad x^{m+1} = x^m - W(\hat{A})^{-1}(\hat{A}x^m - \hat{b}).$$

Die Definition von $\hat{A}$, $\hat{b}$ erlaubt die Darstellung $\hat{A}x^m - \hat{b} = T_\ell(Ax^m - b)$, so daß (6) als

$$(8.1.7) \qquad x^{m+1} = x^m - W(T_\ell A)^{-1} T_\ell (Ax^m - b)$$

geschrieben werden kann.

Bemerkung 8.1.1. Zur Durchführung der Iteration (7) benötigt man
(i)   die Berechnung des Defektes $Ax - b$ (in den *alten* Größen A, b),
(ii) die Multiplikation von T_ℓ mit einem Vektor und
(iii) ein Verfahren zur Auflösung von $W(T_\ell A)\delta = \xi$ (ξ gegeben).

Man beachte, daß beim Vorgehen gemäß Bemerkung 1 $\hat{A} = T_\ell A$ nicht benötigt wird. Indirekt tritt es nur in $W(T_\ell A)$ auf. Wenn das zugrundeliegende Verfahren Φ beispielsweise das Jacobi-Verfahren ist, hat man für $W(T_\ell A) := \text{diag}\{T_\ell A\}$ lediglich die Diagonalelemente von $\hat{A} = T_\ell A$ auszurechnen.

Indem man

$$(8.1.8) \qquad \hat{W}(A) := T_\ell^{-1} W(T_\ell A)$$

definiert, hat man mit $A \mapsto \hat{W}(A)$ ein neues Iterationsverfahren $\hat{\Phi}$ erzeugt, das mit (7) identisch ist:

$$(8.1.7') \qquad x^{m+1} = x^m - \widehat{W}(A)^{-1}(Ax^m - b).$$

Dies zeigt, daß die Linkstransformation T_ℓ mittels (8) aus einer Iteration Φ eine neue Iteration $\widehat{\Phi}$ erzeugen kann, die wir als

$$(8.1.9) \qquad \widehat{\Phi} = \Phi \circ T_\ell$$

bezeichnen wollen, um auszudrücken, daß nach der Transformation mit T_ℓ die Iteration Φ angewandt wird.

Die Bemerkung 4.3.2 kann in diesem Zusammenhang als

$$\Phi = \Phi_1^{\text{Rich}} \circ W_\Phi^{-1} \qquad\qquad (W_\Phi: \text{Matrix zu } \Phi)$$

ausgedrückt werden: Die Richardson-Iteration zusammen mit der Linkstransformation mit der Matrix W_Φ aus der dritten Normalform von Φ erzeugt wieder Φ.

Ein Vorteil der Erzeugung von Iterationen durch Transformationen ist, daß keine neue Konvergenzanalysis benötigt wird.

Bemerkung 8.1.2. Sei $\widehat{\Phi} = \Phi \circ T_\ell$. Die Konvergenzeigenschaften von $\widehat{\Phi}$ (angewandt auf die Matrix A) sind identisch mit jenen von Φ angewandt auf $T_\ell A$. Vorsicht bei der Interpretation ist nur geboten, wenn die Konvergenzaussagen eine von A abhängige Norm verwenden (z.B. die Energienorm).

Zur Illustration sei die Linkstransformation $T_\ell = A^H$ gewählt. (7) wird zu

$$(8.1.10a) \qquad x^{m+1} = x^m - W(A^H A)^{-1} A^H (A x^m - b).$$

Da $A^H A$ für reguläre A positiv definit ist, lassen sich fast alle besprochenen Verfahren auf $A^H A$ anwenden. Als Beispiel sei die Richardson-Iteration mit dem optimalen Dämpfungsfaktor

$$\Theta_{\text{opt}} = 2/(\Gamma + \gamma) \quad \text{mit} \quad \Gamma := \lambda_{\max}(A^H A) = \|A\|_2^2, \quad \gamma := \lambda_{\min}(A^H A) = \|A^{-1}\|_2^{-2}$$

gewählt (vgl. Satz 4.4.3):

$$(8.1.10b) \qquad x^{m+1} = x^m - \Theta_{\text{opt}} A^H (A x^m - b).$$

Für das neue Verfahren (10b) ziehen wir aus den Konvergenzeigenschaften des Richardson-Verfahrens (vgl. §4.4.1) den folgenden Schluß.

Bemerkung 8.1.3. Die durch (10b) definierte «quadrierte Richardson-Iteration» $\Phi_{\Theta_{\text{opt}}}^{\text{quadrRich}} = \Phi_{\Theta_{\text{opt}}}^{\text{Rich}} \circ A^H$ konvergiert für alle regulären Matrizen A mit der Rate

$$\rho(I - \Theta_{\text{opt}} A^H A) = (\Gamma - \gamma)/(\Gamma + \gamma) = (\text{cond}_2(A)^2 - 1)/(\text{cond}_2(A)^2 + 1).$$

Übungsaufgabe 8.1.4. Man zeige: (a) $(\Phi \circ T_1) \circ T_2 = \Phi \circ (T_1 T_2)$.
(b) $\widehat{\Phi} = \Phi \circ T$ ist äquivalent zu $\Phi = \widehat{\Phi} \circ T^{-1}$.

8.1.3 Die Rechtstransformation

Mit einer regulären Matrix T_r kann der unbekannte Vektor $x \in \mathbb{R}^I$ durch

$$(8.1.11) \qquad x = T_r \hat{x}$$

substituiert werden. Einsetzen in (3) liefert die rechtstransformierte Gleichung

$$(8.1.12) \qquad A\, T_r \hat{x} = b\,.$$

Auch hier wäre es ein naiver Weg, die Matrix $\hat{A}$ in

$$(8.1.13) \qquad \hat{A}\,\hat{x} = b \qquad \text{mit} \qquad \hat{A} := A T_r$$

vorweg auszurechnen und Iterationsverfahren auf (13) direkt anzuwenden, um abschließend die (Näherung der) Lösung $\hat{x}$ mittels (11) zu $x = T_r \hat{x}$ umzurechnen.

Das Iterationsverfahren Φ mit der Matrix $W = W(A)$ schreibt sich bei Anwendung auf das System (13) als

$$\hat{x}^{m+1} = \hat{x}^m - W(AT_r)^{-1}(AT_r \hat{x}^m - b)\,.$$

Indem man

$$x^m := T_r \hat{x}^m$$

einführt, wird die Iteration zu

$$(8.1.14) \qquad x^{m+1} = x^m - T_r W(AT_r)^{-1}(A x^m - b)\,.$$

Dies ist eine neu erzeugte Iteration $\hat{\Phi}$ zur Lösung der Originalgleichung (3) mit der charakterisierenden Matrix

$$(8.1.15) \qquad \hat{W}(A) := W(AT_r)\, T_r^{-1}\,.$$

In Analogie zu (9) wird $\hat{\Phi}$ wie folgt bezeichnet:

$$(8.1.16) \qquad \hat{\Phi} = T_r \circ \Phi\,.$$

Übungsaufgabe 8.1.5. Man zeige $T_2 \circ (T_1 \circ \Phi) = (T_2 T_1) \circ \Phi$.

Bemerkung 8.1.6. Die Konvergenzrate von $\hat{\Phi} = T_r \circ \Phi$ (angewandt auf die Matrix A) ist identisch mit der Konvergenzrate von Φ angewandt auf AT_r. Konvergenzeigenschaften von Φ, die sich auf eine Norm von $e^m = x^m - x$ beziehen, übertragen sich auf entsprechende Eigenschaften von $\hat{\Phi}$ bezüglich der Norm von $T_r^{-1} e^m = T_r^{-1}(x^m - x)$.

Das Analogon zu (10a) ist die Rechtstransformation $T_r = A^H$, die zu

$$(8.1.17) \qquad x^{m+1} = x^m - A^H W(AA^H)^{-1}(A x^m - b)$$

führt. Sie erzeugt aus der Richardson-Iteration ebenfalls das Verfahren (10b), da $\sigma(AA^H) = \sigma(A^H A)$ (vgl. Satz 2.4.6).

8.1.4 Die beidseitige Transformation

Wendet man Transformationen mit T_ℓ von links und T_r von rechts an, erhält man die beidseitig transformierte Iteration $\hat{\Phi} = T_r \circ \Phi \circ T_\ell$, die durch

$$(8.1.18a) \qquad \hat{W}(A) := T_\ell^{-1} W(T_\ell A T_r) T_r^{-1}$$

erzeugt wird:

$$(8.1.18b) \qquad x^{m+1} = x^m - T_r \, W(T_\ell A T_r)^{-1} T_\ell (A x^m - b).$$

Übungsaufgabe 8.1.7. Man zeige $(T_r \circ \Phi) \circ T_\ell = T_r \circ (\Phi \circ T_\ell)$.

Bezüglich der Konvergenzeigenschaften von $T_r \circ \Phi \circ T_\ell$ gelten die gleichen Aussagen wie für $T_r \circ \Phi$ in Bemerkung 6.

Gemäß §4.8.1 ist eine Iteration Φ insbesondere dann symmetrisch, wenn $A = A^H$ und $W = W(A) > 0$. Die durch Transformation entstandenen Matrizen $\hat{W}(A) := T_\ell^{-1} W(T_\ell A)$ aus (8) oder $\hat{W}(A) := W(A T_r) T_r^{-1}$ aus (15) erfüllen im allgemeinen wegen der fehlenden Symmetrie nicht mehr $\hat{W} > 0$. Abhilfe schafft die

Bemerkung 8.1.8. A sei Hermitesch (oder positiv definit). Die Links- und Rechtstransformationen mögen $T_r = T_\ell^H$ erfüllen. Dann wird $\hat{W}(A)$ aus (18a) zu $T_\ell^{-1} W(\hat{A}) T_\ell^{-H}$ mit der Hermiteschen (bzw. positiv definiten) Matrix $\hat{A} := T_\ell A T_\ell^H$. Wenn $W(\hat{A}) > 0$, ist die beidseitig transformierte Iteration $T_\ell^H \circ \Phi \circ T_\ell$ eine symmetrische Iteration.

Bisher sollten durch die Transformationen praktisch durchführbare Iterationen erzeugt werden. Gelegentlich braucht man jedoch Transformationen zur Herstellung einer geeigneten theoretischen Darstellung. Wenn man die Iteration (2) als Richardson-Verfahren für $\hat{A} := W^{-1} A$ auffaßt, wird es bei späteren Anwendungen stören, daß $\hat{A}$ im allgemeinen nicht mehr Hermitesch ist. Hier hilft die Substitution (11) mit $T_r := W^{-1/2}$.

Bemerkung 8.1.9. Sei $A = A^H$. Die Iteration (2) mit $W > 0$ für $\{x^m\}$ ist äquivalent zur Iteration

$$(8.1.19) \qquad \mathfrak{x}^{m+1} = \mathfrak{x}^m - W^{-1/2}(A W^{-1/2} \mathfrak{x}^m - b)$$

für $\mathfrak{x}^m := W^{1/2} x^m$. (19) ist die Richardson-Iteration angewandt auf $\hat{A} \mathfrak{x} = \hat{b} := W^{-1/2} b$ mit der Hermiteschen Matrix $\hat{A} := W^{-1/2} A W^{-1/2}$.

Da $W^{-1/2}$ im allgemeinen nicht praktisch realisierbar ist, hat die Darstellung (19) nur für theoretische Zwecke einen Sinn.

Übungsaufgabe 8.1.10. Man beweise: Jede Aufspaltung von W in $W = V^H V$ kann zur Formulierung von $\mathfrak{x}^{m+1} = \mathfrak{x}^m - V^{-H}(A V^{-1} \mathfrak{x}^m - b)$ mit $\mathfrak{x}^m := V x^m$ herangezogen werden und führt zu einer Hermiteschen Matrix $\hat{A} := V^{-H} A V^{-1}$, wenn $A = A^H$. Insbesondere kann V mit Hilfe der Cholesky-Zerlegung definiert werden. $x^m = V^{-1} \mathfrak{x}^m$ ist von V unabhängig.

8.2 Die Kaczmarz-Iteration

8.2.1 Ursprüngliche Formulierung

Kaczmarz [1] beschrieb 1937 ein Verfahren, dessen Konvergenz er für *alle* regulären Matrizen A nachweisen konnte. In der ursprünglichen Formulierung werden die Projektionen

$$(8.2.1a) \qquad x \mapsto P_i(x,b) := x - a_i \langle Ax-b, e_i \rangle / \langle a_i, a_i \rangle \qquad (1 \leqslant i \leqslant n)$$

auf die Hyperebene $\{x \in K^I : \langle Ax-b, e_i \rangle = 0\}$ verwendet, wobei e_i der i-te Einheitsvektor und $a_i = A^H e_i$ die transponierte i-te Zeile der Matrix A sind. Mit $\langle A a_i, e_i \rangle = \langle a_i, A^H e_i \rangle = \langle a_i, a_i \rangle$ weist man nach, daß $x' = P_i(x,b)$ in der Ebene $\langle Ax-b, e_i \rangle = 0$ liegt. Die Gesamtiteration ist das Produkt aller Projektionen in der Reihenfolge $i = 1, .., n$:

$$(8.2.1b) \qquad \Phi^{Kacz} := P_n \circ P_{n-1} \circ \ldots \circ P_1 .$$

Es sei darauf hingewiesen, daß das Kaczmarz-Verfahren interessante Anwendungen auf überbestimmte Gleichungssysteme erlaubt (vgl. Maeß [2], Tanabe [1]). Die Kaczmarz-Methode wird auch für Probleme der Tomographie angewandt und wird in diesem Zusammenhang ART (algebraische Rekonstruktionstechnik; vgl. Natterer [1,§V.3-4]) genannt.

8.2.2 Interpretation als Gauß-Seidel-Verfahren

Die Rechtstransformation $T_r = A^H$ erzeugt das Gleichungssystem

$$(8.2.2a) \qquad A A^H \hat{x} = b$$

für $\hat{x}$ mit $x = A^H \hat{x}$. Die Projektion (1a) schreibt sich in der $\hat{x}$-Variablen als $\hat{x} = A^{-H} x \mapsto \hat{P}_i(\hat{x}, b)$ mit

$$(8.2.2b) \qquad \hat{P}_i(\hat{x}, b) := A^{-H} P_i(A^H \hat{x}, b) = \hat{x} - e_i \langle A A^H \hat{x} - b, e_i \rangle / \langle a_i, a_i \rangle$$

wegen $A^{-H} a_i = A^{-H} A^H e_i = e_i$. $\hat{P}_i$ ist die Projektion auf $\langle A A^H \hat{x} - b, e_i \rangle = 0$, d.h. $\hat{x} \mapsto \hat{x}' := \hat{P}_i(\hat{x}, b)$ stellt die Auflösung der Gleichung $(A A^H \hat{x})_i = b_i$ nach $\hat{x}_i$ dar. Die Ausführung von $\hat{x} \mapsto \hat{P}_i(\hat{x}, b)$ für $i = 1, \ldots, n$ führt somit das Gauß-Seidel-Verfahren für die Gleichung (2a) aus. Die Nenner $\langle a_i, a_i \rangle = \langle A A^H e_i, e_i \rangle$ stellen die Diagonalelemente von $A A^H$ dar. Damit ist das folgende Lemma bewiesen:

Lemma 8.2.1. Das Kaczmarz-Verfahren zur Lösung von $Ax = b$ stimmt mit der Gauß-Seidel-Iteration für $A A^H \hat{x} = b$ überein:

$$(8.2.3) \qquad \Phi^{Kacz} = A^H \circ \Phi^{GS} .$$

Da $A A^H$ für reguläre A positiv definit ist, liefert der Satz von Ostrowski (Satz 4.4.21) die Konvergenz:

> **Satz 8.2.2.** Das Kaczmarz-Verfahren konvergiert für alle regulären A.

Für eine quantitative Aussage hat man die Konstanten γ, Γ aus (4.4.32a,b) für die Zerlegung $AA^H = D - E - F$ zu bestimmen bzw. abzuschätzen.

Übungsaufgabe 8.2.3. Statt der Rechts- könnte man auch eine Links-transformation mit $T_\ell = A^H$ wählen. Man zeige: Ein Schritt der Gauß-Seidel-Iteration angewandt auf $A^H A x = A^H b$ hat die Gestalt

$$(8.2.4) \qquad \text{for } i := 1 \text{ to } n \text{ do} \quad x := x - e_i \langle Ax - b, a_i \rangle / \langle a_i, a_i \rangle,$$

wobei a_i anders als in (1a) die i-te *Spalte* von A darstellt: $a_i := A e_i$.

8.2.3 Pascal-Prozeduren und numerische Beispiele

Die Realisierung der Kaczmarz-Iteration folgt der Darstellung (1a,b):

```
function im_Gitter(i,j: integer; var A: Diskretisierungsdaten): Boolean;
begin im_Gitter:=(i>0) and (i<A.nx) and (j>0) and (j<A.ny) end;

function randferner_Punkt(i,j: integer; var A: Diskretisierungsdaten): Boolean;
begin randferner_Punkt:=(i>1) and (i<A.nx-1) and (j>1) and (j<A.ny-1) end;

procedure Kaczmarz_Iteration(var neu: Gitterfunktion; var A:
    Diskretisierungsdaten; var x,b: Gitterfunktion; var IP: Iterationsparameter);
var i,j,is,js: integer; d,d0: real;
        function a2(i,j: integer): real; var d: real; is,js: integer;
        begin d:=0; with A do for is:=-1 to 1 do for js:=-1 to 1 do
        if im_Gitter(i+is,j+js,A) then d:=d+sqr(S[is,js]); a2:=d end;
begin d0:=a2(2,2) {Standardwert im Inneren}; neu:=x;
  with A do for j:=1 to ny-1 do for i:=1 to nx-1 do
  begin d:= b[i,j]-S[-1,-1]*neu[i-1,j-1]-S[0,-1]*neu[i,j-1]-S[1,-1]*neu[i+1,j-1]
         -S[-1,0]*neu[i-1,j]-S[1,0]*neu[i+1,j]-S[-1,1]*neu[i-1,j+1]
         -S[0,1]*neu[i,j+1]-S[1,1]*neu[i+1,j+1]-S[0,0]*neu[i,j];
  if randferner_Punkt(i,j,A) then d:=d/d0 else d:=d/a2(i,j);
  for is:=-1 to 1 do for js:=-1 to 1 do if im_Gitter(i+is,j+js,A) then
                        neu[i+is,j+js]:=neu[i+is,j+js]+S[-is,-js]*d
end end;
```

Die Konvergenzraten in Poisson-Modellfall sind den Tabellen 1a,b zu entnehmen. Die Quotienten $\varrho_{m,m-1}$ verhalten sich wie $1 - (\alpha h)^4$, $2.5 \leqslant \alpha \leqslant 3$. Die Konvergenzordnung $\tau = 4$ macht das Kaczmarz-Verfahren unattraktiv.

m	$\|e^m\|_2$	$\varrho_{m,m-1}$	m	$\|e^m\|_2$	$\varrho_{m,m-1}$
10	0.465	0.984542	10	0.624	0.993655
30	0.371	0.990501	30	0.575	0.996921
50	0.309	0.991074	50	0.546	0.997806
70	0.258	0.990876	70	0.525	0.998272
80	0.235	0.990790	80	0.517	0.998434
90	0.214	0.990728	90	0.509	0.998564
100	0.195	0.990687	100	0.502	0.998671

Tab. 8.2.1a $h = 1/8$ **Tab. 8.2.1b** $h = 1/16$
Kaczmarz-Resultate im Poisson-Modellfall

8.3 Präkonditionierung

8.3.1 Zur Begriffsbildung

In §7 hat sich für symmetrische Iterationen gezeigt, daß die Konvergenzgeschwindigkeit lediglich von der Konditionszahl $\varkappa = \varkappa(W^{-1}A)$ abhängt. Man kann es daher als Ziel der Linkstransformation mit $T_\ell = W^{-1}$ ansehen, die folgenden Bedingungen zu erfüllen:

(8.3.1a) $\hat{A} := T_\ell A = W^{-1}A$ habe ein positives Spektrum,

(8.3.1b) $\varkappa(W^{-1}A)$ sei möglichst klein.

Für die Matrix W sind die Begriffe «Präkonditionierungsmatrix», «Präkonditionierung» oder «Präkonditionierer» üblich, wobei die Vorsilbe «Prä-» auch durch «Vor-» ersetzt werden kann. Der Name drückt aus, daß die Transformation mit W^{-1} gemäß (1b) die Konditionszahl $\varkappa(A)$, die der trivialen Wahl $W = I$ entspräche, verbessert. Für die Anwendbarkeit der semiiterativen Methode auf die Basisiteration

(8.3.1c) $\Phi_W(x,b) := x - W^{-1}(Ax - b)$

kann die Forderung (1a) abgeschwächt werden, da das Intervall $[\gamma, \Gamma]$ mit $\gamma = \lambda_{\min}(W^{-1}A)$, $\Gamma = \lambda_{\max}(W^{-1}A)$ beispielsweise auch durch eine Ellipse ersetzt werden könnte (vgl. §7.3.6).

Die Forderung (1b) ist keineswegs auf semiiterative Verfahren beschränkt. Wenn man zunächst für ein Iterationsverfahren die Matrix W mit (1a) konstruiert hat, kann man in einem zweiten Schritt zu dem gedämpften Verfahren mit $M_\Theta = I - W_\Theta^{-1}A$, $W_\Theta := \frac{1}{\Theta}W$ übergehen. Anwendung von Satz 4.4.3 auf $\hat{A} := W^{-1}A$ liefert die folgende Aussage.

Übungsaufgabe 8.3.1. $W^{-1}A$ habe ein positives Spektrum. Man zeige:
(a) Der Dämpfungsfaktor $\Theta = 2/[\lambda_{\min}(W^{-1}A) + \lambda_{\max}(W^{-1}A)]$ liefert die optimale Konvergenzrate

(8.3.2a) $\rho(M_\Theta) = \dfrac{\varkappa - 1}{\varkappa + 1}$,

wobei $\varkappa = \varkappa(W_\Theta^{-1}A) = \varkappa(W^{-1}A)$ nicht von $\Theta \neq 0$ abhängt.
(b) $M = I - W^{-1}A$ sei die Iterationsmatrix eines konvergenten, symmetrischen Verfahrens. Dann gilt

(8.3.2b) $\varkappa(W^{-1}A) \leqslant (1 + \rho(M))/(1 - \rho(M))$,

wobei die Gleichheit angenommen wird, wenn das Verfahren optimal gedämpft ist.

Wegen $\varkappa = \varkappa(W^{-1}A)$ ist das Auffinden einer Linkstransformation mit (1b) der wesentliche Schritt bei der Konstruktion einer Iteration. Auch hier ist die Bedingung (1a) verallgemeinerungsfähig (vgl. Satz 4.4.8 angewandt auf $\hat{A}$ statt A).

Die Verbindung des Begriffes «Präkonditionierung» mit der *Links*transformation ist nicht zwingend. Die *Rechts*transformation $T_r = W^{-1}$ in Verbindung mit dem Richardson-Verfahren führt auf die gleiche Iteration (1c) (vgl. (1.14)).

In der Literatur wird der Begriff «Präkonditionierung» fast ausschließlich im Zusammenhang mit semiiterativen Verfahren (insbesondere cg-Verfahren) verwendet. Dadurch mag der Eindruck entstehen, daß dies eine spezielle Technik für Semiiterationen darstellt. Dies ist nicht der Fall: Gute (d.h. schnell konvergente) symmetrische Iterationsverfahren (1c) produzieren einen guten Vorkonditionierer, wie (2b) zeigt. Umgekehrt liefert eine Präkonditionierung W bei geeigneter Dämpfung die Konvergenzrate (2a), die umso günstiger ausfällt, je kleiner x ist, d.h. je besser präkonditioniert wird. Daß die Semiiteration basierend auf einem Verfahren Φ_W schneller konvergiert als die (stationäre) Iteration (1c), ist gemäß §7 Eigenschaft der Čebyšëv-Methode und nicht Folge einer Präkonditionierung.

In dem oben erläuterten Sinne sind die Suche nach möglichst schnellen symmetrischen Iterationen und die Suche nach guten Präkonditionierern für semiiterative Verfahren völlig identisch. Es gibt nur eine Ausnahme: Für die in §9 erörterten cg-Verfahren ist $x = x(W^{-1}A)$ nicht das alleinige Kriterium (vgl. Ende §9.4.3). Daher kann es Präkonditionierungen W geben, die für cg-Verfahren vorteilhaft sind, ohne entsprechend gute Iterationsverfahren (1c) liefern zu müssen.

8.3.2 Beispiele

Als Beispiele für Präkonditionierungen von positiv definiten Matrizen $A = D - E - F$ können die Matrizen W der schon behandelten, symmetrischen Iterationen herangezogen werden:

(8.3.3a) $W = D := \mathrm{diag}\{A\}$ (Jacobi),

(8.3.3b) $W = (D - E)D^{-1}(D - F)$ (SSOR).

Hierbei können die Verfahren sowohl punkt- als auch blockweise verstanden werden. Da die Wahl W = Diagonalmatrix besonders einfach und zudem parallel berechenbar ist, kann man danach fragen, ob das Jacobi-Verfahren mit $D := \mathrm{diag}\{A\}$ die optimale diagonale Vorkonditionierungsmatrix verwendet. Die Antwort geben die Sätze 2 und 3: $D := \mathrm{diag}\{A\}$ ist im 2-zyklischen Fall optimal und im allgemeinen Fall nur um eine Konstante vom Optimum entfernt.

Satz 8.3.2 (Forsythe-Strauss [1]). A sei positiv definit und $D := \mathrm{diag}\{A\}$. Wenn $A - D$ schwach 2-zyklisch ist, ist $D = \mathrm{diag}\{A\}$ der beste diagonale Präkonditionierer: $x(D^{-1}A) \leqslant x(\Delta^{-1}A)$ für alle diagonalen Matrizen Δ.

Satz 8.3.3 (van der Sluis [1]). A sei positiv definit und $D := \mathrm{diag}\{A\}$. A besitze in jeder Zeile nicht mehr als C_A Elemente $\neq 0$ (vgl. (3.3.1)). Dann gilt $x(D^{-1}A) \leqslant C_A x(\Delta^{-1}A)$ für alle diagonalen Matrizen Δ.

Gemäß (7.4.3c) verbessert die SSOR-Vorkonditionierung die Konditionszahl von $\varkappa(A)$ auf $\frac{1}{2}(1+\sqrt{\Gamma\varkappa(A)})$.

Wenn A indefinit ist, genauer: wenn

$$(8.3.4) \qquad A = A^H, \quad \sigma(A) \subset [-b',-a'] \cup [a,b] \qquad (0<a\leqslant b,\ 0<a'\leqslant b'),$$

sind die bisherigen Verfahren bis auf das Kaczmarz-Verfahren aus §8.2 divergent. Matrizen mit der Eigenschaft (4) entstehen z.B. bei der Diskretisierung der *Helmholtz-Gleichung* $-\Delta u - cu = f$ mit positivem c, die auf $A = B - cI$ führt (dabei ist B die bisher A genannte Matrix des Poisson-Modellproblems). Wenn $0<\lambda_1\leqslant\lambda_2\leqslant\ldots\leqslant\lambda_n$ die Eigenwerte von B sind und $\lambda_k < c < \lambda_{k+1}$ für ein k gilt, ist (4) mit $a=\lambda_{k+1}-c$, $b=\lambda_n-c$, $a'=c-\lambda_k$, $b'=c-\lambda_1$ erfüllt. Für indefinite Matrizen ist (1a) der wesentliche Teil der Forderung an die Präkonditionierung.

Das Kaczmarz-Verfahren bietet die Präkonditionierung $W = A^{-H}$ an, die zwar zu einem positiven Spektrum führt (vgl. (1a)), aber im allgemeinen die Kondition verschlechtert: $\varkappa(A^H A) = \mathrm{cond}_2(A)^2$. Wenn die Intervalle $[-b',-a']$, $[a,b]$ symmetrisch liegen: $a=a'$, $b=b'$, ist die Präkonditionierung $W = A^{-1}$ trotz $\varkappa(A^2) = \varkappa(A)^2$ nicht schlechter als das beste semiiterative Verfahren basierend auf der Richardson-Iteration, wie Übung 4 zeigt.

Übungsaufgabe 8.3.4 (a) Sei p_m das optimale Polynom, das die Aufgabe (7.3.9) für $\sigma_M = [-b,-a] \cup [a,b]$ mit $0<a\leqslant b$ löst. Man zeige: Wenn m gerade ist, gilt $p_m(\lambda) = \hat{p}_{m/2}(\lambda^2)$, wobei $\hat{p}_{m/2}$ das optimale Polynom zu $\hat{\sigma}_M = [a^2,b^2]$ darstellt (vgl. (7.3.12b)).
(b) Wie lautet die entsprechende Transformation $T_\ell = A - \vartheta I$ für den allgemeineren Fall $b-a = b'-a'$, die $\sigma_M = [-b',-a'] \cup [a,b]$ auf ein Intervall $[\hat{a},\hat{b}]$ mit $0<\hat{a}<\hat{b}$ und minimalem $\hat{b}/\hat{a}$ abbildet?

Die Linkstransformation mit Polynomen in A ist relativ einfach und sogar parallel durchführbar, so daß sie für den Fall (4) von praktischem Interesse ist. Eine Diskussion dieser Präkonditionierung findet man z.B. bei Ashby-Manteuffel-Saylor [1]. Daß Linkstransformationen mit Polynomen in A für *positiv definite* A uninteressant sind, zeigt

Übungsaufgabe 8.3.5. A sei positiv definit. **(a)** Die Transformation $W^{-1} = T_\ell = q_{m-1}(A)$ mittels eines Polynomes q_{m-1} vom Grad $m-1$, die bezüglich der Bedingung (1a,b) optimal ist: $\varkappa(q_{m-1}(A)A) = \min$, hängt mit dem optimalen Polynom p_m aus (7.3.12b) über $p_m(\lambda) = 1 - \lambda q_{m-1}(\lambda)$ zusammen.
(b) Die Čebyšёv-Methode für das mit $q_{m-1}(A)$ präkonditionierte Problem ist nicht so effektiv wie die Čebyšёv-Methode für das nichtkonditionierte Problem (Richardson-Iteration). *Hinweis*: m Schritte ohne Präkonditionierung sind so aufwendig wie ein Schritt mit Präkonditionierung.

Soweit sind nur die schon bekannten Iterationen herangezogen worden. Als Ausblick auf weitere Präkonditionierungen sei angemerkt, daß in §8.5 die für die Präkonditionierung geeigneten ILU-Zerlegungen eingeführt werden. Die in §10 beschriebenen Mehrgitterverfahren definieren eine weitere Möglichkeit zur Präkonditionierung (vgl. 10.8.3).

Bemerkung 8.3.6. Die bis jetzt diskutierten Präkonditionierungen sind als *algebraische Vorkonditionierungen* zu bezeichnen, da sie mit Hilfe des linearen Systems abgeleitet wurden. Daneben gibt es die *problemorientierten Vorkonditionierungen*. Wenn das Gleichungssystem $Ax=b$ ein ähnliches Problem beschreibt wie $By=c$ (z.B. weil $Ax=b$ und $By=c$ verwandte Randwertaufgaben diskretisieren), besteht die Hoffnung, daß $\varkappa(B^{-1}A)\ll\varkappa(A)$, d.h. $W:=B$ kann eine gute Präkonditionierung darstellen.

Bisher wurde nur die Möglichkeit diskutiert, das lineare Gleichungssystem zu präkonditionieren. Mitunter kann bereits das zu lösende Randwertproblem vor der Diskretisierung so umformuliert werden, daß das diskrete System angenehmer zu lösen ist. Ein Beispiel hierzu findet man bei Axelsson-Eijkhout-Polman-Vassilevski [1], die das im allgemeinen zu einer unsymmetrischen Matrix führende Konvektions-Diffusionsproblem $-\varepsilon\,\Delta u+\langle v,\operatorname{grad} u\rangle=f$ (vgl. Hackbusch [15,§10.2]) behandeln.

8.3.3 Rechenregeln für Konditionszahlen

Es sei an (2.10.7/8) erinnert: $\operatorname{cond}_2(A)=\|A\|_2\|A^{-1}\|_2$ ist über die Spektralnorm und $\varkappa(A)=\rho(A)\rho(A^{-1})$ mittels des Spektralradius definiert.

Übungsaufgabe 8.3.7. A, B, C seien regulär. Man zeige

$$(8.3.5a)\qquad \varkappa(A)=\varkappa(A^{-1}),\qquad \operatorname{cond}_2(A)=\operatorname{cond}_2(A^{-1}),$$

$$(8.3.5b)\qquad \varkappa(A)=\varkappa(\lambda A),\qquad \operatorname{cond}_2(A)=\operatorname{cond}_2(\lambda A)\ \text{für alle}\ \lambda\in\mathbb{C}\setminus\{0\},$$

$$(8.3.5c)\qquad \varkappa(A)=\operatorname{cond}_2(A)\ \text{für normale Matrizen}\ A,$$

$$(8.3.5d)\qquad \operatorname{cond}_2(AB)\ \le\ \operatorname{cond}_2(A)\,\operatorname{cond}_2(B),$$

$$(8.3.5e)\qquad \operatorname{cond}_2(C^{-1}A)\le\operatorname{cond}_2(C^{-1}B)\,\operatorname{cond}_2(B^{-1}A),$$

$$(8.3.5f)\qquad \varkappa(B^{-1}A)=\operatorname{cond}_2(B^{-1/2}A\,B^{-1/2})\ \text{für}\ A,B>0.$$

Lemma 8.3.8. A, B seien positiv definit. Dann läßt sich $\varkappa(B^{-1}A)$ als

$$(8.3.6a)\qquad \varkappa(B^{-1}A)=\bar\alpha/\underline\alpha$$

darstellen, wobei $\underline\alpha$ und $\bar\alpha$ die schärfsten Grenzen in der Ungleichung

$$(8.3.6b)\qquad \underline\alpha\,B\le A\le\bar\alpha\,B\qquad\qquad\text{mit}\ \underline\alpha>0$$

sind. Umgekehrt folgt aus (6b) die Ungleichung

$$(8.3.6c)\qquad \varkappa(B^{-1}A)\le\bar\alpha/\underline\alpha\,.$$

Beweis. Die besten Grenzen in (6b) sind die extremen Eigenwerte von $B^{-1/2}AB^{-1/2}$ und $B^{-1}A$. Damit ergibt sich (6a) aus (2.10.9). Man vergleiche auch Lemma 7.3.11.   □

Übungsaufgabe 8.3.9. Man zeige: (6b) ist äquivalent zu (6b') oder (6b"):

(8.3.6b') $\dfrac{1}{\overline{\alpha}} A \;\leqslant\; B \;\leqslant \dfrac{1}{\underline{\alpha}} A$ mit $\underline{\alpha} > 0$,

(8.3.6b") $\underline{\alpha} A^{-1} \;\leqslant\; B^{-1} \;\leqslant\; \overline{\alpha} A^{-1}$ mit $\underline{\alpha} > 0$.

(5e) und (5f) ergeben das

Lemma 8.3.10. A, B, C seien positiv definit. Dann gilt

(8.3.7) $\varkappa(C^{-1}A) \;\leqslant\; \varkappa(C^{-1}B)\,\varkappa(B^{-1}A)$.

Die Interpretation von (5e) bzw. (7) für die Präkonditionierungstechnik lautet: Ist B eine gute Vorkonditionierung für A und C ein guter Vorkonditionierer für B, so eignet sich auch C zur Präkonditionierung von A.

Definition 8.3.11. Sei $H \subset (0, \infty)$ eine Indexmenge mit $0 \in \overline{H}$ (z.B. H: Menge aller Gitterweiten). Sind $\{A_h\}_{h \in H}$ und $\{B_h\}_{h \in H}$ zwei Familien von regulären Matrizen, so nennt man $\{A_h\}_{h \in H}$ und $\{B_h\}_{h \in H}$ *spektraläquivalent*, falls eine von $h \in H$ unabhängige Konstante C existiert, so daß

(8.3.8) $\mathrm{cond}_2(B_h^{-1}A_h) \;\leqslant\; C$ für alle $h \in H$.

(5a) zeigt die Symmetrie und (5e) die Transitivität, so daß die Eigenschaft «spektraläquivalent» eine Äquivalenzrelation darstellt. Für Familien von positiv definiten Matrizen schreibt sich (8) auch als

(8.3.8') $\varkappa(B_h^{-1}A_h) \;\leqslant\; C$ für alle $h \in H$.

Die Spektraläquivalenz könnte auch mit Hilfe anderer Normen oder durch (8') definiert werden. Zur Einführung des Begriffes sei auf die frühen Arbeiten von D'Jakonov (D'Yakonov) [1] und Gunn [1] verwiesen.

8.4 Sekundäre Iterationen

8.4.1 Beispiele für sekundäre Iterationen

Die Differentialgleichung

(8.4.1a) $-\Delta u + u_{xy} + \alpha u_x = f$ in Ω

mit der Randbedingung (1.2.1b): $u = 0$ auf Γ kann z.B. durch die *Siebenpunktformel*

(8.4.1b) $\dfrac{1}{2} h^{-2} \begin{bmatrix} -1 & -1 & 0 \\ -1-\alpha h & 6 & -1+\alpha h \\ 0 & -1 & -1 \end{bmatrix} u \;=\; f$

diskretisiert werden, die die Gleichungen

(8.4.1b') $\frac{1}{2}h^{-2}[6u(x,y)-u(x-h,y+h)-u(x,y+h)-u(x,y-h)$
$-u(x+h,y-h)-(1+\alpha h)u(x-h,y)-(1-\alpha h)h(x+h,y)]=f$

für $(x,y)\in\Omega_h$ abkürzt (vgl. §2.1.3 und Hackbusch [15,§5.1.4]). Solange $|\alpha h|\leqslant 1$, ist die entstehende Matrix A eine M-Matrix. Allerdings ist A für $\alpha\neq 0$ nicht symmetrisch.

Gemäß Bemerkung 3.6 könnte man die dem Poisson-Modellproblem entsprechende Matrix $B\triangleq h^{-2}\left[-1\ {\begin{smallmatrix}-1\\4\\-1\end{smallmatrix}}\ -1\right]$ als Präkonditionierung verwenden. In der Tat gilt das

Lemma 8.4.1. Seien A die Matrix des Systems (1b') und B die Matrix des Poisson-Modellproblem. Dann gilt $\mathrm{cond}_2(B^{-1}A)\leqslant C$ für alle $h\leqslant 1/|\alpha|$, d.h. $A=A_h$ und $B=B_h$ sind spektraläquivalent.

Beweis. (i) Da die Präkonditionierung problemorientiert gewählt wurde, ist auch der Beweis problemorientiert. Weil der Beweis andernfalls zu kompliziert ausfällt, wird die Spektraläquivalenz bezüglich der Energienorm $\|x\|_B=\|B^{1/2}x\|_2=\langle Bx,x\rangle^{1/2}$ gezeigt:

(8.4.2a) $\mathrm{cond}_B(B^{-1}A)\leqslant C$ für alle $h\leqslant 1/|\alpha|$.

$\|\cdot\|_B$ ist äquivalent zu der in Hackbusch [15,§9.2] mit $\|\cdot\|_1$ bezeichneten H_h^1-Norm. Die *duale Norm* $\|x\|_{-1}:=\sup\{|\langle x,y\rangle|/\|y\|_B:\ y\neq 0\}$ ist

$$\|x\|_{-1}=\|x\|_{B^{-1}}=\|B^{-1/2}x\|_2=\langle B^{-1}x,x\rangle^{1/2}.$$

(ii) Aus Hackbusch [15, Üb. 9.2.4/6] erhält man die «H_h^1-Koerzivität»

(8.4.2b) $\langle Ax,x\rangle\geqslant C_E\|x\|_B^2-C_K\|x\|_2^2.$

Aus der M-Matrixeigenschaft von A schließt man auf $\|A^{-1}\|_\infty\leqslant C'$ und $\|A^{-T}\|_\infty\leqslant C'$ und damit $\|A^{-1}\|_2=\rho(A^{-T}A^{-1})\leqslant C'^2$ unabhängig von h (vgl. Hackbusch [15, Sätze 4.3.16 und 5.1.22]). Aus der ℓ_2-Stabilität $\|A^{-1}\|_2\leqslant C$ und der H_h^1-Koerzivität folgt die «H_h^1-Regularität»:

(8.4.2c) $\|A^{-1}\|_{1\leftarrow-1}:=\sup\{\|A^{-1}x\|_B/\|x\|_{B^{-1}}:\ x\neq 0\}\leqslant$ const

für alle $h\leqslant 1/|\alpha|$ (vgl. Hackbusch [15, Satz 9.2.3]). Die Substitution $x=By$ und die Identität $\|x\|_{B^{-1}}=\|y\|_B$ zeigen

(8.4.2c') $\|A^{-1}B\|_B\leqslant$ const   für alle $h\leqslant 1/|\alpha|$.

Die umgekehrte Ungleichung $\|A\|_{-1\leftarrow 1}\leqslant$ const ist einfach zu zeigen und läßt sich zu

(8.4.2d) $\|B^{-1}A\|_B\leqslant$ const   für alle $h\leqslant 1/|\alpha|$

umschreiben. (2c') und (2d) ergeben (2a).
(iii) Mittels der diskreten «H_h^2-Regularität» (vgl. Hackbusch [15,§9.2.4]) läßt sich auch $\mathrm{cond}_2(B^{-1}A)\leqslant C$ für alle $h\leqslant 1/|\alpha|$ zeigen. ■

Satz 4.4.8 angewandt auf $B^{-1/2}AB^{-1/2}$ anstelle von A liefert das

Lemma 8.4.2. A sei in A_0+iA_1 zerlegt: $A_0=A_0^H$ symmetrischer, $iA_1=iA_1^H$ schiefsymmetrischer Anteil. B sei positiv definit. Es gelte

$$(8.4.3a) \qquad \gamma B \leqslant A_0 \leqslant \Gamma B, \quad \gamma>0, \quad -\sigma B \leqslant A_1 \leqslant \sigma B, \quad 0<\Theta<2\gamma/[\gamma\Gamma+\sigma^2].$$

Dann konvergiert die Iteration

$$(8.4.3b) \qquad x^{m+1} = x^m - \Theta B^{-1}(Ax^m-b)$$

monoton in der $\|\cdot\|_B$-Norm:

$$(8.4.3c) \qquad \|M_\Theta\|_B = \|I-\Theta B^{-1/2}AB^{-1/2}\|_2 \leqslant$$
$$\leqslant \tfrac{1}{2}\Theta(\Gamma-\gamma)+\sqrt{[1-\tfrac{1}{2}\Theta(\Gamma+\gamma)]^2+\Theta^2\sigma^2} < 1.$$

Das optimale Θ findet man in (4.4.11c).

Bemerkung 8.4.3. Für das Problem (1b) gelten nach Lemma 1 die Ungleichungen (3a) mit h-unabhängigen γ, Γ, σ. Wird daher Θ hinreichend klein gewählt, hat die Iteration eine von h unabhängige Konvergenzrate, d.h. die Konvergenzordnung hat den optimalen Wert $\tau=0$. Anders als bei den bisherigen Iterationen, tritt keine Konvergenzverschlechterung für $h\to 0$ auf.

Die guten Konvergenzeigenschaften der Iteration (3b) bezahlt man mit der Schwierigkeit, die Abbildung $c\mapsto B^{-1}c$ praktisch durchzuführen, die der Auflösung der Gleichung $B\delta=c$ entspricht. Im vorliegenden Falle wäre dies prinzipiell machbar, da für das Poisson-Modellproblem direkte Löser existieren (vgl. Ende von §1.3) oder auch die schnellen FFT-Techniken eingesetzt werden können. Die direkten Löser versagen aber schon für nichtrechteckige Grundgebiete.

Ein Ausweg besteht darin, die Abbildung $c\mapsto B^{-1}c$ (also die Gleichung $B\delta=c$), näherungsweise mit einer iterativen Technik zu lösen. Die Iteration zur Lösung des Hilfsproblems $B\delta=c$ heißt _sekundäre Iteration_ und führt auf das folgende Schema:

(8.4.4)   zusammengesetzte Iteration Φ_k:

....

(8.4.4a) $x^m \mapsto c := Ax^m - b$,

(8.4.4b)   führe die sekundäre Iteration zur Lösung von $B\delta=c$ durch:

$(8.4.4b_1)$ setze Startwert $\delta^0 := 0$,

$(8.4.4b_2)$ führe eine (Semi-)Iteration $\delta^0\mapsto\delta^1\mapsto\ldots\mapsto\delta^k$ durch.

(8.4.4c) $x^{m+1} := x^m - \delta^k$.

Die Zahl k der inneren Iterationen mag von m abhängen oder konstant sein. Je größer k, desto besser stimmen die Folgen x^m aus (3b) und (4a–c) überein. Umgekehrt möchte man k möglichst klein halten, da der Aufwand pro (äußerem) Iterationsschritt mit k ansteigt.

Bei den Blockvarianten der verschiedenen Iterationsverfahren mußten
bereits in jedem Block Gleichungssysteme gelöst werden. Da sich in den
Modellfällen stets tridiagonale Blöcke ergaben, war die exakte
Auflösung auch im Aufwand sparsam (nur zum Zwecke einer Parallelisierung wäre ein iteratives Vorgehen denkbar). Anders ist es bei dreidimensionalen Aufgaben (z.B. der Poisson-Gleichung $-u_{xx}-u_{yy}-u_{zz}=f$
im Würfel $\Omega=(0,1)^3$).

Bemerkung 8.4.4. Im zweidimensionalen Fall treten die Zeilen und Spalten als natürliche Blockstrukturen auf. Im dreidimensionalen Fall hat
man eine zweifach geschachtelte Blockstruktur: Das Gitter Ω_h zerfällt
in Ebenen (wahlweise x-y-, x-z- oder y-z-Ebene). Die den Ebenen entsprechenden Blöcke haben die Gestalt der bisher behandelten zweidimensionalen Probleme und können ihrerseits in Zeilen oder Spalten
(in x-, y- oder z-Richtung) geblockt werden. Wenn für das Block-
Jacobi-, Block-Gauß-Seidel- oder andere Blockverfahren die Ebenen als
Blöcke gewählt werden, haben die Blockgleichungen die gleiche Form
wie die bisherigen zweidimensionalen Modellprobleme. Es bietet sich
daher an, innerhalb der Blöcke sekundäre Iterationen auszuführen.

Die in Bemerkung 4 empfohlene sekundäre Iteration scheint zunächst
zu einem aufwendigen Algorithmus zu führen. Die folgende Übung zeigt
aber, daß die z.B. beim Block-Jacobi-Verfahren auftretenden Blöcke
stark diagonaldominant sind und eine h-unabhängige Kondition haben.

Übungsaufgabe 8.4.5. Man zeige: **(a)** Die zur Fünfpunktformel analoge
Diskretisierung lautet in drei Dimensionen

$$h^{-2}[6u(x,y,z)-u(x-h,y,z)-u(x+h,y,z)$$
$$-u(x,y-h,z)-u(x,y+h,z)-u(x,y,z-h)-u(x,y,z+h)] = f(x,y,z)$$

und führt auf Diagonalblöcke mit dem Fünfpunktstern

$$D = h^{-2}\begin{bmatrix} 0 & -1 & 0 \\ -1 & 6 & -1 \\ 0 & -1 & 0 \end{bmatrix}.$$

(b) Die Matrizen D aus (a) haben ein Spektrum in $[2h^{-2},10h^{-2}]$.
(c) Wie lautet die optimale Dämpfung des Jacobi-Verfahrens für die
Matrix D? Man beweise die h-unabhängige Rate $2/3$ für das optimal
gedämpfte Jacobi-Verfahren.

8.4.2 Konvergenzanalyse im allgemeinen Fall

Im folgenden sei die bisher W genannte Matrix der dritten Normalform
von $\Phi=\Phi_A$ wie in (3b) mit B bezeichnet. Die Iterationsmatrix zu

(8.4.5a) $x^{m+1} = x^m - B^{-1}(Ax^m-b)$

lautet

(8.4.5b) $M_A = I - B^{-1}A.$

Zur Lösung der Hilfsgleichung $B\delta = c$ werde die sekundäre Iteration Φ_B

$$(8.4.6) \qquad \delta^{m+1} = \delta^m - C^{-1}(B\delta^m - c) = M_B\delta^m + N_B\,c$$

mit der Iterationsmatrix $M_B = I - C^{-1}B$ eingesetzt.

Die sekundäre Iteration in (4b) werden wir im folgenden stets mit einem *konstanten* Wert k anwenden, da wir sonst geeignete Abbruchkriterien angeben müßten.

Lemma 8.4.6. Die Iterationen Φ_A zur Lösung von $Ax = b$ sei durch (5a) gegeben. Φ_B sei eine lineare Iteration zur Lösung von $B\delta = c$. Die zusammengesetzte Iteration Φ_k, die durch (4a-c) mit festem $k > 0$ definiert wird, ist eine lineare und konsistente Iteration $\Phi = \Phi_k$ zur Lösung von $Ax = b$. Ihre Iterationsmatrix lautet

$$(8.4.7a) \qquad M_k = I - \sum_{q=0}^{k-1} M_B^q N_B A \qquad\qquad (M_B,\ N_B \text{ aus } (6)).$$

Ist zusätzlich Φ_B konsistent, vereinfacht sich (7a) zu

$$(8.4.7b) \qquad M_k = M_A + M_B^k B^{-1} A \qquad\qquad (M_A \text{ aus } (5b)).$$

Die Matrix der zweiten Normalform (3.2.4) ist

$$(8.4.7c) \qquad N_k = (I - M_B^k) B^{-1}.$$

Wenn die Matrix M_B einen Eigenwert λ mit $\lambda^k = 1$ besitzt, divergiert Φ_k; andernfalls läßt sich die Matrix der dritten Normalform (3.2.5) als (7d) schreiben:

$$(8.4.7d) \qquad W_k = B(I - M_B^k)^{-1}.$$

Beweis. Gemäß Satz 3.2.5 hat die Iterierte δ^k aus $(4b_2)$ die Darstellung $\delta^k = \sum_{q=0}^{k-1} M_B^q N_B c$ (man beachte $\delta^0 = 0$ und $c = Ax^m - b$). Dies beweist (7a). Konsistenz von Φ_B impliziert $N_B = (I - M_B)B^{-1}$ (vgl. (3.2.3'')). (7b) und (7c) erhält man aus $\sum_{q=0}^{k-1} M_B^q (I - M_B) = I - M_B^k$ und (5b). Für invertierbares N_k ist $W_k = N_k^{-1}$ und zeigt (7d). ∎

Die Darstellung (7b) erlaubt es, die Iterationsmatrix M_k als eine Störung der Iterationsmatrix M_A zu interpretieren. Damit läßt sich die Kontraktionszahl von Φ_k wie folgt abschätzen.

Lemma 8.4.7. Die Iterationen Φ_A und Φ_B aus Lemma 6 seien lineare und konsistente Iterationen. Die Kontraktionszahl von Φ_k bezüglich der Spektralnorm und – falls B oder A positiv definit sind – der Normen $\|x\|_B = \|B^{1/2}x\|_2$ und $\|x\|_A = \|A^{1/2}x\|_2$ lauten:

$$(8.4.8a) \qquad \|M_k\|_2 \leqslant \|M_A\|_2 + \|M_B\|_2^k \|B^{-1}A\|_2,$$

$$(8.4.8b) \qquad \|M_k\|_B \leqslant \|M_A\|_B + \|M_B\|_B^k \|B^{-1/2}AB^{-1/2}\|_2 \qquad (\text{falls } B>0),$$

$$(8.4.8c) \qquad \|M_k\|_A \leqslant \|M_A\|_A + \|M_B\|_A^k \|A^{1/2}B^{-1}A^{1/2}\|_2 \qquad (\text{falls } A>0).$$

Bei der Analyse der sekundären Iteration ist die Kenntnis des Spektralradius $\rho(M_B)$ nicht ausreichend, da dieser die Konvergenz nur asymptotisch beschreibt und wir hier präzise obere Schranken nach k Iterationsschritten benötigen. Allenfalls läßt sich die Kontraktionszahl von Φ_B durch den numerischen Radius $r(M_B)$ ersetzen.

Übungsaufgabe 8.4.8. Man beweise: (a) Φ_A und Φ_B seien linear und konsistent. Dann gilt

$$(8.4.8d) \qquad r(M_k) \leqslant r(M_A) + 2\,r(M_B)^k \,\|\,B^{-1}A\,\|_2 .$$

(b) Der Faktor $\|\,B^{-1}A\,\|_2$ in (8a,d) ist begrenzt durch

$$(8.4.8e) \qquad 1 - \|\,M_A\,\|_2 \leqslant \|\,B^{-1}A\,\|_2 \leqslant 1 + \|\,M_A\,\|_2 .$$

Die Schlüsse, die man aus (8a–d) ziehen kann, sind Gegenstand von

Folgerung 8.4.9 (a) Einer der Ausdrücke $\|\,M_A\,\|_2$, $\|\,M_A\,\|_B$, $\|\,M_A\,\|_A$, $r(M_A)$ sei zusammen mit dem entsprechenden $\|\,M_B\,\|_2$, $\|\,M_B\,\|_B$, $\|\,M_B\,\|_A$, $r(M_B)$ kleiner als 1. Dann konvergiert das zusammengesetzte Verfahren Φ_k für hinreichend große k.
(b) Man sollte k so groß wählen, daß die rechte Seite in (8a) eine mit $\|\,M_A\,\|_2$ vergleichbare Größe besitzt, z.B. $\frac{1}{2}(1 + \|\,M_A\,\|_2)$ (analog für (8b–d)). Falls $\|\,M_A\,\|_2 \leqslant \zeta < 1$ (ζ unabhängig von h) und $\|\,M_B\,\|_2 = 1 - O(h^\beta)$ ($\beta > 0$), kann $\|\,M_k\,\|_2 \leqslant (1+\zeta)/2$ für $k = O(h^{-\beta})$ erreicht werden. In diesem Falle ist der effektive Aufwand für Φ_k ebenfalls von der Ordnung $Eff(\Phi_k) = O(h^{-\beta})$. Wenn jedoch $\|\,M_A\,\|_2 = 1 - O(h^\alpha)$ ($\alpha > 0$), erlaubt (8a) nur die ungünstige Abschätzung $Eff(\Phi_k) = O(h^{-\alpha-\beta})$.

Insbesondere erhält man aus (8a–d) keine Aussage, die die Konvergenz von Φ_k für kleine k garantieren könnte. Da der Faktor $\|\,B^{-1}A\,\|_2$ gemäß (8e) bestenfalls den Wert ≈ 1 annimmt, braucht man mindestens $k = O(h^{-\beta})$ Iterationen, um die rechte Seite in (8a) unter 1 zu bringen. Unter weiteren Voraussetzungen (M- bzw. H-matrixähnliche Eigenschaften) gelingt es Frommer–Szyld [1] wie im nachfolgenden symmetrischen Fall Konvergenz für alle k zu zeigen.
Da Φ_k wieder eine lineare und konsistente Iteration ist, kann man Φ_k z.B. als Basisiteration einer Semiiteration ansetzen. Anders ist es, wenn man k nicht fest wählt, sondern mittels irgendwelcher Abbruchkriterien bestimmt, oder wenn man als sekundäres Verfahren eine Semiiteration einsetzt. In diesen Fällen ist Φ_k nichtlinear, so daß die Eignung von Φ_k als Basisiteration eines semiiterativen Verfahrens in Frage steht. Zur Diskussion dieses Problems sei auf Golub–Overton [1] verwiesen.

8.4.3 Analyse im symmetrischen Fall

Im folgenden seien Φ_A und Φ_B symmetrische Iterationen, d.h. in (5a) und (6) gilt

$$(8.4.9a) \qquad A = A^H, \quad B > 0, \quad C > 0 .$$

Lemma 8.4.10. Die Iterationen Φ_A und Φ_B seien symmetrisch. Notwendig für die Konvergenz von Φ_B ist

(8.4.9b) $0 < B < 2C.$

Unter dieser Voraussetzung ist die in (4) definierte zusammengesetzte Iteration Φ_k für alle $k \in \mathbb{N}$ ebenfalls symmetrisch.

Beweis. Φ_k hat gemäß (7c) die erste Normalform

(8.4.10a) $x^{m+1} = M_k x^m + N_k b$ mit $N_k = (I - M_B^k) B^{-1}.$

Zu zeigen ist $W_k > 0$ für die Matrix der dritten Normalform von Φ_k:

(8.4.10b) $W_k (x^m - x^{m+1}) = A x^m - b.$

Nach Bemerkung 4.8.3a ist (9b) äquivalent zur Konvergenz von Φ_B. Mit $\rho(M_B) < 1$ ist $I - M_B^k$ regulär, so daß $W_k = N_k^{-1} = B(I - M_B^k)^{-1}$ existiert. Die Darstellung $M_B = I - C^{-1} B = B^{-1/2}(I - B^{1/2} C^{-1} B^{1/2}) B^{1/2}$ beweist die Symmetrie $W_k = W_k^H$:

(8.4.10c) $W_k = B^{1/2} [I - (I - B^{1/2} C^{-1} B^{1/2})^k]^{-1} B^{1/2}.$

Da $\rho(M_B) < 1$ auch $\rho(I - B^{1/2} C^{-1} B^{1/2}) < 1$ impliziert, folgert man über $I - (I - B^{1/2} C^{-1} B^{1/2})^k > 0$ (wegen $k > 0$) die Positivdefinitheit

(8.4.10d) $W_k > 0.$

Gemäß (4.8.1a,b) ist Φ_k somit eine symmetrische Iteration.   ▢

Zwar ist es falsch, daß aus der Konvergenz von Φ_A und Φ_B jene von Φ_k folgen würde, doch läßt sich Konvergenz stets bei geeigneter Dämpfung erreichen. Im folgenden seien die Ungleichungen

(8.4.11a) $\gamma B \leqslant A \leqslant \Gamma B$ mit $0 < \gamma \leqslant \Gamma,$

(8.4.11b) $\delta C \leqslant B \leqslant \Delta C$ mit $0 < \delta \leqslant \Delta$

vorausgesetzt. Das Spektrum von $B^{1/2} C^{-1} B^{1/2}$ liegt in $[\delta, \Delta]$ (vgl. (3.6b'')), so daß $\sigma(I - B^{1/2} C^{-1} B^{1/2}) \subset [1 - \Delta, 1 - \delta]$. Für das Spektrum von $I - (I - B^{1/2} C^{-1} B^{1/2})^k$ ergibt sich das Intervall $[\underline{\beta}, \bar{\beta}]$ mit

(8.4.11c$_1$) $\underline{\beta} := \begin{cases} 1 - (1 - \delta)^k & \text{für ungerades } k \\ 1 - \max\{(1 - \Delta)^k, (1 - \delta)^k\} & \text{für gerades } k \end{cases},$

(8.4.11c$_2$) $\bar{\beta} := \begin{cases} 1 - (1 - \Delta)^k & \text{für ungerades } k \text{ oder } \Delta < 1 \\ 1 & \text{für gerades } k \text{ und } \Delta \geqslant 1 \end{cases}.$

(10c) beweist $\underline{\beta} W_k \leqslant B \leqslant \bar{\beta} W_k.$ Mit Hilfe von (11a) erhält man

Lemma 8.4.11. Aus den Einschließungen (11a,b) folgt für W_k aus (10b)

(8.4.12) $\gamma_k W_k \leqslant A \leqslant \Gamma_k W_k$ mit $\gamma_k \colon= \gamma \underline{\beta}$, $\Gamma_k \colon= \Gamma \bar{\beta}$ ($\underline{\beta}$, $\bar{\beta}$ aus (11c)).

δ, Δ, γ, Γ seien die optimalen Schranken in (11a,b). Dann gilt

(8.4.13) $\varkappa(W_k^{-1}A) = \dfrac{\Gamma_k}{\gamma_k} = \dfrac{\Gamma}{\gamma}\dfrac{\bar{\beta}}{\underline{\beta}} = \dfrac{\bar{\beta}}{\underline{\beta}}\varkappa(B^{-1}A)$.

Wenn man die Iteration Φ_B separat untersucht, ergibt sich als optimaler Dämpfungsparameter

(8.4.14a) $\Theta_B = 2/(\delta+\Delta)$ (vgl. (4.4.5)).

Die zur *gedämpften* Iteration Φ_{B,Θ_B} gehörende Matrix der dritten Normalform ist $\Theta_B^{-1}C$ anstelle von C und führt auf die Schranken $\delta\Theta_B$ und $\Delta\Theta_B$ statt δ, Δ. Diese Skalierung ändert den Quotienten $\bar{\beta}/\underline{\beta}$. Welcher Faktor Θ_B die Konditionszahl (13) minimiert, diskutiert die

Übungsaufgabe 8.4.12. Man zeige: (a) Für gerades k ergibt Θ_B aus (14a) die optimale Konditionszahl (13). Für ungerades k liegt das Minimum von $\varkappa(W_k^{-1}A)$ dagegen bei einem Wert von Θ_B im offenen Intervall

(8.4.14b) $1/\Delta < \Theta_B < 2/(\delta+\Delta)$.

(b) Für $k=1$ ist $\varkappa(W_1^{-1}A) = \varkappa(B^{-1}A)\varkappa(C^{-1}B)$ unabhängig von Θ_B.
(c) Für $k=3$ ergibt sich $\Theta_B = 3/[\Delta+\delta+\sqrt{\Delta(\Delta-\delta)+\delta^2}]$ als optimaler Wert.

Da im Fall eines ungeraden k das optimale Θ_B nicht explizit anzugeben ist, sei im folgenden stets die Wahl (14a) angenommen.

8.4.4 Abschätzung des Aufwandes

Eine wichtige Frage ist, welche Anzahl k von sekundären Iterationen zu wählen ist, damit der effektive Aufwand möglichst günstig ist. Eine triviale Feststellung enthält die

Bemerkung 8.4.13. Der effektive Aufwand $Eff(\Phi_k)$ wird für ein endliches k minimal, da $Eff(\Phi_k) = O(k)$ für $k \to \infty$.

Beweis. Für (4a) und (4c) werden $2C_A+1$ Operation benötige (zu C_A vgl. §3.3.1). Sei C_B der Aufwand für einen sekundären Iterationsschritt. Dann beträgt der Kostenfaktor für Φ_k

(8.4.15) $C_k = C' + kC''$ mit $C' \colon= 2+1/C_A$, $C'' \colon= C_B/C_A$.

Für $k \to \infty$ wächst C_k wie $O(k)$, während die Konvergenzrate von Φ_k bestenfalls gegen jene von Φ_A strebt.   ∎

Für die Konditionszahl $\varkappa \colon= (C^{-1}B) = \Delta/\delta$, die dem Verfahren Φ_B entspricht, sei $\varkappa \gg 1$ vorausgesetzt. Außerdem sei angenommen, daß Φ_B bereits optimal gedämpft ist, d.h. $\Theta_B = 2/(\delta+\Delta) = 1$ (vgl. (14a)). Dann gilt

$$(8.4.16a) \qquad -(1-\Delta) = 1 - \delta = (x-1)/(x+1) = 1 - \tfrac{1}{x} + O(x^{-2}),$$
$$(1-\delta)^k = 1 - \frac{k}{x} + O((k/x)^2), \qquad (1-\Delta)^k = (-1)^k (1-\delta)^k.$$

Aus $(11c_{1,2})$ erhält man für $k \leqslant x$ die Entwicklung

$$(8.4.16b) \qquad \frac{\bar{\beta}}{\underline{\beta}} = \begin{cases} x/k + O(1) & \text{für ungerades } k, \\ x/2k + O(1) & \text{für gerades } k. \end{cases}$$

Es sei zunächst angenommen, daß Φ_k als selbständige Iteration verwandt wird. Dann läßt sich bei optimaler Dämpfung die Konvergenzrate

$$(8.4.16c) \qquad \rho(\Phi_k) = \frac{x(W_k^{-1}A)-1}{x(W_k^{-1}A)+1} \approx 1 - 2/x(W_k^{-1}A) = 1 - 2\frac{\gamma}{\Gamma}\frac{\bar{\beta}}{\underline{\beta}} \approx 1 - 2\alpha k$$

(vgl. (3.2a)) mit $\alpha = \gamma/(x\Gamma)$ für ungerades und $\alpha = 2\gamma/(x\Gamma)$ für gerades k zeigen. Mit $-\log \rho(\Phi_k) \approx 2\alpha k$ und (15) erhalten wir

$$(8.4.16d) \qquad Eff(\Phi_k) \approx \frac{C' + kC''}{2\alpha k} = (\tfrac{1}{k}C' + C'')/(2\alpha).$$

Folgerung 8.4.14. Bei Verwendung von Φ_k als Iteration nimmt der effektive Aufwand mit k zunächst ab, bis für $k \approx x$ die asymptotischen Darstellungen (16b,c) ihre Gültigkeit verlieren. Wegen des besseren Wertes $\bar{\beta}/\underline{\beta}$ für gerade k, sollten gerade k bevorzugt werden.

Anders ist es, wenn die (symmetrische) Iteration Φ_k als Basisiteration innerhalb der Čebyšëv-Methode verwendet wird, da dann die asymptotische Rate durch (7.3.25) statt (16c) wiedergegeben wird. Gemäß (7.3.28d) gilt

$$(8.4.16e) \qquad Eff_{\text{semiiterativ}}(\Phi_k) \approx [\tfrac{1}{2}(C'+kC'') + \tfrac{3}{C_A}]\left(\frac{\Gamma}{\gamma}\frac{\bar{\beta}}{\underline{\beta}}\right)^{1/2} \approx$$
$$\approx [\tfrac{1}{2}(C'+kC'') + \tfrac{3}{C_A}]/\sqrt{\alpha k}$$

mit gleichem α wie in (16c).

Folgerung 8.4.15. Der semiiterative, effektive Aufwand (16e) wird minimal für das dem Wert k_0 aus (16f) nächstgelegene gerade k:

$$(8.4.16f) \qquad k_0 = \left(\frac{C'}{2} + \frac{3}{C_A}\right)/\frac{C''}{2} = \left(C' + \frac{6}{C_A}\right)/C'' = \left(2 + \frac{7}{C_A}\right)/C''.$$

Da im allgemeinen $k_0 < 3$, ist $k = 2$ das Optimum.

8.4.5 Pascal-Prozeduren

Die mit $\Theta = \mathsf{IP.theta}$ gedämpfte zusammengesetzte Iteration (4) kann mit der Prozedur **zusammengesetzte_Iteration** aufgerufen werden, wobei k die Anzahl der sekundären Iterationsschritte ist.

```
procedure k_Schritte (k: integer; var A: Diskretisierungsdaten;
                      var x,b: Gitterfunktion; var IP: Iterationsparameter;
                      Iteration: PIteration);
begin Gitterfunktion_gleich_null(A.nx,A.ny,x); IP.Nr:=0;
for k:=k downto 1 do Iteration(x,A,x,b,IP) end;
```

```
procedure zusammengesetzte_Iteration (var primaer,sekundaer:
                    Iterationsdaten; k: integer; Sekundaeriteration: PIteration);
begin with primaer do Residuum(sekundaer.b,A,x,b);
   with primaer do with A do if Art=Poisson_Modellproblem then
         Faktor_mal_Vektor(nx,ny,sekundaer.b,1/h2,sekundaer.b);
   with sekundaer do with A do if Art=Poisson_Modellproblem then
         Faktor_mal_Vektor(nx,ny,b,h2,b);
   with sekundaer do k_Schritte(k,A,x,b,IP,Sekundaeriteration);
   with primaer do Vektor_plus_Faktor_mal_Vektor(A.nx,A.ny,x,x,IP.theta,
      sekundaer.x)
end;
```

8.4.6 Numerische Beispiele

Das Eingangsbeispiel (1b) mit $\alpha = 1$ soll gelöst werden, indem die Matrix B als jene vom Poisson-Modellproblem gewählt wird. Für die Lösung der Hilfsgleichung $B\delta = r$ verwenden wir das ADI-Verfahren mit der Zykluslänge $4 = 2^p$ mit $p = 2$, wobei zugleich in $(4b_2)$ $k = 4$ gewählt wird. Man beachte, daß das ADI-Verfahren nicht direkt auf das Ausgangs-problem anwendbar ist, da A keine Fünfpunktmatrix und zudem nicht symmetrisch ist. Das zusammengesetzte Verfahren Φ_4 wird ohne Dämpfung (theta $=1$) für $h = 1/32, 1/64$ durchgeführt. Als exakte Lösung wird wieder $u = x^2 + y^2$ verwendet, was in (1a) $f = 2x - 4$ erfordert:

```
   function Rechte_Seite (x,y: real): real; begin rechte_Seite:=-4+2*x end;
```

Der Hauptteil des Pascal-Programmes für dieses Problem lautet:

```
program sekundaere_Iteration;
var it,its: Iterationsdaten; i,is,itzahl: integer;
{ Rechte_Seite; Nullfunktion; Exakte_Loesung; Randwerte vereinbaren}
begin initialisiere_IT(it); initialisiere_IT(its);
   writeln('Primärproblem definieren:');
   definiere_Problem(it,Randwerte,Rechte_Seite); bestimme_theta(it.IP);
   writeln('Sekundärproblem:'); definiere_Problem(its,Nullfunktion,Nullfunktion);
   definiere_ADI_Parameter(its); {definiere_Startiteration; ...}
   write(' --> Anzahl der Primäriteration = '); readln(itzahl);
   is:=its.IP.zykl^.Laenge; writeln('Anzahl der ADI-Sekundäriterationen = ',is);
   for i:=1 to itzahl do
   begin zusammengesetzte_Iteration(it,its,is, ADI_Verfahren);
         it.IP.nr:=it.IP.nr+1         {Vergleich mit exakter Lösung, Ausdruck}
end end.
```

Die Resultate zeigen für die verschiedenen Schrittweiten eine Rate von ≈ 0.46, wobei allerdings zu beachten ist, daß ein Φ_k-Schritt aus $k = 4$ ADI-Schritten besteht, so daß $0.46^{1/4} = 0.82$ eine bessere Vorstellung liefert. Dem Leser ist es überlassen, den effektiven Aufwand zu ermitteln. Die Tabellen 1 und 2 enthalten die Euklidische Norm des Fehlers $\| x^m - x \|_2$ (m: Zahl der äußeren Iterationen Φ_k für $k = 4$) und die Quotienten $\rho_{m,m-1} = \| x^m - x \|_2 / \| x^{m-1} - x \|_2$.

m	$\| x^m - x \|_2$	$\rho_{m,m-1}$
1	$3.06_{10}-2$	$4.093_{10}-2$
2	$3.79_{10}-3$	$1.239_{10}-1$
3	$9.80_{10}-4$	$2.582_{10}-1$
4	$3.40_{10}-4$	$3.473_{10}-1$
5	$1.33_{10}-4$	$3.927_{10}-1$
6	$5.90_{10}-5$	$4.415_{10}-1$
7	$2.61_{10}-5$	$4.427_{10}-1$
8	$1.19_{10}-5$	$4.557_{10}-1$
9	$5.53_{10}-6$	$4.640_{10}-1$
10	$2.56_{10}-6$	$4.640_{10}-1$

m	$\| x^m - x \|_2$	$\rho_{m,m-1}$
1	$2.78_{10}-2$	$3.628_{10}-2$
2	$4.36_{10}-3$	$1.565_{10}-1$
3	$1.57_{10}-3$	$3.611_{10}-1$
4	$6.68_{10}-4$	$4.243_{10}-1$
5	$2.90_{10}-4$	$4.340_{10}-1$
6	$1.32_{10}-4$	$4.576_{10}-1$
7	$5.99_{10}-5$	$4.512_{10}-1$
8	$2.73_{10}-5$	$4.568_{10}-1$
9	$1.25_{10}-5$	$4.566_{10}-1$
10	$5.73_{10}-6$	$4.581_{10}-1$

Tabelle 8.4.1 Φ_4 für $h = 1/32$ **Tabelle 8.4.2** Φ_4 für $h = 1/64$

8.5 Unvollständige Dreieckszerlegungen

8.5.1 Einführung, ILU-Iteration

Im folgenden ist die Indexmenge I angeordnet; wir wählen die lexikographische Anordnung als Standard. Die Buchstaben ILU stehen für «incomplete LU decomposition», wobei L («lower») und U («upper») auf untere und obere Dreiecksmatrizen hinweisen. Bisher sind Dreiecksmatrizen bei der additiven Zerlegung $A = D - E - F = D(I - U - L)$ aufgetreten, die dem Gauß-Seidel-Verfahren zugrunde lag. Die in diesem Kapitel verwendeten Matrizen entsprechen dagegen der multiplikativen Zerlegung $A = LU$. Die sogenannte LU-Zerlegung $A = LU$ hat sich nach Folgerung 1.3.8 für schwachbesetzte Matrizen als *nicht geeignet* erwiesen, da die Faktoren L und U weit mehr Nichtnullelemente enthalten als die Ausgangsmatrix A. Die Berechnung der LU-Zerlegung ist mit der Gauß-Elimination völlig identisch: U ist die obere Dreiecksmatrix, die nach der Elimination der Unterdiagonalelemente verbleibt, während L die hierbei verwendeten Faktoren $L_{ji} = a_{ji}^{(i)}/a_{ii}^{(i)}$ ($j \geq i$) enthält (vgl. Stoer [1,§4.1]). Statt L und U mittels der Gauß-Elimination zu bestimmen, kann man $n^2 + n$ unbekannten Elemente L_{ji}, U_{ij} ($j \geq i$) direkt über die n^2 Gleichungen $A = LU$ ermitteln, wobei man die Normierungsvorschrift

$$(8.5.1a) \qquad L_{ii} = 1 \qquad\qquad\qquad (1 \leq i \leq n)$$

berücksichtigt:

$$(8.5.1b) \qquad \sum_{j=1}^{n} L_{ij} U_{jk} = A_{ik} \qquad\qquad (1 \leq i, k \leq n).$$

Die unvollständige LU-Zerlegung beruht auf der Idee, die Auffüllung der Matrix während des Eliminationsprozesses dadurch zu vermeiden, daß nicht mehr alle Matrixeinträge von A eliminiert werden. Da nach

einer unvollständigen Bearbeitung Elemente im unteren Dreiecksteil
übrig bleiben, ist keine exakte Auflösung des Systems möglich, so daß
man iterativ arbeiten muß. Die bisherige Gleichheit $A = LU$ gilt bei
diesem Vorgehen nur bis auf eine Restmatrix R:

$$(8.5.2) \qquad A = LU - R$$

Zur exakten Beschreibung des ILU-Prozesses ist eine Untermenge
$E \subset I{\times}I$ des Produktes der angeordneten Indexmenge $I = \{1, 2, \dots, n\}$
auszuwählen: Für Paare $(i, j) \in E$ soll die Elimination durchgeführt und
für alle anderen weggelassen werden. Dabei sei stets

$$(8.5.3a) \qquad (i, i) \in E \qquad\qquad \text{für alle } i \in I$$

vorausgesetzt. Im allgemeinen wird man E stets so groß wählen, daß
der Graph $G(A)$ von A in E enthalten ist (vgl. Definition 6.2.1):

$$(8.5.3b) \qquad G(A) \subset E.$$

E wird das _Muster_ der ILU-Zerlegung genannt. Nach Definition der
Dreiecksmatrizen gilt

$$(8.5.4a) \qquad L_{ij} = U_{ji} = 0 \qquad\qquad \text{für } 1 \leqslant i < j \leqslant n.$$

Damit L und U wieder _schwachbesetzt_ sind, dürfen Einträge $\neq 0$ nur
für Positionen aus dem Muster E auftreten; sonst gilt

$$(8.5.4b) \qquad L_{ij} = U_{ij} = 0 \qquad\qquad \text{für } (i, j) \notin E.$$

Übungsaufgabe 8.5.1. Die Anzahl der noch nicht durch (1a), (4a) oder
(4b) festgelegten Matrixelemente von L, U beträgt $\#E$.

In Anlehnung an (1b) stellen wir für die $\#E$ Unbekannten entsprechend viele Gleichungen auf:

$$(8.5.4c) \qquad \sum_{j=1}^{n} L_{ij} U_{jk} = A_{ik} \qquad\qquad \text{für } (i, k) \in E,$$

wobei sich die Restmatrix $R = LU - A$ aus (4d,e) ergibt:

$$(8.5.4d) \qquad R_{ik} = 0 \qquad\qquad \text{für } (i, k) \in E,$$

$$(8.5.4e) \qquad R_{ik} = \sum_{j=1}^{n} L_{ij} U_{jk} - A_{ik} \qquad\qquad \text{für } (i, k) \notin E.$$

Unter der Voraussetzung (3b) kann A_{ik} wegen $A_{ik} = 0$ entfallen.

Die ILU-Faktoren, die (1a) und (4a-c) erfüllen, liefert beispielsweise
der folgende Algorithmus:

```
          L := 0;  U := 0;
          for i := 1 to n do
          begin L_ii := 1 ;
(8.5.5a)      for k := 1 to i-1 do if (i,k) ∈ E then L_ik := (A_ik - Σ' L_ij U_jk)/U_kk;
(8.5.5b)      for k := 1 to i do   if (k,i) ∈ E then U_ki := A_ki - Σ'' L_kj U_ji
          end;
```

Die Summen $\sum'$ und $\sum''$ sind über alle j mit $j \neq k$ zu führen. Da man alle Indizes mit verschwindenden Summanden weglassen kann, erhält man:

$$(8.5.5c) \qquad \sum' = \sum_{j\in I} j<k,\, (i,j)\epsilon E,\, (j,k)\epsilon E \quad \text{und} \quad \sum'' = \sum_{j\in I} j<k,\, (k,j)\epsilon E,\, (j,i)\epsilon E\cdot$$

Die Definition von L_{ik} in (5a) erhält man aus (4c). Für (5b) vertausche man i und k in (4c). Man prüfe nach, daß in (5a,b) nur solche Komponenten von L und U auf der rechten Seite verwendet werden, die zuvor berechnet worden sind. Eine Vereinfachung wird Bemerkung 2 ergeben:

Bemerkung 8.5.2. Definiert man $D := \mathrm{diag}\{U\}$, $U' := U - D$, $L' := (L-I)D$, so sind L' eine strikte untere und U' eine strikte obere Dreiecksmatrix. Die Gleichung (2) schreibt sich in den neuen Größen als

$$(8.5.6) \qquad A = (D+L')D^{-1}(D+U') - R.$$

Die Größen D, L', U' erhält man direkt aus dem Algorithmus

$$D := 0; \quad L' := 0; \quad U' := 0;$$
$$\text{for } i := 1 \text{ to } n \text{ do}$$
$$\text{begin}$$

$(8.5.5a')$ for $k := 1$ to $i-1$ do if $(i,k)\epsilon E$ then $L'_{ik} := A_{ik} - \sum' L'_{ij} D^{-1}_{jj} U'_{jk}$;

$(8.5.5b')$ for $k := 1$ to $i-1$ do if $(k,i)\epsilon E$ then $U'_{ki} := A_{ki} - \sum'' L'_{kj} D^{-1}_{jj} U'_{ji}$;

$(8.5.5c')$ $D_{ii} := A_{ii} - \sum'' L'_{ij} D^{-1}_{jj} U'_{ji}$;

$$\text{end;}$$

Bemerkung 8.5.3 (a) Für Hermitesche Matrizen A liest man aus den Definitionen $(5a'-c')$ sofort die Symmetrien $L' = U'^H$, $D = D^H$ ab.
(b) Die _unvollständige Cholesky-Zerlegung_ $A = L''L''^H - R$ für Hermitesche Matrizen A ergibt sich aus (6) mit $L'' := (D+L')D^{-1/2}$.

Bisher wurde stillschweigend angenommen, daß die Größen U_{kk} (Pivotelemente) in (5a) und die D_{jj} in (5a') nicht null werden und im Falle der Bemerkung 3b sogar $D_{jj} > 0$ gilt. Hierzu sei auf §8.5.5 verwiesen.

Übungsaufgabe 8.5.4. Eine _vollständige_ LU-Zerlegung ist durch $R = 0$ in (2) charakterisiert. **(a)** Man zeige $R = 0$ für die Fälle (i) $E = I \times I$ und (ii) $E = \{(i,j): |i-j| \leqslant w\}$ bei Bandmatrizen der Bandbreite $w \geqslant 0$.
(b) Für das Diagonalmuster $E = \{(i,i): i\epsilon I\}$ gilt $D = \mathrm{diag}\{A\}$, $L' = U' = 0$.

Nachdem durch (2) bzw. (6) eine additive Zerlegung $A = W - R$ von A gegeben ist, kann die zugehörige _ILU-Iteration_ definiert werden:

$$(8.5.7a) \qquad W(x^m - x^{m+1}) = Ax^m - b \quad \text{mit}$$

$$(8.5.7b) \qquad W = LU \quad \text{bzw.} \quad W = (D+L')D^{-1}(D+U').$$

Die übrigen Matrizen der ersten und zweiten Normalform sind

$$(8.5.7c) \qquad M = NR \quad \text{mit} \quad N = U^{-1}L^{-1} \quad \text{bzw.} \quad N = (D+U')^{-1}D(D+L')^{-1}.$$

Bemerkung 8.5.5. Man sollte entweder A und die Faktoren L, U (bzw. D, L', U') abspeichern oder L, U (bzw. D, L', U') und R, um im zweiten Falle anstelle von (7a) die Darstellung (8) zu verwenden:

$$(8.5.8) \qquad W x^{m+1} = b + R x^m.$$

8.5.2 Unvollständige Zerlegung bezüglich eines Sternmusters

Zur Beschreibung des Musters E sollte man nicht die angeordneten Indizes $1, .., n$ heranziehen. Wenn man z.B. den Graph $G(A)$ hiermit beschreiben will, ist dies im Modellproblem bei lexikographischer Anordnung noch mittels $(i, i\pm1)$ (falls i und $i\pm1$ der gleichen Zeile angehören) und $(i, i\pm(N-1))$ möglich. Aber schon wenn das Quadrat in Abb. 1.2.1a–c durch ein anderes Gebiet mit variierender Zahl von Punkten pro Zeile (z.B. ein L-Gebiet) ersetzt wird, ist eine systematische Beschreibung der Menge $G(A)$ schwierig.

Eine Alternative bildet die «Sternschreibweise», die bereits in §3.1.2 zur knappen Definition der Matrizen verwendet wurde. Im folgenden werden sogenannte *Sternmuster* verwendet. In den Beispielen

$$\begin{bmatrix} * & * & * \\ * & * & * \\ * & * & * \end{bmatrix}, \quad \begin{bmatrix} * & * & \cdot \\ * & * & * \\ \cdot & * & * \end{bmatrix}, \quad \begin{bmatrix} \cdot & \cdot & \cdot & \cdot & * \\ \vdots & \vdots & \vdots & \vdots \\ * & \cdot & \cdot & \cdot \end{bmatrix}$$

weist der Eintrag $*$ auf ein Element in E hin. Ist z.B. $*$ der rechte Nachbar des Mittelpunktes, so bedeutet dies: Für alle $\alpha \in I$, die einen rechten Nachbarn $\beta \in I$ besitzen, gehört (α, β) zu E. Freigelassene Stellen oder die Markierung «·» besagen, daß die zugehörigen Paare (α, β) nicht zu E gehören. Die minimale Menge $E = \{(i,i):i\in I\}$ wird z.B. durch $[\,*\,]$ charakterisiert.

8.5.3 Anwendung auf allgemeine Fünfpunktformeln

Der Algorithmus (5a',b') soll eher der Definition als der praktischen Berechnung der Größen D, L', U' dienen. Am Beispiel einer allgemeinen Fünfpunktformel A soll vorgeführt werden, wie die eigentliche Berechnungsvorschrift abgeleitet wird. Der Bequemlichkeit halber sei angenommen, daß die Koeffizienten konstant seien:

$$(8.5.9a) \qquad A = \begin{bmatrix} & -e & \\ -a & d & -b \\ & -c & \end{bmatrix} \qquad\qquad \text{(vgl. (3.5.5)).}$$

Damit A eine M-Matrix darstellt, sei vorausgesetzt:

$$(8.5.9b) \qquad a, b, c, e \geqslant 0, \quad d \geqslant a + b + c + e.$$

Als kleinstes Muster, das (3b) erfüllt, sei

$$(8.5.10\text{a}) \qquad E = G(A), \quad \text{d.h.} \quad E = [*\overset{*}{\underset{*}{*}}*] \qquad (\text{«Fünfpunktmuster»})$$

gewählt. Die strikte Dreiecksmatrix L' **hat das Muster** $[*\overset{\cdot}{\underset{*}{\cdot}}\cdot]$**, da dies die einzigen Matrixelemente sind, die dem Muster** E **entsprechen und unter der Diagonale stehen, denn die in** $[*\overset{\cdot}{\underset{*}{\cdot}}\cdot]$ **angegebenen Positionen haben bei lexikographischer Numerierung einen kleineren Index als der Mittelpunkt. Entsprechend hat** U' **das Muster** $[\cdot\overset{\cdot}{\underset{*}{*}}*]$**.**

In (5a',b') ersetzen wir die Indizes $i,j,k\in\{1,\dots,n\}$ durch die Buchstaben $\alpha,\beta,\gamma\in I=\Omega_h$, um anschließend $\alpha=(x,y)=(k_\alpha h,\ell_\alpha h)\in\Omega_h$ mit dem Paar (k_α,ℓ_α) gleichzusetzen, wobei jetzt $1\leqslant k_\alpha,\ell_\alpha\leqslant N-1$ gilt (vgl. (1.2.3)). Zunächst hat man die Summe $\sum'$ in (5a') zu untersuchen. $L'_{\alpha\gamma}\neq0$ gilt nur für $\gamma=(k_\gamma,\ell_\gamma)=(k_\alpha-1,\ell_\alpha)$ und $\gamma=(k_\alpha,\ell_\alpha-1)$, während $U'_{\gamma\beta}\neq0$ nur $\beta=(k_\gamma+1,\ell_\gamma)$ und $\beta=(k_\gamma,\ell_\gamma+1)$ zuläßt. $L'_{\alpha\gamma}D^{-1}_{\gamma\gamma}U'_{\gamma\beta}\neq0$ verlangt daher $\beta=\alpha$ oder $\beta=(k_\alpha+1,\ell_\alpha-1)$. Beide Möglichkeiten stehen im Widerspruch zu $\alpha\neq\beta$ {in (5a') als $k\leqslant i-1$ geschrieben} und $(\alpha,\beta)\in E$. Also ist $\sum'$ eine leere Summe, und (5a') vereinfacht sich zu $L'_{\alpha\beta}=A_{\alpha\beta}$ für $\alpha>\beta$, $(\alpha,\beta)\in E$. Damit ist L' der konstante Zweipunktstern

$$(8.5.10\text{b}) \qquad L' = \begin{bmatrix} & 0 & \\ -a & 0 & 0 \\ & -c & \end{bmatrix}.$$

Analog erhält man

$$(8.5.10\text{c}) \qquad U' = \begin{bmatrix} & -e & \\ 0 & 0 & -b \\ & 0 & \end{bmatrix}.$$

Nur für $\alpha=\beta$ enthält die Summe $\sum''$ in (5c') zwei mögliche Indizes: $\gamma=(i_\alpha-1,j_\alpha)$ und $\gamma=(i_\alpha,j_\alpha-1)$. Das Diagonalelement $D_{\alpha\alpha}$ sei kürzer mit $d_\alpha=D_{i_\alpha,j_\alpha}$ bezeichnet. Die Definition (5c') schreibt sich damit wegen $A_{\alpha\alpha}=d$ und der schon bekannten Werte in (10b,c) als

$$(8.5.10\text{d}) \qquad d_{i,j} = d - ab/d_{i-1,j} - ce/d_{i,j-1} \qquad (1\leqslant i,j\leqslant N-1),$$

wobei die Summanden mit $j-1=0$ oder $i-1=0$ als nicht geschrieben gelten. Insbesondere erhält man für den ersten Gitterpunkt $d_{11}=d$. Die doppelte Schleife in (5a'-c') hat sich für die Fünfpunktformel (9a) zu einer einzigen Schleife über alle $(i,j)\in\Omega_h$ reduziert.

Man kann auch die Restmatrix R bestimmen. Die Gleichungen (4d,e) werden zu

$$(8.5.10\text{e}) \qquad R_{\alpha\beta} = 0 \;\; \text{für} \; (\alpha,\beta)\in E, \quad R_{\alpha\beta} = (L'D^{-1}U')_{\alpha\beta} \;\; \text{für} \; (\alpha,\beta)\notin E.$$

Man rechnet nach, daß R pro Zeile zwei (variable) Koeffizienten besitzt:

$$(8.5.10\text{f}) \qquad R = \begin{bmatrix} r_{ij} & \cdot & \cdot \\ \cdot & \cdot & \cdot \\ \cdot & \cdot & s_{ij} \end{bmatrix} \quad \text{mit} \quad r_{ij}=ae/d_{i-1,j}, \;\; s_{ij}=cb/d_{i,j-1},$$

wobei $r_{ij}=0$ für $i=1$ und $s_{ij}=0$ für $j=1$ zu setzen ist.

Bemerkung 8.5.6. Die ILU-Zerlegung einer Fünfpunktformel mit konstanten oder variablen Koeffizienten erfordert $6n$ Operationen zur Berechnung der d_{ij} in (10d). Die Auflösung von $W\delta = (D+L')D^{-1}(D+U')\delta = r$ benötigt $10n$ Operationen, so daß eine ILU-Iteration (7a) wegen der zusätzlichen $10n$ Operationen zur Berechnung von $Ax^m - b$ insgesamt $20n$ Operationen verlangt. Man beachte, daß die d_{ij} aus (10d) nicht für jeden Iterationsschritt erneut berechnet werden müssen. Eine Alternative ist die Bestimmung von R durch zusätzliche $4n$ Operationen. Danach benötigt die Iteration (8) nur $14n$ Operationen. Zusammen mit $C_A = 5$ ergeben sich damit die folgenden Kostenfaktoren:

$$(8.5.10g) \qquad C_\Phi^{\text{ILU}} = 4 \quad \text{bzw.} \quad C_\Phi^{\text{ILU}} = 2.8 \qquad \text{für } E \text{ aus (10a).}$$

8.5.4 Modifizierte ILU-Zerlegungen

Man kann die Frage stellen, ob das ersatzlose Ignorieren der Matrixeinträge α_{ij} für $(i,j) \notin E$ die optimale Vorgehensweise ist. Erinnert sei an das Gauß-Seidel-Verfahren mit der Matrix $W = D - E$, die beim SOR-Verfahren in $W = \frac{1}{\omega}D - E$ geändert wird. Die Überrelaxation, die im allgemeinen zu einer Konvergenzverbesserung führt, drückt sich in einer Abschwächung der Diagonale in W aus. Die folgende Modifikation, die wir Wittum [5] folgend einführen, wird ebenfalls je nach Wahl von ω eine Abschwächung oder Stärkung der Diagonale ermöglichen.

Sei $\mathbf{1}$ der Vektor $(1)_{\alpha \in I}$, der nur 1-Komponenten enthält. Von Gustafsson [1] stammt der Vorschlag, anstelle der Gleichung $R_{ii} = 0$ [das ist (4d) für $i = k$] zu fordern, daß

$$(8.5.11) \qquad A\mathbf{1} = W\mathbf{1}, \qquad\qquad\qquad \text{d.h. } R\mathbf{1} = 0 .$$

Man kann $\mathbf{1}$ als «Testvektor» ansehen. W wird durch (11) so geeicht, daß A und W bei Anwendung auf $\mathbf{1}$ übereinstimmen. Wir verallgemeinern die Bedingung $R\mathbf{1} = 0$ zu

$$(8.5.12) \qquad R_{ii} = \omega \sum_{j \neq i} R_{ij} \qquad\qquad\qquad (\omega \in \mathbb{R})$$

und bezeichnen die hierdurch bestimmte Zerlegung (deren Existenz nicht behauptet wird) als $\underline{ILU_\omega\text{-Zerlegung}}$.

Bemerkung 8.5.7 (a) Für $\omega = 0$ stimmt (12) mit (4d) für $i = k$: $R_{ii} = 0$ überein, so daß die bisherige ILU- die ILU_0-Zerlegung ist.
(b) Für $\omega = -1$ sind die Bedingungen (11) und (12) identisch, so daß die ILU_{-1}-Zerlegung die Modifikation nach Gustafsson [1] beschreibt.

Für die Fünfpunktformel (9a) und das Fünfpunktmuster (10a) ergeben sich L' und U' weiterhin aus (10b,c), während die Rekursion (10d) für die Elemente d_{ij} von D zu

$$(8.5.13) \qquad d_{ij} := d + (\omega e - b)a/d_{i-1,j} + (\omega b - e)c/d_{i,j-1}$$

wird (Summanden mit $i-1 = 0$ und $j-1 = 0$ sind wieder null zu setzen).

8.5.5 Zur Existenz und Stabilität der ILU-Zerlegung

In diesem Abschnitt werden die Ungleichungen $A \leqslant B$ wie in §6 für die *elementweisen* Ungleichungen $A_{\alpha\beta} \leqslant B_{\alpha\beta}$ $(\alpha, \beta \in I)$ verwendet.

Von der (vollständigen) LU-Zerlegung ist bekannt, daß sie genau dann existiert, wenn alle Hauptuntermatrizen $(a_{ij})_{1 \leqslant i, j \leqslant k}$ für $1 \leqslant k \leqslant n$ regulär sind. Aber selbst wenn die Zerlegung $A = LU$ existiert, kann sie unbrauchbar sein, weil die Auflösung der Gleichungen $Ly = b$, $Ux = y$ instabil sein kann. Man wähle z.B. $A = LU$ mit $L = \text{tridiag}\{\alpha, 1, 0\}$ für $\alpha < 1$, $U = L^T$ und untersuche die Fehlerverstärkung (vgl. Elman [1]). Das oben genannte Kriterium ist für positiv definite Matrizen erfüllt. Es gibt jedoch positiv definite Matrizen, die keine ILU-Zerlegung besitzen (wegen $U_{kk} = 0$ in (5a)). Von Meijerink – van der Vorst [1] stammt der erste, von Manteuffel [2] der zweite Teil des folgenden Kriteriums.

Kriterium 8.5.8. $E \subset I \times I$ erfülle (3a). **(a)** M-Matrizen A besitzen eine ILU-Zerlegung $A = W - R$ mit W aus (7b), die eine reguläre Aufspaltung im Sinne der Definition 6.5.1 darstellt.
(b) H-Matrizen A mit positiver Diagonalen D und der zugehörigen M-Matrix $\hat{A} := |D| - |A - D|$ (vgl. Definition 6.6.7) besitzen eine ILU-Zerlegung $(D + L')D^{-1}(D + U')$ mit $0 \leqslant \hat{D} \leqslant D$, $\hat{L}'\hat{D}^{-1} \leqslant -|L'D^{-1}| \leqslant 0$, $\hat{D}^{-1}\hat{U}' \leqslant -|D^{-1}U'| \leqslant 0$, wobei $\hat{D}$, $\hat{L}'$, $\hat{U}'$ aus der ILU-Zerlegung von $\hat{A}$ stammen.

Meijerink-van der Vorst [1] beweisen den Teil (a) dadurch, daß die ILU-Zerlegung als Folge von Gauß-Eliminationsschritten interpretiert wird, die die M-Matrixeigenschaft erhalten (vgl. Lemma 6.4.19). Wir geben einen anderen Beweis, der direkt auf die Bestimmungsgleichungen (4c) zurückgreift und schwächere Voraussetzungen benötigt.

Ist X eine beliebige Matrix, so bezeichne X_E die Matrix

$$(8.5.14a) \qquad (X_E)_{\alpha\beta} := \left\{ \begin{matrix} X_{\alpha\beta} & \text{falls } (\alpha, \beta) \in E \\ 0 & \text{sonst} \end{matrix} \right\},$$

d.h. X_E ist die Beschränkung von X auf das Muster E. Die im folgenden als D, L, U mit verschiedenen Indizes bezeichneten Matrizen seien stets von Diagonal- bzw. strikter unterer oder oberer Dreiecksstruktur. Man beachte, daß ein Tripel $\{D, L, U\}$ eindeutig durch die Summe $C = D + L + U$ definiert ist. Um die Komponenten dieses Tripels zu kennzeichnen, schreiben wir $C = \text{diag}\{C\} + L(C) + U(C)$.

Im folgenden ist nicht notwendigerweise vorausgesetzt, daß $A_{\alpha\beta} \leqslant 0$ für $\alpha \neq \beta$ gilt, wie es für M-Matrizen notwendig ist. Wir setzen

$$(8.5.14b) \qquad (A_-)_{\alpha\beta} := \left\{ \begin{matrix} A_{\alpha\beta} & \text{falls } \alpha = \beta \text{ oder } A_{\alpha\beta} \leqslant 0 \\ 0 & \text{sonst} \end{matrix} \right\}.$$

An die Matrix A seien die folgenden Bedingungen gestellt:

$$(8.5.15a) \qquad A_{\alpha\beta} \leqslant \left(L(A_-)_E \, \text{diag}\{A\}^{-1} \, U(A_-)_E \right)_{\alpha\beta} \text{ für alle } \alpha \neq \beta, \ (\alpha, \beta) \in E,$$

$$(8.5.15b) \qquad \begin{matrix} A \text{ besitze eine } \textit{vollständige} \text{ LU-Zerlegung} \\ A = (\underline{D} + \underline{L})\underline{D}^{-1}(\underline{D} + \underline{U}) = \underline{D} + \underline{L} + \underline{U} + \underline{L}\,\underline{D}^{-1}\underline{U} \text{ mit } \underline{D} \geqslant 0, \ \underline{L} \leqslant 0, \ \underline{U} \leqslant 0. \end{matrix}$$

Bemerkung 8.5.9. Jede M-Matrix A erfüllt die Voraussetzungen (15a,b). Aus (15b) folgt die Inverspositivität von A: $A^{-1} \geqslant 0$. (15a) ist stets erfüllt, wenn A *innerhalb* des Musters E der Vorzeichenbedingung $A_{\alpha\beta} \leqslant 0$ $(\alpha \neq \beta)$ genügt.

Beweis. Da die vollständige LU-Zerlegung durch Gauß-Elimination erzeugt werden kann, folgen die Ungleichungen (15b) aus Lemma 6.4.19. Umgekehrt implizieren die Ungleichung (15b), daß $(D+L)^{-1} \geqslant 0$, $D^{-1} \geqslant 0$, $(D+U)^{-1} \geqslant 0$. Also ist auch $A^{-1} \geqslant 0$. Wenn A M-Matrix ist und damit $A_{\alpha\beta} \leqslant 0$ $(\alpha \neq \beta)$ gilt, folgt $(A_-)_{\alpha\beta} \leqslant 0 \leqslant \left(L(A_-)_E \operatorname{diag}\{A\}^{-1} U(A_-)_E\right)_{\alpha\beta}$. ☒

Satz 8.5.10. $E \subset I \times I$ erfülle (3a). Die Matrix A erfülle (15a,b). Dann besitzt A eine ILU-Zerlegung $A = W - R$ mit W aus (7b). Eine reguläre Aufspaltung liegt vor, falls $A_{\alpha\beta} \leqslant 0$ für $(\alpha,\beta) \notin E$ (hinreichend ist (3b)). Mit $\underline{D}$, $\underline{L}$, $\underline{U}$ aus (15b) gelten die Einschließungen

$$(8.5.16) \qquad (\underline{D}+\underline{L}+\underline{U})_E \leqslant D+L'+U' \leqslant (A_-)_E$$

Beweis. Die Bedingungen (4d) schreiben sich als $R_E = 0$. Setzt man $R = D+L'+U'+L'D^{-1}U'-A$ ein, ergibt sich $(D+L'+U'+L'D^{-1}U'-A)_E = 0$ oder

$$(8.5.17) \qquad (D+L'+U')_E = (A-L'D^{-1}U')_E.$$

Mit der Abbildung

$$(8.5.18a) \qquad \Phi(C) := \left(A - L(C)\operatorname{diag}\{C\}^{-1} U(C)\right)_E$$

schreibt sich die Bestimmungsgleichung (17) als *Fixpunktgleichung*

$$(8.5.17') \qquad D+L'+U' = \Phi(D+L'+U').$$

Es gelten die Monotonieeigenschaften

$$(8.5.18b) \qquad C_1 \leqslant C_2, \; \operatorname{diag}\{C_1\} \geqslant 0, \; L(C_2)+U(C_2) \leqslant 0 \;\Longrightarrow\; \Phi(C_1) \leqslant \Phi(C_2).$$

Wegen (15b) ist $A = \underline{D}+\underline{L}+\underline{U}+\underline{L}\underline{D}^{-1}\underline{U}$. Wir setzen

$$(8.5.18c) \qquad A_0 := \underline{D}+\underline{L}+\underline{U} \quad \text{und} \quad A^0 := (A_-)_E.$$

Wegen $\underline{L}\underline{D}^{-1}\underline{U} \geqslant 0$ gilt $A_0 = (A_0)_- \leqslant ((A_0)_-)_E \leqslant ((A_0+\underline{L}\underline{D}^{-1}\underline{U})_-)_E = (A_-)_E = A^0$:

$$(8.5.18d) \qquad A_0 \leqslant A^0.$$

Als nächstes zeigen wir

$$(8.5.18e) \qquad A_0 \leqslant \Phi(A_0) \quad \text{und} \quad \Phi(A^0) \leqslant A^0.$$

Es ist $\Phi(A_0) = (A - \underline{L}\underline{D}^{-1}\underline{U})_E = (\underline{D}+\underline{L}+\underline{U})_E = (A_0)_E \geqslant A_0$ wegen $\underline{L}, \underline{U} \leqslant 0$. Die zweite Ungleichung in (18e) ist mit (15a) identisch. Φ definiert die folgende *Fixpunktiteration*:

$$(8.5.18f) \qquad A_{m+1} := \Phi(A_m), \qquad A^{m+1} := \Phi(A^m).$$

Aufgrund der Monotonie (18b) und der Ungleichungen (18d,e) gilt

$$(8.5.18\text{g}) \qquad A_0 \leqslant A_1 \leqslant \ldots \leqslant A_m \leqslant \ldots \leqslant A^m \leqslant \ldots \leqslant A^1 \leqslant A^0$$

(vgl. Satz 6.6.6). Damit müssen beide Folgen gegen einen Grenzwert $C = D + L' + U'$ konvergieren, der die Fixpunktgleichung (17') erfüllt. Aus (18c) und $A_0 \leqslant D + L' + U' \leqslant A^0$ folgt (16).

$W^{-1} = (D + U')^{-1} D (D + L')^{-1} \geqslant 0$ ist Folge der Ungleichungen $D \geqslant 0$ und $L', U' \leqslant 0$. Auf E ist $R_E = 0$, sonst gilt $R_{\alpha\beta} = (L'D^{-1}U' - A)_{\alpha\beta}$. Für $(\alpha,\beta) \notin E$ impliziert $A_{\alpha\beta} \leqslant 0$, daß $R_{\alpha\beta} \geqslant (L'D^{-1}U')_{\alpha\beta} \geqslant 0$. Somit ist die Aufspaltung $A = W - R$ regulär.   ▨

Die Stabilität der ILU-Zerlegung ist in (16) ausgedrückt durch die Abschätzung der Diagonale D nach unten durch $\underline{D}$. Zu dem Problem, daß die Auflösung der gestaffelten Gleichungssysteme $(D+L)x = b$ oder $(D+U)x = b$ zu Instabilitäten führen kann, sei auf die Arbeit Elman [1] verwiesen, die ILU-Zerlegungen für nichtsymmetrische Matrizen A diskutiert.

Zur Verallgemeinerung des Satzes 10 auf die ILU_ω-Zerlegung mit $\omega \neq 0$ kann man die Gleichungen $R_{ij} = 0$ für $i \neq j$, $(i,j) \in E$, und (12) als

$$(8.5.19\text{a}) \qquad R_E - \omega \operatorname{diag}\{R_E \cdot \mathbf{1}\} = 0 \quad \text{mit} \quad R = D + L + U + LD^{-1}U - A, \quad E' = I \times I \setminus E,$$

schreiben, wobei $\operatorname{diag}\{v\}$ mit einem Vektor $v = (v_1, \ldots, v_n)^T$ die Diagonalmatrix $\operatorname{diag}\{v_1, \ldots, v_n\}$ bezeichne. Die Übertragung der Beweistechnik führt auf die Fixpunktgleichung $C = \Phi_\omega(C)$ mit

$$(8.5.19\text{b}) \qquad \Phi_\omega(C) := \Phi(C) - \omega \operatorname{diag}\{(A - L(C)\operatorname{diag}\{C\}^{-1}U(C))_E \cdot \mathbf{1}\},$$

wobei Φ aus (18a) stammt. Φ_ω hat jedoch im allgemeinen nicht die gewünschten Eigenschaften. Für $\omega > 0$ kann die (18b) entsprechende Monotonie verletzt sein. Für $\omega < 0$ braucht dagegen kein A_0 mit $\Phi_\omega(A_0) \geqslant A_0$ (und damit auch keine Lösung) zu existieren.

Zur genaueren Klärung des Zusammenhanges sei die Fünfpunktformel (9a) mit dem Fünfpunktmuster (10a) untersucht. Da L', U' bereits eindeutig bestimmt sind (vgl. (10b,c)), reduziert sich die Fixpunktgleichung auf die Bestimmung von D als Lösung von

$$(8.5.20\text{a}) \qquad D = \Phi_\omega(D) := \operatorname{diag}\{A - L'D^{-1}U'\} - \omega \operatorname{diag}\{(A - L'D^{-1}U')_E \cdot \mathbf{1}\}$$

$$= \operatorname{diag}\{d + (\omega a - c)e/D_{i-1,j} + (\omega c - a)b/D_{i,j-1}\}$$

(vgl. (13)). Zur Analyse dieser Gleichung untersucht man die eindimensionale Fixpunktgleichung

$$(8.5.20\text{b}) \qquad \delta = \varphi_\omega(\delta) := d + [(\omega e - b)a + (\omega b - e)c]/\delta.$$

Eine dem Leser überlassene Diskussion der Funktion φ_ω zeigt

(i) Die Fixpunktgleichung (20b) ist genau dann lösbar, wenn

(8.5.20c) $4\gamma < d^2$ für $\gamma := ce + ab - \omega(ae + cb)$.

(ii) Falls (20c) erfüllt ist, lauten die Lösungen von (20b)

(8.5.20d) $\delta_\pm = \frac{1}{2}\left(d \pm \sqrt{d^2 - 4\gamma}\right)$.

(iii) δ_+ ist der stabile Fixpunkt, da (20e) zu (20f) führt:

(8.5.20e) $\varphi_\omega(\delta) < \delta$ für $\delta > \delta_+$, $\varphi_\omega(\delta) > \delta$ für $\delta_- < \delta < \delta_+$,

(8.5.20f) $\lim \delta_m = \delta_+$ für $\delta_0 > \delta_-$, $\delta_{m+1} := \varphi_\omega(\delta_m)$.

(iv) Startwerte $\delta_0 < \delta_-$ erzeugen dagegen Folgen $\{\delta_m\}$, die mindestens ein Element $\delta_m \leqslant 0$ enthalten.

Übungsaufgabe 8.5.11. A aus (9a) sei diagonaldominant und symmetrisch:

(8.5.21a) $a = b \geqslant 0$, $c = e \geqslant 0$, $\sigma := a + c > 0$, $d = 2\sigma + \varepsilon$ mit $\varepsilon \geqslant 0$.

Man zeige: Für $\omega = -1$ ergibt sich δ_+ aus (20d) mit $\gamma = \sigma^2$. Für kleine ε ist

(8.5.21b) $\delta_+ = \sigma + \sqrt{\varepsilon\,\sigma} + O(\varepsilon)$.

Für $\omega = 0$ gilt unter der Voraussetzung (21a)

(8.5.21c) $\delta_+ = a + c + \sqrt{2}\,ac + O(\sqrt{|\varepsilon|})$.

Satz 8.5.12. Sei $\omega \in [-1, \omega^*]$ mit $\omega^* := \min\{c/a, a/c\}$. Die Matrix A aus (9a) erfülle (21a). Dann existiert die ILU_ω-Zerlegung, wobei für die Diagonale D die Einschließungen (22) gelten:

(8.5.22) $\delta_+ = \frac{1}{2}\left(d + \sqrt{d^2 - 4(c^2 + a^2 - 2\omega ac)}\right) < d_{ij} \leqslant d$ für $(i,j) \in I$.

Die Fixpunktiteration (20a) zum Startwert $D^0 := \mathrm{diag}\{d\mathbf{1}\}$ konvergiert von oben gegen D.

Beweis. Für $\omega \geqslant -1$ ist (20c) erfüllt, für $\omega \leqslant \omega^*$ ist Φ_ω monoton. Man prüft für $D_0 := \mathrm{diag}\{\delta_+\mathbf{1}\}$ und $D^0 := \mathrm{diag}\{d\mathbf{1}\}$ nach, daß $D_0 \leqslant \Phi_\omega(D_0)$, $\Phi_\omega(D^0) \leqslant D^0$. Damit läßt sich wie im Beweis zu Satz 9 schließen.   ▣

8.5.6 Eigenschaften der ILU-Zerlegung

Aus Satz 6.5.2 erhält man sofort die folgende Konvergenzaussage:

Satz 8.5.13. Wenn A eine M-Matrix ist oder wenn gemäß Satz 10 eine reguläre Aufspaltung vorliegt, konvergiert die ILU-Iteration (7a,b) mit der Konvergenzrate $\rho(A^{-1}R)/(1 + \rho(A^{-1}R))$.

Im Standardfall kann man von $\|R\|=O(\|A\|)$ ausgehen, so daß $\varrho(A^{-1}R)\leq\|A^{-1}\|\,\|R\|\leq C\|A^{-1}\|\,\|A\|=C\,\mathrm{cond}(A)\gg1$ zu der Konvergenzrate $(1+1/\varrho(A^{-1}R))^{-1}\approx1-O(1/\mathrm{cond}(A))$ führt. Damit hat die ILU-Iteration die gleiche Ordnung wie die Jacobi- oder Gauß-Seidel-Iteration. Ein besseres Resultat erhält man für die *modifizierte* ILU_{-1}-Zerlegung (vgl. (11) bzw. (12) mit $\omega=-1$). Wir bereiten die Analyse mit dem folgenden Lemma vor (vgl. Wittum [4]).

Lemma 8.5.14. Es gelte (23a), wobei A, D_A und D positiv definit seien:

$$(8.5.23a)\qquad A = D_A-L-L^H,\qquad W = (D+L')D^{-1}(D+L'^H).$$

Das Spektrum $\sigma(W^{-1}A)$ ist in $[0,\Gamma]$ enthalten, falls

$$(8.5.23b)\qquad (2-\tfrac{1}{\Gamma})D-D_A+L+L^H+L'+L'^H \quad\text{positiv semidefinit.}$$

Beweis. Wir schreiben $D+L'$ als $\tfrac{1}{\Gamma}D+C$ mit $C:=(1-\tfrac{1}{\Gamma})D+L'$. Aus

$$\Gamma W-A = (\tfrac{1}{\Gamma}D+C)(\tfrac{1}{\Gamma}D)^{-1}(\tfrac{1}{\Gamma}D+C)^H-A\geqslant$$

$$\geqslant\tfrac{1}{\Gamma}D+C+C^H-A = (2-\tfrac{1}{\Gamma})D-D_A+L+L^H+L'+L'^H\geqslant0$$

mit "$\geqslant$" im Sinne der Positivsemidefinitheit folgt $\sigma(W^{-1}A)\subset[0,\Gamma]$. ■

Satz 8.5.15. Sei $-1\leq\omega\leq\omega^*$ (vgl. Satz 12). Für die Fünfpunktformel (9a) und das Fünfpunktmuster (10a) gilt unter der Voraussetzung (21a) die Ungleichung ("$\leq$" im Sinne der Positiv(semi)definitheit)

$$(8.5.24)\qquad \gamma W\leq A\leq\Gamma W\quad\text{mit }\gamma=1/[1+(1+\omega)\frac{2ac}{\delta_+\lambda_{\min}}],\quad\Gamma=\frac{\delta_+}{2\delta_+-d},$$

wobei δ_+ in (22) definiert und $\lambda_{\min}=\varepsilon+4(a+c)\sin^2\frac{\pi h}{2}$ der kleinste Eigenwert von A ist. Insbesondere gilt

$$(8.5.25)\qquad \gamma=1,\qquad \Gamma=\tfrac{1}{2}\sqrt{\tfrac{\sigma}{\varepsilon}}-\tfrac{1}{4}+O(\sqrt{\tfrac{\varepsilon}{\sigma}})\qquad\text{für }\omega=-1.$$

Beweis. (i) (23b) wird zu $(2-\tfrac{1}{\Gamma})D-D_A\geqslant0$, da wegen (10b,c) $L=-L'$ in Lemma 14 gilt. Dank $D_A=dI$ und $\delta_+I\leq D$ (vgl. (22)) ist Γ mit $(2-\tfrac{1}{\Gamma})\delta_+=d$ hinreichend für (23b). Auflösung nach Γ zeigt $\Gamma=\delta_+/(2\delta_+-d)$.

(ii) Die Elemente α_{ij}, β_{ij} von R (vgl. (10f)) sind nach oben durch $2ac/\delta_+$ beschränkt. Die Diagonalelemente von R sind gemäß (12) $\omega(\alpha_{ij}+\beta_{ij})$. Die Eigenwerte von R liegen in den Gerschgorin-Kreisen um $\omega(\alpha_{ij}+\beta_{ij})$ mit dem Radius $\alpha_{ij}+\beta_{ij}$ (vgl. Hackbusch [15, Kriterium 4.3.4]) und sind deshalb durch $(1+\omega)(\alpha_{ij}+\beta_{ij})\leq2(1+\omega)ac/\delta_+$ beschränkt: $R\leq[2(1+\omega)ac/\delta_+]I$. Mit $\lambda_{\min}I\leq A$ folgt $R\leq\varrho A$ mit $\varrho:=2(1+\omega)ac/(\delta_+\lambda_{\min})$. Aus $A=W-R\geqslant W-\varrho A$ erhält man $W\leq(1+\varrho)A$, so daß $\gamma=1/(1+\varrho)$ die Darstellung für γ liefert.

(iii) Für $\omega=-1$ setze man in (24) die Darstellung (21b) ein. ■

Folgerung 8.5.16 (a) Ersetzt man im Poisson-Modellfall die Poisson-Gleichung $-\Delta u = f$ durch die Helmholtz-Gleichung $-\Delta u + \varepsilon u = f$ mit $\varepsilon > 0$, so erhält man in (21a) die Koeffizienten $a = b = c = e = -h^{-2}$, $d = 4h^{-2} + \varepsilon$. (25) liefert die Schranke und Konditionszahl $\Gamma = \Gamma/\gamma = h^{-1}/\sqrt{2\varepsilon} + O(1)$. **(b)** Sei $\omega = -1$. Die mit $\Theta_{opt} = 2/(\gamma + \Gamma) = 2\sqrt{2\varepsilon}\, h + O(h^2)$ *gedämpfte* ILU$_{-1}$-Iteration hat die Konvergenzgeschwindigkeit

$$(8.5.26) \qquad \rho(M_{\Theta_{opt}}^{\mathbf{ILU}}) \leqslant (\Gamma - 1)/(\Gamma + 1) \approx 1 - 2/\Gamma \approx 1 - 2\sqrt{2\varepsilon}\, h,$$

ist also wie das SSOR-Verfahren mit optimalem Relaxationsparameter ω_{SSOR} von erster Ordnung, solange $\varepsilon > 0$.

Beweis. Vgl. Übungsaufgabe 3.1a.

Daß in Satz 15 und Folgerung 16b die starke Diagonaldominanz $\varepsilon > 0$ vorausgesetzt wird, schränkt die Anwendbarkeit der ILU$_{-1}$-Zerlegung keineswegs ein, wie die folgende Bemerkung zeigt.

Bemerkung 8.5.17 (Verstärkung der Diagonalen). Sei $A = A_\varepsilon$ eine Matrix, die (21a) statt mit $\varepsilon > 0$ nur mit $\varepsilon > -4(a+c)\sin^2\frac{\pi h}{2}$ (d.h. $\lambda_{min} > 0$) erfüllt. Die ILU$_{-1}$-Zerlegung wird dann auf die Matrix $A_\eta := A + (\eta - \varepsilon)I$ mit $\eta > 0$ angewandt: $A_\eta = W_\eta - R_\eta$, so daß die Diagonaldominanz $d > 2\sigma$ wiederhergestellt ist. W_η kann man als ILU-Zerlegung von $A = A_\varepsilon$ ansehen, die den Rest $R = W_\eta - A = R_\eta - (\eta - \varepsilon)I$ läßt. Folgerung 16 liefert die Konditionszahl $\varkappa(W_\eta^{-1}A_\eta)$. Seien $\lambda = \lambda_{min}$ und $\Lambda = \Lambda_{max}$ die extremen Eigenwerte von A. Da

$$(8.5.27a) \qquad \varkappa(A_\eta^{-1}A) = \varkappa(A_\eta^{-1}A_\varepsilon) = \frac{\Lambda(\lambda + \eta - \varepsilon)}{\lambda(\Lambda + \eta - \varepsilon)} \approx 1 + \frac{\eta - \varepsilon}{\lambda_{min}},$$

zeigt Lemma 3.10, daß

$$(8.5.27b) \qquad \varkappa(W_\eta^{-1}A_\varepsilon) \lesssim h^{-1}(1 + \frac{\eta - \varepsilon}{\lambda_{min}})/\sqrt{2\eta}.$$

Übungsaufgabe 8.5.18. Man zeige, daß die rechte Seite in (27b) für $\eta = 4(a+c)\sin^2\frac{\pi h}{2}$ minimal wird.

Übungsaufgabe 8.5.19. Man zeige, daß die ILU-Zerlegung mit der exakten LU-Zerlegung übereinstimmt, wenn A das tridiagonale Muster $[***]$ oder $[\cdot\,\overset{*}{*}\,\cdot]$ besitzt. Die ILU-Iteration löst $Ax = b$ dann direkt.

8.5.7 ILU-Zerlegung zu anderen Mustern

Die Bedingung (3b): $E \supset G(A)$ ist eine Mindestforderung, um neue Verfahren zu erhalten. Will man das Muster E größer als $G(A)$ wählen, nimmt man die Positionen hinzu, wo $R = 0$ verletzt ist: Nach (10f) sind dies $[\overset{*}{\cdot}\,\overset{.}{\cdot}\,\overset{*}{*}]$. Ergänzt man das Fünfpunktmuster um $[\overset{*}{\cdot}\,\overset{.}{\cdot}\,\overset{*}{*}]$, erhält man

$$(8.5.28) \qquad E = \begin{bmatrix} * & * & \\ * & * & * \\ & * & * \end{bmatrix} \qquad\qquad («Siebenpunktmuster»).$$

Die untere Dreiecksmatrix L' und die obere Dreiecksmatrix U' haben nun die Gestalt

$$(8.5.29) \qquad L' = - \begin{bmatrix} 0 & 0 & \\ a_{ij} & 0 & 0 \\ & c & f_{ij} \end{bmatrix}, \qquad U' = - \begin{bmatrix} g_{ij} & e & \\ 0 & 0 & b_{ij} \\ & 0 & 0 \end{bmatrix},$$

deren Koeffizienten sich aus den Rekursionen

$$(8.5.30a) \qquad d_{ij} = d - ec/d_{i,j-1} + a_{ij}(\omega g_{i-1,j} - b_{i-1,j})/d_{i-1,j}$$
$$+ f_{ij}(\omega b_{i+1,j-1} - g_{i+1,j-1})/d_{i+1,j-1},$$

$$(8.5.30b) \qquad a_{ij} = a + g_{i,j-1}\, c/d_{i,j-1}, \qquad b_{ij} = b + e f_{ij}/d_{i+1,j-1},$$

$$(8.5.30c) \qquad f_{ij} = b_{i,j-1}\, c/d_{i,j-1}, \qquad g_{ij} = a_{ij}\, e/d_{i-1,j}$$

für $1 \leqslant i, j \leqslant N-1$ ergeben, wobei alle Summanden mit Indizes $i-1=0$, $j-1=0$ oder $i+1=N$ ignoriert werden müssen. Für diese Siebenpunkt-ILU-Zerlegung gelten ähnliche Eigenschaften wie für die Fünfpunktversion in Satz 15 (vgl. Gustafsson [1], Axelsson-Barker [1]).

Übungsaufgabe 8.5.20. Man zeige: (a) Für $-1 \leqslant \omega \leqslant 0$ konvergiert die Fixpunktiteration (19b) für den Startwert $C=A$ gegen Werte, die die Ungleichungen $a_{ij} \leqslant \alpha := a/\Delta$, $b_{ij} \leqslant \beta := b/\Delta$, $f_{ij} \leqslant \beta c/\delta$, $g_{ij} \leqslant \alpha e/\delta$, $d_{ij} \geqslant \delta$ mit $\Delta := 1 - ec/\delta^2$ erfüllen, wobei δ die maximale Lösung der Fixpunktgleichung $\delta = \varphi(\delta) := d - [ec + ab(1 + ec/\delta^2)/\Delta^2 - \omega(\alpha^2 e + \beta^2 c)/\delta]/\delta$ ist.

(b) Für die weiteren Überlegungen sei die Symmetrie $a=b$, $c=e$ sowie die Diagonaldominanz $d = 2(a+c) + \varepsilon$ mit $\varepsilon \geqslant 0$ angenommen. Ferner sei $\omega = -1$ gewählt (modifiziertes ILU). Man zeige: Die Gleichung $\delta = \varphi(\delta)$ kann in die Form $2a + \varepsilon = a(\xi + \xi^{-1})$ mit $\xi := a\delta/(\delta - c)^2$ gebracht werden, so daß die Lösung $\delta = c + a/(2\xi) + [ac/\xi + a^2/(4\xi^2)]^{1/2}$ mit $\xi = 1 + \varepsilon/(2a) + [\varepsilon/a + \varepsilon^2/(4a^2)]^{1/2}$ lautet.

(c) Zu $\varepsilon \geqslant 0$ ergibt sich eine Lösung $\delta = \delta_0 + C\sqrt{\varepsilon} + O(\varepsilon)$.

(d) δ löst die Gleichung $(\delta - \gamma - e - \beta)^2 = \varepsilon\delta$.

(e) Die für (23b) hinreichende schwache Diagonaldominanz führt auf die Bedingung $2\varphi + 2|a - \alpha| \leqslant (2 - 1/\Gamma)\delta - d$. Man leite $\Gamma = \delta/(2\sqrt{\varepsilon\delta} - \varepsilon)$ ab.

(f) Wie in (25) gilt $\gamma = 1$ für die Abschätzung $\gamma W \leqslant A \leqslant \Gamma W$.

Bei der Konstruktion von ILU-Zerlegungen mit einem allgemeinen k-Punktmuster beachte man, daß der Rechenaufwand stärker als linear in der Punktezahl k ansteigt.

8.5.8 Approximative ILU-Zerlegungen

Die ILU-Zerlegungen, wie sie in (10d) oder (13) definiert wurden, sind streng sequentielle Algorithmen. Das gleiche gilt für die Auflösung der gestaffelten Gleichungen $(D+L)x=b$, $(D+U)x=b$, die bei der Auflösung von $W\delta=r$ entstehen. Bei Verwendung von Vektorrechnern ist dies sehr störend. Die Behandlung der gestaffelten Gleichungssysteme ist von van der Vorst [2] diskutiert (vgl. auch Ortega [1,§3.4]). Wir wollen hier auf die Berechnung der ILU-Zerlegung selbst eingehen. Die Fixpunktiteration (18f) aus dem Beweis zu Satz 9 ist auch für numerische Zwecke verwendbar. Der obere Startwert $A^0=(A_-)_E$ (im allgemeinen $=A$) steht im Gegensatz zu A_0 zur Verfügung, so daß die Iterierten $A^{m+1}=\Phi(A^m)$ berechenbar sind.

Bemerkung 8.5.21. Die Auswertung der Funktion Φ aus (18a) kann parallel für alle Koeffizienten $\Phi(C)_{\alpha\beta}$, $(\alpha,\beta)\in E$, durchgeführt werden.

Die Gleichungen (17'): $C=\Phi(C)$ bzw. konkreter die Rekursionen (13) und (30a-c) stellen gestaffelte Gleichungssysteme für die Unbekannten d_{ij} (und eventuell a_{ij}, b_{ij}, f_{ij}, g_{ij}) dar. Unabhängig vom Startwert sind deshalb die Werte für (i,j) mit $\max\{i,j\}\leqslant m$ nach m Iterationsschritten *exakt* berechnet. Wenn A und somit auch der Startwert A^0 (vgl. (18c)) konstante Koeffizienten haben, besitzt die m-te Iterierte A^m für alle Positionen (i,j) mit $\min\{i,j\}\geqslant m$ identische konstante Koeffizienten (für Positionen mit $\min\{i,j\}<m$ macht sich dagegen bemerkbar, daß in (13) bzw. (30a-c) Summanden wegen $i-1=0$ oder $j-1=0$ wegfallen). Wenn die Koeffizienten für $\min\{i,j\}\geqslant m$ übereinstimmen, braucht man jedoch nicht alle auszurechnen. Diese Überlegung führt auf die von Wittum [1] eingeführte *abgeschnittene ILU–Version* für konstante Koeffizienten:

(8.5.31)   Man berechne d_{ij} (und eventuell a_{ij}, b_{ij}, f_{ij}, g_{ij}) aus (13) bzw. (30a-c) für alle i,j mit $\max\{i,j\}=k$ für $k=1,2,\ldots,m$ und setze dann konstant fort mittels

$$d_{ij} := d_{\min\{i,m\},\min\{j,m\}} \qquad \text{für } \max\{i,j\}>m$$

(analog für a_{ij}, b_{ij}, f_{ij}, g_{ij}). Der Rechenaufwand ist mit $O(m^2)$ von der Dimension n der Matrix unabhängig, ebenso der Speicheraufwand. Die abgeschnittene ILU–Zerlegung ist nicht nur ein guter Ersatz für die Standard-ILU-Zerlegung, sondern hat auch günstige Stabilitätseigenschaften (vgl. Wittum-Liebau [1]).

8.5.9 Blockweise ILU-Zerlegungen

Wählt man die Zeilen- oder Spaltenvariablen als Blöcke, hat A eine Blockstruktur mit tridiagonalen Diagonalblöcken. Wir können im Zerlegungsansatz (6): $A = (D+L')D^{-1}(D+U')-R = D+L'+U'+L'D^{-1}U'-R$ auch fordern, daß D eine Blockdiagonalmatrix mit tridiagonalem Blockmuster und L' und U' jeweils strikte (untere/obere) Blockdreiecksmatrizen sind. Der Berechnungsalgorithmus verläuft ähnlich wie in (5a',b') (vgl. (10.9.2a-c)). Für den erhöhten Rechenaufwand erlangt man im allgemeinen robustere Konvergenzeigenschaften. Die Block-ILU-Zerlegung wurden Anfang der 80er Jahre eingeführt (vgl. §8.5.12).

8.5.10 Pascal-Prozeduren

Die ILU-Iteration verwendet drei Parameter: ω für die Zerlegung (13) bzw. (30a-c), den Dämpfungsparameter Θ für die ILU-Iteration (7a) und die Größe **diag**, die zur Verstärkung der Diagonaldominanz bei der Zerlegung zum Diagonalelement addiert wird (vgl. Bemerkung 17). Die Einführung von Θ ist notwendig, da die ILU-Iteration sonst für $\omega = -1$ divergiert. Die genannten Parameter lassen sich mittels **bestimme_ILU_Parameter** definieren. Die ILU-Iterationen für das 5- und 7-Punktmuster werden durch **ILU_5** und **ILU_7** durchgeführt.

```
procedure bestimme_ILU_Parameter(var IP: Iterationsparameter);
begin writeln('*** Eingabe der ILU-Parameter:');
      bestimme_omega(IP); bestimme_theta(IP);
      write(' --> Verstärkung der Diagonalen durch diag = '); readln(IP.diag)
end;

procedure berechne_ILU5_Zerlegung (var A: Diskretisierungsdaten;
                      var IP: Iterationsparameter); var d,d0: real; i,j: integer;
begin with A do if Art>Fuenfpunktformel then
  Meldung('ILU5 nicht implementiert') else if ILUD=nil then with IP do
    begin new(ILUD); d0:=diag; if Art=Poisson_Modellproblem then d0:=d0*h2;
        for j:=1 to ny-1 do for i:=1 to nx-1 do
        begin d:=S[0,0]+d0;
            if j>1 then d:=d+(omega*S[1,0]-S[0,1])*S[0,-1]/ILUD^[i,j-1];
            if i>1 then d:=d+(omega*S[0,1]-S[1,0])*S[-1,0]/ILUD^[i-1,j];
            ILUD^[i,j]:=d
end end end;

procedure loese_ILU5_Zerlegung(var x: Gitterfunktion; var A:
            Diskretisierungsdaten; var IP: Iterationsparameter); var i,j: integer;
begin with A do begin if ILUD=nil then berechne_ILU5_Zerlegung(A,IP);
  Null_Randwerte(nx,ny,x);
  for j:=1 to ny-1 do for i:=1 to nx-1 do
            x[i,j]:=(x[i,j]-S[-1,0]*x[i-1,j]-S[0,-1]*x[i,j-1])/ILUD^[i,j];
  for j:=ny-1 downto 1 do for i:=nx-1 downto 1 do
            x[i,j]:=x[i,j]-(S[1,0]*x[i+1,j]+S[0,1]*x[i,j+1])/ILUD^[i,j]
end end;

procedure ILU_5(var neu: Gitterfunktion; var A: Diskretisierungsdaten;
    var x,b: Gitterfunktion; var IP: Iterationsparameter); var r: Gitterfunktion;
begin Residuum(r,A,x,b); loese_ILU5_Zerlegung(r,A,IP);
      Vektor_plus_Faktor_mal_Vektor(A.nx,A.ny,neu,x,IP.theta,r);
      Randwerte_uebertragen(nx,ny,x,neu)
end;

procedure berechne_ILU7_Zerlegung (var A: Diskretisierungsdaten;
                  var IP: Iterationsparameter); var c,d,d0: real; i,j: integer;
begin with A do
  if Art>Fuenfpunktformel then Meldung('ILU7 nicht implementiert') else
  begin if ILUD=nil then new(ILUD); if ILU7=nil then with IP do
  begin new(ILU7); d0:=diag; if Art=Poisson_Modellproblem then d0:=d0*h2;
```

```
  with ILU7^ do for j:=1 to ny-1 do for i:=1 to nx-1 do
  begin d:=S[0,0]+d0; A[i,j]:=-S[-1,0]; B[i,j]:=-S[1,0]; if j>1 then
    begin c:=-S[0,-1]/ILUD^[i,j-1]; d:=d+S[0,1]*c;
      A[i,j]:=A[i,j]+G[i,j-1]*c; F[i,j]:=B[i,j-1]*c; if i+1<nx then
      begin c:=F[i,j]/ILUD^[i+1,j-1]; d:=d+c*(omega*B[i+1,j-1]-G[i+1,j-1]);
            B[i,j]:=B[i,j]-S[0,1]*c
    end end else F[i,j]:=0;
    if i>1 then
    begin   c:=A[i,j]/ILUD^[i-1,j]; d:=d+c*(omega*G[i-1,j]-B[i-1,j]);
            G[i,j]:=-c*S[0,1]
    end else G[i,j]:=0;
    ILUD^[i,j]:=d
end end end end;
procedure loese_ILU7_Zerlegung(var x: Gitterfunktion; var A:
        Diskretisierungsdaten; var IP: Iterationsparameter); var i,j: integer;
begin with A do begin
  if ILU7=nil then berechne_ILU7_Zerlegung(A,IP); Null_Randwerte(nx,ny,x);
  with ILU7^ do begin for j:=1 to ny-1 do for i:=1 to nx-1 do
    x[i,j]:=(x[i,j]+A[i,j]*x[i-1,j]+F[i,j]*x[i+1,j-1]-S[0,-1]*x[i,j-1])/ILUD^[i,j];
    for j:=ny-1 downto 1 do for i:=nx-1 downto 1 do
    x[i,j]:= x[i,j] - (S[0,1]*x[i,j+1]-B[i,j]*x[i+1,j]-G[i,j]*x[i-1,j+1])/ILUD^[i,j]
end end end;
procedure ILU_7 (var neu: Gitterfunktion; var A: Diskretisierungsdaten;
     var x,b: Gitterfunktion; var IP: Iterationsparameter); var r: Gitterfunktion;
begin Residuum(r,A,x,b); loese_ILU7_Zerlegung(r,A,IP);
      Vektor_plus_Faktor_mal_Vektor(A.nx,A.ny,neu,x,IP.theta,r);
      Randwerte_uebertragen(nx,ny,x,neu)
end;
```

8.5.11 Numerische Beispiele

Die nebenstehende Tabelle gibt den Fehler $\|x^m-x\|_2$ nach $m=20$ Iterationen und den Konvergenzfaktor für verschiedene ILU-Varianten wieder. Die Schrittweite ist $h=1/32$. Für $\omega=0$ und $\omega=1$ wird diag:=0, für das modifizierte Verfahren mit $\omega=-1$ dagegen diag:=5 gewählt.

Version	ω	Θ	$\|x^{20}-x\|_2$	$\dfrac{\|x^{20}-x\|_2}{\|x^{19}-x\|_2}$
ILU_5	0	1.66	$1.617_{10}-1$	$9.455_{10}-1$
ILU_5	-1	0.25	$1.628_{10}-3$	$7.666_{10}-1$
ILU_5	1	1.9	$2.349_{10}-1$	$9.617_{10}-1$
ILU_7	0	1	$8.904_{10}-2$	$9.185_{10}-1$
ILU_7	0	1.66	$2.690_{10}-2$	$8.646_{10}-1$
ILU_7	-1	0.4	$4.722_{10}-5$	$6.254_{10}-1$

Tabelle 8.5.1 Resultate der ILU-Iteration für das Poisson-Modellproblem

Übungsaufgabe 8.5.22. Man zähle die arithmetischen Operationen (getrennt nach Zerlegungs- und Auflösungsphase) und vergleiche ILU_5 und ILU_7 hinsichtlich des effektiven Aufwandes.

8.5.12 Anmerkungen

Erste Erwähnung findet die ILU-Zerlegung 1960 bei Varga [1,§6] und Buleev [1]. Die erste genaue Analyse geht auf Meijerink – van der Vorst [1] zurück. Zu erwähnen sind auch Jennings-Malik [1]. Die ILU-Verfahren haben sich als besonders robust erwiesen. Damit ist gemeint, daß sie nicht nur für das Poisson-Modellproblem, sondern für eine große Klasse von Problemen gute Konvergenzeigenschaften zeigen. Da nicht stets gewährleistet ist, daß eine ILU-Zerlegung existiert, gibt es viele Stabilisierungsvarianten. Als Literatur zu ILU-Verfahren sei auf Axelsson-Barker [1] verwiesen (vgl. auch Beauwens [1]).

Die modifizierte Version ($\omega = -1$) von Gustafsson [1] ist wegen der verbesserter Kondition Γ/γ (vgl. (25)) die Grundlage für Anwendungen des in §9 beschriebenen cg-Verfahrens auf ILU-Iterationen. Wegen der Konsistenzbedingung $R1 = 0$ heißt diese Version auch ILU-Zerlegung *erster* Ordnung. Eine spezielle Zerlegung für das Poisson-Modellproblem von zweiter Ordnung stammt von Stone [1]; sie hat sich aber wegen verschiedener Nachteile nicht durchsetzen können.

Die erste Veröffentlichung zum blockweisen ILU-Verfahren stammt von Kettler [1] (1981), der bereits auf die zwei Jahre später erscheinende Arbeit von Meijerink [1] hinweist. Weitere frühe Autoren waren Axelsson-Brinkkemper-Il'in [1] (1984 mit Preprint 1983) und Concus-Golub-Meurant [1] (1985 mit Preprint 1982).

Die Trennung zwischen SSOR und ILU-Verfahren ist in der Literatur nicht exakt gezogen. Dem SSOR-Verfahren für $A = D + L' + U'$ entspricht eine ILU-Zerlegung $W = (D + L')D^{-1}(D + U')$, die den Rest $R = W - A = L'D^{-1}U'$ übrigläßt. Zwar erfüllt R nicht die Bedingung (4d), diese ist aber ohnehin durch (12) und die Addition eines Diagonalanteiles (vgl. Bemerkung 17) aufgeweicht worden. Umgekehrt wurden verallgemeinerte SSOR-Verfahren eingeführt, die $D = \text{diag}\{A\}$ durch eine andere Diagonale ersetzen (vgl. Axelsson-Barker [1]). Unter diese Kategorie fällt auch die ILU-Iteration basierend auf dem Fünfpunktmuster.

Man findet in der Literatur eine Flut von Kürzel für die verschiedenen ILU-Varianten. Mit «IC» wird auf die symmetrische Variante «incomplete Cholesky» der ILU-Zerlegung hingewiesen. Mit Klammerzusätzen «(5)», «(7)» wird das 5-Punkt- bzw. 7-Punkt-Muster angezeigt. Andererorts bezeichnet «(0)» das Muster $E = G(A)$ und «(1)» das um eine Schicht erweitere Muster, etc. Der Zusatz «Tr» für «truncated» kennzeichnet die abgeschnittene Version (31). Der Buchstabe «M« verweist auf das modifizierte Verfahren mit $\omega = -1$, während «B» eine Blockvariante andeuten kann. Entspricht der Block einer Gitterlinie (Zeile oder Spalte), so wird hierfür auch das Symbol «L» verwendet. Da derartige Abkürzungen für Nichtexperten unverständlich sind, sei hier ausdrücklich empfohlen, diese Abkürzungen zu vermeiden.

8.6 Ein überflüssiger Begriff: Zeitschrittverfahren

Der Begriff des Zeitschrittverfahrens wird insbesondere in den
Ingenieurdisziplinen verwendet. Man führt $x(t)$, $0 \leqslant t < \infty$, als Lösung
des gewöhnlichen Differentialgleichungssystem

$$(8.6.1) \qquad \frac{d}{dt} x(t) = b - Ax \quad \text{mit dem Anfangswert} \quad x(0) = x^0$$

ein. Wenn x^0 nicht in einem speziellen Unterraum liegt (vgl. U aus
Bemerkung 3.2.13b) und A positiv definit ist oder allgemeiner $\mathrm{Re}(\lambda) > 0$
für alle Eigenwerte $\lambda \epsilon \sigma(A)$ gilt, konvergiert $x(t)$ für $t \to \infty$ gegen die
Lösung $x^* := A^{-1}b$, die nun als stationäre Lösung von (1) interpretiert
wird. Die Zeitschrittverfahren versuchen die Differentialgleichung zu
diskretisieren und $x(t)$ für große $t = t_m$ zu approximieren. Ein Euler-
Schritt zur Zeitschrittweite $\Delta t := t_{m+1} - t_m$ lautet (vgl. Stoer [1,§7.2]):

$$(8.6.2) \qquad x(t_{m+1}) \approx x^{m+1} = x^m - \Delta t (Ax^m - b).$$

Für eine feste (variable) Schrittweite Δt beschreibt (2) das stationäre
(instationäre) Richardson-Verfahren. Vielfach werden Verfahren vom
Runge-Kutta-Typ vorgeschlagen. Das Heun-Verfahren lautet z.B.

$$(8.6.3) \qquad x' := Ax^m - b, \quad x(t_{m+1}) \approx x^{m+1} = x^m - \Delta t [\alpha x' + \beta (Ax' - b)]$$

mit $\alpha = \beta = \frac{1}{2}$. Allerdings werden die Koeffizienten α, β (beim echten
Runge-Kutta-Verfahren 4 Koeffizienten) anschließend so gewählt, daß
die Konvergenz $x^m \to x^*$ möglichst gut ist. Die entstehenden Verfahren
(wie z.B. (3)) sind die in §7.3.7 behandelten semiiterativen Varianten der
Richardson-Iteration mit Zykluslänge = Anzahl der Koeffizienten in (3).

Die schlechte Konvergenz der entstehenden Richardson-Varianten
erklärt man in der Sprache der gewöhnlichen Differentialgleichungen
mit der *Steifheit* des Systems. Zur Verbesserung führt man Präkonditionierungen ein und spricht dann von *Quasi*-Zeitschrittverfahren:
$x^{m+1} = x^m - \Delta t\, W^{-1}(Ax^m - b)$, die allerdings nicht mehr die Lösung von
(1) approximieren, sondern im Konvergenzfalle nur die gleiche stationäre
Lösung x^* liefern.

Wie man sieht, läßt sich jede Iteration (mittels W) wie auch alle
semiiterative Varianten (einschließlich der Gradienten- und cg-Verfahren aus §9) als Zeitschrittverfahren interpretieren, so daß der Begriff
als solcher jede Aussagefähigkeit verliert. Seine Verwendung führt auch
deshalb zu Mißverständnissen, weil man häufig Arbeiten antrifft, denen
nicht eindeutig zu entnehmen ist, ob eine Differentialgleichung zeitecht
durch Diskretisierungen der Form (2), (3) zu lösen ist oder ob lediglich
der stationäre Grenzwert x^* approximiert werden soll.

9. Verfahren der konjugierten Gradienten

9.1 Lineare Gleichungssysteme als Minimierungsaufgabe

9.1.1 Minimierungsaufgabe

Im folgenden seien $A \in \mathbb{R}^{I \times I}$ und $b \in \mathbb{R}^{I}$ reell. Dem Gleichungssystem

$$(9.1.1) \qquad A x = b$$

wird unter der Voraussetzung

$$(9.1.2) \qquad A \text{ ist positiv definit}$$

die Funktion

$$(9.1.3) \qquad F(x) := \tfrac{1}{2}\langle A x, x \rangle - \langle b, x \rangle$$

zugeordnet. Die Ableitung (Gradient) von F ist $F'(x) = \tfrac{1}{2}(A + A^{T})x - b$. Da $A = A^{T}$ nach Voraussetzung (2), lautet die Ableitung

$$(9.1.4) \qquad F'(x) = \operatorname{grad} F(x) = A x - b.$$

Notwendig für ein Minimum von F ist das Verschwinden des Gradienten: $A x = b$. Da die Hesse-Matrix $F''(x) = (F_{x_i x_j})_{i,j \in I} = A$ positiv definit ist, liegt für die Lösung $x = x^{*}$ von $A x = b$ tatsächlich ein Minimum vor. Dies beweist das

Lemma 9.1.1. $A \in \mathbb{R}^{I \times I}$ sei positiv definit. Die Lösung des Gleichungssystems $A x = b$ ist äquivalent zur Lösung der Minimierungsaufgabe

$$(9.1.5) \qquad F(x) = \min.$$

Ein zweiter Beweis des Lemmas 1 ergibt sich aus der Darstellung

$$(9.1.6) \qquad F(x) = F(x^{*}) + \tfrac{1}{2}\langle A(x - x^{*}), x - x^{*} \rangle \quad \text{mit } x^{*} := A^{-1}b.$$

(6) zeigt $F(x) > F(x^{*})$ für $x \neq x^{*}$, d.h. $x^{*} = A^{-1}b$ ist das eindeutige Minimum von F. Die Darstellung (6) ist ein Sonderfall der folgenden Entwicklung von F um einen beliebigen Wert $\tilde{x} \in \mathbb{R}^{I}$:

$$(9.1.7) \qquad F(x) = F(\tilde{x}) + \langle A \tilde{x} - b, x - \tilde{x} \rangle + \tfrac{1}{2}\langle A(x - \tilde{x}), x - \tilde{x} \rangle.$$

Beweis. Ausmultiplizieren zeigt die Übereinstimmung mit (3). ∎

9.1.2 Suchrichtungen

Im folgenden wird die Minimierung von F in einer speziellen Richtung $p \in \mathbb{R}^{I} \setminus \{0\}$ eine zentrale Rolle spielen. Die Optimierung über alle $x \in \mathbb{R}^{I}$ vereinfacht sich zur eindimensionalen Minimierungsaufgabe (8a,b):

$$(9.1.8a) \qquad f(\lambda) = \min \quad \text{für}$$

$$(9.1.8b) \qquad f(\lambda) := F(x + \lambda p) \qquad\qquad (x, p \in \mathbb{R}^{I} \text{ fest}).$$

Ersetzt man in (7) die Variablen x und $\tilde{x}$ durch $x + \lambda p$ und x, findet man

$$(9.1.8c) \qquad f(\lambda) = F(x) + \lambda \langle Ax - b, p \rangle + \lambda^2 \tfrac{1}{2} \langle Ap, p \rangle.$$

$p \neq 0$ impliziert $\langle Ap, p \rangle > 0$ (vgl. (2)), so daß das Minimum der Parabel f aus $f'(\lambda) = 0$ bestimmt werden kann.

Lemma 9.1.2. Es gelte $p \neq 0$ und die Voraussetzung (2): A positiv definit. Das eindeutige Minimum der Aufgabe (8a,b) wird angenommen für

$$(9.1.9a) \qquad \lambda = \lambda_{\mathrm{opt}}(x, p) := \frac{\langle r, p \rangle}{\langle Ap, p \rangle},$$

wobei

$$(9.1.9b) \qquad r := b - Ax.$$

Mit r wird im folgenden stets das _Residuum_ $b - Ax$ bezeichnet. Es ist der negative Defekt $Ax - b$ oder auch der negative Gradient $F' = Ax - b$.

Sucht man nach einer optimalen Suchrichtung, so ist sicherlich $p = x^* - x$ (oder ein Vielfaches $\neq 0$) optimal, da dann $f(\lambda_{\mathrm{opt}}) = F(x^*)$ das globale Minimum liefert. Da aber $p = x^* - x$ die Kenntnis der Lösung erfordert, hat man nach anderen Auswahlkriterien zu suchen. Sei p durch $\| p \|_2 = 1$ normiert. Die Richtungsableitung $f'(0) = -\langle r, p \rangle = \langle \operatorname{grad} F(x), p \rangle$ bei $\lambda = 0$ ist maximal in Gradientenrichtung $p = -r / \| r \|_2$ und minimal in der entgegengesetzten Richtung $p = r / \| r \|_2$: Die Richtung $\operatorname{grad} F(x) = -r$ ist die des steilsten Anstiegs und das Residuum r ist die _Richtung des steilsten Abstiegs_. Diese Überlegung zeigt, daß aus lokaler Sicht $p = r$ optimal ist. Für $p = r$ wird (9a) zu

$$(9.1.9c) \qquad \lambda = \lambda_{\mathrm{opt}}(x, r) = \frac{\| r \|_2^2}{\langle Ar, r \rangle} \qquad\qquad \text{für } r = b - Ax \neq 0.$$

Der Fall

$$(9.1.9d) \qquad \lambda_{\mathrm{opt}}(x, 0) := 0$$

wird nur aus formalen Gründen hinzugenommen. Sobald $r = 0$ auftritt, ist $x = x^*$ bereits die exakte Lösung.

9.1.3 Andere quadratische Funktionale

Die Funktion F aus (3) ist nicht die einzige quadratische Funktion, die $x^* := A^{-1} b$ als minimierendes Argument besitzt.

Lemma 9.1.3 (a) Jede quadratische Form, die ihr eindeutiges Minimum bei $x^* = A^{-1} b$ annimmt, hat die Gestalt

$$(9.1.10a) \qquad F(x) = \tfrac{1}{2} \langle HA(x - x^*), A(x - x^*) \rangle + c = \tfrac{1}{2} \langle H(Ax - b), Ax - b \rangle + c$$

mit einer beliebigen Konstanten c und

$$(9.1.10b) \qquad H \text{ positiv definit.}$$

Hierbei kann A im Gegensatz zu (2) eine beliebige reguläre Matrix sein.

(b) Damit $\operatorname{grad} F(x) = A^H HA\,(x-x^*) = -A^H H r$ aus dem Residuum $r = b - Ax$ praktisch berechenbar ist, muß H derart sein, daß die Matrix-Vektor-Multiplikation $r \mapsto A^H H\,r$ durchführbar ist.
(c) Unter der Voraussetzung (2) lassen sich $H := A^{-1}$ und $c := -\frac{1}{2}\langle b\,, x^* \rangle$ wählen. Dann stimmt F aus (10a) mit F aus (3) überein.

Beweis zu (c). Mit (2) erfüllt $H = A^{-1}$ auch (10b) (vgl. Lemma 2.10.4b). Ein Vergleich von (10a) und (6) zeigt $c = F(x^*) = \frac{1}{2}\langle Ax^*, x^* \rangle - \langle b, x^* \rangle = \frac{1}{2}\langle b, x^* \rangle$. ☒

Folgerung 9.1.4. A sei positiv definit. Das (Energie-)Skalarprodukt $\langle \cdot\,, \cdot \rangle_A$ und die (Energie-)Norm $\| \cdot \|_A$ seien durch (11a) definiert:

$$(9.1.11a) \qquad \langle x\,, y \rangle_A := \langle Ax\,, y \rangle, \qquad \| x \|_A := \| A^{1/2} x \|_2 = \sqrt{\langle x, x \rangle_A}\,.$$

Die Minimierung von F aus (3) ist äquivalent zur Minimierungsaufgabe

$$(9.1.11b) \qquad \| x - x^* \|_A = \min \qquad\qquad \text{mit } x^* := A^{-1} b\,.$$

Beweis. (11b) darf durch $\| x - x^* \|_A^2 = \min$ ersetzt werden. Aus

$$(9.1.11c) \qquad \| x - x^* \|_A^2 = 2\,[\,F(x) - F(x^*)\,]$$

(vgl. (6)) folgert man die Behauptung. ☒

Bemerkung 9.1.5 (a) Für $H = I$ und $c = 0$ beschreibt (10a) den Ausdruck $F(x) = \frac{1}{2}\| Ax - b \|_2^2$ und entspricht der «least-square-Minimierung».
(b) Für $H = A^{-H} A^{-1}$ und $c = 0$ ist $F(x) = \frac{1}{2}\| x - x^* \|_2^2$.
(c) Die Minimierung der Norm $\| x - x^* \|_K^2 = \| K^{1/2}(x - x^*) \|_2^2$ für ein positiv definites K entspricht der Aufgabe (10a) mit $H = \frac{1}{2} A^{-H} K A^{-1}$, $c = 0$. Gemäß Lemma 3b muß die Multiplikation mit KA^{-1} durchführbar sein.

Bemerkung 9.1.6. Jede Iteration, die bezüglich der Norm $\| \cdot \|_A$ (schwach) monoton konvergiert, führt zu einer Abstiegsfolge $F(x^0) \geqslant F(x^1) \geqslant \dots$.

9.1.4 Der komplexe Fall

Im komplexen Falle $A \in \mathbb{C}^{I \times I}$, $b \in \mathbb{C}^I$ läßt sich F ebenfalls durch (10a,b) definieren, wenn nur c in (10a) reell ist. Die Definition (3) läßt sich nicht unverändert übernehmen, da F wegen des Summanden $\langle b\,, x \rangle$ im allgemeinen nichtreell ist, aber nur reelle Funktionen F minimiert werden können. F aus (3) hat man zu ersetzen durch

$$(9.1.12a) \qquad F(x) := \tfrac{1}{2}\langle Ax\,, x \rangle - \operatorname{Re}\langle b\,, x \rangle \qquad \text{für } x \in \mathbb{C}^I\,.$$

Übungsaufgabe 9.1.7. Es gelte (2). F sei durch (12a) definiert. Man zeige:
(a) F ist reellwertig, $\operatorname{Re}\langle b\,, x^* \rangle = \langle b\,, x^* \rangle$ für $x^* = A^{-1} b$. **(b)** Es gilt

$$(9.1.12b) \qquad F(x) = \tfrac{1}{2}\Big(\langle A(x - x^*)\,, x - x^* \rangle - \langle b\,, x^* \rangle \Big),$$

$$(9.1.12c) \qquad F(x) = F(\tilde{x}) + \operatorname{Re}\langle A\tilde{x} - b\,, x - \tilde{x} \rangle + \tfrac{1}{2}\langle A(x - \tilde{x})\,, x - \tilde{x} \rangle.$$

(c) Das Minimum von $f(\lambda) = F(x + \lambda p)$ über $\lambda \in \mathbb{C}$ mit F aus (12a) wird für den im allgemeinen komplexen Wert $\lambda_{\mathrm{opt}}(x, p)$ aus (9a) angenommen.

9.2 Gradientenverfahren

9.2.1 Konstruktion

Allgemein ist das Gradientenverfahren eine Methode zur Lösung einer Minimierungsaufgabe $F(x) = \min$ für eine differenzierbare Funktion $F : \mathbb{R}^I \to \mathbb{R}$ (vgl. z. B. Kosmol [1,§4]). Hier werden wir das Gradientenverfahren nur auf die quadratische Funktion F aus (1.3) oder (1.10a) anwenden.

Das Gradientenverfahren minimiert die Funktion F iterativ in Richtung des steilsten Abstieges:

$$(9.2.1a) \qquad x^0: \text{ beliebiger Startwert,}$$

$$\text{Iteration } m = 0, 1, \ldots:$$

$$(9.2.1b) \qquad r^m \quad := b - A\,x^m,$$

$$(9.2.1c) \qquad x^{m+1} := x^m + \lambda_{opt}(x^m, r^m)\, r^m.$$

Die Darstellung $r^{m+1} = b - A x^{m+1} = b - A(x^m + \lambda_{opt} r^m) = r^m - \lambda_{opt} A\, r^m$ erlaubt die Nachführung des Residuums in der folgenden Form:

Start:

$$(9.2.2a) \qquad x^0: \text{ beliebig, } r^0 := b - A x^0,$$

$$\text{Iteration } m = 0, 1, \ldots:$$

$$(9.2.2b) \qquad x^{m+1} := x^m + \lambda_{opt}(x^m, r^m)\, r^m,$$

$$(9.2.2c) \qquad r^{m+1} := r^m - \lambda_{opt}(x^m, r^m)\, A\, r^m$$

mit $\lambda_{opt}(x^m, r^m)$ aus (1.9c,d). (2c) hat gegenüber (1b) den Vorteil, daß das Produkt $A r^m$ schon in (1.9c) bei der λ_{opt}-Bestimmung berechnet worden ist.

9.2.2 Eigenschaften des Gradientenverfahrens

Bemerkung 9.2.1. Es gelte (1.2). (a) Die in (2a,b,c) definierte Iteration $x^m \mapsto \Phi(x^m, b)$ ist im Gegensatz zu den bisherigen Verfahren *nicht linear*. (b) $\Phi(\cdot, \cdot)$ ist in beiden Argumenten stetig.
(c) Das Gradientenverfahren ist konsistent und konvergent.

Beweis. (a) $\lambda_{opt}(x^m, r^m)$ ist eine nichtkonstante Funktion von x^m und b. Daher ist $\Phi(x, b) = x + \lambda_{opt}(x, b - Ax)(b - Ax)$ nicht linear.
(c) Die Konvergenz wird in Satz 3 bewiesen werden. Ist x^* Lösung von $Ax = b$, so verschwindet das Residuum r. Zusammen mit (1.9d) erhält man $\Phi(x^*, b) = x^*$, d.h. Φ ist konsistent. ◨

Obwohl das Gradientenverfahren nicht linear ist, kann es als semi-iterative Methode mit einer linearen Basisiteration interpretiert werden.

Bemerkung 9.2.2. Die Folge $\{x^m\}$ des Gradientenverfahrens (2a-c) ist identisch mit der Folge $\{y^m\}$ der semiiterativen Richardson-Methode

$$(9.2.3a) \qquad y^{m+1} = y^m - \Theta_{m+1}(Ay^m - b) = \Phi^{Rich}_{\Theta_{m+1}}(y^m, b)$$

(vgl. (7.2.1b)), wenn man $y^0 = x^0$ wählt und die Faktoren Θ_{m+1} durch (3b) festlegt:

$$(9.2.3b) \qquad \Theta_{m+1} := \lambda_{opt}(x^m, b - Ax^m).$$

Satz 9.2.3. A sei positiv definit. Die extremen Eigenwerte von A seien $\lambda = \lambda_{min}(A)$ und $\Lambda = \lambda_{max}(A)$. F sei gemäß (1.3) definiert. Dann konvergiert die Folge $\{x^m\}$ des Gradientenverfahrens für jeden Startwert x^0 gegen die Lösung $x^* = A^{-1}b$ und erfüllt die Abschätzungen

$$(9.2.4a) \qquad F(x^m) - F(x^*) \le \left(\frac{\Lambda - \lambda}{\Lambda + \lambda}\right)^{2m} [F(x^0) - F(x^*)],$$

$$(9.2.4b) \qquad \|x^m - x^*\|_A \quad \le \left(\frac{\Lambda - \lambda}{\Lambda + \lambda}\right)^m \|x^0 - x^*\|_A.$$

Beweis. (i) Die Abschätzungen (4a,b) sind nach (1.11c) äquivalent.
(ii) Für den Beweis der Fehlerabschätzung (4b) reicht es, $m=1$ zu betrachten. Die Richardson-Iteration

$$x^1_{Rich} = x^0 - \Theta_{Rich}(Ax^0 - b) \qquad \text{mit } \Theta_{Rich} = 2/(\Lambda + \lambda)$$

liefert den Fehler $e^1_{Rich} = Me^0$ mit der Iterationsmatrix $M = M^{Rich}_{\Theta_{Rich}} = I - \Theta_{Rich}A$, die die Norm $\|M\|_2 \le \eta$ mit

$$(9.2.4c) \qquad \eta = \frac{\Lambda - \lambda}{\Lambda + \lambda}$$

besitzt (vgl. Satz 4.4.3). Da M mit A und $A^{1/2}$ vertauschbar ist, gilt

$$\tilde{e}^1_{Rich} = M\tilde{e}^0 \qquad \text{für } \tilde{e}^1_{Rich} := A^{1/2}e^1_{Rich}, \quad \tilde{e}^0 := A^{1/2}e^0.$$

Wegen $\|\tilde{e}^0\|_2 = \|e^0\|_A$ und $\|\tilde{e}^1_{Rich}\|_2 = \|e^1_{Rich}\|_A$ können wir e^1_{Rich} durch

$$\|e^1_{Rich}\|_A = \|\tilde{e}^1_{Rich}\|_2 \le \|M\|_2 \|\tilde{e}^0\|_2 = \eta \|e^0\|_A$$

abschätzen. x^1_{Rich} und x^1 sind von der Form $x^0 + \Theta r^0$. Da die Iterierte x^1 des Gradientenverfahrens den Fehler $\|x^1 - x^*\|_A$ minimiert (vgl. Folgerung 1.4), folgt die Behauptung für $m=1$: $\|x^1 - x^*\|_A \le \|e^1_{Rich}\|_A \le \eta \|e^0\|_A$. $\blacksquare$

Zusatz 9.2.4 (a) Der Faktor η aus (4c) ist der kleinstmögliche in (4a,b).
(b) Die asymptotische Konvergenzrate des Gradientenverfahrens ist η.
(c) η hängt nur von der Konditionszahl $\varkappa = \varkappa(A) = \mathrm{cond}_2(A) = \Lambda/\lambda$ ab:

$$(9.2.5) \qquad \eta = \frac{\varkappa - 1}{\varkappa + 1}.$$

Beweis. Seien v_1 und v_2 die Eigenvektoren zu λ und Λ mit $\|v_1\|_2 = \Lambda$, $\|v_2\|_2 = \lambda$. Für $x^0 := x^* + e^0$, $e^0 := v_1 \pm v_2$ findet man $e^1 = \eta(v_1 \mp v_2)$ und

$e^2 = \eta^2(v_1 \pm v_2) = \eta^2 e^0$. Aus $\|e^2\|_A / \|e^0\|_A = \eta^2$ folgt der Teil (a). Gleichermaßen zeigt $e^{2k} = \eta^{2k} e^0$ den Teil (b). $\hspace{3cm}$ ▨

Bemerkung 9.2.5 (a) Sei $\langle e^0, v_i \rangle \neq 0$ für die Eigenvektoren v_1, v_2 von A zu Λ und λ. Dann konvergiert $\varrho_{m+1,m} := \|x^{m+1} - x^*\|_A / \|x^m - x^*\|_A$ gegen $\eta = (\varkappa - 1)/(\varkappa + 1)$ aus (5).
(b) Da sich λ über $\varrho(M_\Theta^{\text{Rich}}) = 1 - \Theta\lambda$ (z.B. für $\Theta = 1/\|A\|_\infty$) aus dem Konvergenzverhalten des Richardson-Verfahrens approximieren läßt, führt die Approximation von η über $\Lambda/\lambda = \varkappa = (1+\eta)/(1-\eta)$ zur Bestimmung des anderen extremen Eigenwertes Λ.

9.2.3 Numerische Beispiele

Auf den ersten Blick erscheint die Gradientenmethode besser als das semiiterative Verfahren, da dort die Parameter Θ_k *a priori* gewählt werden müssen (vgl. (3a)), während das Gradientenverfahren diese *a posteriori* in optimaler Weise bestimmt. Während jedoch die Čebyšёv-Methode zu einer Verbesserung der Fehlerordnung führt, ist die Konvergenz nach Zusatz 4a durch η aus (4c) gegeben und damit so langsam wie das stationäre Richardson-Verfahren mit $\Theta = \Theta_{\text{opt}}$ (vgl. Satz 4.4.3).

Im Modellfall sind λ und Λ aus (4.1.1b,c) bekannt und führen auf

$$\eta = \frac{\cos^2 \pi h/2 - \sin^2 \pi h/2}{\cos^2 \pi h/2 + \sin^2 \pi h/2} =$$

$$= \cos \pi h = 1 - \tfrac{1}{2}\pi^2 h^2 + O(h^4).$$

Die geringe Konvergenzgeschwindigkeit der Gradientenmethode wird durch das folgende numerische Beispiel bestätigt. Das Modellproblem wird für die rechte Seite $f = -4$ und die Randwerte $\varphi = x^2 + y^2$ gelöst.

m	Wert in der Mitte	$\|e^m\|_A/\|e^{m-1}\|_A$
1	$-1.86560_{10}-3$	
2	$-3.52293_{10}-3$	0.844824
3	$-4.84034_{10}-3$	0.907804
4	$-5.97611_{10}-3$	0.935293
5	$-7.10198_{10}-3$	0.946906
6	$-8.16295_{10}-3$	0.953838
7	$-9.23998_{10}-3$	0.958895
8	$-1.02699_{10}-2$	0.962711
9	$-1.13230_{10}-2$	0.965778
10	$-1.23360_{10}-2$	0.968271
100	$-1.89771_{10}-2$	0.993444
110	$-5.13520_{10}-3$	0.993749
120	$1.01805_{10}-2$	0.993990
200	$1.45146_{10}-1$	0.994852
250	$2.18301_{10}-1$	0.995024
295	$2.73556_{10}-1$	0.995100
296	$2.73548_{10}-1$	0.995102
297	$2.75710_{10}-1$	0.995103
298	$2.75702_{10}-1$	0.995104
299	$2.77844_{10}-1$	0.995105
300	$2.77836_{10}-1$	0.995106

Tabelle 9.2.1 Resultate des Gradientenverfahrens für $h = 1/32$

Tabelle 1 enthält die Resultate für die Schrittweite $h = 1/32$ und den Startwert $x^0 = 0$. Die Faktoren $\|x^{m+1} - x^*\|_A / \|x^m - x^*\|_A$ aus der letzten Spalte von Tabelle 1 approximieren deutlich die asymptotische Konvergenzrate $\eta = \cos \pi/32 = 0.9951847$. Selbst nach 300 Iterationen ist der Wert $u_{16,16}$ im mittleren

Gitterpunkt noch um 50% falsch: 0.2778 statt 0.5. Die in der skalierten Energienorm $h^2\|x^m-x^*\|_A$ gemessenen Fehler weichen nur wenig von der Maximumnorm $\|e^m\|_\infty$ ab. Jedoch nimmt der Fehler in der Energienorm $\|\cdot\|_A$ gleichmäßig ab, während die Quotienten der $\|e^m\|_\infty$ oszillieren. Da $\eta=\rho(M^{\text{Jac}})$, sind die Resultate aus Tab. 1 und Tab. 4.7.1 sehr ähnlich.

9.2.4 Gradientenverfahren basierend auf anderen Iterationen

Nach Bemerkung 2 ist das Gradientenverfahren ein spezielles semiiteratives Verfahren mit der Richardson-Iteration als Basisverfahren. Aus der Analyse der semiiterativen Verfahren wissen wir, daß andere Basisiterationen Φ wegen ihrer besseren Konditionszahl $\varkappa(W^{-1}A)$ (W: Matrix der dritten Normalform von Φ) für Semiiterationen geeigneter sind. Daher liegt es nahe, das Richardson-Verfahren gegen eine andere Iteration (z.B. die SSOR-Iteration; vgl. §7.4.2) auszutauschen. Hierzu müßte die Matrix A durch $\hat{A}:=W^{-1}A$ ersetzt werden, denn das Richardson-Verfahren für die linkstransformierte (präkonditionierte) Gleichung $\hat{A}x=\hat{b}:=W^{-1}b$ ist zu Φ äquivalent (vgl. Bemerkung 4.3.2).

Seien A und W positiv definit. Da die Matrix $\hat{A}=W^{-1}A$ im allgemeinen nicht mehr symmetrisch ist, erfüllt $\hat{A}$ nicht die für die Anwendbarkeit der Gradientenmethode notwendige Voraussetzung (1.2). Eine Abhilfe schafft Bemerkung 8.1.9. Die durch

$$(9.2.6a)\qquad \check{x}^{m+1}=\check{x}^m-W^{-1/2}(AW^{-1/2}\check{x}^m-b)=\check{x}^m-(\check{A}\check{x}^m-\check{b}),$$

$$(9.2.6b)\qquad \check{A}:=W^{-1/2}AW^{-1/2},\quad \check{b}:=W^{-1/2}b,$$

definierte Iteration $\check{\Phi}$ ist zur Basisiteration $\Phi(x^m,b)=x^m-W^{-1}(Ax^m-b)$ vermöge $\check{x}^m=W^{1/2}x^m$ äquivalent (aber nicht praktikabel) und stellt die Richardson-Iteration für das System $\check{A}\check{x}=\check{b}$ mit *positiv definiter* Matrix $\check{A}$ dar. Das Gradientenverfahren ist somit statt auf F aus (1.3) auf

$$(9.2.6c)\qquad \check{F}(\check{x}):=\tfrac{1}{2}\langle\check{A}\check{x},\check{x}\rangle-\langle\check{b},\check{x}\rangle$$

anzuwenden. Dessen negativer Gradient ist das neue Residuum

$$(9.2.6d)\qquad \check{r}:=\check{b}-\check{A}\check{x}=W^{-1/2}r\qquad\qquad (r=b-Ax).$$

Das zu $\check{A}$ gehörende Gradientenverfahren (2b,c) lautet

$$\check{x}^{m+1}:=\check{x}^m+\check{\lambda}_{\text{opt}}(\check{x}^m,\check{r}^m)\,\check{r}^m,$$

$$\check{r}^{m+1}:=\check{r}^m-\check{\lambda}_{\text{opt}}(\check{x}^m,\check{r}^m)\,\check{A}\,\check{r}^m$$

mit

$$\check{\lambda}_{\text{opt}}(\check{x}^m,\check{r}^m)=\|\check{r}^m\|_2^2/\langle\check{A}\,\check{r}^m,\check{r}^m\rangle.$$

Indem wir $\check{A}=W^{-1/2}AW^{-1/2}$, $\check{x}^m=W^{1/2}x^m$, $\check{r}^m=W^{-1/2}r^m$ einsetzen und die Definitionsgleichungen nach x^{m+1} und r^{m+1} auflösen, erhalten wir für die Iterierten $\{x^m\}$ die Vorschrift

$$(9.2.7a) \qquad x^{m+1} := x^m + \check{\lambda}_{opt}\, W^{-1} r^m,$$

$$(9.2.7b) \qquad r^{m+1} := r^m - \check{\lambda}_{opt}\, A\, W^{-1} r^m \qquad \text{mit}$$

$$(9.2.7c) \qquad \check{\lambda}_{opt} := \langle W^{-1} r^m, r^m \rangle / \langle A\, W^{-1} r^m, W^{-1} r^m \rangle.$$

In (7a–c) treten keine Größen $W^{-1/2}$ oder $W^{1/2}$ mehr auf, so daß (7a–c) praktisch durchführbar ist. Wir nennen (7a–c) das *Gradientenverfahren angewandt auf die Basisiteration* $\Phi(x,b) = x - W^{-1}(Ax - b)$. Im allgemeinen findet man die Bezeichnung «*präkonditioniertes Gradientenverfahren*», die insofern sprachlich verunglückt ist, als nicht das Gradientenverfahren präkonditioniert wird, sondern präkonditionierte Gradienten verwendet werden, wie wir in Bemerkung 7b sehen werden. Eine bessere Bezeichnung wäre deshalb «*Verfahren der präkonditionierten Gradienten*». In Analogie zu Bemerkung 2 zeigt (7a) die

Bemerkung 9.2.6. Die Folge $\{x^m\}$ des Gradientenverfahrens (7a–c) angewandt auf die symmetrische Iteration Φ ist identisch mit der Folge $\{y^m\}$ des semiiterativen Verfahrens $y^{m+1} = y^m - \Theta_{m+1} W^{-1}(Ay^m - b) = \Theta_{m+1}\Phi(y^m, b) + (1 - \Theta_{m+1}) y^m$ mit Φ als Basisiteration, wenn man die Faktoren Θ_{m+1} durch $\check{\lambda}_{opt}$ aus (7c) definiert.

Der für (7a–c) notwendige Rechenaufwand wird überschaubarer, wenn wir $q^m := W^{-1} r^m$ und $a^m := A q^m$ einführen. Man beachte, daß q^m und a^m nur zwischenzeitlich benötigt werden und nicht für den nächsten Iterationsschritt bewahrt werden müssen.

<u>Start:</u>

$$(9.2.8a) \qquad x^0 \text{ beliebig, } r^0 := b - A x^0$$

<u>Iteration</u> $m = 0, 1, \ldots$:

$$(9.2.8b) \qquad q^m := W^{-1} r^m, \quad a^m := A q^m,$$

$$(9.2.8c) \qquad \lambda_{opt} = \lambda_{opt}(x^m, q^m) = \langle q^m, r^m \rangle / \langle a^m, q^m \rangle,$$

$$(9.2.8d) \qquad x^{m+1} := x^m + \lambda_{opt} q^m,$$

$$(9.2.8e) \qquad r^{m+1} := r^m - \lambda_{opt} a^m.$$

Bemerkung 9.2.7 (a) Die Darstellung (8a–e) macht deutlich, daß pro Iterationsschritt nur eine Multiplikation mit W^{-1} und A notwendig ist. (b) Der optimale Faktor λ_{opt} aus (8c) stimmt als Funktion von (x^m, q^m) mit $\lambda_{opt}(x, p)$ aus (1.9a) überein.

Bemerkung 7b ermöglicht die folgende Interpretation: Während das Verfahren (2a–c) die (negativen) Gradienten r^m als Suchrichtung verwendet, ersetzt das Verfahren (8a–e) diese durch die «präkonditionierten» Gradienten $q = W^{-1} r$. In diesem Sinne stellt (8a–e) das *Verfahren der präkonditionierten Gradienten* dar.

Die Konvergenz des Verfahrens (8a–e) ergibt sich, indem man den Konvergenzsatz 3 auf das transformierte Problem (6c): $\check{F}(\check{x}) = \min$ anwendet. Zunächst erhält man Fehlerabschätzungen für $\check{x}^m$ bezüglich der entsprechenden $\check{A}$-Norm $\|\cdot\|_{\check{A}}$. Wegen

$$\|\check{x}^m - \check{x}^*\|_{\check{A}}^2 = \langle \check{A}(\check{x}^m - \check{x}^*), \check{x}^m - \check{x}^* \rangle =$$
$$= \langle A(x^m - x^*), x^m - x^* \rangle = \|x^m - x^*\|_A^2 \qquad (\check{x}^* = W^{1/2} x^*)$$

übertragen sich die $\check{A}$-Abschätzungen für $\check{x}^m - \check{x}^*$ auf die A-Norm der Fehler $x^m - x^*$:

Satz 9.2.8 (Konvergenz). A und W seien positiv definit. Es gelte

(9.2.9a) $\qquad \gamma W \leqslant A \leqslant \Gamma W$ $\qquad\qquad\qquad$ (vgl. (7.3.23a')).

Dann gilt für die Iterierten aus (8a–e) die Fehlerabschätzung

(9.2.9b) $\qquad \|x^m - x^*\|_A \leqslant \left(\dfrac{\Gamma - \gamma}{\Gamma + \gamma}\right)^m \|x^0 - x^*\|_A.$

Bemerkung 9.2.9. Unter analoger Voraussetzung wie in Bemerkung 5a gilt für (8a–e), daß die Konvergenzfaktoren gegen $\eta = (\varkappa - 1)/(\varkappa + 1)$ mit $\varkappa := \varkappa(W^{-1}A) = \Gamma/\gamma$ konvergieren (γ, Γ seien die *optimalen* Schranken in (9a)). Das Gradientenverfahren (8a–e) kann daher genutzt werden, um die Konditionszahl Γ/γ zu bestimmen. Eine Prozedur zur Bestimmung des optimalen Dämpfungsparameters Θ einer Iteration Φ kann lauten:

```
procedure bestimme_optimales_theta (var IP: Iterationsparameter);
var eta,rho: real;
begin writeln('*** Bestimmung der optimalen Dämpfung theta:');
     write(' --> Konvergenzrate des Gradientenverfahrens = '); readln(eta);
     write(' --> Konvergenzrate der Iteration = '); readln(rho);
     writeln('Ist der die Rate bestimmende Eigenwert positiv?');
     if ja_nein then IP.theta:=(1-eta)/(1-rho) else IP.theta:=(1+eta)/(1+rho)
end;
```

Anders als andere Autoren wollen wir das Gradientenverfahren als eine Methode ansehen, die ähnlich wie die Čebyšëv-Methode auf alle symmetrischen Iterationen mit $A > 0$ angewandt werden kann.

Satz 9.2.10. Φ sei eine symmetrische Iteration, und es gelte $A > 0$. Das Gradientenverfahren angewandt auf Φ konvergiert so schnell wie das optimal gedämpfte Iterationsverfahren Φ_Θ, $\Theta = 2/(\gamma + \Gamma)$, ohne daß die Kenntnis der optimalen Schranken γ, Γ aus (9a) notwendig wäre.

Beweis. Man vergleiche die Resultate aus Übung 8.3.1 und (9b).   ▨

Die Übertragung der Iteration Φ in (6a) in eine Richardson–Iteration mit der symmetrischen Matrix $\check A$ ist nicht die einzige Möglichkeit. Φ ist ebenfalls äquivalent zu

(9.2.10a) $\bar x^{m+1} := \bar x^m - (\bar A \bar x^m - \bar b)$ mit

(9.2.10b) $\bar A := A^{1/2} W^{-1} A^{1/2} > 0, \quad \bar b := A^{1/2} W^{-1} b, \quad \bar x^m := A^{1/2} x^m.$

Übungsaufgabe 9.2.11. Es gelte (1.2). Man zeige: **(a)** Die Anwendung des Gradientenverfahrens auf die Minimierung von

(9.2.10c) $\bar F(\bar x) := \frac{1}{2}\langle \bar A \bar x, \bar x \rangle - \langle \bar b, \bar x \rangle$

liefert nach Umschreiben auf die x-Größen:

(9.2.11a)   Start: x^0 beliebig, $\quad q^0 := W^{-1}(b - Ax^0),$

(9.2.11b) $x^{m+1} := x^m + \bar\lambda q^m$ mit $\bar\lambda := \langle Aq^m, q^m \rangle / \langle W^{-1} Aq^m, Aq^m \rangle,$

(9.2.11c) $q^{m+1} := q^m - \bar\lambda W^{-1} A q^m.$

(b) Die Verfahren (8a–e) und (11a–c) sind verschieden.

(c) γ und Γ seien die Schranken aus (9a). Es gilt die Fehlerabschätzung

(9.2.10d) $\| W^{-1/2} A(x^m - x^*) \|_2 \le \left(\dfrac{\Gamma - \gamma}{\Gamma + \gamma} \right)^m \| W^{-1/2} A(x^0 - x^*) \|_2.$

(d) Man interpretiere den Faktor $\bar\lambda$ aus (11b) als optimalen Wert zur Suchrichtung q^m, indem man $F(x)$ aus (1.10a) mit $H = W^{-1}$ minimiere.

9.2.5 Pascal–Prozeduren und numerische Beispiele

Das Residuum r^m wird während der Iteration mitgeführt und in **IP.Res^** gespeichert. Mit **starte_Gradientenverfahren** wird r^0 berechnet. Die Prozedur **Gradienten_Verfahren** zur Realisierung von (8a–e) besitzt einen Parameter **Basisiteration**, um die zugrundeliegende Iteration Φ angeben zu können. Die Wahl **Richardson_Iteration** ergibt die einfache Version (2a–c). Zur Berechnung des Produktes $W^{-1} y = Ny$ (N: Matrix der zweiten Normalform) durch **N_y** wird die Iteration $\Phi(x,b) = Mx + Nb$ mit $x = 0$ und $b = y$ durchgeführt. Dies ist nicht der sparsamste Weg, aber er erspart es, für jedes W_Φ eine neue Prozedur schreiben zu müssen. Zur Multiplikation Ax wird eine eigene Prozedur **A_x** angegeben (Alternative: Ax aus $r = b - Ax$ mit $b := 0$ mittels **Residuum** berechnen). Dem Aufruf eines einzigen Gradientenschrittes mit dem Parameter it dient die Prozedur **Gradientenverfahren_1.**

```
function Eukl_Skalarprodukt(var x,y: Gitterfunktion; var A:
                    Diskretisierungsdaten): real; var i,j: integer; e: real;
begin e:=0; for i:=1 to A.nx-1 do for j:=1 to A.ny-1 do e:=e+x[i,j]*y[i,j];
                    Eukl_Skalarprodukt:=e*A.h2 end;
```

```pascal
function Euklidische_Norm (var x: Gitterfunktion;
                                         var A: Diskretisierungsdaten): real;
begin Euklidische_Norm:=sqrt (Eukl_Skalarprodukt(x,x,A)) end;

function lambda_opt (var r,p,Ap: Gitterfunktion; var A:
            Diskretisierungsdaten): real; var s: real; {definiert gemäß (9.1.9a/9d)}
begin s:=Eukl_Skalarprodukt(Ap,p,A); if s=0 then lambda_opt:=0 else
                            lambda_opt := Eukl_Skalarprodukt(r,p,A)/s end;

procedure A_x (var Ax: Gitterfunktion; var A: Diskretisierungsdaten;
   var x: Gitterfunktion); {Berechnung von Ax:=A*x, wobei x Nullrandwerte hat!}
var i,j: integer; v,z: Spalte;
begin with A do begin Null_Randwerte(nx,ny,x); v:=x[0]; for i:=1 to nx-1 do
      begin case Art of
Poisson_Modellproblem:
            for j:=1 to ny-1 do z[j]:=4*x[i,j]-x[i,j-1]-x[i,j+1]-x[i-1,j]-x[i+1,j];
Fuenfpunktformel:  for j:=1 to ny-1 do z[j]:=S[-1,0]*x[i-1,j]+S[1,0]*x[i+1,j]
                            +S[0,-1]*x[i,j-1]+S[0,1]*x[i,j+1]+S[0,0]*x[i,j];
Neunpunktformel:
            for j:=1 to ny-1 do z[j]:=S[-1,-1]*x[i-1,j-1]+S[0,-1]*x[i,j-1]
               +S[1,-1]*x[i+1,j-1] +S[-1,0]*x[i-1,j]+S[0,0]*x[i,j]+S[1,0]*x[i+1,j]
               +S[-1,1]*x[i-1,j+1]+S[0,1]*x[i,j+1]+S[1,1]*x[i+1,j+1]
            end {case}; Ax[i-1]:=v; v:=z
      end; Ax[nx-1]:=v; Null_Randwerte(nx,ny,Ax)
end end;

function A_Skalarprodukt (var x,y: Gitterfunktion; var A:
                              Diskretisierungsdaten): real; var Ax: Gitterfunktion;
begin A_x(Ax,A,x); A_Skalarprodukt := Eukl_Skalarprodukt(Ax,y,A) end;

function A_Norm (var x: Gitterfunktion; var A: Diskretisierungsdaten): real;
begin A_Norm:=sqrt (A_Skalarprodukt(x,x,A)) end;

procedure Gitterfunktion_gleich_null (nx,ny: integer; var x: Gitterfunktion);
var i,j: integer; begin for j:=0 to ny do for i:=0 to nx do x[i,j]:=0 end;

procedure N_y (var Ny,y: Gitterfunktion; var A : Diskretisierungsdaten;
                        var IP: Iterationsparameter; Basisiteration: PIteration);
begin Gitterfunktion_gleich_null(A.nx,A.ny,Ny); Basisiteration(Ny,A,Ny,y,IP)
end;

procedure starte_Gradientenverfahren (var A: Diskretisierungsdaten;
                        var x,b: Gitterfunktion; var IP: Iterationsparameter);
begin with IP do  begin Nr:=0;  if Res=nil then new(Res);  Residuum(Res^,A,x,b)
end end;

procedure Gradienten_Verfahren (var neu: Gitterfunktion;
                        var A: Diskretisierungsdaten; var x,b: Gitterfunktion;
                        var IP: Iterationsparameter; Basisiteration: PIteration);
var q,Aq: Gitterfunktion; lambda: real;
begin if IP.Res=nil then starte_Gradientenverfahren(A,x,b,IP);
      with A do with IP do
      begin  N_y(q,Res^,A,IP,Basisiteration);
            A_x(Aq,A,q); lambda:=lambda_opt(Res^,q,Aq,A);
            Vektor_plus_Faktor_mal_Vektor(nx,ny,neu,x,lambda,q);
            Randwerte_uebertragen(nx,ny,x,neu);
            Vektor_plus_Faktor_mal_Vektor(nx,ny,Res^,Res^,-lambda,Aq)
end end;
```

```
procedure Gradientenverfahren_1(var It: Iterationsdaten;
                                      Basisiteration: PIteration);
var Nummer: integer;
begin with it do with IP do begin Nummer:=Nr;
     if Nr=0 then starte_Gradientenverfahren(A,x,b,IP);
     Gradienten_Verfahren(x,A,x,b,IP,Basisiteration); Nr:=Nummer+1
end end;
```

Das Rahmenprogramm zum Aufruf des Gradientenverfahrens angewandt auf die SSOR-Iteration kann wie folgt aussehen.

```
program Gradientenverfahren;
var it: Iterationsdaten; i,itzahl: integer; v: Vergleichsdaten;
AN: Iterationsgeschichte; {rechte_Seite etc. zu definieren}
begin initialisiere_IT(it); initialisiere_Vergleichsdaten(v);
  repeat Freigabe_IT(it); Freigabe_Vergleichsdaten(v);
    definiere_Problem(it,Randwerte,Rechte_Seite); writeln('Problem definiert.');
    definiere_optimalen_SSOR_Parameter(it);
    definiere_Startiteration(it,Nullfunktion); writeln('Startwert definiert.');
    definiere_Vergleichsloesung(v,it.A,exakte_Loesung);
    write(' --> Anzahl der Iterationen = '); readln(itzahl); it.IP.Nr:=0;
    for i:=1 to itzahl do
    begin Gradientenverfahren_1(it, lex_SSOR);
          Vergleich_mit_exakter_Loesung(AN,v,it,A_Norm);
          writeln('Iterationsnr. ',it.IP.Nr,' A-Norm: ',AN.Wert[0])
    end           { Möglichkeit zum Abspeichern. }
  until ja_nein {Wiederholung abbrechen?}
end.
```

Als Beispiel wird im Poisson-Modellfall die SSOR-Iteration als Basisiteration verwendet. Wie in Tabelle 4.8.1 wird für die Schrittweite $h=1/32$ der Relaxationsparameter $\omega=1.82126912$ gewählt. Die in Tab. 2 wiedergegebenen Resultate zeigen die Konvergenzrate $\eta\approx0.769$. Aus (5) schließt man auf die Konditionszahl $\Gamma/\gamma=x=(1+\eta)/(1-\eta)=7.66$. Gemäß Tabelle 4.8.1/2 lautet die Konvergenzrate der SSOR-Iteration 0.8796. Aus $\rho(M^{SSOR})=1-\lambda$ schließt man $\lambda=0.1204$, was zu $\Gamma=7.66$, $\gamma=0.922$ führt. Also wäre $\Theta=2/(\gamma+\Gamma)\approx1.92$ der optimale Dämpfungs- oder besser Extrapolationsfaktor für $\Phi^{SSOR}_{\omega=1.82}$ im Poisson-Modellfall bei $h=1/32$.

m	Wert in der Mitte	$\dfrac{\|e^m\|_A}{\|e^{m-1}\|_A}$
1	0.2851075107	0.457624
2	0.9245177570	0.519182
3	0.1780816984	0.588553
4	0.2274720552	0.645408
5	0.2956906889	0.685785
10	0.4381492069	0.757746
20	0.4954559469	0.767196
30	0.4996724015	0.768216
40	0.4999764630	0.768512
50	0.4999983084	0.768691
60	0.4999998782	0.768827
70	0.4999999912	0.768935

Tabelle 9.2.2 Gradientenverfahren

9.3 Methode der konjugierten Richtungen

9.3.1 Optimalität bezüglich einer Richtung

Die Langsamkeit der Gradientenmethode wurde in Satz 2.3 anhand des zweidimensionalen Unterraumes aufgespannt von den beiden extremen Eigenvektoren bewiesen. Daher reicht zur Demonstration schon ein System mit zwei Gleichungen aus. Die Matrix $A = \mathrm{diag}(\lambda_1, \lambda_2)$ mit $0 < \lambda_1 \leqslant \lambda_2$ hat die Kondition $\mathrm{cond}_2(A) = \lambda_2/\lambda_1$. Die zugehörige Funktion F aus (1.3) hat Ellipsen als Niveaulinien $N_c := \{x \in \mathbb{R}^2 : F(x) = c\}$ zu Werten $c \in \mathbb{R}$. In zwei Dimensionen läßt sich das Gradientenverfahren graphisch veranschaulichen: Der Punkt x^m [x^{m+1}] liegt auf der Ellipse $N^{(m)} := N_c$ mit $c = F(x^m)$ [bzw. $N^{(m+1)} := N_c$ mit $c = F(x^{m+1})$]. Die Strecke $x^m x^{m+1}$ steht senkrecht auf $N^{(m)}$ und berührt $N^{(m+1)}$ tangential. Aufeinanderfolgende Strecken (d.h. die Korrekturen $x^{m+1} - x^m$) bilden damit jeweils rechte Winkel. Abb. 1 zeigt, wie bei langgestreckten Ellipsen der Iterationspfad eine Zickzacklinie bildet. Dies illustriert, daß die Annäherung an das Zentrum viele Iterationsschritte braucht. Man beachte, daß die Ellipsen umso länger gestreckt sind, je größer die Kondition ist.

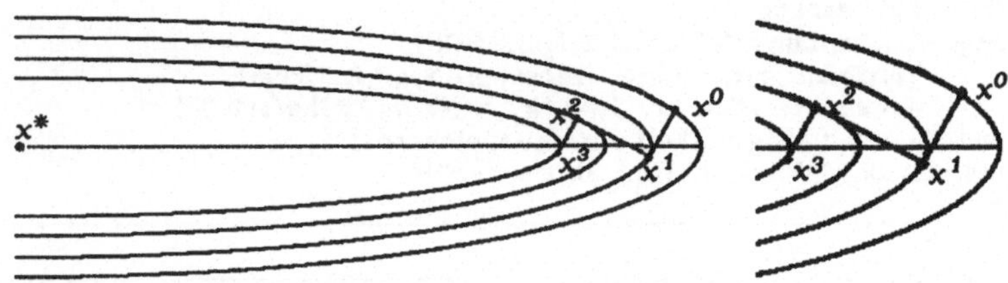

Abb. 9.3.1 Die Iterierten x^m auf Niveaulinien von F

Aus der Eigenschaft, daß die Korrekturen $x^{m+3} - x^{m+2}$ und $x^{m+1} - x^m$ parallel verlaufen, ersieht man, daß der Wert x^{m+2} in genau der Richtung korrigiert werden muß, in welcher x^m zuvor korrigiert worden ist. Die Optimalität von x^{m+1} bezüglich der Richtung $x^{m+1} - x^m$ ist x^{m+2} somit verloren gegangen. Allgemein definieren wir:

(9.3.1a) $\quad$ x ist *optimal bezüglich einer Richtung* $p \neq 0$, falls

(9.3.1b) $\quad$ $F(x) \leqslant F(x + \lambda p)$ $\qquad\qquad$ für alle $\lambda \in K$.

Lemma 9.3.1. Die Optimalität von x bezüglich p ist äquivalent zu

(9.3.1c) $\quad$ $p \perp r := b - Ax$.

Beweis. Damit $f(\lambda) = F(x + \lambda p)$ aus (1.8c) bei $\lambda = 0$ minimal ist, muß $\langle Ax - b, p \rangle = -\langle r, p \rangle = 0$ gelten. Da (1.8c) nur für $K = \mathbb{R}$ gilt, ziehe man im komplexen Fall $K = \mathbb{C}$ die Entwicklung (1.12c) heran. ▣

Übungsaufgabe 9.3.2. x heißt *optimal bezüglich eines Unterraumes* U, falls $F(x) \leqslant F(x+\xi)$ für alle $\xi \in U$. Man zeige: x ist bzgl. U optimal, wenn

(9.3.1d) $\qquad r = b - Ax \perp U.$

Bemerkung 9.3.3. Für die Iterierten x^m des Gradientenverfahrens gilt:

(9.3.2a) $\qquad x^{m+1} \ (m \geqslant 0)$ ist optimal bezüglich $\quad r^m = b - Ax^m,$

(9.3.2b) $\qquad r^{m+1} \perp r^m.$

Beweis. Nach Lemma 1 sind (2a) und (2b) äquivalent. $r^m \perp r^{m+1} = r^m - \lambda_{opt}(x^m, r^m) A r^m$ folgt aus der Definition (1.9c,d) von λ_{opt}. ▪

Das Dilemma des Gradientenverfahrens läßt sich auf den folgenden Punkt bringen: Die Relation $r^{m+1} \perp r^m$ ist nicht transitiv, d.h. aus $r^m \perp r^{m+1}$ und $r^{m+1} \perp r^{m+2}$ folgt *nicht* $r^m \perp r^{m+2}$, so daß x^{m+2} im allgemeinen seine Optimalität bezüglich r^m verloren hat.

9.3.2 Konjugierte Richtungen

Wenn x in $x' := x+q \ (q \neq 0)$ geändert wird, ändert sich das Residuum $r = b - Ax$ in

(9.3.3a) $\qquad r' = b - Ax' = b - A(x+q) = b - Ax - Aq = r - Aq.$

Sei x bezüglich der Richtung p optimal:

(9.3.3b) $\qquad r \perp p.$

Der neue Wert x' bleibt bezüglich p optimal, wenn $r' \perp p$, d.h. $Aq \perp p$, da genau dann $-\langle Aq, p \rangle = \langle r - Aq, p \rangle = \langle r', p \rangle = 0$ gilt. Dies beweist das

Lemma 9.3.4. Ist x bezüglich $p \neq 0$ optimal, so vererbt sich diese Optimalität auf $x' = x + q$ genau dann, wenn

(9.3.3c) $\qquad Aq \perp p.$

Vektoren p, q mit der Eigenschaft (3c) heißen *konjugiert*. Man kann den Begriff «konjugiert» auch durch «*A-orthogonal*» ersetzen, in Zeichen:

(9.3.3c') $\qquad q \perp_A p,$

wobei dies die Orthogonalität bezüglich des Energie-Skalarproduktes $\langle \cdot, \cdot \rangle_A$ aus (1.11a) bezeichnet. Selbstverständlich soll stets $A > 0$ gelten.

Die Bedingung (3c) führt auf die folgende *Methode der konjugierten Richtungen*:

Start: x^0 beliebig, $r^0 := b - Ax^0$,

Schleife für $m = 0, 1, \ldots, n-1$: $(n := \#I)$

(9.3.4a)   Wähle eine Richtung $p^m \neq 0$, die konjugiert ist zu allen vorangehenden p^ℓ $(\ell < m)$,

(9.3.4b) $x^{m+1} := x^m + \lambda_{\text{opt}}(x^m, p^m) p^m$ mit

(9.3.4c) $\lambda_{\text{opt}}(x^m, p^m) := \langle r^m, p^m \rangle / \langle Ap^m, p^m \rangle$,

(9.3.4d) $r^{m+1} := r^m - \lambda_{\text{opt}}(x^m, p^m) Ap^m$.

Der Schritt (4b,c) beschreibt, daß x^{m+1} optimal bezüglich der Richtung p^m ist: $F(x^{m+1}) = \min\{F(x^m + \lambda p^m) : \lambda \in \mathbb{K}\}$ oder

(9.3.4e) $r^{m+1} \perp p^m$.

Die Definition (4d) ist gleichbedeutend mit

(9.3.4d') $r^{m+1} := b - Ax^{m+1}$.

Die Eigenschaften dieses Verfahrens sind aufgezählt in

Satz 9.3.5 (a) Die Richtungen $\{p^m : 0 \leqslant m \leqslant n-1\}$ bilden eine Basis aus paarweise konjugierten Vektoren, also eine A-Orthogonalbasis. **(b)** Der Prozeß endet bei $m = n-1$ mit der exakten Lösung $x^{m+1} = x^n = x^*$. **(c)** Die Iterierte x^m ist optimal bezüglich aller Richtungen $p^0, p^1, \ldots, p^{m-1}$, d.h. sie ist optimal bezüglich des Unterraumes U_{m-1}:

(9.3.5a) $U_\ell := \text{span}\{p^0, \ldots, p^\ell\}$.

Die Residuen r^m erfüllen

(9.3.5b) $r^m \perp p^\ell$ $(0 \leqslant \ell \leqslant m-1)$,

(9.3.5c) $r^m \perp U_\ell$ $(0 \leqslant \ell \leqslant m-1)$.

(d) Der Fehler $e^m = x^m - x^*$ genügt der Bedingung

(9.3.5d) $e^m \perp_A p^\ell$ $(0 \leqslant \ell \leqslant m-1)$,   d.h. e^m ist konjugiert zu p^ℓ.

(e) x^m ist Lösung der Minimierungsaufgabe

(9.3.5e) $F(x^m) = \min\{F(\xi) : \xi = x^0 + \sum\limits_{\ell=0}^{m-1} \lambda_\ell p^\ell, \lambda_\ell \in \mathbb{K}\} = \min\limits_{\xi - x^0 \in U_{m-1}} F(\xi)$,

wobei das Minimum in (5e) für $\lambda_\ell = \lambda_{\text{opt}}(x^\ell, p^\ell)$ angenommen wird.

Beweis zu (a): Zunächst ist festzustellen, daß die Division durch $\langle Ap^m, p^m \rangle$ in (4c) wegen $p^m \neq 0$ wohldefiniert ist, solange eine weitere konjugierte Richtung existiert, d.h. solange $m < n$. Sobald $m = n-1$ erreicht ist, spannen $p^0, \ldots, p^{n-1}$ den gesamten Raum $\mathbf{K}^I$ auf, so daß eine Fortsetzung unmöglich ist.

zu (c): Die Aussage (5b) stimmt für $m=0$, da $\{\ell: 0 \leqslant \ell \leqslant m-1\}$ die leere Menge ist. Sei (5b) für m richtig. Nach Lemma 1 ist x^m optimal bezüglich aller Richtungen p^ℓ $(0 \leqslant \ell \leqslant m-1)$. Gemäß Lemma 4 vererbt sich wegen $p^m \perp_A p^\ell$ $(0 \leqslant \ell \leqslant m-1)$ diese Eigenschaft auf x^{m+1}, so daß $r^{m+1} \perp p^\ell$ für alle $0 \leqslant \ell \leqslant m-1$. Die fehlende Bedingung $r^{m+1} \perp p^m$ folgt aus (4e).

zu (d): (5d) folgt aus (5b), da $A e^m = A(x^m - x^*) = A x^m - b = - r^m$.

zu (b): (5c) beweist $r^n \perp U_{n-1}$. Da $U_{n-1} = \mathbf{K}^I$ (vgl. (a)), folgt $r^n = 0$, d.h. $x^n = x^*$.

zu (e): Setzt man die Gleichungen (4b) ineinander ein, erhält man

$$(9.3.5f) \qquad x^m = x^0 + \sum_{\ell=0}^{m-1} a_\ell p^\ell \qquad\qquad \text{mit } a_\ell = \lambda_{\mathrm{opt}}(x^\ell, p^\ell).$$

Aus (1.12c) mit $\tilde{x} := x^m$ und $x := \xi$ und aus $r^m \perp U_{m-1}$ schließt man auf
$$F(\xi) - F(x^m) = \mathrm{Re} \langle r^m, \textstyle\sum(\lambda_\ell - a_\ell) p^\ell \rangle + \tfrac{1}{2} \langle A(\xi - x^m), \xi - x^m \rangle = \tfrac{1}{2} \| \xi - x^m \|_A^2 \geqslant 0$$
mit Gleichheit nur für $\xi = x^m$, d.h. für $\lambda_\ell = a_\ell$. Dies beweist (5e). ▨

Die Methode der konjugierten Richtungen ist für die Praxis uninteressant, wenn die Auswahl der p^m in (4a) nicht geschickt getroffen wird. Wählt man beispielsweise ein festes System $\{p^0, \ldots, p^{n-1}\}$, so führt der Anfangswert $x^0 := x^* - p^{n-1}$ mit dem Residuum $r^0 = A p^{n-1}$ zu einer Folge $x^0 = x^1 = \ldots = x^{n-1}$, die erst im letzten Schritt zur exakten Lösung $x^n = x^*$ wird. Damit wird offenbar, daß es im allgemeinen keine Konvergenzabschätzung wie in (2.4b) geben kann.

9.4 Methode der konjugierten Gradienten

9.4.1 Erste Formulierung

Das Gradientenverfahren und die Methode der konjugierten Richtungen werden im folgenden kombiniert. Damit die Optimalität bezüglich einer früheren Suchrichtung nicht verloren geht, werden nur konjugierte Richtungen zugelassen. Die Residuen (negativen Gradienten) verwendet man zur Bestimmung der Suchrichtung p^m in (3.4a). Stets sei $A > 0$.

Hat man bereits $p^0, p^1, \ldots, p^{m-1}$ (sämtlich $\neq 0$) konstruiert, kann man r^m orthogonalisieren (bezüglich des Energieskalarproduktes $\langle \cdot, \cdot \rangle_A$):

$$(9.4.1a) \qquad p^m := r^m - \sum_{\ell=0}^{m-1} \frac{\langle A r^m, p^\ell \rangle}{\langle A p^\ell, p^\ell \rangle} \, p^\ell.$$

Wegen der leeren Summe für $m=0$ startet die Konstruktion mit

$$(9.4.1b) \qquad p^0 := r^0.$$

Bemerkung 9.4.1 (a) p^m aus (1a) ist konjugiert zu allen p^ℓ, $0 \leqslant \ell \leqslant m-1$. (b) Es gilt

$$(9.4.2a) \qquad U_m := \mathrm{span}\{p^0, \ldots, p^m\} = \mathrm{span}\{p^0, p^1, \ldots, p^{m-1}, r^m\}.$$

(c) Hat man x^m mittels der Methode der konjugierten Richtungen konstruiert und ist r^m sein Residuum, so können r^m und p^m nur gemeinsam verschwinden. D.h.: Entweder ist $x^m = x^*$ die exakte Lösung oder $p^m \ne 0$.
(d) Es gilt

$$(9.4.2b) \qquad r^m \perp U_\ell \qquad\qquad\qquad \text{für } \ell < m.$$

Beweis zu (a). Nach Konstruktion (1a) gilt $\langle A p^m, p^j \rangle = 0$ für $j < m$.
zu (b). Behauptung folgt direkt aus (1a).
zu (d). Wiederholung von (3.5c) aus Satz 3.5.
zu (c). Nach (1a) folgt $p^m = 0$ aus $r^m = 0$. Sei nun $p^m = 0$ angenommen. (1a) zeigt $r^m \in U_{m-1}$. Andererseits gilt $r^m \perp U_{m-1}$ (vgl. (2b)). Beides zusammen läßt nur $r^m = 0$ zu. $\blacksquare$

In der ersten, provisorischen Darstellung lautet die *Methode der konjugierten Gradienten* wie folgt:

$$(9.4.3a) \qquad x^0 \text{ beliebig}, \quad r^0 := b - A x^0,$$

$$\underline{\text{Schleife}} \text{ für } m = 0,1,\dots,n-1: \qquad (n := \#I)$$

$$(9.4.3b) \qquad \text{berechne } p^m \text{ nach (1a,b) aus } r^m, \text{ falls } r^m \ne 0; \text{ sonst Abbruch.}$$

$$(9.4.3c) \qquad x^{m+1} := x^m + \lambda_{\text{opt}}(x^m, p^m) p^m \qquad \text{mit } \lambda_{\text{opt}} \text{ aus (3.4c),}$$

$$(9.4.3d) \qquad r^{m+1} := r^m - \lambda_{\text{opt}}(x^m, p^m) A p^m.$$

Die Eigenschaften dieser Methode sind zusammengefaßt in

Satz 9.4.2 (a) Spätestens für $m = n$ bricht die Schleife (3b–d) mit $x^m = x^*$ ab. Im folgenden sei $m_0 \leqslant n$ der erste Index mit $x^{m_0} = x^*$.
(b) Die Iterierten x^m $(0 \leqslant m \leqslant m_0)$ lassen sich durch jede der folgenden Minimierungsaufgaben charakterisieren:

$$(9.4.4a) \qquad F(x^m) = \min\{ F(x^0 + \sum_{\ell=0}^{m-1} \lambda_\ell p^\ell) : \lambda_0, \dots, \lambda_{m-1} \in \mathbb{K} \},$$

$$(9.4.4b) \qquad F(x^m) = \min\{ F(x^0 + \sum_{\ell=0}^{m-1} \mu_\ell r^\ell) : \mu_0, \dots, \mu_{m-1} \in \mathbb{K} \},$$

$$(9.4.4c) \qquad F(x^m) = \min\{ F(x^0 + P_{m-1}(A) r^0) : \begin{matrix} P_{m-1} \text{ Polynom} \\ \text{vom Grad} \leqslant m-1 \end{matrix} \}.$$

(c) Für alle $0 \leqslant m \leqslant m_0$ gilt die Gleichheit der folgenden Unterräume:

$$(9.4.4d) \qquad \begin{aligned} U_m &:= \text{span}\{ p^0, \dots, p^m \} \\ &= \text{span}\{ r^0, \dots, r^m \} = \text{span}\{ r^0, A r^0, \dots, A^m r^0 \}. \end{aligned}$$

Zum nachfolgenden Beweis des Satzes sei vorweg eine Übungsaufgabe zum Umgang mit den auftretenden Unterräumen angegeben:

Übungsaufgabe 9.4.3. Sei $U = \text{span}\{ u_1, \dots, u_m \}$ ein Unterraum von $\mathbb{K}^I$.
(a) Sei $x - y \in U$. Man zeige: $\text{span}\{ U, x \} = \text{span}\{ U, y \}$.

(b) Sei $A \in K^{I \times I}$ eine Matrix. Mit AU wird der Unterraum $\{Ax: x \in U\}$ bezeichnet. Man zeige: $AU = \mathrm{span}\{Au_1, \ldots, Au_m\}$.

Beweis zu Satz 2(a). Tritt der Fall $r^m = 0$ in (3b) für $m < n$ erstmals auf, ist $m_0{}' = m$ und $x^m = x^*$. Andernfalls ist $r^m \neq 0$ und nach Bemerkung 1c auch $p^m \neq 0$ für alle $m = 0, \ldots, n-1$, so daß nach Satz 3.5b $x^n = x^*$ folgt, also $m = n$.
zu (c). (4d) wird per Induktion bewiesen. Für $m = 0$ trifft (4d) wegen (1b): $p^0 = r^0$ zu. Sei (4d) für $m-1$ richtig. Der Bemerkung 1b entnimmt man
$U_m = \mathrm{span}\{p^0, \ldots, p^{m-1}, p^m\} = \mathrm{span}\{p^0, \ldots, p^{m-1}, r^m\} = \mathrm{span}\{r^0, \ldots, r^{m-1}, r^m\}$
(vgl. Übung 3a). Da $r^{m-1} \in \mathrm{span}\{r^0, \ldots, r^{m-1}\} = \mathrm{span}\{r^0, \ldots, A^{m-1}r^0\}$ und

$$(9.4.4e) \qquad A p^{m-1} \in A U_{m-1} = A\, \mathrm{span}\{r^0, \ldots, A^{m-1}r^0\} = \mathrm{span}\{A r^0, \ldots, A^m r^0\},$$

folgt aus der Darstellung $r^m = r^{m-1} - \lambda A p^{m-1}$, daß $r^m \in \mathrm{span}\{r^0, \ldots, A^m r^0\}$. Mit der Induktionsvoraussetzung zusammen erhalten wir

$$U_m = \mathrm{span}\{r^0, \ldots, r^{m-1}, r^m\} \subset \mathrm{span}\{r^0, \ldots, A^{m-1}r^0, A^m r^0\}.$$

Wegen $\dim U_m = m+1$ muß die Gleichheit der Unterräume gelten und beweist (4d).
zu (b). Wegen (4d) haben alle Minimierungsaufgaben (4a-c) die Form

$$(9.4.4f) \qquad F(x^m) = \min\{F(x^0 + \xi): \xi \in U_{m-1}\}. \qquad\qquad \blacksquare$$

Zusatz 9.4.4. Die Aussagen (4a-c) können auch mit Hilfe der Energienorm $\|\cdot\|_A$ ausgedrückt werden:

$$(9.4.4a') \qquad \|e^m\|_A = \|x^m - x^*\|_A = \min\{\|e^0 + \sum_{\ell=0}^{m-1} \lambda_\ell p^\ell\|_A: \lambda_0, \ldots, \lambda_{m-1} \in K\},$$

$$(9.4.4b') \qquad \|e^m\|_A = \|x^m - x^*\|_A = \min\{\|e^0 + \sum_{\ell=0}^{m-1} \mu_\ell r^\ell\|_A: \mu_0, \ldots, \mu_{m-1} \in K\},$$

$$(9.4.4c') \qquad \|e^m\|_A = \min\{\|e^0 + p_{m-1}(A) r^0\|_A: p_{m-1} \text{ Polynom vom Grad} \leqslant m-1\}.$$

Der vorgeschlagene Algorithmus (3a-d) kann in (3b) entscheidend vereinfacht werden. Die Berechnung der meisten Skalarprodukte $\langle A r^m, p^\ell \rangle$ in (1a) kann entfallen:

Lemma 9.4.5. Es gilt $\langle A r^m, p^\ell \rangle = 0$ für alle $0 \leqslant \ell \leqslant m-2$, $m \leqslant m_0$.

Beweis. Es ist $\langle A r^m, p^\ell \rangle = \langle r^m, A p^\ell \rangle$, und (4e) zeigt $A p^\ell \in U_{m-1}$. Die Behauptung folgt somit aus (2b): $r^m \perp U_{m-1}$. $\qquad\qquad \blacksquare$

Von der Summe (1a) bleibt lediglich der Summand für $\ell = m-1$:

$$(9.4.5) \qquad p^m := r^m - \frac{\langle A r^m, p^{m-1}\rangle}{\langle A p^{m-1}, p^{m-1}\rangle} p^{m-1} = r^m - \frac{\langle r^m, A p^{m-1}\rangle}{\langle A p^{m-1}, p^{m-1}\rangle} p^{m-1}.$$

Die zweite Darstellung in (5) hat den Vorteil, daß nur das Produkt $A p^{m-1}$ benötigt wird, das schon im Nenner, in λ_{opt} (vgl. (3.4c)) sowie in (3d) auftritt.

9.4.2 Das cg-Verfahren (angewandt auf die Richardson-Iteration)

Mit (5) nimmt das cg-Verfahren (cg= $\underline{c}$onjugate $\underline{g}$radient) (3a-d) die folgende Gestalt an:

$$(9.4.6a) \qquad x^0 \text{ beliebig,} \quad r^0 := b - Ax^0, \quad p^0 := r^0.$$

$$\text{Für } m = 0, 1, \dots, n-1: \text{ Abbruch, falls } r^m = 0, \text{ sonst:}$$

$$(9.4.6b) \qquad x^{m+1} := x^m + \lambda_{\text{opt}}(x^m, p^m) p^m \quad \text{mit}$$

$$(9.4.6c) \qquad \lambda_{\text{opt}}(x^m, p^m) := \langle r^m, p^m \rangle / \langle A p^m, p^m \rangle,$$

$$(9.4.6d) \qquad r^{m+1} := r^m - \lambda_{\text{opt}}(x^m, p^m) A p^m,$$

$$(9.4.6e) \qquad p^{m+1} := r^{m+1} - \frac{\langle r^{m+1}, A p^m \rangle}{\langle A p^m, p^m \rangle} p^m.$$

Übungsaufgabe 9.4.6. Äquivalent zu (6c,e) sind folgende Alternativen:

$$(9.4.6c') \qquad \lambda_{\text{opt}}(x^m, p^m) := \| r^m \|_2^2 / \langle A p^m, p^m \rangle,$$

$$(9.4.6e') \qquad p^{m+1} := r^{m+1} + \frac{\| r^{m+1} \|_2^2}{\| r^m \|_2^2} p^m.$$

Bemerkung 9.4.7. Für einen cg-Schritt $x^m \mapsto x^{m+1}$ werden eine Multiplikation $A p^m$ und sonst nur einfache Vektoroperationen und Skalarprodukte benötigt. Andererseits ist der Speicherbedarf höher: Neben x^m werden auch r^m und p^m benötigt.

Das cg-Verfahren wurde erstmals 1952 von Stiefel [1] in einer sehr lesenswerten Arbeit vorgestellt. Unabhängig davon wurde das Verfahren im gleichen Jahre von Hestenes beschrieben (vgl. Hestenes [1], Hestenes-Stiefel [1]).

Das cg-Verfahren kann in zwei völlig entgegengesetzten Richtungen interpretiert werden:

* cg als <u>direktes</u> Verfahren,
* cg als <u>Iterations</u>verfahren.

Formal ist cg ein direktes Verfahren, da es nach endlich vielen Operationen (spätestens nach n Schritten) die exakte Lösung x^* liefert. In der Praxis ist dies im allgemeinen nicht richtig. Da die späteren, kleinen Residuen r^m aus Linearkombinationen größerer Ausdrücke entstehen, kommt es zu Auslöschungen, d.h. zu Rundungsfehlern, die dazu führen, daß die Vektoren $\{ p^0, \dots, p^{n-1} \}$ *kein* konjugiertes System bilden. Hier bietet sich ein erster Ansatz, zu einer echten cg-*Iteration* zu kommen: Nach jeweils n Schritten startet man von neuem mit der Abstiegsrichtung $p^n := r^n$. Das entstehende Verfahren (hier «zyklische cg-Iteration» genannt) wird im allgemeinen als «<u>cg</u> <u>*mit*</u> <u>*Restart*</u>» bezeichnet.

(9.4.7)

x^0 beliebiger Startwert,

zyklische cg-Iteration:

x^m: wie in (6b,d)

r^m, p^m: wie in (6c-e), wenn m kein Vielfaches von $n = \#I$,

$r^m := p^m := b - A x^m$,   wenn $m = 0, n, 2n, \dots$

Wir verzichten auf eine Diskussion des Rundungsfehlereinflusses aus Gründen, die mit der nachfolgenden Interpretation des cg-Algorithmus als Iteration zusammenhängen.

Abgesehen davon, daß im Falle des cg-Verfahrens keine Iterationsvorschrift der Form $x^m \mapsto x^{m+1} = \Phi(x^m, b)$ vorliegt (das Resultat hängt auch von p^k ab), versteht man allgemeiner unter einer Iteration nur *unendliche* Prozesse. Wenn nur endlich viele Iterierte $x^0, \dots, x^m$ konstruierbar sind, verlieren die Begriffe «Konvergenz» und «asymptotische Konvergenzrate» ihren Sinn, da keine Limesbildung möglich ist. Trotzdem ist es durchaus vernünftig, die cg-Methode (ohne die zyklische Erweiterung (7)) als eine (Semi-)Iteration anzusehen. Der Grund dafür ist, daß das cg-Verfahren nur dann von praktischem Interesse ist, wenn eine hinreichend genaue Iterierte x^m schon für Indizes m erreicht werden kann, die um eine Größenordnung kleiner als die Dimension n sind. In den Beispielen aus §9.4.6 wird laut nach Tab. 1 (bzw. Tab. 2) eine befriedigende Genauigkeit nach *50-100* (bzw. *m=10*) Schritten erreicht, während die Dimension $n = 31^2 = 961$ beträgt. Die Propagierung der cg-Methode als «Iterationsverfahren» ist Reid [1] zu verdanken.

9.4.3 Konvergenzanalyse

Grundlage der Konvergenzanalyse ist die folgende Beobachtung, die der Bemerkung 2.2 im Falle des Gradientenverfahrens entspricht.

Bemerkung 9.4.8. Sei $x^0, \dots, x^m$ die Folge der cg-Iterierten. (a) Es gibt für alle $0 \leqslant k \leqslant m$ (vom Startwert x^0 abhängige) Polynome P_k vom Grad $\leqslant k$ mit $P_k(1) = 1$, so daß sich $y^0 = x^0, \dots, y^m = x^m$ aus der *semiiterativen Richardson-Iteration* (7.1.6) ergeben, die dieser Polynomfolge entspricht. Insbesondere gilt die Fehlerdarstellung

(9.4.8a) $e^k = x^k - x^* = P_k(I-A)e^0 = P_k(M_1^{\text{Rich}})e^0$ $(M_1^{\text{Rich}} = I - A)$.

(b) Die Polynome P_k und $Q_{k-1}(\xi) := [1 - P_k(1-\xi)]/\xi$ sind die jeweiligen Lösungen der Minimierungsaufgaben

(9.4.8b) $\| e^k \|_A = \| P_k(I-A)e^0 \|_A \leqslant \| \tilde{P}_k(I-A)e^0 \|_A$

für alle Polynome $\tilde{P}_k$ mit Grad $\leqslant k$ und $\tilde{P}_k(1) = 1$,

(9.4.8c) $\| e^k \|_A = \| e^0 + Q_{k-1}(A)r^0 \|_A \leqslant \| e^0 + \tilde{Q}_{k-1}(A)r^0 \|_A$

für alle Polynome $\tilde{Q}_{k-1}$ mit Grad $\leqslant k-1$.

Beweis zu (a). Nach (6b) gilt $x^k = x^0 + \sum_{\nu=0}^{k-1} \beta_\nu p^\nu$ mit $\beta_\nu := \lambda_{opt}(x^\nu, p^\nu)$, d.h.

$$x^k - x^0 \in \mathrm{span}\{p^0, \ldots, p^{k-1}\} = \mathrm{span}\{r^0, \ldots, A^{k-1}r^0\}$$

(vgl. (4d)). Mit $A(x^k - x^0) = (b - Ax^0) - (b - Ax^k) = r^0 - r^k$ findet man

$$r^k = r^0 + \sum_{\nu=1}^{k} \alpha_\nu A^\nu r^0, \qquad\qquad \text{d.h. } r^k = R_k(A) r^0$$

mit einem Polynom $R_k(\xi) = \sum \alpha_\nu \xi^\nu$ von Grad $\leqslant k$ mit $\alpha_0 = 1$ (also $R_k(0) = 1$). Man definiere $P_k(\xi) := R_k(1 - \xi)$. Das neue Polynom hat die Eigenschaften

(9.4.8d) $P_k(1) = 1$,   grad $P_k \leqslant k$, $P_k(I - A) = R_k(A)$,

(9.4.8e) $r^k = P_k(I - A) r^0$.

Da $e^k = -A^{-1}r^k$, $e^0 = -A^{-1}r^0$ und $A^{-1}P_k(I-A)A = P_k(I-A)$, folgt (8a) aus (8e).

zu (b). Q_{k-1} erfüllt nach Konstruktion $P_k(I-A) = I - Q_{k-1}(A)A$ und damit $e^k = P_k(I-A)e^0 = e^0 - Q_{k-1}(A)Ae^0$. $Ae^0 = -r^0$ zeigt die Gleichheit im ersten Teil von (8c). Die Ungleichung im zweiten Teil von (8c) stimmt mit der Charakterisierung (4c') aus Zusatz 4 überein. Da jedem Polynom $\widetilde{P}_k$ mit Grad $\leqslant k$ und $\widetilde{P}_k(1) = 1$ das Polynom $\widetilde{Q}_{k-1}(\xi) := [1 - \widetilde{P}_k(1 - \xi)]/\xi$ vom Grad $\leqslant k-1$ zugeordnet werden kann und $\widetilde{P}_k(I-A)e^0 = e^0 + \widetilde{Q}_{k-1}(A)r^0$ gilt, sind (8a) und (8b) äquivalent. ⬛

Folgerung 9.4.9. Die cg-Iterierten x^m sind zwar nicht die Lösungen der in §7.3.1 gestellten Minimierungsaufgabe, da dort die Minimierung bezüglich der Euklidischen Norm $\|\cdot\|_2$ verlangt wurde; wenn jedoch $\|\cdot\|_2$ durch $\|\cdot\|_A$ ersetzt wird, eröffnet die cg-Methode die Möglichkeit, die derart modifizierte Minimierungsaufgabe (7.3.1) ohne Kenntnis des Anfangsfehlers e^0 und ohne Kenntnis des Spektrums der Matrix $M_1^{Rich} = I - A$ (d.h. des Spektrums von A) zu lösen.

Folgerung 9.4.10. Die Fehler $e^m = x^m - x^*$ der cg-Iterierten erfüllen für jedes Polynom P_m mit grad $P_m \leqslant m$, $P_m(1) = 1$ die Fehlerabschätzung

(9.4.9) $\|e^m\|_A \leqslant \max\{|P_m(1-\lambda)| : \lambda \in \sigma(A)\} \|e^0\|_A$.

Beweis. (8b) zeigt $\|e^m\|_A \leqslant \|P_m(I-A)\|_A \|e^0\|_A$. Die Matrixnorm $\|\cdot\|_A$ hat die Darstellung $\|X\|_A = \|A^{1/2}XA^{-1/2}\|_2$ (vgl. (2.6.10)). $A^{1/2}$ ist mit Polynomen in A vertauschbar: $A^{1/2}P_m(I-A)A^{-1/2} = P_m(I-A)$. Aus $\|P_m(I-A)\|_2 = \max\{|P_m(1-\lambda)| : \lambda \in \sigma(A)\}$ folgt die Behauptung (9). ⬛

Übungsaufgabe 9.4.11. Man beweise mit Hilfe von (9), daß $x^m = x^*$ spätestens für $m = $ Grad des Minimalpolynoms von A.

Daß wie im Fall der Čebyšёv-Methode eine *Ordnungsverbesserung* erreicht wird, zeigt der folgende Satz.

Satz 9.4.12. Sei A positiv definit mit $\lambda := \lambda_{\min}(A)$, $\Lambda := \lambda_{\max}(A)$ und der Konditionszahl $\varkappa = \varkappa(A) = \Lambda/\lambda$. Die Fehler e^m der cg-Iterierten x^m erfüllen die Abschätzung

$$(9.4.10) \qquad \|e^m\|_A \leqslant \frac{2(1-1/\varkappa)^m}{(1+1/\sqrt{\varkappa})^{2m}+(1-1/\sqrt{\varkappa})^{2m}} \|e^0\|_A =$$

$$= c^m \frac{2}{1+c^{2m}}\|e^0\|_A \qquad \text{mit } c := \frac{\sqrt{\varkappa}-1}{\sqrt{\varkappa}+1} = \frac{\sqrt{\Lambda}-\sqrt{\lambda}}{\sqrt{\Lambda}+\sqrt{\lambda}}.$$

Beweis. Sei P_m das transformierte Čebyšëv-Polynom (7.3.12b), das zu $\sigma_M := [a,b] \supset \sigma(M^{\mathrm{Rich}}) = \sigma(I-A)$ mit $a = 1-\Lambda$, $b = 1-\lambda$ gehört. (9) und (7.3.12c) ergeben $\|e^m\|_A \leqslant \|e^0\|_A/C_m$. (7.3.14e/13c) beweisen (10).   ▣

Die Fehlerabschätzung (10) ist eine obere Schranke, die keineswegs scharf zu sein braucht. Ihr liegt das Čebyšëv-Polynom P_m zugrunde, das die optimale Wahl zur Minimierung von $\max\{|P_m(\xi)|: \xi\in\sigma_M\}$ darstellt, aber nicht $\max\{|P_m(\xi)|: \xi\in\sigma(M^{\mathrm{Rich}}) = \sigma(I-A)\} = \max\{|P_m(1-\lambda)|: \lambda\in\sigma(A)\}$ zu minimieren braucht. Dies führt zur folgenden Feststellung.

Bemerkung 9.4.13. Während die asymptotische Konvergenzrate des Gradientenverfahrens ausschließlich von der Kondition $\varkappa(A)$ und damit von den extremen Eigenwerten abhängt, wird die Konvergenz des cg-Verfahrens vom gesamten Spektrum beeinflußt.

Ein einfaches Beispiel mag dies verdeutlichen. Wenn die Inklusion $\sigma(M^{\mathrm{Rich}})\subset[a,b]$ mit $a=1-\Lambda$, $b=1-\lambda$ zu $\sigma(M^{\mathrm{Rich}})\subset\sigma_M := [a,a']\cup[b',b]$ mit $a\leqslant a'<b'\leqslant b$ verschärft werden kann, findet man möglicherweise ein Polynom P_m, das $\max\{|P_m(1-\lambda)|: \lambda\in\sigma(A)\}$ kleiner macht als das Čebyšëv-Polynom (vgl. §7.3.6). Mit diesem P_m ließe sich eine bessere Abschätzung als (10) gewinnen. Generell gilt: Wenn sich die Eigenwerte von A nicht gleichmäßig über $[\lambda,\Lambda]$ verteilen (sich z.B. häufen oder in kleineren Teilintervallen liegen), konvergiert das cg-Verfahren besser als durch (10) abgeschätzt.

Auch wenn die Eigenwertverteilung kein besseres als das Čebyšëv-Polynom zuließe, zeigen die Quotienten $\|e^{m+1}\|_A/\|e^m\|_A$ mit wachsender Iterationszahl m ein besseres Verhalten als $c\approx 1-2/\sqrt{\varkappa}$, wie gemäß (10) anzunehmen wäre. Die Ursache läßt sich wie folgt erklären: Im Falle des *Gradienten*verfahrens (9.2.2a-c) konvergieren die Fehler e^m gegen den Unterraum $V := \mathrm{span}\{v_1,v_2\}$, der von den zu $\lambda := \lambda_{\min}(A)$ und $\Lambda := \lambda_{\max}(A)$ gehörenden Eigenvektoren aufgespannt wird (vgl. Beweis zu Zusatz 2.4). Für das *cg*-Verfahren kann dieses Verhalten nicht auftreten: Läge der *cg*-Fehler e^m exakt im Unterraum V, würde das cg-Verfahren $\dim V = 2$ Schritte brauchen, um zu $e^{m+2} = 0$ zuführen. Es zeigt sich, daß sich die cg-Fehler auf $V^\perp$ zubewegen. A beschränkt auf $V^\perp$ hat jedoch das Spektrum $\sigma(A)\setminus\{\lambda,\Lambda\}$ und die Konditionszahl Λ_2/λ_2, wobei λ_2 der zweitkleinste und Λ_2 der zweitgrößte Eigenwert ist. Damit verhalten sich die Fehlerquotienten eher wie $c'\approx 1-2/\sqrt{\Lambda_2/\lambda_2} < c$. Eine genaue Analyse findet man bei van der Sluis – van der Vorst [1].

9.4.4 Die cg-Methode angewandt auf symmetrische Iterationen

Wie beim Gradientenverfahren läßt sich die Methode der konjugierten Gradienten auch auf andere symmetrische Iterationen als das Richardson-Verfahren anwenden (sogenanntes *«präkonditioniertes cg-Verfahren»*). Sei Φ die symmetrische Iteration

$$(9.4.11a) \qquad x^{m+1} = x^m - W^{-1}(Ax^m - b), \qquad A, W \text{ positiv definit.}$$

Wie in (2.6b) seien $\check{A} := W^{-1/2}AW^{-1/2}$ und $\check{b} := W^{-1/2}b$ eingeführt. (11a) ist äquivalent zur Iteration (11b) zur Lösung von $\check{A}\,\check{x} = \check{b}$:

$$(9.4.11b) \qquad \check{x}^{m+1} = \check{x}^m - (\check{A}\check{x}^m - \check{b}).$$

Wendet man den cg-Algorithmus (6a-e) auf $\check{A}\,\check{x} = \check{b}$ an, entsteht

$$(9.4.12a) \qquad \check{x}^0 = W^{1/2}x^0, \qquad \check{r}^0 := \check{b} - \check{A}\,\check{x}^0, \qquad \check{p}^0 := \check{r}^0,$$

Für $m = 0, 1, 2, \ldots$ (solange $m < n$ und $\check{r}^m \neq 0$):

$$(9.4.12b) \qquad \check{x}^{m+1} := \check{x}^m + \lambda_{\mathrm{opt}}(\check{x}^m, \check{p}^m)\check{p}^m \quad \text{mit}$$

$$(9.4.12c) \qquad \lambda_{\mathrm{opt}}(\check{x}^m, \check{p}^m) = \langle \check{r}^m, \check{p}^m \rangle / \langle \check{A}\check{p}^m, \check{p}^m \rangle,$$

$$(9.4.12d) \qquad \check{r}^{m+1} := \check{r}^m - \lambda_{\mathrm{opt}}(\check{x}^m, \check{r}^m)\check{A}\,\check{p}^m \qquad (= \check{b} - \check{A}\,\check{x}^{m+1}),$$

$$(9.4.12e) \qquad \check{p}^{m+1} := \check{r}^{m+1} - \langle \check{r}^{m+1}, \check{A}\check{p}^m \rangle / \langle \check{A}\check{p}^m, \check{p}^m \rangle \check{p}^m.$$

Wir setzen $\check{A} = W^{-1/2}AW^{-1/2}$, $\check{b} = W^{-1/2}b$ ein, definieren x^m, p^m durch

$$(9.4.12f) \qquad \check{x}^m = W^{1/2}x^m, \qquad \check{p}^m = W^{1/2}p^m$$

und beachten $W^{-1/2}r^m = W^{-1/2}(b - Ax^m) = \check{b} - \check{A}\check{x}^m = \check{r}^m$. (12a-e) wird zu

$$(9.4.13a) \qquad x^0 \text{ beliebig}, \qquad r^0 := b - Ax^0, \qquad p^0 := W^{-1}r^0,$$

$$(9.4.13b) \qquad x^{m+1} := x^m + \lambda_{\mathrm{opt}}(x^m, p^m)p^m \quad \text{mit}$$

$$(9.4.13c) \qquad \lambda_{\mathrm{opt}}(x^m, p^m) = \langle r^m, p^m \rangle / \langle Ap^m, p^m \rangle,$$

$$(9.4.13d) \qquad r^{m+1} := r^m - \lambda_{\mathrm{opt}}(x^m, p^m)Ap^m,$$

$$(9.4.13e) \qquad p^{m+1} := W^{-1}r^{m+1} - \langle W^{-1}r^{m+1}, Ap^m \rangle / \langle Ap^m, p^m \rangle p^m.$$

Ausdruck (13c) stimmt mit der ursprünglichen Definition (1.9a) für λ_{opt} überein. (13e) zeigt, daß die Suchrichtungen p^m aus den «präkonditionierten» Gradienten $W^{-1}r^m$ durch A-Orthogonalisierung hervorgehen. Nutzt man die äquivalenten Formulierungen (6c',e') aus, gelangt man zu

$$(9.4.13c') \qquad \lambda_{\mathrm{opt}}(x^m, p^m) = \langle W^{-1}r^m, r^m \rangle / \langle Ap^m, p^m \rangle,$$

$$(9.4.13e') \qquad p^{m+1} := W^{-1}r^{m+1} + \langle W^{-1}r^{m+1}, r^{m+1} \rangle / \langle W^{-1}r^m, r^m \rangle p^m.$$

Wenn man während der Iteration die Variablen x^m, p^m, r^m und $\rho_m := \langle W^{-1}r^m, r^m \rangle$ mitführt, nimmt der cg-Algorithmus die Form (14a-e) an:

(9.4.14a) $\quad x^0$ beliebig, $\quad r^0 := b - Ax^0$, $\quad p^0 := W^{-1}r^0$, $\quad \varrho_0 := \langle p^0, r^0 \rangle$,

$\qquad$ <u>Iteration:</u> Für $m = 0, 1, \ldots$ (solange $m < n$ und $r^m \neq 0$):

(9.4.14b) $\quad a^m \quad := A p^m$, $\qquad \lambda_{\text{opt}} := \varrho_m / \langle a^m, p^m \rangle$,

(9.4.14c) $\quad x^{m+1} := x^m + \lambda_{\text{opt}} p^m$,

(9.4.14d) $\quad r^{m+1} := r^m - \lambda_{\text{opt}} a^m$,

(9.4.14e) $\quad q^{m+1} := W^{-1} r^{m+1}$, $\quad \varrho_{m+1} := \langle q^{m+1}, r^{m+1} \rangle$,

(9.4.14f) $\quad p^{m+1} := q^{m+1} + \dfrac{\varrho_{m+1}}{\varrho_m} p^m$.

Die Fehlerabschätzung für $e^m = x^m - x^*$ ergibt sich wie in §9.2.4, da man die Ungleichung (10) für $\check{e}^m = \check{x}^m - \check{x}^* = W^{1/2} e^m$ wegen $\|\check{e}^m\|_{\check{A}} = \|e^m\|_A$ auf e^m übertragen kann. Ferner beachte man $\varkappa = \varkappa(\check{A}) = \varkappa(W^{-1/2} A W^{-1/2}) = \varkappa(W^{-1}A) = \Gamma / \gamma$ mit Γ, γ aus (15a).

Satz 9.4.14 (Fehlerabschätzung). Φ sei eine symmetrische Iteration. Ihre Matrix W der dritten Normalform erfülle

(9.4.15a) $\quad \gamma W \leqslant A \leqslant \Gamma W$ $\qquad\qquad\qquad$ ($\gamma > 0$, vgl. (2.9a)).

Dann gilt für die Iterierten x^m der cg-Methode (14a-f) angewandt auf Φ die Energienormabschätzung

(9.4.15b) $\quad \|e^m\|_A \leqslant \dfrac{2(1-1/\varkappa)^m}{(1+1/\sqrt{\varkappa})^{2m} + (1-1/\sqrt{\varkappa})^{2m}} \|e^0\|_A =$

$\qquad = c^m \dfrac{2}{1+c^{2m}} \|e^0\|_A \qquad$ mit $\varkappa = \dfrac{\Gamma}{\gamma}$, $\quad c := \dfrac{\sqrt{\varkappa}-1}{\sqrt{\varkappa}+1} = \dfrac{\sqrt{\Gamma}-\sqrt{\gamma}}{\sqrt{\Gamma}+\sqrt{\gamma}}$.

Lemma 9.4.15 (a) Spätestes für $m = n$ erhält man $x^m = x^*$. Sei m_0 der erste Index mit $x^{m_0} = x^*$.

(b) Die von (14a-f) erzeugten Suchrichtungen sind konjugiert bzgl. A:

(9.4.16a) $\quad \langle p^k, p^\ell \rangle_A = 0$ $\qquad\qquad\qquad$ für $k \neq \ell$.

(c) Für alle $0 \leqslant m \leqslant m_0$ gilt die Gleichheit der Unterräume (Krylov-Räume)

(9.4.16b$_1$) $\quad U_m := \text{span}\{p^0, \ldots, p^m\} =$

(9.4.16b$_2$) $\qquad = \text{span}\{W^{-1}r^0, \ldots, W^{-1}r^m\} =$

(9.4.16b$_3$) $\qquad = \text{span}\{W^{-1}r^0, \ldots, (W^{-1}A)^m W^{-1}r^0\}$.

(d) x^m ist das minimierende Argument der Ausdrücke

(9.4.16c$_1$) $\quad F(x^m) = \min\{F(x^0 + \sum_{\ell=0}^{m-1} \lambda_\ell p^\ell): \lambda_0, \ldots, \lambda_{m-1} \in K\}$,

$$(9.4.16c_2) \qquad F(x^m) = \min\{F(x^0 + W^{-1}\sum_{\ell=0}^{m-1}\mu_\ell r^\ell):\ \mu_0,\dots,\mu_{m-1}\in K\},$$

$$(9.4.16c_3) \qquad F(x^m) = \min\{F(x^0 + p_{m-1}(W^{-1}A)\,W^{-1}r^0):$$
$$p_{m-1}\ \text{Polynom vom Grad} \leqslant m-1\}.$$

Beweis. (a) ist mit Satz 2a identisch. Der Teil (b) ergibt sich aus (12f),
$\langle \check{p}^k,\check{p}^\ell\rangle_{\check{A}} = \langle \check{A}\check{p}^k,\check{p}^\ell\rangle = \langle W^{-1/2}AW^{-1/2}W^{1/2}p^k, W^{1/2}p^\ell\rangle = \langle Ap^k,p^\ell\rangle = \langle p^k,p^\ell\rangle_A$ und der $\check{A}$-Orthogonalität der Suchrichtungen $\check{p}^k$. Teile (c) und (d) sind Folge von (4a–d) angewandt auf die $\check{}$-Größen aus (12f). ∎

9.4.5 Pascal-Prozeduren

Der Recordparameter **cg** in der Variablen **IP: Iterationsparameter** ist ein Pointer auf **cg_Parameter**, der wiederum die Komponenten **r** für das Residuum r^m, **p** für die konjugierte Gradientenrichtung p^m und **rho** für ρ_m aus (14a,e) enthält. Mit **starte_cg_Verfahren** werden die Größen aus (14a) berechnet. Die Prozedur **cg_Verfahren** führt (14a–f) für die Iteration $\Phi = $ **Basisiteration** durch. Die Wahl **Richardson_Iteration** ergibt die einfache Version (6a–e). Zur Berechnung des Produktes $W^{-1}y = Ny$ durch **N_y** vergleiche man §9.2.5. Dem Aufruf eines einzigen cg-Schrittes mit dem Parameter **it** dient die Prozedur **cg_Verfahren_1**. Das benötigte Rahmenprogramm ist völlig analog zu dem aus §9.2.5.

```pascal
procedure starte_cg_Verfahren (var A: Diskretisierungsdaten; var x,b:
        Gitterfunktion; var IP: Iterationsparameter; Basisiteration: PIteration);
begin with IP do begin Nr:=0; if cg=nil then new(cg) end; with IP.cg^ do
  begin Residuum(r,A,x,b);
    N_y(p,r,A,IP,Basisiteration); rho := Eukl_Skalarprodukt(p,r,A)
end end;

procedure cg_Verfahren (var neu: Gitterfunktion;
                    var A: Diskretisierungsdaten; var x,b: Gitterfunktion;
                    var IP: Iterationsparameter; Basisiteration: PIteration);
var c,q: Gitterfunktion; lambda,rhoneu: real;
begin if IP.cg=nil then starte_cg_Verfahren(A,x,b,IP,Basisiteration);
  with A do with IP.cg^ do
  begin A_x(c,A,p); lambda:=Eukl_Skalarprodukt(c,p,A);
  if lambda=0 then Meldung('cg-Abbruch wegen pAp=0'); lambda:=rho/lambda;
  Vektor_plus_Faktor_mal_Vektor(nx,ny,neu,x,lambda,p);          {(14c)}
  Vektor_plus_Faktor_mal_Vektor(nx,ny,r,r,-lambda,c);           {(14d)}
  N_y(c,r,A,IP,Basisiteration); rhoneu:=Eukl_Skalarprodukt(c,r,A);
  if rhoneu=0 then writeln('Exakte Lösung mit cg erreicht!');
  if rho>0 then Vektor_plus_Faktor_mal_Vektor(nx,ny,p,c,rhoneu/rho,p);
  Randwerte_uebertragen(nx,ny,x,neu); rho:=rhoneu
end end;

procedure cg_Verfahren_1 (var it: Iterationsdaten; Basisiteration: PIteration);
var Nummer: integer;
begin with it do with IP do begin Nummer:=Nr;
        if Nr=0 then starte_cg_Verfahren(A,x,b,IP,Basisiteration);    {(14a)}
        cg_Verfahren(x,A,x,b,IP,Basisiteration); Nr:=Nummer+1     {(14b-f)}
end end;
```

9.4.6 Numerische Beispiele im Modellfall

Als Gleichungssystem sei die Poisson-Modellaufgabe für $h=1/32$ gewählt. Die Anwendung der cg-Methode auf die Richardson-Iteration (d.h. der Algorithmus (6a-e)) liefert die in Tabelle 1 wiedergegebenen Resultate. Die Konvergenzfaktoren $\|e^m\|_A/\|e^{m-1}\|_A$ gemessen in der Energienorm $\|\cdot\|_A$ sollten nach der Ungleichung (10) im Mittel unter

$$c = (\sqrt{\Lambda} - \sqrt{\lambda})/(\sqrt{\Lambda} + \sqrt{\lambda})$$

fallen. Setzt man die Eigenwerte λ und Λ aus (4.1.1b,c) für $h=1/32$ ein, erhält man $c=0.9063471$.

m	Wert in der Mitte	$\|e^m\|_A/\|e^{m-1}\|_A$
1	$-1.8656097815_{10}-3$	0.670874
2	$-4.6008798010_{10}-3$	0.791286
3	$-7.3924161408_{10}-3$	0.860663
4	$-1.1116057550_{10}-2$	0.865691
10	$-4.4081878259_{10}-2$	0.917138
20	$-1.1796241337_{10}-1$	0.939358
30	$4.0673579950_{10}-1$	0.918423
40	$4.9137792828_{10}-1$	0.843496
50	$5.0013929834_{10}-1$	0.832459
60	$5.0010381735_{10}-1$	0.738779
70	$5.0001053720_{10}-1$	0.761377
80	$5.0000013936_{10}-1$	0.708295
90	$5.0000000342_{10}-1$	0.661969
100	$5.0000000001_{10}-1$	0.665531

Tabelle 9.4.1 cg-Resultate für Richardson-Iteration, Modellproblem für $h=1/32$

Dieser Wert wird für $m \geqslant 30$ deutlich unterschritten: Der Konvergenzfaktor fällt von 0.9 bis auf 0.66 für $m \geqslant 90$. Dieses «superlineare» Konvergenzverhalten veranschaulicht die im letzten Absatz von §9.4.3 diskutierte Verbesserung der effektiven Konditionszahl während der Iteration.

Tabelle 2 enthält die cg-Resultate für $h=1/32$ bei Anwendung auf die SSOR- und ILU-Iteration als Basisiteration. Der (optimale) SSOR-Parameter ist der gleiche wie für Tabelle 9.2.2. Als ILU-Iteration wird die modifizierte Fünfpunktversion **ILU_5** mit $\omega=-1$ und der Diagonalverstärkung **diag**$=5$ gewählt (vgl. §8.5.11). Die Konditionszahl des SSOR-Verfahrens wurde in §9.2.5 mit $\varkappa \approx 7.66$ angegeben. Hieraus ergibt sich der Wert $c \approx 0.47$ für c aus (15b). Die gemittelten Konvergenzfaktoren $[\|e^m\|_A/\|e^0\|_A]^{1/m}$ liegen im SSOR-Fall bis $m=11$ bei 0.47. Danach sinken sie für $m \approx 30$ auf 0.42. Die in Tabelle 2 enthaltenen Werte $u_{16,16}$ zeigen, daß ab $m=27$ die Rundungsfehlers die Oberhand gewinnen. Trotzdem verhält sich die cg-Iteration stabil.

Das im Zusammenhang mit Tabelle 1 betonte superlineare Konvergenzverhalten sollte nicht überschätzt werden. Seine Vorteile kommen zum Tragen, wenn m hinreichend groß ist. Für den Fall aus Tabelle 1 ist dies $m \geqslant 30$, für den SSOR-Fall aus Tabelle 2 etwa $m \geqslant 17$. Ein Blick auf die Zahlenwerte der Tabellen zeigt das folgende Dilemma:

(i) Entweder ist die Iteration schnell (wie in Tabelle 2). Dann wird man die Iteration vor Erreichen der kritischen Größe von m abbrechen.

(ii) Oder die Iteration ist langsam (wie in Tabelle 1), so daß man sie eher völlig verwerfen sollte.

	S-Punkt-ILU mit $\omega=-1$		SSOR mit $\omega=1.8212691200$	
m	$u_{16,16}$	$\|e^m\|_A/\|e^{m-1}\|_A$	$u_{16,16}$	$\|e^m\|_A/\|e^{m-1}\|_A$
1	$2.262513522_{10}-1$	$1.56365_{10}-1$	$2.851075107_{10}-2$	$4.57624_{10}-1$
2	$5.320480495_{10}-1$	$4.46360_{10}-1$	$1.146321025_{10}-1$	$3.07093_{10}-1$
3	$4.582969109_{10}-1$	$4.65620_{10}-1$	$2.093879771_{10}-1$	$5.99140_{10}-1$
4	$4.818928890_{10}-1$	$4.59572_{10}-1$	$3.500438579_{10}-1$	$5.30214_{10}-1$
5	$4.827955876_{10}-1$	$4.90598_{10}-1$	$4.301535841_{10}-1$	$4.91911_{10}-1$
10	$4.999129317_{10}-1$	$3.80570_{10}-1$	$4.992951874_{10}-1$	$4.64830_{10}-1$
11	$5.000044282_{10}-1$	$3.58332_{10}-1$	$4.998541213_{10}-1$	$4.65082_{10}-1$
12	$4.999850353_{10}-1$	$4.29905_{10}-1$	$4.999456258_{10}-1$	$3.94760_{10}-1$
20	$5.000000033_{10}-1$	$3.42381_{10}-1$	$5.000000087_{10}-1$	$3.20139_{10}-1$
21	$5.000000026_{10}-1$	$3.88711_{10}-1$	$5.000000020_{10}-1$	$4.87606_{10}-1$
22	$5.000000008_{10}-1$	$4.05064_{10}-1$	$5.000000055_{10}-1$	$4.05755_{10}-1$
23	$5.000000002_{10}-1$	$3.13452_{10}-1$	$5.000000041_{10}-1$	$4.08013_{10}-1$
24	$5.000000000_{10}-1$	$3.55741_{10}-1$	$5.000000000_{10}-1$	$3.32715_{10}-1$
25	$5.000000000_{10}-1$	$4.51311_{10}-1$	$5.000000005_{10}-1$	$4.32772_{10}-1$
26	$5.000000000_{10}-1$	$5.57156_{10}-1$	$5.000000001_{10}-1$	$3.34264_{10}-1$
27	$5.000000000_{10}-1$	$5.17255_{10}-1$	$5.000000001_{10}-1$	$3.66209_{10}-1$
28	$5.000000000_{10}-1$	$8.02069_{10}-1$	$5.000000000_{10}-1$	$3.65471_{10}-1$
29	$5.000000000_{10}-1$	$9.69482_{10}-1$	$5.000000000_{10}-1$	$4.87797_{10}-1$
30	$5.000000000_{10}-1$	$1.00102_{10}+0$	$5.000000000_{10}-1$	$7.76690_{10}-1$

Tabelle 9.4.2 Die cg-Methode angewandt auf ILU- und SSOR-Verfahren

9.4.7 Aufwand der cg-Methode

Eine Iterationsschritt (14b-f) erfordert je eine Auswertung von $p\mapsto Ap$ und $r\mapsto W^{-1}r$, 3 Vektoradditionen, 3 Multiplikationen eines Vektors mit einer skalaren Größe, sowie 2 Skalarprodukte. Dies ergibt

$$(9.4.17a) \qquad cg\text{-}Aufwand(\Phi) = C(A)+C(W)+8n$$

Operationen für die cg-Methode angewandt auf Φ, wobei

$$(9.4.17b) \qquad C(A)\text{: Aufwand für } p\mapsto Ap, \quad C(W)\text{: Aufwand für } r\mapsto W^{-1}r.$$

Wenn man einen Φ-Iterationsschritt in der Form $\Phi(x,b)=x-W^{-1}(Ax-b)$ durchführt, beträgt sein Aufwand $C(A)+C(W)+2n$, so daß

$$(9.4.17c) \qquad cg\text{-}Aufwand(\Phi) = Aufwand(\Phi)+6n.$$

Damit ergibt sich ebenso wie für die semiiterative Methode (vgl. §7.3.11)

$$(9.4.17d) \qquad C_{\Phi,cg\text{-}Methode} = C_\Phi + 6/C_A$$

als Kostenfaktor. Nach der Diskussion des Konvergenzverhaltens am Ende des vorigen Unterabschnittes wählen wir $c=(\sqrt{\Gamma}-\sqrt{\gamma})/(\sqrt{\Gamma}+\sqrt{\gamma})$ aus (15b) als asymptotische Rate, die wir dem *effektiver Aufwand* zugrunde legen:

(9.4.17e) $Eff_{cg}(\Phi) = -(C_\Phi + 6/C_A)\log(\sqrt{\Gamma}-\sqrt{\gamma})/(\sqrt{\Gamma}+\sqrt{\gamma})$.

Bemerkung 9.4.16. Auch wenn diese Zahlen exakt mit denen übereinstimmen, die wir für die Čebyšёv-Methode in §7.3.11 ermittelt haben, so
muß doch der außerordentliche Vorteil der cg-Methode betont werden,
daß die Eigenwertschranken γ und Γ dem Anwender unbekannt sein
dürfen. Umgekehrt verschlechtert sich sofort die Effektivität der
Čebyšёv-Methode, wenn man zu ungünstige γ, Γ-Schätzungen einsetzt.

9.4.8 Eignung für sekundäre Iterationen

In §8.4 wurden zusammengesetzte Iterationen diskutiert, die aus
$x \mapsto x - B^{-1}(Ax-b)$ entstehen, indem man die exakte Auflösung von
$B\delta=c$ ersetzt durch die näherungsweise Lösung mittels einer
sekundären Iteration. Es bietet sich jetzt an, mit $\delta^0=0$ zu starten und
m Schritte der cg-Methode durchzuführen. Zu diesem Vorgehen ist
eine positive und eine negative Anmerkung zu geben:

Lemma 9.4.17. Seien A, B positiv definit und $\Phi_A(x,b)=x-B^{-1}(Ax-b)$.
Zur Lösung von $B\delta=c$ sei die cg-Methode basierend auf einer Iteration
$\Phi_B(\delta,c)=c-C^{-1}(B\delta-c)$ mit Startwert $\delta^0=0$ als sekundärer Löser
eingesetzt. Die Zahl k der cg-Schritte sei so gewählt, daß $2c^k\leqslant\varepsilon$ mit
$c=(\sqrt{\Delta}-\sqrt{\delta})/(\sqrt{\Delta}+\sqrt{\delta})$, $0<\delta C\leqslant B\leqslant\Delta C$. Die zusammengesetzte Iteration
Φ_k ist nicht mehr linear, läßt sich aber noch in der Form

(9.4.18a) $\Phi_k(x,b) = M_k(Ax-b)x + N_k(Ax-b)b$

schreiben und besitzt die Kontraktionszahl (18b) in der Energienorm:

(9.4.18b) $\|M_k(Ax-b)\|_A \leqslant \|M_A\|_A + \varepsilon\,\|A^{1/2}B^{-1}A^{1/2}\|_2$ $(M_A=I-B^{-1}A)$.

Vor dem Beweis des Lemmas sei ein Kommentar zu (18b) gegeben:
Wenn wie in §8.4.1 für B eine Präkonditionierung mit $x(B^{-1}A)=$
$\|A^{1/2}B^{-1}A^{1/2}\|_2=O(1)$ gewählt wird, ist die rechte Seite in (18b)
beschränkt durch $\|M_A\|_A+C\varepsilon$. Man sollte ε so wählen, daß z.B.
$\|M_A\|_A+C\varepsilon\leqslant\frac{1}{2}(1+\|M_A\|_A)<1$.

Beweis des Lemmas. Die rechte Seite c in $B\delta=c$ ist der Defekt
$c=Ax^m-b$ (vgl. (8.4.4a)). Die Fehlerabschätzung (15b) liefert in der mit
B definierten Energienorm $\|\delta^k-\delta\|_B\leqslant\varepsilon\|\delta^0-\delta\|_B=\varepsilon\|\delta\|_B$ mit $\delta:=B^{-1}c$
wegen $\delta^0=0$. Aus

$$\|\delta\|_B=\|B^{1/2}\delta\|_2=\|B^{-1/2}A(x^m-x^*)\|_2\leqslant\|B^{-1/2}AB^{-1/2}\|_2\|x^m-x^*\|_B$$

folgt

$$\|x^{m+1}-x^*\|_B=\|x^m-\delta^k-x^*\|_B\leqslant\|x^m-\delta-x^*\|_B+\|\delta^k-\delta\|_B=$$

$$=\|\Phi_A(x^m,b)-x^*\|_B+\|\delta^k-\delta\|_B\leqslant\|M_A\|_B\|x^m-x^*\|_B+\varepsilon\|\delta\|_B\leqslant$$

$$\leqslant[\|M_A\|_B+\varepsilon\|B^{-1/2}AB^{-1/2}\|_2]\|x^m-x^*\|_B.$$

Die Identität $\|B^{-1/2}A\,B^{-1/2}\|_2 = \|A^{1/2}B^{-1/2}\|_2^2 = \|A^{1/2}B^{-1}A^{1/2}\|_2$ (vgl. (2.9.4a)) beweist die Kontraktionszahl (18b). Die Definition von $M_k(Ax-b)$ und $N_k(Ax-b)$ in (18a) ist offensichtlich. Da das cg-Verfahren nichtlinear ist (analog zu Bemerkung 2.1a), ist auch Φ_k nichtlinear.   ▣

Bemerkung 9.4.18. Die in Lemma 17 definierte zusammengesetzte Iteration Φ_k eignet sich nicht ohne weiteres als Basisiteration für die Čebyšёv- oder cg-Methode, da die Matrix $W_k(d)=A(I-M_k(d))$ der dritten Normalform von Φ_k mit dem Argument $d=Ax-b$ von der Iterierten x^m abhängt. Man vergleiche zu dieser Problematik Golub – Overton [1].

9.5 Verallgemeinerungen

9.5.1 Formulierung des cg-Verfahrens mit allgemeinerer Bilinearform

Zur Vorbereitung des nächsten Abschnittes wollen wir den cg-Algorithmus (5.14a-f) dahingehend verallgemeinern, daß wir die Euklidische Skalarprodukt $\langle\,\cdot\,,\cdot\,\rangle$ gegen eine Bilinearform (im komplexen Falle $\mathbb{K}=\mathbb{C}$: Sesquilinearform) austauschen. Die Abbildung $x,y\mapsto(x,y)\in\mathbb{K}$ heißt _Bilinearform_ ($\mathbb{K}=\mathbb{R}$) bzw. _Sesquilinearform_ ($\mathbb{K}=\mathbb{C}$), wenn (2.7.1b,b') erfüllt sind.

Übungsaufgabe 9.5.1. Sei $\langle\,\cdot\,,\cdot\,\rangle$ das Euklidische Skalarprodukt. Man zeige:
(a) Zu jeder Bilinear- bzw. Sesquilinearform gibt es eine Matrix B, so daß

$$(9.5.1a)\qquad (x,y) = \langle Bx,y\rangle \qquad\qquad\text{für alle } x,y\in\mathbb{K}^I.$$

(b) Für jedes $B\in K^{I\times I}$ definiert (1a) eine Sesquilinearform.
(c) Genau dann wenn $BAW^{-1}=A^HW^{-H}B$, gilt

$$(9.5.1b)\qquad (AW^{-1}x,y) = (x,W^{-1}Ay) \qquad\qquad\text{für alle } x,y\in\mathbb{K}^I.$$

Außer der Regularität von W sind im folgenden keine Voraussetzungen gestellt. Algorithmus (4.14a-f) lautet nach der Ersetzung:

$$(9.5.2a)\qquad \underline{\text{Start:}}\ x^0\text{ beliebig,}\qquad r^0:=b-Ax^0,\qquad p^0:=W^{-1}r^0,$$

$$\underline{\text{Iteration}}\text{ für } m=0,1,\ldots,\text{ solange } (Ap^m,p^m)\ne 0:$$

$$(9.5.2b)\qquad x^{m+1} := x^m+\lambda p^m \qquad\qquad\text{mit } \lambda:=(r^m,p^m)/(Ap^m,p^m),$$

$$(9.5.2c)\qquad r^{m+1} := r^m-\lambda Ap^m,$$

$$(9.5.2d)\qquad p^{m+1} := W^{-1}r^{m+1}-\omega p^m \qquad\text{mit } \omega := \frac{(AW^{-1}r^{m+1},p^m)}{(Ap^m,p^m)}.$$

Bemerkung 9.5.2. Der Algorithmus (2a-d) ist genau dann durchführbar, wenn W regulär ist und die entstehenden Suchrichtungen p^m die Bedingung $(Ap^m,p^m)\ne 0$ erfüllen, die auch für $p^m\ne 0$ verletzt sein kann.

Die meisten der Eigenschaften aus Lemma 4.15 lassen sich retten:

Satz 9.5.3. Algorithmus (2) sei für alle $0 \le m \le m_0$ durchführbar, d.h. es sei

$$(9.5.3) \qquad (Ap^m, p^m) \ne 0 \qquad\qquad \text{für alle } 0 \le m \le m_0.$$

Ferner gelte (1b). Dann gilt für alle $0 \le m \le m_0$:

$$(9.5.4a) \qquad (Ap^m, p^\ell) = 0 \qquad\qquad \text{für } \ell < m,$$

$$(9.5.4b) \qquad (r^m, W^{-1} r^\ell) = (r^m, p^\ell) = 0 \qquad\qquad \text{für } \ell < m,$$

$$(9.5.4c) \qquad r^m = b - Ax^m,$$

$$(9.5.4d) \qquad U_m := \operatorname{span}\{p^0, \ldots, p^m\} \text{ hat die Dimension } m+1,$$

$$(9.5.4e) \qquad \begin{aligned} U_m &= \operatorname{span}\{W^{-1} r^0, \ldots, W^{-1} r^m\} = \\ &= \operatorname{span}\{(W^{-1}A)^\nu W^{-1} r^0 : 0 \le \nu \le m\}, \end{aligned}$$

$$(9.5.4f) \qquad (r^\ell, p^\ell) = (r^\ell, W^{-1} r^\ell) \ne 0 \qquad\qquad \text{für } \ell < m_0.$$

Der Beweis ist dem aus §9.4 sehr ähnlich ist. Da dieser aber über die Abschnitte 9.3 und 9.4 verteilt ist, wollen wir ihn wiederholen. Zuvor sei aber etwas zur Interpretation der Ergebnisse eingefügt. (4a) kann man lesen als «p^m ist konjugiert zu p^ℓ». Man beachte aber, daß diese Aussage nicht symmetrisch ist, da sich (4a) nur auf $\ell < m$ bezieht. Analoges gilt für (4b).

Beweis. (i) Die Darstellung (4c) folgt offenbar aus (2a,c). Die weiteren Aussagen werden durch Induktion über m_0 gezeigt, wobei der Fall $m_0 = 0$ trivial ist. Seien (4a-e) für $m \le m_0$ richtig. Die Gleichheit der in (4d,e) auftretenden Unterräume ergibt sich ebenso wie die entsprechende Aussage (4.4d).

(ii) Für $\ell = m$ verschwindet (r^{m+1}, p^ℓ) nach Definition von λ in (2b). Für $\ell < m$ ergibt (2c): $(r^{m+1}, p^\ell) = (r^m, p^\ell) - \lambda(Ap^m, p^\ell) = 0$ wegen (4a,b). Dank (4e) impliziert $(r^{m+1}, p^\ell) = 0$ $(\ell \le m)$ auch $(r^{m+1}, W^{-1} r^\ell) = 0$.

(iii) Das Produkt (Ap^{m+1}, p^ℓ) verschwindet für $\ell = m$ nach Definition von ω in (2d). Für $\ell < m$ setzt man (2d) ein:

$$(Ap^{m+1}, p^\ell) = (AW^{-1} r^{m+1}, p^\ell) - \omega(Ap^m, p^\ell).$$

(4a) liefert $(Ap^m, p^\ell) = 0$. (1b) gestattet die Umformung $(AW^{-1} r^{m+1}, p^\ell) = (r^{m+1}, W^{-1} Ap^\ell)$. Da $p^\ell \in U_{m-1}$ und somit $W^{-1} Ap^\ell \in U_m$ (vgl. (4e)), beweist die in (ii) gezeigte Eigenschaft (4b) für $m+1$, daß $(AW^{-1} r^{m+1}, p^\ell) = 0$. Also ist $(Ap^{m+1}, p^\ell) = 0$ für alle $\ell \le m$ richtig.

(iv) Zum Beweis von (4d) sei $v := \sum_{\ell=0}^{m+1} \alpha_\ell p^\ell = 0$ angenommen. Teil (iii) beweist $0 = (Ap^k, v) = \bar{\alpha}_k$ für $k = m+1$. Induktiv ergibt sich $\alpha_k = 0$ für alle $0 \le k \le m+1$, also $v = 0$. Somit sind die Suchrichtungen p^ℓ, $0 \le \ell \le m+1$, linear unabhängig. Da $(r^m, p^m) = 0$ zu $r^{m+1} = r^m$ führt, wäre dies ein Widerspruch zu $\dim U_{m+1} = \dim\{W^{-1} r^0, \ldots, W^{-1} r^{m+1}\} = m+2$. Also ist $(r^m, p^m) \ne 0$. Aus $p^m - W^{-1} r^m \in U_{m-1}$ ergibt sich die Identität $(r^m, p^m) = (r^m, W^{-1} r^m)$, die den Beweis von (4f) abschließt.

Die Ersetzung von (r^m, p^m) in (2b) durch $(r^m, W^{-1}r^m)$ ist schon in (4f) erwähnt. Die zu (4.6e') analoge Aussage ist Gegenstand von

Übungsaufgabe 9.5.4. Man zeige: Äquivalent zu (2d) ist die Definition

$$(9.5.2d')\qquad p^{m+1} := W^{-1}r^{m+1} + (r^{m+1}, W^{-1}r^{m+1})/(r^m, W^{-1}r^m)\, p^m.$$

9.5.2 Das Verfahren der konjugierten Residuen

Die Voraussetzung (1b) ist nach Übung 1c äquivalent zur Bedingung $BAW^{-1}=A^H W^{-H}B$ an die Matrix B, die die Bilinearform (1a) erzeugt. Hinreichende Bedingungen sind:

$$(9.5.5a)\qquad AW^{-1} = A^H W^{-H}, \qquad B \text{ ist mit } AW^{-1} \text{ vertauschbar.}$$

Die letzte Bedingung gilt trivialerweise für $B=I$. Dieser Fall ist aber uninteressant, da er zum Algorithmus (4.14a-f) zurückführt. Möglich ist auch

$$(9.5.5b)\qquad B = AW^{-1} = A^H W^{-H}.$$

Die Wahl (5b) ergibt die Bilinearform

$$(9.5.5c)\qquad (x,y) = \langle Bx,y\rangle = \langle AW^{-1}x,y\rangle = \langle A^H W^{-H}x,y\rangle = \langle x,W^{-1}Ay\rangle.$$

Algorithmus (2a-d) wird für B aus (5b) zu

$$(9.5.6a)\qquad \underline{\text{Start:}}\ x^0 \text{ beliebig,}\qquad r^0 := b - Ax^0, \qquad p^0 := W^{-1}r^0;$$

$$\underline{\text{Iteration:}}\ \text{Für } m=0,1,\ldots,\ \text{solange } \langle Ap^m, W^{-1}Ap^m\rangle \neq 0:$$

$$(9.5.6b)\qquad x^{m+1} := x^m + \lambda p^m, \qquad r^{m+1} := r^m - \lambda Ap^m \quad \text{mit}$$

$$(9.5.6c)\qquad \lambda := \frac{\langle r^m, W^{-1}Ap^m\rangle}{\langle Ap^m, W^{-1}Ap^m\rangle} = \frac{\langle AW^{-1}r^m, W^{-1}r^m\rangle}{\langle Ap^m, W^{-1}Ap^m\rangle},$$

$$(9.5.6d)\qquad p^{m+1} := W^{-1}r^{m+1} - \omega p^m \qquad \text{mit}$$

$$(9.5.6e)\qquad \omega := \frac{\langle AW^{-1}r^{m+1}, W^{-1}Ap^m\rangle}{\langle Ap^m, W^{-1}Ap^m\rangle} = -\frac{\langle AW^{-1}r^{m+1}, W^{-1}r^{m+1}\rangle}{\langle AW^{-1}r^m, W^{-1}r^m\rangle}.$$

Für $W=I$ ist diese Methode äquivalent zur <u>Methode der konjugierten Residuen</u> (CR) von Stiefel [2]. Falls $A>0$ und $W>0$, erhält man (6a-e) auch direkt aus dem Standard-cg-Verfahren (4.6a-e), wie zu sehen in

Übungsaufgabe 9.5.5. Durch Anwendung von (4.6a-e) auf die zu $Ax=b$ äquivalente Gleichung $\bar{A}\,\bar{x} = \bar{b}$ mit $\bar{A}$ und $\bar{b}$ aus (2.10b) zeige man: Nach Umschreiben auf die Größen x und $p=A^{-1/2}\bar{p}$ ergibt sich (6a-e).

Aus Übung 5 ergibt sich sofort die Übertragung der Fehleraussage (4.10) mit $\bar{A}=A^{1/2}W^{-1}A^{1/2}$ statt A, die in Analogie zu (2.10d) in der $\|\cdot\|_{AW^{-1}A}$-Norm zu schreiben ist:

Satz 9.5.6. Φ, γ, Γ, $\varkappa$ und c seien wie in Satz 4.14. Die Fehler $e^m = x^m - x^*$ der Iterierten aus (6a-e) erfüllen die Abschätzung

$$(9.5.7) \qquad \| W^{-1/2} A (x^m - x^*) \|_2 =$$

$$= \| W^{-1/2} (A x^m - b) \|_2 \leqslant \frac{2 c^m}{1 + c^{2m}} \| W^{-1/2} (A x^0 - b) \|_2 .$$

Für den Fall $W = I$ stellt (7) eine Abschätzung des Residuums r^m dar.

Lemma 9.5.7. Seien $A = A^H$, $W > 0$. U_m sei der Unterraum aus (4d). Die Iterierte x^m aus (6a-e) minimiert die Norm

$$(9.5.8) \qquad \| W^{-1/2} r^m \|_2 = \min \{ \| W^{-1/2} A (x - x^*) \|_2 : x - x^0 \in U_{m-1} \}.$$

Beweis. Da $A W^{-1} A > 0$, hat $\{ \langle A (x - x^*), W^{-1} A (x - x^*) \rangle : x - x^0 \in U_{m-1} \}$ bei $x = x^m$ genau dann ein Minimum, wenn der Gradient $A W^{-1} A (x^m - x^*)$ $= - A W^{-1} r^m$ senkrecht auf U_{m-1} steht. Da $p^0, \ldots, p^{m-1}$ den Unterraum U_{m-1} aufspannen, reicht es, $\langle A W^{-1} r^m, p^\ell \rangle = 0$ für $0 \leqslant \ell \leqslant m-1$ zu zeigen. Mit (5c) lautet diese Bedingung $(r^m, p^\ell) = 0$ und gilt wegen (4b). $\blacksquare$

Die Voraussetzungen des Lemmas 7 lassen auch eine *indefinite* Matrix A zu (d.h. A enthält sowohl positive wie negative Eigenwerte). Die Bilinearform (5c) ist in dieser Situation kein Skalarprodukt, jedoch stellt der Nenner $\langle A p^m, W^{-1} A p^m \rangle$ das zur $\| \cdot \|_{A W^{-1} A}$-Norm gehörende Skalarprodukt dar. Der Nenner in (6c) verschwindet daher nur, wenn $p^m = 0$. Das Verfahren (6a-e) ist trotzdem nicht zur Lösung der Gleichung $A x = b$ geeignet, wie das folgende Gegenbeispiel zeigt.

Zur Vereinfachung sei $W = I$ angenommen. Wenn A indefinit ist, gibt es Eigenwerte $\lambda_1 < 0$, $\lambda_2 > 0$ mit zugehörigen Eigenvektoren v_1, v_2. Für $v := \sqrt{\lambda_2} \| v_2 \|_2 v_1 + \sqrt{-\lambda_1} \| v_1 \|_2 v_2 \neq 0$ prüft man $\langle v, A v \rangle = 0$ nach. Wir wählen den Startwert x^0 derart, daß $r^0 = v$. Wegen $p^0 = r^0$ und $\langle r^0, A p^0 \rangle = 0$, führt $\lambda = 0$ in (6c) zu $x^1 = x^0$ und $r^1 = r^0$. (6d,e) liefert die Suchrichtung $p^1 = r^1 - \omega p^0 = r^0 - 1 \cdot r^0 = 0$, so daß der Algorithmus (6a-e) für $m = 1$ wegen $\langle A p^m, W^{-1} A p^m \rangle = \langle 0, 0 \rangle = 0$ abbricht, ohne daß die exakte Lösung erreicht wäre. Ursache des Versagens ist, daß die Unterräume $\mathrm{span}\{ r^0, r^1 \} = \mathrm{span}\{ r^0 \}$ und $\mathrm{span}\{ r^0, A r^0 \}$ auseinanderfallen. Dies zeigt, daß der Unterraum $\mathrm{span}\{ r^0, \ldots, A^m r^0 \}$ oder allgemeiner $\mathrm{span}\{ W^{-1} r^0, \ldots, (W^{-1} A)^m W^{-1} r^0 \}$ geeigneter ist als $\mathrm{span}\{ r^0, \ldots, r^m \}$. Man nennt $\mathrm{span}\{ q, X q, \ldots, X^{m-1} q \}$ den von q (und der Matrix X) erzeugten *Krylov-Raum* (der Dimension m).

Auch wenn während der Rechnung der Fall $\langle A r^m, r^m \rangle = 0$ nicht auftritt, kann es geschehen, daß r^m «fast» in U_{m-1} enthalten ist, was den Algorithmus instabil macht. Zur Abhilfe werden wir die Suchrichtungen p^m aus einer anderen Rekursion gewinnen, die zuerst für die Standard-cg-Variante vorgeführt wird, bevor der Fall einer indefiniten Matrix in §9.5.4 wieder aufgenommen wird.

9.5.3 Dreitermrekursion für p^m

Wenn man die Definition (4.14d): $r^{m+1}:=r^m-\lambda A p^m$ in (4.14f) einsetzt, erhält man $p^{m+1}:=W^{-1}r^m -\lambda W^{-1}A p^m +$const p^m . Da die Skalierung der Suchrichtung irrelevant ist, ersetzen wir p^{m+1} durch $-p^{m+1}/\lambda$. Wegen $W^{-1}r^m$, $p^m \in U_m$ kommen wir so zu folgendem Ansatz:

$$(9.5.9a) \qquad p^{m+1} := W^{-1}A p^m - \sum_{\mu=0}^{m} \alpha_{\mu,m+1}\, p^{m-\mu}.$$

Die Bedingung (4.16a): $\langle A p^{m+1}, p^m \rangle = 0$ bestimmt den Koeffizienten

$$(9.5.9b) \qquad \alpha_{0,m+1} = \langle A W^{-1}A p^m, p^m \rangle / \langle A p^m, p^m \rangle,$$

da $\langle A p^{m-\mu}, p^m \rangle = 0$ für $\mu > 0$. Ebenso ergibt sich

$$(9.5.9c) \qquad \alpha_{1,m+1} = \langle A W^{-1}A p^m, p^{m-1} \rangle / \langle A p^{m-1}, p^{m-1} \rangle.$$

Lemma 9.5.8. Seien $A = A^H$, $W = W^H$. In (9a) gilt $\alpha_{\mu,m+1}=0$ für alle $\mu \geq 2$.

Beweis. Die Bedingung $\langle A p^{m+1}, p^{m-\mu} \rangle = 0$ liefert die Gleichung

$$(9.5.9d) \qquad \langle A W^{-1}A p^m, p^{m-\mu} \rangle = \alpha_{\mu,m} \langle A p^{m-\mu}, p^{m-\mu} \rangle.$$

Die Behauptung folgt aus

$$\langle A W^{-1}A p^m, p^{m-\mu} \rangle = \langle A p^m, W^{-1}A p^{m-\mu} \rangle_{\overset{=}{(9a)}}$$
$$= \langle A p^m, p^{m+1-\mu} + \sum_{\nu \geq 0} \alpha_{\nu,m+1-\mu} p^{m-\mu-\nu} \rangle = 0. \qquad \blacksquare$$

Aufgrund von Lemma 8 läßt sich p^{m+1} aus der Dreitermrekursion

$$(9.5.10a) \qquad p^{m+1} := W^{-1}A p^m - \alpha_0 p^m - \alpha_1 p^{m-1} \quad \text{mit}$$

$$(9.5.10b) \qquad \alpha_0 = \frac{\langle A W^{-1}A p^m, p^m \rangle}{\langle A p^m, p^m \rangle}, \qquad \alpha_1 = \frac{\langle A W^{-1}A p^m, p^{m-1} \rangle}{\langle A p^{m-1}, p^{m-1} \rangle}$$

berechnen, wobei der letzte Term für $m=0$ entfällt (formal kann man $\alpha_1=0$, $p^{-1}=0$ setzen). Der entstehende cg-Algorithmus wird sofort mit der Bilinearform $(\cdot,\cdot)$ aufgeschrieben. Für $(\cdot,\cdot)=\langle\cdot,\cdot\rangle$ ergibt sich ein zu (4.14a–f) äquivalenter Algorithmus.

$(9.5.11a) \qquad$ <u>Start:</u> x^0 beliebig, $r^0:=b-A x^0$, $p^{-1}:=0$, $p^0:=W^{-1}r^0$.

$\qquad\qquad\quad$ <u>Iteration</u> für $m=0,1,\ldots,$ solange $(A p^m, p^m) \neq 0$:

$(9.5.11b) \qquad x^{m+1} := x^m + \lambda p^m, \qquad r^{m+1} := r^m - \lambda A p^m \quad \text{mit}$

$(9.5.11c) \qquad \lambda := (r^m, p^m)/(A p^m, p^m),$

$(9.5.11d) \qquad p^{m+1} := W^{-1}A p^m - \alpha_0 p^m - \alpha_1 p^{m-1} \quad \text{mit}$

$(9.5.11e) \qquad \alpha_0 = \dfrac{(A W^{-1}A p^m, p^m)}{(A p^m, p^m)}, \qquad \alpha_1 = \dfrac{(A W^{-1}A p^m, p^{m-1})}{(A p^{m-1}, p^{m-1})}$

wobei wieder $\alpha:=0$ für $m=0$ zu setzen ist.

Satz 9.5.9 Es gelte (1b). Sei m_0 der maximale Index, so daß die in (11) erzeugten Suchrichtungen $(Ap^m, p^m) \neq 0$ für alle $0 \leqslant m \leqslant m_0$ erfüllen.
(a) Für die Größen x^m, r^m, p^m $(0 \leqslant m \leqslant m_0)$ aus (11a–e) gelten die Beziehungen (4a–d). An die Stelle von (4e) tritt

$$(9.4.12a) \quad U_m := \mathrm{span}\{p^0, \ldots, p^m\} = \mathrm{span}\{(W^{-1}A)^\nu W^{-1} r^0 : 0 \leqslant \nu \leqslant m\}$$
$$\supset \mathrm{span}\{W^{-1} r^0, \ldots, W^{-1} r^m\} \quad \text{für } 0 \leqslant m \leqslant m_0.$$

Genauer gilt die Inklusion

$$(9.4.12b) \quad W^{-1} r^m \in \mathrm{span}\{p^m, p^{m-1}\} \qquad \text{für } 0 \leqslant m \leqslant m_0.$$

(b) Solange der Algorithmus (2a–d) durchführbar ist, produzieren (2a–d) und (11a–e) die gleichen Iterierten x^m, während sich die Suchrichtungen um einen Faktor $\neq 0$ unterscheiden können.
(c) Wenn die Iteration (11b–e) wegen $p^m = 0$ abbricht, ist x^m bereits die exakte Lösung.

Beweis. (i) Die Eigenschaften (4a–d) zeigt man wie in Satz 3. Zum Beweis von (12b) führt man Induktion über m durch. Die Behauptung ist trivial für $m = 0$. Sei (12b) für $m-1$ richtig. Die Definition von r^m in (11b) zeigt $W^{-1} r^m = W^{-1} r^{m-1} - \lambda W^{-1} A p^{m-1}$. Die Induktionsbehauptung zusammen mit (11d) ergibt $W^{-1} r^m \in \mathrm{span}\{p^m, p^{m-1}, p^{m-2}\}$, also

$$W^{-1} r^m = \beta_0 p^m + \beta_1 p^{m-1} + \beta_2 p^{m-2}.$$

(4a) gestattet die Darstellung $\beta_2 = (A W^{-1} r^m, p^{m-2}) / (A p^{m-2}, p^{m-2})$. Dank der Voraussetzung (1b) ist $(A W^{-1} r^m, p^{m-2}) = (r^m, W^{-1} A p^{m-2})$. Da aber $A W^{-1} p^{m-2} \in U_{m-1}$ und $(r^m, y) = 0$ für alle $y \in U_{m-1}$ (vgl. (4b)), ist $\beta_2 = 0$ bewiesen.

(ii) Solange der Algorithmus (2a–d) durchführbar ist, spannen die dort erzeugten p^m den gleichen Krylov-Raum $U_m := \mathrm{span}\{(W^{-1}A)^\nu W^{-1} r^0 : 0 \leqslant \nu \leqslant m\}$ auf. Da sich Vektoren p^m mit der Eigenschaft (4a): $(A p^m, p^\ell) = 0$ für $m > \ell$ und $p^0 = W^{-1} r^0$ nur um eine Konstante $(\neq 0$, da $(A p^m, p^m) \neq 0)$ unterscheiden können, müssen (2b) und (6b) zu den gleichen x^m führen.

(iii) Sei $p^m = 0$. Dies impliziert die Gleichheit $U_m = U_{m-1}$. (12b) wird zu $W^{-1} r^m \in \mathrm{span}\{p^{m-1}\}$, so daß $r^m = 0$ zu $(A W^{-1} r^m, p^{m-1}) = 0$ äquivalent ist. (1b) gestattet die Umformulierung $(A W^{-1} r^m, p^{m-1}) = (r^m, W^{-1} A p^{m-1})$. Da $W^{-1} A p^{m-1} \in U_m = U_{m-1}$ und $(r^m, y) = 0$ für alle $y \in U_{m-1}$ (vgl. (4b)), ist die Behauptung bewiesen. ◨

9.5.4 Stabilisiertes Verfahren der konjugierten Residuen

Es sei betont, daß im allgemeinen Fall die Iteration (11a–e) wegen $(A p^m, p^m) = 0$ abbrechen kann, ohne daß $p^m = 0$ gelten müßte. Damit kann der Algorithmus bei Abbruch die exakte Lösung liefert, muß die Bilinearform so gewählt werden, daß $(A z, z) = 0 \implies z = 0$ gilt.

Die Bilinearform sei durch (1a) mit B aus (5b) definiert. Das Abbruchkriterium $(Ap^m, p^m) = 0$ wird damit zu $\langle Ap^m, W^{-1}Ap^m\rangle = 0$. Unter der Voraussetzung $W > 0$ (z.B. $W = I$) impliziert dies $p^m = 0$, so daß gemäß Satz 9c im Abbruchfalle die exakte Lösung $x^m = x^*$ erreicht ist. Der Algorithmus (11a-e) nimmt für B aus (5b) die folgende Gestalt an:

(9.5.13a)   Start: x^0 beliebig, $\quad r^0 := b - Ax^0$, $\quad p^{-1} := 0$, $\quad p^0 := W^{-1}r^0$.

Iteration für $m = 0, 1, \ldots$, solange $\langle Ap^m, W^{-1}Ap^m\rangle \neq 0$:

(9.5.13b) $x^{m+1} := x^m + \lambda p^m$, $\quad r^{m+1} := r^m - \lambda Ap^m$ mit

(9.5.13c) $\lambda := \langle r^m, W^{-1}Ap^m\rangle / \langle Ap^m, W^{-1}Ap^m\rangle$,

(9.5.13d) $p^{m+1} := W^{-1}Ap^m - \alpha_0 p^m - \alpha_1 p^{m-1}$ mit

(9.5.13e) $\alpha_0 = \dfrac{\langle AW^{-1}Ap^m, W^{-1}Ap^m\rangle}{\langle Ap^m, W^{-1}Ap^m\rangle}$, $\quad \alpha_1 = \dfrac{\langle AW^{-1}Ap^m, W^{-1}Ap^{m-1}\rangle}{\langle Ap^{m-1}, W^{-1}Ap^{m-1}\rangle}$.

Übungsaufgabe 9.5.10. Zunächst scheint (13a-e) wegen $AW^{-1}Ap^m$ in (13e) pro Iterationsschritt zwei Multiplikationen mit der Matrix A zu kosten. Man schreibe den Algorithmus (13a-e) so um, daß eine weitere Rekursion für $a^m := Ap^m$ hinzugefügt wird und pro Iteration nur eine A-Multiplikation nötig ist.

9.5.5 Konvergenzresultate für indefinite Matrizen A

Das Lemma 7 läßt sich mit dem gleichen Beweis übertragen:

Lemma 9.5.11. Seien $A = A^H$, $W > 0$. U_m sei der Unterraum aus (12a). Die Iterierte x^m des Algorithmus aus (13a-e) minimiert die Norm (8):

(9.5.8) $\|W^{-1/2}r^m\|_2 = \min\{\|W^{-1/2}A(x - x^*)\|_2 : x - x^0 \in U_{m-1}\}$.

Der Algorithmus (13a-e) der konjugierten Residuen ist für *indefinite* Matrizen interessant aufgrund der

Bemerkung 9.5.12. Sei W positiv definit. Die Voraussetzungen des Lemmas 11 lassen indefinite, Hermitesche Matrizen A zu. Wenn $A = A^H$ eine möglicherweise indefinite, reguläre Matrix ist, sind die Bedingungen (5a,b) erfüllt. $\langle Ap^m, W^{-1}Ap^m\rangle = 0$ impliziert $p^m = 0$.

Die Fehlerabschätzung (7) aus Satz 6 überträgt sich nicht direkt auf indefinite Matrizen, da das Spektrum von $W^{-1}A$ nicht mehr im positiven Bereich liegt. Im allgemeinen Fall ergibt sich langsamere Konvergenz als im positiv definiten Falle.

Satz 9.5.13. Sei $W > 0$, $A = A^H$ regulär, $\varkappa = \varkappa(W^{-1}A)$. Dann erfüllen die Iterierten x^m von (13a-e) die Fehlerabschätzung

(9.5.14) $\|W^{-1/2}A(x^m - x^*)\|_2 \leqslant \dfrac{2c^\mu}{1 + c^{2\mu}}\|W^{-1/2}(Ax^0 - b)\|_2$

mit $c := (\varkappa - 1)/(\varkappa + 1)$ und $\frac{m}{2} - 1 < \mu \leqslant \frac{1}{2}m$, $\mu \in \mathbb{Z}$. Die asymptotische Konvergenzrate ist somit $\sqrt{c} = 1 - 1/\varkappa + O(\varkappa^{-2})$.

Beweis. Für ungerades m nutzen wir die (schwach) monotone Konvergenz $\|W^{-1/2}Ae^m\|_2 \leqslant \|W^{-1/2}Ae^{m+1}\|_2$ aus, die aus (8) folgt. Sei deshalb im weiteren $m = 2\mu$ gerade. In Analogie zu Folgerung 4.10 findet man

$$(9.5.15) \qquad \|W^{-1/2}Ae^m\|_2 \leqslant \max\{|P_m(1-\lambda)| : \lambda \in \sigma(W^{-1}A)\}\, \|W^{-1/2}Ae^0\|_2$$

für jedes Polynom P_m vom Grad $\leqslant m$ mit $P_m(1)=1$. Sei p_μ ein Polynom vom Grad $\leqslant \mu = m/2$ mit $p_\mu(1)=1$. $P_m(\xi) := p_\mu(\xi(2-\xi))$ ist vom Grad $\leqslant m$ und erfüllt $P_m(1)=1$. Offenbar gilt $P_m(1-\lambda)=p_\mu(1-\lambda^2)$. Somit ist

$$\|W^{-1/2}Ae^m\|_2 \leqslant \max\{|p_\mu(1-\lambda^2)| : \lambda \in \sigma(W^{-1}A)\}\, \|W^{-1/2}Ae^0\|_2.$$

Wenn $\lambda \in \sigma(W^{-1}A)$, gilt $|\lambda| \in [\gamma, \Gamma]$ und $\lambda^2 \in [\gamma^2, \Gamma^2]$, wobei

$$\gamma := 1/\rho(A^{-1}W) = \min\{|\lambda| : \lambda \in \sigma(W^{-1}A)\}, \qquad \Gamma := \rho(W^{-1}A).$$

Da $[\gamma^2, \Gamma^2]$ im positiven Bereich liegt, liefert das Čebyšёv-Polynom (7.3.12b) die folgende Abschätzung mit $c = (\Gamma-\gamma)/(\Gamma+\gamma) = (\varkappa-1)/(\varkappa+1)$:

$$\max\{|p_\mu(1-\lambda^2)| : \lambda \in \sigma(W^{-1}A)\} \leqslant \max\{|p_\mu(1-\xi)| : \gamma^2 \leqslant \xi \leqslant \Gamma^2\} \leqslant \frac{2c^\mu}{1+c^{2\mu}}. \quad \blacksquare$$

Häufig liegt jedoch eine *mildere Form der Indefinitheit* vor. Wenn beispielsweise die Helmholtz-Gleichung $-\Delta u - cu = f$ mit $c > 0$ diskretisiert wird, ergeben sich für A die Eigenwerte λ_μ^h:

$$\lambda_\mu^h = \lambda_{\mu,0}^h - c, \quad \lambda_{\mu,0}^h > 0 \text{ Eigenwerte im Poisson-Modellfall,} \quad 1 \leqslant \mu \leqslant n = n_h.$$

Da für $h \to 0$ die diskreten Eigenwerte λ_μ^h gegen Werte λ_μ konvergieren, die sich nicht häufen können (vgl. Hackbusch [15,§11]), sind die folgenden Eigenschaften erfüllt:

(9.5.16a)   Die Zahl k der negativen Eigenwerte ist für $h \to 0$ beschränkt.

(9.5.16b)   Für alle $h > 0$ liegen die nichtpositiven Eigenwerte in $[-c_1, -c_0]$ mit $0 < c_0 \leqslant c_1$.

(9.5.16c)   Die positiven Eigenwerte liegen in $[\gamma, \Gamma]$ mit $0 < \gamma \leqslant \Gamma$.

Sei $k = k_h$ die Zahl der negativen Eigenwerte λ_μ^h, $1 \leqslant \mu \leqslant k$. Man setze

$$\pi_h(1-\xi) = \prod_{\ell=1}^{k}(1 - \xi/\lambda_\mu^h).$$

p_μ sei das Čebyšёv-Polynom (7.3.12b) vom Grad $\mu := m-k$ für $a = 1-\gamma$, $b = 1-\Gamma$. Das Produkt $P_m(\xi) := \pi_h(\xi)p_\mu(\xi)$ ist vom Grad m mit $P_m(1)=1$. Da $P_m(1-\lambda)=0$ für die negativen $\lambda \in \sigma(W^{-1}A)$, reduziert sich der Faktor der rechten Seite in (15) gemäß (16c) auf

$$\max\{|P_m(1-\lambda)| : \lambda \in [\gamma, \Gamma]\} \leqslant \max\{|\pi_h(1-\lambda)| : \lambda \in [\gamma, \Gamma]\}\frac{2c^\mu}{1+c^{2\mu}}$$

mit $c := \dfrac{\sqrt{\Gamma}-\sqrt{\gamma}}{\sqrt{\Gamma}+\sqrt{\gamma}}$. $|\pi_h(1-\lambda)|$ läßt sich durch $(1+\Gamma/c_0)^k$ abschätzen (vgl. (16b)). Die m-te Wurzel der Schranke $2(1+\Gamma/c_0)^k c^\mu/(1+c^{2\mu})$ konvergiert gegen c, so daß die asymptotische Konvergenzrate von den negativen Eigenwerten nicht beeinträchtigt wird. Dies beweist den

---

Satz 9.5.14. Sei $A = A^H$, $W>0$. Die Eigenwerte von $W^{-1}A$ mögen (16a-c) erfüllen. Die Konditionszahl $\varkappa(W^{-1}A)$ sei ersetzt durch die eventuell bessere Zahl $\varkappa := \Gamma/\gamma$. Dann gilt für den Algorithmus (13a-e) der konjugierten Residuen die Fehlerabschätzung

$$(9.5.17) \qquad \| W^{-1/2} A(x^m - x^*)\|_2 \leqslant 2\left(\frac{1+\Gamma/c_0}{c}\right)^k c^m \| W^{-1/2}(A x^0 - b)\|_2$$

mit $c := \dfrac{\sqrt{\varkappa}-1}{\sqrt{\varkappa}+1} = \dfrac{\sqrt{\Gamma}-\sqrt{\gamma}}{\sqrt{\Gamma}+\sqrt{\gamma}}$. c ist die asymptotische Konvergenzrate.

Eine Alternative zum Verfahren (13a-e) der konjugierten Residuen wird die in §9.5.9 erwähnte Standard-cg-Methode angewandt auf das Kaczmarz-Iteration sein. Die Konvergenzgeschwindigkeit ist dann wie in Satz 13 relativ ungünstig, ohne aber in der Situation (16a-c) besser ausfallen zu können.

9.5.6 Pascal-Prozeduren

Die folgenden Prozeduren sind analog zu denen aus §9.4.5 aufgebaut:

```
procedure starte_CR_Verfahren (var A: Diskretisierungsdaten; var x,b:
        Gitterfunktion; var IP: Iterationsparameter; Basisiteration: PIteration);
begin with IP do  begin Nr:=0; if cg=nil then new(cg) end;  with IP.cg^ do
      begin if CR=nil then new(CR); rho:=0;
            Residuum(r,A,x,b); N_y(p,r,A,IP,Basisiteration); A_x(CR^.a,A,p)
end end;
procedure CR_Verfahren (var neu: Gitterfunktion;
                    var A: Diskretisierungsdaten; var x,b: Gitterfunktion;
                    var IP: Iterationsparameter; Basisiteration: PIteration);
var c,aw: Gitterfunktion; alpha0,alpha1,lambda,rhoalt: real; label 1;
begin if IP.cg=nil then 1: starte_CR_Verfahren(A,x,b,IP,Basisiteration)
   else if IP.cg^.CR=nil then goto 1; with A do with IP.cg^ do
   begin rhoalt:=rho;
      N_y(c,CR^.a,A,IP,Basisiteration); rho:=Eukl_Skalarprodukt(CR^.a,c,A);
      if rho=0 then begin writeln('Exakte Lösung mit CR erreicht!'); rho:=1 end;
      lambda:=Eukl_Skalarprodukt(r,c,A)/rho;
      Vektor_plus_Faktor_mal_Vektor(nx,ny,neu,x,lambda,p);
      Randwerte_uebertragen(nx,ny,x,neu);
      Vektor_plus_Faktor_mal_Vektor(nx,ny,r,r,-lambda,CR^.a);
      A_x(aw,A,c); alpha0:=Eukl_Skalarprodukt(aw,c,A)/rho;
      if rhoalt<>0 then alpha1:=Eukl_Skalarprodukt(aw,CR^.w,A)/rhoalt
      else alpha1:=0; CR^.w:=c; if alpha1<>0 then
      Vektor_plus_Faktor_mal_Vektor(nx,ny,c,c,-alpha1,CR^.palt); CR^.palt:=p;
      Vektor_plus_Faktor_mal_Vektor(nx,ny,p,c,-alpha0,p); if alpha1<>0 then
      Vektor_plus_Faktor_mal_Vektor(nx,ny,aw,aw,-alpha1,CR^.aalt);
      CR^.aalt:=CR^.a;
      Vektor_plus_Faktor_mal_Vektor(nx,ny,CR^.a,aw,-alpha0,CR^.a)
end end;
```

```
procedure CR_Verfahren_1(var It: Iterationsdaten; Basisiteration: PIteration);
var Nummer: integer;
begin with it do with IP do begin
       Nummer:=Nr; if Nr=0 then starte_CR_Verfahren(A,x,b,IP,Basisiteration);
       CR_Verfahren(x,A,x,b,IP,Basisiteration); Nr:=Nummer+1
end end;
```

9.5.7 Numerische Beispiele

Zuerst wird zum Vergleich das positiv definite Poisson-Modell-problem für $h = 1/32$ herangezogen. Wir wenden das CR_Verfahren auf die ILU-Iteration (5-Punktmuster) mit den gleichen Parametern wie in Tabelle 4.2 an. Die in Tabelle 1 wiedergegebenen Resultate sind ähnlich wie die des Standard-cg-Verfahrens aus Tabelle 4.2.

	5-Punkt—ILU mit $\omega = -1$	
m	$u_{16,16}$	$\|e^m\|_A / \|e^{m-1}\|_A$
1	0.2222124445	$1.57356_{10}-1$
2	0.4269164370	$5.37790_{10}-1$
3	0.4510237348	$4.39627_{10}-1$
4	0.4759275765	$4.38732_{10}-1$
5	0.4813602944	$4.86199_{10}-1$
10	0.4998558015	$3.84330_{10}-1$
20	0.5000000047	$3.38399_{10}-1$
21	0.5000000029	$3.89211_{10}-1$
22	0.5000000012	$4.07384_{10}-1$
23	0.5000000003	$3.17164_{10}-1$
24	0.5000000002	$4.42606_{10}-1$
25	0.5000000000	$6.91876_{10}-1$
26	0.5000000000	$7.68926_{10}-1$
27	0.5000000000	$9.55932_{10}-1$
28	0.5000000000	$1.02596_{10}+0$
29	0.5000000000	$1.03161_{10}+0$
30	0.5000000000	$1.03076_{10}+0$

Tabelle 9.5.1 Die CR-Methode (13) für das Poisson-Modellproblem angewandt auf die ILU-Iteration

m	$u_{16,16}$	$\dfrac{\|e^m\|_2}{\|e^{m-1}\|_2}$
1	-1.129805206	1.36998
2	0.5616735534	0.41788
3	0.9170148791	0.77945
4	0.7375934000	0.78685
5	0.6675855715	0.88467
6	0.5834957931	0.95835
7	0.5440078825	0.99228
8	0.5222771713	1.00338
9	0.5099064832	1.00768
10	0.5053055088	1.00956
11	0.5029466483	1.01213
12	0.5020970259	1.01621
13	0.5015223028	1.01159
14	0.5015388760	1.00335
15	0.5017304154	0.97466
16	0.5019212154	0.86920
17	0.5018558645	0.56086
18	0.5017568935	0.32511
19	0.5008067252	0.27287
20	0.5003741869	0.19130
21	0.5003841894	0.35875
30	0.4999998664	0.30740
31	0.4999999694	0.40910
32	0.4999999838	0.69469
33	0.4999999962	0.90769
34	0.4999999984	0.97862
35	0.4999999986	0.98121
50	0.4999999994	0.99385

Tabelle 9.5.2 Die CR-Methode (13) für ein indefinites Problem basierend auf der ILU-Iteration

Als indefinites Problem wird die diskrete Helmholtz-Gleichung $-\Delta u - 50u = f$ gewählt. A ist die Poisson-Modellmatrix minus $50I$. Sie hat drei negative Eigenwerte $\lambda_1=-30.277$, $\lambda_2=\lambda_3=-0.7866$, während $\lambda_4=28.7$ der kleinste positive Eigenwert ist. Die Diagonalverstärkung für die modifizierte ILU-Zerlegung muß um 50 vergrößert werden: **diag=55**. Die Resultate in Tabelle 2 zeigen, daß die Euklidische Norm über etwa 15 Iterationen nur langsam fällt oder sogar stagniert. Danach setzt sich eine asymptotische Konvergenzrate durch, die ähnliche Größenordnung wie beim positiv definiten Fall der Tabelle 1 hat. Ab der 33. Iteration verhindern die Rundungsfehler ein weiteres Abfallen des Fehlers. In beiden Beispielen verhält sich der Algorithmus stabil.

9.5.8 Das Verfahren der orthogonalen Richtungen

Das cg-Verfahren (4.6a–e) minimiert den Fehler $\|e^m\|_A=\|A^{1/2}e^m\|_2$ in der Energienorm über dem Krylov-Raum $U_m:=\mathrm{span}\{A^\nu r^0:\ 0\leqslant\nu\leqslant m\}$. Das Verfahren der konjugierten Residuen (mit $W=I$) minimiert über dem gleichen Raum das Residuum $\|r^m\|_2=\|Ae^m\|_2$. Eine näherliegende Norm wäre die $\|\cdot\|_2$-Norm. Die Suchrichtungen p^m wären dann im üblichen Sinne orthogonal anzusetzen. Man erhält aus (2) ein Verfahren mit diesen Eigenschaften, wenn man die Bilinearform $(x,y):=\langle A^{-1}x,y\rangle$ wählt. Die Ausdrücke (Ap^m,p^m) würden sich zu $\langle p^m,p^m\rangle$ vereinfachen. Das Vorgehen scheitert aber an dem Produkt $(r^m,p^m)=\langle A^{-1}r^m,p^m\rangle$, dessen Berechnung nicht mehr praktikabel ist. Da man auch $(r^m,p^m)=\langle r^m,A^{-1}p^m\rangle$ schreiben kann, ergibt sich ein Ausweg, wenn p^m die Form $A\hat{p}^m$ ($\hat{p}^m$ berechenbar) besitzt. Dies erreicht man, indem der Krylov-Raum $\mathrm{span}\{A^\nu r^0:\ 0\leqslant\nu\leqslant m\}$ durch $\mathrm{span}\{A^{\nu+1}r^0:\ 0\leqslant\nu\leqslant m\}$ ersetzt wird. Der sich ergebende Algorithmus (18) stammt von Fridman [1] (1963) und heißt _Verfahren der orthogonalen Richtungen_ (OD), da die Suchrichtungen ein Orthogonalsystem bilden, wenn $W=I$:

(9.5.18a) $\quad$ <u>Start:</u> x^0 beliebig, $r^0:=b-Ax^0$, $q^{-1}:=r^0$, $q^0:=AW^{-1}q^{-1}$;

$\qquad\qquad$ <u>Iteration</u> für $m=0,1,\ldots$, solange $q^m\neq0$:

(9.5.18b) $\quad$ $x^{m+1}:=x^m+\lambda p^m$, $\quad r^{m+1}:=r^m-\lambda Ap^m$ $\quad$ mit $p^m:=W^{-1}q^m$,

(9.5.18c) $\quad$ $\lambda:=\langle r^m,p^{m-1}\rangle/\varrho_m$, $\quad \varrho_m:=\langle q^m,p^m\rangle$,

(9.5.18d) $\quad$ $q^{m+1}:=Ap^m-\alpha_0 q^m-\alpha_1 q^{m-1}$ $\qquad$ mit

(9.5.18e) $\quad$ $\alpha_0:=\langle Ap^m,p^m\rangle/\varrho_m$, $\quad \alpha_1:=\langle Ap^m,p^{m-1}\rangle/\varrho_{m-1}$,

wobei $\alpha_1:=0$ für $m=0$ zu setzen ist. In der Form (18a–e) ist das Verfahren (in [Prog] unter dem Namen **OD_Verfahren** enthalten) allerdings _instabil_, wie man anhand der Resultate aus Tabellen 3 und 4 sieht. Eine Stabilisierung wird von Stoer [2,(3.16)] angegeben (in [Prog] unter dem Namen **stabilisiertes_OD_Verfahren**). Andererseits kann man auf eine Stabilisierung verzichten, wenn man nur wenige Iterationsschritte durchführen möchte.

Der Beweis des folgenden Satzes ist dem Leser überlassen.

Satz 9.5.15. Sei $W > 0$ und $A = A^H$. m_0 sei der maximale Index, für den sich $q^m \neq 0$ ergibt. $q^{m_0+1} = 0$ impliziert $x^{m_0+1} = x^*$. Für alle $0 \leqslant m \leqslant m_0$ gilt

$$(9.5.19a) \qquad \langle W^{-1}q^k, q^\ell \rangle = 0, \qquad \langle W^{-1}q^k, q^k \rangle \neq 0 \qquad \text{für } 0 \leqslant k \neq \ell \leqslant m_0,$$

$$(9.5.19b) \qquad r^m \perp A^{-1} U_{m-1} \quad \text{mit } U_m := \text{span}\{(AW^{-1})^\nu r^0 : 1 \leqslant \nu \leqslant m+1\},$$

$$(9.5.19c) \qquad U_m = \text{span}\{q^0, \ldots, q^m\}.$$

Es gibt einen indirekten Zusammenhang zwischen den cg-Varianten und dem *Lanczos-Verfahren*, das der Approximation von Matrixeigenwerten dient, indem die Matrix in eine ähnliche Tridiagonalmatrix transformiert wird (vgl. hierzu Golub – van Loan [1,§9] und Parlett [1,§§12-13]). Das Lanczos-Verfahren wird auch verwendet, um cg-

m	$u_{16,16}$	$\|e^m\|_2$	$\dfrac{\|e^m\|_2}{\|e^{m-1}\|_2}$	$\left\{\dfrac{\|e^m\|_2}{\|e^0\|_2}\right\}^{1/m}$
1	$-4.574928591_{10}-2$	$2.93956_{10}-1$	$3.92836_{10}-1$	$3.92836_{10}-1$
10	$4.989708480_{10}-1$	$5.16807_{10}-4$	$3.74216_{10}-1$	$4.82976_{10}-1$
11	$5.002475524_{10}-1$	$1.91138_{10}-4$	$3.69844_{10}-1$	$4.71399_{10}-1$
15	$5.000015863_{10}-1$	$5.80274_{10}-6$	$4.67856_{10}-1$	$4.56356_{10}-1$
16	$5.000085958_{10}-1$	$2.76800_{10}-6$	$4.77016_{10}-1$	$4.57621_{10}-1$
17	$4.999867395_{10}-1$	$4.98160_{10}-6$	$1.79971_{10}+0$	$4.96007_{10}-1$
18	$4.999923552_{10}-1$	$1.35781_{10}-5$	$2.72567_{10}+0$	$5.45253_{10}-1$
19	$4.999645661_{10}-1$	$3.77863_{10}-5$	$2.78287_{10}+0$	$5.94095_{10}-1$
20	$4.998667835_{10}-1$	$1.05920_{10}-4$	$2.80315_{10}+0$	$6.42016_{10}-1$
27	$5.290373141_{10}-1$	$7.10159_{10}-2$	$3.20465_{10}+0$	$9.16477_{10}-1$
30	$2.379020942_{10}+0$	$1.33836_{10}+0$	$1.77625_{10}+0$	$1.01957_{10}+0$

Tabelle 9.5.3 Verfahren (18a–e) für ILU-Iteration. Problem wie in Tab. 1

m	$u_{16,16}$	$\|e^m\|_2$	$\dfrac{\|e^m\|_2}{\|e^{m-1}\|_2}$	$\left\{\dfrac{\|e^m\|_2}{\|e^0\|_2}\right\}^{1/m}$
1	$1.288025563_{10}+0$	$4.58268_{10}-1$	$6.12419_{10}-1$	$6.12419_{10}-1$
10	$5.107964511_{10}-1$	$2.08681_{10}-1$	$9.93821_{10}-1$	$8.80119_{10}-1$
20	$5.084149051_{10}-1$	$1.00523_{10}-2$	$4.81485_{10}-1$	$8.06139_{10}-1$
30	$5.000072697_{10}-1$	$5.10416_{10}-6$	$4.28537_{10}-1$	$6.72659_{10}-1$
35	$4.999124543_{10}-1$	$2.09700_{10}-4$	$2.28682_{10}+0$	$7.91591_{10}-1$
40	$4.178915511_{10}-1$	$5.64009_{10}-2$	$6.53540_{10}+0$	$9.37412_{10}-1$

Tabelle 9.5.4 OD-Verfahren (18a–e) für indefinites Problem wie in Tab. 2

Varianten zu konstruieren oder zu stabilisieren. Beispielsweise findet man diesen Zusammenhang bei Paige-Saunders [1] beschrieben. Das dort definierte Verfahren SYMMLQ ist eine weitere Stabilisierung des Verfahrens (18a–e).

Eine Übersicht über die bisher diskutierten und weitere Algorithmen findet man bei Stoer [2]. Eine ausführliche und kommentierte Literatursammlung der Arbeiten bis 1976 aus dem Bereich der konjugierten Gradienten und des Lanczos-Verfahrens enthält der Übersichtsartikel Golub – O'Leary [1].

9.5.9 Lösung unsymmetrischer Systeme

Einige der oben beschriebenen Verfahren benötigen nicht die Voraussetzung (1.2) der positiven Definitheit von A, sondern sind auch auf indefinite, aber immer noch symmetrische Matrizen anwendbar. Schwieriger wird es, wenn man auf die Symmetrie verzichtet. Mit Hinweis auf das oben erwähnte Lanczos-Verfahren sei auf die Problematik der Eigenwertberechnung hingewiesen. Im nichtsymmetrischen Fall kann man eine Matrix A nicht mehr auf Tridiagonal-, aber noch auf Hessenberg-Form bringen (vgl. Stoer–Bulirsch [1,§6.5]). Dies entspricht cg-Varianten, bei denen die (A-)Orthogonalisierung ähnlich wie in (4.1a) vollständig durchgeführt werden muß. Dies erhöht nicht nur den Rechenaufwand mit wachsendem m, sondern auch den Speicherbedarf, da die alten Suchrichtungen zur Orthogonalisierung gebraucht werden. Die ORTHOMIN, ORTHODIR, ORTHORES genannten Verfahren (vgl. Jea-Young [1] und Hageman–Young [1,§12.3]) und GMRES (vgl. Saad – Schultz [1], Walker [1]) sind von diesem Typ. Die erwähnten Nachteile versucht man zum Teil dadurch abzufangen, daß man für die Orthogonalisierung nicht alle bisherigen, sondern nur die letzten s Richtungen verwendet (vgl. Axelsson [2], Hageman – Young [1,§12.3]). Es ist möglich, GMRES als Sekantenverfahren mit Rank-1-Update zu interpre-

tieren. Auf dieser Basis ist ein vorteilhafteres Verfahren von Deuflhard-Freund – Walter [1] entwickelt worden (siehe [Prog]). Cg-ähnliche Verfahren für komplexe Matrizen werden von Freund [1] diskutiert. Es sei wieder an das Eigenwertproblem erinnert: Die Orthogonalität der Eigenvektoren Hermitescher Matrizen überträgt sich zwar nicht auf allgemeine Matrizen, aber die Links- und Rechtseigenvektoren sind orthogonal: $\langle e, e' \rangle = 0$, wenn $Ae = \lambda e$, $A^H e' = \bar{\mu} e'$ und $\lambda \neq \mu$. Dieser Eigenschaft entsprechen die Bi-cg-Verfahren, bei den zwei Folgen von Suchrichtungen p^m und p'^m konstruiert werden. Zum Teil läßt sich ein solches Verfahren als eines der oben genannten Verfahren angewandt auf das erweiterte, symmetrische Gleichungssystem $\begin{bmatrix} O & A \\ A^H & O \end{bmatrix}\begin{bmatrix} x' \\ x \end{bmatrix} = \begin{bmatrix} b \\ b' \end{bmatrix}$ (b' beliebig) interpretieren. Zusammenhänge bestehen zu den Lanczos-Biorthogonalisierungen (vgl. Gutknecht [1], [2] für eine umfassende Zusammenstellung der Algorithmen). Hingewiesen sei auch auf das *quadrierte cg-Verfahren* CGS in Sonneveld–Wesseling–de Zeeuw [1]. Die stabilisierte Version (Bi-CGSTAB) beschreibt van der Vorst [3]. Ein interessantes, neues Resultat stammt von Bank-Chan [1]

Wir können auf das Standard-cg-Verfahren zurückgreifen, wenn wir als Iteration die Kaczmarz-Iteration zugrundelegen. Die Links- oder Rechtstransformation mit A^H liefert die Gleichungen $A^H A x = b' := A^H b$ bzw. $A A^H \hat{x} = b$ (vgl. §8.2.2) mit positiv definiter Matrix. Die Kondition ist gegenüber A quadriert. Man beachte aber: Die Konvergenz des cg-Verfahrens (4.6a–e) wird durch $\sqrt{\varkappa} = \mathrm{cond}(A)$ charakterisiert (vgl. Satz 4.12), so daß die Quadrierung der Kondition neutralisiert ist. Die Abschätzung für das Verfahren der konjugierten Residuen (angewandt auf die Richardson-Iteration) in Satz 13 fällt nicht besser aus, da sie durch $\varkappa = \varkappa(A)$ charakterisiert wird.

Da Matrizen, die nicht positiv definit sind, mehr oder wenig komplizierte cg-Varianten erfordert, ist ein anderer Ausweg erwägenswert: Wie in §8.4 kann ein indefinites oder nichtsymmetrisches Problem mit einer positiv definiten Matrix B vorkonditioniert werden, wobei zur Lösung von $B\delta = c$ das Standard-cg-Verfahren als sekundäre Iteration verwendet wird.

Concus–Golub [1] und Widlund [1] geben eine interessante Methode für allgemeine Matrizen A an, die in ihren symmetrischen und schiefsymmetrischen Anteil zerlegt werden: $A = A_0 + A_1$, $A_0 = \frac{1}{2}(A + A^H)$. Für die meisten Anwendungen ist gewährleistet, daß A_0 positiv definit ist. Links- und Rechtstransformation mit $A_0^{-1/2}$ ergibt die Matrix $A' := I - S$ mit der schiefsymmetrischen Matrix $S := A_0^{-1/2} A_1 A_0^{-1/2}$. Die Eigenwerte von A' liegen statt auf einem reellen auf einem komplexen Intervall. Für die entsprechende cg-Version findet man eine Fehlerabschätzung in der A_0-Norm, die von der Konditionszahl $\Lambda := \| A_0^{-1} A_1 \|_2$ abhängt, und zur asymptotischen Konvergenzrate $1 - O(1/\Lambda)$ führt. Bei Gleichungen, die von partiellen Differentialgleichungen stammen, ist Λ in der Regel h-unabhängig, so daß eine von der Schrittweite h unabhängige Konvergenzrate folgt. Zur Durchführung des Algorithmus muß allerdings pro Schritt ein Gleichungssystem $A_0 \delta = c$ gelöst werden, so daß die Anwendbarkeit sehr beschränkt ist. Unter ähnlichen Voraussetzungen erzielt die Mehrgittermethode zweiter Art sogar Konvergenzraten $O(h^\tau)$ mit positivem(!) Exponenten τ (vgl. §10.9.1).

9.5.10 Weitere Anmerkungen

Die bei den cg-Verfahren anfallenden Skalarprodukte und Vektoroperationen sind optimal geeignet für Vektorrechner. Für Parallelrechner brauchbare cg-Varianten werden von O'Leary [1–2] und Hackbusch [12] beschrieben.

Im letzten Absatz des §8.5.12 wurde Klage über die Unart der Abkürzungen geführt. Im Bereich der cg-Verfahren ist dieses Problem noch potenziert, da sich Teile der Abkürzung auf die zugrundeliegende Iterationsverfahren («Präkonditionierung») und andere auf die Variante des cg-Verfahrens beziehen.

Interessierte Leser seien auf Band 29 der Zeitschrift BIT hingewiesen, deren Heft 4 speziell den cg-Verfahren gewidmet ist.

10. Mehrgitteriterationen

Mehrgitterverfahren gehören zu den schnellsten Iterationen, da ihre Konvergenzrate von der Schrittweite h unabhängig ist. Zudem benötigt man keine einschränkenden Symmetrie- bzw. Positivitätsbedingungen wie für die cg-Verfahren.

10.1 Einführung

10.1.1 Glättung

Sei A die Matrix des Poisson-Modellproblems. Als die denkbar einfachste Iteration wählen wir die Richardson-Iteration

$$(10.1.1a) \qquad x^{m+1} = \Phi_\Theta^{\text{Rich}}(x^m, b) = x^m - \Theta(Ax^m - b) \quad \text{mit}$$

$$(10.1.1b) \qquad \Theta = \tfrac{1}{8}h^2 \approx 1/\lambda_{\max} = 1/\rho(A) \qquad (\text{vgl. (4.1.1c))}.$$

$\rho(A) = \lambda_{\max}(A)$ ist der Eigenwert, der zur Eigenfunktion

$$(10.1.2a) \qquad e^{\alpha\beta}(x,y) = 2h \sin \alpha\pi x \, \sin \beta\pi y \qquad (1 \leqslant \alpha, \beta \leqslant N-1, \ (x,y) \in \Omega_h)$$

mit der höchsten Frequenz $\alpha = \beta = N-1$ gehört (vgl. §4.1). Die Konvergenzrate beträgt $\rho(M_\Theta^{\text{Rich}}) = 1 - \Theta\lambda_{\min} \approx 1 - \lambda_{\min}/\lambda_{\max} \leqslant 1 - O(h^2)$ und wird angenommen, wenn der Fehler $e^m = x^m - x$ ein Vielfaches der Eigenfunktion $e^{1,1}$ zur niedrigsten Frequenz $\alpha = \beta = 1$ ist.

Wir ändern jetzt den Blickwinkel und fragen nach dem Verhalten der Iteration, wenn sie auf einen speziellen, den *hohen* Frequenzen α, β entsprechenden Unterraum angewandt wird. Bisher gehörten alle vorkommenden Vektoren x, b etc. zu dem Vektorraum $X = \mathbb{R}^I$. Für jedes $x \in X$ haben wir die Darstellung (2b) mit Hilfe der Eigenvektorbasis (2a):

$$(10.1.2b) \qquad x = \sum_{\alpha, \beta = 1}^{N-1} \xi_{\alpha\beta} e^{\alpha\beta} \qquad\qquad \text{mit } \xi_{\alpha\beta} := \langle x, e^{\alpha\beta} \rangle.$$

Da hohe Frequenzen α, β starken Oszillationen der Sinusfunktionen (2a) entsprechen, definieren wir

$$(10.1.2c) \qquad X_{osz} := \text{span}\left\{ e^{\alpha\beta} : 1 \leqslant \alpha, \beta \leqslant N-1, \ \max\{\alpha, \beta\} > \tfrac{N}{2} \right\}$$

als den Unterraum der «stark oszillierenden Komponenten». Man beachte, daß mindestens einer der Indizes α, β im «hochfrequenten» Teil $(N/2, N)$ des Frequenzintervalles $[1, N-1]$ liegt. Wenn wir eine Approximation x^0 erzeugen könnten, deren Fehler im Unterraum X_{osz} läge:

$$(10.1.2d) \qquad e^0 := x^0 - x \in X_{osz},$$

ergäbe die simple Richardson-Iteration schnelle Konvergenz:

Lemma 10.1.1. Im Poisson-Modellfall gelte (2d). Dann liegen alle weiteren Fehler e^m ebenfalls in X_{osz}. Sie genügen der Fehlerabschätzung

$$(10.1.3) \qquad \| e^m \|_2 \leqslant \tfrac{3}{4} \| e^{m-1} \|_2,$$

d.h. die Konvergenzrate bei Beschränkung auf X_{osz} ist h-unabhängig!

Beweis. Da die Vektoren (2a) orthonormal sind (vgl. Lemma 4.1.2), ist

$$(10.1.2e) \qquad \| x \|_2^2 = \sum_{\alpha,\beta=1}^{N-1} | \xi_{\alpha\beta} |^2 \qquad\qquad \text{für } x \text{ aus (2b).}$$

Wegen $M e^{\alpha\beta} = (1 - \Theta \lambda_{\alpha\beta}) e^{\alpha\beta}$ liefert die Anwendung der Iterations-matrix $M = I - \Theta A$ auf den Fehler e^m mit den Koeffizienten $\xi_{\alpha\beta}$:

$$\| e^{m+1} \|_2 \leqslant \sum |1 - \Theta \lambda_{\alpha\beta}|^2 |\xi_{\alpha\beta}| \leqslant \max |1 - \Theta \lambda_{\alpha\beta}|^2 \sum |\xi_{\alpha\beta}| =$$
$$= \max |1 - \Theta \lambda_{\alpha\beta}|^2 \| e^m \|_2^2$$

mit $\lambda_{\alpha\beta} = 4 h^{-2} [\sin^2(\alpha\pi h/2) + \sin^2(\beta\pi h/2)]$ (vgl. (4.1.1a)). Das Maximum ist über alle in (2c) auftretenden α, β zu nehmen, wobei man sich aus Symmetriegründen auf $0<\alpha<N$, $N/2<\beta<N$ beschränken kann. Hierfür ist

$$2 h^{-2} = 4 h^{-2} \sin^2(\pi/4) < \lambda_{\alpha\beta} \leqslant \lambda_{N-1,N-1} < 8 h^{-2},$$

so daß $|1 - \Theta \lambda_{\alpha\beta}| < \frac{3}{4}$ die Behauptung (3) beweist.   ▣

Die Aussage des Lemmas ist nicht unmittelbar für die Praxis verwertbar, weil die Voraussetzung (2d) nicht herstellbar ist (zumindest nicht mit geringerem Aufwand als für die exakte Lösung von $Ax=b$). Wir können aber den folgenden Schluß ziehen:

Folgerung 10.1.2. Der Startfehler e^0 sei aufgespalten in

$$(10.1.4a) \qquad e^0 = e_{osz}^0 + e_{glatt}^0, \quad e_{osz}^0 \in X_{osz}, \quad e_{glatt}^0 \in X_{glatt} := X_{osz}^{\perp}.$$

Dann gilt nach m Iterationen

$$(10.1.4b) \qquad e^m = e_{osz}^m + e_{glatt}^m \quad \text{mit}$$

$$(10.1.4c) \qquad e_{osz}^m = M^m e_{osz}^0 \in X_{osz}, \qquad e_{glatt}^m = M^m e_{glatt}^0 \in X_{glatt},$$

$$(10.1.4d) \qquad \| e_{osz}^m \|_2 \leqslant (\tfrac{3}{4})^m \| e_{osz}^0 \|_2,$$

während e_{glatt}^m nur sehr langsam gegen 0 konvergiert. Da e_{osz}^m im Vergleich zu e_{glatt}^m abnimmt, kann man e^m als glatter als e^0 bezeichnen.

Zur Illustration sei ein numerisches Resultat für den graphisch leichter darstellbaren Fall des Systems

$$(10.1.5a) \qquad Ax=b \quad \text{mit} \quad A = h^{-2} \, \text{tridiag}\{-1,2,-1\}$$

von $n = N-1$ ($N := 1/h$) Gleichungen angegeben, das der eindimensionalen Poisson-Randwertaufgabe

$$(10.1.5b) \qquad -u''(x) = f(x) \quad \text{für } 0<x<1, \qquad u(0)=u_0, \ u(1)=u_1$$

entspricht. Abb. 1 zeigt die (stückweise linear verbundenen) Werte e_i^0 ($0 \leqslant i \leqslant N = 8$) als erste der durchgezogenen Linien. Die weiteren Richardson-Iterierten haben für $m=1,2,3$ Fehler e^m, die offensichtlich nur unwesentlich kleiner, aber deutlich glatter sind.

Wir werden Iterationsverfahren wie die vorgestellte Richardson-Iteration (1a,b) als *Glättungsiteration* bezeichnen und hierfür die Bezeichnung $\mathscr{S}$ statt Φ (für englisch «smoothing») verwenden.

Gesucht wird im folgenden ein Iterationsverfahren Ψ mit der komplementären

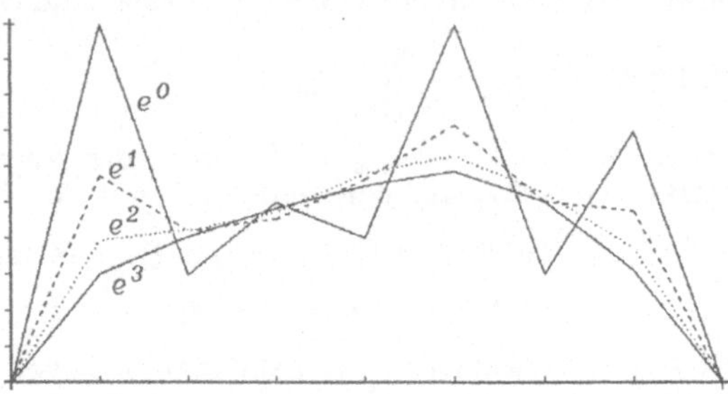

Abb. 10.1.1 Fehler e^m für Beispiel (5a)

Eigenschaft, daß Ψ die glatten Komponenten in

$$(10.1.6) \qquad X_{glatt} := X_{osz}^{\perp} = \mathrm{span}\{e^{\alpha\beta} : 1 \leqslant \alpha, \beta \leqslant N/2\}$$

schnell reduziert, aber nicht notwendigerweise gute Konvergenz bezüglich X_{osz} besitzt. Das Produktverfahren $\Psi \circ \mathscr{S}$ hätte dann die Eigenschaft, daß für beide Unterräume X_{osz} und X_{glatt} einer der Faktoren in $\Psi \circ \mathscr{S}$ schnelle Konvergenz liefert.

Leider hat keines der bisher erwähnten Verfahren diese Eigenschaft, so daß wir die Iteration Ψ neu konstruieren müssen. Dabei lassen wir uns von der Idee leiten, daß man glatte Gitterfunktionen auf einem gröberen Gitter gut annähern kann. Nach der Einführung der gröberen Gitter in §§10.1.2-4 kommen wir in §10.1.5 auf die Konstruktion der sogenannten «Grobgitterkorrektur» Ψ zurück.

10.1.2 Hierarchie der Gleichungssysteme

Um die folgenden Überlegungen durchzuführen, müssen wir das bisherige Problem $Ax=b$ in eine Familie von Gleichungssystemen einbetten. Im Modellfall erhalten wir für jede Schrittweite $h=1/N$ ein System $Ax=b$, das von N bzw. h abhängt. Sei

$$(10.1.7a) \qquad h_0 > h_1 > \ldots > h_{\ell-1} > h_\ell > \ldots \qquad \text{mit } \lim_{\ell \to \infty} h_\ell = 0$$

eine Folge von Schrittweiten, die z.B. durch

$$(10.1.7b) \qquad h_\ell := h_0 / 2^\ell \qquad\qquad (\ell \geqslant 0)$$

erzeugt werden kann. Der Index ℓ ist die *Stufenzahl*. $\ell=0$ entspricht dem gröbsten Gitter. Im Falle des Modellproblems mit dem Gitter $\Omega_\ell := \Omega_{h_\ell}$ im Einheitsquadrat ist

$$(10.1.7c) \qquad h_0 = \tfrac{1}{2}$$

die gröbste Wahl, für die $\Omega_0 = \Omega_{h_0}$ nur *einen* inneren Gitterpunkt enthält.

Jeder Schrittweite h_ℓ (d.h. jeder Stufe ℓ) entspricht ein System

$$(10.1.8a) \qquad A_\ell x_\ell = b_\ell \qquad\qquad (\ell = 0, 1, 2, \ldots)$$

von Gleichungen der Dimension n_ℓ, die im Modellfall

$$(10.1.8b) \qquad n_\ell = (N_\ell - 1)^2 = (1/h_\ell - 1)^2$$

beträgt. Die Familie von Systemen (8a) für $\ell = 0, 1, 2, \ldots$ stellt die *Hierarchie der Gleichungssysteme* dar. Das aktuell zu lösende Problem $Ax = b$ entspricht einer speziellen Stufe $\ell = \ell_{max}$. Zur Lösung von $A_\ell x_\ell = b_\ell$ für $\ell = \ell_{max}$ werden wir die tieferen Stufen $\ell < \ell_{max}$ einbeziehen.

10.1.3 Prolongation

Die Vektoren x_ℓ, b_ℓ aus (8a) sind Elemente des Vektorraumes

$$(10.1.9) \qquad X_\ell \cong \mathbb{R}^{n_\ell}.$$

Zwischen den verschiedenen Stufen $\ell = 0, 1, 2, \ldots$ wird eine Verbindung benötigt. Die *Prolongation*

$$(10.1.10) \qquad p : X_{\ell-1} \to X_\ell \qquad\qquad (\ell = 1, 2, \ldots)$$

sei eine lineare, injektive Abbildung (genauer: eine Familie von Abbildungen für alle $\ell \geqslant 1$) vom groben in das feine Gitter.

Im eindimensionalen Fall (5–6) läßt sich der Vektor x_ℓ als Gitterfunktion auf $\Omega_\ell = \{\mu h_\ell : 0 \leqslant \mu \leqslant N_\ell = 1/h_\ell\}$ auffassen. Wir schreiben x_ℓ dann als Funktion u_ℓ mit dem Zusammenhang

$$(10.1.11a) \qquad u_\ell(\mu h_\ell) = x_{\ell,\mu} \qquad\qquad (1 \leqslant \mu \leqslant N_\ell - 1),$$

d.h. die Argumente von u_ℓ liegen für alle Schrittweiten im Intervall $\Omega = (0,1)$ und sind auf Ω_ℓ beschränkt. Es ist schreibtechnisch günstig,

$$(10.1.11b) \qquad u_\ell(0) = u_\ell(1) = 0$$

als Randwerte zu definieren. Als Prolongation p bietet sich die stückweise lineare Interpolation zwischen den $\Omega_{\ell-1}$-Gitterpunkten an:

$$(10.1.12a) \qquad (pu_{\ell-1})(\xi) := u_{\ell-1}(\xi) \qquad\qquad \text{für } \xi \in \Omega_{\ell-1} \subset \Omega_\ell,$$

$$(10.1.12b) \qquad (pu_{\ell-1})(\xi) := \tfrac{1}{2}[u_{\ell-1}(\xi + h_\ell) + u_{\ell-1}(\xi - h_\ell)] \qquad \text{für } \xi \in \Omega_\ell \backslash \Omega_{\ell-1},$$

wobei für $\xi = h_\ell$ und $\xi = 1 - h_\ell$ die Definition (11b) benutzt wird. Die Prolongation p wird kürzer durch das Symbol (12c) charakterisiert:

$$(10.1.12c) \qquad p = [\tfrac{1}{2}\ 1\ \tfrac{1}{2}].$$

(12c) gibt an, daß ein Einheitsvektor $x_{\ell-1} = (\ldots, 0, 1, 0, \ldots)^T$ abgebildet wird in $x_\ell = p x_{\ell-1} = (\ldots, 0, \tfrac{1}{2}, 1, \tfrac{1}{2}, 0, \ldots)^T$.

Im Falle der zweidimensionalen Poisson–Gleichung wird x_ℓ durch die Gitterfunktion u_ℓ mit

(10.1.13a) $u_\ell(\xi,\eta) = x_{\ell,ij}$ für $1 \le i,j \le N_\ell - 1$, $(\xi,\eta) = (ih_\ell, jh_\ell) \in \Omega_\ell$

repräsentiert, wobei die Randwerte als

(10.1.13b) $u_\ell(\xi,\eta) := 0$ für $\xi = 0$ oder $\xi = 1$ oder $\eta = 0$ oder $\eta = 1$

definiert seien. Die zweidimensionale Verallgemeinerung der stückweise linearen Interpolation (12a,b) («bilineare Interpolation») lautet:

(10.1.14a) $(pu_{\ell-1})(\xi,\eta) := u_{\ell-1}(\xi,\eta)$ für $(\xi,\eta) \in \Omega_{\ell-1} \subset \Omega_\ell$,

(10.1.14b) $(pu_{\ell-1})(\xi,\eta) := \frac{1}{2}[u_{\ell-1}(\xi+h_\ell,\eta)+u_{\ell-1}(\xi-h_\ell,\eta)]$
$$\text{für } \xi/h_\ell \text{ ungerade}, \ \eta/h_\ell \text{ gerade},$$

(10.1.14c) $(pu_{\ell-1})(\xi,\eta) := \frac{1}{2}[u_{\ell-1}(\xi,\eta+h_\ell)+u_{\ell-1}(\xi,\eta-h_\ell)]$
$$\text{für } \xi/h_\ell \text{ gerade}, \ \eta/h_\ell \text{ ungerade},$$

(10.1.14d) $(pu_{\ell-1})(\xi,\eta) := \frac{1}{4}[u_{\ell-1}(\xi+h_\ell,\eta+h_\ell)+u_{\ell-1}(\xi-h_\ell,\eta-h_\ell)] +$
$$+ u_{\ell-1}(\xi-h_\ell,\eta+h_\ell)+u_{\ell-1}(\xi+h_\ell,\eta-h_\ell)] \ \text{für } \xi/h_\ell, \ \eta/h_\ell \text{ ungerade}.$$

Das abkürzende Symbol für p aus (14a–d) ist der Stern

(10.1.14e) $p = \begin{bmatrix} 1/4 & 1/2 & 1/4 \\ 1/2 & 1 & 1/2 \\ 1/4 & 1/2 & 1/4 \end{bmatrix}$ («_Neunpunktprolongation_»).

Allgemein bezeichnet

(10.1.15a) $p = \begin{bmatrix} \pi_{-1,1} & \pi_{0,1} & \pi_{1,1} \\ \pi_{-1,0} & \pi_{0,0} & \pi_{1,0} \\ \pi_{-1,-1} & \pi_{0,-1} & \pi_{1,-1} \end{bmatrix}$

die Abbildung (15b), wobei über alle i,j mit $(\xi-ih_\ell,\eta-jh_\ell)\in\Omega_{\ell-1}$ zu
summieren ist:

(10.1.15b) $(pu_{\ell-1})(\xi,\eta) := \sum_{i,j}\pi_{ij}u_{\ell-1}(\xi-ih_\ell,\eta-jh_\ell)$ für $(\xi,\eta)\in\Omega_\ell$.

Weitere lineare Interpolationen sowie Prolongationen höherer Ordnung
werden in Hackbusch [14,§3.4] diskutiert. Eine sogenannte _matrix-
abhängige Prolongation_ ist definiert durch (15a) mit den Koeffizienten

(10.1.16a) $\pi_{00} := 1$, $\pi_{\pm 1,0} := -\sum_j \alpha_{\mp 1,j} \big/ \sum_j \alpha_{0,j}$, $\pi_{0,\pm 1} := -\sum_i \alpha_{i,\mp 1}\big/\sum_i \alpha_{i,0}$,

(10.1.16b) $(A_\ell pu_{\ell-1})(\xi,\eta) = 0$ für $\xi/h_\ell, \ \eta/h_\ell$ ungerade,

wobei $\alpha_{i,j}$ die Sternkoeffizienten von A_ℓ gemäß (2.1.8a,b) sind.

10.1.4 Restriktion

Die Restriktion r ist eine lineare, surjektive Abbildung

(10.1.17) $r: X_\ell \to X_{\ell-1}$ $(\ell \ge 1)$,

die Feingitterfunktionen in Grobgitterfunktionen abbildet. Falls wie im
Modellfall $\Omega_{\ell-1} \subset \Omega_\ell$ gilt, ist die einfachste Wahl die _triviale Restriktion_

(10.1.18) $(r_{\mathrm{triv}}u_\ell)(\xi,\eta) = u_\ell(\xi,\eta)$ für $(\xi,\eta)\in\Omega_{\ell-1}$,

von deren Verwendung wegen verschiedener Nachteile abgeraten wird (vgl. Hackbusch [14,§3.5]). Stattdessen wird $(ru_\ell)(\xi,\eta)$ als gewichtetes Mittel der Nachbarwerte definiert. Mit dem Stern

$$(10.1.19a)\qquad r = \begin{bmatrix} \rho_{-1,1} & \rho_{0,1} & \rho_{1,1} \\ \rho_{-1,0} & \rho_{0,0} & \rho_{1,0} \\ \rho_{-1,-1} & \rho_{0,-1} & \rho_{1,-1} \end{bmatrix}$$

wird die Restriktion

$$(10.1.19b)\qquad (ru_\ell)(\xi,\eta) = \sum_{i,j=-1}^{1} \rho_{ij}u_\ell(\xi+ih_\ell,\eta+jh_\ell)\qquad \text{für } (\xi,\eta)\in\Omega_{\ell-1},$$

bezeichnet. Der Neunpunktprolongation (14e) entspricht die _Neunpunktrestriktion_

$$(10.1.20)\qquad r = \tfrac{1}{4}\begin{bmatrix} 1/4 & 1/2 & 1/4 \\ 1/2 & 1 & 1/2 \\ 1/4 & 1/2 & 1/4 \end{bmatrix},$$

die als Adjungierte zu (14e) angesehen werden kann, wenn man die Skalarprodukte

$$(10.1.21)\qquad \langle\cdot,\cdot\rangle = \langle\cdot,\cdot\rangle_\ell\qquad \text{mit}\qquad \langle u_\ell,v_\ell\rangle_\ell = h_\ell^d\sum_{\alpha\in I} u_{\ell,\alpha}\overline{v_{\ell,\alpha}}$$

für X_ℓ zugrunde legt. d ist die Dimension des Gitters $\Omega_\ell\subset\mathbb{R}^d$.

Übungsaufgabe 10.1.3. Der zweidimensionale Fall $d=2$ sei angenommen. Man zeige: Die Adjungierte von p aus (15a) ist r aus (19a) mit $\rho_{ij}=\pi_{ij}/4$.

Zu der gewählten Prolongation läßt sich stets die Adjungierte

(10.1.22) $r := p^*$

als Restriktion wählen. Beispielsweise läßt sich mittels (16a,b) und (22) die _matrixabhängige Restriktion_ definieren.

10.1.5 Grobgitterkorrektur

Sei $\bar{x}_\ell$ das Resultat einiger Schritte der Glättungsiteration (1a,b). Der zugehörige Fehler

(10.1.23a) $\bar{e}_\ell := \bar{x}_\ell - x_\ell$

ist die exakte Korrektur, mit der die Lösung berechnet werden könnte:

(10.1.23a') $x_\ell = \bar{x}_\ell - \bar{e}_\ell$

Wegen $A_\ell\bar{e}_\ell = A_\ell(\bar{x}_\ell - x_\ell) = A_\ell\bar{x}_\ell - A_\ell x_\ell = A_\ell\bar{x}_\ell - b_\ell$ erfüllt $\bar{e}_\ell$ die Gleichung

(10.1.23b) $A_\ell\bar{e}_\ell = d_\ell$ mit dem _Defekt_ $d_\ell := A_\ell\bar{x}_\ell - b_\ell$.

Nach den Überlegungen aus §10.1.1 ist $\bar{e}_\ell$ glatt. Deshalb sollte es möglich sein, $\bar{e}_\ell$ mit Hilfe des groben Gitters anzunähern: $\bar{e}_\ell\approx pe_{\ell-1}$. Für

$e_{\ell-1}$ setzen wir die (23b) entsprechende Gleichung im groben Gitter an:

$$(10.1.23c) \qquad A_{\ell-1} e_{\ell-1} = d_{\ell-1} \qquad\qquad\qquad \text{mit } d_{\ell-1} := r d_\ell.$$

Um zum *Zwei*gitteralgorithmus zu gelangen, nehmen wir an, daß wir die Gleichung (23c) im zweiten Gitter exakt lösen können:

$$(10.1.23d) \qquad e_{\ell-1} = A_{\ell-1}^{-1} d_{\ell-1}$$

Dessen Bild $p e_{\ell-1}$ unter der Prolongation p soll die Lösung $\bar{e}_\ell$ von (23b) approximieren, so daß die Grobgitterkorrektur mit (23e) abschließt:

$$(10.1.23e) \qquad x_\ell^{\text{neu}} := \bar{x}_\ell - p e_{\ell-1}.$$

Die *Grobgitterkorrektur* (23b–e) lautet in kompakter Form

$$(10.1.24) \qquad \bar{x}_\ell \mapsto x_\ell^{\text{neu}} := \bar{x}_\ell - p A_{\ell-1}^{-1} r (A_\ell \bar{x}_\ell - b_\ell).$$

Nennt man $\bar{x}_\ell$ und x_ℓ^{neu} in x_ℓ^m und x_ℓ^{m+1} um, stellt (24) die Definition eines Iterationsverfahrens, nämlich der Grobgitterkorrektur dar:

$$(10.1.24') \qquad \Phi_\ell^{\text{GGK}}(x_\ell, b_\ell) := x_\ell - p A_{\ell-1}^{-1} r (A_\ell x_\ell - b_\ell).$$

Bemerkung 10.1.4. Die Iterationsmatrix M und die Matrix N der zweiten Normalform der Grobgitterkorrektur lauten

$$(10.1.25) \qquad M_\ell^{\text{GGK}} = I - p A_{\ell-1}^{-1} r A_\ell, \qquad\quad N_\ell^{\text{GGK}} = p A_{\ell-1}^{-1} r.$$

Daß Φ_ℓ^{GGK} als eigenständige Iteration uninteressant ist, zeigt die

Bemerkung 10.1.5. Die Grobgitterkorrektur Φ_ℓ^{GGK} ist konsistent, aber nicht konvergent.

Beweis. Die Konsistenz ist Folge der zweiten Normalform. Wegen $h_\ell < h_{\ell-1}$ ist $\dim X_\ell > \dim X_{\ell-1}$, so daß der Kern von r nichttrivial ist. Sei $0 \neq \xi \in \text{Kern}(r)$. Da $M_\ell^{\text{GGK}} \eta = \eta$ für $\eta := A_\ell^{-1} \xi$, zeigt $\rho(M_\ell^{\text{GGK}}) \geqslant 1$ die Divergenz an. ◼

Für Gleichungssysteme, die mit der Galerkin-Diskretisierung erhalten werden (vgl. Übungsaufgabe 6.15 und Hackbusch [14, Note 3.6.6]), gilt die Darstellung (26) als sogenanntes *Galerkin-Produkt*:

$$(10.1.26) \qquad A_{\ell-1} = r A_\ell p.$$

Lemma 10.1.6. Es gelte (26). Es ist $\Phi_\ell^{\text{GGK}}(\mathfrak{X}_\ell, b_\ell) = \mathfrak{X}_\ell$ für alle $\mathfrak{X}_\ell$ mit Fehlern $\hat{e}_\ell = \mathfrak{X}_\ell - x_\ell \in \text{Bild}(p)$. Insbesondere ist Φ_ℓ^{GGK} eine Projektion.

Beweis. Folgt aus $M_\ell^{\text{GGK}} p = p - p A_{\ell-1}^{-1} r A_\ell p = p - p A_{\ell-1}^{-1} A_{\ell-1} = p - p = 0$. ◼

Man kann fragen, ob die Grobgittergleichung (23c) ein geeigneter Ansatz für $e_{\ell-1}$ ist. Eine Antwort gibt die

Übungsaufgabe 10.1.7. A_ℓ sei positiv definit. Die beste Approximation von $\bar{e}_\ell \in X_\ell$ in der A_ℓ-Norm $\|x_\ell\|_A := \langle A_\ell x_\ell, x_\ell \rangle_\ell^{1/2}$ ist $p e_{\ell-1}$, wobei $p = r^*$ gemäß (22) und $e_{\ell-1}$ die Lösung von (23c) mit der Matrix (26) ist.

10.2 Das Zweigitterverfahren

10.2.1 Algorithmus

In §10.1.1 wurde eine sogenannte Glättungsiteration $\mathscr{S}_\ell$ definiert und in §10.1.5 die Grobgitterkorrektur Φ_ℓ^{GGK} konstruiert. Die Zweigitter-iteration ist das Produktverfahren

$$(10.2.1) \qquad \Phi_\ell^{ZGM} := \Phi_\ell^{GGK} \circ \mathscr{S}_\ell^\nu \qquad\qquad (\ell \geqslant 1,\ \nu \geqslant 1).$$

Dabei ist ν die Anzahl der Glättungsschritte. In algorithmischer Schreibweise hat (1) die Gestalt

$$(10.2.2) \qquad \underline{\text{function}}\ \Phi_\ell^{ZGM}(x_\ell, b_\ell);$$

$$(10.2.2a) \qquad \underline{\text{begin}}\ \underline{\text{for}}\ i := 1\ \underline{\text{to}}\ \nu\ \underline{\text{do}}\ x_\ell := \mathscr{S}_\ell(x_\ell, b_\ell);$$

$$(10.2.2b) \qquad\qquad d_{\ell-1} := r(A_\ell x_\ell - b_\ell);$$

$$(10.2.2c) \qquad\qquad e_{\ell-1} := A_{\ell-1}^{-1} d_{\ell-1};$$

$$(10.2.2d) \qquad\qquad x_\ell := x_\ell - p\,e_{\ell-1};$$

$$(10.2.2e) \qquad\qquad \Phi_\ell^{ZGM} := x_\ell$$

$$\qquad\qquad \underline{\text{end}};$$

10.2.2 Modifikationen

Eine semiiterative Glättung anstelle von (2a) wird in §10.8.1 diskutiert werden. Wie aus Übungsaufgabe 3.2.16b bekannt, hat $\Phi_\ell^{GGK} \circ \mathscr{S}_\ell^\nu$ die gleichen Konvergenzeigenschaften wie

$$(10.2.3a) \qquad \Phi_\ell^{ZGM(\nu_1,\nu_2)} := \mathscr{S}_\ell^{\nu_2} \circ \Phi_\ell^{GGK} \circ \mathscr{S}_\ell^{\nu_1} \qquad \text{mit}\ \nu = \nu_1 + \nu_2.$$

Man spricht dann von ν_1 *Vor-* und ν_2 *Nachglättungen*. Die Iteration (3a) enthält den Algorithmus (1) für $\nu_1 = \nu$ und $\nu_2 = 0$ als Spezialfall, so daß wir im weiteren mit der Version (3a) arbeiten werden.

Selbstverständlich kann man für die Vor- und Nachglättung auch verschiedene Glätter $\mathscr{S}_\ell$ und $\hat{\mathscr{S}}_\ell$ verwenden:

$$(10.2.3b) \qquad \hat{\mathscr{S}}_\ell^{\nu_2} \circ \Phi_\ell^{GGK} \circ \mathscr{S}_\ell^{\nu_1} \qquad\qquad \text{mit}\ \nu = \nu_1 + \nu_2.$$

10.2.3 Iterationsmatrix

Lemma 10.2.1. $\mathscr{S}_\ell$ sei eine konsistente Iteration mit der Iterations-matrix S_ℓ. Dann ist $\Phi_\ell^{ZGM(\nu_1,\nu_2)}$ eine konsistente Iteration mit der Iterationsmatrix

$$(10.2.4) \qquad M_\ell^{ZGM}(\nu_1,\nu_2) = S_\ell^{\nu_2}(I - pA_{\ell-1}^{-1} r A_\ell) S_\ell^{\nu_1}.$$

Beweis. Gemäß Übungsaufgabe 3.2.16b ist M_ℓ^{ZGM} das Produkt der Iterationsmatrizen von $\mathscr{S}_\ell^{\nu_2}, \Phi_\ell^{GGK}, \mathscr{S}_\ell^{\nu_1}$. Mit Bemerkung 1.4 folgt (4). ▨

10.2.4 Pascal-Prozeduren

In (3.5.7) sind u.a. die Typen **Restriktionsart** und **Prolongationsart** vereinbart worden. Unter den Wahlmöglichkeiten sind noch nicht erklärt die *Siebenpunktprolongation* und *-restriktion* (5) sowie die nur eingeschränkt zu empfehlende *Fünfpunktrestriktion* («half-weighting») (6):

$$(10.2.5) \qquad p = \begin{bmatrix} 0 & 1/2 & 1/2 \\ 1/2 & 1 & 1/2 \\ 1/2 & 1/2 & 0 \end{bmatrix}, \qquad r = \tfrac{1}{4}\begin{bmatrix} 0 & 1/2 & 1/2 \\ 1/2 & 1 & 1/2 \\ 1/2 & 1/2 & 0 \end{bmatrix} = p^*,$$

$$(10.2.6) \qquad r = \tfrac{1}{2}\begin{bmatrix} 0 & 1/4 & 0 \\ 1/4 & 1 & 1/4 \\ 0 & 1/4 & 0 \end{bmatrix}, \qquad p = \begin{bmatrix} 0 & 1/2 & 0 \\ 1/2 & 1 & 1/2 \\ 0 & 1/2 & 0 \end{bmatrix}.$$

Die *Fünfpunktprolongation* aus (6) sollte nur dann angewandt werden, wenn wegen eines nachfolgenden Schachbrett-Gauß-Seidel-Schrittes die Werte in (ξ,η) für ungerade ξ/h_ℓ und η/h_ℓ undefiniert bleiben dürfen. Die Wahl **allgemeine_Restriktion** bzw. **allgemeine_Prolongation** läßt einen beliebigen Stern (1.15a) bzw. (1.19a) zu. Der Record vom Typ **MG_Daten** enthält in **AL** die **Diskretisierungsdaten** aller Stufen $0 \leqslant \ell \leqslant \textbf{Lmax}$ sowie in **IP** die eventuell für die Glättungsiteration $\mathscr{S}_\ell$ nötigen **Iterationsparameter**. Die Komponente **MI** vom Typ **MG_Parameter** enthält unter anderem die Vor- und Nachglättungszahlen ν_1, ν_2 und die Angaben **R**, **P** für r und p.

Es folgen Prozeduren zur Bestimmung von (i) r aus (1.22), (ii) p gemäß (1.16a,b), zur Ausführung von (iii) r und (iv) p sowie (v) zur Berechnung von $A_{\ell-1}$ aus A_ℓ gemäß (1.26). Die Prozeduren zur Ausführung von p und r können natürlich erheblich gekürzt werden, wenn nur die Neunpunktversionen verwendet werden sollen.

```
procedure Restriktion_als_adjungierte_Prolongation (var S: Stern);
var i,j: integer;  begin  for i:=-1 to 1 do  for j:=-1 to 1 do  S[i,j]:=S[i,j]/4  end;

procedure erzeuge_matrixabhaengigen_Prolongationsstern (var PS: Stern;
                                         var A: Diskretisierungsdaten);
var i,j: integer; h,ha,v,va: Spaltenstern; p: real;
procedure normiere(var s: Spaltenstern);
        begin s[-1]:=-abs(s[-1]); s[0]:=abs(s[0]); s[1]:=-abs(s[1]);
        if s[0]-s[-1]-s[1]<0 then s[0]:=-s[-1]-s[1] end;
procedure pruefe(var s,t: Spaltenstern);
        begin p:=t[-1]+t[0]+t[1]; normiere(s); normiere(t);
        if s[0]<0.1*p*A.h2 then s:=t end;
begin for i:=-1 to 1 do h[i]:=0; ha:=h; v:=h; va:=h;     {auf null setzen}
      for i:=-1 to 1 do for j:=-1 to 1 do
      begin  p:=A.S[i,j]; h[i]:=h[i]+p; v[j]:=v[j]+p;
             p:=abs(p); ha[i]:=ha[i]+p; va[j]:=va[j]+p
      end;    {Quersummen}
      pruefe(v,va); pruefe(h,ha);
      PS[0,0]:=1;
      PS[1,0]:=-h[-1]/h[0]; PS[-1,0]:=-h[1]/h[0]; {horizontale Interpolation}
      PS[0,1]:=-v[-1]/v[0]; PS[0,-1]:=-v[1]/v[0]; {vertikale Interpolation}
```

```pascal
        with A do
        begin  PS[1,1]:=-(S[-1,-1]+S[-1,0]*PS[0,1]+S[0,-1]*PS[1,0])/S[0,0];
               PS[-1,-1]:=-(S[1,1]+S[1,0]*PS[0,-1]+S[0,1]*PS[-1,0])/S[0,0];
               PS[-1,1]:=-(S[1,-1]+S[1,0]*PS[0,1]+S[0,-1]*PS[-1,0])/S[0,0];
               PS[1,-1]:=-(S[-1,1]+S[-1,0]*PS[0,-1]+S[0,1]*PS[1,0])/S[0,0]
end end;

procedure MG_Restriktion (level: integer; var x_restringiert,x: Gitterfunktion;
                var R: Restriktionsdaten; var AL:Diskretisierungshierarchie);
var i,j,ii,jj,nx1,ny1: integer; label 1;
begin nx1:=AL[level-1].nx-1; ny1:=AL[level-1].ny-1; with R do
  case Art of
triviale_Restriktion:
  for i:=1 to nx1 do for j:=1 to ny1 do x_restringiert[i,j]:=x[2*i,2*j];
Fuenfpunktrestriktion:
  for i:=1 to nx1 do
  begin ii:=2*i; for j:=1 to ny1 do
    begin jj:=2*j; x_restringiert[i,j]:= ( 4*x[ii,jj]+
                                    x[ii-1,jj]+x[ii+1,jj]+x[ii,jj-1]+x[ii,jj+1] )/8
  end end;
Siebenpunktrestriktion:
  for i:=1 to nx1 do
  begin ii:=2*i; for j:=1 to ny1 do
    begin jj:=2*j; x_restringiert[i,j]:= ( 2*x[ii,jj]+
              x[ii-1,jj]+x[ii+1,jj]+x[ii,jj-1]+x[ii,jj+1]+x[ii-1,jj-1]+x[ii+1,jj+1])/8
  end end;
Neunpunktrestriktion:
  for i:=1 to nx1 do
  begin ii:=2*i; for j:=1 to ny1 do
    begin jj:=2*j; x_restringiert[i,j]:= ( 4*x[ii,jj]+ 2*(x[ii-1,jj]+x[ii+1,jj]+x[ii,jj-1]
              + x[ii,jj+1]) + x[ii-1,jj+1] + x[ii+1,jj-1] + x[ii-1,jj-1] + x[ii+1,jj+1] ) /16
  end end;
allgemeine_Restriktion:
1: for i:=1 to nx1 do
  begin ii:=2*i; for j:=1 to ny1 do
    begin jj:=2*j; x_restringiert[i,j] := S[0,0]*x[ii,jj]+ S[-1,0]*x[ii-1,jj]+
        S[1,0]*x[ii+1,jj]+S[0,-1]*x[ii,jj-1]+S[0,1]*x[ii,jj+1]+ S[-1,1]*x[ii-1,jj+1]+
        S[1,-1]*x[ii+1,jj-1]+S[-1,-1]*x[ii-1,jj-1]+S[1,1]*x[ii+1,jj+1]
  end end;
matrixabhaengige_Restriktion:
  begin   erzeuge_matrixabhaengigen_Prolongationsstern(S,AL[level]);
          Restriktion_als_adjungierte_Prolongation(S); goto 1
end end end; {Randwerte sind undefiniert!}

procedure MG_Prolongation (level: integer; var xp{rolongiert},x: Gitterfunktion;
                var P: Prolongationsdaten; var AL: Diskretisierungshierarchie);
var i,j,ii,jj,nxx,nyy: integer; label 1,9;
begin nxx:=AL[level-1].nx; nyy:=AL[level-1].ny;
  with P do
  begin for i:=nxx downto 0 do
    begin ii:=2*i; for j:=nyy downto 0 do xp[ii,2*j]:=x[i,j] end;
    case Art of
allgemeine_Prolongation: goto 1;
matrixabhaengige_Prolongation:
    begin erzeuge_matrixabhaengigen_Prolongationsstern(S,AL[level]); goto 1
    end end {case};
    for i:=0 to nxx do
    begin ii:=2*i; jj:=1; for j:=1 to nyy do
          begin  xp[ii,jj]:=(xp[ii,jj-1]+xp[ii,jj+1])/2; jj:=jj+2
    end   end;   {lineare Interpolation in y-Richtung}
    if Art=Neunpunktprolongation then
```

```
      begin for i:=1 to nxx do
            begin ii:=2*i-1; for jj:=0 to 2*nyy do xp[ii,jj]:=(xp[ii-1,jj]+xp[ii+1,jj])/2
            end    {lineare Interpolation in x-Richtung}; goto 9
      end;
      ii:=1; for i:=1 to nxx do
      begin jj:=0; for j:=0 to nyy do
            begin xp[ii,jj]:=(xp[ii-1,jj]+xp[ii+1,jj])/2; jj:=jj+2 end; ii:=ii+2
      end    {lineare Interpolation in x-Richtung auf Grobgitterpunkten};
      if Art=Fuenfpunktprolongation then goto 9;     {Bei der 5-Punkt-Prolongation
                              bleiben die Werte xp[ungerade,ungerade] undefiniert}
{Es bleibt der Fall Art=Siebenpunktprolongation}
      ii:=1; for i:=1 to nxx do
      begin jj:=1; for j:=1 to nyy do
            begin xp[ii,jj]:=(xp[ii-1,jj-1]+xp[ii+1,jj+1])/2; jj:=jj+2 end; ii:=ii+2
      end    {lineare Interpolation in diagonaler Richtung};
      goto 9;
1: {allgemeine_Prolongation}
      for i:=0 to nxx do
      begin ii:=2*i; jj:=1; for j:=1 to nyy do
            begin xp[ii,jj]:=S[0,1]*xp[ii,jj-1]+S[0,-1]*xp[ii,jj+1]; jj:=jj+2
      end end; {Fortsetzung in y-Richtung}
      ii:=1; for i:=1 to nxx do
      begin jj:=0; for j:=0 to nyy do
            begin xp[ii,jj]:=S[1,0]*xp[ii-1,jj]+S[-1,0]*xp[ii+1,jj]; jj:=jj+2 end; ii:=ii+2
      end    {Fortsetzung in x-Richtung};
      ii:=1; for i:=1 to nxx do
      begin jj:=1; for j:=1 to nyy do
            begin  xp[ii,jj]:=S[1,1]*xp[ii-1,jj-1]+S[-1,-1]*xp[ii+1,jj+1]+
                   S[1,-1]*xp[ii-1,jj+1]+S[-1,1]*xp[ii+1,jj-1]; jj:=jj+2
            end; ii:=ii+2
      end    {Fortsetzung in Punkten mit doppelt ungeraden Koeffizienten};
      if S[0,0]<>1 then for i:=0 to nxx do
      begin ii:=2*i; jj:=0; for j:=0 to nyy do begin xp[ii,jj]:=S[0,0]*xp[ii,jj]; jj:=jj+2
      end end; {Änderung in den Grobgitterpunkten}
9: end
end;
procedure Galerkin_Stern (var RSP: Stern; var Fein: Diskretisierungsdaten;
                           var P: Prolongationsdaten; var R: Restriktionsdaten);
var v: Gitterfunktion; A: Diskretisierungshierarchie; i,j: integer;
begin    with A[0] do begin nx:=4; ny:=4 end;
         A[1]:=fein; with A[1] do begin nx:=8; ny:=8 end;
         Gitterfunktion_gleich_null(4,4,v); v[2,2]:=1;
         MG_Prolongation(1,v,v,P,A); A_x(v,A[1],v); MG_Restriktion(1,v,v,R,A);
         for i:=-1 to 1 do for j:=-1 to 1 do RSP[i,j]:=v[2-i,2-j]
end;
```

Für eine interaktive Eingabe von p und r stehen zur Verfügung:

```
procedure bestimme_Restriktion (var R: Restriktionsdaten);
procedure bestimme_Prolongation (var P: Prolongationsdaten);
procedure bestimme_Prolongation_und_Restriktion
                         (var P: Prolongationsdaten; var R: Restriktionsdaten);
```

Wenn $A_\ell x_\ell = b_\ell$ für $\ell = \ell_{max}$ zu lösen ist, haben die Matrizen A_ℓ für $\ell < \ell_{max}$ nur Hilfscharakter. Für die geeignete Wahl der A_ℓ ($\ell < \ell_{max}$) gibt es im wesentlichen zwei Möglichkeiten, die mittels des Parameters Galerkin aus MG_Parameter ausgewählt werden können:

(10.2.7a) A_ℓ wird nach der gleichen Diskretisierungsmethode wie für $\ell = \ell_{max}$ erzeugt (**Galerkin:=false**).

(10.2.7b) A_ℓ wird mittels (1.26) aus $A_{\ell_{max}}$ erzeugt (**Galerkin:=true**).

Die Diskretisierung kann mittels **definiere_MG_Diskretisierung** eingegeben werden. Die Koeffizienten $\alpha_{ij} = \alpha_{ij,0} + \alpha_{ij,1} h_\ell^{-1} + \alpha_{ij,2} h_\ell^{-2}$ von A_ℓ (vgl. §2.1.3) werden durch drei Sterne $(\alpha_{ij,k})$ $(k=0,1,2)$ beschrieben, so daß A_ℓ für alle h_ℓ separat ausgewertet werden kann. Für den oben genannten Fall (7b) (**Galerkin:=true**) ist die aktuelle Stufenzahl $\ell_{max} =$ **aktuelle_Stufe** mittels **setze_aktuelle_Stufe** anzugeben (vgl. §10.4.2).

Die Zweigitteriteration wird nicht als eigene Prozedur angegeben, da sie ein Sonderfall des späteren Mehrgitterverfahrens ist (vgl. §10.4.2). Letzteres wird durch die Parameterwahl «**direkt:=true; lmin:=level-1**» zum Zweigitterverfahren. Das vollständige Rahmenprogramm für den Zweigitteralgorithmus im Poisson-Modellfall lautet wie folgt:

```
program Zweigitteriterationsaufruf;
var MGD: MG_Daten; level,i,itzahl: integer; IT: Iterationsdaten;
{rechte_Seite, Nullfunktion, exakte_Loesung, Randwerte, etc. vereinbaren}
begin initialisiere_MG_Daten(MGD); initialisiere_IT(it); with MGD do
  repeat Freigabe_MG_Daten(MGD); Freigabe_IT(it);

      definiere_MG_Diskretisierung(MGD);
      {Definition der Zweigitteriterationsparameter}
      writeln('Soll das Galerkin-Produkt (10.1.26) verwendet werden?');
      MI.Galerkin:=ja_nein; MI.gamma:=1; MI.Direkt:=true;
      writeln('Zahl der Vor- (ny1) und Nachglättungen (ny2) angeben.');
      write(' --> ny1 = '); readln(MI.ny1); write(' --> ny2 = '); readln(MI.ny2);
      bestimme_Prolongation_und_Restriktion(MI.P,MI.R);
      write(' --> Lösung auf der Stufe l='); readln(level); MI.lmin:=level-1;
      setze_aktuelle_Stufe(level,MGD);
      it.A:=AL[level]; definiere_Gleichungsdaten(it,Randwerte,Rechte_Seite);
      definiere_Startiteration(It,Nullfunktion); writeln('Startwert definiert.');
      write(' --> Anzahl der Iterationen ='); readln(itzahl); it.ip.Nr:=0;

      for i:=1 to itzahl do
      begin MG_Iteration(level,it.x,it.x,it.b,MGD, Schachbrett_Gauss_Seidel,
            Schachbrett_Gauss_Seidel, loese_Glsystem_ohne_Pivotwahl);
            it.ip.nr:=it.ip.nr+1                    {Ausdruck der Resultate etc}
  end; writeln('Lauf wiederholen?')
  until not ja_nein
end.
```

Nachzutragen ist noch das direkte Lösungsverfahren, das (als letzter Parameter der Prozedur **MG_Iteration**) zur Lösung von $A_{\ell-1} e_{\ell-1} = d_{\ell-1}$ benötigt wird. Die hier verwendete Prozedur **loese_Glsystem_ohne_Pivotwahl** führt eine LU-Zerlegung ohne Pivotwahl innerhalb einer Bandmatrix (Bandbreite $\leqslant$ **Wmax**) durch.

10.2.5 Numerische Beispiele

Als Beispiel ist das Poisson-Modellproblem mit den Zweigitterparametern $\nu_1=2$, $\nu_2=0$, Galerkin:=false für die Schrittweiten h_ℓ aus (1.7b,c) gewählt. Die Fehlernormen $\|x_\ell^m - x_\ell\|_2$ auf der Stufe $\ell=5$ mit $h_5=1/64$ zeigt Tabelle 1. Eine Übersicht über die Reduktionsfaktoren $\|x_\ell^m - x_\ell\|_2 / \|x_\ell^{m-1} - x_\ell\|_2$ gibt Tabelle 2. Die letzte Zeile in Tabelle 2 enthält die gemittelten Konvergenzfaktoren $\rho_\ell := (\|x_\ell^8 - x_\ell\|_2 / \|x_\ell^0 - x_\ell\|_2)^{1/8}$. Im Gegensatz zu den vorhergehenden Iterationsverfahren fällt auf, daß die Konvergenzfaktoren kaum von den Schrittweiten abhängig sind. Zudem ist die Konvergenzrate mit dem Wert ≈ 0.06 sehr günstig.

m	$\|x_\ell^m - x_\ell\|_2$
0	$2.935_{10}-02$
1	$1.210_{10}-03$
2	$6.206_{10}-05$
3	$3.378_{10}-06$
4	$1.939_{10}-07$
5	$1.152_{10}-08$
6	$7.058_{10}-10$
7	$4.432_{10}-11$
8	$7.188_{10}-12$

Tabelle 10.2.1
Fehler für $h_\ell=1/64$

Da das Zweigitterverfahren die Parameter ν_1 und ν_2 besitzt, ist zu klären, wie die Konvergenz hiervon abhängt. Nach der Überlegung aus §10.2.2 hängt die Konvergenz nur von $\nu=\nu_1+\nu_2$ ab, so daß o.B.d.A. $\nu_1=\nu$ und $\nu_2=0$ gewählt werden kann. Die wie oben bestimmten Konvergenzfaktoren ρ_3 für $h_3=1/16$ sind in Tabelle 3 angegeben. Erwartungsgemäß verbessert sich die Konvergenz mit wachsendem ν. In der letzten Zeile ist ein Vergleich mit der Funktion $C/(C+\nu)$ für $C=0.135$ angegeben, der auf das asymptotische Verhalten $\rho_\ell(\nu) \approx O(1/\nu)$ hindeutet.

m	$h_\ell = $ 1/4	1/8	1/16	1/32	1/64
1	$6.210_{10}-2$	$5.549_{10}-2$	$4.730_{10}-2$	$4.338_{10}-2$	$4.124_{10}-2$
2	$6.247_{10}-2$	$5.737_{10}-2$	$5.409_{10}-2$	$5.234_{10}-2$	$5.126_{10}-2$
3	$6.249_{10}-2$	$5.850_{10}-2$	$5.804_{10}-2$	$5.565_{10}-2$	$5.443_{10}-2$
4	$6.249_{10}-2$	$5.963_{10}-2$	$6.191_{10}-2$	$5.867_{10}-2$	$5.741_{10}-2$
5	$6.250_{10}-2$	$6.061_{10}-2$	$6.512_{10}-2$	$6.091_{10}-2$	$5.939_{10}-2$
6	$6.250_{10}-2$	$6.143_{10}-2$	$6.767_{10}-2$	$6.293_{10}-2$	$6.125_{10}-2$
7	$6.250_{10}-2$	$6.194_{10}-2$	$6.943_{10}-2$	$6.453_{10}-2$	$6.280_{10}-2$
8	$6.171_{10}-2$	$6.073_{10}-2$	$7.024_{10}-2$	$7.078_{10}-2$	$(1.621_{10}-1)$
ρ_ℓ	$6.234_{10}-2$	$5.942_{10}-2$	$6.123_{10}-2$	$5.810_{10}-2$	$5.493_{10}-2$

Tabelle 10.2.2 Fehlerquotienten $\|x_\ell^m - x_\ell\|_2 / \|x_\ell^{m-1} - x_\ell\|_2$ und gemittelte Reduktionsfaktoren ρ_ℓ für das Zweigitterverfahren mit $\nu_1=2$ und $\nu_2=0$

ν	1	2	3	4	5	6	10
$\rho_3(\nu)$	0.222	0.062	0.04	0.03	0.023	0.0196	0.0133
$\frac{0.135}{\nu+0.135}$	0.119	0.063	0.043	0.033	0.026	0.022	0.0133

Tabelle 10.2.3 Konvergenzfaktoren für verschiedene Glättungszahlen ν

10.3 Analyse für ein eindimensionales Beispiel

Die Analyse der Zweigitterkonvergenz für das Poisson-Modellproblems ist im Prinzip möglich (vgl. Hackbusch [14,§8.1.1]), aber nicht hinreichend durchsichtig für eine einführende Betrachtung. Deshalb wird die tridiagonale Gleichung (1.5a) zugrundegelegt:

$$(10.3.1) \qquad Ax = b \quad \text{mit} \quad A = h^{-2}\,\text{tridiag}\{-1, 2, -1\} = h^{-2}\begin{bmatrix} 2 & -1 & & \\ -1 & 2 & \ddots & \\ & \ddots & \ddots & -1 \\ & & -1 & 2 \end{bmatrix},$$

die die eindimensionale Poisson-Gleichung (5b) diskretisiert. Es sei betont, daß tridiagonale Matrizen leicht direkt auflösbar sind. Die Analyse iterativer Verfahren für tridiagonale Gleichungen gewinnt ihr Interesse jedoch dadurch, daß sich die Konvergenzeigenschaften im allgemeinen auf zwei oder mehr Raumdimensionen übertragen. Dieses Kapitel dient zugleich als Demonstration, wie Modellprobleme mit Hilfe der Fourier–Analyse untersucht werden können.

10.3.1 Fourier–Analyse

Wir kürzen die Größen der Stufen ℓ und $\ell-1$ mit

$$(10.3.2) \qquad N = N_\ell, \qquad N' = N_{\ell-1}, \qquad h = h_\ell = 1/N, \qquad h' = h_{\ell-1} = 2h$$

ab. Der Vektor $x = (x_k)_{1 \leqslant k \leqslant N-1}$ wird formal um die Komponenten

$$(10.3.3) \qquad x_0 = x_N = 0$$

erweitert. Die Vektoren (Gitterfunktionen) e^α mit den Komponenten

$$(10.3.4) \qquad e_k^\alpha = \sqrt{2h}\,\sin(\alpha k \pi h) \qquad\qquad (0 \leqslant k \leqslant N)$$

erfüllen die Bedingung (3) für alle $\alpha \in \mathbb{Z}$. Nach Übung 4.1.3 bilden die Vektoren $\{e^\alpha : 1 \leqslant \alpha \leqslant N-1\}$ eine Orthonormalbasis. Die mit e^α als Spalten gebildete Matrix Q ist demnach unitär: $Q^H Q = I$ (vgl. Lemma 2.7.4):

$$(10.3.5) \qquad Q := [e^1, e^{N-1}, e^2, e^{N-2}, \ldots, e^\alpha, e^{N-\alpha}, \ldots, e^{\frac{N}{2}-1}, e^{\frac{N}{2}+1}, e^{\frac{N}{2}}]$$

Da Multiplikation mit Q oder $Q^H = Q^{-1}$ Spektralnorm und –radius unverändert läßt (vgl. Lemma 2.9.2), ist

$$(10.3.6) \qquad \|\hat{M}\|_2 = \|M\|_2 \quad \text{und} \quad \varrho(\hat{M}) = \varrho(M) \quad \text{für} \quad \hat{M} := Q^{-1}MQ.$$

Wir wollen zeigen, daß die Fourier–transformierte Iterationsmatrix $\hat{M}$ des Zweigitterverfahrens eine Blockdiagonalmatrix der Gestalt

$$(10.3.7a) \qquad \hat{M} = \text{blockdiag}\{M_1, M_2, \ldots, M_{N'-1}, M_{N'}\} \quad \text{mit}$$

$$(10.3.7b) \qquad M_\alpha\ 2\times2\text{-Matrizen für } 1 \leqslant \alpha \leqslant N'-1, \quad M_{N'}\ 1\times1\text{-Matrix}$$

darstellt. Indem man (2.5.5b) auf $\hat{M}$ und $\hat{M}^H\hat{M}$ anwendet, erhält man das

Lemma 10.3.1. Für eine Matrix der Gestalt (7a,b) gilt

(10.3.8) $\|\hat{M}\|_2 = \max\{\|M_\alpha\|_2 : 1 \leqslant \alpha \leqslant N'\}$, $\varrho(\hat{M}) = \max\{\varrho(M_\alpha) : 1 \leqslant \alpha \leqslant N'\}$.

Als Glättung sei die Richardson-Iteration mit $\Theta = h^2/4 \approx 1/\varrho(A_\ell)$ gewählt. Zum Beweis der Blockstruktur (7a,b) wird die Iterationsmatrix

(10.3.9) $M = (I - pA_{\ell-1}^{-1} rA_\ell)S_\ell^\nu$ mit $S_\ell = I - \Theta A_\ell$, $\Theta = h^2/4$

in

(10.3.10a) $\hat{M} = (I - \hat{p}\hat{A}_{\ell-1}^{-1}\hat{r}\hat{A}_\ell)\hat{S}_\ell^\nu$ mit $\hat{A}_\ell := Q^{-1}A_\ell Q$, $\hat{S}_\ell := Q^{-1}S_\ell Q$

transformiert. Zur Definition der Größen

(10.3.10b) $\hat{p} := Q^{-1}pQ'$, $\hat{A}_{\ell-1} := Q'^{-1}A_{\ell-1}Q'$, $\hat{r} := Q'^{-1}rQ$

ist die Fourier-Transformation Q' auf der Stufe $\ell-1$ einzuführen. Indem man in (4) $h=h_\ell$ durch $h'=h_{\ell-1}$ ersetzt, erhält man die Vektoren e'^α mit

(10.3.11) $e_k'^\alpha = \sqrt{4h}\,\sin(2\alpha k\pi h)$ $(0 \leqslant k \leqslant N')$.

Diese ergeben in Analogie zu (5) die Matrix

(10.3.12) $Q' = [e'^1, e'^2, \ldots, e'^{N'-1}]$.

10.3.2 Transformierte Größen

Gemäß §4.1 gilt $A_\ell e^\alpha = \lambda_\alpha e^\alpha$ mit $\lambda_\alpha := 4h^{-2}\sin^2(\alpha\pi h/2)$. Wir setzen

(10.3.13) $s_\alpha^2 = \sin^2(\alpha\pi h/2)$, $c_\alpha^2 = \cos^2(\alpha\pi h/2)$.

Unter Beachtung von $\lambda_{N-\alpha} = s_{N-\alpha}^2 = c_\alpha^2$ erhalten wir

(10.3.14a) $\hat{A}_\ell := Q^{-1}A_\ell Q = \text{blockdiag}\{A_1, \ldots, A_{N'}\}$ mit den Blöcken

(10.3.14b) $A_\alpha = 4h^{-2}\begin{bmatrix} s_\alpha^2 & 0 \\ 0 & c_\alpha^2 \end{bmatrix}$ für $1 \leqslant \alpha \leqslant N'-1$, $A_{N'} = 2h^{-2}$.

Da $S_\ell = I - \frac{1}{4}h^2 A_\ell$ und $1 - s_\alpha^2 = c_\alpha^2$, $1 - c_\alpha^2 = s_\alpha^2$, liefert (14a,b) das Resultat

(10.3.15a) $\hat{S}_\ell := Q^{-1}S_\ell Q = \text{blockdiag}\{S_1, \ldots, S_{N'}\}$ mit den Blöcken

(10.3.15b) $S_\alpha = \begin{bmatrix} c_\alpha^2 & 0 \\ 0 & s_\alpha^2 \end{bmatrix}$ für $1 \leqslant \alpha \leqslant N'-1$, $S_{N'} = \frac{1}{2}$.

Wegen $A_{\ell-1}e'^\alpha = \lambda'_\alpha e'^\alpha$ mit $\lambda'_\alpha = 4h'^{-2}\sin^2(\alpha\pi h'/2) = h^{-2}\sin^2(\alpha\pi h)$, erhält man aus $\sin^2(\alpha\pi h) = 4s_\alpha^2 c_\alpha^2$ die Diagonalgestalt

(10.3.16) $\hat{A}_{\ell-1} := Q'^{-1}A_{\ell-1}Q' = \text{diag}\{A'_1, \ldots, A'_{N'}\}$ mit $A'_\alpha = 4h^{-2}s_\alpha^2 c_\alpha^2$.

Als nächstes wollen wir p und r transformieren. p sei durch (1.12a-c) definiert. Für r wählen wir die adjungierte Abbildung $r = p^*$:

(10.3.17a) $r = \frac{1}{2}[\frac{1}{2}\ 1\ \frac{1}{2}]$, d.h. $(ru_\ell)(\xi) = \frac{1}{4}u_\ell(\xi-h) + \frac{1}{2}u_\ell(\xi) + \frac{1}{4}u_\ell(\xi+h)$.

r und $\hat{r}$ sind Matrizen vom Format $(N'-1)\times(N-1)=(N'-1)\times(2N'-1)$. Die Darstellung

$$(10.3.17b) \qquad \hat{r} := Q'^{-1} r Q = [\text{blockdiag}\{r_1,\ldots,r_{N'-1}\},0] \quad \text{mit } r_\alpha = \sqrt{\tfrac{1}{2}}[c_\alpha^2, -s_\alpha^2]$$

bedeutet, daß die letzte Spalte von $\hat{r}$ verschwindet (folgt aus $re^{N'}=0$) und daß der Rest vom Format $(N'-1)\times 2(N'-1)$ aus $N'-1$ 1×2-Blöcken r_α besteht. Zum Beweis von (17b) ist zu zeigen:

$$re^\alpha = c_\alpha^2 e'^\alpha/\sqrt{2}, \qquad re^{N-\alpha} = -s_\alpha^2 e'^\alpha/\sqrt{2} \qquad \text{für } 1 \leqslant \alpha \leqslant N'-1.$$

(17a) liefert $r\sin(\alpha\xi\pi) = [\sin(\alpha(\xi-h)\pi)+2\sin(\alpha\xi\pi)+\sin(\alpha(\xi+h)\pi)]/4 =$
$= [1+\cos(\alpha h\pi)]\sin(\alpha\xi\pi)/2 = \cos(\alpha h\pi/2)^2 \sin(\alpha\xi\pi) = c_\alpha^2 \sin(\alpha\xi\pi)$ für
alle α. Die unterschiedliche Skalierung der Vektoren e^α, e'^α erklärt den zusätzlichen Faktor in $re^\alpha=c_\alpha^2 e'^\alpha/\sqrt{2}$. Da diese Identität für alle α gilt, darf man α durch $N-\alpha$ ersetzen: $re^{N-\alpha}=c_{N-\alpha}^2 e'^{N-\alpha}/\sqrt{2}$. Für $0\leqslant k\leqslant N'$ ist $\sin(2\alpha k\pi h)=-\sin(2(N-\alpha)k\pi h)$, was nach Definition (11) zu $e'^{N-\alpha}=-e'^\alpha$ führt. Da ferner $c_{N-\alpha}^2=s_\alpha^2$, ist $re^{N-\alpha}=-s_\alpha^2 e'^\alpha/\sqrt{2}$ bewiesen.

Die Abbildungen p aus (1.12a-c) und r aus (17a) sind durch $r=p^*$ verbunden. Da $p^*=\tfrac{1}{2}p^H$, findet man die Darstellung

$$\hat{p} := Q^{-1}pQ' = Q^{-1}(2r)^H Q' = Q^H(2r)^H Q' = 2[Q'^H rQ]^H = 2\,\hat{r}^H.$$

Das Resultat (17b) für $\hat{r}$ beweist somit

$$(10.3.18) \qquad \hat{p} := Q^{-1}pQ' = \begin{bmatrix} \text{diag}\{p_1,\ldots,p_{N'-1}\} \\ 0 \end{bmatrix} \quad \text{mit } p_\alpha = \sqrt{2}\begin{bmatrix} c_\alpha^2 \\ -s_\alpha^2 \end{bmatrix}.$$

10.3.3 Konvergenzresultate

Da alle Faktoren in (10a) eine Blockdiagonalstruktur haben, überträgt sich diese auf $\hat{M}$ und beweist die Gestalt (7a,b). Für die 2×2-Blöcke M_α $(1\leqslant\alpha\leqslant N'-1)$ und den 1×1-Block $M_{N'}$ ergeben (14b), (15b), (16), (17b), (18):

$$(10.3.19a) \qquad M_\alpha = (I - p_\alpha A'^{-1}_\alpha r_\alpha A_\alpha)S_\alpha^\nu \quad (1\leqslant\alpha\leqslant N'-1), \qquad M_{N'} = 2^{-\nu}.$$

Einsetzen der Darstellungen für p_α, A'_α, r_α, A_α, S_α^ν liefert:

$$M_\alpha = \left(\begin{bmatrix} 1 & 0 \\ 0 & 1 \end{bmatrix} - \begin{bmatrix} c_\alpha^2 \\ -s_\alpha^2 \end{bmatrix}\frac{h^2}{4s_\alpha^2 c_\alpha^2}[c_\alpha^2, -s_\alpha^2]\,4h^{-2}\begin{bmatrix} s_\alpha^2 & 0 \\ 0 & c_\alpha^2 \end{bmatrix}\right)\begin{bmatrix} c_\alpha^2 & 0 \\ 0 & s_\alpha^2 \end{bmatrix}^\nu$$

$$(10.3.19b)$$

$$= \left(\begin{bmatrix} 1 & 0 \\ 0 & 1 \end{bmatrix} - \begin{bmatrix} c_\alpha^2 & -c_\alpha^2 \\ -s_\alpha^2 & s_\alpha^2 \end{bmatrix}\right)\begin{bmatrix} c_\alpha^2 & 0 \\ 0 & s_\alpha^2 \end{bmatrix}^\nu = \begin{bmatrix} s_\alpha^2 & c_\alpha^2 \\ s_\alpha^2 & c_\alpha^2 \end{bmatrix}\begin{bmatrix} c_\alpha^2 & 0 \\ 0 & s_\alpha^2 \end{bmatrix}^\nu.$$

Der Block M_α beschreibt das Verhalten von M auf die beiden Funktionen e^α, $e^{N-\alpha}$ (entsprechende Spalten der Matrix Q, vgl. (5)). Da $\alpha<N'<N-\alpha$, entspricht e^α einer *glatten* und $e^{N-\alpha}$ einer *stark oszillierenden* Gitterfunktion. Man rechnet nach, daß die Ungleichungen $0<\alpha<N'<N-\alpha<N$ zu

$$(10.3.20) \qquad 0 < s_\alpha^2 < \tfrac{1}{2} < c_\alpha^2 < 1$$

führen. Die beiden 2×2-Matrizen in (19b) charakterisieren die Grob-gitterkorrektur sowie die Glättung. Die Einträge $c_\alpha^2 > s_\alpha^2$ zeigen an, daß die glatten e^α-Komponenten langsamer als die nichtglatten $e^{N-\alpha}$-Komponenten konvergieren. Die erste Matrix spiegelt das komplementäre Verhalten der Grobgitterkorrektur wieder: Die glatten Komponenten (s_α^2 in erster Spalte) werden jetzt schneller als die stark oszillierenden (c_α^2 in zweiter Spalte) reduziert.

Übungsaufgabe 10.3.2. Man zeige $\rho(M_\alpha) = \rho_\nu(s_\alpha^2)$ und $\|M_\alpha\|_2 = \zeta_\nu(s_\alpha^2)$ mit

$$(10.3.21a) \qquad \rho_\nu(\xi) := \xi(1-\xi)^\nu + (1-\xi)\xi^\nu,$$

$$(10.3.21b) \qquad \zeta_\nu(\xi) := \sqrt{2[\xi^2(1-\xi)^{2\nu} + (1-\xi)^2\xi^{2\nu}]}.$$

Die Kombination von (6), Lemma 1 und Übungsaufgabe 2 liefert

$$\rho(M) = \max\{\rho_\nu(s_\alpha^2): 1 \leq \alpha \leq N'\}, \quad \|M\|_2 = \max\{\zeta_\nu(s_\alpha^2): 1 \leq \alpha \leq N'\}.$$

Da die Argumentwerte s_α^2 für $1 \leq \alpha \leq N'$ zwischen 0 und $\frac{1}{2}$ liegen (vgl. (20)), sind die Abschätzungen

$$(10.3.22a) \qquad \rho(M) \leq \rho_\nu := \max\{\rho_\nu(\xi): 0 \leq \xi \leq \tfrac{1}{2}\},$$

$$(10.3.22b) \qquad \|M\|_2 \leq \zeta_\nu := \max\{\zeta_\nu(\xi): 0 \leq \xi \leq \tfrac{1}{2}\}$$

gültig. Die Schranken ρ_ν und ζ_ν für die Konvergenzrate bzw. die Kontraktions-zahl sind von der Glättungsanzahl ν, nicht jedoch von der Schrittweite h ab-hängig. Da ρ_ν und ζ_ν mit wachsendem ν monoton fallen und $\rho_1 = \zeta_1 = \frac{1}{2} < 1$, ist die Konvergenz des Zweigitterverfahrens für das eindimensionale Modellproblem (1) bewiesen. Eine etwas eingehendere Diskussion der Funktionen $\rho_\nu(\xi)$, $\zeta_\nu(\xi)$ und ihrer Maxima in $[0,\frac{1}{2}]$ ergeben den

ν	ρ_ν	ζ_ν
1	1/2	1/2
2	1/4	1/4
3	1/8	0.150
4	0.0832	0.1159
5	0.0671	0.0947
10	0.0350	0.0496

Tabelle 10.3.1 ρ_ν, ζ_ν

Satz 10.3.3. Das Zweigitterverfahren zur Lösung von (1) sei charak-terisiert durch die Richardson-Iteration mit $\Theta = h^2/4$ (identisch mit der mit $\frac{1}{2}$ gedämpften Jacobi-Iteration) als Glättung, durch die stückweise lineare Prolongation p und die dazu adjungierte Restriktion (17a). Dann konvergiert das Zweigitterverfahren mit $\nu \geq 1$ Glättungsschritten mit der h-unabhängig beschränkten Rate ρ_ν aus (22a). Die Kontraktionszahl bezüglich der Euklidischen Norm ist durch ζ_ν aus (22b) beschränkt. Für wachsendes ν haben diese Schranken das asymptotische Verhalten

$$(10.3.23) \qquad \rho_\nu = \frac{1}{e\nu} + O(\nu^{-2}), \qquad \zeta_\nu = \frac{\sqrt{2}}{e\nu} + O(\nu^{-2}).$$

Einige Werte von ρ_ν, ζ_ν sind in Tabelle 1 aufgeführt. Man sieht leicht, daß mit kleiner werdender Schrittweite die Größen $\rho(M)$, $\|M\|_2$ gegen ihre Schranken ρ_ν und ζ_ν konvergieren, so daß die angegebenen Abschätzungen scharf sind. In §10.6 werden wir für allgemeine Probleme eine Konvergenzrate ableiten, die sich ebenfalls wie $O(1/\nu)$ verhält. Satz 3 zeigt, daß derartige Resultate bezüglich ihres asymptotischen Verhaltens für große ν keineswegs zu pessimistisch sind.

10.4 Mehrgitteriteration

10.4.1 Algorithmus

Das Zweigitterverfahren ist für praktische Anwendungen noch nicht empfehlenswert, da auf der Stufe $\ell{-}1$ weiterhin je ein Gleichungssystem pro Iteration zu lösen ist. Die in (2.2c) zu lösende Aufgabe hat die Form

$$(10.4.1) \qquad A_{\ell-1}\, e_{\ell-1} = d_{\ell-1},$$

ist also von der gleichen Gestalt wie das ursprüngliche Problem $A_\ell x_\ell = b_\ell$. Es liegt nahe, die Gleichung (1) nicht exakt, sondern iterativ zu lösen. Als Iteration kann wieder das Zweigitterverfahren eingesetzt werden, diesmal für die Stufen $\ell{-}1$ und $\ell{-}2$ statt ℓ und $\ell{-}1$. Hierbei entstehen neue Hilfsprobleme $A_{\ell-2}e_{\ell-2}=d_{\ell-2}$, für die das Zweigitterverfahren auf der Stufe $\ell{-}2$ eingesetzt wird, u.s.w. bis Gleichungen $A_0 e_0 = d_0$ auf dem gröbsten Gitter entstehen. Das entstehende rekursive Verfahren ist die Mehrgitteriteration $\Phi_\ell^{MGM(\nu_1,\nu_2)}$, die die folgende algorithmische Gestalt hat:

$$
\begin{array}{ll}
(10.4.2) & \underline{procedure}\ \Phi_\ell^{MGM(\nu_1,\nu_2)}(x_\ell,b_\ell); \\[4pt]
(10.4.2a) & \underline{if}\ \ell=0\ \underline{then}\ x_0 := A_0^{-1}b_0\ \underline{else} \\[4pt]
(10.4.2b) & \underline{begin}\ \underline{for}\ i:=1\ \underline{to}\ \nu_1\ \underline{do}\ x_\ell := \mathscr{S}_\ell(x_\ell,b_\ell); \\[4pt]
(10.4.2c) & \quad d_{\ell-1} := r(A_\ell x_\ell - b_\ell); \\[4pt]
(10.4.2d_1) & \quad e_{\ell-1}^{(0)} := 0; \\[4pt]
(10.4.2d_2) & \quad \underline{for}\ i:=1\ \underline{to}\ \gamma\ \underline{do}\ e_{\ell-1}^{(i)} := \Phi_{\ell-1}^{MGM(\nu_1,\nu_2)}(e_{\ell-1}^{(i-1)},d_{\ell-1}); \\[4pt]
(10.4.2e) & \quad x_\ell := x_\ell - p\, e_{\ell-1}^{(\gamma)}; \\[4pt]
(10.4.2f) & \quad \underline{for}\ i:=1\ \underline{to}\ \nu_2\ \underline{do}\ x_\ell := \mathscr{S}_\ell(x_\ell,b_\ell); \\[4pt]
(10.4.2g) & \quad \Phi_\ell^{MGM(\nu_1,\nu_2)} := x_\ell \\[4pt]
& \underline{end};
\end{array}
$$

Man überlegt sich leicht, daß die rekursiven Aufrufe nach ℓ Schritten die Stufe $\ell=0$ erreichen und dort terminieren, so daß der Algorithmus wohldefiniert ist.

ν_1 und ν_2 bezeichnen wieder die Vor- und Nachglättungsschritte, wobei im allgemeinen $\nu := \nu_1 + \nu_2 > 0$ angenommen sei. Zur iterativen Lösung der Grobgittergleichung (1) werden auf den Startwert $(2d_1)$ γ Schritt der Iteration $\Phi_{\ell-1}^{MGM(\nu_1,\nu_2)}$ angewandt. Es wird sich herausstellen, daß $\gamma = 2$ ausreicht, so daß nur die Fälle $\gamma = 1$ und $\gamma = 2$ von praktischem Interesse sind. Die Mehrgitteriteration mit $\gamma = 1$ hat den Namen «V-Zyklus», jene mit $\gamma = 2$ den Namen «W-Zyklus» erhalten (zur Begründung vgl. Hackbusch [14,§2.5]).

Die exakte Lösung linearer Gleichungen ist im Mehrgitteralgorithmus (2) nicht völlig vermieden. In (2a) wird das Gleichungssystem $A_0 x_0 = b_0$ gelöst, das dem gröbsten Gitter entspricht. Da das gröbste Gitter die kleinste Anzahl von Gitterpunkten besitzt, stellt die Auflösung kein praktisches Problem dar. Gemäß (1.7c) ist $h_0 = \frac{1}{2}$ eine mögliche Wahl der gröbsten Gitterweite. In diesem Falle stellt $A_0 x_0 = b_0$ eine einzige skalare Gleichung dar.

Was die äußere Form betrifft, ist das Mehrgitterverfahrens zunächst eine Produktiteration mit den Faktoren «Glättung» und «Grobgitterkorrektur», wobei letztere fast dem mit einer sekundären Iteration zusammengesetzten Verfahren aus §8.4 entspricht. Im Unterschied hierzu liegt das von der sekundären Iteration zu lösende Hilfsproblem jedoch nicht im gleichen Raum X_ℓ, sondern im niederdimensionalen Raum $X_{\ell-1}$.

10.4.2 Pascal-Prozeduren

Die Mehrgitteriteration benötigt weitere Parameter: die Stufenzahl ℓ =level, die **MG_Daten MGD**, die eventuell unterschiedlichen Vor- und Nachglättungen sowie einen direkten Löser für (2a). Gemäß (1.7a) ist $\ell = 0$ die Stufenzahl des gröbsten Gitters. Mitunter möchte man jedoch in der Schrittweitenfolge $\{h_0, h_1, \ldots, h_\ell\}$ die Stufe $\ell = 0$ streichen und h_1 als gröbste Schrittweite verwenden, ohne $\{h_1, \ldots, h_\ell\}$ in $\{h_0, \ldots, h_{\ell-1}\}$ umbenennen zu müssen. Zu diesem Zweck steht der Parameter **lmin** (im Record **MDG.MI**) zur Verfügung, dessen Standardwert $\ell = 0$ beträgt. **gamma** repräsentiert die Zahl γ aus $(2d_2)$. Diese und die schon in §10.2.4 erwähnten Parameter (**Galerkin**, **ny1** und **ny2** für ν_1 und ν_2 aus (2b,f)) können interaktiv mit Hilfe der folgenden Prozedur definiert werden:

```pascal
procedure Definiere_MG_Parameter(var MGD: MG_Daten); var l: integer;
begin with MGD.MI do
  begin writeln; writeln('*** Eingabe der MG_Iterationsparameter');
    writeln('Soll auf dem gröbsten Gitter direkt gelöst werden?');
    Direkt:=ja_nein; writeln(
    'Soll die Grobgittermatrix durch das Galerkin-Produkt definiert werden?');
    Galerkin:=ja_nein; writeln; writeln('Art des Zyklus: gamma=1: V-Zyklus,',
                            '2: W-Zyklus, >2: nicht empfehlenswert');
    repeat write(' --> gamma = '); readln(gamma) until gamma>0;
    writeln('Zahl der Vor- (ny1) und Nachglättungen (ny2) angeben.');
    write(' --> ny1 = '); readln(ny1); write(' --> ny2 = '); readln(ny2);
    bestimme_Prolongation_und_Restriktion(P,R);
    writeln(' --> Unterste Stufe lmin (Standard =0):'); readln(lmin);
    lmin:=Maximum_(0,Minimum_(lmin,Lmax))
end end;
```

Die nachfolgende Mehrgitterprozedur weicht in einigen Punkten von (2) ab. Falls **MDG.MI.direkt=true**, wird wie in (2a) die Gleichung $A_0 x_0 = b_0$ (allgemeiner: auf Stufe lmin statt 0) exakt gelöst. In diesem Falle darf ohne Änderung der Resultate in der Schleife $(2d_2)$ γ durch 1 ersetzt werden. Es ist jedoch nicht zwingend, auf der untersten Stufe *exakt* zu lösen. Da auch einfache Iterationen für niederdimensionale Aufgaben akzeptable Konvergenzraten zeigen, kann die Vor- und Nachglättung auf der untersten Stufe (ohne Grobgitterkorrektur) zur näherungsweisen Lösung von $A_0 x_0 = b_0$ verwandt werden. Diese Wahl wird durch **direkt=false** angezeigt. Die Prozedur **pruefe_Stufenzahl** testet, ob die Stufenzahl im zulässigen Bereich lmin $\leqslant \ell \leqslant$ Lmax liegt.

```
type PLoeser = procedure ( var x,b: Gitterfunktion;
                           var A: Diskretisierungsdaten;
                           B: Boolean);

procedure MG_Iteration (level: integer; var xneu,x,b: Gitterfunktion;
        var MGD: MG_Daten;
        Vorglaettung, Nachglaettung: PIteration; DirekterLoeser: PLoeser);
var v,d: Gitterfunktion; i: integer;
begin xneu:=x; if pruefe_Stufenzahl(level,MGD) then with MGD do with MI do
  if (level=lmin) and direkt then
  DirekterLoeser(xneu,b,AL[lmin],aktuelle_Stufe>lmin) else
    begin for i:=1 to ny1 do Vorglaettung(xneu,AL[level],xneu,b,IP[level]);
    if level>0 then with AL[level-1] do
    begin Residuum(d,AL[level],xneu,b);
        MG_Restriktion(level,d,d,R,AL);
        if Art=Poisson_Modellproblem then Faktor_mal_Vektor(nx,ny,d,4,d);
        Gitterfunktion_gleich_null(nx,ny,v);
        i:=gamma; if (level-1=lmin) and direkt then i:=1 else if level=lmin then i:=0;
        for i:=i downto 1 do MG_Iteration (level-1, v, v, d, MGD, Vorglaettung,
                                    Nachglaettung, DirekterLoeser);
        MG_Prolongation(level,v,v,P,AL);
        Vektor_plus_Vektor(AL[level].nx,AL[level].ny,xneu,xneu,v)
    end;
    for i:=1 to ny2 do Nachglaettung(xneu,AL[level],xneu,b,IP[level])
end end;
```

Es sei angemerkt, daß die Programmiersprache Pascal für die Formulierung des Mehrgitteralgorithmus nicht optimal geeignet ist, da sie auf allen Stufen gleiche Parameter und damit auch gleich große Felder vom Typ **Gitterfunktion** verlangt. Dies führt bei der vorliegenden Realisierung dazu, daß die $\ell_{max}+1$ Gitterfunktionen $\{x_\ell, b_\ell : 0 \leqslant \ell \leqslant \ell_{max}\}$ $(\ell_{max}+1)$-mal den maximalen Speicherplatz erfordern, während die Gesamtdimension nur $2\sum n_\ell \approx 8 n_{\ell_{max}}/3 \ll 2\,\ell_{max} n_{\ell_{max}}$ beträgt.

Ein mögliches Rahmenprogramm lautet wie folgt:

```
program Mehrgitteriterationsaufruf;
var MGD: MG_Daten; level,i,itzahl: integer; it: Iterationsdaten;
   v: Vergleichsdaten; l2: Iterationsgeschichte;
{rechte_Seite, Nullfunktion, exakte_Loesung, Randwerte vereinbaren}
begin initialisiere_MG_Daten(MGD);
  initialisiere_IT(it); initialisiere_Vergleichsdaten(v);
  with MGD do repeat
    Freigabe_MG_Daten(MGD); Freigabe_IT(it); Freigabe_Vergleichsdaten(v);
    definiere_MG_Diskretisierung(MGD); definiere_MG_Parameter(MGD);
    write(' --> Lösung auf der Stufe l='); readln(level);
    setze_aktuelle_Stufe(level,MGD); it.A:=AL[level];
    definiere_Gleichungsdaten(it,Randwerte,Rechte_Seite); writeln('Gl. def.');
    definiere_Startiteration(it,Nullfunktion); writeln('Startwert definiert.');
    definiere_Vergleichsloesung(v,it.A,exakte_Loesung);
    write(' --> Anzahl der Iterationen ='); readln(itzahl); it.IP.Nr:=0;
    Vergleich_mit_exakter_Loesung(l2,v,it, Euklidische_Norm);
    for i:=1 to itzahl do with it.IP do
    begin MG_Iteration(level,it.x,it.x,it.b,MGD, Schachbrett_Gauss_Seidel,
      Schachbrett_Gauss_Seidel, loese_Glsystem_ohne_Pivotwahl);  Nr:=Nr+1;
      Vergleich_mit_exakter_Loesung(l2,v,it,Euklidische_Norm)  {-> Ausdruck}
    end; writeln('Lauf wiederholen?') until not ja_nein
end.
```

Der Parameter **MDG.MI.aktuelle_Stufe** ist von Bedeutung, wenn
Galerkin=true gewählt wird. In diesem Falle werden gemäß (2.7b) die
Matrizen A_ℓ für $\ell<$**aktuelle_Stufe** mittels des Galerkin-Produktes (1.26)
bestimmt. Für die Definition der aktuellen Stufe und die Berechnung
der Produkte steht die Prozedur **setze_aktuelle_Stufe** zur Verfügung.
Die notwendigen Daten sind die in **MGD.SH**$[\mu]$, $0\leq\mu\leq2$, vorhandenen
Matrizen $A^{(\mu)}$, die die Gesamtmatrix gemäß

$$(10.4.3)\qquad A_\ell := \sum_{\mu=0}^{2} h_\ell^{-\mu}\, A^{(\mu)}$$

definieren (die zugehörige Prozedur ist **uebertrage_Diskretisierungsdaten**).
Falls **Galerkin=false**, ist (3) für alle ℓ gültig, andernfalls nur für
$\ell\geq$**aktuelle_Stufe**. Die genannten und einige weitere Hilfsprozeduren sind
nachfolgend angegeben.

```
procedure initialisiere_MG_Daten (var MGD: MG_Daten);
var l: integer;
begin with MGD do begin for l:=0 to Lmax do
      begin initialisiere_Diskretisierungsdaten(AL[l]);
            initialisiere_Iterationsparameter(IP[l])
      end; MI.lmin:=0; MI.aktuelle_Stufe:=0
end end;
procedure Freigabe_MG_Daten (var MGD: MG_Daten); var l: integer;
begin with MGD do for l:=0 to Lmax do
      begin Freigabe_Diskretisierungsdaten(AL[l]);
            Freigabe_Iterationsparameter(IP[l])
      end; initialisiere_MG_Daten(MGD)
end;
```

```
procedure vervollstaendige_Diskretisierungsparameter
begin with A do begin                         (var A: Diskretisierungsdaten);
      if Art<Fuenfpunktformel then
          begin S[-1,0]:=-1; S[1,0]:=-1; S[0,-1]:=-1; S[0,1]:=-1; S[0,0]:=4 end;
      if Art<Neunpunktformel then
          begin S[-1,1]:=0; S[1,1]:=0; S[1,-1]:=0; S[-1,-1]:=0 end
end end;

procedure berechne_Stern (var A: Diskretisierungsdaten; var sh: H_Stern);
var i,j: integer;
begin with A do if Art=Poisson_Modellproblem then
      vervollstaendige_Diskretisierungsparameter(A) else
          for i:=-1 to 1 do for j:=-1 to 1 do S[i,j]:=SH[2,i,j]/h2+SH[1,i,j]/h+SH[0,i,j]
end;

procedure uebertrage_Diskretisierungsdaten (var MGD: MG_Daten);
var l,i,j: integer;
begin with MGD do for l:=Lmax-1 downto 0 do
          begin Freigabe_Diskretisierungsdaten(AL[l]);
                AL[l].Art:=AL[Lmax].Art; berechne_Stern(AL[l],sh)
end   end;

procedure setze_aktuelle_Stufe (aktuell: integer; var MGD: MG_Daten);
var l: integer;
begin with MGD do with Ml do
          begin aktuelle_Stufe:=aktuell; uebertrage_Diskretisierungsdaten(MGD);
                if Galerkin then for l:=aktuell-1 downto 0 do with AL[l] do
                begin Galerkin_Stern(S,AL[l+1],P,R); Art:=Neunpunktformel end
end   end;
```

10.4.3 Numerische Resultate

Für das Modellproblem zeigt Tabelle 1 die Euklidische Norm $\| e^m \|_2$
des Fehlers und die Reduktionsfaktoren $\rho_{m+1,m} = \| e^m \|_2 / \| e^{m-1} \|_2$ für die
Schrittweite $h = h_5 = 1/64$. Die Parameter sind im einzelnen: $\nu_1 = 2$, $\nu_2 = 0$,
lmin=0 (d.h. $h_0 = \frac{1}{2}$), direkt=true, Galerkin=false, Neunpunktprolongation
und -restriktion. Als Glättungsiteration ist das Schachbrett-Gauß-
Seidel-Verfahren eingesetzt. Der Vergleich der Resultate für $\gamma = 1$
(V-Zyklus) und $\gamma = 2$ (W-Zyklus) aus Tabelle 1 mit den aus Tabelle 2.2
wiederholten Zweigitterresultaten (formal $\gamma = \infty$) zeigt, daß $\gamma = 2$ fast
gleich schnelle Konvergenz wie das Zweigitterverfahren liefert, während
die V-Zyklus-Ergebnisse etwas ungünstiger ausfallen.

Um zu demonstrieren, daß Mehrgitterverfahren nicht nur für positiv
definite Probleme gute Resultate liefern, wird als nächstes Beispiel die
nichtsymmetrische Differentialgleichung (Konvektions-Diffusions-Gl.)

$$(10.4.4a) \qquad -\Delta u + c u_x = f$$

in $\Omega = (0,1) \times (0,1)$ mit Dirichlet-Randwerten (1.2.1b) durch

$$(10.4.4b) \qquad A_\ell = h_\ell^{-2} \begin{bmatrix} & -1 & \\ -1 & 4 & -1 \\ & -1 & \end{bmatrix} + \tfrac{1}{2} c\, h_\ell^{-1} \begin{bmatrix} & 0 & \\ -1 & 0 & 1 \\ & 0 & \end{bmatrix}$$

diskretisiert. Zunächst wird $c = 4$ gesetzt (für diesen Wert sind alle A_ℓ
M-Matrizen). Als rechte Seite und exakte Lösung sind $f = u = 0$ gewählt,
während $x(1-x+y)$ als Startwert genommen ist. Bei gleichen weiteren
Parametern wie in Tabelle 1 ergibt der W-Zyklus ($\gamma = 2$) eine Konvergenzrate von ≈ 0.06 und weicht damit kaum vom Poisson-Modellproblem ab.

m	$\gamma = 1$ (V-Zyklus)		$\gamma = 2$ (W-Zyklus)		$\gamma = \infty$ (Zweigitteralg.)
	$\| e^m \|_2$	$\varrho_{m+1,m}$	$\| e^m \|_2$	$\varrho_{m+1,m}$	$\varrho_{m+1,m}$
1	$1.3274_{10}-1$	$1.727_{10}-1$	$2.9984_{10}-02$	$3.902_{10}-2$	$4.124_{10}-2$
2	$2.2223_{10}-2$	$1.674_{10}-1$	$1.3219_{10}-03$	$4.408_{10}-2$	$5.126_{10}-2$
3	$3.7656_{10}-3$	$1.694_{10}-1$	$6.9050_{10}-05$	$5.223_{10}-2$	$5.443_{10}-2$
4	$6.4110_{10}-4$	$1.702_{10}-1$	$3.7824_{10}-06$	$5.477_{10}-2$	$5.741_{10}-2$
5	$1.0941_{10}-4$	$1.706_{10}-1$	$2.1584_{10}-07$	$5.706_{10}-2$	$5.939_{10}-2$
6	$1.8701_{10}-5$	$1.709_{10}-1$	$1.2689_{10}-08$	$5.879_{10}-2$	$6.125_{10}-2$
7	$3.1996_{10}-6$	$1.710_{10}-1$	$7.6788_{10}-10$	$6.051_{10}-2$	$6.280_{10}-2$

Tabelle 10.4.1 Mehrgitterresultate für Poisson-Modellproblem, $h=1/64$

m	$\varrho_{m+1,m}$
1	$3.02452_{10}-2$
2	$4.72247_{10}-2$
3	$5.30817_{10}-2$
4	$5.51039_{10}-2$
5	$5.69383_{10}-2$
6	$5.83535_{10}-2$
7	$5.97048_{10}-2$
8	$6.09182_{10}-2$
9	$6.20609_{10}-2$
10	$6.31206_{10}-2$

m	punktweises Gauß-Seidel		Zeilen-G.-S.
	$\gamma = 1$	$\gamma = 2$	$\gamma = 1$
1	$1.58433_{10}-1$	$2.75119_{10}-2$	$4.65472_{10}-2$
2	$2.60220_{10}-1$	$9.54499_{10}-2$	$9.99392_{10}-2$
3	$3.35135_{10}-1$	$2.73365_{10}-1$	$9.51973_{10}-2$
4	$3.47875_{10}-1$	$3.00345_{10}-1$	$1.31862_{10}-1$
5	$3.35962_{10}-1$	$2.94467_{10}-1$	$1.26717_{10}-1$
6	$3.14166_{10}-1$	$3.06239_{10}-1$	$1.47075_{10}-1$
7	$2.92044_{10}-1$	$3.19984_{10}-1$	$1.30377_{10}-1$
8	$2.71982_{10}-1$	$3.34751_{10}-1$	$1.48727_{10}-1$
9	$2.55278_{10}-1$	$3.25717_{10}-1$	$1.32756_{10}-1$

Tabelle 10.4.2 (4b) für $c=4$, $h=1/64$

Tabelle 10.4.3 Gleichung (4b) für $c=100$, $h=1/64$ Glättung durch punktw. und Zeilen-Gauß-Seidel

Wenn der Koeffizient c wesentlich größer gewählt wird, z.B. $c=100$, ergibt sich ein Stabilitätsproblem: Die Diskretisierung (4b) liefert für $h_5=1/64$ noch eine M-Matrix, nicht aber für größere h. Eine Abhilfe schafft die matrixabhängige Prolongation (1.16a,b) und Restriktion zusammen mit der Galerkin-Produktbildung (1.26) für $\ell < 5$ (d.h. Wahl von **Galerkin=true**; vgl. Hackbusch [14,§10.4]). Tabelle 3 gibt die Konvergenzgeschwindigkeiten $\varrho_{m+1,m}$ für $\gamma=1$ und $\gamma=2$ wieder. Anders als im Modellfall liefert $\gamma=2$ kaum bessere Ergebnisse als $\gamma=1$. Die Rate ≈ 0.3 fällt auch ungünstiger aus. Eine Verbesserung auf ≈ 0.14 erreicht man, indem man anstelle der (punktweisen) Schachbrett- die Zeilen-Gauß-Seidel-Iteration als Glättungsverfahren einsetzt (Tabelle 3, rechts).

In §§9.5.7-8 (vgl. Tabellen 9.5.2+4) wurde das indefinite Problem mit

$$(10.4.5) \qquad A_\ell := h_\ell^{-2} \begin{bmatrix} & -1 & \\ -1 & 4 & -1 \\ & -1 & \end{bmatrix} - \begin{bmatrix} & 0 & \\ 0 & 50 & 0 \\ & 0 & \end{bmatrix}$$

gelöst. Wie wir in §10.6.2 sehen werden, ergibt sich für indefinite Probleme eine Einschränkung für die gröbste Schrittweite: $h_0=\frac{1}{2}$ ist zu grob, $h=1/4$ reicht gerade aus, günstiger ist, $h=1/8$ als gröbste Schrittweite zu wählen. Tabelle 4 zeigt die Resultate für $h_3=1/64$, $h_0=1/8$, $\gamma=2$, **direkt=true, Galerkin= false** und die Neunpunktprolongation und -restriktion. Für die Glättung

m	$\|e^m\|_2$	$\varrho_{m+1,m}$
1	$1.301_{10}-1$	0.169309
2	$5.607_{10}-2$	0.430985
3	$2.480_{10}-2$	0.442381
4	$1.097_{10}-2$	0.442503
5	$4.857_{10}-3$	0.442505

Tabelle 10.4.4 Resultate für (5)

werden $\nu_1=2$ Schachbrett-Gauß-Seidel-Schritte verwendet ($\nu_2=0$). Die Konvergenzrate (hier 0.442) verbessert sich mit kleiner werdender Schrittweite. Umgekehrt lautet die Rate 0.613 für $h=1/16$.

Die Notwendigkeit h_0 hinreichend klein zu wählen entfällt, wenn als Glättung die auch für die indefinite Matrix (5) konvergente Kaczmarz-Iteration gewählt wird. Die Parameter seien $h_0=\frac{1}{2}$, $\nu_1=2$, $\nu_2=0$, $\gamma=2$. Für $h=1/64$ erhält man jedoch nur die recht ungünstige Konvergenzrate 0.833 (für $h=1/16$ sogar 0.917).

10.4.4 Rechenaufwand

Entscheidend für die Beurteilung der Konvergenzraten aus §10.4.3 ist der Rechenaufwand pro Iteration, wie wir aus §3.3 wissen. Wegen der rekursiven Struktur ist der Aufwand nicht offensichtlich. Die in (2) auftretenden Operationen sind $\mathcal{S}_\ell$ in (2b,f), $r(A_\ell x_\ell - b_\ell)$ in (2c) und $x_\ell - p e_{\ell-1}$ in (2e). Wir bezeichnen ihren Aufwand mit

(10.4.6a) $C_S n_\ell$ Operationen für $x_\ell \mapsto \mathcal{S}_\ell(x_\ell, b_\ell)$,

(10.4.6b) $C_D n_\ell$ Operationen für $x_\ell \mapsto r(A_\ell x_\ell - b_\ell)$,

(10.4.6c) $C_C n_\ell$ Operationen für $x_\ell \mapsto x_\ell - p e_{\ell-1}$.

Die Proportionalität zur Dimension n_ℓ ist Folge der Schwachbesetztheit der Matrix A_ℓ (vgl. (3.3.1)). Für vollbesetzte Matrizen wäre n_ℓ in (6a,b) durch n_ℓ^2 zu ersetzen.

Die Dimensionen n_ℓ sollen mit steigendem ℓ mindestens um einen Faktor C_h zunehmen:

(10.4.7) $n_{\ell-1} \leqslant n_\ell / C_h$ für $\ell \geqslant 1$.

Andernfalls träte die Schwierigkeit auf, daß das Hilfsproblem $A_{\ell-1} e_{\ell-1} = d_{\ell-1}$ eine ähnlich große Dimension wie $A_\ell x_\ell = b_\ell$ hätte.

Bemerkung 10.4.1. Für die Standardwahl $h_\ell = h_{\ell-1}/2$ und die Raumdimension d: $\Omega_\ell \subset \mathbb{R}^d$ gilt (7) mit $C_h = 2^d$. Im Modellfall ist $d=2$.

> **Satz 10.4.2.** Es gelte (6a–c) und (7). γ aus $(2d_2)$ erfülle
>
> (10.4.8)　$\gamma < C_h$.
>
> Dann ist der Aufwand der Mehrgitteriteration proportional zu n_ℓ:
>
> (10.4.9a)　$Aufwand\,(\Phi_\ell^{MGM(\nu_1,\nu_2)}) \leqslant C(\nu_1+\nu_2)\,n_\ell$　mit
>
> (10.4.9b)　$C(\nu) = \dfrac{\nu C_S + C_D + C_C}{1 - \gamma/C_h} + O((\gamma/C_h)^\ell).$

Beweis. Sei $C_\ell n_\ell$ der Aufwand für einen $\Phi_\ell^{MGM(\nu_1,\nu_2)}$-Schritt. Der Darstellung (2) entnimmt man $C_\ell n_\ell \leqslant (\nu C_S + C_D + C_C)n_\ell + \gamma\, C_{\ell-1} n_{\ell-1}$. Mit (7) ergibt sich $C_\ell \leqslant (\nu C_S + C_D + C_C) + \vartheta C_{\ell-1}$ mit $\vartheta := \gamma/C_h$ und damit die geometrische Reihe

$$C_\ell \leqslant (\nu C_S + C_D + C_C)(1 + \vartheta + \ldots + \vartheta^{\ell-1}) + \gamma^\ell C_0/n_\ell,$$

wobei C_0 den (bezüglich h_ℓ konstanten) Aufwand für (2a) bezeichnet. Da $\gamma^\ell/n_\ell \leqslant \vartheta^\ell/n_1$, folgt (9b). ∎

Bemerkung 10.4.3. Im zweidimensionalen Fall $d=2$ ist (8) wegen $C_h=4$ (vgl. Bemerkung 1) für die interessanten Werte $\gamma=1,2$ erfüllt und liefert für (9b) die Konstanten

(10.4.10a)　$C_V(\nu) = \tfrac{4}{3}(\nu C_S + C_D + C_C) + O((1/C_h)^\ell)$　für $\gamma=1$,

(10.4.10b)　$C_W(\nu) = 2(\nu C_S + C_D + C_C) + O((2/C_h)^\ell)$　für $\gamma=2$.

Da $\gamma/C_h < 1$ (vgl. (8)), zeigen die Formeln (9b) und (10a,b), daß der Lösungsaufwand für $A_0 x_0 = b_0$ in (2a) für steigendes ℓ einen gegen null fallenden Anteil erfordert.

Übungsaufgabe 10.4.4. Der eindimensionale Fall (3.1) ist zwar nicht von praktischem Interesse, wendet man aber trotzdem den Mehrgitteralgorithmus an, ist (8) wegen $C_h=2$ für den W-Zyklus ($\gamma=2$) nicht erfüllt. Man zeige: Aufwand $= O(\ell n_\ell) = O(n_\ell \log n_\ell)$.

Für die bisher standardmäßig gewählten Mehrgitterparameter lauten die Aufwandszahlen wie folgt:

(10.4.11a)　$C_S = 2(C_A - 1)$　für Gauß-Seidel-Iteration (vgl. (4.6.1b)),

(10.4.11b)　$C_D = 2C_A + 11/4$　für $r =$ Neunpunktrestriktion (1.20),

(10.4.11c)　$C_C = 3/2$　für $p =$ Neunpunktprolongation (1.14e).

Dabei fallen C_S, C_D im Poisson-Modellfall ($C_A=5$) noch günstiger aus:

(10.4.11a') $\quad C_S = 5$ $\qquad$ für Gauß-Seidel-Iteration (vgl. (4.6.5a)),

(10.4.11b') $\quad C_D = 5 + 10/4$ $\qquad$ für $r=$ Neunpunktrestriktion (1.20).

Zu weiteren Einsparung bei r und p im Falle vorangehender bzw. nachfolgender Schachbrett-Gauß-Seidel-Schritte sei auf Hackbusch [14, Note 4.3.4] verweisen. Die Aufwandszahlen (10a,b) lauten

(10.4.11d) $\quad C_V(\nu) = \frac{8}{3}(\nu+1)C_A + (17-8\nu)/3 + O(1/4^\ell)$ $\quad$ für $\gamma=1$ bzw.

(10.4.11d') $\quad C_V(\nu) = 12 + \frac{20}{3}\nu + O(1/4^\ell)$,

(10.4.11e) $\quad C_W(\nu) = 4(\nu+1)C_A + (17-8\nu)/2 + O(1/2^\ell)$ $\quad$ für $\gamma=2$ bzw.

(10.4.11e') $\quad C_W(\nu) = 18 + 10\nu + O(1/2^\ell)$.

Der zugehörige *effektive Aufwand* des V-[W]-Zyklus für das Poisson-Modellproblem mit $\nu=2$ ist $C_{V[W]}(2)/|C_A\log(\rho)|$. Wenn wir die Konvergenzraten ρ aus Tabelle 1 zugrunde legen, ergibt sich

(10.4.12a) $\quad Eff(\Phi_\ell^{MGM(2,0)}) = -C_V(2)/[5\log(0.171)] \approx 2.89$ $\quad$ für $\gamma=1$,

(10.4.12b) $\quad Eff(\Phi_\ell^{MGM(2,0)}) = -C_W(2)/[5\log(0.06)] \approx 2.7$ $\quad$ für $\gamma=2$.

Da die Konvergenzrate h-unabhängig ist, ist auch der effektive Aufwand h-unabhängig. Man vergleiche die Zahlen aus (12a,b) mit den konkurrierenden Werten aus Bemerkung 7.5.11 (dort für $h=1/32$). Die Zahlen (11d',e') lassen sich auch so interpretieren: Ein V-Zyklus-Schritt kostet soviel wie ≈ 5 Gauß-Seidel-Schritte, ein W-Zyklus-Schritt entspricht 7.6 Gauß-Seidel-Schritten.

Im weiteren soll untersucht werden, wie groß die Zahl $\nu=\nu_1+\nu_2$ der Glättungsschritte zu wählen ist. Die numerischen Resultate aus §10.4.3 ergaben eine gute Übereinstimmung mit den Zweigitterergebnissen. Diese zeigten nach Tabelle 2.3 das asymptotische Verhalten Rate $\approx C_\rho/(1+\nu)$. Unter der Vereinfachung $C_C + C_D = C_S$ hat der Mehrgitteraufwand die Gestalt $Aufwand(\Phi_\ell^{MGM(\nu_1,\nu_2)}) \approx (1+\nu)C$. Mit steigender Anzahl ν der Glättungsschritte verbessert sich die Konvergenz und vergrößert sich der Aufwand. Zu minimieren ist der effektive Aufwand

$$-\frac{(1+\nu)C/C_A}{\log(C_\rho/(1+\nu))} = C'\frac{1+\nu}{\log(1+\nu)-\log C_\rho}.$$

Das Minimum wird für $\nu^* = C_\rho e - 1$ angenommen und lautet $eC_\rho C/C_A$. Dies zeigt zumindest asymptotisch: Je schneller das Mehrgitterverfahren (je kleiner C_ρ) ist, desto weniger Glättungsschritte sollte man durchführen. Sollte es sich umgekehrt herausstellen, daß viele Glättungsschritte notwendig sind, ist das Mehrgitterverfahren als ungünstig einzustufen und nach einer geeigneteren Glättungsiteration zu suchen.

10.4.5 Iterationsmatrix

Da die Iteration rekursiv definiert ist, wird auch die Iterationsmatrix des Mehrgitterverfahrens rekursiv erklärt.

Satz 10.4.5. Sei S_ℓ die Iterationsmatrix der (konsistenten) Vor- und Nachglättungsiteration $\mathscr{S}_\ell$. Dann ist auch die Mehrgitteriteration $\Phi_\ell^{MGM(\nu_1,\nu_2)}$ konsistent. Ihre Iterationsmatrix $M_\ell^{MGM} = M_\ell^{MGM}(\nu_1,\nu_2)$ ergibt sich aus

$$(10.4.13a) \qquad M_0^{MGM} = O, \qquad M_1^{MGM} = M_1^{ZGM}(\nu_1,\nu_2),$$

$$(10.4.13b) \qquad M_\ell^{MGM} = M_\ell^{ZGM}(\nu_1,\nu_2) + S_\ell^{\nu_2}\, p\left(M_{\ell-1}^{MGM}\right)^{\gamma} A_{\ell-1}^{-1}\, r\, A_\ell\, S_\ell^{\nu_1} \quad \text{für } \ell \geqslant 1.$$

Beweis. Offenbar ist die Grobgitterkorrektur (2c-e) konsistent. Übung 3.2.16a zeigt somit die Konsistenz von Φ_ℓ^{MGM}. Für $\ell = 0$ ist Φ_0 die exakte Auflösung: $M_0 = O$. Für $\ell = 1$ stimmen Mehr- und Zweigitterverfahren überein, was (13a) beweist. Die Iterationsmatrix der Grobgitterkorrektur (2c-e) ist

$$(10.4.13c) \qquad M_\ell^{GGK} = I - p\left[I - \left(M_{\ell-1}^{MGM}\right)^{\gamma}\right] A_{\ell-1}^{-1}\, r\, A_\ell,$$

denn in (2e) ist $e_{\ell-1}^{(\gamma)} = \left[I - \left(M_{\ell-1}^{MGM}(\nu_1,\nu_2)\right)^{\gamma}\right] A_{\ell-1}^{-1}\, r\, A_\ell$, wie man analog zum Beweis von (8.4.7b) zeigt. (3.2.20a) und (2.4) beweisen (13b). ∎

10.5 Geschachtelte Iteration

10.5.1 Algorithmus

Die Voraussetzung für die Anwendbarkeit der Mehrgittermethode ist die Präsenz einer Hierarchie von Gleichungen (1.8a): $A_\ell x_\ell = b_\ell$ für alle Stufen $0 \leqslant \ell \leqslant \ell_{max}$. Diese Situation läßt sich für das folgende Vorgehen ausnutzen. Offenbar ist ein Resultat x_ℓ^m einer Iteration um so besser, je besser der Startwert x_ℓ^0 ist. Die Wahl des Startwertes ist bis jetzt nie Gegenstand der Überlegungen gewesen, da eine mehr oder weniger vorteilhafte Wahl des Startwertes von Kenntnissen abhängt, die sich der Iterationsanalyse entziehen.

Wenn eine Hierarchie $A_\ell x_\ell = b_\ell$ von Problemen vorliegt, approximieren die Lösungen x_ℓ im allgemeinen eine kontinuierliche Lösung x mit einer bestimmten positiven Konsistenzordnung $O(h_\ell^{\varkappa})$. Über die Dreiecksungleichung sollten dann auch x_ℓ und $x_{\ell-1}$ um $O(h_\ell^{\varkappa} + h_{\ell-1}^{\varkappa})$ voneinander abweichen. Diese Annahme läßt sich in die folgende Bedingung kleiden:

$$(10.5.1) \qquad \| x_\ell - \tilde{p}\, x_{\ell-1} \| \leqslant C_1 h_\ell^{\varkappa} \qquad (\varkappa > 0,\ x_\ell,\ x_{\ell-1} \text{ Lösungen zu (1.8a))}.$$

Hierbei ist $\tilde{p}: X_{\ell-1} \to X_\ell$ eine geeignete Prolongation, die nicht notwendig mit p aus §10.1.3 bzw. mit p aus (4.2e) übereinstimmen muß.

Ungleichung (1) legt nahe, Näherungen von $x_{\ell-1}$ als Startwert der Iteration auf der Stufe ℓ zu verwenden. Der Algorithmus, wie er von Kronsjö-Dahlquist [1] vorgeschlagen wurde, lautet

$$
\begin{aligned}
&\tilde{x}_0 := \text{geeignete Approximation der Lösung von } A_0 x_0 = b_0; \\
&\underline{\text{for}}\ \ell := 1\ \underline{\text{to}}\ \ell_{\max}\ \underline{\text{do}} \\
\text{(10.5.2a)}\quad &\underline{\text{begin}}\ \tilde{x}_\ell := \tilde{p}\,\tilde{x}_{\ell-1}; \\
&\qquad \underline{\text{for}}\ i := 1\ \underline{\text{to}}\ m_\ell\ \underline{\text{do}}\ \ \tilde{x}_\ell := \Phi_\ell(\tilde{x}_\ell, b_\ell) \\
&\underline{\text{end}};
\end{aligned}
$$

Man beachte, daß (2a) keine Iteration im eigentlichen Sinne darstellt, sondern einen *endlichen* Prozeß darstellt. Die optimale Wahl der Schrittzahl m_ℓ ist Gegenstand von Übungsaufgabe 3. Hier sind wir nur an der Mehrgitteriteration $\Phi_\ell = \Phi_\ell^{\mathrm{MGM}}$ interessiert, für die m_ℓ unabhängig von ℓ gewählt werden kann:

$$\text{(10.5.2b)}\qquad m_\ell = m \qquad\qquad\qquad (\ell \geqslant 1).$$

Wie wir in Bemerkung 2 sehen werden, ist sogar die kleinstmögliche Anzahl $m = 1$ von praktischem Interesse.

10.5.2 Genauigkeitsanalyse

Mehrgitterverfahren (wie auch andere Verfahren mit h-unabhängiger Konvergenzrate) erfüllen die Voraussetzung

$$\text{(10.5.3)}\qquad \| M_\ell^\Phi \| \leqslant \zeta < 1 \quad \text{für alle } \ell \geqslant 1, \quad M_\ell^\Phi \text{ Iterationsmatrix zu } \Phi_\ell.$$

Die Bedingung (4.7): $n_{\ell-1} \leqslant n_\ell / C_h$ sei durch die Abschätzung

$$\text{(10.5.4)}\qquad n_\ell \leqslant \overline{C}_h\, n_{\ell-1}$$

ergänzt. Wegen $n_\ell / n_{\ell-1} \approx (h_{\ell-1}/h_\ell)^d$, stellt Ungleichung (4) auch eine Abschätzung von $h_{\ell-1}/h_\ell$ nach oben dar. Zusammen mit der Norm von $\tilde{p}$ findet man eine Abschätzung der Form

$$\text{(10.5.5)}\qquad \|\tilde{p}\|\,(h_{\ell-1}/h_\ell)^\varkappa \leqslant C_2 \qquad\qquad (\tilde{p}: X_{\ell-1} \to X_\ell)$$

mit $\varkappa$ aus (1).

Satz 10.5.1. Es gelte (1), (3), (5). Die Iterationszahl $m_\ell = m$ (vgl. (2b)) sei so groß, daß

$$\text{(10.5.6)}\qquad C_2\,\zeta^m < 1.$$

Dann produziert die geschachtelte Iteration (2a, b) Resultate $\tilde{x}_\ell$ für alle Stufen $0 \leqslant \ell \leqslant \ell_{\max}$, die die Fehlerabschätzung

$$\text{(10.5.7a)}\qquad \|\tilde{x}_\ell - x_\ell\| \leqslant C_3(\zeta^m)\, C_1 h_\ell^\varkappa \quad \text{mit}$$

$$\text{(10.5.7b)}\qquad C_3(\zeta^m) := \zeta^m / (1 - C_2\,\zeta^m),$$

erfüllen, falls der Startwert $\tilde{x}_0$ der Ungleichung (7a) für $\ell = 0$ genügt.

Beweis. Für $\ell=0$ gilt (7a) nach Voraussetzung. Sei (7a) für die Stufen $\leq \ell-1$ angenommen. Der Startwert $x_\ell^0 := \widetilde{p}\,\widetilde{x}_{\ell-1}$ hat einen durch

$$\|x_\ell^0 - x_\ell\| \leq \|\widetilde{p}\,x_{\ell-1} - x_\ell\| + \|\widetilde{p}\,(\widetilde{x}_{\ell-1} - x_{\ell-1})\| \leq$$

$$\leq \|\widetilde{p}\,x_{\ell-1} - x_\ell\| + \|\widetilde{p}\|\,\|\widetilde{x}_{\ell-1} - x_{\ell-1}\| \underset{(1),(7a)}{\leq}$$

$$\leq C_1 h_\ell^\varkappa + \|\widetilde{p}\|\,C_3(\zeta^m)\,C_1 h_{\ell-1}^\varkappa \leq$$

$$\leq C_1 h_\ell^\varkappa [1 + \|\widetilde{p}\|(h_{\ell-1}/h_\ell)^\varkappa C_3(\zeta^m)] \underset{(5)}{\leq} C_1 h_\ell^\varkappa [1 + C_2 C_3(\zeta^m)]$$

abschätzbaren Fehler. Nach m Iterationsschritten fällt der Fehler dank (3) auf $\|x_\ell^m - x_\ell\| \leq \zeta^m \|x_\ell^0 - x_\ell\| \leq C_1 h_\ell^\varkappa \{\zeta^m [1 + C_2 C_3(\zeta^m)]\}$. Definition (7b) zeigt $\{\dots\} = C_3(\zeta^m)$ und beweist (7a) für ℓ. ◼

Die Abschätzung (7a) hat eine wichtige praktische Interpretation. Sie beschreibt, daß der <u>Iterations</u>fehler $\widetilde{x}_\ell - x_\ell$ bis auf den Faktor $C_3(\zeta^m)$ mit der Schranke $C_1 h_\ell^\varkappa$ aus (1) übereinstimmt, die den <u>Diskretisierungs</u>fehler beschränkt. Es sei an die Bemerkung 3.3.4 erinnert: Solange x_ℓ nur als Approximation einer kontinuierlichen Lösung angesehen wird, ist es nicht sinnvoll, x_ℓ wesentlich genauer als bis auf den Diskretisierungsfehler zu berechnen. Die geschachtelte Iteration (2a,b) gestattet es, in bequemer Weise $\widetilde{x}_\ell$ mit

$$(10.5.8) \qquad \|\widetilde{x}_\ell - x_\ell\| \leq C_3(\zeta^m) * \text{Diskretisierungsfehler}$$

zu berechnen, wobei die Konstante $C_3(\zeta^m)$ gesteuert werden kann, ohne den Diskretisierungsfehler $C_1 h_\ell^\varkappa$ quantitativ zu kennen.

Bemerkung 10.5.2. Die Standardwahl $h_\ell = h_{\ell-1}/2$ und die für die Standardinterpolationen gültige Ungleichung $\|\widetilde{p}\| \leq 1$ ergibt $C_2 = 2^\varkappa$ in (5). Die Konsistenzordnung im Modellfall ist $\varkappa = 2$, so daß $C_2 = 4$. Der Faktor $C_3(\zeta^m)$ lautet somit

$$(10.5.9) \qquad C_3(\zeta^m) = \zeta^m/(1 - 4\zeta^m).$$

Für Mehrgitterverfahren mit Konvergenzraten $\leq \zeta = 0.2$ (vgl. Resultate in §10.4.3) ist Bedingung (6) für einen einzigen Iterationsschritt $(m=1)$ erfüllt und man erreicht den Wert $C_3(0.2) = 1$.

Übungsaufgabe 10.5.3. Wie sollte man m_ℓ in (7a) wählen, wenn die Kontraktionszahlen $\zeta = \zeta_\ell < 1$ von h_ℓ wie $\zeta_\ell = 1 - C h_\ell^\rho$ mit $\rho > 0$ abhängen?

10.5.3 Rechenaufwand

Sei $C n_\ell$ der Aufwand der Iteration Φ_ℓ auf der Stufe ℓ. Ferner gelte (7): $n_{\ell-1} \leq n_\ell/C_h$. Der Aufwand für $\widetilde{x}_{\ell-1} \mapsto \widetilde{p}\,\widetilde{x}_{\ell-1}$ wird als vernachlässigbar angenommen. Der Gesamtaufwand $C_{\text{gesch.It}} n_\ell \leq m C(n_1 + n_2 + \dots + n_\ell)$ kann über die geometrische Reihe $n_1 + n_2 + \dots + n_\ell \leq n_\ell \sum C_h^{-k} \leq C_h n_\ell/(C_h - 1)$ zu $C_{\text{gesch.It}} \leq m C C_h/(C_h - 1)$ abgeschätzt werden. Im Standardfall $C_h = 2^d = 4$ (vgl. Bemerkung 4.1) erhalten wir das Resultat

(10.5.10) $\text{Aufwand}_{\text{geschachtelte It. (2a,b)}} \leqslant \frac{4m}{3} \text{Aufwand}\,(\Phi_{\ell_{\max}})$.

Hätte man versucht, die Genauigkeit $\varepsilon = C\,h^{\varkappa}$ mit dem Startwert $\tilde{x}_\ell := 0$ durch Iteration mit Φ_ℓ nur auf der Stufe $\ell = \ell_{\max}$ zu erzielen, wäre der Aufwand proportional zu $O(\log\varepsilon) = O(\,|\log h_\ell|\,)$ (vgl. (3.3.4b)). Gemäß Bemerkung 2 ist $m = 1$ eine realistische Wahl. Ungleichung (10) zeigt, daß mit dem 4/3-fachen Aufwand eines Φ_ℓ-Schrittes für *alle* Stufen $0 \leqslant \ell \leqslant \ell_{\max}$ eine befriedigende Genauigkeit erreicht werden kann.

Konkret ergeben die Zahlen aus (4.11d',e') und aus Tabelle 4.1 (mit $\nu_1 = 2$, $\nu_2 = 0$, $m = 1$) das folgende Resultat:

(10.5.11a)   Mit $34\ n_{\ell_{\max}}$ Operationen liefert der V-Zyklus ($\gamma = 1$) Resultate mit $\|\tilde{x}_\ell - x_\ell\| \leqslant 0.53\,C_1\,h_\ell^{\varkappa}$ für $0 \leqslant \ell \leqslant \ell_{\max}$.

(10.5.11b)   Mit $51\ n_{\ell_{\max}}$ Operationen liefert der W-Zyklus ($\gamma = 2$) Resultate mit $\|\tilde{x}_\ell - x_\ell\| \leqslant 0.08\,C_1\,h_\ell^{\varkappa}$ für $0 \leqslant \ell \leqslant \ell_{\max}$.

Eine konkretere Vorstellung ergibt der Vergleich, daß der in (11b) angegebene Aufwand etwa *10* Gauß–Seidel-Iterationen entspricht.

Da es sich bei der geschachtelten Iteration (2a) um einen finiten Prozeß und keine Iteration handelt, sind die Aufwandsmaßstäbe aus §3.3 nicht anwendbar. Vielmehr hängt es von den Genauigkeitsanforderungen des Anwenders ab, wieviel Operationen notwendig sind.

10.5.4 Pascal-Prozeduren

Die folgende Prozedur führt den Teilschritt $\tilde{x}_{\ell-1} \mapsto \tilde{x}_\ell$ aus, falls $\ell > 0$. Für $\ell = 0$ wird $\tilde{x}_0$ als exakte Lösung bestimmt.

```
type PInter = procedure (l: integer; var xp,x: Gitterfunktion;
                       var AL: Diskretisierungshierarchie; Randwerte: Fxy);

procedure geschachtelte_Iteration (l: integer;   var xl,xlminus1: Gitterfunktion;
        m: integer; var MGD: MG_Daten; rechteSeite: Fxy; Interpolation: PInter;
        Vorglaettung,  Nachglaettung:  PIteration;  direkterLoeser:  PLoeser);
var b: Gitterfunktion; i: integer;
begin if l<0 then writeln('l<0 bei geschachtelter Iteration. Keine Aktion') else
  if l>Lmax then writeln('l>Lmax bei geschachtelter Iteration. Keine Aktion')
  else with MGD do with AL[l] do
  begin setze_aktuelle_Stufe(l,MGD);
      definiere_innere_Punkte(nx,ny,b,rechteSeite);
      if Art=Poisson_Modellproblem then Faktor_mal_Vektor(nx,ny,b,h2,b);
      if l=0 then
      begin  direkterLoeser(xl,b,AL[l],false);
           definiere_Randwerte(nx,ny,xl,Randwerte)
      end else {Fall 0<l ≤Lmax}
      begin Interpolation(l,xl,xlminus1,AL,Randwerte); for i:=1 to m do
      MG_Iteration(l,xl,xl,b,MGD,Vorglaettung,Nachglaettung,direkterLoeser)
end end end;
```

Die Bedeutung der Parameter ist $l = \ell$, $xl = \tilde{x}_\ell$ (Ausgabe), $xlminus1 = \tilde{x}_{\ell-1}$ (Eingabe), $m = m$ aus (2b), **MGD**: die zuvor zu definierten **MG_Daten**. **MGD** enthält die Information über A_ℓ. Zur Bestimmung von b_ℓ werden die Funktionen **rechteSeite** und **Randwerte** verwendet. Die Parameterprozeduren **Vorglaettung**, **Nachglaettung**, **direkterLoeser** sind die gleichen wie für die Mehrgitteriteration aus §10.4.2. **Interpolation** führt $\tilde{p}$ aus. Zur Wahl stehen zum Beispiel die lineare und die kubische Prolongation:

```
procedure lineare_Interpolation(l: integer; var px,x: Gitterfunktion;
                        var AL: Diskretisierungshierarchie; Randwerte: Fxy);
begin uebertragen_fuer_Interpolation(l,px,x,AL,Randwerte);
      interpolieren_(px,AL[l], lineare_Interpolation_F)
end;
procedure kubische_Interpolation(l: integer; var px,x: Gitterfunktion;
                        var AL: Diskretisierungshierarchie; Randwerte: Fxy);
begin uebertragen_fuer_Interpolation(l,px,x,AL,Randwerte);
      interpolieren_(px,AL[l], kubische_Interpolation_F)
end;
```

Die hierfür benötigten Prozeduren und Funktionen folgen.

```
type FInter = procedure(LL,L,R,RR: real; il,ir: integer): real;
function lineare_Interpolation_F(LL,L,R,RR: real; il,ir: integer): real;
begin lineare_Interpolation_F:=(R+L)/2 end;
function quadratische_Interpolation_F(LL,L,R,RR: real; il,ir: integer): real;
begin if il>=3 then quadratische_Interpolation_F:=(3*R+6*L-LL)/8 else
      if ir>=3 then quadratische_Interpolation_F:=(3*L+6*R-RR)/8 else
         quadratische_Interpolation_F := lineare_Interpolation_F(LL,L,R,RR,il,ir)
end;
function kubische_Interpolation_F(LL,L,R,RR: real; il,ir: integer): real;
begin if (il>=3)and(ir>=3) then kubische_Interpolation_F:=(9*(L+R)-LL-RR)/16
 else kubische_Interpolation_F := quadratische_Interpolation_F(LL,L,R,RR,il,ir)
end;
procedure interpolieren_(var x: Gitterfunktion; var A: Diskretisierungsdaten;
                                            Interpolation: FInter);
var i,j: integer;
begin with A do begin i:=2; while i<nx do
      begin j:=1; while j<ny do
            begin x[i,j]:=Interpolation(x[i, Maximum_(0,j-3)],x[i,j-1],
                      x[i,j+1],x[i, Minimum_(ny,j+3)],j,ny-j); j:=j+2
            end;   {Interpolation in y-Richtung}
            i:=i+2
      end;
      i:=1; while i<nx do
      begin for j:=1 to ny-1 do
            x[i,j]:=Interpolation (x[Maximum_(0,i-3),j],x[i-1,j],x[i+1,j],
                      x[Minimum_(nx,i+3),j],i,nx-i);
            i:=i+2
      end   {Interpolation in x-Richtung}
end end;
procedure uebertragen_fuer_Interpolation(l: integer; var px,x: Gitterfunktion;
                        var AL: Diskretisierungshierarchie; Randwerte: Fxy);
var i,j,ii: integer;
begin with AL[l-1] do for i:=nx downto 0 do
      begin ii:=2*i; for j:=ny downto 0 do px[ii,2*j]:=x[i,j] end;
      with AL[l] do definiere_Randwerte(nx,ny,px,Randwerte)
end;
```

Die Interpolationsfunktionen (z.B. kubische_Interpolation_F) berechnen den Funktionswert $u(x_i)$ aus den Werten LL,L,R,RR bei x_{i-3}, x_{i-1}, x_{i+1}, x_{i+3}. Für die kubische Interpolation müssen il$=i$ und ir$=N-i$ mindestens $\geqslant 3$ sein. Andernfalls (in Randnähe) wird quadratisch interpoliert (vgl. Hackbusch [14,§3.4. 3]).

Ein mögliches Rahmenprogramm sieht wie folgt aus:

```
program geschachtelteIteration;
var MGD: MG_Daten; l,level,m: integer; it: Iterationsdaten;
v: Vergleichsdaten; max: Iterationsgeschichte;
(Funktionen exakte_Loesung, rechte_Seite, Randwerte sind zu definieren)
begin initialisiere_MG_Daten(MGD);
        initialisiere_IT(it);
        initialisiere_Vergleichsdaten(v);
with MGD do repeat
  Freigabe_MG_Daten(MGD); Freigabe_IT(it); Freigabe_Vergleichsdaten(v);
  definiere_MG_Diskretisierung(MGD); definiere_MG_Parameter(MGD);
  write(' --> maximale Stufe ='); readln(level);
  write(' --> Anzahl m der Iterationsschritte pro Stufe ='); readln(m);
  for l:=0 to level do with AL[l] do with it do
  begin writeln; writeln('*** geschachtelte Iteration auf der Stufe ',l,' ***');
        geschachtelte_Iteration(l, x, x, m, MGD, rechte_Seite, Randwerte,
                lineare_Interpolation, Schachbrett_Gauss_Seidel,
                Schachbrett_Gauss_Seidel, loese_Glsystem_ohne_Pivotwahl);
        A:=AL[l]; IP.Nr:=0; definiere_Vergleichsloesung(v,A,exakte_Loesung);
        Vergleich_mit_exakter_Loesung(max,v,it, Maximum_Norm);
        (hier Möglichkeit, die Resultate der Stufe l auszudrucken)
  end; write('Lauf wiederholen?')
  until not ja_nein
end.
```

ℓ	h_ℓ	$m=1$	$m=2$	$m=\infty$
0	1/2	$7.9944658_{10}-2$	$7.9944658_{10}-2$	$7.9944658_{10}-2$
1	1/4	$3.9908756_{10}-2$	$2.9215605_{10}-2$	$2.8969488_{10}-2$
2	1/8	$1.5788721_{10}-2$	$8.1023136_{10}-3$	$8.0307789_{10}-3$
3	1/16	$3.2919346_{10}-3$	$2.0768391_{10}-3$	$2.0729855_{10}-3$
4	1/32	$5.7591549_{10}-4$	$5.2253758_{10}-4$	$5.2247399_{10}-4$
5	1/64	$1.3291689_{10}-4$	$1.3093946_{10}-4$	$1.3093956_{10}-4$

Tabelle 10.5.1 Fehler $\|\tilde{x}_\ell - x_\ell\|_\infty$ der geschachtelte Iteration für (12a)

ℓ	h_ℓ	$m=1$	$m=2$	$m=\infty$
0	1/2	$2.8249099_{10}+0$	$2.8249099_{10}+0$	$2.8249099_{10}+0$
1	1/4	$5.0876212_{10}-1$	$4.6124302_{10}-1$	$4.7880033_{10}-1$
2	1/8	$9.5881341_{10}-2$	$1.0330948_{10}-1$	$1.0308770_{10}-1$
3	1/16	$2.7648979_{10}-2$	$2.6636710_{10}-2$	$2.6689213_{10}-2$
4	1/32	$6.8798570_{10}-3$	$6.6486368_{10}-3$	$6.6506993_{10}-3$
5	1/64	$1.6998365_{10}-3$	$1.6716069_{10}-3$	$1.6714014_{10}-3$

Tabelle 10.5.2 Fehler $\|\tilde{x}_\ell - x_\ell\|_\infty$ der geschachtelten Iteration für (12b)

10.5.5 Numerische Resultate

Die geschachtelte Iteration wird zuerst auf die Differentialgleichung

$$(10.5.12a) \qquad -\Delta u = f := -\Delta(e^{x+y^2})$$

mit den Randwerten $\varphi = e^{x+y^2}$ angewandt. Auf allen Stufen wird $-\Delta$ durch den Standardfünfpunktstern diskretisiert. Die Interpolation $\tilde{p}$ ist kubisch gewählt. Sei x_ℓ^* die Beschränkung der exakten Lösung e^{x+y^2} von (12a) auf das Gitter Ω_ℓ. Man beachte, daß x_ℓ^* nicht mit der diskreten Lösung x_ℓ der zu (12a) gehörenden Gleichung $A_\ell x_\ell = b_\ell$ übereinstimmt. In Tabelle 1 werden die Ergebnisse $\tilde{x}_\ell$ der geschachtelten Iteration (2a) mit x_ℓ^* verglichen, da dies der in der Praxis interessierende Fehler ist. Die Maximumnorm $\|\tilde{x}_\ell - x_\ell^*\|_\infty$ dieses Fehlers wird für die Wahl $m = 1$ und $m = 2$ angegeben. Zum Vergleich ist der Diskretisierungsfehler $\|x_\ell - x_\ell^*\|_\infty$ in der letzten Spalten angezeigt, der formal der Wahl $m = \infty$ entspricht. Das in (2a) benutzte Mehrgitterverfahren hat die gleichen Parameter wie der W-Zyklus ($\gamma = 2$) in Tabelle 4.1. Man entnimmt der Tabelle 1, daß die Wahl $m = 1$ ausreicht. Mit dem verdoppelten Aufwand für $m = 2$ läßt sich der Gesamtfehler $\|\tilde{x}_\ell - x_\ell^*\|_\infty$ nur unwesentlich verbessern.

Die analogen Daten werden in Tabelle 2 für die Differentialgleichung

$$(10.5.12b) \qquad -\Delta u = f := -\Delta(y\sin(10x))$$

mit der in x-Richtung stark oszillierenden Lösung $y\sin(10x)$ dargestellt. Wegen des nichtglatten Lösungsverhaltens ist der Diskretisierungsfehler (letzte Spalte) bei (12b) um etwa eine Zehnerpotenz schlechter als für (12a). Deshalb fällt der zusätzliche Fehler $O(h_\ell^2)$ der *linearen* Interpolation $\tilde{p}$, die hier anstelle der kubischen verwendet wird, nicht ins Gewicht. Auch bei diesem Beispiel lohnt es sich in keinem Falle, $m = 2$ Iterationen pro Stufe durchzuführen.

10.5.6 Anmerkungen

Weitere Varianten der geschachtelten Iteration (z.B. Kombinationen mit Extrapolationstechniken) werden in Hackbusch [14, §5.4, §9.3.4, §16.4] und [16, §5.6.5] diskutiert.

Obwohl nichtlineare Aufgaben nicht Thema dieses Buches sind, sei darauf aufmerksam gemacht, daß die geschachtelte Iteration im Zusammenhang mit nichtlinearen Gleichungssystemen eine wesentlich größere Bedeutung hat. Im linearen Falle diente sie lediglich der Rechenzeitersparnis. Für nichtlineare Iterationen entscheidet dagegen das Vorliegen eines hinreichend guten Startwertes häufig darüber, ob Konvergenz (gegen die richtige Lösung) erzielt werden kann. Die geschachtelte Iteration mit ihrer Startwertvorgabe $\tilde{x}_\ell := \tilde{p}\tilde{x}_{\ell-1}$ ist eine geeignete Technik zur Erzeugung guter Startwerte.

Eine Beschreibung und Analyse der nichtlinearen Mehrgittermethode und der zugehörigen geschachtelten Iteration findet man bei Hackbusch [14, §9], [20].

10.6 Konvergenzanalyse

10.6.1 Übersicht

Der Konvergenzbeweis des Mehrgitterverfahrens unterscheidet sich von den bisher behandelten Konvergenzuntersuchungen dadurch, daß hier die Verwandtschaft der Gleichungen $A_\ell x_\ell = b_\ell$ und $A_{\ell-1} x_{\ell-1} = b_{\ell-1}$ eine Rolle spielt.

Als hinreichende Kriterien werden zwei Bedingungen: die Glättungs- und die Approximationseigenschaft in §§10.6.2-3 eingeführt und diskutiert. Die Glättungseigenschaft ist von algebraischer Natur, während der Beweis der Approximationseigenschaft auf das kontinuierliche Problem zurückgreift, dessen Diskretisierung durch $A_\ell x_\ell = b_\ell$ beschrieben wird. Glättungs- und die Approximationseigenschaft ergeben zusammen die Konvergenzaussage des Zweigitterverfahrens (§10.6.4). Für $\gamma \geqslant 2$ läßt sich die Mehrgitterkonvergenz direkt aus der Zweigitterkonvergenz erschließen (§10.6.5).

Wenn A_ℓ positiv definit ist, läßt sich das Mehrgitterverfahren als symmetrische Iteration darstellen. In §10.7 werden wir für diesen Fall noch bessere Konvergenzresultate erzielen, die den V-Zyklus ($\gamma = 1$) einschließen. Diese Ergebnisse werden in Satz 7.17 auf den nichtsymmetrischen Fall verallgemeinert werden.

Die im folgenden gegebene Analyse ist insofern gegenüber der aus Hackbusch [14] stark vereinfacht, als wir hier stets von der Euklidischen bzw. Spektralnorm ausgehen. Andere Normen werden am Rande in §10.6.6 und §10.7.2 erwähnt.

Im Gegensatz zum oben Gesagten gibt es Mehrgitterverfahren, deren Konvergenzbeweis mit rein algebraischen Überlegungen durchgeführt werden kann. Diese Varianten werden in §11.4.4 diskutiert.

10.6.2 Glättungseigenschaft

In §10.1.1 haben wir eine Gitterfunktion $x_\ell = \sum \xi_{\alpha\beta} e^{\alpha\beta}$ (vgl. (1.2b)) glatt genannt, wenn die Koeffizienten $\xi_{\alpha\beta}$ für hohe Frequenzen α, β, die den großen Eigenwerten $\lambda_{\alpha\beta}$ entsprechen, klein sind. Quantitativ läßt sich die Glattheit durch $\| A_\ell x_\ell \|_2 = (\sum | \lambda_{\alpha\beta} \xi_{\alpha\beta} |^2)^{1/2}$ messen. Wenn der Glättungsschritt (2.2a) zu einer Glättung des Fehlers $e_\ell = x_\ell^0 - x_\ell$ führen soll, muß der nach dem Glättungsschritt entstehende Fehler $S_\ell^\nu e_\ell$ ein günstigeres Glättungsmaß $\| A_\ell S_\ell^\nu e_\ell \|_2$ aufweisen als e_ℓ. Das Glättungsvermögen wird demnach durch die Spektralnorm $\| A_\ell S_\ell^\nu \|_2$ charakterisiert. Bevor wir die Glättungseigenschaft definieren, sei $\| A_\ell S_\ell^\nu \|_2$ anhand der Richardson-Iteration bei positiv definitem A_ℓ untersucht:

$$(10.6.1a) \qquad \mathscr{S}_\ell(x_\ell, b_\ell) := x_\ell - \Theta(A_\ell x_\ell - b_\ell) \qquad \text{mit}$$

$$(10.6.1b) \qquad \Theta = \Theta_\ell = 1/\rho(A_\ell) = 1/\| A_\ell \|_2.$$

Es ist $\| A_\ell S_\ell^\nu \|_2 = \| A_\ell (I - \Theta A_\ell)^\nu \|_2 = \| X(I-X)^\nu \|_2 / \Theta$ für $X := \Theta A_\ell$. Auf $X(I-X)^\nu$ läßt sich das folgende Lemma anwenden.

Lemma 10.6.1 (a) Für alle Hermiteschen Matrizen X mit $0 \leqslant X \leqslant I$ gilt

(10.6.2a) $\| X(I-X)^\nu \|_2 \leqslant \eta_0(\nu)$ $(\nu \geqslant 0)$,

wobei die Funktion $\eta_0(\nu)$ durch (2b) definiert ist:

(10.6.2b) $\eta_0(\nu) := \nu^\nu / (\nu+1)^{\nu+1}$.

(b) Das asymptotische Verhalten von $\eta_0(\nu)$ bezüglich $\nu \to \infty$ ist

(10.6.2c) $\eta_0(\nu) = \dfrac{1}{e\nu} + O(\nu^{-2})$.

Beweis. Sei $f(\xi) := \xi(1-\xi)^\nu$. Gemäß Lemma 2.4.7a ist

$$\| X(I-X)^\nu \|_2 = \rho(X(I-X)^\nu) = \max\{|f(\xi)| : \xi \in \sigma(X)\}.$$

Da $f(\xi) \leqslant f(1/(\nu+1)) = \eta_0(\nu)$ für alle $\xi \in [0,1] \supset \sigma(X)$, ist Teil (a) bewiesen. Die Diskussion von $\eta_0(\nu)$ liefert die Aussage (b). ∎

Bemerkung 10.6.2. Sei $A_\ell > 0$. Das Richardson-Verfahren (1a,b) führt auf die Abschätzung

(10.6.3) $\| A_\ell S_\ell^\nu \|_2 \leqslant \eta_0(\nu) \| A_\ell \|_2$ für alle $\nu \geqslant 0$, $\ell \geqslant 0$.

Man beachte, daß der Faktor $\eta_0(\nu)$ von h_ℓ bzw. ℓ unabhängig ist. Die zu definierende Glättungseigenschaft wird eine Abschätzung ähnlicher Art wie (3) sein. Es reicht dabei, $\eta_0(\nu)$ durch eine beliebige Nullfolge $\eta(\nu) \to 0$ zu ersetzen. Zum anderen ist es nicht notwendig und auch nicht wünschenswert, eine Ungleichung der Art (3) für *alle* $\nu \geqslant 0$ zu fordern.

Glättungseigenschaft

Definition 10.6.3. Eine Iteration $\mathscr{S}_\ell$ $(\ell \geqslant 0)$ erfüllt die *Glättungseigenschaft*, wenn von ℓ unabhängige Funktionen $\eta(\nu)$ und $\bar\nu(h)$ mit (4a-c) existieren:

(10.6.4a) $\| A_\ell S_\ell^\nu \|_2 \leqslant \eta(\nu) \| A_\ell \|_2$ für alle $0 \leqslant \nu < \bar\nu(h_\ell)$, $\ell \geqslant 1$,

(10.6.4b) $\lim\limits_{\nu \to \infty} \eta(\nu) = 0$,

(10.6.4c) $\lim\limits_{h \to 0} \bar\nu(h) = \infty$ oder $\bar\nu(h) = \infty$.

Mit $\bar\nu(h) = \infty$ in (4c) wird ausgedrückt, daß (4a) für *alle* ν gilt. Dieser Fall kann nur für *konvergente* Iterationen $\mathscr{S}_\ell$ gelten, denn es gilt die

Bemerkung 10.6.4. Die Bedingungen (4a,b) mit $\bar\nu(h) = \infty$ implizieren die Konvergenz von $\mathscr{S}_\ell$.

Beweis. Wegen $\eta(\nu) \to 0$ gilt für hinreichend großes ν: $\rho(S_\ell^\nu) \leqslant \| S_\ell^\nu \|_2 \leqslant$ $\leqslant \| A_\ell^{-1} \|_2 \| A_\ell S_\ell^\nu \|_2 \leqslant \eta(\nu) \, \mathrm{cond}_2(A_\ell) < 1$, also auch $\rho(S_\ell) < 1$. ∎

Bemerkung 2 ergibt den

> **Satz 10.6.5.** Sei $A_\ell > 0$. Das Richardson-Verfahren (1a,b) erfüllt die Glättungseigenschaft (4a-c) mit $\eta(\nu) := \eta_0(\nu)$ und $\bar{\nu}(h) = \infty$.

Der Sinn der allgemeineren Bedingung (4c) anstelle von $\bar{\nu}(h) = \infty$ ist, die Glättungseigenschaft auch für nichtkonvergente Iterationen formulieren zu können. Beispiele für nichtkonvergente Iterationen sind das Gauß–Seidel-Verfahren für das indefinite Problem (4.5) wie auch die Richardson-Iteration in

Bemerkung 10.6.6. Die indefinite Matrix $A_\ell = A_\ell^H$ habe das Spektrum $\sigma(A_\ell) \subset [-\alpha_\ell, \beta_\ell]$ mit $0 < \alpha_\ell \leq \beta_\ell$, $\lim_{\ell \to \infty} \alpha_\ell/\beta_\ell = 0$. Obwohl das Richardson-Verfahren divergent ist, besitzt es die Glättungseigenschaft.

Beweis. Nach den Überlegungen zu Lemma 1 ist wegen $\Theta = 1/\beta_\ell$
$\|A_\ell (I - \Theta A_\ell)^\nu\|_2 \leq \max\{\eta_0(\nu), (\alpha_\ell/\beta_\ell)(1 + \alpha_\ell/\beta_\ell)^\nu\} \|A_\ell\|_2$. Man wähle $\bar{\nu}(h_\ell) := \beta_\ell/\alpha_\ell \to \infty$. Für $\nu < \bar{\nu} := \bar{\nu}(h_\ell)$ ist

$$(\alpha_\ell/\beta_\ell)(1 + \alpha_\ell/\beta_\ell)^\nu \leq (\alpha_\ell/\beta_\ell)\exp\{\nu\alpha_\ell/\beta_\ell\} = \tfrac{1}{\bar{\nu}}\{(\nu/\bar{\nu})\exp(\nu/\bar{\nu})\} \leq e/\nu,$$

so daß (4a-c) mit $\eta(\nu) := \max\{\eta_0(\nu), e/\nu\} = e/\nu$ erfüllt ist. ∎

Die Voraussetzungen der Bemerkung 6 sind für die Diskretisierung der Helmholtz-Gleichung $-\Delta u - cu = f$ $(c > 0)$ erfüllt, da $O(\alpha_\ell/\beta_\ell) = O(h_\ell^2)$.

Der folgende Satz könnte als Störungssatz bezeichnet werden. Er zeigt, daß die Glättungseigenschaft erhalten bleibt, wenn die Matrix A_ℓ' zu $A_\ell = A_\ell' + A_\ell''$ gestört wird, wobei A_ℓ nicht nur indefinit, sondern auch nichtsymmetrisch sein darf.

> **Satz 10.6.7.** Sei $A_\ell = A_\ell' + A_\ell''$. $\mathcal{S}_\ell$ und $\mathcal{S}_\ell'$ seien die Glättungsiterationen zu A_ℓ bzw. A_ℓ'. Ihre Iterationsmatrizen seien S_ℓ und S_ℓ' mit $S_\ell'' := S_\ell - S_\ell'$. Es gelte
>
> (10.6.5a) $\quad A_\ell'$ und S_ℓ' erfüllen die Glättungseigenschaft mit $\eta'(\nu)$, $\bar{\nu}'(h)$,
>
> (10.6.5b) $\quad \| S_\ell' \|_2 \leq C_S'$ $\qquad\qquad\qquad$ für alle $\ell \geq 1$,
>
> (10.6.5c) $\quad \lim_{\ell \to \infty} \| S_\ell'' \|_2 = 0$,
>
> (10.6.5d) $\quad \lim_{\ell \to \infty} \| A_\ell'' \|_2 / \| A_\ell' \|_2 = 0$.
>
> Dann erfüllt auch die Iteration $\mathcal{S}_\ell$ für A_ℓ die Glättungseigenschaft. Die zugehörige Schranke $\eta(\nu)$ kann z.B. als $\eta(\nu) := 2\eta'(\nu)$ gewählt werden.

Beweis. $C_S := C_S' + \max\{\| S_\ell'' \|_2 : \ell \geq 1\}$ erfüllt $\| S_\ell \|_2 \leq C_S$ für alle $\ell \geq 1$. O.B.d.A. gelte $C_S \geq 1$. S_ℓ^ν kann in $S_\ell'^\nu + S_\ell''^{(\nu)}$ zerlegt werden, wobei

$$\|S_\ell''{}^{(\nu)}\|_2 = \|S_\ell^\nu - S_\ell'{}^\nu\|_2 = \Big\|\sum_{\mu=0}^{\nu-1} S_\ell^\mu (S_\ell - S_\ell') S_\ell'{}^{\nu-1-\mu}\Big\|_2 = \Big\|\sum_{\mu=0}^{\nu-1} S_\ell^\mu S_\ell'' S_\ell'{}^{\nu-1-\mu}\Big\|_2 =$$

$$(10.6.5e) \qquad \leqslant \Big(\sum_{\mu=0}^{\nu-1} C_S^\mu C_S'{}^{\nu-1-\mu}\Big)\|S_\ell''\|_2 \leqslant \nu C_S^{\nu-1}\|S_\ell''\|_2 \underset{(5c)}{\to} 0 \quad \text{für } \ell \to \infty.$$

Für $1 \leqslant \nu \leqslant \bar\nu'(h_\ell)$ ist

$$\|A_\ell S_\ell^\nu\|_2 \leqslant \|A_\ell' S_\ell'{}^\nu\|_2 + \|A_\ell''\|_2 \|S_\ell^\nu\|_2 + \|A_\ell'\|_2 \|S_\ell''{}^{(\nu)}\|_2 \leqslant$$

$$(10.6.5f) \qquad \leqslant \eta'(\nu)\|A_\ell'\|_2 + C_S^\nu\|A_\ell''\|_2 + \nu C_S^{\nu-1}\|S_\ell''\|_2\|A_\ell'\|_2 =$$

$$= \eta'(\nu)\|A_\ell\|_2\Big\{\frac{\|A_\ell'\|_2}{\|A_\ell\|_2} + C_S^\nu\frac{\|A_\ell''\|_2}{\|A_\ell\|_2} + \nu C_S^{\nu-1}\frac{\|A_\ell'\|_2}{\|A_\ell\|_2}\|S_\ell''\|_2\Big\}.$$

Da $\|A_\ell''\|_2 / \|A_\ell'\|_2 \to 0$, $\|S_\ell''\|_2 \to 0$ und somit $\|A_\ell'\|_2 / \|A_\ell\|_2 \to 1$ und $\|A_\ell''\|_2 / \|A_\ell\|_2 \to 0$, konvergiert die geschweifte Klammer für $\ell \to \infty$ (d.h. für $h = h_\ell \to 0$) und festes ν gegen 1. Dies beweist $\bar\nu''(h) \to \infty$ $(h \to 0)$ für

$$\bar\nu''(h) := \sup\Big\{\nu > 0: \frac{\|A_\ell'\|_2}{\|A_\ell\|_2} + C_S^\nu\frac{\|A_\ell''\|_2}{\|A_\ell\|_2} + \nu C_S^{\nu-1}\frac{\|A_\ell'\|_2}{\|A_\ell\|_2}\|S_\ell''\|_2 \leqslant 2 \quad \text{für } h_\ell \leqslant h\Big\}.$$

Wir setzen $\eta(\nu) := 2\eta'(\nu)$ und $\bar\nu(h) := \min\{\bar\nu'(h_\ell), \bar\nu''(h)\}$. Für $\nu \leqslant \bar\nu(h)$ zeigt (5f) die Glättungseigenschaft $\|A_\ell S_\ell^\nu\|_2 \leqslant \eta(\nu)\|A_\ell\|_2$.   ▨

Bei Diskretisierungen elliptischer Differentialgleichungen sind im allgemeinen die folgenden Bedingungen erfüllt:

(10.6.6a)   Man findet eine h-unabhängige Konstante c_0, so daß $A_\ell' := \frac{1}{2}(A_\ell + A_\ell^H) + c_0 I$ positiv definit ist,

(10.6.6b) $\underline{C}\,h_\ell^{-2m} \leqslant \|A_\ell'\|_2 \leqslant \bar{C}\,h_\ell^{-2m}$ $(2m$: Ordnung der Dgl.$)$,

(10.6.6c) $\|A_\ell''\|_2 \leqslant C\,h_\ell^{1-2m}$ für $A_\ell'' := A_\ell - A_\ell' = \frac{1}{2}(A_\ell - A_\ell^H) - c_0 I$

(vgl. Hackbusch [14], [15]). Zur Anwendung des Satzes 7 beweist man zunächst die Glättungseigenschaft für die positiv definite Matrix A_ℓ' und überträgt die Eigenschaft mittels Satz 7 auf A_ℓ. Bedingung (5d) folgt aus (6b,c) wegen $\|A_\ell''\|_2 / \|A_\ell'\|_2 \leqslant O(h_\ell) \to 0$. Im Falle des Richardson-Verfahrens ist $S_\ell'' = -\Theta A_\ell'' = -A_\ell''/\|A_\ell'\|_2$, also impliziert (5d) auch (5c). (5b) ist wegen $S_\ell' = I - A_\ell'/\|A_\ell'\|_2$ stets mit $C_S = 2$ erfüllt ($C_S = 1$, falls $A_\ell' \geqslant 0$).

Die Glättungseigenschaft läßt sich außer für das Richardson-Verfahren für die *gedämpfte* (Block-)Jacobi-Iteration, die 2-zyklische Gauß-Seidel-Iteration (insbesondere das Schachbrett-Gauß-Seidel-Verfahren für Fünfpunktformeln) und die Kaczmarz-Iteration nach-weisen. Dazu gehören auch symmetrische Iterationen wie das symmetrische Gauß-Seidel-Verfahren, SSOR und die ILU-Iteration. Hierauf wird in §10.7.3 eingegangen werden. Die Glättungseigenschaft gilt z.B. *nicht* für das *un*gedämpfte Jacobi-Verfahren oder die SOR-Methode mit $\omega \geqslant \omega_{\mathrm{opt}}$. Zur Glättungsanalyse für die oben genannten Iterationen vergleiche man Hackbusch [14,§6.2].

Der Beweis des Lemmas 1 beruht auf den Eigenschaften der Spektralnorm für normale Matrizen. Entsprechend ergeben sich Aussagen für allgemeine Matrizen nur über Störungsargumente. Es ist jedoch auch möglich, die Glättungseigenschaft direkt für allgemeine Matrizen zu erhalten, wobei auch andere Normen als die Spektralnorm verwendet werden können.

Satz 10.6.8 (Reusken [2]). Sei $\|\cdot\|$ eine zugeordnete Matrixnorm. Die Glättungsiterationsmatrix sei geschrieben als

$$S_\ell = I - W_\ell^{-1} A_\ell$$

und erfülle

(10.6.7a) $\quad \| I - 2\, W_\ell^{-1} A_\ell \| \leqslant 1\,,$

(10.6.7b) $\quad \| W_\ell \| \leqslant C \| A_\ell \|$

mit einer Konstanten C unabhängig von ℓ. Dann gilt die Glättungseigenschaft

(10.6.7c) $\quad \| A_\ell S_\ell^\nu \| \leqslant C\sqrt{2/(\pi\nu)}\,\| A_\ell \| \qquad$ für alle $\nu \geqslant 1$.

Der Beweis beruht auf dem nachfolgenden

Lemma 10.6.9. Die Matrix B erfülle $\| B \| \leqslant 1$ bezüglich einer zugeordneten Matrixnorm. Dann gilt

(10.6.8) $\quad \| (I-B)(I+B)^\nu \| \leqslant 2 \binom{\nu}{[\nu/2]} \leqslant 2^{\nu+1}\sqrt{2/(\pi\nu)}\,.$

Beweis. Es ist

$$(I-B)(I+B)^\nu = (I-B)\sum_{\mu=0}^{\nu}\binom{\nu}{\mu}B^\mu =$$

$$= I + \sum_{\mu=1}^{\nu}\binom{\nu}{\mu}B^\mu - \sum_{\mu=0}^{\nu-1}\binom{\nu}{\mu}B^{\mu+1} - B^{\nu+1} =$$

$$= (I - B^{\nu+1}) + \sum_{\mu=1}^{\nu}\left[\binom{\nu}{\mu}-\binom{\nu}{\mu-1}\right]B^\mu.$$

Mit $\| B^\mu \| \leqslant 1$, $\binom{\nu}{\mu-\alpha}=\binom{\nu}{\alpha}$ und $\binom{\nu}{\mu}\geqslant\binom{\nu}{\mu-1}$ für $\mu\leqslant[\nu/2]$ ([...] ist die Abrundung auf die nächste ganze Zahl) erhält man

$$\| (I-B)(I+B)^\nu \| \leqslant 2 + 2\sum_{\mu=1}^{[\nu/2]}\left|\binom{\nu}{\mu}-\binom{\nu}{\mu-1}\right| =$$

$$= 2 + 2\sum_{\mu=1}^{[\nu/2]}\left\{\binom{\nu}{\mu}-\binom{\nu}{\mu-1}\right\} = 2 + 2\binom{\nu}{[\nu/2]} - 2\binom{\nu}{0} = 2\binom{\nu}{[\nu/2]}.$$

Man rechnet nach, daß die Folge $a_k := \binom{2k}{k}\sqrt{k}/2^{2k}$ monoton ansteigt und gegen $\lim a_k = 1/\sqrt{\pi}$ konvergiert. Für gerade ν ist $\binom{\nu}{[\nu/2]} = a_{\nu/2}\,2^\nu/\sqrt{\nu/2}$, so daß $a_k \leqslant 1/\sqrt{\pi}$ zur gewünschten Abschätzung führt. Für ungerade ν beachte man $\binom{\nu}{[\nu/2]} = \frac{1}{2}\binom{\nu+1}{(\nu+1)/2}$. ⬛

Beweis zu Satz 8. Mit $B := I - 2\,W_\ell^{-1}A_\ell$ ergibt sich die Darstellung $(I-B)(I+B)^\nu = 2^{\nu+1}W_\ell^{-1}A_\ell S_\ell^\nu$, also $\|A_\ell S_\ell^\nu\| = 2^{-\nu-1}\|W_\ell(I-B)(I+B)^\nu\| \le \le 2^{-\nu-1}\|W_\ell\|\,\|(I-B)(I+B)^\nu\|$. Voraussetzung (7b) und Lemma 9 ergeben die Behauptung. $\blacksquare$

Beispiel 10.6.10 (a) C_i $(1 \le i \le 4)$ seien von ℓ unabhängige positive Konstanten mit

$$(10.6.9a) \qquad C_1 I \le \tfrac{1}{2}(A_\ell + A_\ell^H) \le C_2 h_\ell^{-2} I,$$

$$(10.6.9b) \qquad \|\tfrac{1}{2}(A_\ell - A_\ell^H)\|_2 \le C_3 h_\ell^{-1} I,$$

$$(10.6.9c) \qquad \|A_\ell\|_2 \ge C_4 h_\ell^{-2} I.$$

Wir setzen $\Theta = \Theta_\ell := h_\ell^2 C_1 /(C_1 C_2 + C_3^2)$ und $C := (C_1 C_2 + C_3^2)/(C_1 C_4)$. Dann erfüllt die mit Θ_ℓ gedämpfte Richardson-Iteration die Glättungseigenschaft (7c) mit dem oben genannten C.
(b) Sei S_ℓ das mit $\vartheta = \tfrac{1}{2}$ gedämpfte Jacobi- oder Gauß-Seidel-Verfahren. Ferner sei A_ℓ schwach diagonaldominant. Dann gilt die Glättungseigenschaft (7c) mit $C = 2$ in der Zeilensummennorm $\|\cdot\|_\infty$.

Beweis. (i) Satz 4.4.8 beweist (7a). (7b) folgt mit $C = 1/\Theta$.
(ii) Wegen $\vartheta = \tfrac{1}{2}$ ist (7a) die Abschätzung des ungedämpften Verfahrens. Schwache Diagonaldominanz liefert (7a). Aus $\|D_\ell\|_\infty \le \|D_\ell - E_\ell\|_\infty \le \|A_\ell\|_\infty$ für $A = D - E - F$ (vgl. (4.2.7a-d)) schließt man (7b) mit $C = 1/\vartheta$. $\blacksquare$

10.6.3 Approximationseigenschaft

10.6.3.1 Formulierung

Die Feingitterlösung e_ℓ aus $A_\ell e_\ell = d_\ell$ wird in der Grobgitterkorrektur durch $p\,e_{\ell-1}$ aus $A_{\ell-1}e_{\ell-1} = d_{\ell-1} := r d_\ell$ ersetzt. Deshalb sollte $p\,e_{\ell-1} \approx e_\ell$, d.h. $p\,A_{\ell-1}^{-1} r d_\ell \approx A_\ell^{-1} d_\ell$ gelten. Wir quantifizieren diese Forderung als

$$(10.6.10) \qquad \|p\,A_{\ell-1}^{-1} r d_\ell - A_\ell^{-1} d_\ell\|_2 \le C_A \|d_\ell\|_2 / \|A_\ell\|_2 \quad \text{für alle } \ell \ge 1,\; d_\ell \in X_\ell.$$

Mit Hilfe der Matrixnorm (Spektralnorm) schreibt sich (10) als

Approximationseigenschaft

$$(10.6.11) \qquad \|A_\ell^{-1} - p\,A_{\ell-1}^{-1} r\|_2 \le C_A / \|A_\ell\|_2 \qquad \text{für alle } \ell \ge 1.$$

Beweise der Approximationseigenschaft (11) sind im allgemeinen nicht von algebraischer Art, sondern verwenden zumindest indirekt Eigenschaften der zugrundeliegenden Randwertaufgabe. Ein Beweiszugang kann wie folgt aussehen. Sei $A_{\ell-1} = r A_\ell p$ gemäß (1.26) angenommen. Für eine beliebige Restriktion $r': X_\ell \to X_{\ell-1}$ gilt die Darstellung

$$A_\ell^{-1} - p\,A_{\ell-1}^{-1} r = (A_\ell^{-1} - p\,A_{\ell-1}^{-1} r)(I - p r') = (I - p\,A_{\ell-1}^{-1} r A_\ell)(I - p r')A_\ell^{-1}.$$

Untersuchungen zur «diskreten Regularität» von A_ℓ (vgl. Hackbusch

[8],[9],[14,§6.3.2.1],[15,§9.2]) gestatten den Nachweis, daß $v_\ell := A_\ell^{-1} f_\ell$ hinreichend glatt ist, so daß der Interpolationsfehler $\delta_\ell = (I - pr')v_\ell = v_\ell - pr'v_\ell$ durch $\|\delta_\ell\|_2 \leq C\|f_\ell\|_2/\|A_\ell\|_2$ abgeschätzt werden kann. Die diskrete Regularität läßt sich auch einsetzen, um $\|I - pA_{\ell-1}^{-1} rA_\ell\| \leq \text{const}$ zu zeigen. Zusammen erhält man die Approximationseigenschaft (11). Falls $A_{\ell-1}$ nicht das Galerkin-Produkt ist, sei auf Hackbusch [14, Criterion 6.3.35 und 6.3.38] verwiesen.

Am einfachsten läßt sich die Approximationseigenschaft für Galerkin-Diskretisierungen (Variationsprobleme) verifizieren. Dazu wird in §10.6.3.2 die Diskretisierung erklärt, in §§10.6.3.3-4 die Beziehungen zwischen den Galerkin-Unterräumen und den Vektorräumen X_ℓ und in §10.6.3.5 die Standardfehlerabschätzung diskutiert. Der eigentliche Beweis der Approximationseigenschaft findet sich in §10.6.3.6.

10.6.3.2 Die Galerkin-Diskretisierung

Sei V ein Hilbert-Raum mit Skalarprodukt $(\cdot,\cdot)_V$ und Norm $\|\cdot\|_V$, der stetig in einen weiteren Hilbert-Raum U eingebettet ist: $V \subset U$ und $\sup\{\|v\|_V/\|v\|_U: 0 \neq v \in V\} < \infty$. Der Dualraum V' (der stetigen linearen Abbildungen von V in $\mathbb{K}$) besitzt die _Dualnorm_

$$\|f\|_{V'} := \|f\|_{\mathbb{K} \leftarrow V} = \sup\{|f(v)|/\|v\|_V: 0 \neq v \in V\} \quad \text{für } f \in V'.$$

Man darf den Hilbert-Raum U mit seinem Dualraum U' identifizieren und erhält die Inklusionen

$$(10.6.12) \qquad V \subset U = U' \subset V' \qquad \text{(jeweils stetige Einbettungen)}.$$

Für $f(v)$ $(v \in V, f \in V')$ darf auch $(f,v)_U$ geschrieben werden, da das U-Skalarprodukt stetig von $U \times U$ auf $V' \times V$ und $V \times V'$ fortgesetzt werden kann (vgl. Hackbusch [15,§6.3]).

Sei $a: V \times V \to \mathbb{K}$ eine stetige Bilinearform (bzw. Sesquilinearform, falls $\mathbb{K} = \mathbb{C}$). Die zu lösende Aufgabe (in der schwachen Formulierung) lautet

$$(10.6.13) \qquad \text{suche } v \in V \text{ mit } a(v,w) = (f,w)_U \quad \text{für alle } w \in V,$$

wobei $f \in V'$. Dem Poisson-Modellproblem entspricht die Aufgabe (13) mit

$$V = H_0^1(\Omega), \quad U = L^2(\Omega), \quad a(v,w) = \int_\Omega \langle \nabla v, \nabla w \rangle \, dx, \quad (f,w)_U = \int_\Omega f w \, dx.$$

Zur Notation des Sobolev-Raumes $H_0^1(\Omega)$ und für weitere Details zur Formulierung (13) wird auf Hackbusch [15, §§6-7], [14], [16, §8.3] verwiesen.

Zur Diskretisierung wird eine _Hierarchie endlichdimensionaler Unterräume_ eingeführt:

$$(10.6.14a) \qquad V_0 \subset V_1 \subset \ldots \subset V_{\ell-1} \subset V_\ell \subset \ldots \subset V.$$

Die _Galerkin-Lösung_ v_ℓ ist durch die Aufgabe (14b) definiert:

$$(10.6.14b) \qquad \text{suche } u_\ell \in V_\ell \text{ mit } a(u_\ell, w) = (f,w)_U \quad \text{für alle } w \in V_\ell.$$

10.6.3.3 Hierarchie der Gleichungssysteme

Zur konkreten Beschreibung der Galerkin-Lösung v_ℓ ist eine *Basis* $\{b_{\ell,\alpha}: \alpha \in I_\ell\}$ von V_ℓ zu wählen. $n_\ell = \#I_\ell = \dim V_\ell$ bezeichnet die Dimension. Als «*Koeffizientenvektor*» zu $v_\ell \in V_\ell$ bezeichnen wir den Vektor $x_\ell = (x_{\ell,\alpha})_{\alpha \in I_\ell} \in X_\ell := \mathbf{R}^{I_\ell}$ mit

$$(10.6.15) \qquad P_\ell x_\ell := \sum_{\alpha \in I_\ell} x_{\ell,\alpha} b_{\ell,\alpha} = v_\ell \in V_\ell.$$

Beweise der folgenden Übungen findet man z.B. in Hackbusch [14, 15]:

Übungsaufgabe 10.6.11. Man zeige: Die Galerkin-Diskretisierung (14b) ist über die Beziehung $u_\ell = P_\ell x_\ell$ zum Gleichungssystem (16a) äquivalent:

$$(10.6.16a) \qquad A_\ell x_\ell = b_\ell \qquad \text{mit}$$

$$(10.6.16b) \qquad A_{\ell,\alpha\beta} = a(b_{\ell,\beta}, b_{\ell,\alpha}), \qquad f_{\ell,\alpha} = (f_\ell, b_{\ell,\alpha})_U \qquad (\alpha, \beta \in I_\ell).$$

Die Basis $\{b_{\ell,\alpha}: \alpha \in I_\ell\}$ wählt man im allgemeinen so, daß der Koeffizientenvektor x_ℓ und die dargestellte Funktion $v_\ell = P_\ell x_\ell$ in ihrer X_ℓ- bzw. U-Norm vergleichbar sind. Genauer soll gelten:

$$(10.6.17) \qquad \underline{C}_P^{-1} \| x_\ell \|_2 \leqslant \| P_\ell x_\ell \|_U \leqslant \bar{C}_P \| x_\ell \|_2 \qquad \text{für alle } x_\ell \in X_\ell, \ \ell \geqslant 0.$$

Dazu darf die ℓ_2-Norm geeignet skaliert werden (vgl. (1.21)). Da X_ℓ und U Hilbert-Räume (mit den Skalarprodukten $\langle \cdot, \cdot \rangle = \langle \cdot, \cdot \rangle_\ell$ und $(\cdot, \cdot)_U$) sind, kann man zu $P_\ell: X_\ell \to U$ die adjungierte Abbildung

$$(10.6.18) \qquad R_\ell = P_\ell^*: U \to X_\ell$$

bilden: $\langle R_\ell v, x_\ell \rangle = (v, P_\ell x_\ell)_U$.

Jede stetige Bilinearform $a(\cdot, \cdot)$ definiert eineindeutig einen Operator

$$(10.6.19a) \qquad A: V \to V' \text{ mit } a(u,v) = (Au, v)_U \qquad \text{für alle } u, v \in V.$$

Übungsaufgabe 10.6.12. Man zeige für A_ℓ, f_ℓ aus (16a,b) die Darstellungen

$$(10.6.19b) \qquad A_\ell = R_\ell A P_\ell, \qquad f_\ell = R_\ell f.$$

Da $R_\ell P_\ell: X_\ell \to X_\ell$ eine positiv definite Abbildung ist, existieren

$$(10.6.20a) \qquad \hat{P}_\ell := P_\ell (R_\ell P_\ell)^{-1}, \qquad \hat{R}_\ell = \hat{P}_\ell^* := (R_\ell P_\ell)^{-1} R_\ell.$$

Nach Konstruktion gilt

$$(10.6.20b) \qquad R_\ell \hat{P}_\ell = \hat{R}_\ell P_\ell = I: X_\ell \to X_\ell.$$

Lemma 10.6.13. Mit $\underline{C}_P$ aus (17) gilt (20c) und umgekehrt:

$$(10.6.20c) \qquad \| \hat{P}_\ell \|_{U \leftarrow X_\ell} = \| \hat{R}_\ell \|_{X_\ell \leftarrow U} = \| (R_\ell P_\ell)^{-1} \|_2^{1/2} \leqslant \underline{C}_P.$$

Beweis. Aus $\hat{R}_\ell = \hat{P}_\ell{}^*$ folgt die erste Gleichheit in (20c). Mit $\|\hat{P}_\ell x_\ell\|_U^2 =$
$= (\hat{P}_\ell x_\ell, \hat{P}_\ell x_\ell)_U = \langle \hat{R}_\ell \hat{P}_\ell x_\ell, x_\ell \rangle_\ell = \langle (R_\ell P_\ell)^{-1} x_\ell, x_\ell \rangle_\ell$ ist die zweite
Gleichheit bewiesen. Ferner ist $\|(R_\ell P_\ell)^{-1}\|_2 = 1 / \lambda$ mit $\lambda = \lambda_{\min}(R_\ell P_\ell)$.
Für den zugehörigen Eigenvektor x_ℓ gilt

$$\lambda \|x_\ell\|_2^2 = \lambda \langle x_\ell, x_\ell \rangle_\ell = \langle R_\ell P_\ell x_\ell, x_\ell \rangle_\ell = (P_\ell x_\ell, P_\ell x_\ell)_U = \|P_\ell x_\ell\|_U^2 \geqslant \|x_\ell\|_2^2 / \underline{C}_P^2,$$

also beweist $\|(R_\ell P_\ell)^{-1}\|_2 \leqslant \underline{C}_P^2$ die letzte Ungleichung in (20c). ▢

Übungsaufgabe 10.6.14. Die Matrix $R_\ell P_\ell$ nennt man die «Massematrix».
Man zeige: Die Bedingung (17) mit geeigneter Skalierung von $\langle \cdot, \cdot \rangle_\ell$
ist äquivalent dazu, daß die Kondition $\varkappa(R_\ell P_\ell)$ der Massematrix
unabhängig von der Stufenzahl (und damit von der Schrittweite h_ℓ) ist.
Hinweis. Sei $C_\ell := \rho(R_\ell P_\ell)$. Falls sup $C_\ell = \infty$ oder inf $C_\ell = 0$, ersetze man
$\langle \cdot, \cdot \rangle_\ell$ durch $\langle \cdot, \cdot \rangle_\ell / C_\ell$.

10.6.3.4 Kanonische Prolongation und Restriktion

Zu $x_{\ell-1} \in X_{\ell-1}$ gehört die Funktion $v_{\ell-1} := P_{\ell-1} x_{\ell-1} \in V_{\ell-1}$, die wegen
$V_{\ell-1} \subset V_\ell$ (vgl. (14a)) auch in V_ℓ liegt und somit eine Darstellung
$v_{\ell-1} = P_\ell x_\ell$ mit einem Koeffizientenvektor $x_\ell \in X_\ell$ hat. Wir setzen
$p x_{\ell-1} := x_\ell$. Die hierdurch definierte *kanonische Prolongation* schreibt
sich formal als $p := P_\ell^{-1} P_{\ell-1} : X_{\ell-1} \to X_\ell$ oder

$$(10.6.21a) \qquad P_\ell p = P_{\ell-1}.$$

Die *kanonische Restriktion* wird gemäß (1.22) als Adjungierte gewählt:

$$(10.6.21b) \qquad r = p^*, \qquad r R_\ell = R_{\ell-1}.$$

Übungsaufgabe 10.6.15. Man zeige: (a) $p = \hat{R}_\ell P_{\ell-1}$ und die Abschätzungen

$$(10.6.21c) \qquad \|p\|_{X_\ell \leftarrow X_{\ell-1}} = \|r\|_{X_{\ell-1} \leftarrow X_\ell} \leqslant \underline{C}_P \bar{C}_P \quad \text{für alle } \ell \geqslant 1.$$

(b) Die Galerkin-Diskretisierung führt auf die Produktdarstellung (1.26):

$$(10.6.21d) \qquad A_{\ell-1} = r A_\ell p \qquad\qquad\qquad \text{für alle } \ell \geqslant 1.$$

10.6.3.5 Fehlerabschätzung der Galerkin-Lösung

Wenn A aus (19a) die (Differentiations-)Ordnung $2m$ besitzt, entspricht
V einem (Unterraum vom) Sobolev-Raum $H^m(\Omega)$, dessen Norm nun mit
$\|\cdot\|_V = \|\cdot\|_m$ bezeichnet sei. Durch Approximationsargumente findet man
im allgemeinen Abschätzungen der Form

$$(10.6.22a) \qquad \|u - u_\ell\|_m \leqslant C_m h_\ell^m \|u\|_{2m} \qquad (u, u_\ell \text{: Lösungen von } (13), (14b)).$$

Dabei ist h_ℓ der mit V_ℓ assoziierte Diskretisierungsparameter (z.B. die
Gitterweite). $\|\cdot\|_{2m}$ ist die Norm des Sobolev-Raumes $H^{2m}(\Omega) \cap V$.

Man bezeichnet das Problem (13) als «$2m$-regulär», falls

(10.6.22b) $\|u\|_{2m} \leqslant C_{\text{reg}} \|f\|_U$ für $u = A^{-1}f$ und alle $f \in U$.

Zusammen ergeben (22a,b) die Ungleichung

(10.6.22c) $\|u-u_\ell\|_V = \|u-u_\ell\|_m \leqslant C\,h_\ell^m\,\|f\|_U$.

Übungsaufgabe 11 und (19b) zeigen $u_\ell = P_\ell A_\ell^{-1} R_\ell f$, so daß $u-u_\ell = E_\ell f$ mit

(10.6.22d) $E_\ell := A^{-1} - P_\ell A_\ell^{-1} R_\ell$.

Damit kann (22c) ausgedrückt werden als

(10.6.22e) $\|E_\ell\|_{V \leftarrow U} \leqslant C\,h_\ell^m$.

Falls die Bilinearform (Sesquilinearform) a nicht symmetrisch ist, fordern wir für das _adjungierte Problem_

suche $v^* \in V$ mit $a(w,v^*) = (w,f)_U$ für alle $w \in V$

die gleichen Eigenschaften (22a,b) wie für das Originalproblem (13). In Analogie zu (22e) erhält man

(10.6.22e*) $\|E_\ell^*\|_{V \leftarrow U} \leqslant C^* h_\ell^m$.

Da $\|E_\ell^*\|_{V \leftarrow U} = \|E_\ell\|_{U \leftarrow V'}$ (wegen $U = U'$), folgt

(10.6.22f) $\|E_\ell\|_{U \leftarrow V'} \leqslant C^* h_\ell^m$.

Als «_inverse Abschätzung_» wird die Ungleichung (23a) bezeichnet:

(10.6.23a) $\|v_\ell\|_V \leqslant C_{\text{inv}} h_\ell^{-m} \|v_\ell\|_U$ für alle $v_\ell \in V_\ell$, $\ell \geqslant 0$.

Übungsaufgabe 10.6.16. Vorausgesetzt seien (20c), (23a) und die Stetigkeit der Bilinearform a:

(10.6.23b) $|a(u,v)| \leqslant C_a \|u\|_V \|v\|_V$ für alle $u,v \in V$.

Man beweise (23c) mit $C_K := C_a (C_{\text{inv}} \bar{C}_P)^2$:

(10.6.23c) $\|A_\ell\|_2 \leqslant C_K h_\ell^{-2m}$.

Eine letzte Bedingung für die Approximationseigenschaft ist im wesentlichen identisch mit der Ungleichung (5.4):

(10.6.23d) $h_{\ell-1} \leqslant C_h h_\ell$ für alle $\ell \geqslant 1$.

10.6.3.6 Beweis der Approximationseigenschaft

Die Voraussetzungen des nächsten Satzes sind im wesentlichen die h_ℓ-Unabhängigkeit der Kondition der Massematrix $R_\ell P_\ell$, die Fehlerabschätzung (22a), die $2m$-Regularität (22b), die inverse Abschätzung (23a) und die standardmäßig mit $C_h = 2$ erfüllte Bedingung (23d).

***

Satz 10.6.17. A_ℓ seien die Matrizen (16b) der Galerkin-Diskretisierung. p und r seien kanonisch gewählt. Es gelte (20c), (22e,e*) und (23c,d). Dann ist die Approximationseigenschaft (11) erfüllt.

***

Beweis. (i) Wegen $A_{\ell-1} = r A_\ell p$ ergibt sich $E_\ell A E_\ell = E_\ell$, so daß

$$(10.6.24a) \quad \| E_\ell \|_{U \leftarrow U} \leq \| E_\ell \|_{U \leftarrow V} \cdot \| A \|_{V' \leftarrow V} \| E_\ell \|_{V \leftarrow U} \leq C_a C C^* h_\ell^{2m},$$

da $\| A \|_{V' \leftarrow V} \leq C_a$ aus (23b) und (22f) aus (22e*) folgen. Die Dreiecksungleichung liefert für $E_{\ell-1} - E_\ell = P_\ell A_\ell^{-1} R_\ell - P_{\ell-1} A_{\ell-1}^{-1} R_{\ell-1}$ die Abschätzung

$$(10.6.24b) \quad \| P_\ell A_\ell^{-1} R_\ell - P_{\ell-1} A_{\ell-1}^{-1} R_{\ell-1} \|_{U \leftarrow U} \leq C_a C C^* (h_\ell^{2m} + h_{\ell-1}^{2m}).$$

(23d) liefert $h_{\ell-1}^{2m} \leq C_h^{2m} h_\ell^{2m}$. Aus $h_\ell^{2m} \leq C_K / \| A_\ell \|_2$ (vgl. (23c)) und $P_\ell = P_{\ell-1} p$, $R_\ell = r R_{\ell-1}$ (vgl. (21a,b)) folgt

$$(10.6.24c) \quad \| P_\ell (A_\ell^{-1} - p A_{\ell-1}^{-1} r) R_\ell \|_{U \leftarrow U} \leq C' / \| A_\ell \|_2$$

mit $C' := C_a C C^* (1 + C_h^{2m}) C_K$. Multiplikation von $P_\ell (A_\ell^{-1} - p A_{\ell-1}^{-1} r) R_\ell$ mit $\hat{R}_\ell$ von links und $\hat{P}_\ell$ von rechts liefert wegen (20b,c): $\| A_\ell^{-1} - p A_{\ell-1}^{-1} r \|_2 \leq \| \hat{R}_\ell \|_{X_\ell \leftarrow U} \| P_\ell (A_\ell^{-1} - p A_{\ell-1}^{-1} r) R_\ell \|_{U \leftarrow U} \| \hat{P}_\ell \|_{U \leftarrow X_\ell} \leq C' \underline{C}_P^2 / \| A_\ell \|_2$, also die Approximationseigenschaft mit $C_A := C' \underline{C}_P^2$. ∎

10.6.4 Konvergenz der Zweigitteriteration

Wie in §10.2.2 angemerkt, gilt $\rho (M_\ell^{ZGM}(\nu_1, \nu_2)) = \rho (M_\ell^{ZGM}(\nu, 0))$ für $\nu = \nu_1 + \nu_2$, so daß wir uns auf $\nu_1 > 0$, $\nu_2 = 0$ beschränken können. Diese Wahl ist für Aussagen über die Kontraktionszahl $\| M_\ell^{ZGM}(\nu, 0) \|_2$ bezüglich der Spektralnorm optimal. Die folgenden Sätze 18 und 19 entsprechen den Fällen $\bar{\nu}(h) = \infty$ bzw. $\bar{\nu}(h) < \infty$.

***

Satz 10.6.18. Die Glättungs- und die Approximationseigenschaften (4a-c), (11) mögen mit $\bar{\nu}(h) = \infty$ gelten. Zu vorgegebenem $0 < \zeta < 1$ existiert eine untere Schranke $\underline{\nu}$, so daß

$$(10.6.25) \quad \| M_\ell^{ZGM}(\nu, 0) \|_2 \leq C_A \eta(\nu) \leq \zeta \qquad \text{für alle } \nu \geq \underline{\nu}, \ \ell \geq 1 .$$

***

Dabei sind C_A und $\eta(\nu)$ die Größen aus (11) und (4a,b). Wegen $\zeta < 1$ beschreibt (25) die Konvergenz der Zweigitteriteration. Wichtig ist, daß die Kontraktionsschranke $C_A \eta(\nu)$ h_ℓ-<u>unabhängig</u> ist.

Beweis. Die Zweigitteriterationsmatrix ist gemäß Lemma 2.1

$$M_\ell^{ZGM}(\nu, 0) = (I - p A_{\ell-1}^{-1} r A_\ell) S_\ell^\nu = [A_\ell^{-1} - p A_{\ell-1}^{-1} r] [A_\ell S_\ell^\nu] .$$

Abschätzung beider Faktoren durch (4a) und (8) liefert (25). ∎

> **Satz 10.6.19.** Die Glättungs- und die Approximationseigenschaften
> (4a-c), (11) mögen gelten, wobei $\bar{\nu}(h) < \infty$ zugelassen ist. Zu
> vorgegebenem $0 < \zeta < 1$ existiert Schranken $\bar{h} > 0$ und $\underline{\nu}$, so daß (25)
> für alle $\nu \in [\underline{\nu}, \bar{\nu}(h))$ und alle ℓ mit $h_\ell \leqslant \bar{h}$ gilt, wobei das Intervall
> $[\underline{\nu}, \bar{\nu}(h))$ nicht leer ist (d.h. $\underline{\nu} < \bar{\nu}(h)$).

Beweis. $\underline{\nu}$ sei wie in Satz 18 gewählt. Wegen $\bar{\nu}(h) \to \infty$ $(h \to 0)$ kann $\bar{h}$
so gewählt werden, daß $\bar{\nu}(h_\ell) > \underline{\nu}$ für alle $h_\ell \leqslant \bar{h}$.   ▨

10.6.5 Konvergenz der Mehrgitteriteration

In Satz 4.5 wurde eine Darstellung $M_\ell^{MGM}(\nu,0) = M_\ell^{ZGM}(\nu,0) - \ldots$ der
Mehrgitteriterationsmatrix gezeigt. Wir werden versuchen zu zeigen,
daß die Störung «...» hinreichend klein ist, so daß aus der Zweigitter-
auf die Mehrgitterkonvergenz geschlossen werden kann. Neben
Glättungs- und die Approximationseigenschaft werden weitere, leicht
erfüllbare Voraussetzungen gefordert. Die erste ist

$$(10.6.26) \qquad \| S_\ell^\nu \|_2 \leqslant C_S \qquad \text{für alle } \ell \geqslant 1,\ 0 < \nu < \bar{\nu} := \min_{\ell \geqslant 1} \bar{\nu}(h_\ell)$$

mit $\bar{\nu}(h_\ell)$ aus (4c).

Übungsaufgabe 10.6.20. Sei $S_\ell := S_\ell' + S_\ell''$. (26) gelte für S_ℓ', und S_ℓ''
erfülle (5c): $\lim_{\ell \to \infty} \| S_\ell'' \|_2 = 0$. Man folgere (26) für S_ℓ in Analogie zu Satz 7.

Übungsaufgabe 10.6.21. Man folgere die Ungleichungen

$$(10.6.27) \qquad \underline{C}_P^{-1} \| x_{\ell-1} \|_2 \leqslant \| p\, x_{\ell-1} \|_2 \leqslant \bar{C}_P \| x_{\ell-1} \|_2 \quad \text{für alle } x_{\ell-1} \in X_{\ell-1},\ \ell \geqslant 1$$

für die kanonische Wahl (21a,b) aus (17) mit $C_P = \bar{C}_P := \underline{C}_P \bar{C}_P$.

Aus $p A_{\ell-1}^{-1} r A_\ell S_\ell^\nu = S_\ell^\nu - [A_\ell^{-1} - p A_{\ell-1}^{-1} r] A_\ell S_\ell^\nu = S_\ell^\nu - M_\ell^{ZGM}(\nu,0)$ folgt

Lemma 10.6.22. Es gelte (26) und (27). Dann ist

$$(10.6.28) \qquad \| A_{\ell-1}^{-1} r A_\ell S_\ell^\nu \|_2 \leqslant \underline{C}_P (C_S + \| M_\ell^{ZGM}(\nu,0) \|_2).$$

Wie in §10.6.4 sei $\nu = \nu_1 > 0$, $\nu_2 = 0$. Mit Hilfe von (27) und (28) kann die
Mehrgitteriterationsmatrix aus (4.13a,b) wie folgt abgeschätzt werden:

$$(10.6.29a) \qquad \| M_\ell^{MGM}(\nu,0) \|_2 \leqslant \| M_\ell^{ZGM}(\nu,0) \|_2 + C^* \| M_{\ell-1}^{MGM}(\nu,0) \|_2^\gamma \quad \text{für } \ell \geqslant 1$$

$$(10.6.29b) \qquad C^* := \underline{C}_P \bar{C}_P (C_S + 1).$$

Dabei wurde vorausgesetzt, daß ν gemäß Satz 18 oder 19 so gewählt
ist, daß $\| M_\ell^{ZGM}(\nu,0) \|_2 \leqslant 1$. Zusammen mit $M_0^{MGM} = O$ (vgl. (4.13a))
liefert (29a) für die Größen

(10.6.29c) $\zeta_\ell := \|M_\ell^{MGM}(\nu,0)\|_2$

die rekursiven Ungleichungen

(10.6.30a) $\zeta_0 := 0$, $\zeta_\ell \leqslant \zeta + C^*(\zeta_{\ell-1})^\gamma$				für $\ell \geqslant 1$.

Dabei ist ζ die nach Satz 18 oder 19 existierende ℓ-unabhängige Schranke für die Zweigitterkonvergenz:

(10.6.30b) $\|M_\ell^{ZGM}(\nu,0)\|_2 \leqslant \zeta$.

Eine Analyse der Fixpunktgleichung $x = \zeta + C^* x^\gamma$ ergibt das

Lemma 10.6.23. Seien $\gamma \geqslant 2$, $C^*\gamma > 1$ und $\zeta \leqslant \frac{\gamma-1}{\gamma}/(C^*\gamma)^{1/(\gamma-1)}$. Dann sind alle Lösungen der Ungleichungen (30a) beschränkt durch

(10.6.31a) $\zeta_\ell \leqslant \zeta^* \leqslant \frac{\gamma}{\gamma-1}\zeta < 1$				für alle $\ell \geqslant 0$.

Übungsaufgabe 10.6.24. Für den interessantesten Fall $\gamma = 2$ zeige man

(10.6.31b) $\zeta^* = 2\zeta/(1 + \sqrt{1 - 4C^*\zeta})$				für ζ^* aus (31a).

Mit der Bedeutung (29c) der ζ_ℓ erhalten wir schließlich den

Satz 10.6.25. Vorausgesetzt seien die Glättungs- und die Approximationseigenschaften (4a-c) und (8), die Bedingungen (26), (27) sowie $\gamma \geqslant 2$. Zu jedem $0 < \zeta' < 1$ gibt es wie in den Sätzen 18/19 ein $\underline{\nu}$ und $\bar{h} > 0$, so daß

(10.6.32) $\|M_\ell^{MGM}(\nu,0)\|_2 \leqslant \zeta' < 1$				für $\underline{\nu} \leqslant \nu < \bar{\nu} := \min_{\ell \geqslant 1} \bar{\nu}(h_\ell)$,

falls $h_1 \leqslant \bar{h}$. Es gilt $\underline{\nu} < \bar{\nu}$. Für $\bar{\nu}(h) = \infty$ darf $\bar{h} := \infty$ gesetzt werden (d.h. es gibt keine Einschränkung an die Gitterweite).

Beweis. $\zeta := \frac{\gamma-1}{\gamma}\zeta'$ sei eventuell verkleinert, so daß ζ die Voraussetzungen zu Lemma 23 erfüllt. $\underline{\nu}$ und $\bar{h}$ wähle man gemäß Satz 19 so, daß (30b): $\|M_\ell^{ZGM}(\nu,0)\|_2 \leqslant \zeta$ für $\underline{\nu} \leqslant \nu < \bar{\nu}$ gilt. Lemmata 22 und 23 ergeben $\zeta_\ell = \|M_\ell^{MGM}(\nu,0)\|_2 \leqslant \frac{\gamma}{\gamma-1}\zeta \leqslant \zeta'$.			∎

10.6.6 Der schwächer reguläre Fall

Der Beweis der Approximationseigenschaft machte in (22b) Gebrauch von der $2m$-Regularität, die im Falle der Poisson-Gleichung $A^{-1} = (-\Delta)^{-1}: U = L^2(\Omega) = H^0(\Omega) \to H^2(\Omega) \cap H_0^1(\Omega)$ lautet. Diese Voraussetzung ist zwar für das Einheitsquadrat $\Omega = (0,1) \times (0,1)$ erfüllt, gilt aber z.B. nicht für Gebiete mit einspringenden Ecken. Im allgemeineren Fall erhält man lediglich Aussagen der Form

(10.6.33) $A^{-1}: H^{-\sigma m}(\Omega) \to H^{(2-\sigma)m}(\Omega) \cap H_0^m(\Omega)$			für ein $\sigma \in (0,1)$

(vgl. Hackbusch [15, §9.1]). Eine analoge Aussage sei auch für A^* angenommen. Für $\sigma < 1$ kann die Approximationseigenschaft (11) nicht gefolgert werden, sondern muß mit anderen Normen formuliert werden.

Sei $|\cdot|_t$ für $-1 \leqslant t \leqslant 1$ ein diskretes Analogon der Sobolev-Norm des $H^{tm}(\Omega)$. Wir setzen $U_\ell := (X_\ell, |\cdot|_\sigma)$ und $F_\ell := (X_\ell, |\cdot|_{-\sigma})$. Dann läßt sich

$$(10.6.34) \qquad \|A_\ell^{-1} - p\, A_{\ell-1}^{-1}\, r\|_{U_\ell \leftarrow F_\ell} \leqslant (C_A / \|A_\ell\|_2)^{1-\sigma}$$

zeigen (vgl. Hackbusch [14,§6.3.1.3]). Zur Normnotation vergleiche man (2.6.11). Wenn $A_\ell > 0$, lassen sich die Normen durch

$$(10.6.35) \qquad \|x_\ell\|_{U_\ell} = |x_\ell|_\sigma := \|A_\ell^{\sigma/2} x_\ell\|_2, \quad \|f_\ell\|_{F_\ell} = |f_\ell|_{-\sigma} := \|A_\ell^{-\sigma/2} f_\ell\|_2,$$

definieren. Im allgemeinen Fall ersetze man A_ℓ in (35) durch den positiv definiten Anteil $A_\ell' := \frac{1}{2}(A_\ell + A_\ell'') + c_0 I$ (vgl. (6a)).

Den Teil (4a) der Glättungseigenschaft (4a-c) hat man den neuen Normen anzupassen. (4a) wird zu

$$(10.6.36) \qquad \|A_\ell S_\ell^\nu\|_{F_\ell \leftarrow U_\ell} \leqslant \eta(\nu)\, \|A_\ell\|_2^{1-\sigma} \qquad \text{für } 0 \leqslant \nu \leqslant \bar\nu(h_\ell).$$

Übungsaufgabe 10.6.26. Sei $\mathscr{S}_\ell$ die Richardson-Iteration (1a,b), und gelte $A_\ell > 0$. Mit den Normen aus (35) zeige man für alle $\nu \geqslant 0$:

$$(10.6.37) \qquad \|A_\ell S_\ell^\nu\|_{F_\ell \leftarrow U_\ell} = \|A_\ell^{1-\sigma}(I - \Theta A_\ell)^\nu\|_2 \leqslant \left(\eta_0(\tfrac{\nu}{1-\sigma}) \|A_\ell\|_2\right)^{1-\sigma}.$$

Die Zweigitterkontraktionszahl bezüglich $\|\cdot\|_{U_\ell}$ erhält man aus dem Produkt von (34) und (36):

$$(10.6.38) \qquad \|M_\ell^{ZGM}(\nu,0)\|_{U_\ell \leftarrow U_\ell} \leqslant \eta(\nu)\, C_A^{1-\sigma}.$$

Ähnlich wie in §10.6.5 erhält man ein entsprechendes Konvergenzresultat für das Mehrgitterverfahren.

Die spezielle Schranke in (37) liefert die rechte Seite $\left(\eta_0(\tfrac{\nu}{1-\sigma}) C_A\right)^{1-\sigma}$ in (38). In dem Standardfall der Abschnitte 10.6.2-5 galt $\sigma = 0$ und die Schranke in (38) verhielt sich wie $O(1/\nu)$. Für $0 < \sigma < 1$ verhält sich die Kontraktionszahl nur noch wie $O(1/\nu^{1-\sigma})$. Der Wert $\sigma = 1$ reicht nicht aus, da die rechte Seite in (37) nicht mehr (4b) erfüllt.

10.7 Symmetrische Mehrgitterverfahren

Die Analyse der Mehrgitteriteration in §10.6 ist für den allgemeinen (nichtsymmetrischen) Fall durchgeführt worden, um zu unterstreichen, daß die Mehrgitteriteration nicht auf symmetrische oder sogar nur auf positiv definite Probleme beschränkt ist. Der symmetrische Fall gestattet jedoch einige weitergehende Aussagen, die in diesem Kapitel zusammengestellt sind.

10.7.1 Der symmetrische Mehrgitteralgorithmus

Die benötigten Symmetriebedingungen sind

(10.7.1a) $r = p^*$ und $A_\ell > 0$ für alle $\ell \geqslant 0$,

(vgl. (1.22)). Ferner wird die Variante (2.3b) mit der Vorglättung $\mathscr{S}_\ell$ und der Nachglättung $\hat{\mathscr{S}}_\ell$ verwendet, wobei die Nachglättung

(10.7.1b) $\hat{\mathscr{S}}_\ell = \mathscr{S}_\ell^*$ für alle $\ell \geqslant 0$

die zu $\mathscr{S}_\ell$ adjungierte Iteration ist (vgl. §4.8.4). Die Zahl der Vor- und Nachglättungen sei

(10.7.1c) $\nu_1 = \nu_2 = \nu/2 > 0$.

Für einige Aussagen wird die Galerkin-Produkteigenschaft gefordert:

(10.7.1d) $A_{\ell-1} = r\, A_\ell\, p$.

> **Lemma 10.7.1.** Es gelte (1a–c). **(a)** Die Zwei- und Mehrgitter-
> iterationen $\Phi_\ell^{ZGM}(\frac{\nu}{2},\frac{\nu}{2})$ und $\Phi_\ell^{MGM}(\frac{\nu}{2},\frac{\nu}{2})$ sind symmetrisch: Ihre trans-
> formierte Iterationsmatrizen $A_\ell^{1/2} M_\ell A_\ell^{-1/2}$ sind Hermitesch (dabei ist
> $M_\ell = M_\ell^{ZGM}(\frac{\nu}{2},\frac{\nu}{2})$ bzw. $M_\ell = M_\ell^{MGM}(\frac{\nu}{2},\frac{\nu}{2})$).
> **(b)** Wenn die Iteration konvergiert, konvergiert sie *monoton in der
> Energienorm* $\|\cdot\|_{A_\ell}$, und die Matrizen $W_\ell = W_\ell^{ZGM}(\frac{\nu}{2},\frac{\nu}{2})$ bzw. $W_\ell =$
> $W_\ell^{MGM}(\frac{\nu}{2},\frac{\nu}{2})$ der dritten Normalform sind positiv definit und erfüllen
>
> (10.7.2a) $(1-\rho_\ell)W_\ell \leqslant A_\ell \leqslant (1+\rho_\ell)W_\ell$ mit $\rho_\ell = \rho(M_\ell) = \|A_\ell^{1/2} M_\ell A_\ell^{-1/2}\|_2$.
>
> Ist $\rho_\ell \leqslant \rho < 1$ gemäß Satz 6.3/6.18 h_ℓ-unabhängig, so auch die Kondition
>
> (10.7.2b) $\varkappa(W_\ell^{-1} A_\ell) \leqslant \dfrac{1+\rho_\ell}{1-\rho_\ell} \leqslant \dfrac{1+\rho}{1-\rho}$.
>
> **(c)** Falls (1d) gilt, lassen sich (2a,b) zu (2c) verstärken:
>
> (10.7.2c) $(1-\rho_\ell)W_\ell \leqslant A_\ell \leqslant W_\ell$, $\varkappa(W_\ell^{-1} A_\ell) \leqslant 1/(1-\rho_\ell) \leqslant 1/(1-\rho)$.

Beweis. Die Darstellungen (2.4) und (4.13a,b) zeigen $A_\ell M_\ell A_\ell^{-1} = M_\ell^H$, da
$A_\ell \hat{S}_\ell A_\ell^{-1} = S_\ell^H$ gemäß (4.8.10). Dies beweist den Teil (a). Teil (b) erhält
man aus Bemerkung 4.8.3c. Teil (c) beruht auf der Eigenschaft
$A_\ell^{1/2} M_\ell A_\ell^{-1/2} \geqslant 0$, die in (13b) gezeigt wird.   ◼

10.7.2 Zweigitterkonvergenzaussagen für $\nu_1 > 0$, $\nu_2 > 0$

In §10.6 wurde der Fall $\nu_1 = \nu > 0$, $\nu_2 = 0$ behandelt. Man kann die dortige
Technik aber auch auf den allgemeinen Fall $\nu_1 \geqslant 0$, $\nu_2 \geqslant 0$, $\nu := \nu_1 + \nu_2 > 0$
und speziell auf $\nu_1 = \nu_2 = \nu/2$ anwenden.

Übungsaufgabe 10.7.2. Es gelte (1a,b). Man zeige

(10.7.3a) $\Phi_\ell^{ZGM}(0,\nu_2) = \left(\Phi_\ell^{ZGM}(\nu_2,0)\right)^*$, $\Phi_\ell^{MGM}(0,\nu_2) = \left(\Phi_\ell^{MGM}(\nu_2,0)\right)^*$,

(10.7.3b) $\Phi_\ell^{ZGM}(\nu_1,\nu_2) = \Phi_\ell^{ZGM}(0,\nu_2) \circ \Phi_\ell^{ZGM}(\nu_1,0)$ im Falle (1d).

Für die Zweigitteriterationsmatrizen $M_\ell{}' = M_\ell^{ZGM}$ folgen unter der Annahme (1d) aus (3a,b) die Aussagen (3c,d):

(10.7.3c) $M_\ell(\nu_1,\nu_2) = M_\ell(0,\nu_2)M_\ell(\nu_1,0) = A_\ell^{-1}M_\ell(\nu_2,0)^H A_\ell M_\ell(\nu_1,0),$

(10.7.3d) $A_\ell^{1/2}M_\ell(\nu_1,\nu_2)A_\ell^{-1/2} = \left(A_\ell^{1/2}M_\ell(\nu_2,0)A_\ell^{-1/2}\right)^H\left(A_\ell^{1/2}M_\ell(\nu_1,0)A_\ell^{-1/2}\right).$

Zur Abschätzung von $A_\ell^{1/2}M_\ell(\nu,0)A_\ell^{-1/2}$ verwendet man die Approximationseigenschaft (4a) und die Glättungseigenschaft (4b):

(10.7.4a) $\| A_\ell^{1/2}(A_\ell^{-1} - pA_{\ell-1}^{-1}r)\|_2 \leqslant \sqrt{C_A} / \|A_\ell\|_2,$

(10.7.4b) $\|A_\ell S_\ell^\nu A_\ell^{-1/2}\|_2 \leqslant \sqrt{\eta(2\nu)}\|A_\ell\|_2,$

die (6.34) und (6.36) für die Energienorm $\|\cdot\|_{U_\ell} = \|\cdot\|_{A_\ell}$ und die Euklidische Norm $\|\cdot\|_{F_\ell} = \|\cdot\|_2$ entsprechen. Unter der Voraussetzung (1d) ist (4a) mit der Approximationseigenschaft (6.11) äquivalent. (4b) gilt im Falle der Richardson-Iteration (6.1a,b) wegen

$$\|A_\ell S_\ell^\nu A_\ell^{-1/2}\|_2^2 = \|A_\ell^{1/2} S_\ell^\nu\|_2^2 = \|A_\ell S_\ell^{2\nu}\|_2 \leqslant \eta_0(2\nu)\|A_\ell\|_2$$

mit $\eta(2\nu) = \eta_0(2\nu)$ (η_0 aus (6.2b)). (4a,b) ergeben zusammen die Aussage

(10.7.4c) $\|M_\ell^{ZGM}(\nu,0)\|_{A_\ell} = \|A_\ell^{1/2}M_\ell^{ZGM}(\nu,0)A_\ell^{-1/2}\|_2 \leqslant \sqrt{\eta(2\nu)\,C_A}.$

Mit (3d) beweist man schließlich den Konvergenzsatz

Satz 10.7.3. Es gelte (1a,b,d). Aus den Glättungs- und die Approximationseigenschaften (4a,b) folgt

(10.7.5) $\|M_\ell^{ZGM}(\nu_1,\nu_2)\|_{A_\ell} \leqslant C_A\sqrt{\eta(2\nu_1)\eta(2\nu_2)},\quad \|M_\ell^{ZGM}(\tfrac{\nu}{2},\tfrac{\nu}{2})\|_{A_\ell} \leqslant C_A\,\eta(\nu).$

Wie in den Sätzen 6.18-19 erhält man Zweigitterkonvergenz.

Von der Zweigitterkonvergenz schließt man wie in §10.6.5 auf die Mehrgitterkonvergenz. Allerdings sei ausdrücklich betont, daß die Beweistechnik aus §10.6.5 $\gamma \geqslant 2$ verlangt und somit den V-Zyklus ($\gamma = 1$) ausschließt.

10.7.3 Glättungseigenschaft im symmetrischen Fall

Die Bedingung (1b): $\hat{\mathcal{P}}_\ell = \mathcal{P}_\ell{}^*$ ist insbesondere dann erfüllt, wenn $\hat{\mathcal{P}}_\ell = \mathcal{P}_\ell$ eine *symmetrische* Glättungsiteration ist. Für symmetrische Iterationen ist der Nachweis der Glättungseigenschaft besonders einfach.

Lemma 10.7.4. Für die Iterationsmatrix $S_\ell = I - W_\ell^{-1}A_\ell$ der symmetrischen Iteration $\mathcal{P}_\ell$ gelte $\gamma W_\ell \leqslant A_\ell \leqslant \Gamma W_\ell$ für alle $\ell \geqslant 0$ mit $0 \leqslant \gamma \leqslant \Gamma < 2$. Dann gilt

(10.7.6a) $\|A_\ell S_\ell^\nu\|_2 \leqslant \|W_\ell\|_2 \max\{\eta_0(\nu), \Gamma|1-\Gamma|^\nu\}.$

(6a) impliziert die Glättungseigenschaft (6.4a-c) mit $\bar{\nu}(h) = \infty$, falls

(10.7.6b) $\|W_\ell\|_2 \leqslant C_W\|A_\ell\|_2$ für alle $\ell \geqslant 0.$

Beweis. Man setze $Y := W_\ell^{-1/2} R_\ell W_\ell^{-1/2}$ mit R_ℓ aus $A_\ell = W_\ell - R_\ell$. Es gilt

$$\| A_\ell S_\ell^\nu \|_2 = \| W_\ell^{1/2}(I-Y)Y^\nu W_\ell^{1/2} \|_2 \leq \| W_\ell^{1/2} \|_2^2 \|(I-Y)Y^\nu\|_2.$$

Der erste Faktor ist $\| W_\ell \|_2$, der zweite kann wegen $(1-\Gamma)I \leq Y \leq (1-\gamma)I$ ähnlich wie in Lemma 6.1 durch $\max\{\eta_0(\nu), \Gamma|1-\Gamma|^\nu\}$ abgeschätzt werden. ▨

Die folgende Variante der Abschätzung stammt von Wittum [5]. Die Aussage ist hilfreich, falls man gute Schranken für $\| R_\ell \|_2$ kennt.

Lemma 10.7.5. Zusätzlich zu den Voraussetzungen von Lemma 4 sei $\nu \geq 2$ angenommen. Dann gilt mit $R_\ell := W_\ell - A_\ell$ die Ungleichung

$$(10.7.6c) \qquad \| A_\ell S_\ell^\nu \|_2 \leq \| S_\ell \|_2 \| R_\ell \|_2 \max\{\eta_0(\nu-2), \Gamma|1-\Gamma|^{\nu-2}\}.$$

Beweis. Man schätze $\| A_\ell S_\ell^\nu \|_2$ durch $\| W_\ell^{1/2} Y \|_2^2 \|(I-Y)Y^{\nu-2}\|_2$ ab und verwende $\| W_\ell^{1/2} Y \|_2^2 = \| W_\ell^{-1/2} R_\ell W_\ell^{-1/2} \|_2 = \rho(W_\ell^{-1/2} R_\ell^2 W_\ell^{-1/2}) = \rho(W_\ell^{-1} R_\ell^2) \leq \| W_\ell^{-1} R_\ell \|_2 \| R_\ell \|_2 = \| S_\ell \|_2 \| R_\ell \|_2.$ ▨

Übungsaufgabe 10.7.6. Unter gleichen Voraussetzungen wie in Lemma 4 zeige man für die modifizierte Bedingung (4b):

$$(10.7.6d) \qquad \| A_\ell S_\ell^\nu A_\ell^{-1/2} \|_2 \leq \sqrt{\| W_\ell \|_2 \max\{\eta_0(2\nu), \Gamma(1-\Gamma)^{2\nu}\}}.$$

Die Bedingung $\Gamma < 2$ in $\gamma W_\ell \leq A_\ell \leq \Gamma W_\ell$ deckt sich mit der Konvergenzbedingung (4.8.3a). Dagegen reicht hier $\gamma = 0$, während die Konvergenzrate $\rho(S_\ell)$ um so schlechter wird, je kleiner γ ausfällt. Da die Dämpfung der Ersetzung von W_ℓ durch $\vartheta^{-1} W_\ell$ entspricht, erhält man die

Bemerkung 10.7.7. Jede symmetrische Iteration erfüllt nach einer eventuellen Dämpfung die Voraussetzung $\gamma W_\ell \leq A_\ell \leq \Gamma W_\ell$ mit $0 \leq \gamma \leq \Gamma < 2$.

10.7.4 Verschärfte Zweigitterkonvergenzaussagen

Zur Vereinfachung der folgenden Überlegungen wird für die Glättung $\mathscr{S}_\ell$ die Ungleichung $\gamma W_\ell \leq A_\ell \leq \Gamma W_\ell$ mit $0 \leq \gamma \leq \Gamma \leq 1$ angenommen. Wie in Bemerkung 7 kann diese Annahme stets durch geeignete Dämpfung erreicht werden. Die nachfolgenden Aussagen gelten aber in etwas modifizierter Form auch für $0 \leq \gamma \leq \Gamma < 2$. Unsere Voraussetzung ist somit

$$(10.7.7) \qquad \hat{\mathscr{S}}_\ell = \mathscr{S}_\ell, \qquad \hat{S}_\ell = S_\ell = I - W_\ell^{-1} A_\ell, \qquad 0 < A_\ell \leq W_\ell.$$

Die Approximationseigenschaft fordern wir in der Form (6.34) mit $\| \cdot \|_{U_\ell} := \| \cdot \|_{W_\ell}$, $\| \cdot \|_{F_\ell} := \| \cdot \|_{W_\ell^{-1}}$ (vgl. untere Bemerkung 13):

$$(10.7.8a) \qquad \| W_\ell^{1/2}(A_\ell^{-1} - p A_{\ell-1}^{-1} r)W_\ell^{1/2} \|_2 \leq C_A \quad \text{für alle } \ell \geq 1.$$

Lemma 10.7.8. Es gelte (1a,d). Die Approximationseigenschaft (8a) ist äquivalent zur Ungleichung

$$(10.7.8b) \qquad 0 \leq A_\ell^{-1} - p A_{\ell-1}^{-1} r \leq C_A W_\ell^{-1} \qquad \text{für alle } \ell \geq 1.$$

Beweis. (2.10.3f) liefert $-C_A I \leqslant W_\ell^{1/2} (A_\ell^{-1} - p A_{\ell-1}^{-1} r) W_\ell^{1/2} \leqslant C_A I$. Multiplikation mit $W_\ell^{-1/2}$ von beiden Seiten ergibt die Schranken $\pm C_A W_\ell^{-1}$ für $A_\ell^{-1} - p A_{\ell-1}^{-1} r$. Daß die untere Schranke $-C_A I$ durch 0 ersetzt werden kann, zeigt eine Folgerung aus dem nachfolgenden Lemma 9. ∎

Auf den Nachweis der modifizierten Approximationseigenschaft (8a) werden wir in Bemerkung 13 zurückkommen. Zunächst transformieren wir alle Größen in eine für die Symmetrie besser geeignete Form:

$$(10.7.9\text{a}) \qquad \breve{p} := A_\ell^{1/2} p A_{\ell-1}^{-1/2}, \quad \breve{r} := \breve{p}^* = A_{\ell-1}^{-1/2} r A_\ell^{1/2}, \quad Q_\ell := I - \breve{p}\breve{r},$$

$$(10.7.9\text{b}) \qquad X_\ell := A_\ell^{1/2} W_\ell^{-1} A_\ell^{1/2}, \quad \breve{S}_\ell := A_\ell^{1/2} S_\ell A_\ell^{-1/2} = I - X_\ell.$$

Da sich (1d) als $\breve{r}\,\breve{p} = I$ umschreiben läßt, folgt das

Lemma 10.7.9. Unter der Voraussetzung (1a,d) ist $Q_\ell = I - \breve{p}\,\breve{r}$ eine *orthogonale Projektion*: $Q_\ell^2 = Q_\ell = Q_\ell^H$. Wie für jede orthogonale Projektion gilt

$$(10.7.10\text{a}) \qquad 0 \leqslant Q_\ell \leqslant I \qquad\qquad \text{für alle } \ell \geqslant 1.$$

Aus $Q_\ell \geqslant 0$ folgt auch $0 \leqslant A_\ell^{-1/2} Q_\ell A_\ell^{-1/2} = A_\ell^{-1} - p A_{\ell-1}^{-1} r$, so daß der Nachweis der ersten Ungleichheit in (8b) abgeschlossen ist. Multiplikation von (8b) mit $A_\ell^{1/2}$ von beiden Seiten liefert das

Lemma 10.7.10. Es gelte (1a,d). Die Aussagen (8a) bzw. (8b) sind äquivalent zu

$$(10.7.10\text{b}) \qquad 0 \leqslant Q_\ell \leqslant C_A X_\ell \qquad\qquad \text{für alle } \ell \geqslant 1.$$

Die *transformierte Zweigitteriterationsmatrix* ist gemäß (2.4):

$$(10.7.11) \qquad \breve{M}_\ell(\nu_1,\nu_2) := A_\ell^{1/2} M_\ell^{\mathbf{ZGM}}(\nu_1,\nu_2) A_\ell^{-1/2} = \breve{S}_\ell^{\nu_2} Q_\ell \breve{S}_\ell^{\nu_1}.$$

Anders als in den Sätzen 6.18–19 kann nun die Konvergenz für *alle* $\nu > 0$ bewiesen werden.

> **Satz 10.7.11.** Es gelte (1a–d), (7) und die Approximationseigenschaft (8a). Dann konvergiert die Zweigitteriteration monoton in der Energienorm $\|\cdot\|_{A_\ell}$:
>
> $$(10.7.12) \qquad \varrho\left(M_\ell^{\mathbf{ZGM}}(\tfrac{\nu}{2},\tfrac{\nu}{2})\right) = \|M_\ell^{\mathbf{ZGM}}(\tfrac{\nu}{2},\tfrac{\nu}{2})\|_{A_\ell} =$$
>
> $$= \|\breve{M}_\ell(\tfrac{\nu}{2},\tfrac{\nu}{2})\|_2 \leqslant \begin{cases} C_A \eta_0(\nu) & \text{falls } C_A \leqslant 1+\nu \\ (1 - 1/C_A)^\nu & \text{falls } C_A > 1+\nu \end{cases} < 1.$$

Beweis. Zu zeigen bleibt die Ungleichheit «$\leqslant$» in (12). Die aus (10a,b) folgende Ungleichung (13a) wird in (11) eingesetzt und liefert (13b):

$$(10.7.13\text{a}) \qquad 0 \leqslant Q_\ell \leqslant \alpha C_A X_\ell + (1-\alpha) I \qquad\qquad \text{für alle } 0 \leqslant \alpha \leqslant 1,$$

(10.7.13b) $\quad 0 \leqslant \check{M}_\ell \leqslant \check{S}_\ell^{\nu/2} [\alpha C_A X_\ell + (1-\alpha)I] \check{S}_\ell^{\nu/2}$ für alle $0 \leqslant \alpha \leqslant 1$.

Da $\check{S}_\ell = I - X_\ell$, ist die rechte Seite von (13b) das Polynom $f(X_\ell;\alpha)$, wobei

(10.7.13c) $\quad f(\xi;\alpha) := (1-\xi)^\nu (1-\alpha+\alpha C_A \xi)$.

Aus $0 \leqslant X_\ell \leqslant I$ (vgl. (7)) folgt für *alle* $0 \leqslant \alpha \leqslant 1$ die Abschätzung

(10.7.13d) $\quad \|\check{M}_\ell\|_2 \leqslant \|f(X_\ell;\alpha)\|_2 \leqslant m(\alpha) := \max\{f(\xi;\alpha): 0 \leqslant \xi \leqslant 1\}$.

Speziell für $\alpha=1$ erhält man die Schranke $C_A \eta_0(\nu)$. Für $1+\nu < C_A$ liegt $\alpha^* := \nu/(C_A-1)$ in $[0,1]$ und liefert die bessere Schranke $m(\alpha^*) = (1-1/C_A)^\nu$. ▨

Übungsaufgabe 10.7.12. Man beweise Lemmata 8, 10 und Satz 11 unter der Voraussetzung $rA_\ell p \leqslant A_{\ell-1}$ anstelle von (1d).

Es bleibt die Approximationseigenschaft (8a) zu diskutieren.

Bemerkung 10.7.13. Die Approximationseigenschaft sei in der ursprünglichen Form (6.11) vorausgesetzt: $\|A_\ell^{-1} - pA_{\ell-1}^{-1}r\|_2 \leqslant C_A' / \|A_\ell\|_2$. Ferner gelte (6b): $\|W_\ell\|_2 \leqslant C_W \|A_\ell\|_2$. Dann ist (8a) mit $C_A := C_A' C_W$ erfüllt.

Übungsaufgabe 10.7.14. Man beweise: Unter den Voraussetzungen (1a,b,d), (7) und $\nu = \nu_1 + \nu_2 > 0$ konvergiert die Zweigitteriteration $\Phi_\ell^{ZGM}(\nu_1,\nu_2)$ monoton in der Energienorm $\|\cdot\|_{A_\ell}$. Wie lautet die h_ℓ-unabhängige Kontraktionszahl? *Hinweis:* Man verwende (3d) zunächst, um $\|\check{M}_\ell(\frac{\nu}{2},0)\|_2$ abzuschätzen, und wende (3d) dann auf $\|\check{M}_\ell(\nu_1,\nu_2)\|_2$ an.

Auch zum Beweis von Satz 11 wurde indirekt die Glättungseigenschaft ausgenutzt, die hier allerdings mit dem Polynom (13c) für beliebige $0 \leqslant \alpha \leqslant 1$ formuliert ist.

10.7.5 V-Zykluskonvergenz

Die Argumentation von §10.7.4 übertragen wir nun auf das Mehrgitterverfahren. Da der Satz 6.25 den V-Zyklus ($\gamma=1$) ausschließt, konzentrieren wir uns auf diesen Fall.

Satz 10.7.15. Unter den gleichen Voraussetzungen (1a-d), (7), (8a) wie in Satz 11 konvergiert der V-Zyklus ($\gamma=1$) monoton in der Energienorm $\|\cdot\|_{A_\ell}$ mit der Rate

(10.7.14) $\quad \rho(M_\ell^V(\frac{\nu}{2},\frac{\nu}{2})) = \|M_\ell^V(\frac{\nu}{2},\frac{\nu}{2})\|_{A_\ell} \leqslant \dfrac{C_A}{C_A+\nu} < 1$.

Beweis. Für $\gamma=1$ sei M_ℓ^{MGM} mit M_ℓ^V bezeichnet. Die Rekursionsgleichung (4.13a,b) wird für $\gamma=1$ zu

$$M_0^V(\nu_1,\nu_2) = 0, \quad M_\ell^V(\nu_1,\nu_2) = M_\ell^{ZGM}(\nu_1,\nu_2) + S_\ell^{\nu_2} p M_{\ell-1}^V(\nu_1,\nu_2) A_{\ell-1}^{-1} rA_\ell S_\ell^{\nu_1}.$$

Transformation auf die symmetrische Gestalt ergibt

$$\check{M}_\ell^V := A_\ell^{1/2} M_\ell^V(\nu_1,\nu_2) A_\ell^{-1/2} = \check{M}_\ell^{ZGM}(\nu_1,\nu_2) + \check{S}_\ell^{\nu_2}\, \check{p}\, \check{M}_{\ell-1}^V\, \check{r}\, \check{S}_\ell^{\nu_1} = \tag{11}$$

$$(10.7.15)\qquad = \check{S}_\ell^{\nu_2}\{ I - \check{p}[I - \check{M}_{\ell-1}^V]\, \check{r}\}\check{S}_\ell^{\nu_1}\quad \text{für } \ell \geqslant 1, \quad \check{M}_0^V = 0.$$

Im folgenden sei $\check{M}_\ell^V = \check{M}_\ell^V(\tfrac{\nu}{2},\tfrac{\nu}{2})$ gewählt, d.h. $\nu_1 = \nu_2 = \tfrac{\nu}{2}$. Die Eigenschaft

$$(10.7.16a)\qquad \check{M}_\ell^V \geqslant 0$$

folgt mit (15) induktiv aus $\check{M}_0^V = 0$ und $I - \check{p}[I - \check{M}_{\ell-1}^V]\,\check{r} \geqslant I - \check{p}\,\check{r} = Q_\ell \geqslant 0$. Die Aussagen (16b) und (16c) sind daher äquivalent:

$$(10.7.16b)\qquad \|M_\ell^V(\tfrac{\nu}{2},\tfrac{\nu}{2})\|_{A_\ell} = \|\check{M}_\ell^V(\tfrac{\nu}{2},\tfrac{\nu}{2})\|_2 \leqslant \zeta_\ell,$$

$$(10.7.16c)\qquad 0 \leqslant \check{M}_\ell^V \leqslant \zeta_\ell I.$$

Die Induktionsannahme sei $0 \leqslant \check{M}_{\ell-1}^V \leqslant \zeta_{\ell-1} I$ mit $\zeta_{\ell-1} := \dfrac{C_A}{C_A + \nu}$. Einsetzen in (15) liefert

$$0 \leqslant \check{M}_\ell^V \leqslant \check{S}_\ell^{\nu/2}\{ I - (1-\zeta_{\ell-1})\check{p}\,\check{r}\}\check{S}_\ell^{\nu/2} = \check{S}_\ell^{\nu/2}\{(1-\zeta_{\ell-1})Q_\ell + \zeta_{\ell-1}I\}\check{S}_\ell^{\nu/2} \leqslant \tag{13a}$$

$$\leqslant \check{S}_\ell^{\nu/2}\{(1-\zeta_{\ell-1})[\alpha C_A X_\ell + (1-\alpha)I] + \zeta_{\ell-1}I\}\check{S}_\ell^{\nu/2}\quad \text{für alle } 0 \leqslant \alpha \leqslant 1.$$

$\beta := (1-\zeta_{\ell-1})(1-\alpha) + \zeta_{\ell-1}$ variiert für $\alpha \in [0,1]$ in $[\zeta_{\ell-1},1]$. Substitution von α durch β liefert

$$0 \leqslant \check{M}_\ell^V \leqslant \check{S}_\ell^{\nu/2}\{(1-\beta)C_A X_\ell + \beta I\}\check{S}_\ell^{\nu/2}\quad \text{für alle } \zeta_{\ell-1} \leqslant \beta \leqslant 1.$$

Die rechte Seite ist das Polynom $f(\xi;\beta) := (1-\xi)^\nu[\beta + (1-\beta)C_A\xi]$ für $\xi = X_\ell$ und kann durch $\|f(X_\ell;\beta)\|_2 \leqslant m(\beta) := \max\{|f(\xi;\beta)|: 0 \leqslant \xi \leqslant 1\}$ abgeschätzt werden (vgl. (13c,d)). Für $\beta = \zeta_{\ell-1} = C_A/(C_A+\nu)$ findet man $m(\beta) = f(0;\beta) = \beta = C_A/(C_A+\nu)$, so daß (16c) ebenfalls mit $\zeta_\ell = C_A/(C_A+\nu)$ gilt. ∎

Übungsaufgabe 10.7.16 (a) Unter gleichen Voraussetzungen zeige man

$$(10.7.17)\qquad \check{M}_\ell^V(0,\nu_2)\,\check{M}_\ell^V(\nu_1,0) = \check{M}_\ell^V(\nu_1,\nu_2)$$

und diskutiere die Konvergenz für $\nu = \nu_1 + \nu_2 > 0$.
(b) Man beweise die Aussage von Satz 15 unter der Bedingung $r A_\ell p \leqslant A_{\ell-1}$ anstelle von (1d).

Die Voraussetzung $A_\ell \leqslant W_\ell$ in (7) läßt sich zu $A_\ell \leqslant \sqrt{2}\,W_\ell$ verallgemeinern (vgl. Wittum [4, Proposition 4.2.4]).

Selbstverständlich läßt sich monotone, h_ℓ–unabhängige Konvergenz auch für den W-Zyklus (allgemein $\gamma \geqslant 2$) zeigen. Man findet hierfür z.B. unter der Annahme $C_A \geqslant 1$ die Abschätzung

$$(10.7.18)\qquad \|M_\ell^W(\tfrac{\nu}{2},\tfrac{\nu}{2})\|_{A_\ell} \leqslant \sqrt{C_A}/(\sqrt{C_A}+\nu).$$

Bei schwächerer Regularität (vgl. §10.6.6) ist für den W-Zyklus ($\gamma = 2$) noch $\|M_\ell^W(\tfrac{\nu}{2},\tfrac{\nu}{2})\|_{A_\ell} = O(\nu^{\sigma-1}) < 1$ für alle $\nu > 0$ zu zeigen.

10.7.6 Mehrgitterkonvergenz für alle $\nu > 0$

Die Analyse des §10.6 ergab Mehrgitterkonvergenz für hinreichend große $\nu \geqslant \underline{\nu}$. Im symmetrischen Fall ergibt §10.7.5 Konvergenz für alle $\nu > 0$ und beliebig grobe h_0. Für den allgemeinen Fall kann man die Konvergenz für alle $\nu = \nu_1 + \nu_2 > 0$ retten, allerdings muß h_0 hinreichend klein sein: $h_0 \leqslant \bar{h}$. Die Beweistechnik ist die gleiche wie für Satz 6.7.

Satz 10.7.17. Die Matrizen A_ℓ $(\ell \geqslant 0)$ seien zerlegt in $A_\ell = A_\ell' + A_\ell''$, $A_\ell' > 0$, S_ℓ und S_ℓ' seien die Iterationsmatrizen der entsprechenden Glättungsiterationen $\mathscr{S}_\ell$ und $\mathscr{S}_\ell'$. Für A_ℓ'' und $S_\ell'' := S_\ell - S_\ell'$ gelte

(10.7.19a) $\|A_\ell'^{-1/2} A_\ell'' A_\ell'^{-1/2}\|_2 \leqslant C_1 h_\ell^\varkappa$, $\|A_\ell'^{1/2} S_\ell'' A_\ell'^{-1/2}\|_2 \leqslant C_2 h_\ell^\varkappa$

mit $\varkappa > 0$. Durch 1 beschränkt seien

(10.7.19b) $\|A_\ell'^{1/2} S_\ell' A_\ell'^{-1/2}\|_2$, $\|A_\ell'^{1/2} p\, A_{\ell-1}'^{-1/2}\|_2$, $\|A_{\ell-1}'^{-1/2} r\, A_\ell'^{1/2}\|_2 \leqslant 1$

für alle $\ell \geqslant 1$. Das Zwei- oder Mehrgitterverfahren für A_ℓ' (und mit fest gewählten Parametern γ, ν_1, ν_2) konvergiere monoton in der Energienorm $\|\cdot\|_{A_\ell'}$ mit der Kontraktionszahl ζ'. Ferner gelte $\sup\{h_\ell/h_{\ell-1}:\ \ell \geqslant 1\} < 1$ (vgl. (4.7)). Sei $\varepsilon \in (0, 1 - \zeta')$. Dann konvergiert auch das Zwei- bzw. Mehrgitterverfahren für A_ℓ monoton in der Energienorm $\|\cdot\|_{A_\ell'}$ mit der Kontraktionszahl $\zeta = \zeta' + \varepsilon$, falls $h_0 \leqslant \bar{h}$ mit hinreichend kleinem $\bar{h}$ gilt.

Beweis. Sei zunächst der Zweigitterfall behandelt. Die transformierte Iterationsmatrix $A_\ell'^{1/2} M_\ell' A_\ell'^{-1/2}$ (der Iteration für A_ℓ') ist das Produkt

$$[A_\ell'^{1/2} S_\ell' A_\ell'^{-1/2}]^{\nu_2} \times [A_\ell'^{1/2}(A_\ell'^{-1} - p\, A_{\ell-1}'^{-1}\, r)A_\ell'^{1/2}] \times$$
$$\times\, [A_\ell'^{-1/2} A_\ell' A_\ell'^{-1/2}] \times [A_\ell'^{1/2} S_\ell' A_\ell'^{-1/2}]^{\nu_1}.$$

Störung von S_ℓ' und A_ℓ' im ersten, dritten und vierten Faktor um S_ℓ'' bzw. A_ℓ'' vergrößert die Spektralnorm dank (19a) nur um $O(h_\ell^\varkappa)$. Für den zweiten Faktor gilt gleiches, da

$$[A_\ell'^{1/2}(A_\ell^{-1} - p\, A_{\ell-1}^{-1}\, r)A_\ell'^{1/2}] - [A_\ell'^{1/2}(A_\ell'^{-1} - p\, A_{\ell-1}'^{-1}\, r)A_\ell'^{1/2}] =$$
$$= A_\ell'^{-1/2} A_\ell'' A_\ell^{-1} A_\ell'^{1/2} + A_\ell'^{1/2} p\, A_{\ell-1}^{-1} A_{\ell-1}'' A_{\ell-1}^{-1}\, r\, A_\ell'^{1/2}.$$

Sei M_ℓ die Zweigitteriterationsmatrix für A_ℓ. Aus $\big|\,\|M_\ell\|_{A_\ell'} - \|M_\ell'\|_{A_\ell'}\,\big| \leqslant$ $\leqslant C h_\ell^\varkappa \leqslant C \bar{h}^\varkappa$ folgt die Behauptung für die Wahl $\bar{h} := (\varepsilon/C)^{1/\varkappa}$. Im Mehrgitterfall erhält man die rekursive Abschätzung

$$\big|\,\|M_\ell\|_{A_\ell'} - \|M_\ell'\|_{A_\ell'}\,\big| \leqslant C_0 h_\ell^\varkappa + \big|\,\|M_\ell\|_{A_{\ell-1}'} - \|M_\ell'\|_{A_{\ell-1}'}\,\big|,$$

die wegen $h_\ell/h_{\ell-1} \leqslant C_h < 1$ auf $\big|\,\|M_\ell\|_{A_\ell'} - \|M_\ell'\|_{A_\ell'}\,\big| \leqslant C h_0^\varkappa \leqslant C \bar{h}^\varkappa \leqslant \varepsilon$ führt. ∎

Bemerkung 10.7.18. Die Voraussetzungen (19b) sind erfüllt, falls $S_\ell' = I - W_\ell'^{-1} A_\ell'$ mit $2 W_\ell' \geqslant A_\ell'$ (vgl. (7)) und falls $r = p^*$ und $r A_\ell' p \leqslant A_{\ell-1}'$ (vgl. Übungsaufgabe 12 und 16b). Hinreichend für $r A_\ell' p \leqslant A_{\ell-1}'$ ist (1d).

Die Aussage des Satzes 17 ist noch nicht gleichmäßig in $\nu=\nu_1+\nu_2$. Insbesondere könnte $\bar{h}$ von ν abhängen. Ein von ν unabhängiges $\bar{h}$ erhält man folgendermaßen: Satz 6.25 (gemäß §10.7.2 für die Energienorm $\|\cdot\|_{A_\ell}$ modifiziert) liefert Konvergenz für $\nu \geqslant \underline{\nu}$, sobald $h_0 \leqslant \bar{h}_0$. Für die endlich vielen $\nu=1,\dots,\underline{\nu}-1$ folgert man aus Satz 17 Konvergenz für $h_0 \leqslant \bar{h}_\nu$ mit geeignetem $\bar{h}_\nu$. Für $h_0 \leqslant \bar{h} := \min\{\bar{h}_\nu: 0\leqslant\nu\leqslant\underline{\nu}-1\}$ erhält man Konvergenz für alle $\nu>0$.

Verwandte Resultate findet man bei Mandel [1] und Bramble-Pasciak-Xu [1].

10.8 Kombination von Mehrgittermethoden mit semiiterativen Verfahren

10.8.1 Semiiterative Glätter

Bisher wurde als Glättungsschritt (2.4b,f) nur die ν-fache Anwendung einer Glättungsiteration $\mathscr{S}_\ell$ betrachtet. Eine Alternative ist die semiiterative Glättung, bei der S_ℓ^ν durch ein Polynom $P_\nu(S_\ell)$ vom Grad ν mit $P_\nu(1)=1$ ersetzt wird. Allerdings sollte man nicht die Polynome wählen, die in §7 als optimal beschrieben wurden, da jene den Ausdruck $\|P_\nu(S_\ell)\|_2$ (genauer: $\max\{|P_\nu(\xi)|: a\leqslant\xi\leqslant b<1\}$) minimieren. Wenn wir $\mathscr{S}_\ell$ zur Glättung verwenden, wollen wir den Fehler nicht in erster Linie klein machen, sondern glatt. In Hinblick auf die Glättungseigenschaft (6.4a) empfiehlt es sich, den Ausdruck (1a,b) zu minimieren:

(10.8.1a)   minimiere $\|A_\ell P_\nu(S_\ell)\|_2$ über alle Polynome mit

(10.8.1b) $\operatorname{grad} P_\nu \leqslant \nu$, $P_\nu(1)=1$.

Für das semiiterative Richardson-Verfahren $(S_\ell = I-A_\ell/\|A_\ell\|_2,\ A_\ell>0)$ mit $\sigma(A_\ell)\subset\sigma_M := [0,\|A_\ell\|_2]$ ergibt sich das Ersatzproblem

(10.8.2)   minimiere $\max\{|\xi\,P_\nu(1-\xi/\|A_\ell\|_2)|: 0\leqslant\xi\leqslant\|A_\ell\|_2\}$ mit (1b)

(in Analogie zu (7.3.9)). Die Lösung lautet wie folgt.

Satz 10.8.1. Sei $A_\ell>0$. Die Minimierungsaufgabe (2) wird vom Polynom P_ν gelöst, das sich aus dem Čebyšëv-Polynom $T_{\nu+1}$ (vgl. Lemma 7.3.3) berechnen läßt:

(10.8.3a) $\tau\,P_\nu(1-\tau) = \eta(\nu)\,T_{\nu+1}\!\left(\tau-(1-\tau)\cos\dfrac{\pi}{2\nu+2}\right)$

mit $\eta(\nu)$ aus (3d). P_ν hat die Produktdarstellung $P_\nu(1-\tau)=\prod\limits_{\mu=1}^{\nu}(1-\omega_\mu\tau)$ mit

(10.8.3b) $\omega_\mu = (1+\cos\dfrac{\pi}{2\nu+2})\ /\ (\cos\dfrac{\pi}{2\nu+2}-\cos\dfrac{(2\mu+1)\pi}{2\nu+2})$.

Der minimierte Ausdruck (2) wird zu

(10.8.3c) $\|A_\ell P_\nu(1-A_\ell/\|A_\ell\|_2)\|_2 \leqslant \eta(\nu)\|A_\ell\|_2$ mit

(10.8.3d) $\eta(\nu) = \dfrac{1}{\nu+1}\dfrac{\sin(\pi/(2\nu+2))}{1+\cos(\pi/(2\nu+2))} \leqslant \dfrac{2(\sqrt{2}-1)}{(\nu+1)^2}$ für alle $\nu\geqslant 1$.

Beweis. Man prüft nach, daß $P_\nu(1)=1$ und daß die rechte Seite in (3a) in $[0,1]$ «äquioszillierend» die Werte $\pm\eta(\nu)$ annimmt.   ■

Zu diesem Resultat sind die folgenden Punkte festzuhalten:

(i) Auch bei der Glättung erwirkt die semiiterative Methode eine *Ordnungsverbesserung*. Während der Glättungsfaktor $\eta(\nu)$ für das stationäre Richardson-Verfahren sich wie $O(1/(\nu+1))$ verhält, ist es im semiiterativen Falle von der Ordnung $O(1/(\nu+1)^2)$.

(ii) Die Anwendung der Čebyšëv-Methode verlangt die Kenntnis der Intervallgrenzen $\sigma_M=[a,b]$ für das Spektrum von S_ℓ. Dabei ist die Schätzung von $b=1-\lambda_\ell/\|A_\ell\|_2$ mit $\lambda_\ell=\lambda_{\min}(A_\ell)$ besonders entscheidend. Eine Überschätzung der oberen Schranke $\Lambda_\ell=\|A_\ell\|_2$ in $\lambda_\ell I \leqslant A_\ell \leqslant \Lambda_\ell I$ ist weniger sensibel (Beweis: $\Lambda_\ell/\lambda_\ell$ ist die wesentliche Größe). Dagegen wird das Spektrum von A_ℓ in Satz 1 in simpler Weise durch $0 \leqslant A_\ell \leqslant \Lambda_\ell I$, $\Lambda_\ell=\|A_\ell\|_2$ abgeschätzt, d.h. die untere Schranke λ_ℓ kann trivial gewählt werden: $\lambda_\ell:=0$. Eine Ersetzung von $0 \leqslant A_\ell$ durch $\lambda_\ell I \leqslant A_\ell$ mit $\lambda_\ell=\lambda_{\min}(A_\ell)$ brächte nur eine unmerkliche Verbesserung.

(iii) Die Ausführungen unter (ii) machen deutlich, daß die Kondition $\varkappa(W_\ell^{-1}A_\ell)$ keine wesentliche Kenngröße für die Eignung als Glättungsiteration ist.

(iv) Die Produktdarstellung $\Pi(1-\omega_\mu\tau)$ scheint die Warnung aus §7.3.4 vor Instabilitäten zu mißachten. Der Widerspruch löst sich dadurch, daß die Zahl ν der Glättungsschritte nach den Überlegungen aus §10.4.4 relativ klein bleiben sollte. Beschränkt man sich aber z.B. auf $\nu \leqslant 4$, gibt es keine Stabilitätsprobleme.

Für die allgemeine symmetrische Glättungsiteration mit $S_\ell=I-W_\ell^{-1}A_\ell$ erhält man analoge Resultate für die Minimierung des Ausdruckes $\|W_\ell^{-1/2}A_\ell P_\nu(S_\ell)W_\ell^{-1/2}\|_2$, der hinsichtlich der Wahl der Normen der Approximationseigenschaft (7.8a) entspricht. Der Glättungseigenschaft (7.4b) entsprechend ist auch die Minimierung von

$$\|W_\ell^{-1/2}A_\ell P_\nu(S_\ell)A_\ell^{1/2}\|_2 = \|Y^{1/2}P_\nu(I-Y)\|_2 \text{ mit } Y := A_\ell^{1/2}W_\ell^{-1}A_\ell^{1/2}$$

von Interesse. Das zugehörige optimale Polynom findet man in Hackbusch [14, Proposition 6.2.35]. Die Schranke $O(1/\sqrt{\nu})$ aus (7.4b) verbessert sich zu $1/(2\nu+1)$. Auch die ADI-Parameter (vgl. §7.5.3 und Hackbusch [14,§3.3.4 und Lemma 6.2.36]) sind anders zu wählen, wenn die Glättung optimiert werden soll.

Das Verfahren der *konjugierten Gradienten* ist nur bedingt brauchbar. Das Standard-cg-Verfahren minimiert $\|P_\nu(S_\ell)e_\ell\|_{A_\ell}=\|A_\ell^{1/2}P_\nu(S_\ell)e_\ell\|_2$, wenn e_ℓ der Fehler vor der Glättung und $P_\nu(\xi)$ das entstehende optimale Polynom sind (vgl. Bemerkung 9.4.8). Da aber eher das Residuum $\|A_\ell P_\nu(S_\ell)e_\ell\|_2$ zu minimieren ist, sind das Verfahren der konjugierten Residuen (vgl. §9.5) oder cg-Verfahren für die «quadrierte Gleichung» $A_\ell^H A_\ell x_\ell = A_\ell^H b_\ell$ geeigneter. Allerdings betreffen diese Bemerkungen nur den Einsatz von cg-ähnlichen Verfahren als Vorglättung. Für die Nachglättung erscheint das cg-Verfahren weniger sinnvoll. In jedem Fall resultiert eine unsymmetrische Mehrgitteriteration. Man vergleiche Bank-Douglas [1].

Die Glättungseigenschaft des cg-Verfahrens ist auch von Il'in [1] vermerkt worden.

10.8.2 Gedämpfte Grobgitterkorrekturen

Im Zusammenhang mit nichtlinearen Gleichungen liegt die Überlegung nahe, die Grobgitterkorrektur im Sinne des Gradientenverfahrens zu dämpfen, um so zu einer Abstiegsmethode zu gelangen (vgl. Hackbusch-Reusken [1]). Es stellt sich heraus, daß auch im linearen Fall deutliche Konvergenzverbesserungen möglich sind. Insbesondere die V-Zyklus-konvergenz kann verbessert werden (vgl. Reusken [1], Braess [3]). Der optimal gedämpfte Grobgitterkorrekturschritt lautet

$$(10.8.4) \quad x_\ell^{neu} := x_\ell - \lambda p_\ell \quad \text{mit} \quad \lambda := \frac{\langle d_\ell, p_\ell \rangle_\ell}{\langle p_\ell, A_\ell p_\ell \rangle_\ell}, \quad d_\ell := A_\ell x_\ell - b_\ell, \quad p_\ell := p\,\tilde{e}_{\ell-1},$$

wobei $\tilde{e}_{\ell-1}$ die Näherung der Grobgittergleichung $A_{\ell-1} e_{\ell-1} = d_{\ell-1} := r d_\ell$ ist.

Übungsaufgabe 10.8.2. Man zeige: (a) Für das Zweigitterverfahren ist $\lambda = 1$ optimal. (b) Falls $r = p^*$ und $A_{\ell-1} = r A_\ell p$, läßt sich λ aus (4) in der Form (5) darstellen:

$$(10.8.5) \quad \lambda = \langle d_{\ell-1}, \tilde{e}_{\ell-1} \rangle_{\ell-1} \ / \ \langle A_{\ell-1} \tilde{e}_{\ell-1}, \tilde{e}_{\ell-1} \rangle_{\ell-1}.$$

Es ist auch denkbar, das Mehrgitterverfahren insgesamt zu dämpfen. Die im symmetrischen Falle geltende Ungleichung $\check{M}_\ell^{MGM} \geqslant 0$ (vgl. (7.16a)), die zu $\sigma(M_\ell^{MGM}) \subset [0, \rho(M_\ell^{MGM})]$ führt, zeigt an, daß eine Dämpfung (Extrapolation) mit $\Theta := 2/(2 - \rho(M_\ell^{MGM})) \approx 1 + \frac{1}{2}\rho(M_\ell^{MGM})$ zu einer in etwa halbierten Konvergenzrate $\rho(M_\ell^{MGM})/(2 - \rho(M_\ell^{MGM}))$ führt (vgl. Übungsaufgabe 8.3.1).

10.8.3 Mehrgitteriteration als Basis des cg-Verfahrens

Wie in §10.7.1 gezeigt, kann das Mehrgitterverfahren für $A_\ell > 0$ als symmetrische Iteration gestaltet werden. Der Konvergenzaussage $\sigma(M_\ell^{MGM}) \subset [0, \rho_\ell]$ mit $\rho_\ell := \rho(M_\ell^{MGM})$ entspricht die Einschließung

$$(10.8.6) \quad \gamma W_\ell^{MGM} \leqslant A_\ell \leqslant W_\ell^{MGM} \qquad \text{mit} \quad \gamma := 1 - \rho_\ell$$

für die Matrix W_ℓ^{MGM} der dritten Normalform der Mehrgitteriteration (vgl. Bemerkung 4.8.3c). Anwendung der cg-Methode auf Φ_ℓ^{MGM} liefert bei m Iterationen eine Verbesserung um $2[(\sqrt{\varkappa} - 1)/(\sqrt{\varkappa} + 1)]^m$, wobei $\varkappa$ die Kondition $\varkappa = \Gamma/\gamma = 1/(1 - \rho_\ell)$ ist. Eine einfache Umformung liefert

$$2\left(\frac{\sqrt{\varkappa} - 1}{\sqrt{\varkappa} + 1}\right)^m = 2\rho_\ell^m/(1 + \sqrt{1 - \rho_\ell})^{2m} \approx 2\left(\frac{\rho_\ell}{4} + O(\rho_\ell^2)\right)^m.$$

Da ρ_ℓ als klein angenommen werden darf (vgl. §10.4.3), kann die Konvergenzrate ρ_ℓ des Mehrgitterverfahren durch das cg-Verfahren zu

$\rho_\ell / 4$ verbessert werden (vgl. Braess [4], Kettler [1]).

Der Einsatz der cg-Methode ist jedoch nur dann praktisch interessant, wenn die Mehrgitterkonvergenzrate relativ schlecht ist, z.B. $\geqslant 0.4$ ausfällt. Der Grund hierfür sind die Überlegungen aus §10.5.2: Bei guter Konvergenzrate benötigt man in der geschachtelten Iteration (5.2a) nur wenige Mehrgitterschritte pro Stufe. Für schnelle Mehrgitterverfahren erwies sich in §10.5.5 die Iterationszahl $m = 1$ als ausreichend. Für diesen Wert stimmen cg- und Gradientenverfahren noch überein. Erst bei $m \geqslant 2$ wird das cg-Verfahrens zunehmend interessant.

10.9 Anmerkungen

10.9.1 Mehrgitterverfahren zweiter Art

Die Diskretisierung von Fredholmschen Integralgleichungen zweiter Art führt auf Fixpunktgleichungen der Form $x_\ell = K_\ell x_\ell + b_\ell$, d.h.

$$(10.9.1) \qquad A_\ell x_\ell = b_\ell \qquad \text{mit} \qquad A_\ell = I - K_\ell \, .$$

Dabei charakterisiert K_ℓ nicht wie bei diskretisierten Differentialgleichungen einen Differenzenoperator, sondern eine Integration. Die _Picard-Iteration_ $x_\ell^{m+1} := K_\ell x_\ell^m + b_\ell$ (entspricht der Richardson-Iteration) hat damit wesentlich bessere Glättungseigenschaften. Dies führt dazu, daß das Mehrgitterverfahren ($\gamma = 2$) eine Konvergenzrate $\rho_\ell = O(h_\ell^\varkappa)$ mit positivem Exponenten $\varkappa$ hat. Damit wird – anders als bisher – die Konvergenz um so besser, je größer die Dimension des Problems ist. Da der absolute Wert von ρ_ℓ durchaus in der Größenordnung 10^{-3} bis 10^{-6} liegen kann, gelangt man an die Grenze zu direkten Lösern. Der Aufwand der Verfahren ist weiterhin proportional zu dem der Picard-Iteration.

Die Anwendung ist aber nicht auf diskrete Integralgleichungen beschränkt. Im Beispiel von §8.4.1 wird eine Gleichung $Ax = b$ mittels B präkonditioniert, wobei B ebenso wie A die Diskretisierung einer Differentialgleichung ist. Wenn beide Differentialgleichungen den gleichen Hauptteil haben (d.h. wenn die Terme höchster Differentiationsordnung übereinstimmen), erfüllt die Gleichung $A'x = b' := B^{-1}b$ mit $A' := B^{-1}A$ die oben genannte schnelle Mehrgitterkonvergenz. Die Anwendung der Mehrgitterverfahren zweiter Art auf $A'x = b'$ erfordert die Ausführbarkeit der Picard-Iteration $x^{m+1} = K x^m + b' = x^m - B^{-1}(Ax - b)$. Zum Beispiel könnte B die Fünfpunktformel des Poisson-Modellproblems sein, während A die Gleichung $-\Delta u + c_1 u_x + c_2 u_y + cu = f$ diskretisiert.

Eine genaue Beschreibung und Analyse der Mehrgitterverfahren zweiter Art sowie viele Anwendungsbeispiele findet man bei Hackbusch [14,§16], [16], [13], [5].

10.9.2 Zur Geschichte der Mehrgitterverfahren

Das erste Zweigitterverfahren beschrieb Brakhage [1] im Jahr 1960. Genauer ist es ein Zweigitterverfahren zweiter Art, da es die in §10.9.1

behandelten Aufgaben betrifft. Für das Poisson-Modellproblem beschrieb Fedorenko [1] 1961 ein Zwei- und 1964 ein Mehrgitterverfahren (Fedorenko [2]). 1966 bewies Bachvalov [1] für eine kompliziertere Situation die typischen Konvergenzeigenschaften. Weitere frühe Arbeiten stammen von Astrachancev [1] (1971), Hackbusch [1] (1976), Bank-Dupont (in einem Report von 1977, der später in die Arbeiten [1,2] aufgespalten wurde), Brandt [1] (1977), Nicolaides [1] (1977). Näheres hierzu und zu weiteren Arbeiten von Frederickson, Wesseling, Hemker und Braess findet man bei Hackbusch [14,§2.6.5].

Eine umfangreiche Literatursammlung zu Mehrgitterverfahren bis 1985 enthält Hackbusch [14] und der Sammelband McCormick [1]. Es sei auch auf die Konferenzberichte Hackbusch-Trottenberg [1,2,3], Braess-Hackbusch-Trottenberg [1], Hackbusch [17] und [18] verwiesen.

10.9.3 Robuste Methoden

Der Kürze halber wurde hier im wesentlichen nur die Richardson- und Schachbrett-Gauß-Seidel-Iteration als Glättung erwähnt. Bei der Anwendung auf komplizierte Aufgabenklassen stellt sich das Problem der Robustheit: Gelten die von der Poisson-Modellaufgabe vertrauten Konvergenzgüten gleichmäßig über einer Aufgabenklassen? Im einfachsten Falle ist die Gleichung $A(\varepsilon)x=b$ von einem Parameter $\varepsilon \in (0,\infty)$ abhängig. Wenn für ein Iterationsverfahren seine typische Konvergenzrate nicht nur in der Form $\rho(\varepsilon) \leqslant 1 - C(\varepsilon)h^{\tau}$, sondern gleichmäßig für $\varepsilon \in (0,\infty)$ gilt: $\rho(\varepsilon) \leqslant 1 - Ch^{\tau}$, heißt die Iteration *robust* bezüglich der Problemklasse. Für robuste Mehrgitterverfahren fordert man entsprechend $\rho(\varepsilon) \leqslant \zeta < 1$ (ζ h_{ℓ}- und ε-unabhängig; Hackbusch [14,§10]).

Gute Erfahrungen wurden in dieser Hinsicht mit den unvollständigen Dreieckszerlegungen gemacht, die von Wesseling [1,2] als Glätter eingeführt wurden (vgl. Kettler [1]). Dies gilt sowohl für cg-Verfahren angewandt auf die modifizierte ILU-Iteration ($\omega = -1$) wie auch den Einsatz von punkt- oder blockweisen ILU-Iterationen im Mehrgitterverfahren als Glätter (dort mit $\omega = 0$ oder noch besser: $\omega = 1$; vgl. Wittum [5], Kettler [1]).

Ein anderer Zugang ist die *Frequenzzerlegungsversion* von Hackbusch [11], [21], die nicht nur eine, sondern mehrere Grobgitterkorrekturen mit verschiedenen Grobgittergleichungen verwendet. Die dabei eingesetzten Prolongationen von den Grobgittern in das Feingitter sind so konstruiert, daß sie unterschiedliche Frequenzbereiche überdecken.

Die Konstruktion der Grobgittergleichung auf der Stufe $\ell-1$ verlangt im allgemeinen Informationen, die über die des zur Lösung anstehenden Problems $A_{\ell}x_{\ell}=b_{\ell}$ für $\ell=\ell_{\max}$ hinausgehen. Dies erschwert die Verwendung der Mehrgittermethode als «blackbox»-Löser. Es ist deshalb bemerkenswert, daß es Varianten - sogenannte *algebraische Mehrgitterverfahren* - gibt, bei denen die Grobgittermatrix $A_{\ell-1}$ allein aus den Koeffizienten von A_{ℓ} konstruiert wird (vgl. Stüben [1]).

10.9.4 Filternde Zerlegungen

Wesentliches Merkmal des Mehrgitterverfahren - neben der Verwendung der gröberen Gitter - ist die Produktgestalt $\Phi_\ell^{GGK} \circ \mathscr{S}_\ell^\nu$ mit den unterschiedlichen Frequenzbereichen, in denen die Grobgitterkorrektur und die Glättung wirken. Während man viele Verfahren als Glätter verwenden kann, bleibt die Frage, ob es eine Alternative zu Φ_ℓ^{GGK} gibt. Wünschenswert wäre ein Verfahren, das die groben Frequenzen herausfiltert, ohne die Hierarchie der Gitter zu benötigen. Ein solches Verfahren stammt von Wittum [6], [7] und beruht auf einer Folge von Einzelschritten Φ_ν, die jeweils geeignete Frequenzbänder reduzieren.

Zunächst sei die Beschreibung der *Block-ILU-Zerlegung* nachgeholt. A habe die Blocktridiagonalgestalt

$$(10.9.2a) \qquad A = A^H = \text{blocktridiag}\{L_i, D_i, L_i^H : i=1,\ldots,N-1\}$$

(vgl. (1.2.8), (2.5.4)), die sich für Fünf- oder Neunpunktformeln ergibt. Wie in (1.2.2) ist $N-1 = h^{-1}-1$ die Zahl der inneren Gitterpunkte pro Gitterzeile. Die *exakte* LU-Zerlegung lautet $A = LD^{-1}L^H$ mit

$$(10.9.2b) \qquad L = \text{blocktridiag}\{L_i, T_i, 0\}, \qquad D = \text{blockdiag}\{T_i\},$$

$$(10.9.2c) \qquad T_1 := D_1, \quad T_i := D_i - L_i T_{i-1}^{-1} L_i^H \qquad (2 \leqslant i \leqslant N-1).$$

Auch wenn die Blöcke D_i tridiagonal sind (vgl. (1.2.8)), ergeben sich für T_i vollbesetzte Matrizen. Die übliche Block-ILU-Zerlegung erhält man aus (2c), indem die vollbesetzte Inverse von T_{i-1} durch den tridiagonalen Anteil tridiag$\{T_{i-1}^{-1}\}$ ersetzt wird.

Ein anderer Ansatz geht auf Axelsson-Polman [1] zurück. Seien $t^{(1)}$, $t^{(2)}$ zwei «Testvektoren». Die Matrizen T_i werden definiert mittels

Lemma 10.9.1. $t^{(1)}, t^{(2)} \in \mathbb{R}^{N-1}$ mögen $\det((t_{i+j}^{(k)})_{j=1,2}^{k=0,1}) \neq 0$ für alle $1 \leqslant i \leqslant N-2$ erfüllen. $c^{(1)}, c^{(2)} \in \mathbb{R}^{N-1}$ seien beliebig. Dann genügt den Gleichungen $T t^{(k)} = c^{(k)}$ für $k=1,2$ genau eine symmetrische Tridiagonalmatrix T.

Damit werden durch

$$(10.9.3) \qquad T_1 := D_1, \ T_i t^{(k)} = (D_i - L_i T_{i-1}^{-1} L_i^H) t^{(k)} \qquad \text{für } k=1,2, \ 2 \leqslant i \leqslant N-1$$

eindeutig symmetrische Tridiagonalmatrizen T_i definiert, die in (2b) eingesetzt eine weitere unvollständige blockweise Dreieckszerlegung $A = LD^{-1}L^H - C$ liefern. Definition (3) bedeutet, daß T_i auf dem «Testunterraum» span$\{t^{(1)}, t^{(2)}\}$ exakt ist. Die zugehörige Iteration ist

$$(10.9.4) \qquad \Phi(x,b; t^{(1)}, t^{(2)}) := x - L^{-H} D L^{-1}(Ax-b) \text{ mit } L, D \text{ aus (2b),(3)}.$$

Von Wittum [6, 7] stammt die Idee, die Sinusfunktionen e^ν aus (3.4) mit verschiedenen Frequenzen ν als Testvektoren einzusetzen:

$$(10.9.5) \qquad \Phi_\nu := \Phi(\cdot,\cdot\,;e^\nu,e^{\nu+1}) \qquad\qquad \text{mit } \nu \in [\,1\,,N-2\,].$$

Mit einem Faktor $\alpha > 1$, der z.B. als $\alpha = 2$ gewählt werden kann, wird eine geometrische Folge von Frequenzen ausgewählt:

$$(10.9.6a) \qquad \nu_1 := 1, \qquad \nu_{i+1} := \max\{\,\nu_i + 2, [\alpha\nu_i]\,\} \quad \text{solange } \nu_{i+1} \leqslant N-2,$$

wobei $[\ldots]$ die Rundung auf eine ganze Zahl bedeutet. Sei k die Anzahl der in (6a) bestimmten Frequenzen. Offenbar gilt $k = O(\log N) = O(|\log h|) = O(\log n)$. Die Iteration der frequenzfilternden Zerlegungen wird durch das Produkt (6b) definiert:

$$(10.9.6b) \qquad \Phi_\alpha^{ffZ} := \Phi_{\nu_k} \circ \ldots \circ \Phi_{\nu_3} \circ \Phi_{\nu_2} \circ \Phi_{\nu_1} \qquad (\alpha > 1 \text{ mit } \nu_i \text{ aus (6a)}).$$

Der Aufwand einer Iteration Φ_α^{ffZ} beträgt $O(n\log n)$. Die numerischen Resultate (vgl. Wittum [6,7]) zeigen für diese Iteration eine sehr schnelle Konvergenz, die das Mehrgitterverfahren in ihrer Effektivität noch übertrifft.

Die Konvergenzanalyse ist für den Fall einer Neunpunktformel $A > 0$ mit konstanten Koeffizienten $D_i = D_{i+1}$, $L_i = L_{i+1} = L_i^H$ durchgeführt worden (vgl. Wittum [7]). Der Beweisschritt besteht zum einen im Nachweis, daß Φ_ν für jedes ν monoton in der Energienorm konvergiert. Charakteristisch ist jedoch eine sogenannte «Umgebungseigenschaft». Definitionsgemäß eliminiert Φ_ν Fehlerkomponenten in span$\{e^\nu, e^{\nu+1}\}$. Entscheidend ist, daß Φ_ν für alle Frequenzen $\nu \leqslant \mu \leqslant \alpha\nu$ eine gleichmäßige, h-unabhängige Kontraktionszahl besitzt, d.h. daß Φ_ν auch in der Umgebung der «Eichfrequenz» ν wirksam ist.

Die Idee der frequenzfilternden Zerlegungen läßt sich auch auf allgemeinere, z.B. unsymmetrische Probleme und sogar nichtlineare Aufgaben ausdehnen (vgl. Wittum [7]).

Tabelle 1 zeigt für das Poisson-Modellproblem die Iterationsfehler $\|e^m\|_2 = \|x^m - x\|_2$ der frequenzfilternden Zerlegungsmethode Φ_α^{ffZ} für $\alpha = 2$ (das entsprechende Pascal-Programm ist in [Prog] enthalten). Die sich ergebende Zahl k von Einzelschritten ist jeweils angegeben. Nach 2 bis 3 Schritten ist die Maschinengenauigkeit erreicht. Man erkennt, daß die Konvergenzgeschwindigkeit mit kleiner werdendem h nach oben beschränkt bleibt, also h-unabhängig ist.

m	$h=1/8,\ k=3$		$h=1/16,\ k=4$		$h=1/32,\ k=5$		$h=1/64,\ k=6$	
	$\|e^m\|_2$	$\rho_{m+1,m}$	$\|e^m\|_2$	$\rho_{m+1,m}$	$\|e^m\|_2$	$\rho_{m+1,m}$	$\|e^m\|_2$	$\rho_{m+1,m}$
0	$6.3_{10}{-}01$		$7.0_{10}{-}01$		$7.4_{10}{-}01$		$7.6_{10}{-}01$	
1	$2.6_{10}{-}07$	$4.1_{10}{-}7$	$1.8_{10}{-}06$	$2.6_{10}{-}6$	$1.4_{10}{-}05$	$1.9_{10}{-}5$	$5.6_{10}{-}05$	$7.3_{10}{-}5$
2	$1.0_{10}{-}12$	$3.9_{10}{-}6$	$2.8_{10}{-}11$	$1.5_{10}{-}5$	$1.5_{10}{-}09$	$1.0_{10}{-}4$	$2.2_{10}{-}08$	$3.9_{10}{-}4$
3	$4.1_{10}{-}13$	$(4.0_{10}{-}1)$	$6.7_{10}{-}13$	$(2.3_{10}{-}2)$	$1.2_{10}{-}12$	$8.2_{10}{-}4$	$9.3_{10}{-}12$	$4.1_{10}{-}4$

Tabelle 10.9.1 Frequenzfilternde Iteration für Poisson-Modellproblem

11. Gebietszerlegungsmethoden

11.1 Allgemeines

Verschiedene iterative Methoden lassen sich zusammenfassen zu der Klasse der Gebietszerlegungsmethoden (engl.: domain decomposition methods). Obwohl ein Prototyp dieser Iteration von H. A. Schwarz (Vierteljahresschrift der Naturforschenden Gesellschaft in Zürich, Bd. 15, 1870) schon 120 Jahre alt ist, erlangte diese Verfahrensklasse erst vor relativ kurzer Zeit das volle Interesse der Anwender.

Das Gleichungssystem $Ax = b$ sei die Diskretisierung einer Randwertaufgabe über dem Gebiet Ω (vgl. §1.2). Das namensgebende Merkmal der Gebietszerlegungsmethode ist eine Aufteilung des Gesamtproblems in kleinere Gleichungssysteme, die Randwertaufgaben über Teilgebieten $\Omega' \subset \Omega$ entsprechen.

Die Auswahl der Teilgebiete kann von verschiedenen Motiven bestimmt sein. Zu Zeiten, als schnelle Verfahren wie z.B. die Mehrgittermethode noch nicht (hinreichend) bekannt waren und lediglich schnelle direkte Löser für Spezialaufgaben zur Verfügung standen, versuchte man komplexere Gebiete in disjunkte Rechtecke (vgl. Abb. 1a) oder überlappende Rechtecke (vgl.

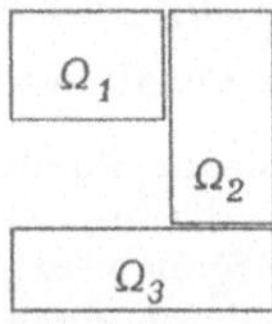
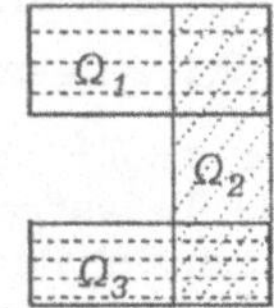

Abb. 11.1.1a
Disjunkte
Teilgebiete

Abb. 11.1.1b
Überlappende
Teilgebiete

Abb. 1b) zu zerlegen, da einfache Aufgaben wie das Poisson-Modellproblem auf Rechtecken direkt lösbar sind.

Andererseits kann sich die Gesamtaufgabe in natürlicher Weise auf Grund ihrer Modellierung in disjunkte Teilprobleme aufspalten (z.B. wenn die Teilgebiete physikalisch gesehen verschiedenen Materialien entsprechen). Die Einsatzmöglichkeit von *Parallelrechnern* führt schließlich zum Wunsch nach einer Zerlegung des Gesamtproblems in separate Teilaufgaben, die möglichst gleiche Größe besitzen (wegen der Auslastungsbalance der Prozessoren) und aus programmiertechnischen Gründen möglichst einfach strukturiert sein sollten.

Es muß an dieser Stelle betont werden, daß die Lösung der Teilaufgaben das Gesamtproblem noch nicht löst, sondern nur einen Teilschritt des Algorithmus ausmacht, der auch die Kopplung der Einzelprobleme herstellen muß. Vom Rechen- und Programmieraufwand aus gesehen, werden die Auflösungen der Teilaufgaben im allgemeinen aber den Hauptanteil darstellen.

Zu den Gebietszerlegungsmethoden gehören auch die als «Kapazitätsmatrixverfahren» und als «Verfahren der fiktiven Gebiete» bezeichneten Methoden. Hierauf wird in §11.5.3 eingegangen werden.

Mit der Weiterentwicklung der Gebietszerlegungsmethode verallgemeinerte sich der Begriff des «Teilgebietes» zum «Unterraum», insbesondere zum Unterraum der Galerkin-Methode. Wird ein Unterraum aus allen Finite-Element-Funktionen gebildet, die nur in einem Teilgebiet $\Omega' \subset \Omega$ von null verschieden sind, stimmen die Begriffe «Teilgebiet» und «Unterraum» inhaltlich überein. Es sind jedoch auch andere Unterräume konstruierbar und praktisch interessant.

Da in diesem Buch von der algebraischen Gleichung $Ax = b$ ausgegangen wird und die Konstruktion von $Ax = b$ mittels einer Diskretisierung nicht Thema des Buches ist, wird eine Darstellung der Gebietszerlegungsmethode gewählt, die auf einer Zerlegung des Vektors $x \in X = \mathbb{K}^I$ beruht. Den Zusammenhang mit der traditionellen Variationsdarstellung zeigt §11.5.3.

11.2 Formulierung der Gebietszerlegungsmethode

11.2.1 Allgemeine Konstruktion

Sei $X = \mathbb{K}^I$ der lineare Raum, der die Lösung x von $Ax = b$ enthält. Die Teilaufgaben, die mit $\varkappa \in J$ indiziert seien, entsprechen niederdimensionalen Aufgaben repräsentiert durch Vektoren $x^\varkappa \in X_\varkappa = \mathbb{K}^{I_\varkappa}$. Die Lösung x des Gleichungssystems $Ax = b$ soll aus den Einzellösungen $x^\varkappa$ zusammengesetzt werden. Dazu seien lineare und injektive Fortsetzungen (*Prolongationen*)

$$(11.2.1) \qquad p_\varkappa \colon X_\varkappa \to X \qquad\qquad (\varkappa \in J)$$

gewählt. Die Gesamtlösung $x = A^{-1}b$ wird in der Form

$$(11.2.2) \qquad x = \sum_{\varkappa \in J} p_\varkappa\, x^\varkappa$$

gesucht. Damit dies möglich ist, muß

$$(11.2.3) \qquad \sum_{\varkappa \in J} \mathrm{Bild}(p_\varkappa) = X$$

gelten. Dabei ist $\mathrm{Bild}(p_\varkappa) = \{p_\varkappa x^\varkappa \colon x^\varkappa \in X_\varkappa\}$ der *Bildraum* von $p_\varkappa$, und mit der Summe $\sum V_\varkappa$ von Unterräumen $V_\varkappa \subset X$ wird der aufgespannte Raum bezeichnet:

$$\sum_{\varkappa \in J} V_\varkappa = \mathrm{span}\{V_\varkappa \colon \varkappa \in J\} = \{x \in X \colon x = \textstyle\sum v^\varkappa,\ v^\varkappa \in V_\varkappa\}.$$

$p_\varkappa$ aus (1) wird durch eine Rechtecksmatrix repräsentiert. Ihre Hermitesch transponierte Matrix $p_\varkappa^H$ ist eine Abbildung von X auf $X_\varkappa$:

$$(11.2.4) \qquad r_\varkappa \mathrel{:=} p_\varkappa^H \colon X \to X_\varkappa \qquad\qquad (\text{«Restriktion»}).$$

Zu jedem $\varkappa \in J$ seien die quadratischen Matrizen (Galerkin-Produkte)

$$(11.2.5) \qquad A_\varkappa \mathrel{:=} r_\varkappa A\, p_\varkappa \qquad\qquad (\varkappa \in J)$$

definiert. Ihre Größe ist $n_\varkappa \times n_\varkappa$, wobei

(11.2.6) $\qquad n_\varkappa := \dim X_\varkappa$.

Die niederdimensionalen Teilprobleme sind Gleichungen der Form

(11.2.7) $\qquad A_\varkappa y^\varkappa = c^\varkappa$ $\qquad\qquad\qquad (\varkappa \in J, \ y^\varkappa, c^\varkappa \in X_\varkappa)$.

Es sei bis auf weiteres angenommen, daß Probleme der Form (7) exakt gelöst werden können. Ohne weitere Bedingungen an A ist die Regularität von $A_\varkappa$ nicht gesichert. Hinreichend ist die Voraussetzung in

Übungsaufgabe 11.2.1. Sei $A > 0$. $p_\varkappa$ $(\varkappa \in J)$ sei injektiv. Man zeige $A_\varkappa > 0$.

Assoziiert mit den Prolongationen $p_\varkappa$ sind die *Restriktionen* $r_\varkappa$ aus (4) und die *Projektionen*

(11.2.8a) $\qquad P_\varkappa := p_\varkappa A_\varkappa^{-1} r_\varkappa A = p_\varkappa A_\varkappa^{-1} p_\varkappa^H A : \ X \to X$.

Übungsaufgabe 11.2.2 (a) Die $P_\varkappa$ $(\varkappa \in J)$ sind Projektionen auf Bild$(p_\varkappa)$. **(b)** Sei $A > 0$. $P_\varkappa$ ist A-orthogonale Projektion, d.h. bezüglich des A- bzw. Energie-Skalarproduktes (9.1.11a) ist $P_\varkappa$ selbstadjungiert:

(11.2.8b) $\qquad \langle A P_\varkappa x, y \rangle = \langle A x, P_\varkappa y \rangle$, bzw. $\langle P_\varkappa x, y \rangle_A = \langle x, P_\varkappa y \rangle_A$,

wobei $\langle x, y \rangle_A := \langle A x, y \rangle$ $(x, y \in X;$ vgl. (9.1.11a)).
(c) Sei $A = A^H$. Für alle symmetrischen Iterationen mit Iterationsmatrix M gilt $\langle M x, y \rangle_A = \langle x, M y \rangle_A$ für alle $x, y \in X$.

11.2.2 Zu den Prolongationen

Sei $n_\varkappa$ aus (6) die Teil- und $n = \dim X$ die Gesamtdimension. Eine erste Klassifizierung ergibt die Fallunterscheidung

(11.2.9a) $\qquad \sum\limits_{\varkappa \in J} n_\varkappa = n$ $\qquad\qquad$ («disjunkte Teilgebiete»)

(11.2.9b) $\qquad \sum\limits_{\varkappa \in J} n_\varkappa > n$ $\qquad\qquad$ («überlappende Teilgebiete»).

Man beachte, daß $\sum n_\varkappa < n$ wegen (3) ausgeschlossen ist.

Bemerkung 11.2.3. Im Falle (9a) hat jedes $x \in X$ eine eindeutige Zerlegung (2); im Falle (9b) sind mehrere Darstellungen (2) möglich.

Eine besonders einfache Situation der Form (9a) entsteht aus der Blockdarstellung von x. $\{I_\varkappa : \varkappa \in J\}$ beschreibe eine Blockstruktur (2.5.1): $I = \bigcup_{\varkappa \in J} I_\varkappa$. Wir wählen

(11.2.10a) $\qquad X_\varkappa = \mathbb{K}^{I_\varkappa}, \qquad (p_\varkappa)_{\alpha\beta} = \delta_{\alpha\beta} \qquad\qquad$ für $\alpha \in I, \ \beta \in I_\varkappa$

(δ: Kronecker-Symbol). Damit ist $\sum_{\varkappa \in J} p_\varkappa x^\varkappa$ nur eine andere Schreibweise für den aus den Blöcken $x^\varkappa$ zusammengesetzten Vektor $x = (x^\varkappa)_{\varkappa \in J}$. Im Falle von angeordneten Indizes hat die Matrix $p_\varkappa$ die Gestalt

$$(11.2.10\text{b}) \qquad p_x = \begin{bmatrix} 0 \\ \vdots \\ 0 \\ I \\ 0 \\ \vdots \\ 0 \end{bmatrix} \Big\} \text{ Block zum Index } x, \qquad p_x^H = [0,...,0,I,0,...,0].$$

Bemerkung 11.2.4. Wenn p_x gemäß (10a,b) definiert ist, stimmen die Matrizen A_x aus (5) mit dem Diagonalblock A^{xx} der Matrix A überein (vgl. §2.5).

Wenn der Fall (9b) vorliegt, läßt sich p_x zwar noch durch (10a) definieren, aber die Teilmengen $I_x \subset I$ sind nicht mehr disjunkt und beschreiben somit auch keine Blockzerlegung. Es gilt noch die

Bemerkung 11.2.5. Wenn die Indexmenge I (möglicherweise nicht-disjunkt) in $I = \cup_{x \in J} I_x$ zerlegt und die Prolongationen p_x durch (10a) definiert sind, stellen die Matrizen A_x aus (5) die Hauptuntermatrizen der Matrix A zur Indexteilmenge I_x dar.

11.2.3 Multiplikative und additive Schwarz-Iteration

Zu den Projektionen P_x aus (8a) gehört der Iterationsschritt

$$(11.2.11) \qquad \Phi_x(x,b) := x - p_x A_x^{-1} r_x (Ax - b) \quad (x \in J).$$

Übungsaufgabe 11.2.6. Man zeige: Die zu (11) gehörende Iterationsmatrix ist $M_x = I - P_x$. M_x ist wie P_x eine Projektion. Im Falle von $A > 0$ ist M_x A-orthogonal (vgl. Übung 2). Φ_x ist eine symmetrische Iteration.

Die Indexmenge $J = \{1,..., k\}$ sei angeordnet. Die *multiplikative Schwarz-Iteration* ist das k-fache Produkt

$$(11.2.12) \qquad \Phi^{\text{mult SI}} := \Phi_k \circ \Phi_{k-1} \circ ... \circ \Phi_2 \circ \Phi_1 \quad (\Phi_x \text{ aus } (11)).$$

Als *additive Schwarz-Iteration* (mit dem Dämpfungsfaktor Θ) bezeichnet man dagegen

$$(11.2.13) \qquad \Phi_\Theta^{\text{add SI}}(x,b) := x - \Theta \sum_{x \in J} p_x A_x^{-1} r_x (Ax - b),$$

wobei die Indexmenge J nicht angeordnet zu sein braucht.

Lemma 11.2.7 (a) Die Iterationsmatrizen von $\Phi^{\text{mult SI}}$ und $\Phi_\Theta^{\text{add SI}}$ sind

$$(11.2.14\text{a}) \qquad M^{\text{mult SI}} = (I - P_k)(I - P_{k-1}) \cdot ... \cdot (I - P_1),$$

$$(11.2.14\text{b}) \qquad M_\Theta^{\text{add SI}} = I - \Theta \Big(\sum_{x \in J} p_x A_x^{-1} r_x \Big) A = I - \Theta \sum_{x \in J} P_x.$$

(b) Sei $A > 0$. Die Matrix der zweiten Normalform von $\Phi_\Theta^{\text{add SI}}$ ist

$$(11.2.15\text{a}) \qquad \Theta N^{\text{add SI}} \quad \text{mit} \quad N^{\text{add SI}} = \sum_{x \in J} p_x A_x^{-1} r_x.$$

Unter der Voraussetzung (3) ist $N^{\text{add SI}}$ regulär, so daß die Matrix $W_\Theta^{\text{add SI}} = \Theta^{-1} W^{\text{add SI}}$ der dritten Normalform existiert. Sie erfüllt

(11.2.15b) $A \leqslant k W^{\text{add SI}}$ $(k := \#J = \text{Anzahl der «Teilgebiete»}).$

Beweis zu (b). (i) Sei $N := N^{\text{add SI}}$. $Nx = 0$ impliziert $r_{\varkappa} x = 0$ wegen $\langle x, Nx \rangle = \sum \langle A_{\varkappa}^{-1} r_{\varkappa} x, r_{\varkappa} x \rangle$. Da Kern $r_{\varkappa} = \text{Bild}(p_{\varkappa})^{\perp}$, folgert man die Orthogonalität $x \perp \text{Bild}(p_{\varkappa})$ für alle $\varkappa \in J$. Aus (3) schließt man $x = 0$. (ii) $A^{1/2} p_{\varkappa} A_{\varkappa}^{-1} r_{\varkappa} A^{1/2}$ ist als orthogonale Projektion $\leqslant I$. Summation liefert $A^{1/2} N A^{1/2} \leqslant k I$. Nach (2.10.3g) folgt (15b) aus $N \leqslant k A^{-1}$.   □

Übungsaufgabe 11.2.8. Sei $A > 0$. Man zeige: **(a)** Zu $\Phi^{\text{mult SI}}$ gehören die adjungierte Iteration $\Phi_1 \circ \ldots \circ \Phi_k$ und die symmetrische Iteration $\Phi^{\text{symmult SI}} := \Phi_1 \circ \ldots \circ \Phi_{k-1} \circ \Phi_k \circ \Phi_{k-1} \circ \ldots \circ \Phi_1$ (vgl. (4.8.11)).
(b) $\Phi_{\Theta}^{\text{add SI}}$ ist symmetrisch.

11.2.4 Interpretation als Gauß–Seidel– bzw. Jacobi–Iteration

Es sei der Fall (9a) («disjunkte Teilgebiete») angenommen. Ferner sei $p_{\varkappa}$ durch (10a) gegeben. Dann ist $\Phi_{\varkappa}$ aus (11) die Auflösung der Gleichung $Ax = b$ nach dem Block zum Index $\varkappa \in J$. Dies beweist das

Lemma 11.2.9 (a) Unter den Voraussetzungen (9a), (10a), stimmen die multiplikative Schwarz-Iteration mit der Block-Gauß-Seidel-Iteration und die additive Schwarz-Iteration mit der gedämpften Block-Jacobi-Iteration überein.
(b) Sei $A > 0$. Die multiplikative Schwarz-Iteration konvergiert. Die additive Schwarz-Iteration konvergiert für hinreichend kleines $\Theta > 0$ (hinreichend ist stets $\Theta < 2k$).

Beweis zu (b). Nach (15b) und den Sätzen 4.4.11, 4.4.18 und 4.5.4.   □

Es sei nun (9a) angenommen, aber $p_{\varkappa}$ braucht nicht von der Form (10a) sein. Die Vektoren $x^{\varkappa}$ seien (aufgefaßt als Blockvektoren) zu $\hat{x} = (x^{\varkappa})_{\varkappa \in J}$ zusammengefaßt. Die lineare Abbildung $\hat{x} = (x^{\varkappa})_{\varkappa \in J} \mapsto x = \sum p_{\varkappa} x^{\varkappa}$ beschreibt eine reguläre Transformation $x = T\hat{x}$. Wir definieren $\hat{p}_{\varkappa}$ durch $(\hat{p}_{\varkappa})_{\alpha\beta} = \delta_{\alpha\beta}$ für $\alpha \in I, \beta \in I_{\varkappa}$ (vgl. (10a)). Offenbar gilt

(11.2.16a) $p_{\varkappa} = T \hat{p}_{\varkappa}, \quad x = \sum p_{\varkappa} x^{\varkappa} = T\hat{x}.$

Gleichzeitig transformieren wir das Gleichungssystem $Ax = b$ in

(11.2.16b) $\hat{A}\hat{x} = \hat{b}$ mit $\hat{A} = T^H A T, \quad \hat{b} = T^H b.$

Sei $\Phi_{\varkappa}$ mittels $\hat{p}_{\varkappa}$, $\hat{A}$ und $\hat{r}_{\varkappa} = \hat{p}_{\varkappa}^H$ definiert. In der Notation aus §8.1.4 schreibt sich $\Phi_{\varkappa}$ aus (11) als $\Phi_{\varkappa} = T \circ \hat{\Phi}_{\varkappa} \circ T^H$. Da $\hat{\Phi}_{\varkappa}$ die Voraussetzungen (9a) und (10a) erfüllt, gilt nach Lemma 9a $\hat{\Phi}^{\text{mult SI}} = \hat{\Phi}^{\text{blockGS}}$ und $\hat{\Phi}_{\Theta}^{\text{add SI}} = \Phi_{\Theta}^{\text{blockJac}}$. Folglich sind $\Phi^{\text{mult SI}}$ und $\Phi_{\Theta}^{\text{add SI}}$ die beidseitig transformierten, blockweisen Gauß-Seidel- und Jacobi-Iterationen:

(11.2.17) $\Phi^{\text{mult SI}} = T^{-H} \circ \Phi^{\text{blockGS}} \circ T^{-1}, \quad \Phi_{\Theta}^{\text{add SI}} = T^{-H} \circ \Phi_{\Theta}^{\text{blockJac}} \circ T^{-1}.$

Die Matrix $\hat{A}$ hat für den Fall $k = \#J = 2$ die 2×2-Blockstruktur

$$(11.2.16c) \quad \hat{A} = \begin{bmatrix} A_1 & A_{12} \\ A_{12}^H & A_2 \end{bmatrix} \quad \text{mit } A_\varkappa \text{ aus (5) und } A_{12} := p_1^H A\, p_2.$$

11.2.5 Die klassische Schwarz-Iteration

Eine nicht mit den Gauß–Seidel– oder Jacobi–Iterationen vergleichbare Situation entsteht für den Fall (9b). Die klassische Schwarz-Iteration entspricht der Wahl

$$(11.2.18) \quad J=\{1,2\}, \quad I_1=\{1,\dots,n_1\}, \quad I_2=\{n-n_2+1,\dots,n\}, \quad p_\varkappa \text{ gemäß (10a)},$$

wobei $n_1 \geqslant n - n_2 + 1$ die Überlappung der Indexmengen $I_\varkappa$ anzeigt.

Als Beispiel sei die eindimensionale Aufgabe $-u''=f$ $(0 \leqslant x \leqslant 1)$ in der Diskretisierung (10.3.1) gewählt. Den Teilgebieten $\Omega_1=(0,b)$ und $\Omega_2=(a,1)$ mit $0<a<b<1$ entsprechen die Indexmengen (18) mit

$$n_1 = b/h - 1, \quad n - n_2 = a/h \qquad (a,b \text{ Vielfache von } h).$$

Dem Iterationsschritt Φ_k $(k=1,2)$ aus (11) entspricht die Auflösung über Ω_k, wobei für $k=1$ der rechte Randwert x_{n_1+1} und für $k=2$ der linke Randwert x_{n-n_2} verwendet wird. Die Konvergenz in der Maximumnorm läßt sich wie folgt nachprüfen. Seien x^0 und e^0 der Startwert und der Startfehler. Der Fehler $\bar{e}$ von $\bar{x}:=\Phi_1(x^0,b)$ erfüllt $(A\bar{e})_i=0$ für alle $1 \leqslant i \leqslant n_1$. Dies ergibt für das spezielle Beispiel die explizite Fehlerdarstellung $\bar{e}_i=ie^0_{n_1+1}/(n_1+1)$ für $1 \leqslant i \leqslant n_1$ und $\bar{e}_i=e^0_i$ sonst. Der zweite Teilschritt $x^1:=\Phi_2(\bar{x},b)$ liefert entsprechend $e^1_i=\bar{e}_i= =ie^0_{n_1+1}/(n_1+1)$ für $i \leqslant n-n_2$ und

$$e^1_i = (n-i)\bar{e}_{n-n_2}/n_2 = (n-n_2)(n-i)/[n_2(n_1+1)]\,e^0_{n_1+1} \quad \text{für } i>n-n_2.$$

Übungsaufgabe 11.2.10. Für das diskutierte Beispiel beweise man $\|e^1\|_\infty \leqslant \frac{a}{b}\|e^0\|_\infty$ und zeige eine noch günstigere Konvergenzrate als $\frac{a}{b}$.

11.2.6 Genäherte Lösung der Teilprobleme

Beim blockweisen Jacobi-Verfahren wählt man die Blockstruktur (und damit die Blockdiagonale $D=\text{blockdiag}\{D_\varkappa : \varkappa \in J\}$) so, daß Gleichungen der Form $D_\varkappa y^\varkappa = c^\varkappa$ leicht zu lösen sind. Auch wenn die additive Schwarz-Iteration sich zum Teil als Block-Jacobi-Verfahren interpretieren läßt, kann man aber nicht davon ausgehen, daß die Teilprobleme (7): $A_\varkappa y^\varkappa = c^\varkappa$ leicht lösbar wären. Der Grund ist, daß im allgemeinen auch (7) die gleiche Differentialgleichung diskretisiert (wenn auch über einem Teilgebiet).

Wenn kein direkter Löser für (7): $A_\varkappa y^\varkappa = c^\varkappa$ zur Verfügung steht, muß dieses Teilproblem selbst wieder mit einer Iteration $\Phi^{(\varkappa)}$ gelöst werden. Damit entsteht eine zusammengesetzte Iteration, die sich von dem in §8.4 studierten Fall nur dadurch unterscheidet, daß pro äußerem Iterationsschritt k Teilprobleme iterativ approximiert werden. Sei $W_\varkappa$ die Matrix der dritten Normalform von $\Phi^{(\varkappa)}$. Wir betrachten nur symmetrische Iterationen mit

$$(11.2.19) \qquad \delta\, W_\varkappa \;\leqslant\; A_\varkappa \;:=\; r_\varkappa A\, p_\varkappa \;\leqslant\; \Delta\, W_\varkappa \qquad\qquad (\varkappa \in J,\; 0 < \delta \leqslant \Delta).$$

Häufig wird $\Delta < 2$ gefordert werden, d.h. $\Phi^{(\varkappa)}$ soll konvergent sein.

Wie in §8.4 können wir eine Iteration $\Phi_{(m)}$ zur Lösung von $Ax = b$ dadurch definieren, daß wir in der additiven oder multiplikativen Schwarz-Iteration die exakte Lösung der Teilprobleme (7): $A_\varkappa y^\varkappa = c^\varkappa$ durch $m > 0$ Schritte von $\Phi^{(\varkappa)}$ ersetzen. Da die m-fache (Semi-)Iteration $\Phi^{(\varkappa)m}$ als neue Iteration angesehen werden kann, darf man formal o.B.d.A. die Anzahl m der sekundären Iterationsschritte auf $m = 1$ festlegen (zum Fall $m > 1$ vgl. Übung 3.7). Die Projektion $P_\varkappa = p_\varkappa A_\varkappa^{-1} r_\varkappa A$ aus (8a) wird zu

$$(11.2.20a) \qquad \Pi_\varkappa \;=\; p_\varkappa W_\varkappa^{-1} r_\varkappa A \qquad\qquad\qquad (\varkappa \in J).$$

$I - \Pi_\varkappa$ ist die Iterationsmatrix des Verfahrens

$$(11.2.20b) \qquad \Phi_\varkappa(x,b) \;:=\; x - p_\varkappa W_\varkappa^{-1} r_\varkappa (Ax - b) \qquad (\varkappa \in J),$$

das (11) ersetzt. Man beachte, daß $\Pi_\varkappa$ keine Projektion mehr ist. Einige der verbleibenden Eigenschaft finden sich in

Bemerkung 11.2.11 (a) Die Abbildung $\Pi_\varkappa$ ist A-adjungiert, d.h. es gilt $\Pi_\varkappa^H = A\,\Pi_\varkappa A^{-1}$ und $\langle \Pi_\varkappa x, y \rangle_A = \langle x, \Pi_\varkappa y \rangle_A$ (vgl. (8b)).
(b) Ihr Spektrum lautet $\sigma(\Pi_\varkappa) \subset \sigma(W_\varkappa^{-1} A_\varkappa) \cup \{0\}$, wobei die Gleichheit "=" anstelle von "⊂" nur gilt, falls $n_\varkappa = \dim X_\varkappa < n = \dim X$.
(c) $\rho(\Pi_\varkappa) \leqslant \Delta$ ist äquivalent zu letzten Ungleichung in (19):

$$(11.2.21) \qquad A_\varkappa \;\leqslant\; \Delta\, W_\varkappa \qquad\qquad\qquad (\varkappa \in J)$$

und wird benötigt, um in der nachfolgenden Abschätzung (23) die Ungleichung (15b) zu ersetzen.

Die Iterationsmatrizen der multiplikativen bzw. additiven Schwarz-Iterationen mit der genäherten Unterraumlösung (20b) sind

$$(11.2.22a) \qquad M^{\text{mult}\,\text{SI}} \;=\; (I - \Pi_k)(I - \Pi_{k-1}) \cdot \ldots \cdot (I - \Pi_1),$$

$$(11.2.22b) \qquad M_\Theta^{\text{add}\,\text{SI}} \;=\; I - \Theta\Big(\sum_{\varkappa \in J} p_\varkappa W_\varkappa^{-1} r_\varkappa \Big) A \;=\; I - \Theta \sum_{\varkappa \in J} \Pi_\varkappa.$$

Im weiteren sei stets angenommen, daß die Unterraumprobleme näherungsweise gelöst werden. Der in §11.2.3 betrachtete Fall der exakten Lösung kann als der Spezialfall $W_\varkappa = A_\varkappa$ angesehen werden, der in (19) zu $\delta = \Delta = 1$ führt.

Übungsaufgabe 11.2.12. Es gelte (19). Man zeige: (a) Die additive Schwarz-Iteration, die (20b) verwendet, ist eine symmetrische Iteration.
(b) In Analogie zu (15a) sei definiert: $N^{\text{add}\,\text{SI}} = \sum_{\varkappa \in J} p_\varkappa W_\varkappa^{-1} r_\varkappa$ und $W^{\text{add}\,\text{SI}} := (N^{\text{add}\,\text{SI}})^{-1}$. Anstelle von (15b) gilt nun

$$(11.2.23) \qquad A \;\leqslant\; k\,\Delta\, W^{\text{add}\,\text{SI}}.$$

11.2.7 Verschärfte Abschätzung $A \leqslant \Gamma W$

Wir nennen zwei Indizes $\varkappa, \lambda \in J$ (bzw. die zugehörigen Teilgebiete) verbunden, wenn

$$(11.2.24) \qquad \langle A p_\varkappa x^\varkappa, p_\lambda y^\lambda \rangle \neq 0 \qquad\qquad \text{für geeignete } x^\varkappa \in X_\varkappa, \ y^\lambda \in X_\lambda.$$

Übungsaufgabe 11.2.13. Man zeige: Wenn es Teilmengen $I_\varkappa, I_\lambda \subset I$ gibt, so daß $p_\varkappa$ und p_λ (10a) erfüllen, so gilt (24) genau dann, wenn der Graph $G(A)$ eine Kante zwischen zwei Knoten $\alpha \in I_\varkappa$ und $\beta \in I_\lambda$ besitzt.

In den Abbildungen 1.1a,b sind wegen der Schwachbesetztheit von A die Teilgebiete zu den Indizes 1 und 3 nicht verbunden. Wenn ähnlich wie bei einer Blocktridiagonalmatrix der Blockindex i nur mit $i \pm 1$ verbunden ist, läßt sich $J = \{1, 2, \ldots, k\}$ in $J_1 = \{1, 3, \ldots\}$ und $J_2 = \{2, 4, \ldots\}$ zerlegen und erfüllt die Voraussetzungen des folgenden Lemmas 12 mit $K = 2$.

Lemma 11.2.14. Sei $A > 0$. J lasse sich in K Teilmengen $J_1, \ldots, J_K$ aufteilen, so daß die Eigenschaft (24) nur für Indizes $\varkappa \neq \lambda$ aus verschiedenen J_i, J_j $(i \neq j)$ zutreffe. Dann gilt (23) in der verschärften Form

$$(11.2.25) \qquad A \leqslant K \Delta W^{\mathrm{add\,SI}}.$$

Beweis. Man schreibe $N := N^{\mathrm{add\,SI}}$ aus (15a) als Summe $N_1 + \ldots + N_K$ mit

$$N_i := \sum\nolimits_{\varkappa \in J_i} p_\varkappa W_\varkappa^{-1} r_\varkappa \leqslant \Delta N_i', \qquad \text{wobei} \quad N_i' := \sum\nolimits_{\varkappa \in J_i} p_\varkappa A_\varkappa^{-1} r_\varkappa.$$

Für Indizes $\varkappa, \lambda \in J_i$ mit $\varkappa \neq \lambda$ trifft (24) definitionsgemäß nicht zu, so daß $\mathrm{Bild}(p_\varkappa) \perp_A \mathrm{Bild}(p_\lambda)$. Dies beweist, daß N_i' eine A-orthogonale Projektion ist und damit wie im Beweis zu Lemma 7 $N_i' \leqslant A^{-1}$ erfüllt. Summation von $N_i \leqslant \Delta N_i' \leqslant \Delta A^{-1}$ liefert $N \leqslant K A^{-1}$, woraus (25) folgt. ∎

Eine weitere Eigenwertschranke Γ läßt sich mit Hilfe der Matrix

$$(11.2.26a) \qquad E = (\varepsilon_{\varkappa\lambda})_{\varkappa,\lambda \in J} \in \mathbb{R}^{J \times J}$$

geben, deren Elemente die kleinsten Schranken in (26b) sind:

$$(11.2.26b) \qquad |\langle p_\varkappa x^\varkappa, p_\lambda y^\lambda \rangle_A| \leqslant \varepsilon_{\varkappa\lambda} \| x^\varkappa \|_W \| y^\lambda \|_W$$
$$\text{für alle } x^\varkappa \in X_\varkappa, \ y^\lambda \in X_\lambda.$$

wobei $\| \cdot \|_W$ die folgende energieähnliche Norm auf $X_\varkappa$ ist:

$$(11.2.26c) \qquad \| x^\varkappa \|_W := \| W_\varkappa^{1/2} x^\varkappa \|_2 = \langle W_\varkappa x^\varkappa, x^\varkappa \rangle^{1/2} \qquad \text{für } x^\varkappa \in X_\varkappa.$$

Lemma 11.2.15 (a) Im Falle $W_\varkappa = A_\varkappa$ (d.h. exakte Unterraumlösung), stimmen die W-Norm mit der Energienorm überein: $\| x^\varkappa \|_W = \| p_\varkappa x^\varkappa \|_A$.
(b) Unter der Annahme (21) gilt $\| p_\varkappa x^\varkappa \|_A \leqslant \Delta \| x^\varkappa \|_W$.

Beweis. Teil (a) ergibt sich aus $\| x^\varkappa \|_W^2 = \langle W_\varkappa x^\varkappa, x^\varkappa \rangle = \langle A_\varkappa x^\varkappa, x^\varkappa \rangle = \langle p_\varkappa^H A p_\varkappa x^\varkappa, x^\varkappa \rangle = \langle A p_\varkappa x^\varkappa, p_\varkappa x^\varkappa \rangle = \langle p_\varkappa x^\varkappa, p_\varkappa x^\varkappa \rangle_A = \| p_\varkappa x^\varkappa \|_A^2$. ∎

Aufgrund von Lemma 15a können wir (26b) als Cauchy-Schwarz-ähnliche Ungleichung ansehen. Falls $\varepsilon_{\varkappa\lambda}$ hinreichend klein ist, stellt (26b) eine verschärfte Cauchy-Schwarz-Ungleichung dar (vgl. Satz 3.6c).

Bemerkung 11.2.16. Wegen der Cauchy-Schwarz-Ungleichung gilt stets $0 \leq \varepsilon_{\varkappa\lambda} \leq \Delta$. Im Falle $W_{\varkappa} = A_{\varkappa}$ gilt $\varepsilon_{\varkappa\lambda} = 1$ genau dann, wenn die Bildräume von $p_{\varkappa}$ und p_{λ} einen nichttrivialen Durchschnitt haben; insbesondere ist $\varepsilon_{\varkappa\varkappa} = 1$ für alle $\varkappa \in J$. Ferner $\varepsilon_{\varkappa\lambda} = 0$ gilt genau dann, wenn die Bildräume A-orthogonal sind.

Sei $N := N^{\mathrm{add\,SI}}$. Die Abschätzung

$$\| N A x \|_A^2 = \langle \sum_{\varkappa} p_{\varkappa} W_{\varkappa}^{-1} r_{\varkappa} A x, \sum_{\lambda} p_{\lambda} W_{\lambda}^{-1} r_{\lambda} A x \rangle_A =$$

$$\leq \sum_{\varkappa,\lambda} | \langle p_{\varkappa} W_{\varkappa}^{-1} r_{\varkappa} A x, p_{\lambda} W_{\lambda}^{-1} r_{\lambda} A x \rangle_A | \leq$$

$$\leq \sum_{\varkappa,\lambda} \varepsilon_{\varkappa\lambda} \| W_{\varkappa}^{-1} r_{\varkappa} A x \|_W \, \| W_{\lambda}^{-1} r_{\lambda} A x \|_W \leq$$

$$\leq \rho(E) \sum_{\varkappa} \| W_{\varkappa}^{-1} r_{\varkappa} A x \|_W^2 .$$

Zusammen mit der Abschätzung

$$\sum_{\varkappa} \| W_{\varkappa}^{-1} r_{\varkappa} A x \|_W^2 = \sum_{\varkappa} \langle r_{\varkappa} A x, W_{\varkappa}^{-1} r_{\varkappa} A x \rangle =$$

$$= \sum_{\varkappa} \langle A x, p_{\varkappa} W_{\varkappa}^{-1} r_{\varkappa} A x \rangle = \langle A x, N A x \rangle = \langle x, N A x \rangle_A \leq$$

$$\leq \| x \|_A \, \| N A x \|_A$$

ergibt sich $\| N A x \|_A \leq \rho(E) \| x \|_A$. Diese Ungleichung ist äquivalent zu $\| A^{1/2} N A^{1/2} \|_2 \leq \rho(E)$, $A^{1/2} N A^{1/2} \leq \rho(E) I$, $N \leq \rho(E) A^{-1}$ und schließlich zu $A \leq \rho(E) W^{\mathrm{add\,SI}}$. Damit ist der folgende Satz bewiesen.

Satz 11.2.17. Die Ungleichung $A \leq \Gamma W^{\mathrm{add\,SI}}$ ist für $\Gamma = \rho(E)$ erfüllt:

$$(11.2.27) \qquad A \leq \rho(E) W^{\mathrm{add\,SI}} \qquad\qquad (E \text{ aus } (26a,b))$$

Die triviale Abschätzung $\rho(E) \leq \| E \|_\infty \leq \#J$ führt auf (23) zurück.

11.3 Eigenschaften der additiven Schwarz-Iteration

11.3.1 Parallelität

Das aktuelle Interesse erhält die additive Schwarz-Iteration auf Grund ihrer Parallelität, die es für Parallelrechner interessant macht. Dazu seien die einzelnen Berechnungsphasen im einzelnen betrachtet.

(i) Wenn der partitionierte Defekt $d^{\varkappa} := p_{\varkappa}''(A x^m - b)$ erst für alle $\varkappa \in J$ bestimmt ist, sind die Rechenschritte

$$d^{\varkappa} \mapsto A_{\varkappa}^{-1} d^{\varkappa} = A_{\varkappa}^{-1} r_{\varkappa}(A x^m - b) \mapsto \delta x_{\varkappa} := p_{\varkappa} A_{\varkappa}^{-1} d^{\varkappa} = p_{\varkappa} A_{\varkappa}^{-1} r_{\varkappa}(A x^m - b)$$

völlig unabhängig voneinander und können auf verschiedenen Prozessoren ohne jede Kommunikation untereinander berechnet werden.

(ii) Sogar der Korrekturschritt $x^{m+1} := x^m - \Theta \sum_{\varkappa \in J} \delta x_\varkappa$ ($\delta x_\varkappa$ oben definiert) kann parallel durchgeführt werden, wenn (2.9a) und (2.10a) gelten. In diesem Falle verwendet man die Prozessoren zum Index $\varkappa \in J$ zum Speichern des Blockes zum Index $\varkappa \in J$. Die Korrektur vereinfacht sich dann zu $(x^{m+1})^\varkappa = (x^m)^\varkappa - \Theta (\delta x_\varkappa)^\varkappa$, benötigt also nur lokale Größen. Im überlappenden Falle (2.9b) ist weitere Kommunikation nötig.

(iii) Wenn gemäß (ii) die Blöcke $\{(x^m)^\varkappa : \varkappa \in J\}$ über die lokalen Speicher der Prozessoren verteilt sind, benötigt die Berechnung von $d^\varkappa := p_\varkappa^H (A x^m - b)$ eine Kommunikation mit allen Prozessoren zu Indizes $\lambda \in J$, die mit $\varkappa$ verbunden sind (vgl. Eigenschaft (2.24)).

11.3.2 Konditionsabschätzungen

Generelle Annahme für die folgenden Überlegungen sei $A > 0$. Die Matrix $W = W^{\mathrm{add\,SI}} = \Theta W_\Theta^{\mathrm{add\,SI}}$ sei wie in Lemma 2.7b definiert. Wie aus (2.10.9) oder Lemma 7.3.11 bekannt, ist die Konditionszahl $\sigma(W^{-1}A)$ der Quotient Γ/γ der optimalen Schranken in

$$(11.3.1) \qquad \gamma W^{\mathrm{add\,SI}} \leqslant A \leqslant \Gamma W^{\mathrm{add\,SI}}.$$

Man beachte, daß die Konditionszahl von der Wahl des Dämpfungsfaktors Θ unabhängig ist. In (2.23), (2.25) und (2.27) haben wir $\Gamma = k\Delta$, $K\Delta$ bzw $\rho(E)$ als obere Grenze bestimmt. Der folgende Satz gestattet die Angabe einer unteren Schranke γ.

Satz 11.3.1 (Widlund [3]). Sei $A > 0$. C sei eine Konstante, so daß zu jedem $x \in X$ eine Darstellung $x = \sum_{\varkappa \in J} p_\varkappa x^\varkappa$ ($x^\varkappa \in X_\varkappa$) existiert mit

$$(11.3.2) \qquad \sum_{\varkappa \in J} \langle A p_\varkappa x^\varkappa, p_\varkappa x^\varkappa \rangle \leqslant C \langle A x, x \rangle.$$

Dann gilt die erste Ungleichung $\gamma W^{\mathrm{add\,SI}} \leqslant A$ in (1) mit $\gamma = 1/C$.

Satz 1 wird häufig als «Lemma von P. Lions» zitiert, obwohl dessen Arbeit in Glowinski-Golub-Meurant-Périaux [1] diese Aussage nur versteckt enthält. Dagegen findet sich die Aussage schon in der Dissertation von Nepomnyašič [1] (1986). Im Falle (2.9a) («disjunkte Teilgebiete») ist die Zerlegung $x = \sum p_\varkappa x^\varkappa$ nach Bemerkung 2.3 eindeutig; dagegen kann man im Falle (2.9b) («überlappende Teilgebiete») eine für (2) günstige Darstellung wählen.

Der Beweis von Satz 1 kann entfallen, da er den Spezialfall $W_\varkappa = A_\varkappa$ im nachfolgenden Satz 4 darstellt (vgl. Lemma 2.15a).

Daß die Aussage des Satzes 1 scharf ist, zeigt ein Resultat von Xu [2]:

Zusatz 11.3.2. Wenn C die bestmögliche Konstante in (2) ist, so ist $\gamma = 1/C$ die beste Konstante in $\gamma W^{\mathrm{add\,SI}} \leqslant A$ ist.

Beweis. Zu x sei $y := A^{-1} W^{\mathrm{add\,SI}} x$ definiert. Für die Zerlegung wählen wir $x^{\varkappa} := A_{\varkappa}^{-1} r_{\varkappa} A y \in X^{\varkappa}$, da $\sum p_{\varkappa} x^{\varkappa} = \sum p_{\varkappa} A_{\varkappa}^{-1} r_{\varkappa} A y = N^{\mathrm{add\,SI}} A y = x$. Aus

$$\sum_{\varkappa} \langle A p_{\varkappa} x^{\varkappa}, p_{\varkappa} x^{\varkappa} \rangle \underset{(2.8a)}{=} \sum \langle A P_{\varkappa} y, P_{\varkappa} y \rangle \underset{(2.8b)}{=} \sum \langle A P_{\varkappa}^2 y, y \rangle =$$

$$= \langle A \sum P_{\varkappa} y, y \rangle = \langle A N^{\mathrm{add\,SI}} A y, y \rangle = \langle N^{\mathrm{add\,SI}} A y, A y \rangle =$$

$$= \langle x, W^{\mathrm{add\,SI}} x \rangle \underset{A \geqslant \gamma W}{\leqslant} \tfrac{1}{\gamma} \langle x, A x \rangle$$

folgt (2) mit $C = 1/\gamma$.

Ein entsprechendes Resultat existiert für die umgekehrte Richtung.

Bemerkung 11.3.3 (vgl. Bjørstad-Mandel [1]). Sei $A > 0$. Wenn für alle $x \in X$ und *alle* Zerlegungen $x = \sum_{\varkappa \in J} p_{\varkappa} x^{\varkappa}$ $(x^{\varkappa} \in X_{\varkappa})$ die Ungleichung $\sum_{\varkappa \in J} \langle A p_{\varkappa} x^{\varkappa}, p_{\varkappa} x^{\varkappa} \rangle \geqslant C \langle A x, x \rangle$ mit $C > 0$ gilt, ist (1) mit $\Gamma = 1/C$ erfüllt.

Ungleichung (2) kann auch in der Form $\sum \| p_{\varkappa} x^{\varkappa} \|_A^2 \leqslant C \| x \|_A^2$ geschrieben werden. Indem wir die Energienorm $\| \cdot \|_A$ durch die in (2.26c) eingeführte W-Norm ersetzen, erhalten wir eine Verallgemeinerung des Satzes 1 (Widlund) für $W_{\varkappa} \neq A_{\varkappa}$ (näherungsweise Teilproblemlösung).

Satz 11.3.4. Seien $A > 0$, $W_{\varkappa} > 0$ $(\varkappa \in J)$. C' sei eine Konstante, so daß zu jedem $x \in X$, eine Zerlegung $x = \sum_{\varkappa \in J} p_{\varkappa} x^{\varkappa}$ $(x^{\varkappa} \in X_{\varkappa})$ existiert mit

(11.3.3) $\qquad \sum_{\varkappa \in J} \| x^{\varkappa} \|_W^2 \leqslant C' \| x \|_A^2.$

Dann gilt die erste Ungleichung $W^{\mathrm{add\,SI}} \leqslant A$ in (1) mit $\gamma = 1/C'$.

Beweis. Quadrieren der Ungleichungen

$$\| x \|_A^2 = \langle x, x \rangle_A = \langle x, \sum p_{\varkappa} x^{\varkappa} \rangle_A = \sum \langle A x, p_{\varkappa} x^{\varkappa} \rangle =$$

$$= \sum \langle r_{\varkappa} A x, x^{\varkappa} \rangle = \sum \langle W_{\varkappa}^{-1/2} r_{\varkappa} A x, W_{\varkappa}^{1/2} x^{\varkappa} \rangle \leqslant$$

$$\leqslant \sum \| W_{\varkappa}^{-1/2} r_{\varkappa} A x \|_2 \| W_{\varkappa}^{1/2} x^{\varkappa} \|_2 \leqslant$$

$$\leqslant \left(\sum \| W_{\varkappa}^{-1/2} r_{\varkappa} A x \|_2^2 \right)^{1/2} \left(\sum \| W_{\varkappa}^{1/2} x^{\varkappa} \|_2^2 \right)^{1/2} =$$

$$= \left(\sum \| W_{\varkappa}^{-1/2} r_{\varkappa} A x \|_2^2 \right)^{1/2} \left(\sum \| x^{\varkappa} \|_W^2 \right)^{1/2} \leqslant$$

$$\leqslant \left(\sum \| W_{\varkappa}^{-1/2} r_{\varkappa} A x \|_2^2 \right)^{1/2} \left(C' \| x \|_A^2 \right)^{1/2} \tag{3}$$

und Kürzen des Faktors $\| x \|_A^2$ liefert $\langle A x, x \rangle \leqslant C' \sum \| W_{\varkappa}^{-1/2} r_{\varkappa} A x \|_2^2$. Wegen $\sum \| W_{\varkappa}^{-1/2} r_{\varkappa} A x \|_2^2 = \sum \langle A (p_{\varkappa} W_{\varkappa}^{-1} r_{\varkappa}) A x, x \rangle = \langle A N A x, x \rangle$, erhalten wir die Ungleichung

$$A \leqslant C' A N A \qquad\qquad (N = N^{\mathrm{add\,SI}}),$$

die zu $A^{-1} \leqslant C' N = C' (W^{\mathrm{add\,SI}})^{-1}$ und damit zu $A \geqslant \tfrac{1}{C'} W^{\mathrm{add\,SI}}$ äquivalent ist.

Wie die Voraussetzung (3) aus (2) abgeleitet werden kann, zeigt die

Übungsaufgabe 11.3.5. Es gelte (2) mit einer Konstanten C. Man beweise (3) mit $C' := C / \delta$, wobei δ die untere Schranke in (2.9): $\delta W_x \leqslant A_x$ ist.

Wünschenswert wäre es, wenn die Schranken γ und Γ aus (1) h-unabhängig wären. Auch wenn die Zahl k der Teilgebiete nicht selbst von h abzuhängen braucht, kann sie doch (je nach Zahl der vorhandenen Parallelprozessoren) groß werden, so daß auch die k-Unabhängigkeit von γ und Γ wünschenswert erscheint. Die Schranke $\Gamma = k$ aus (2.15b) ist demnach nicht optimal. Lemma 2.14 liefert bereits ein Kriterium für $\Gamma = K$, wobei K nicht von der Anzahl k der Teilgebiete, sondern nur vom Grad ihrer gegenseitigen Verbundenheit abhängt. Ferner kann Satz 2.17 hilfreich sein, falls $\rho(E)$ parameterunabhängig ist. Eine h- oder k-unabhängige untere Schranke γ erhält man aus Satz 1 (bzw. Satz 4) wenn die dortige Konstante C (bzw. C') h- bzw. k-unabhängig ist.

11.3.3 Konvergenzaussagen

Die additive Schwarz-Iteration Φ_Θ^{addSI} kann bei geeigneter Dämpfung als konvergente Iteration verwendet werden. Der optimale Dämpfungsfaktor Θ ist nach (4.4.5) $\Theta := 2/(\gamma+\Gamma)$ mit γ, Γ aus (1). Hierfür ergibt sich die Kontraktionszahl $\rho(M_\Theta^{addSI}) = \|M_\Theta^{addSI}\|_A \leqslant (\Gamma-\gamma)/(\Gamma+\gamma)$. Die gleiche Rate ergibt das Gradientenverfahren mit Φ_Θ^{addSI} als Basisiteration. Die beste Konvergenzrate $(\sqrt{\Gamma}-\sqrt{\gamma})/(\sqrt{\Gamma}+\sqrt{\gamma})$ liefert das cg-Verfahren bei Anwendung auf Φ_Θ^{addSI}. In jedem Falle ist ein kleiner Quotient Γ/γ vorteilhaft. In den letztgenannten Fällen spielt der Wert von Θ keine Rolle. Die Wahl $\Theta = 1$ führt zu $W_\Theta^{addSI} = W^{addSI}$ und $N_\Theta^{addSI} = N^{addSI}$.

Eine besonders einfach analysierbare Situation liegt im Falle von zwei disjunkten Teilgebieten vor (schwach 2-zyklischer Fall).

Satz 11.3.6. Vorausgesetzt seien $A > 0$ und (2.9a) mit $k = 2$ (2 disjunkte Gebiete). **(a)** Dann haben die optimalen Schranken γ, Γ in (1) die Form

$$(11.3.4a) \qquad \gamma = 1 - \delta, \qquad \Gamma = 1 + \delta \qquad \text{mit}$$

$$(11.3.4b) \qquad \delta := \|A_1^{-1/2} p_1^H A p_2 A_2^{-1/2}\|_2 < 1 \qquad (A_x \text{ aus } (2.5)).$$

(b) $\Theta = 1$ ist der optimale Dämpfungsfaktor der additiven Schwarz-Iteration und liefert die Konvergenzrate $\rho(M_1^{addSI}) = \|M_1^{addSI}\|_A = \delta$. Das cg-Verfahren angewandt auf Φ_Θ^{addSI} hat die asymptotische Rate $\delta/(1+\sqrt{1-\delta^2})$.

(c) Die Zahl δ aus (4b) ist gleichzeitig die beste Schranke in der _verschärften Cauchy-Schwarz-Ungleichung_

$$(11.3.4c) \qquad |\langle x, y \rangle_A| \leqslant \delta \|x\|_A \|y\|_A \qquad \text{für alle } x \in \text{Bild}(p_1), \, y \in \text{Bild}(p_2).$$

Beweis. (i) Indem man in (4c) $x = p_1 x^1$ und $y = p_2 x^2$ mit $x^\varkappa \in X_\varkappa$ einsetzt und $\| p_\varkappa x^\varkappa \|_A = \langle A p_\varkappa x^\varkappa, p_\varkappa x^\varkappa \rangle^{1/2} = \langle A_\varkappa x^\varkappa, x^\varkappa \rangle^{1/2} = \| A_\varkappa^{1/2} x^\varkappa \|_2$ ausnutzt, stellt man die Gleichheit des optimalen δ aus (4c) und der Norm (4b) fest. (ii) Die Übereinstimmung der additiven Schwarz-Iteration mit der Block-Jacobi-Iteration angewandt auf $\hat{A}\hat{x} = \hat{b}$ ($\hat{A}$ aus (2.16c)) führt auf die Äquivalenz der Ungleichung (1) zu $\gamma D \leqslant \hat{A} \leqslant \Gamma D$ mit $D := \mathrm{blockdiag}\{A_1, A_2\}$. Letzteres läßt sich als $(\gamma - 1)D \leqslant \hat{A} - D \leqslant (\Gamma - 1)D$ schreiben. Auf $B := D^{-1/2}(\hat{A} - D)D^{-1/2}$ kann Lemma 5.2.1 angewandt werden und liefert $\lambda_{\max}(B) = \delta$ und $\lambda_{\min}(B) = -\delta$. Aus $\gamma - 1 = -\delta$ und $\Gamma - 1 = \delta$ folgen die restlichen Aussagen. ■

Die Konstante δ aus (4c) ist mit ε_{12} aus (2.26b) identisch.

Eine entsprechende Analyse für $k = 2$ *überlappende* Teilgebiete findet man bei Bjørstad-Mandel [1]. Anders als in Satz 6 gilt stets $\Gamma = 2$. Zum Beweis wähle man $0 \neq x \in \mathrm{Bild}(p_1) \cap \mathrm{Bild}(p_2)$, was wegen (2.9b) möglich ist. Aus $p_\varkappa A_\varkappa^{-1} r_\varkappa A x = x$ für $\varkappa = 1, 2$ folgt $N A x = 2x$ oder $A x = 2 W x$ und erzwingt $\Gamma \geqslant 2$. Andererseits gilt nach (2.15b) $\Gamma \leqslant k = 2$. Da alle Eigenvektoren $x \in \mathrm{Bild}(p_1) \cap \mathrm{Bild}(p_2)$ zum gleichen Eigenwert 2 führen, stört dieser beim cg-Verfahren kaum, sondern macht sich nur bei der iterativen Anwendung oder beim Gradientenverfahren bemerkbar.

Sei $\Phi_{(m)}$ die additive Schwarz-Iteration mit m-facher Anwendung eines sekundären Verfahrens $\Phi_\varkappa$ zur Lösung der Gleichung $A_\varkappa y^\varkappa = p_\varkappa^H d$ mit dem Startwert $y^{\varkappa,0} := 0$. Nachdem oben o.B.d.A. der Fall $m = 1$ betrachtet worden ist, sei zu $m > 1$ folgendes ergänzt:

Übungsaufgabe 11.3.7. Für jedes $m \geqslant 1$ ist $\Phi_{(m)}$ wieder eine symmetrische Iteration und konvergiert monoton in der Energienorm. Die zugehörige Matrix $N_{(m)}$ der zweiten Normalform hat die Darstellung

$$(11.3.5a) \qquad N_{(m)} = \sum_{\varkappa \in J} p_\varkappa \left(I - (I - W_\varkappa^{-1} A_\varkappa)^m \right) A_\varkappa^{-1} p_\varkappa^H$$

und erfüllt für gerade m die Abschätzungen

$$(11.3.5b) \qquad \gamma \left(1 - \max\{(1 - \delta)^m, (1 - \Delta)^m\} \right) A^{-1} \leqslant N_{(m)} \leqslant \Gamma A^{-1}.$$

(5b) impliziert (5c) für die Matrix $W_{(m)}$ der dritten Normalform:

$$(11.3.5c) \qquad \gamma \left(1 - \max\{(1 - \delta)^m, (1 - \Delta)^m\} \right) W_{(m)} \leqslant A \leqslant \Gamma W_{(m)}.$$

Für die entsprechende Aussage für ein ungerades m vergleiche man §8.4.3. Anstelle der iterativen Lösung von $A_\varkappa y^\varkappa = c^\varkappa$ könnte auch an ein semiiteratives Vorgehen gedacht werden.

Die Kondition verschlechtert sich nach Übungsaufgabe 7 von Γ/γ im Falle der exakten Lösung auf $\Gamma / [\gamma(1 - \max\{(1 - \delta)^m, (1 - \Delta)^m\})]$. Wegen der geeigneten Wahl von m hat man die Aufwandsüberlegungen aus §8.4.4 zu wiederholen.

11.4 Analyse der multiplikativen Schwarz-Iteration

11.4.1 Konvergenzaussagen

Da die Indizes von $J = \{1, 2, \ldots, k\}$ für die multiplikative Version angeordnet sein müssen, seien sie im folgenden mit i (bzw. j) statt $\varkappa$ bezeichnet. Ein sehr einfach zu behandelnder Fall ist der von $k=2$ nichtüberlappenden Gebieten:

Übungsaufgabe 11.4.1. Man beweise, daß die *multiplikative* Schwarz-Iteration unter den Voraussetzungen von Satz 3.6 die Konvergenzrate δ^2 besitzt. *Hinweis*: Folgerung 5.5.2.

Im allgemeinen Fall $k>1$ folgen wir den Darstellung von Xu [2] (vgl. auch Bramble-Pasciak-Wang-Xu [1]) und Yserentant [7]. Von Anfang an lassen wir zu, daß die Teilprobleme mit Hilfe der Matrizen W_i ($i \in J$) näherungsweise gelöst werden (vgl. §11.2.6). Die Wahl $A_i = W_i$ entspräche der exakten Lösung.

Die Konvergenzdiskussion basiert auf zwei Ungleichungen, die (3.3) und (2.26b) ähneln. Die Konstanten $\varepsilon_{\varkappa\lambda} = \varepsilon_{ij}$ aus (2.26b) können eher kleiner und damit besser werden, wenn $y^j \in X_j$ auf einen kleineren Unterraum Y_j beschränkt wird. Wir führen daher Unterräume $\{Y_j : 1 \le j \le k\}$ mit

$$(11.4.1) \qquad Y_j \subset X_j, \qquad \sum_{j=1}^{k} p_j Y_j = X.$$

Dabei ist $p_j Y_j = \{p_j y^j : y^j \in Y_j\}$ das Bild von p_j beschränkt auf Y_j. Die zweite Bedingung in (1) garantiert, daß jedes $x \in X$ eine Darstellung $x = \sum p_j y^j$ mit $y^j \in Y_j$ besitzt. Im Überlappungsfall (2.9b) kann man beispielsweise Y_j so wählen, daß $\{Y_j : 1 \le j \le k\}$ nichtüberlappend wird.

Ungleichung (3.3) nimmt nun die folgende Form an. Es gebe eine Schranke C_1, so daß für jedes $x \in X$ gelte:

$$(11.4.2) \qquad \sum_{j=1}^{k} \| y^j \|_W^2 \le C_1 \| x \|_A^2$$

für eine geeignete Zerlegung $x = \sum p_j y^j$ mit $y^j \in Y_j$.

Für die triviale Wahl $Y_j = X_j$ stimmen (2) und Bedingung (3.3) aus Satz 3.4 überein. Andernfalls ist Bedingung (2) stärker, da es weniger Zerlegungen $x = \sum p_j y^j$ mit $y^j \in Y_j$ gibt als $x = \sum p_j x^j$ mit $x^j \in X_j$ wie in (3.3).

Zusätzlich zu (2) benötigen wir eine Abschätzung, die einer verschärften Cauchy-Schwarz-Ungleichung ähnelt. Seien ε_{ij}^{XY} die kleinsten Zahlen in

$$(11.4.3a) \qquad |\langle p_i x^i, p_j y^j \rangle_A| \le \varepsilon_{ij}^{XY} \| x^i \|_W \| y^j \|_W$$
$$\text{für alle } x^i \in X_i, \ y^j \in Y_j, \text{ und } i < j.$$

Für $i \ge j$ setzen wir $\varepsilon_{ij}^{XY} := 0$. Für $X_j = Y_j$ und $i < j$ ist (3a) mit (2.26b) identisch, d.h. $\varepsilon_{ij}^{XY} = \varepsilon_{ij}$; andernfalls kann $\varepsilon_{ij}^{XY} \le \varepsilon_{ij}$ zu einer echten Ungleichung werden. Die strikte obere Dreiecksmatrix

$$(11.4.3b) \qquad E_{XY} := (\varepsilon_{ij}^{XY})_{i,j=1,\ldots,k}$$

habe die Spektralnorm

$$(11.4.3c) \qquad C_2 := \| E_{XY} \|_2 .$$

Eine Abschätzung dieser $k \times k$-Matrix findet sich in

Übungsaufgabe 11.4.2. Man beweise $\varepsilon_{ij}^{XY} \leq \Delta$ mit Δ aus (2.21) für alle $i < j$ und $C_2 \leq \Delta \sqrt{k(k-1)/2} < k\Delta$. *Hinweis:* $\| E_{XY} \|_2^2 \leq \| E_{XY}^T E_{XY} \|_\infty$.

Das erste Konvergenzergebnis liefert der

Satz 11.4.3. Es gelte (2.21): $A_j \leq \Delta W_j$ mit $\Delta < 2$. C_1 und C_2 seien die Schranken aus (2) und (3c). Dann konvergiert die multiplikative Schwarz-Iteration monoton bezüglich der Energienorm. Die Kontraktionszahl kann durch (4) abgeschätzt werden:

$$(11.4.4) \qquad \| M^{\mathrm{multSI}} \|_A \leq \sqrt{1 - (2 - \Delta)/[C_1(1 + C_2)^2]} .$$

Mit der Schranke C_2 aus Übung 2 erhält man die k-abhängige Rate $\| M^{\mathrm{multSI}} \|_A \leq 1 - O(k^{-2})$. Sobald man k-unabhängige C_1, C_2 findet, wird auch die Konvergenzgeschwindigkeit k-unabhängig. Falls die Teilraumprobleme exakt gelöst werden $(A_j = W_j)$, wird der Faktor $2 - \Delta$ in (4) zu 1.

Das zweite Konvergenzresultat ersetzt die Bedingungen (3a–c) durch

$$(11.4.5) \qquad \| x \|_A^2 \leq C_3 \sum_{j=2}^{k} \frac{1}{j-1} \| y^j \|_W^2 \quad \text{für jedes } x = \sum_{j=2}^{k} p_j \, y^j \text{ mit } y^j \epsilon Y_j .$$

Die Beziehung zu (3a–c) erkennt man an den folgenden hinreichenden Bedingungen für (5).

Lemma 11.4.4. Sei δ_{ij} $(1 \leq i, j \leq k)$ die kleinste Zahl mit

$$(11.4.6a) \qquad \langle p_i y^i, p_j y^j \rangle_A \leq \delta_{ij} \| y^i \|_W \| y^j \|_W \quad \text{für alle } y^i \epsilon Y_i, \; y^j \epsilon Y_j .$$

E_{YY} sei die symmetrische $k \times k$-Matrix

$$(11.4.6b) \qquad E_{YY} := (\sqrt{i-1} \, \sqrt{j-1} \, \delta_{ij})_{i,j=1,\dots,k} .$$

Dann gilt die Ungleichung (5) mit $C_3 := \rho(E_{YY})$.

Beweis. Die Norm von $x = \sum_{j=2}^{k} p_j \, y^j$ kann abgeschätzt werden durch

$$\| x \|_A^2 = \sum_{i,j=2}^{k} \langle p_i y^i, p_j y^j \rangle_A \leq \sum_{i,j=2}^{k} \delta_{ij} \| y^i \|_W \| y^j \|_W =$$

$$= \sum_{i,j=2}^{k} (E_{YY})_{ij} [(i-1)^{-1/2} \| y^i \|_W] [(j-1)^{-1/2} \| y^j \|_W] =$$

$$\leq \rho(E_{YY}) [\sum_{j=2}^{k} (j-1)^{-1} \| y^i \|_W^2] . \qquad \blacksquare$$

Es gilt $\delta_{ij} \leq \varepsilon_{ij}^{XY}$ mit ε_{ij}^{XY} aus (3a) für $i < j$, da beide Argumente y^i und y^j aus möglicherweise kleineren Teilräumen stammen. Die Gewichte $\sqrt{i-1}$ in (6b) unterstreichen, daß die Anordnung der Teilschritte im multiplikativen Verfahren wesentlich ist. Leider kann die Größe C_3 nicht

k-unabhängig sein. Dies zeigt Teil (b) in

Übungsaufgabe 11.4.5 (a) Man beweise, daß (6a) für die Wahl $\delta_{ij}=\Delta$ stets erfüllt ist und zu $C_3=\Delta k(k-1)/2$ führt. Ferner gilt die Ungleichung $C_3 \leqslant (k-1)\varrho((\delta_{ij})_{i,j=1,\dots,k})$.
(b) Sei $W_i=A_i$. Man zeige $C_3 \geqslant k-1$.

Das auf (5) beruhende Konvergenzresultat lautet wie folgt.

Satz 11.4.6. Es gelte (2.21): $A_j \leqslant \Delta W_j$ mit $\Delta < 2$. Seien C_1 und C_3 die in (2) und (5) definierten Zahlen. Dann konvergiert die multiplikative Schwarz-Iteration monoton bezüglich der Energienorm. Die Kontraktionszahl kann abgeschätzt werden durch

$$(11.4.7) \qquad \| M^{\mathrm{mult\,SI}} \|_A \;\leqslant\; \sqrt{1-(2-\Delta)/[\,C_1(1+\sqrt{\Delta C_3}\,)^2\,]}\,.$$

Die in Satz 3 verwendete Norm C_2 aus (3c) kann eventuell deshalb größer als $O(1)$ ausfallen, weil die ersten k_0 Zeilen der Matrix E_{XY} stärker besetzt sind. Dann kann

$$(11.4.8) \qquad C_{2,k_0} := \varrho(E_{XY,k_0}), \qquad E_{XY,k_0} := (\varepsilon_{ij}^{XY})_{i,j=k_0+1,\dots,k}$$

deutlich kleiner als $C_2=C_{2,0}$ sein. Das folgende, hierauf beruhende Resultat stammt von Dryja–Widlund [3]:

Zusatz 11.4.7. Es gelte (2.21): $A_j \leqslant \Delta W_j$ mit $\Delta < 2$. C_1 sei durch (2) und C_{2,k_0} durch (8) für ein geeignetes $k_0 \in \{1,\dots,k\}$ definiert. Dann gilt

$$\| M^{\mathrm{mult\,SI}} \|_A \;\leqslant\; \sqrt{1-(2-\Delta)/\{C_1[\,1+\sqrt{C_{2,k_0}^2+\Delta k_0(\tfrac{2}{C_1}+\Delta(k_0+1))}\,]^2\}}\,.$$

11.4.2 Beweis der Konvergenzsätze

Die Produkte

$$(11.4.9\mathrm{a}) \qquad M_i := (I-\Pi_i)(I-\Pi_{i-1})\cdot\ldots\cdot(I-\Pi_1) \qquad\qquad (1 \leqslant i \leqslant k)$$

mit $\Pi_i := p_i W_i^{-1} p_i^H A$ aus (2.20a) sind die Iterationsmatrizen des Produktverfahrens $\Phi_i \circ \ldots \circ \Phi_1$ aus den ersten i Teilschritten. Wie üblich, wird das leere Produkt definiert als

$$(11.4.9\mathrm{b}) \qquad M_0 := I.$$

Nach (2.22a) gilt $M^{\mathrm{mult\,SI}} = M_k$. Durch Aufsummieren der Identitäten

$$(11.4.10\mathrm{a}) \qquad M_{i-1} - M_i = \Pi_i M_{i-1} \qquad\qquad (1 \leqslant i \leqslant k)$$

erhält man

$$(11.4.10\mathrm{b}) \qquad I - M_i = \sum_{j=1}^{i} \Pi_j M_{j-1} \qquad\qquad (1 \leqslant i \leqslant k).$$

Lemma 11.4.8. Für alle $x \in X$, $j \in J$ gilt $\| \Pi_j x \|_A^2 \leqslant \Delta \langle \Pi_j x, x \rangle_A$ mit Δ aus (2.21).

Beweis. $A_j \leqslant \Delta W_j$ und

$$\| \Pi_j x \|_A^2 = \langle A p_j W_j^{-1} r_j A x, p_j W_j^{-1} r_j A x \rangle =$$
$$= \langle A p_j W_j^{-1} r_j A\, p_j W_j^{-1} r_j A x, x \rangle = \langle A p_j W_j^{-1} A_j W_j^{-1} r_j A x, x \rangle$$

zeigen $\| \Pi_j x \|_A^2 \leqslant \Delta \langle A p_j W_j^{-1} r_j A x, x \rangle = \Delta \langle \Pi_j x, x \rangle_A$. ∎

Lemma 11.4.9. Für alle $x \in X$ gilt

$$(11.4.11) \qquad \| x \|_A^2 - \| M^{\mathrm{multSI}} x \|_A^2 \geqslant (2 - \Delta) \sum_{i=1}^{k} \langle \Pi_i M_{i-1} x, M_{i-1} x \rangle_A .$$

Beweis. (10a) und Lemma 8 beweisen

$$\| M_{i-1} x \|_A^2 - \| M_i x \|_A^2 = \| M_{i-1} x \|_A^2 - \| (M_{i-1} - \Pi_i M_{i-1}) x \|_A^2 =$$
$$= 2 \langle M_{i-1} x, \Pi_i M_{i-1} x \rangle_A - \| \Pi_i M_{i-1} x \|_A^2 \geqslant$$
$$\geqslant (2 - \Delta) \langle \Pi_i M_{i-1} x, \Pi_i M_{i-1} x \rangle_A .$$

Die Summation über $1 \leqslant i \leqslant k$ liefert (3), da $M_0 = I$ und $M_k = M^{\mathrm{multSI}}$. ∎

Lemma 11.4.10. C_1 sei die Schranke aus (2). $x, x_j \in X$ seien beliebig. Mit der Zerlegung $x = \sum p_j y^j$, $y^j \in Y_j$, aus (2), gilt

$$(11.4.12) \qquad \sum_{j=1}^{k} \langle p_j y^j, x_j \rangle_A \leqslant \sqrt{C_1}\, \| x \|_A \sqrt{\sum_{j=1}^{k} \langle \Pi_j x_j, x_j \rangle_A} .$$

Beweis. Summation von

$$\langle p_j y^j, x_j \rangle_A = \langle y^j, r_j A x_j \rangle = \langle W_j^{1/2} y^j, W_j^{-1/2} r_j A x_j \rangle \leqslant$$
$$\leqslant \| y^j \|_W \| W_j^{-1/2} r_j A x_j \|_2$$

zusammen mit $\| W_j^{-1/2} r_j A x_j \|_2^2 = \langle A p_j W_j^{-1} r_j A x_j, x_j \rangle = \langle \Pi_j x_j, x_j \rangle_A$ zeigt

$$\sum \langle p_j y^j, x_j \rangle_A \leqslant \sum \| y^j \|_W \langle \Pi_j x_j, x_j \rangle_A^{1/2} \leqslant [\sum \| y^j \|_W^2]^{1/2} [\sum \langle \Pi_j x_j, x_j \rangle_A]^{1/2} .$$

Anwendung von (2) auf die erste Wurzel liefert (12). ∎

Beweis des Satzes 3. Für ein gegebenes $x \in X$ wähle man eine Zerlegung $x = \sum p_j y^j$ mit $y^j \in Y_j$ derart, daß Ungleichung (2) zutrifft. Wir schreiben $\| x \|_A^2$ als

$$(11.4.13a) \qquad \begin{aligned} \| x \|_A^2 &= \sum_j \langle x, p_j y^j \rangle_A = \\ &= \sum_j \langle M_{j-1} x, p_j y^j \rangle_A + \sum_j \langle (I - M_{j-1}) x, p_j y^j \rangle_A . \end{aligned}$$

Zur Abschätzung der ersten Summe wende man Lemma 9 mit $x_j := M_{j-1} x \in X$ an:

$$(11.4.13b) \qquad \sum_j \langle M_{j-1} x, p_j y^j \rangle_A \leqslant \sqrt{C_1}\, \| x \|_A \sqrt{\sum_{j=1}^{k} \langle \Pi_j M_{j-1} x, M_{j-1} x \rangle_A} .$$

Für die zweite Summe in (13a) nutze man (10b) aus:

$$\langle (I-M_{j-1})x, p_j\, y^j\rangle_A = \sum_{i=1}^{j-1} \langle \Pi_i\, M_{i-1}x, p_j\, y^j\rangle_A .$$

Da $\Pi_i\, M_{i-1}x = p_i\, W_i^{-1}\, r_i\, A M_{i-1}x \in p_i X_i$, **kann man (3a) anwenden:**

$$(11.4.13c)\qquad \sum_{j=1}^{k} \langle (I-M_{j-1})x, p_j\, y^j\rangle_A \;\leqslant\; \sum_{1\leqslant i<j\leqslant k} \langle \Pi_i\, M_{i-1}x, p_j\, y^j\rangle_A \;\leqslant$$

$$\leqslant\; \sum_{1\leqslant i<j\leqslant k} \epsilon_{ij}^{XY}\, \|W_i^{-1}\, r_i\, A M_{i-1}x\|_W\, \|y^j\|_W \;=\langle E_{XY}\,\alpha,\beta\rangle,$$

wobei die Vektoren $\alpha,\beta\in\mathbb{R}^k$ **die Komponenten** $\alpha_i=\|W_i^{-1}\, r_i\, A M_{i-1}x\|_W$
und $\beta_j=\|y^j\|_W$ **haben.** $\langle E_{XY}\,\alpha,\beta\rangle \leqslant \|E_{XY}\|_2\|\alpha\|_2\|\beta\|_2 = C_2\|\alpha\|_2\|\beta\|_2$ **und**

$$\|\alpha\|_2^2 = \sum_i \|W_i^{-1}r_i\, A M_{i-1}x\|_W^2 = \sum_i \langle r_i\, A M_{i-1}x, W_i^{-1}\, r_i\, A M_{i-1}x\rangle =$$

$$= \sum_i \langle A p_i\, W_i^{-1}r_i\, A M_{i-1}x, M_{i-1}x\rangle = \sum_i \langle \Pi_i\, M_{i-1}x, M_{i-1}x\rangle_A,$$

ergeben

$$\sum_{j=1}^{k} \langle (I-M_{j-1})x, p_j\, y^j\rangle_A \;\leqslant\; C_2\sqrt{\sum_j \|y^j\|_W^2}\;\sqrt{\sum_i \langle \Pi_i\, M_{i-1}x, M_{i-1}x\rangle_A}.$$

Ungleichung (2) ermöglicht die Abschätzung

$$(11.4.13d)\qquad \sum_{j=1}^{k} \langle (I-M_{j-1})x, p_j\, y^j\rangle_A \leqslant C_2\sqrt{C_1}\,\|x\|_A\sqrt{\sum_i \langle \Pi_i\, M_{i-1}x, M_{i-1}x\rangle_A}.$$

Zusammen ergeben (13a,b,d)

$$\|x\|_A^2 \;\leqslant\; \sqrt{C_1}\,(1+C_2)\,\|x\|_A\sqrt{\sum_i \langle \Pi_i\, M_{i-1}x, M_{i-1}x\rangle_A}.$$

Daher ist $\sum_i \langle \Pi_i\, M_{i-1}x, M_{i-1}x\rangle_A$ **von unten durch**

$$\sum_i \langle \Pi_i\, M_{i-1}x, M_{i-1}x\rangle_A \;\geqslant\; \|x\|_A^2 \,/\, [C_1\,(1+C_2)^2\,]$$

beschränkt. Diese Ungleichung und Lemma 9 beweisen

$$\|M^{\mathrm{mult\,SI}}x\|_A^2 \;\leqslant\; \|x\|_A^2 - (2-\Delta)\sum_i \langle \Pi_i\, M_{i-1}x, M_{i-1}x\rangle_A \;\leqslant$$

$$\leqslant\; \|x\|_A^2 - (2-\Delta)\|x\|_A^2 \,/\, [C_1\,(1+C_2)^2\,].$$

Da hierin $x\in X$ **beliebig ist, folgt die Abschätzung (4) und beendet den
Beweis von Satz 3.** ▨

Beweis von Satz 6. **Der Beweis weicht nur in der Behandlung der linken
Seit in (13c) vom vorherigen Beweis ab. (10b) erlaubt die Umformung**

$$\sum_{j=1}^{k} \langle (I-M_{j-1})x, p_j\, y^j\rangle_A = \sum_{1\leqslant i<j\leqslant k} \langle \Pi_i\, M_{i-1}x, p_j\, y^j\rangle_A =$$

$$= \sum_{i=1}^{k-1}\sum_{j=i+1}^{k} \langle \Pi_i\, M_{i-1}x, p_j\, y^j\rangle_A = \sum_{i=1}^{k-1} \langle \Pi_i\, M_{i-1}x, \sum_{j=i+1}^{k} p_j\, y^j\rangle_A \;\leqslant$$

$$\leqslant \sum_{i=1}^{k-1} \| \Pi_i M_{i-1} x \|_A \| \sum_{j=i+1}^{k} p_j y^j \|_A \leqslant$$

$$\leqslant \sqrt{\sum_{i=1}^{k-1} \| \Pi_i M_{i-1} x \|_A^2} \sqrt{\sum_{i=1}^{k-1} \| \sum_{j=i+1}^{k} p_j y^j \|_A^2}.$$

Anwendung von (5) auf $x = \sum_{j=i+1}^{k} p_j y^j$ (d.h. $y^2 = y^3 = \ldots = y^i = 0$) liefert

$$\sum_{i=1}^{k-1} \| \sum_{j=i+1}^{k} p_j y^j \|_A^2 \leqslant \sum_{i=1}^{k-1} C_3 \sum_{j=i+1}^{k} \frac{1}{j-1} \| y^j \|_W^2 =$$

$$= C_3 \sum_{j=2}^{k} \sum_{i=1}^{j-1} \frac{1}{j-1} \| y^j \|_W^2 = C_3 \sum_{j=2}^{k} \| y^j \|_W^2.$$

Lemma 8 zeigt $\| \Pi_i M_{i-1} x \|_A^2 \leqslant \Delta \langle \Pi_i M_{i-1} x, M_{i-1} x \rangle_A$. Zusammen ergibt sich

$$\sum_{j=1}^{k} \langle (I - M_{j-1}) x, p_j y^j \rangle_A \leqslant \sqrt{\Delta C_3} \sqrt{\sum_{j=2}^{k} \| y^j \|_W^2} \sqrt{\sum_{i=1}^{k-1} \langle \Pi_i M_{i-1} x, M_{i-1} x \rangle_A} \leqslant \tag{2}$$

$$\leqslant \sqrt{\Delta C_1 C_3} \| x \|_A \sqrt{\sum_{i=1}^{k-1} \langle \Pi_i M_{i-1} x, M_{i-1} x \rangle_A}.$$

Ein Vergleich mit (13d) zeigt, daß hier $\sqrt{\Delta C_3}$ anstelle von C_2 in (13d) erscheint. Indem wir C_2 in (4) durch $\sqrt{\Delta C_3}$ setzen, erhalten wir (7). ▨

Beweis von Zusatz 7. Die Summe in (13c) über $1 \leqslant i < j \leqslant k$ kann in einen ersten Teil mit $i \leqslant k_0$ und einen zweiten mit $k_0 < i < j \leqslant k$ aufgespalten werden. Die Schranke des zweiten Teils ergibt sich, indem man die untere Indexgrenze 1 durch $k_0 + 1$ ersetzt:

$$\Sigma_I := \sum_{j=k_0+1}^{k} \langle (I - M_{j-1}) x, p_j y^j \rangle_A \leqslant$$

$$\leqslant C_{2,k_0} \sqrt{C_1} \| x \|_A \Big\{ \sum_{j=k_0+1}^{k} \langle \Pi_i M_{i-1} x, M_{i-1} x \rangle_A \Big\}^{1/2}.$$

Der durch $i \leqslant k_0$ charakterisierte erste Anteil schreibt sich als

$$\Sigma_{II} = \sum_{j=1}^{k} \sum_{i=1}^{\min(j-1, k_0)} \langle \Pi_i M_{i-1} x, p_j y^j \rangle_A = \sum_{i=1}^{k_0} \langle \Pi_i M_{i-1} x, \sum_{j=i+1}^{k} p_j y^j \rangle_A =$$

$$= \sum_{i=1}^{k_0} \langle \Pi_i M_{i-1} x, x - \sum_{j=1}^{i} p_j y^j \rangle_A.$$

Die Cauchy-Schwarz-Ungleichung zusammen mit $\| p_j y^j \|_A \leqslant \sqrt{\Delta} \| y^j \|_W$, (2) und Lemma 8 ergeben

$$\Sigma_{II}^2 \leqslant \Delta k_0 (2 + \Delta C_1 (k_0 + 1)) \| x \|_A^2 \sum_{i=1}^{k_0} \langle \Pi_i M_{i-1} x, M_{i-1} x \rangle_A.$$

Wie im Beweis zu Satz 3 folgt die Aussage von Zusatz 7. ▨

11.5 Beispiele

11.5.1 Schwarz-Verfahren mit echter Gebietszerlegung

Das Quadrat $\Omega \subset (0,1) \times (0,1)$ sei wie in Abb. 1
in disjunkte Teilquadrate $\Omega_\varkappa$ $(\varkappa \in J)$ der Seiten-
länge H so aufgeteilt, daß $\overline{\Omega} = \cup \overline{\Omega}_\varkappa$. Damit wir
die für die Schwarz-Iteration typischen über-
lappenden Teilgebiete erhalten, erweitern wir
$\Omega_\varkappa$ zum Quadrat $\Omega'_\varkappa$ durch eine Verlängerung der
Seiten nach links und oben um αH (vgl. Abb. 1).
In Randnähe ist $\Omega'_\varkappa$ auf Ω zu beschränken. Das
Gitter Ω_h des Poisson-Modellproblems mit der
Schrittweite h sei mit der Gebietszerlegung
kompatibel: H/h und $\alpha H/h$ seien ganzzahlig.

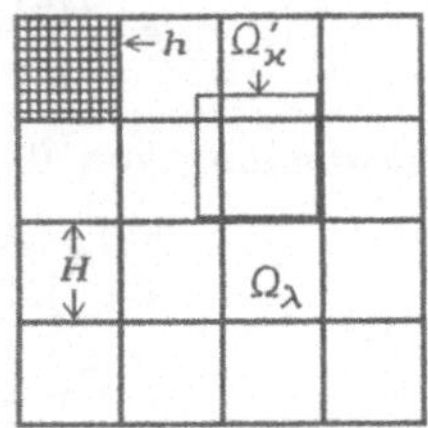

Abb. 11.5.1 $\Omega_\varkappa$, $\Omega'_\varkappa$

Die Gesamtindexmenge ist $I = \Omega_h$. Die Teilmengen $I_\varkappa$ ergeben sich als
$I_\varkappa := I \cap \Omega'_\varkappa$. Vektoren $x^\varkappa \in X_\varkappa$ können als Gitterfunktionen auf $\Omega'_\varkappa$
aufgefaßt werden. Für $p_\varkappa$ wird die triviale Wahl (2.10a) getroffen.
Die Matrizen $A_\varkappa = p_\varkappa^H A \, p_\varkappa$ sind wieder die Poisson-Modellmatrizen
(allerdings über einem kleineren Quadrat).

Die entstehende multiplikative Variante der Schwarz-Iteration ist
das klassische Schwarz-Verfahren, nur ist die Zahl der Teilgebiete $\Omega'_\varkappa$
von 2 auf H^{-2} verallgemeinert. Für die Konvergenzanalyse der additiven
Variante hat man die Größen γ, Γ aus (3.1) zu bestimmen. Lemma 2.14
läßt sich wie folgt anwenden. Die Quadrate $\Omega'_\varkappa$ seien analog zur
Vierfarbennumerierung (4.2.12) in vier Klassen $J_1, \ldots, J_4$ eingeteilt. Zwei
Quadrate $\Omega'_\varkappa$, Ω'_λ mit $\varkappa \neq \lambda$, $\varkappa \in J_i$, $\lambda \in J_j$, $i \neq j$, haben den Abstand
$(1-\alpha)H > h$, wenn $\alpha < 1 - H/h$. Damit sind $\varkappa$ und λ nicht verbunden
(vgl. (2.24)), so daß Lemma 2.14 $\Gamma = K = 4$ beweist.

Die Schranke γ erweist sich zwar als h-, nicht aber H-unabhängig:
$\gamma = O(H^2)$ (vgl. Widlund [2]). Die Ursache versteht man anhand des
Satzes 3.1. Eine glatte Gitterfunktion wie z.B. $x = \sin(\xi\pi) \sin(\eta\pi)$
$((\xi,\eta) \in \Omega)$ läßt sich nicht in $x = \sum p_\varkappa x^\varkappa$ mit glatten Teilgitterfunktionen
$p_\varkappa x^\varkappa$ zerlegen, da sich die Träger von $p_\varkappa x^\varkappa$ überlappen und zu einer
nichtglatten Summe $\sum p_\varkappa x^\varkappa$ führen würden. Wenn aber x glatt und
$p_\varkappa x^\varkappa$ nicht glatt sind, ist $\langle Ax, x \rangle$ klein gegenüber $\langle A p_\varkappa x^\varkappa, p_\varkappa x^\varkappa \rangle$,
so daß $C = 1/\gamma$ in (3.2) groß ausfällt.

Die Verschlechterung der Kondition Γ/γ für kleiner werdendes H
erkennt man als unvermeidlich, wenn man den Grenzfall $H = h$ wählt.
Das (als Gebiet stets offene) Quadrat $\Omega'_\varkappa$ enthält dann genau einen
Gitterpunkt. Die additive Schwarz-Iteration ist damit das klassische
punktweise (eventuell gedämpfte) Jacobi-Verfahren, für das
$\Gamma/\gamma = O(h^{-2}) = O(H^{-2})$ gilt. Die gleiche Konvergenzordnung gilt für die
multiplikative Variante (eigentliche Schwarz-Iteration), die mit der
klassischen *punktweisen* Gauß-Seidel-Iteration übereinstimmt.

11.5.2 Additive Schwarz-Iteration mit Grobgitterkorrektur

Um das ungünstige Konvergenzresultat aus §11.5.1 zu verbessern, wird eine Grobgitterkorrektur hinzugenommen (vgl. Dryja [4], Dryja-Widlund [1,2]). Zu den Indizes $J=\{1,\ldots,H^{-2}\}$ aus §11.5.1, die den Teilquadraten $\Omega'_{\varkappa}$ entsprechen, wird noch 0 hinzugefügt. Die Indexmenge $I_0=\Omega_H$ bestehe aus allen (inneren) Gitterpunkten zur groben Schrittweite H. Die zugehörige Prolongation $p_0\colon X_0=\mathbb{K}^{I_0}\to X=\mathbb{K}^I$ wird nun abweichend von (2.10a) definiert. Es reicht, die Anwendung von p_0 auf Einheitsvektoren zu erklären. Sei $e_{\xi,\eta}\in X_0$ der Vektor mit dem Wert 1 auf dem Gitterknoten $(\xi,\eta)\in\Omega_H=I_0$ und 0 auf allen anderen. Zunächst beschreibe p_0 die stückweise bilineare Interpolation in $I=\Omega_h$:

(11.5.1a) $(p_0\,e_{\xi,\eta})(x,y) = (1-|\xi-x|/H)(1-|\eta-y|/H)$
$$\text{für } (x,y)\in\Omega_h \text{ mit } |\xi-x|,\ |\eta-y| < H,$$

(11.5.1b) $(p_0\,e_{\xi,\eta})(x,y) = 0$ sonst.

Durch Hinzunahme von $0\in J$ kann sich laut Lemma 2.14 die bisherige Schranke $\Gamma=4$ höchstens auf $\Gamma=5$ erhöhen. Für γ sind jetzt aber bessere Abschätzungen möglich, da anstelle der Gitterfunktion x nur noch der Interpolationsrest $x-p_0x^0$ [wir wählen: $x^0(\xi,\eta)\colon=x(\xi,\eta)$ für $(\xi,\eta)\in\Omega_H$] durch $\sum p_\varkappa x^\varkappa$ dargestellt zu werden braucht. Für die Kondition Γ/γ läßt sich die Größenordnung $O(1+\log(H/h))$ nachweisen. Γ/γ wird h- und H-unabhängig, falls p_0 als die (bezüglich der Euklidischen Norm) orthogonale Projektion gewählt wird (vgl. Dryja-Widlund [1,2], Dryja [4]).

Eine ähnliche Idee mit nichtüberlappenden Teilgebieten $\Omega_\varkappa=\Omega'_\varkappa$ liegt dem Verfahren von Bramble-Pasciak-Schatz [2] zugrunde.

11.5.3 Formulierung im Fall einer Galerkin-Diskretisierung

Das Randwertproblem sei in der Form (10.6.13): «$v\in V$, $a(v,w)=(f,w)_U$ für alle $w\in V$» beschrieben und durch (10.6.14b):

(11.5.2) $v_h\in V_h$, $a(v_h,w) = (f,w)_U$ für alle $w\in V_h$

diskretisiert, wobei V_h ein endlichdimensionaler Unterraum von V sei. Zwischen den Funktionen $v_h\in V_h$ und den Koeffizientenvektoren $x\in X$ besteht die bijektive Beziehung $v_h = P_h x = \sum_{\alpha\in I} x_\alpha b_\alpha$ (b_α: Basisfunktionen von V_h; vgl. (10.6.15)).

Den *Teilgebieten* $\Omega_\varkappa\subset\Omega$ entspricht der *Teilraum*

(11.5.3) $V_{h,\varkappa}\colon=\{v_h\in V_h\colon v_h(\xi)=0 \text{ für } \xi\in\Omega\setminus\Omega_\varkappa\}$,

d.h. $v_h\in V_{h,\varkappa}$ hat seinen Träger in $\overline{\Omega}_\varkappa$. Für übliche Finite-Element-Ansätze repräsentiert jede Komponente x_α von $x\in X$ den Funktionswert von v_h in einem zugehörigen «Knotenpunkt» $\xi_\alpha\in\Omega$ (vgl. Hackbusch [15]). Sei $I_\varkappa\colon=\{\alpha\in I\colon \xi_\alpha\in\Omega_\varkappa\}$ gewählt; bei geeigneter Wahl der $\Omega_\varkappa$ stimmt diese Definition mit $I_\varkappa\colon=\{\alpha\in I\colon \text{Träger}(b_\alpha)\subset\overline{\Omega}_\varkappa\}$ überein.

Dann gilt

(11.5.4) $V_{h,\varkappa} = \{P_h x : x \in \text{Bild}(p_\varkappa)\} = \{P_h p_\varkappa x^\varkappa : x^\varkappa \in X_\varkappa\}$, wobei $X_\varkappa := \mathbb{K}^{I_\varkappa}$.

Nach Definition der Matrix A **durch** $\langle Ax, y \rangle = a(P_h x, P_h y)$ $(x, y \in X)$ **sind die folgenden Darstellungen äquivalent:**

$$
\begin{aligned}
\langle A\, p_\varkappa x^\varkappa, p_\lambda x^\lambda \rangle &= a(P_h p_\varkappa x^\varkappa, P_h p_\lambda x^\lambda) = && \text{mit } x^\varkappa \in X_\varkappa \\
(11.5.5) \qquad &= a(P_h x^{(\varkappa)}, P_h p_\lambda x^{(\lambda)}) = && \text{mit } x^{(\varkappa)} := p_\varkappa x^\varkappa \in \text{Bild}(p_\varkappa) \\
&= a(v_h^{(\varkappa)}, v_h^{(\lambda)}) && \text{mit } v_h^{(\varkappa)} := P_h x^{(\varkappa)} \in V_{h,\varkappa} .
\end{aligned}
$$

$P_h p_\varkappa : X_\varkappa \to V_{h,\varkappa}$ ist die bijektive Abbildung, die es gestattet, Formulierungen in den Vektorräumen $X_\varkappa$ in die Galerkin-Unterräume $V_{h,\varkappa}$ zu übertragen und umgekehrt. Die Beziehung (5) erlaubt beispielsweise, die verschärfte Cauchy-Schwarz-Ungleichung (3.4c) in die folgende äquivalente Form zu bringen:

(11.5.6) $|a(v_h, w_h)| \leqslant \delta \sqrt{a(v_h, v_h)\, a(w_h, w_h)}$ für alle $\begin{cases} v_h \in V_{h,\varkappa}, \\ w_h \in V_{h,\lambda}. \end{cases}$

Im allgemeinen ist $a(v, w)$ ein Integral $\int_\Omega \ldots dx$ über dem Gebiet Ω (vgl. §10.6.3.2 und Hackbusch [15]; eventuell können auch zusätzliche Randintegrale auftreten). $a_\tau(v, w) = \int_\tau \ldots dx$ bezeichne das entsprechende Integral über $\tau \subset \Omega$. Sei $\Omega = \cup \tau_i$ eine disjunkte Zerlegung von Ω in Teilmengen τ_i. Offenbar gilt

(11.5.7) $\displaystyle\sum_i a_{\tau_i}(v, w) = a(v, w)$ für alle $v, w \in V$.

Das folgende, einfache Lemma ist ein wichtiges Hilfsmittel für viele Beweise, da es den Nachweis von (6) statt über Ω nur über den Teilmengen τ_i (z.B. den Dreiecken einer Finite-Element-Triangulation) erfordert.

Lemma 11.5.1. Wenn für alle i Ungleichung (6) mit a_{τ_i} anstelle von a gilt, so ist (6) auch für a mit gleichem δ erfüllt.

Beweis. Die Schwarzsche Ungleichung $(\sum \alpha_i \beta_i)^2 \leqslant \sum \alpha_i^2 \sum \beta_i^2$ liefert

$$
|a(v_h, w_h)| = |\sum a_{\tau_i}(v_h, w_h)| \leqslant \sum |a_{\tau_i}(v_h, w_h)| \leqslant
$$

$$
\leqslant \delta \sum |a_{\tau_i}(v_h, v_h)\, a_{\tau_i}(w_h, w_h)|^{1/2} \leqslant
$$

$$
\leqslant \delta \left(\sum a_{\tau_i}(v_h, v_h)\right)^{1/2} \left(\sum a_{\tau_i}(w_h, w_h)\right)^{1/2} = \delta \sqrt{a(v_h, v_h)\, a(w_h, w_h)}. \quad \blacksquare
$$

11.6 Mehrgitterverfahren als Unterraumzerlegung

Die in §11.5.2 beschriebene Variante hat bereits die Nähe zu Mehrgitterverfahren gezeigt. Auch umgekehrt sind Mehrgittervarianten so beschrieben und bezüglich Konvergenz analysiert worden, daß sie sofort als multiplikative Schwarz-Iteration interpretierbar sind.

11.6.1 Eine spezielle Zweigittermethode

Von Braess [1] stammt der erste Beweis der monotonen Konvergenz $\|M_\ell^{ZGM}\|_A \leqslant \zeta < 1$ des Zweigitterverfahrens, der ohne Regularitätsannahmen auskommt (vgl. §10.6.3.5, §10.6.6). Ansätze zu diesem Beweis findet man auch bei Bank-Dupont [2]. Anders als bisher sei das Grobgitter zum Poisson-Modellproblem als um 45° gedrehtes Gitter zur Schrittweite $h_{\ell-1} = \sqrt{2}\,h_\ell$ gewählt. Abb. 2 zeigt die Gitter für ein allgemeineres Gebiet als das Einheitsquadrat. Das quadratische Gitter Ω_ℓ sei dazu als Dreiecksgitter aufgefaßt. Bekanntlich führt die Finite-

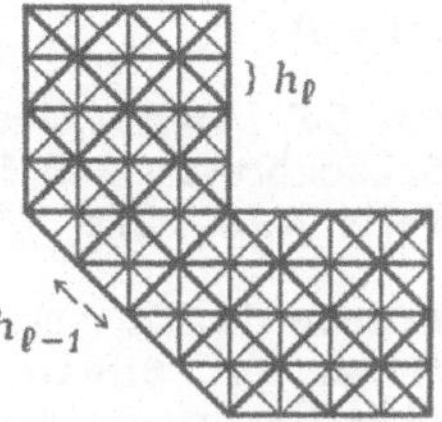

Abb. 11.6.1 Fein- und Grobgitter

Element-Diskretisierung für die linearen Dreieckselemente ebenfalls zum Fünfpunktstern (1.2.4a). Die Grobgittergleichung ist die Finite-Element-Diskretisierung über den in Abb. 2 stark gezeichneten Dreiecken. Die *kanonische Prolongation* p des Mehrgitterverfahrens ist die lineare Interpolation auf den Hypotenusen der Grobgitterdreiecke.

Als *Glättung* wird die Schachbrett-Gauß-Seidel-Iteration $\mathcal{S}_\ell$ gewählt. Die «schwarzen» Punkte aus Ω_h stimmen mit den Grobgitterpunkten überein: $\Omega_\ell^s = \Omega_{\ell-1}$, während $\Omega_\ell^w = \Omega_\ell \setminus \Omega_{\ell-1}$ die «weißen» Punkte enthält. Entsprechend ist $\mathcal{S}_\ell$ das Produkt $\mathcal{S}_\ell^w \circ \mathcal{S}_\ell^s$ der Gauß-Seidel-Schritte zuerst auf den schwarzen, dann auf den weißen Feldern. Für die folgenden Überlegungen reicht es, den Glättungsschritt auf den halben Gauß-Seidel-Iteration $\mathcal{S}_\ell^w$ zu reduzieren. Das Zweigitterverfahren lautet dann $\Phi_\ell^{ZGM} := \Phi_\ell^{GGK} \circ \mathcal{S}_\ell^w$, wobei Φ_ℓ^{GGK} die Grobgitterkorrektur bezeichnet.

Zur Analyse definieren wir die Unterräume

(11.6.1a) $V_{\ell,1} := \{v \in V_\ell : v_\ell(\xi,\eta) = 0 \ \text{für alle}\ (\xi,\eta) \in \Omega_\ell^w = \Omega_{\ell-1}\},$

(11.6.1b) $V_{\ell,2} := V_{\ell-1},$

wobei V_ℓ der (Finite-Element-)Raum der stetigen Funktionen ist, die über allen Dreiecken des Gitters Ω_ℓ linear sind. Entsprechend sind Funktionen aus $V_{\ell-1} \subset V_\ell$ auf den größeren Dreiecken von $\Omega_{\ell-1}$ linear. Alle $v \in V_\ell$ erfüllen $v(\xi,\eta) = 0$ für Randpunkte $(\xi,\eta) \in \partial\Omega$.

Die Gesamtindexmenge $I = \Omega_\ell$ sei zerlegt in

(11.6.2) $I_1 := \Omega_\ell \setminus \Omega_{\ell-1}, \quad I_2 := \Omega_{\ell-1}.$

Der zweite der I_1 und I_2 entsprechenden Vektorräumen

(11.6.3) $X_{\ell,1} := \mathbb{K}^{I_1}, \quad X_{\ell,2} := \mathbb{K}^{I_2}$

stimmt mit dem in (10.1.9) als $X_{\ell-1}$ bezeichneten Vektorraum überein. Die Prolongationen (im Sinne der Gebietszerlegungsmethode) seien

(11.6.4a) $p_1 : X_{\ell,1} \to X_\ell$ gemäß (2.10a),

(11.6.4b) $p_2 = p : X_{\ell,2} = X_{\ell-1} \to X_\ell$ sei die kanonische Prolongation.

Übungsaufgabe 11.6.1. Man zeige: **(a)** Mit $P = P_\ell$ aus (10.6.15) gilt

$$(11.6.5) \qquad V_{\ell,\varkappa} = \mathrm{Bild}(P\,p_\varkappa) \qquad\qquad \text{für } \varkappa = 1,2\,.$$

(b) Sei $A = A_\ell$ eine beliebige Fünfpunktformel. Man beweise: Die Schachbrett-Gauß-Seidel-Halbschritte $\mathscr{S}_\ell^s$ und $\mathscr{S}_\ell^w$ sind Projektionen. Falls $A > 0$, sind $\mathscr{S}_\ell^s$ und $\mathscr{S}_\ell^w$ symmetrische Iterationen (vgl. (5.8.1/2)).

Lemma 11.6.2. Sei $A > 0$. Φ_ℓ^{GGK} und $\mathscr{S}_\ell^w$ sind A-orthogonale Projektionen auf $\mathrm{Bild}(p_\varkappa) \subset X$. Es gelten (2.3): $\mathrm{Bild}(p_1) + \mathrm{Bild}(p_2) = X_\ell$ und (2.9a): $n_1 + n_2 = n$ für die Dimensionen $n_\varkappa := \dim \mathrm{Bild}(p_\varkappa) = \#I_\varkappa$, $n := \dim X_\ell$.

Beweis. $\mathscr{S}_\ell^w$ und Φ_ℓ^{GGK} sind Projektionen, wie aus Übungsaufgabe 1b und Lemma 10.1.6 hervorgeht (die Voraussetzung (10.1.26) ist für Galerkin-Diskretisierung nach Übung 10.6.15b erfüllt). Nach Übung 1b und Lemma 10.7.1 mit $\nu = 0$ sind $\mathscr{S}_\ell^w$ und Φ_ℓ^{GGK} symmetrisch. Aus Übung 2.2c schließen wir, daß $\mathscr{S}_\ell^w$ und Φ_ℓ^{GGK} A-orthogonale Projektionen sind. ▢

Die Resultate des Lemmas 2 und $\Phi_\ell^{ZGM} = \Phi_\ell^{GGK} \circ \mathscr{S}_\ell^w$ beweisen die

> **Bemerkung 11.6.3.** Das oben beschriebene Zweigitterverfahren Φ_ℓ^{ZGM} ist die multiplikative Schwarz-Iteration zu den Prolongationen (4a,b). Es liegt der Fall (2.9a) zweier disjunkter Gebiete vor.

Zur Konvergenzanalyse sind Satz 3.6 und Übung 4.1 anwendbar. Die Größe δ der verschärften Cauchy-Schwarz-Ungleichung (3.4c) kann nach Lemma 5.1 bestimmt werden. Dazu werden als Teilmengen τ_i die Dreiecke des Gitters $\Omega_{\ell-1}$ verwendet. $v \in V_{\ell,1}$ ist eine auf τ_i lineare Funktion, und $w \in V_{\ell,2}$ ist auf den beiden Teildreiecken des Gitters Ω_ℓ stückweise lineare Funktion und verschwindet in allen Eckpunkten von τ_i. Die Abschätzung der Bilinearform $a_{\tau_i}(v,w) = \int_{\tau_i} \langle \nabla v, \nabla w \rangle\, dx$ ergibt die Schranke $\delta[a_{\tau_i}(v,v)\,a_{\tau_i}(w,w)]^{1/2}$ mit $\delta = 1/\sqrt{2}$. Lemma 5.1 beweist den

> **Satz 11.5.5.** Das oben beschriebene Zweigitterverfahren Φ_ℓ^{ZGM} konvergiert monoton in der Energienorm mit der Kontraktionszahl $\|M_\ell^{ZGM}\|_A \leq \frac{1}{2}$. Die gleiche Schranke gilt für den Fall mehrerer Glättungsschritte mit $\mathscr{S}_\ell = \mathscr{S}_\ell^w \circ \mathscr{S}_\ell^s$.

Beweis des zweiten Teiles. $\mathscr{S}_\ell^\nu$ hat die Form $\mathscr{S}_\ell^w \circ (\mathscr{S}_\ell^s \circ \ldots \circ \mathscr{S}_\ell^w \circ \mathscr{S}_\ell^s)$. Es ist $\|M_\ell^{ZGM}(\nu,0)\|_A \leq \|M_\ell^{ZGM}\|_A \|S_\ell^s\|_A \cdot \ldots \cdot \|S_\ell^w\|_A \|S_\ell^s\|_A = \|M_\ell^{ZGM}\|_A \leq \frac{1}{2}$, da $\|S_\ell^w\|_A = \|S_\ell^s\|_A = 1$ für A-orthogonale Projektionen gilt. ▢

Der angegebene Zweigitterbeweis verlangt keine Regularitätsannahme. Häufig wird es als Vorteil gewertet, wenn für mehrgitterähnliche Verfahren Konvergenz ohne Regularität gezeigt werden kann. Man verschenkt jedoch die Effektivitätssteigerung, die durch mehrere Glättungsschritte erzielt werden kann. Die hier diskutierte Variante

$\Phi_\ell^{GGK} \circ \mathcal{S}_\ell^W$ ist dafür ein typisches Beispiel. Bei Braess [2] läßt sich nachlesen, wie man (dank einer impliziten Regularitätsannahme!) mit einer verbesserten Form der Cauchy-Schwarz-Ungleichung (6) zu quantitativen Konvergenzaussagen für $\Phi_\ell^{GGK} \circ (\mathcal{S}_\ell^W \circ \mathcal{S}_\ell^S)^\nu$ kommt, die deutlich machen, daß der halbe Glättungsschritt $\mathcal{S}_\ell^W$ nicht optimal ist.

11.6.2 Der V-Zyklus als multiplikative Schwarz-Iteration

Sei ℓ die maximale Stufe, auf der A mit A_ℓ und X mit X_ℓ identifiziert werden. Im folgenden untersuchen wir den V-Zyklus $\Phi_\ell^V(\nu,0)$ mit ν Vor- und keiner Nachglättung (vgl. §10.7.5)). Die in (10.1.9) für das Mehrgitterverfahren eingeführten Räume X_i $(0 \leqslant i \leqslant \ell)$ der Dimension n_i werden auch der Gebietszerlegung zugrundegelegt. Die Indexmenge $J = J_\ell$ ist $J = \{0,1,\dots,\ell\}$, so daß $k = \ell+1$ die Anzahl der Teilräume ist.

Sei $p \colon X_{i-1} \to X_i$ die Mehrgitterprolongation (10.1.10). Zur eindeutigen Bezeichnung sei diese Abbildung $p_{i,i-1}$ genannt. Die Produkte definieren

(11.6.6a) $\qquad p_{i,j} := p_{i,i-1} \cdot \dots \cdot p_{j+1,j}$ für $0 \leqslant j < i \leqslant \ell$ und $p_{i,i} = I$ für $i = j$.

Die für die Gebietszerlegung benötigten Prolongationen seien

(11.6.6b) $\qquad p_i := p_{\ell,i} \colon X_i \to X = X_\ell$ $\qquad\qquad (0 \leqslant i \leqslant \ell)$.

Anders als in den vorigen Beispielen sind die Bilder der p_i nicht disjunkt oder teilweise überlappend, sondern aufsteigend ineinander enthalten: $\mathrm{Bild}(p_0) \subset \mathrm{Bild}(p_1) \subset \dots \subset \mathrm{Bild}(p_\ell) = X$.

Die Grobgittermatrizen seien durch das Galerkin-Produkt (10.1.26) definiert. Mehrfache Anwendung der Identität (10.1.26) liefert

(11.6.7) $\qquad A_i = p_i^H A_\ell\, p_i$ $\qquad\qquad\qquad (0 \leqslant i \leqslant \ell;\ A = A_\ell)$

in Übereinstimmung mit (2.5).

Hilfsweise führen wir die Iteration Ψ_i auf $X = X_\ell$ ein, die der Lösung des i-ten Teilproblems durch einen V-Zyklusschritt entspricht: $\Psi_i(x,b) = x - p_i W_i^{-1} p_i^H (Ax - b)$. Dabei stammt die Matrix W_i^{-1} vom V-Zyklus $\Phi_i^V(\nu,0)$. Über $M_i^V = I - W_i^{-1} A_i$ erhalten wir die Darstellung

(11.6.8a) $\qquad \Psi_i(x,b) = x - p_i(I - M_i^V) A_i^{-1} p_i^H (A_\ell x - b)$.

Für $i = \ell$ erhält man wegen $p_i = I$ den V-Zyklus der Stufe ℓ zurück:

(11.6.8b) $\qquad \Psi_\ell = \Phi_\ell^V(\nu,0)$.

Die folgende Darstellung vereinfacht sich, wenn auf der Stufe $i = 0$ nicht exakt gelöst wird, sondern nur die ν-fache Vorglättung ausgeführt wird: $M_0^V = S_0^\nu$. Dies führt auf

(11.6.8c) $\qquad \Psi_0(x,b) = x - p_0(I - S_0^\nu) A_0^{-1} p_0^H (A_\ell x - b)$.

Entscheidend für das Verständnis des V-Zyklus als multiplikativer Schwarz-Iteration ist das folgende

Lemma 11.6.5. Es gelte (6a,b), (7) und $M_0^V = S_0^\nu$. Dann ist

$$(11.6.9a) \qquad \Phi_\ell^V(\nu,0) = \tilde\Phi_0 \circ \tilde\Phi_1 \circ \ldots \circ \tilde\Phi_\ell, \qquad\qquad \text{wobei}$$

$$(11.6.9b) \qquad \tilde\Phi_i(x,b) := x - p_i(I - S_i^\nu) A_i^{-1} p_i^H (A_\ell x - b)$$

die approximative Lösung des i-ten Teilproblems $A_i x^i = c^i := p_i^H(A_\ell x - b)$ durch ν Glättungsschritte darstellt.

Beweis. Wegen (8b,c) reicht es,

$$(11.6.9c) \qquad \Psi_i = \Psi_{i-1} \circ \tilde\Phi_i \qquad\qquad\qquad (1 \leqslant i \leqslant \ell)$$

zu zeigen. Die Iterationsmatrix von Ψ_i lautet

$$M_{\Psi,i} = I - p_i(I - M_i^V) A_i^{-1} p_i^H A_\ell = I - p_i A_i^{-1} p_i^H A_\ell + p_i M_i^V A_i^{-1} p_i^H A_\ell.$$

In der Rekursionsformel (10.4.13b): $M_i^V = [I - p(I - M_{i-1}^V) A_{i-1}^{-1} r A_i] S_i^\nu$ ist nun $p = p_{i,i-1}$ und $r = p_{i,i-1}^H$ zu schreiben. Einsetzen in $M_{\Psi,i}$ liefert

$$M_{\Psi,i} = I - p_i A_i^{-1} p_i^H A_\ell + p_i[I - p(I - M_{i-1}^V) A_{i-1}^{-1} r A_i S_i^\nu] A_i^{-1} p_i^H A_\ell.$$

Beachtet man $p_i p = p_{\ell,i} p_{i,i-1} = p_{i-1}$ und $r A_i = p_{i,i-1}^H A_i = p_{i,i-1}^H p_i^H A_\ell$ $p_i = p_{i-1}^H A_\ell p_i$, kann der letzte Summand als

$$[I - p_{i-1}(I - M_{i-1}^V) A_{i-1}^{-1} p_{i-1}^H A_\ell] p_i S_i^\nu A_i^{-1} p_i^H A_\ell = M_{\Psi,i-1} p_i S_i^\nu A_i^{-1} p_i^H A_\ell$$

geschrieben werden. Für die Projektion $I - P_i = I - p_i A_i^{-1} p_i^H A_\ell$ (vgl. (2.8a)) gilt $p_{i-1}^H A_\ell (I - P_i) = 0$, so daß $I - P_i = M_{\Psi,i-1}(I - P_i)$. Dies erlaubt die Darstellung

$$
\begin{aligned}
M_{\Psi,i} &= I - P_i + M_{\Psi,i-1} p_i S_i^\nu A_i^{-1} p_i^H A_\ell = \\
&= M_{\Psi,i-1}(I - P_i + p_i S_i^\nu A_i^{-1} p_i^H A_\ell) = \\
&= M_{\Psi,i-1}(I - p_i A_i^{-1} p_i^H A_\ell + p_i S_i^\nu A_i^{-1} p_i^H A_\ell) = \\
&= M_{\Psi,i-1}[I - p_i(I - S_i^\nu) A_i^{-1} p_i^H A_\ell] = M_{\Psi,i-1} M_{\tilde\Phi,i},
\end{aligned}
$$

wobei $M_{\tilde\Phi,i} = I - p_i(I - S_i^\nu) A_i^{-1} p_i^H A_\ell$ die Iterationsmatrix von $\tilde\Phi_i$ ist. Damit ist die Produktform (9c) bewiesen.

11.6.3 Beweis der V-Zyklus-Konvergenz

Die Interpretation als Schwarz-Iteration ist weniger für die algorithmische Durchführung als für die Konvergenzanalyse interessant. Wir wollen die Konvergenz mit Hilfe des Satzes 4.3 untersuchen. Zuerst werden Abschätzungen zu W_i diskutiert.

Im Falle des Modellproblems kennen wir die Abschätzung $\|A_i\|_2 \leqslant C h_i^{-2}$ für eine gleichmäßige Gitterweite h_i, die der Stufe i entspricht. Wenn die gröbste Gitterweite festgehalten wird, führt die Wahl $h_i = h_0/2^i$ (cf. (10.1.7b)) auf $\|A_i\|_2 \leqslant C 4^i$. Die gleiche Schranke gilt auch für eine allgemeinere Finite-Element-Diskretisierung, falls die Elementgröße im Verfeinerungsprozeß (Übergang von der Stufe $i-1$ zu i)

höchstens halbiert wird. O.B.d.A. können wir annehmen, daß nur ein Glättungsschritt durchgeführt wird, sonst definiere man die ν-fache Anwendung $\mathcal{S}_i^\nu$ als neues $\mathcal{S}_i$. Die Glättung $\mathcal{S}_i$ soll symmetrisch und konvergent sein. Die Konvergenz impliziert (2.21): $A_i \le \Delta W_i$ mit $\Delta < 2$ für die Matrix W_i der dritten Normalform von $\mathcal{S}_i$. Die obere Schranke von W_i soll die gleiche Ordnung wie die oben erwähnte Schranke von A_i haben:

$$(11.6.10) \qquad W_i \le 4^i C_W p_i^{\,H} p_i.$$

Um Konstanten C_1 und C_2 in (4.2) und (4.3c) zu erhalten, ist zunächst eine geeignete Zerlegung $x = \sum p_i x^i$ mit $x^i \epsilon Y_i$ für geeignete Unterräume $Y_i \subset X_i$ anzugeben. Die bezüglich des Euklidischen Skalarproduktes orthogonale Projektion auf Bild(p_i) ist

$$(11.5.11a) \qquad Q_i := p_i (p_i^{\,H} p_i)^{-1} p_i^{\,H} \qquad\qquad (0 \le i \le \ell).$$

Da $p_\ell = I$, ist auch $Q_\ell = I$. Nach Bramble-Pasciak-Xu [1] wird x gemäß

$$x = Q_\ell x = (Q_\ell - Q_{\ell-1})x + (Q_{\ell-1} - Q_{\ell-2})x + \ldots + (Q_1 - Q_0)x + Q_0 x$$

zerlegt. Man beachte $(Q_i - Q_{i-1})x \epsilon \mathrm{Bild}(p_i)$. Mit $Q_{-1} := 0$ schreiben wir

$$(11.5.11b) \qquad x = \sum_{i=0}^{\ell} p_i x^i \quad \text{mit} \quad p_i x^i := (Q_i - Q_{i-1})x,$$

d.h. $x^i = (p_i^{\,H} p_i)^{-1} p_i^{\,H} (Q_i - Q_{i-1})x$. Diese x^i liegen in den Unterräumen

$$(11.6.11c) \qquad Y_i := \mathrm{Bild}\{(p_i^{\,H} p_i)^{-1} p_i^{\,H} (Q_i - Q_{i-1})\} = \{x^i \epsilon X_i : Q_{i-1} p_i x^i = 0\}.$$

Oswald [1] beweist, daß die Energienorm $\|\cdot\|_A$ zu der Norm

$$(11.6.12a) \qquad \|\|x\|\|^2 = \|Q_0 x\|_A^2 + \sum_{i=0}^{\ell} 4^i \|(Q_i - Q_{i-1})x\|_2^2$$

äquivalent ist (vgl. auch Dahmen-Kunoth [1]). Ein kompakter Beweis findet sich bei Bornemann-Yserentant [1]. Speziell für $x = p_i x^i$ mit $x^i \epsilon Y_i$ ergibt sich

$$(11.6.12b) \qquad 4^i \|p_i x^i\|_2^2 \le C_E \|x\|_A^2 = C_E \|x^i\|_A^2,$$

wobei C_E die Äquivalenzkonstante ist: $\|\|x\|\|^2 \le C_E \|x\|_A^2$. Sei $x = \sum p_i x^i$ mit $x^i \epsilon Y_i$. Dann führt die Ungleichung (10) auf

$$\sum \|x^i\|_W^2 = \sum \langle W_i x^i, x^i \rangle \le C_W \sum 4^i \|p_i x^i\|_2^2 \le$$
$$\le C_W \|\|x\|\|^2 \le C_E C_W \|x\|_A^2.$$

Damit trifft die Bedingung (4.2) mit $C_1 = C_E C_W$ zu.

Wie im Lemma 3.3 aus Bornemann-Yserentant [1] kann man die verschärfte Cauchy-Schwarz-Ungleichung

$$(11.6.13a) \qquad |\langle x^i, x^j \rangle_A| \le C\, 2^{(i-j)/2} \|x^i\|_A\, 2^j \|p_j x^j\|_2$$
$$\text{für } j > i,\ x^i \epsilon X_i,\ x^j \epsilon X_j$$

bezüglich der Unterräume X_i, X_j zeigen. (12b) ergibt die Ungleichung

$$(11.6.13b) \qquad |\langle x^i, y^j \rangle_A| \le C'\, 2^{(i-j)/2} \|x^i\|_A \|y^j\|_A \text{ für } j > i,\ x^i \epsilon X_i,\ y^j \epsilon Y_j$$

mit $C' := C C_E^{1/2}$. Da $\|\cdot\|_A \leqslant \Delta \|\cdot\|_W$ (vgl. (2.21)) gilt die Abschätzung (4.3a) mit $\varepsilon_{ij}^{XY} \leqslant 2^{(i-j)/2}$ für $j > i$. Folglich hat die Matrix E_{XY} aus (3.4b) die Zeilensummennorm $\|E_{XY}\|_\infty < \sum_{\nu=1}^\infty 2^{-\nu/2} = 2 + \sqrt{2}$. Weil die gleiche Abschätzung auch für E_{XY}^T zutrifft, ist die Konstante aus (3.4c) durch

$$(11.6.13c) \qquad C_2 \leqslant C' \, (2 + \sqrt{2}\,) \qquad\qquad\qquad \text{mit } C' \text{ aus (13b)}$$

beschränkt (vgl. Übungsaufgabe 2.9.6a). Beide Konstanten C_1 und C_2 sind von der Dimension und der Zahl der Stufen unabhängig. Damit beweist Satz 4.3 die h-unabhängige Konvergenz des V-Zyklus.

Der V-Zyklus $\Phi_\ell^V(\nu,0)$ ist für $\nu > 0$ nicht symmetrisch. Symmetrisch ist dagegen $\Phi_\ell^V(\nu,\nu)$ (vgl. Lemma 10.7.1). Nach Übungsaufgabe 10.7.16a gilt $\Phi_\ell^V(\nu,\nu) = \Phi_\ell^V(0,\nu) \circ \Phi_\ell^V(\nu,0)$. Da $\Phi_\ell^V(0,\nu)$ und $\Phi_\ell^V(\nu,0)$ zueinander adjungiert sind (vgl. (10.7.3a)), kommen wir unter Annahme der Symmetrie der $\tilde{\Phi}_i$ und damit der Glättungsiteration zur Produktdarstellung

$$\Phi_\ell^V(\nu,\nu) \;=\; \tilde{\Phi}_\ell \circ \ldots \circ \tilde{\Phi}_1 \circ \tilde{\Phi}_0 \circ \tilde{\Phi}_0 \circ \tilde{\Phi}_1 \circ \ldots \circ \tilde{\Phi}_\ell,$$

die dem in Übungsaufgabe 2.8 beschriebenen Symmetrisierungsprozeß entspricht. Also läßt sich der symmetrische V-Zyklus $\Phi_\ell^V(\nu,\nu)$ ebenfalls im Rahmen der multiplikativen Schwarz-Iterationen analysieren.

11.6.4 Methode der hierarchischen Basis

In §11.6.2 haben wir Unterräume verwendet, die sich vollständig überlappten: $p_\ell V_\ell \supset p_{\ell-1} V_{\ell-1}$. Die Methode der hierarchischen Basis gründet sich dagegen auf eine nichtüberlappende Unterraumzerlegung.

Die Abbildungen 2a–c zeigen eine Folge von sich verfeinernden Triangulationen für eine Galerkin-Diskretisierung mit stückweise linearen Funktionen. Sei V^h der Raum der stückweise linearen Funktionen über dem Gitter Ω_h aus Abb. 2c. Entsprechend können V^{2h} über Ω_{2h} und V^{4h} über Ω_{4h} erklärt werden. Es gilt

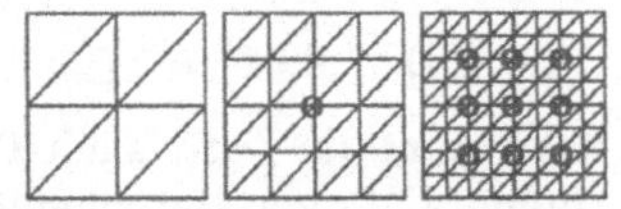

Abb. 11.6.2 Gitter zur Weite
a) $4h$ b) $2h$ c) h

$V^{4h} \subset V^{2h} \subset V^h$. Der Galerkin-Unterraum V^h kann als Summe von V^{2h} und

$$(11.5.14a) \qquad V_2 := \{v \in V^h : v = 0 \text{ in allen Knotenpunkten von } \Omega_{2h}\}$$

geschrieben werden: $V^h = V_2 + V^{2h}$. Die vorgeschriebenen Nullstellen von $v \in V_2$ sind in Abb. 2c durch «0» gekennzeichnet. Entsprechend ist $V^{2h} = V_1 + V^{4h}$ mit

$$(11.5.14b) \qquad V_1 := \{v \in V^{2h} : v = 0 \text{ in allen Knotenpunkten von } \Omega_{4h}\}.$$

Mit $V_0 := V^{4h}$ erhält man die Zerlegung

$$(11.5.14c) \qquad V^h = V_0 + V_1 + V_2.$$

In allen Räumen $V_\varkappa \; (0 \leqslant \varkappa \leqslant 2)$ wähle man die üblichen (Knoten-)Basisfunktionen (zu den verschieden großen Dreiecken). Die Vereinigung der Basen ergeben gemäß (14c) eine Basis für V^h, die «*hierarchische Basis*» (vgl. Yserentant [2]). Selbstverständlich können allgemeinere (unregelmäßige) Triangulationen als in Abb. 2a-c und eine größere Anzahl von Gitterstufen $h_0 < h_1 < \ldots < h_\ell = h$ verwendet werden. (14c) wird dann zu $V^h = V_0 + \ldots + V_\ell$. Hilfsweise führen wir die Unterräume $V^i := V^{h_i}$ ein:

$$(11.5.14d) \qquad V^i = V_0 + V_1 + \ldots + V_i \qquad\qquad \text{für } 0 \leqslant i \leqslant \ell.$$

Im folgenden sind *drei verschiedene Darstellungen* zu unterscheiden. **(a)** V^i ist der Finite-Element-Unterraum, der gemäß (14d) als Summe der Teilräume V_j ($0 \leqslant j \leqslant i$) geschrieben werden kann. **(b)** Die übliche Knotenbasisdarstellung der Funktionen aus V^i ergibt Koeffizienten, die den Vektorraum X^i bilden. **(c)** Die Koeffizienten der hierarchischen Basis gehören zu $X_0 \times X_1 \times \ldots \times X_i$. Dieses Produkt entspricht der Zerlegung (14d).

Die Dimension von V^i ist die Anzahl der Knoten(Gitter-)punkte in $I_i := \Omega_i \setminus \Omega_{i-1}$, wobei $\Omega_i := \Omega_{h_i}$ die Gitterpunkte der Stufe i sind und formal $\Omega_{-1} := \emptyset$ gesetzt sei. Diese Knotenpunkte werden als Indizes der Vektoren $x^i \in X_i$ genutzt. Der Koeffizientenvektor x^i repräsentiert die zugehörige Finite-Element-Funktion $u \in V_i \subset V^i \subset V^\ell$ mittels

$$u = \sum_{Q \in I_i} x_Q^i \, b_Q^i .$$

Dabei wird die Basisfunktion $b_Q^i \in V_i \subset V^i$ der Stufe i durch $b_Q^i(R) = \delta_{QR}$ für alle $R \in \Omega_i$ charakterisiert. Damit stellen die Koeffizienten von x^i die Knotenwerte von u in der Teilmenge I_i dar: $x_Q^i = u(Q)$ für $Q \in I_i$. Die Prolongation $p_i : X_i \to X$ ist definiert durch

$$(p_i x^i)_Q := \sum_{R \in I_i} x_R^i \, b_R^i(Q) \qquad\qquad \text{für alle } Q \in I_i.$$

Der Isomorphismus $P_h : X \to V^h = V^\ell$ aus §11.5.3 wird beschrieben durch

$$P_h x = \sum_{Q \in \Omega_\ell} x_Q^i \, b_Q^\ell,$$

wobei $b_Q^\ell \in V^\ell$ die Basisfunktionen der Stufe ℓ sind: $b_Q^\ell(R) = \delta_{QR}$ für alle $R \in \Omega_\ell$. Die Interpolation von $u = P_h x$ mit $x = \sum_{j=0}^\ell p_j x^j$ ($x^j \in X_j$) in den Knotenpunkten von Ω_i ergibt die Teilsumme $u^i = P_h \sum_{j=0}^i p_j x^j \in V^i$. Eine wichtige Abschätzung dieser Interpolierenden stammt von Yserentant [3]:

$$(11.6.15) \qquad \left\| \sum_{j=0}^i p_j x^j \right\|_A^2 \leqslant C_Y \, (\ell - i + 1) \, \|x\|_A^2 \quad \text{für alle } x = \sum_{j=0}^\ell p_j x^j, \; x^j \in X_j, \; 0 \leqslant i \leqslant \ell.$$

Für die Teilsumme $s^i := \sum_{j=0}^i p_j x^j$ ergibt (15) die Ungleichung

$$\| p_i x^i \|_A^2 = \| s_i - s_{i-1} \|_A^2 \leqslant 2 \| s_i \|_A^2 + 2 \| s_{i-1} \|_A^2 \leqslant 2 \, C_Y \, (2\ell - 2i + 3) \, \|x\|_A^2$$

für $i > 0$, während $\| p_0 x^0 \|_A^2 \leqslant C_Y \, (\ell + 1) \, \|x\|_A^2$ mit (15) für $i = 0$ identisch ist. Nach Aufsummierung aller Ungleichungen erhalten wir

$$\sum_{j=0}^{\ell} \| p_j x^j \|_A^2 \leqslant C_Y' \, \ell^2 \, \| x \|_A^2 \qquad\qquad \text{mit } C_Y' := 5\, C_Y.$$

Damit haben wir für den Fall der exakten Lösung der Teilprobleme (2.7) die Ungleichung (3.2) mit $C = C_Y' \ell^2$ bewiesen. Die exakte Lösung von $A_i y^i = c^i$ wird nur auf der Stufe $i = 0$ beibehalten (dies entspricht der exakten Lösung auf dem gröbsten Gitter wie in (10.4.2.a)). Für $i > 0$ wird die Jacobi-Iteration eingesetzt: $W_i := D_i := \mathrm{diag}\{A_i\}$. Die Konditionen der Matrizen A_i und D_i stellen sich unabhängig von h_i als spektraläquivalent heraus, so daß insbesondere $W_i \leqslant \mathrm{const}\, A_i$ gilt. Damit folgt aus (3.2) auch die Ungleichung (3.3) mit $C = O(\ell^2)$ und beweist für die additive Schwarz-Variante $\gamma = O(\ell^{-2})$ in (3.1). Für die Abschätzung nach oben kann Γ in (3.1) mit Hilfe von Satz 2.17 bestimmt werden. Die in Lemma 5.1 beschriebene Technik führt auf

$$(11.6.16) \qquad \langle p_i x^i, p_j x^j \rangle_A \leqslant \varepsilon_{ij} \, \| p_i x^i \|_A \, \| p_j x^j \|_A \quad \text{mit } \varepsilon_{ij} \leqslant C_E \, 2^{-|i-j|/2}.$$

Damit ist $\rho(E) \leqslant \| E \|_\infty$ durch eine Konstante beschränkt, und (2.27) beweist $\Gamma = O(1)$. Insgesamt ergibt sich die Konvergenz der additive Schwarz-Iteration mit der Rate $1 - O(1/\ell^2)$.

Die eben beschriebene additive Iteration (vgl. Yserentant [3]) kann als Jacobi-Iteration für das Gleichungssystem bezüglich der hierarchischen Basis angesehen werden, wobei die verwendete Blockdiagonale $D = \mathrm{blockdiag}\{A_0, D_1, \ldots, D_\ell\}$ hinsichtlich der Blockindizes $1 \leqslant i \leqslant \ell$ punktweise definiert ist. Die entsprechende multiplikative Variante korrespondiert zu einem Gauß-Seidel-Verfahren für das Gleichungssystem bezüglich der hierarchischen Basis. Auch die multiplikative Schwarz-Iteration (vgl. Bank-Dupont-Yserentant [1]) konvergiert mit der Rate $1 - O(1/\ell^2)$, wie man sofort aus (4.4) mit $C_1 = O(\ell^2)$ und $C_2 = O(1)$ für die Wahl $Y_j = X_j$ sieht.

Zur algorithmischen Durchführung, insbesondere zur schnellen Transformation zwischen der hierarchischen Darstellung $(x^0, x^1, \ldots, x^\ell) \in X_0 \times X_1 \times \ldots \times X_\ell$ und der Knotenbasisdarstellung $x = \sum p_i x^i \in X$ vergleiche man Yserentant [3].

Bemerkung 11.6.8. Die mit Hilfe der hierarchischen Basen definierte multiplikative Schwarz-Iteration kann als ein spezielles Mehrgitterverfahren (V-Zyklus) interpretiert werden. Die Lösung des i-ten Teilproblems $A_i y^i = c^i$ durch einen sekundären Iterationsschritt mit $W_i := D_i := \mathrm{diag}\{A_i\}$ beschreibt die Glättung auf der i-ten Stufe durch einen (punktweisen) Jacobi-Schritt. Allerdings gibt es einen bemerkenswerten Unterschied: Die Glättung wird nicht auf allen Feingitterpunkten Ω_i, sondern nur auf Punkten $(x, y) \in \Omega_i \backslash \Omega_{i-1}$ durchgeführt, die nicht zum Grobgitter gehören.

Der zuletzt erwähnte Unterschied führt einerseits zu einem etwas ungünstigeren Konvergenzverhalten, auf der anderen Seite ist der Aufwand pro Iterationsschritt auch dann $O(n)$, wenn die Bedingung (10.4.7): $n_{i-1} \leqslant n_i / C_h$ verletzt ist. Dies erlaubt lokale Verfeinerungen, bei denen nur *wenige* zusätzliche Feingitterpunkte $\Omega_i \backslash \Omega_{i-1}$ hinzugefügt werden.

Die bisher vorgestellten Konvergenzresultate gelten nicht für Randwertaufgaben in drei Raumvariablen. Dann wird es notwendig, die Interpolation J_i durch $L^2(\Omega)$-orthogonale Projektionen auf V^i zu ersetzen. Die dann entstehende Iteration stammt von Bramble-Pasciak-Xu [2]. Der Zusammenhang beider Verfahren wird von Yserentant [5] diskutiert (vgl. auch Dryja-Widlund [2]).

11.6.5 Mehrstufige Schwarz-Iteration

Charakteristisch für die Schwarz-Iteration aus §11.5.2 war die mit $I_0 = \Omega_H$ verbundene Grobgitterkorrektur. Die Zweigittersituation $\{h, H\}$ läßt sich zum Mehrgitterfall $\{h = h_\ell < h_{\ell-1} < \ldots < h_0 = H\}$ verallgemeinern. Dazu schreiben wie die bisherige Aufspaltung als $\{I_{0,\ell}, I_{1,\ell}, \ldots, I_{k_\ell, \ell}\}$, wobei $I_{\varkappa,\ell}$ $(1 \leqslant \varkappa \leqslant k_\ell)$ den überlappenden Teilgebieten $\Omega'_\varkappa$ und $I_{0,\ell}$ dem Grobgitter $\Omega_{h_{\ell-1}}$ entsprechen. Die analoge Gebietszerlegung wird nun zur Lösung der Grobgittergleichung eingesetzt: $I_{0,\ell}$ wird ersetzt durch $\{I_{0,\ell-1}, I_{1,\ell-1}, \ldots, I_{k_{\ell-1}, \ell-1}\}$, wobei $I_{\varkappa,\ell-1}$ für $1 \leqslant \varkappa \leqslant k_{\ell-1}$ überlappende Teilgebiete im groben Gitter und $I_{0,\ell-1} = \Omega_{h_{\ell-2}}$ das nächste Grobgitter repräsentieren. Rekursive Ersetzung von $I_{0,\ell-1}, \ldots, I_{0,1}$ führt auf $\{I_{0,0}, I_{\varkappa,\lambda} : 1 \leqslant \varkappa \leqslant k_\lambda, \; 1 \leqslant \lambda \leqslant \ell\}$ mit entsprechenden Prolongationen $p_{\varkappa,\lambda}$.

Anders als beim üblichen Mehrgitterverfahren arbeitet die mehrstufige additive Schwarz-Iteration parallel auf allen Stufen. Dryja-Widlund [2, Theorem 3.2]) beweisen für diese Variante die Konditionszahl $\Gamma/\gamma = O(\ell^2)$, die sich mit wachsender Stufenzahl nur schwach verschlechtert.

11.6.6 Weitere Ansätze für Zerlegungen in Unterräume

Bisher wurden die Unterräume (bzw. Teilgebiete) durch echte Gebietszerlegungen oder Zerlegungen nach verschiedenen Gitterweiten erhalten. Eine weitere Möglichkeit ist die Zerlegung eines Funktionenraumes nach Symmetrien (vgl. Allgower-Böhmer-Zhen [1]). Auch die bei der Frequenzzerlegungsvariante des Mehrgitterverfahrens (vgl. Hackbusch [11], [21]) definierten Prolongationen können unmittelbar als Prolongationen (2.1) der Gebietszerlegungsmethode angesehen werden.

11.6.7 Indefinite und unsymmetrische Systeme

Gebietszerlegungsmethoden für allgemeinere (nicht positiv definite) Probleme werden von Cai-Widlund [1] diskutiert. Ein einfaches, aber elegantes Verfahren stammt von Xu [3]. Er schlägt eine Produktiteration vor, deren erster Faktor eine Grobgitterkorrektur (10.1.24) auf dem allergröbsten Gitter $(\ell=0)$ ist, während der zweite Faktor die Iterationsmatrix $M = I - W^{-1}A$ besitzt, wobei W einer (schnellen) Iteration für das System $A_0 x = b_0$ mit einem positiv definiten Anteil $A_0 > 0$ von A entnommen ist.

11.7 Schur-Komplement-Methoden

Eine Reihe von Verfahren stellt die Behandlung des Schur-Komplementes (vgl. (6.4.12)) in den Vordergrund.

11.7.1 Nichtüberlappende Gebietszerlegung mit innerem Rand

Matrizen A, die (höchstens) Neunpunktformeln darstellen, haben die folgende Eigenschaft. Die als Indexmengen verwendeten Gitterpunkte I_1 und I_2 aus Abb. 1a seien durch eine Gitterlinie I_3 getrennt. Die Prolongationen $p_\varkappa$ seien wie in (2.10a) definiert. Dann

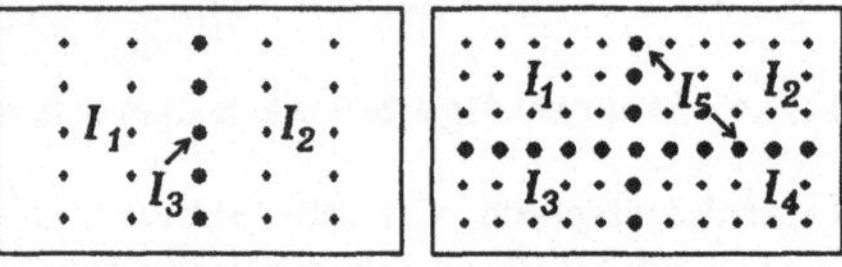

Abb. 11.7.1a $k=3$ **Abb. 11.7.1b** $k=5$
$k-1$ Teilgitter mit Grenzlinie I_k

sind die Blockindizes 1 und 3 sowie 2 und 3 verbunden, nicht aber 1 und 2. Die Gitterlinie I_3 ist die minimale Menge, die I_1 und I_2 in diesem Sinne trennen kann (falls A nicht eine 9-, sondern 25-Punktformel ist, hat man I_3 als eine Doppelreihe von Punkten zu wählen). Allgemein können $k-1$ Teilgebiete $I_\varkappa$ ($1 \le \varkappa \le k-1$) durch eine Grenzlinienmenge I_k getrennt werden (in Abb. 1b für $k=5$ dargestellt). Die entstehenden Indexteilmengen $I_\varkappa$ sind disjunkt (Fall (2.9a)).

Bei geeigneter Numerierung der Indizes (zuerst jene aus I_1, dann aus I_2 u.s.w.) hat A die Blockgestalt

$$(11.7.1) \qquad A = \begin{bmatrix} A_{11} & & & A_{1,k} \\ & \ddots & O & \vdots \\ O & & A_{k-1,k-1} & A_{k-1,k} \\ A_{1,k}^H & \cdots & A_{k-1,k}^H & A_{k,k} \end{bmatrix}.$$

Wir definieren $I_I := \bigcup_{\varkappa=1}^{k-1} I_\varkappa$ (innere Indizes) und $I_R := I_k$ (Randindizes) und erhalten A in der 2×2-Blockform

$$(11.7.2) \qquad A = \begin{bmatrix} A_{II} & A_{IR} \\ A_{IR}^H & A_{RR} \end{bmatrix}, \qquad A_{II} := \mathrm{blockdiag}\{A_{\varkappa\varkappa} : 1 \le \varkappa \le k-1\}.$$

11.7.2 Direkte Lösung

Blockweise Gauß-Elimination der Einträge $A_{1,k}^H, \ldots, A_{k-1,k}^H$ in (1) liefert

$$(11.7.3) \qquad \begin{bmatrix} A_{11} & & A_{1,k} \\ & \ddots & \vdots \\ & A_{k-1,k-1} & A_{k-1,k} \\ 0 & \cdots & 0 & S \end{bmatrix} x = \begin{bmatrix} b^1 \\ \vdots \\ b^{k-1} \\ \hat{b}^k \end{bmatrix}, \qquad \text{wobei}$$

$$(11.7.4) \qquad S := A_{kk} - \sum_{\varkappa=1}^{k-1} A_{\varkappa,k}^H A_{\varkappa\varkappa}^{-1} A_{\varkappa,k}$$

das *Schur-Komplement* ist. Die Dimension der Matrix S beträgt

$n_k \times n_k$, wobei typischerweise $n_k = O(h^{-1}k)$. Nimmt man die teure Berechnung des Schur–Komplementes und den Aufwand eines direkten Verfahrens zur Lösung von $Sx^k = c^k$ in Kauf, so erhält man ein direktes, weitgehend parallelisierbares Verfahren.

11.7.3 Die Kapazitätsmatrixmethode

Das Schur–Komplement S tritt auch unter dem Namen «Kapazitätsmatrix» auf. Während die Berechnung von S als Matrix sehr teuer ist, kann das *Matrix-Vektor-Produkt* $x^k \mapsto Sx^k$ für ein $x^k \epsilon X_k$ relativ leicht über die (für sich völlig parallel ausführbaren) Teilschritte (i) $x^k \mapsto c^k := A_{\varkappa,k} x^k$, (ii) löse $A_{\varkappa\varkappa} y^\varkappa = c^\varkappa$, (iii) $Sx^k := A_{kk}x^k - \sum_\varkappa A_{\varkappa,k}^{\text{H}} y^\varkappa$ berechnet werden, vorausgesetzt direkte Löser für $A_{\varkappa\varkappa} y^\varkappa = c^\varkappa$ stehen zur Verfügung.

Mit A ist auch S positiv definit, so daß das cg-Verfahren auf $Sx^k = c^k$ anwendbar ist. Je nach Größe der Konditionszahl $\varkappa(S)$ ist dieses Vorgehen empfehlenswert oder nicht. Kann man aber die letzte Blockgleichung $Sx^k = \hat{b}^k$ in (3) (näherungsweise) lösen, ergeben sich die anderen Blöcke aus $A_{\varkappa\varkappa} x^\varkappa = b^\varkappa - A_{\varkappa,k}x^k$.

Im Falle des Poisson-Modellproblems ergibt sich die Kondition $\varkappa(S) = O(h^{-1})$, so daß die cg-Methode (angewandt auf die Richardson-Iteration) nur die Konvergenzrate $1 - O(h^{1/2})$ liefert. Man kann versuchen, für die Matrix S eine geeignete Präkonditionierung zu finden. Von Dryja [2] stammt der Vorschlag, die über schnelle Fourier-Transformationen berechenbare Quadratwurzel der zweiten Differenzen auf der Gitterlinie l_3 zu wählen (vgl. auch Mróz [1]).

Zur Präkonditionierung einer Hermiteschen 2×2-Blockmatrix $A = \left[\begin{smallmatrix} A_{11} & A_{12} \\ A_{21} & A_{22} \end{smallmatrix}\right]$ durch Blockdiagonalmatrizen stehen zwei Alternativen zur Verfügung. Die erste ist $W = \text{blockdiag}\{A_{11}, D\}$, die im Falle $D = A_{22}$ das Block-Jacobi-Verfahren darstellt. Die zweite Möglichkeit ist die Präkonditionierung des Schur–Komplements mit Hilfe der *gleichen* Matrix D. Mandel [3] weist unter geeigneten Bedingungen nach, daß der zweite Zugang günstiger ist.

Eine weitere Variante der Kapazitätsmatrixmethode, die in der russischsprachigen Literatur als «Verfahren der fiktiven Gebiete» bezeichnet wird, entsteht, wenn ein Grundgebiet Ω in ein umfassendes Gebiet Ω' eingebettet wird. Dabei wird Ω' z.B. als Rechteck gewählt, damit die (diskrete) Differentialgleichung in Ω' einfach gelöst werden kann. Hierzu sei auf Proskurowski–Widlund [1], Astrachancev [2] und Börgers–Widlund [1] verwiesen.

11.7.4 Gebietszerlegungsmethode mit nichtüberlappenden Gebieten

Statt direkt eine Präkonditionierung von S zu finden, kann man versuchen S mit Hilfe des Schur–Komplementes eines ähnlichen Problems zu präkonditionieren. Die folgende Darstellung ist den Arbeiten von

Widlund [2] und Bjørstad-Widlund [1] entlehnt. Dort finden sich auch weitere Literaturhinweise auf frühere Fundstellen zu dieser Methode.

Das Gebiet Ω sei wie in Abb. 1.1a in disjunkte Teilgebiete $\Omega_{\varkappa}$ zerlegt. Die inneren Gitterpunkte (Knotenpunkte) seien die in Abb. 1a,b als $I_{\varkappa}$ $(1 \leqslant \varkappa \leqslant k-1)$ bezeichneten Mengen. Den inneren Rändern $\partial\Omega_{\varkappa} \cap \partial\Omega_{\lambda}$ $(1 \leqslant \varkappa, \lambda \leqslant k-1)$ entspricht die Knotenmenge I_k aus Abb. 1a,b. Sei zur Vereinfachung $k=3$ (2 Teilgebiete; vgl. Abb. 1a) angenommen. Die Verwendung der klassischen Schwarz-Iteration mit den beiden Indexmengen $I_1 \cup I_3$ und I_2 (oder I_1 und $I_2 \cup I_3$) ist nicht empfehlenswert, da zu langsam. Stattdessen kann man die Präkonditionierung des Schur-Komplementes S mit Hilfe folgender Galerkin-Diskretisierung über Ω_1 konstruieren:

(11.7.5)   Finde $v \in V^h$ mit $a_{\Omega_1}(v,w) = (f,w)_U$ für alle $w \in V^h$.

Dabei ist a_{Ω_1} die Bilinearform a mit der Integration über Ω_1 statt Ω (vgl. §11.5.3). (5) liefert die (diskrete) Lösung der Differentialgleichung auf Ω_1 mit der natürlichen Randbedingung auf $\partial\Omega_1 \cap \partial\Omega_2$ (vgl. Hackbusch [15,§7.5]). Das Problem (5) greift nur auf die Indexmengen I_1 und I_3 zurück. Das entstehende Gleichungssystem hat die Blockgestalt

$$(11.7.6) \qquad \begin{bmatrix} A_{11} & A_{13} \\ A_{13}^H & A_{33}' \end{bmatrix} \begin{bmatrix} x^1 \\ x^3 \end{bmatrix} = \begin{bmatrix} c^1 \\ c^3 \end{bmatrix}$$

mit einer anderen Matrix $A_{33}' \neq A_{33}$. Das zugehörige Schur-Komplement

$$(11.7.7) \qquad S' := A_{33}' - A_{13}^H A_{11}^{-1} A_{13}$$

wird als Präkonditionierungsmatrix für S verwendet. Der Beweis von

$$\varkappa(S'^{-1}S) = O(1)$$

verlangt funktionalanalytische Hilfsmittel (Fortsetzungssätze; vgl. Widlund [2]). Gleichungen mit der Matrix

$$A' := \begin{bmatrix} A_{11} & 0 & A_{13} \\ 0 & A_{22} & A_{23} \\ A_{13}^H & A_{23}^H & A_{33}' \end{bmatrix}$$

lassen sich über (6) erst nach den Blöcken x^1, x^3 und anschließend nach x^2 auflösen. Wenn S' eine gute Präkonditionierung für S ist, dann nach der folgenden Übungsaufgabe auch A' für A.

Übungsaufgabe 11.7.1. Sei $\gamma \leqslant 1 \leqslant \Gamma$. Man zeige, daß $\gamma S' \leqslant S \leqslant \Gamma S'$ und $\gamma A' \leqslant A \leqslant \Gamma A'$ äquivalent sind.

Die Auflösung von $A'x=c$ verlangt die exakte Lösung der Teilprobleme (6) und $A_{22}x^2=c^2$. Die exakte Auflösung kann durch eine approximative Lösung ersetzt werden, indem A' durch A'' ersetzt wird. Die Kondition $\varkappa(A''^{-1}A)$ schätzt man gemäß Lemma 8.3.10 durch $\varkappa(A''^{-1}A')\varkappa(A'^{-1}A) = \varkappa(A''^{-1}A')\varkappa(S'^{-1}S) \leqslant \text{const}\,\varkappa(A''^{-1}A')$ ab.

11.7.5 Mehrgitterähnliche Gebietszerlegungsmethoden

Die Gebietszerlegung kann wie folgt rekursiv durchgeführt werden:
Die Indexmenge wird nacheinander disjunkt zerlegt in $I = I_\ell \cup I'_\ell$,
$I'_\ell = I_{\ell-1} \cup I'_{\ell-1}, \ldots, I'_1 = I_1 \cup I_0$, so daß schließlich $I = I_\ell \cup I_{\ell-1} \cup \ldots \cup I_1 \cup I_0$
gilt. Beispielsweise können die Indizes I_μ der Gitterpunktmenge
$\Omega_\mu \backslash \Omega_{\mu-1}$ ($\Omega_{-1} := \emptyset$) entsprechen, wenn $\Omega_0 \subset \Omega_1 \subset \ldots \subset \Omega_\ell$ eine Gitter-
hierarchie zur Schrittweitenfolge $h_\mu = 2^{-\mu} h_0$ ist. Der Indexaufteilung
$I = I_\ell \cup I'_\ell$ entspricht eine Partitionierung der Matrix $A = A^{(\ell)}$. Diese
Blockmatrix kann als das Produkt

$$(11.7.8) \quad A^{(\ell)} = \begin{bmatrix} A_{11}^{(\ell)} & A_{12}^{(\ell)} \\ A_{12}^{(\ell)H} & A_{22}^{(\ell)} \end{bmatrix} = L^{(\ell)} \begin{bmatrix} A_{11}^{(\ell)} & 0 \\ 0 & S^{(\ell)} \end{bmatrix} L^{(\ell)H}, \quad L^{(\ell)} = \begin{bmatrix} I & 0 \\ A_{12}^{(\ell)H} A_{11}^{(\ell)-1} & I \end{bmatrix},$$

geschrieben werden, wobei $S^{(\ell)}$ wieder das Schur-Komplement bezeichnet. Nach Übungsaufgabe 1 braucht man zur Präkonditionierung von A
eine gute Präkonditionierung $S'^{(\ell)}$ von $S^{(\ell)}$. Da $S^{(\ell)}$ einer Grobgitterkorrektur entspricht, kann man $S'^{(\ell)}$ rekursiv über ℓ definieren. Derartige
Ansätze findet man bei Axelsson (in Monegato [1]), Axelsson-
Vassilevski [1], Vassilevski [1] und Kuznecov [1-3], die auf Verfahren
führen, die Ähnlichkeit mit der in §11.5.7 beschriebenen Mehrgittermethode der hierarchischen Basis haben. Gelegentlich wird hierfür der
Name «_algebraisches Mehrgitterverfahren_» verwandt. Hierzu sei be-
merkt, daß diese Bezeichnung schon früher für ein wirklich algebra-
isches Verfahren vergeben worden ist (die in der Matrix A enthaltene Information ist ausreichend; vgl. Ende des §10.9.3), während die algebraischen Mehrgitterverfahren neuer Art wie übliche Mehrgitterverfahren
auf explizit vorzugebende Diskretisierungshierarchien zurückgreifen.

11.7.6 Weitere Anmerkungen

Statt mittels Gebietszerlegungen Mehrgitterverfahren zu konstruieren,
kann man umgekehrt die Mehrgitteriteration einer gegebenen Zerlegung
des Grundgebietes Ω in überlappende Teilgebiete anpassen. Das in
Hackbusch [14, §15.3.3] beschriebene Verfahren verwendet eine parallel
durchführbare Glättung, die als Approximation der additiven Version der
klassischen Schwarz-Methode aufgefaßt werden kann. Die in §11.5.1
festgestellte langsame Konvergenz der Schwarz-Methode schadet nicht,
da sie glatten Fehleranteilen entspricht. Zu einer Kombination der
Schwarz-Iterationsidee mit Mehrgitterverfahren der zweiten Art vergleiche man Hackbusch [5].

Literaturverzeichnis

[Prog] *Quelltexte der Pascal-Programme zu diesem Buch.* Diskette kann vom Autor bestellt werden (Bestellformular auf den Seiten 403/404 unten)

ALEFELD, G.: [1] Zur Konvergenz des Peaceman-Rachford-Verfahrens. *Numer. Math. 26* (1976) 409-419

ALEFELD, G.: [2] On the convergence of the symmetric SOR method for matrices with red-black ordering. *Numer. Math. 39* (1982) 113-117

ALEFELD, G. und R. S. VARGA: [1] Zur Konvergenz des symmetrischen Relaxationsverfahrens. *Numer. Math. 25* (1976) 291-295

ALLGOWER, E., K. BÖHMER und M. ZHEN: [1] On a problem decomposition for semilinear nearly symmetric elliptic equations. In: Hackbusch [19] 1-17

ASHBY, S. F., Th. A. MANTEUFFEL, P. E. SAYLOR: [1] Adaptive polynomial preconditioning for hermitean indefinite linear systems. *BIT 29* (1989) 583-609

ASTRACHANCEV, G. P.: [1] An iterative method of solving elliptic net problems. *USSR Comput. Math. and Math. Phys. 11,2* (1971) 171-182

ASTRACHANCEV, G. P.: [2] Methods of fictitious domains for a second-order elliptic equation with natural boundary conditions. *USSR Comput. Math. and Math. Phys. 18* (1978) 114-121

AXELSSON, O.: [1] Solution of linear systems of equations: iterative methods. In: Barker [1] 1-51

AXELSSON, O.: [2] A survey of preconditioned iterative methods for linear systems of algebraic equations. *BIT 25* (1985) 166-187

AXELSSON, O.: [3] A restarted version of a generalized preconditioned conjugate gradient method. *Comm. in Appl. Numer. Methods 4* (1988) 521-530

AXELSSON, O. und V. A. BARKER: [1] *Finite element solution of boundary value problems.* Academic Press, Orlando 1984

AXELSSON, O., S. BRINKKEMPER und V. P. IL'IN: [1] On some versions of incomplete block-matrix factorization iterative methods. *LAA 58* (1984) 3-15

AXELSSON, O., V. EIJKHOUT, B. POLMAN und P. VASSILEVSKI: [1] Incomplete block-matrix factorization iterative methods for convection-diffusion problems. *BIT 29* (1989) 867-889

AXELSSON, O. und B. POLMAN: [1] A robust preconditioner based on algebraic substructuring and two-level grids. In: Hackbusch [18] 1-26

AXELSSON, O. und P. S. VASSILEVSKI: [1] Algebraic multilevel preconditioning methods, Part I: *Numer. Math. 56* (1989) 157-177; Part II: *SIAM J. Numer. Anal. 27* (1990) 1569-1590

AXELSSON, O. und P. S. VASSILEVSKI: [2] Construction of variable-step preconditioners for inner-outer iteration methods. Report 9107, Universiteit Nijmegen, 1991

BACHVALOV, N. S.: [1] On the convergence of a relaxation method with natural constraints on the elliptic operator. *USSR Comput. Math. and Math. Phys. 6,5* (1966) 101–135

BANK, R. E.: [1] A comparison of two multilevel iterative methods for nonsymmetric and indefinite elliptic finite element equations. *SIAM J. Numer. Anal. 18* (1981) 724–743

BANK, R. E.: [2] *PLTMG: A software package for solving elliptic partial differential equations. Users' guide 6.0.* SIAM, Philadelphia 1990

BANK, R. E. und T. F. CHAN: [1] An analysis of the composite step biconjugate gradient method. Erscheint demnächst (Manuskript: 1992)

BAŃK, R. E. und C. C. DOUGLAS: [1] Sharp estimates for multigrid rates of convergence with general smoothing and acceleration. *SIAM J. Numer. Anal. 22* (1985) 617–633

BANK, R. E. und T. F. DUPONT: [1] Analysis of a two-level scheme for solving finite element equations. Report CNA-159, University of Texas at Austin, 1980

BANK, R. E. und T. F. DUPONT: [2] An optimal order process for solving elliptic finite element equations. *Math. Comp. 36* (1981) 35–51

BANK, R. E., T. F. DUPONT und H. YSERENTANT: [1] The hierarchical basis multigrid method. *Numer. Math. 52* (1988) 427–458

BANK, R.E., B. D. WELFERT und H. YSERENTANT: [1] A class of iterative methods for solving saddle point problems. *Numer. Math. 56* (1990) 645–666

BANK, R. E. und H. YSERENTANT: [1] Some remarks on the hierarchical basis multigrid method. In: Chan-Glowinski-Périaux-Widlund [1] 140–146

BARKER, V. A. (Hrsg.): [1] *Sparse matrix techniques.* Proceedings, Kopenhagen, Aug. 1976. Lecture Notes in Mathematics 572. Springer, Berlin 1977

BARKER, V. A.: siehe AXELSSON, O. et al.

BEAUWENS, R.: [1] Approximate factorizations with s/p consistently ordered M-factors. *BIT 29* (1989) 658–681

BERG, L.: [1] *Lineare Gleichungssysteme mit Bandstruktur.* Deutscher Verlag der Wissenschaften, Berlin 1986

BERMAN, A. und R. J. PLEMMONS: [1] *Nonnegative matrices in the mathematical sciences.* Academic Press, New York 1979

BJØRSTAD, P. E.: [1] The direct solution of a generalized biharmonic equation on a disk. In: Hackbusch [17] 1–9

BJØRSTAD, P. E.: [2] Multiplicative and additive Schwarz methods: Convergence in the two-domain case. In: Chan-Glowinski-Périaux-Widlund [1] 147-159

BJØRSTAD, P. E. und J. MANDEL: [1] On the spectra of sums of orthogonal projections with applications to parallel computing. *BIT* *31* (1991) 76-88

BJØRSTAD, P. E., R. MOE und M. SKOGEN: [1] Parallel decomposition and iterative refinement algorithms. In: Hackbusch [19] 28-46

BJØRSTAD, P. E. und O. B. WIDLUND: [1] Iterative methods for the solution of elliptic problems on regions partitioned into substructures. *SIAM J. Numer. Anal. 23* (1986) 1097-1120

BÖHMER, K.: siehe ALLGOWER, E. et al.

BÖRGERS, Ch. und O. B. WIDLUND: [1] On finite element domain imbedding methods. *SIAM J. Numer. Anal. 27* (1990) 963-978

BORNEMANN, F. und H. YSERENTANT: [1] A basic norm equivalence for the theory of multilevel methods. Erscheint in *Numer. Math.* (1993)

BRAESS, D.: [1] The contraction number of a multigrid method for solving the Poisson equation. *Numer. Math. 37* (1981) 387-404

BRAESS, D.: [2] The convergence rate of a multigrid method with Gauß-Seidel relaxation for the Poisson equation. *Math. Comp. 42* (1984) 505-519

BRAESS, D.: [3] A multigrid method for the membrane problem. *Computational Mechanics 3* (1985) 617-633

BRAESS, D.: [4] On the combination of the multigrid method and conjugate gradients. In: Hackbusch-Trottenberg [2] 52-64

BRAESS, D.: [5] *Finite Elemente.* Springer-Verlag, Berlin 1992

BRAESS, D.: siehe PEISKER, P. et al.

BRAESS, D. und W. HACKBUSCH: [1] A new convergence proof for the multigrid method including the V-cycle. *SIAM J. Numer. Anal. 20* (1983) 967-975

BRAESS, D., W. HACKBUSCH, U. TROTTENBERG (Hrsg.): [1] *Advances in multi-grid methods.* Proceedings, Oberwolfach, Dec. 1984. Notes on Numerical Fluid Mechanics 11. Vieweg, Braunschweig 1985

BRAKHAGE, H.: [1] Über die numerische Behandlung von Integralgleichungen nach der Quadraturformelmethode. *Numer. Math. 2* (1960) 183-196

BRAMBLE, J. H. und J. E. PASCIAK: [1] New convergence estimates for multigrid algorithms. *Math. Comp. 49* (1987) 311-329

BRAMBLE, J. H., J. E. PASCIAK und A. H. SCHATZ: [1] An iterative method for elliptic problems on regions partitioned into substructures. *Math. Comp. 46* (1986) 361-369

BRAMBLE, J. H., J. E. PASCIAK und A. H. SCHATZ: [2] The construction of preconditioners for elliptic problems by substructuring. I: *Math. Comp. 47* (1986) 103-134; II: *Math. Comp. 49* (1987) 1-16; III: *Math. Comp. 51* (1988) 415-430; IV: *Math. Comp. 53* (1989) 1-24

BRAMBLE, J. H., J. E. PASCIAK, J. WANG und J. XU: [1] Convergence estimates for multigrid algorithms without regularity assumptions. *Math. Comp. 57* (1991) 23-45

BRAMBLE, J. H., J. E. PASCIAK und J. XU: [1] The analysis of multigrid algorithms for nonsymmetric and indefinite elliptic problems. *Math. Comp. 51* (1988) 389-414

BRAMBLE, J. H., J. E. PASCIAK, und J. XU: [2] Parallel multilevel preconditioners. *Math. Comp. 55* (1990) 1-22

BRANDT, A.: [1] Multi-level adaptive solutions to boundary-value problems. *Math. Comp. 31* (1977) 333-390

BRANDT, A.: [2] Guide to multigrid development. In: Hackbusch-Trottenberg [1] 220-312

BRINKKEMPER, S: siehe AXELSSON, O. et al.

BULEEV, N. I. (БУЛЕЕВ, Н. И.): [1] Численный метод решения двумерных и трехмерных уравнеий диффузии (Eine numerische Methode zur Lösung zwei- und dreidimensionaler Diffusionsgleichungen). *Math. Sb. 51* (1960) 227-238

BULIRSCH, R., R. D. GRIGORIEFF, J. SCHRÖDER (Hrsg.): [1] *Numerical treatment of differential equations.* Proceedings, Oberwolfach, Juli 1976. Lecture Notes in Mathematics 631. Springer, Berlin 1978

BULIRSCH, R.: siehe STOER, J.

BUNEMAN, O.: [1] A compact non-iterative Poisson solver. SUIPR Report 294, Stanford 1969

BUNSE, W. und A. BUNSE-GERSTNER: [1] *Numerische lineare Algebra.* Teubner, Stuttgart 1985

CAI, XIAO-CHUAN und O. B. WIDLUND: [1] Domain decomposition algorithms for indefinite elliptic problems. *SIAM J. Sci. Stat. Comput. 13* (1992) 243-258

CHAN, T. F., R. GLOWINSKI, J. PÉRIAUX und O. WIDLUND (Hrsg.): [1] *Domain decomposition methods.* Proceedings, Jan. 1988, Los Angeles. SIAM Philadelphia 1989

CHAN, T. F., R. GLOWINSKI, J. PÉRIAUX und O. WIDLUND (Hrsg.): [2] *Domain decomposition methods.* Proceedings, März 1989, Houston. SIAM Philadelphia 1990

CHAN, T. F., D. E. KEYES, G. MEURANT, J. S. SCROGGS, R. G. VOGT (Hrsg.): [1] *Domain decomposition methods.* Proceedings, Mai 1991. Norfolk. Erscheint bei SIAM Philadelphia

CHAN, T. F.: siehe BANK, R. E. et al.

CONCUS, P. und G. H. GOLUB: [1] A generalized conjugate gradient method for nonsymmetric systems of linear equations. In: Glowinski-Lions [1] 56-65

CONCUS, P., G. H. GOLUB und G. MEURANT: [1] Block preconditioning for the conjugate gradient method. *SIAM J. Sci. Stat. Comput.* 6 (1985) 220-252

CONCUS, P., G. H. GOLUB und D. P. O'LEARY: [1] Numerical solution of nonlinear elliptic partial differential equations by a generalized conjugate gradient method. *Computing 19* (1978) 321-339

DAHLQUIST, G.: siehe KRONSJØ, L. et al.

DAHMEN, W. und A. KUNOTH: [1] Multilevel preconditioning. *Numer. Math. 63* (1992) 315-344

DE BOOR, C. und J. R. RICE: [1] Extremal polynomials with applications to Richardson iteration for indefinite linear systems. *SIAM J. Sci. Stat. Comput. 3* (1982) 47-57

DE ZEEUW, P. M.: [1] Matrix-dependent prolongations and restrictions in a blackbox multigrid solver. *J. of Comput. and Appl. Math. 33* (1990) 1-27

DE ZEEUW, P. M.: siehe SONNEVELD, P. et al., HEMKER, P. W. et al.

DEULHARD, P., R. FREUND und A. WALTER: [1] Fast secant methods for the iterative solution of large nonsymmetric linear systems. *Impact of Computing in Science and Engineering 2* (1990) 244-276

D'JAKONOV, E. G. (Аьяконов, Е. Г.): [1] The construction of iterative methods based on the use of spectrally equivalent operators. *USSR Comput. Math. and Math. Phys. 6,1* (1966) 14-46

D'JAKONOV, E. G.: [2] О шодимости одного итерационного процесса (Über die Konvergenz eines Iterationsprozesses). *Usp. Mat. Nauk 21* (1966) 179-182

D'JAKONOV, E. G.: [3] Минимизация вычислительной работы – Асимптотически оптимальные алгоритмы для эллиптических задач (*Minimierung der Rechenarbeit – asymptotisch optimale Algorithmen für elliptische Gleichungen*). Nauka, Moskau 1989

DOUGLAS, C. C.: siehe BANK, R. E. et al.

DRYJA, M.: [1] A capacitance matrix method for Dirichlet problem on polygon region. *Numer. Math. 39* (1982) 51-64

DRYJA, M.: [2] A finite element-capacitance matrix method for elliptic problems on regions partitioned into subregions. *Numer. Math. 44* (1984) 153-168

DRYJA, M.: [3] A method of domain decomposition for three-dimensional elliptic problems. In: Glowinski-Golub-Meurant-Périaux [1] 43-61

DRYJA, M.: [4] An additive Schwarz algorithm for two- and three-dimensional finite element elliptic problems. In: Chan-Glowinski-Périaux-Widlund [1] 168-172

DRYJA, M. und O. B. WIDLUND: [1] Towards a unified theory of domain decomposition algorithms for elliptic problems. In: Chan-Glowinski-Périaux-Widlund [2] 3-21

DRYJA, M. und O. B. WIDLUND: [2] Multilevel additive methods for elliptic finite element problems. In: Hackbusch [19] 58-69

DRYJA, M. und O. B. WIDLUND: [3] Additive Schwarz methods for elliptic finite element problems in three dimensions. In: Chan-Keyes-Meurent-Scroggs-Vogt [1]

DUFF, I. S., A. M. ERISMAN und J. K. REID: [1] *Direct methods for sparse matrices.* Clarendon Press, Oxford 1989

DUFF, I. S. und G. A. MEURANT: [1] The effect of ordering on preconditioned conjugate gradients. *BIT 29* (1989) 635-657

DUFF, I. S. und G. W. STEWART (Hrsg.): [1] *Sparse matrix proceedings 1978.* Proceedings, Knoxville, Nov. 1978. SIAM, Philadelphia 1979

DUPONT, T. F.: siehe BANK, R. E. et al.

EIERMANN, M., I. MAREK und W. NIETHAMMER: [1] On the solution of singular systems of algebraic equations by semiiterative methods. *Numer. Math. 53* (1988) 265-283

EIERMANN, M., W. NIETHAMMER und A. RUTTAN: [1] Optimal successive overrelaxation iterative methods for p-cyclic matrices. *Numer. Math. 57* (1990) 593-606

EIERMANN, M., W. NIETHAMMER und R. S. VARGA: [1] A study of semiiterative methods for nonsymmetric systems of linear equations. *Numer. Math. 47* (1985) 505-533

EIERMANN, M., W. NIETHAMMER und R. S. VARGA: [2] Iterationsverfahren für nichtsymmetrische Gleichungssysteme und Approximationsmethoden im Komplexen. *Jber. d. Dt. Math.-Verein 89* (1987) 1-33

EIJKHOUT, V: siehe AXELSSON, O. et al.

ELMAN, H. C.: [1] Relaxed and stabilized incomplete factorizations for non-self-adjoint linear systems. *BIT 29* (1989) 890-915

ERISMAN, A. M.: siehe DUFF, I. S. et al.

EWING, R. E.: [1] Preconditioned conjugate gradient methods for large-scale fluid flow applications. *BIT 29* (1989) 850-866

FEDORENKO, R. P.: [1] A relaxation method for solving elliptic difference equations. *USSR Comput. Math. and Math. Phys. 1,5* (1961) 1092-1096

FEDORENKO, R. P.: [2] The speed of convergence of one iterative process. *USSR Comput. Math. and Math. Phys. 4,3* (1964) 227-235

FINOGENOV, S. A.: siehe LEBEDEV, V.I. et al.

FISCHER, B. und R. FREUND: [1] Chebyshev polynomials are not always optimal. *J. Approximation Theory 65* (1991) 261–272

FISCHER, B. und R. FREUND: [2] On the constrained Chebyshev approximation problem on ellipses. *J. Approx. Theory 62* (1990) 297–315

FORSYTHE, G. E. und E. G. STRAUSS: [1] On best conditioned matrices. *Proc. Amer. Soc. 6* (1955) 340–345

FREUND, R: [1] On conjugate gradient type methods and polynomial preconditioners for a class of complex non–Hermitian matrices. *Numer. Math. 57* (1990) 285–312

FREUND, R: siehe DEULHARD, P. et al., FISCHER, B. et al.

FRIDMAN, V. M.: [1] The method of minimum iterations with minimum errors for a system of linear algebraic equations with a symmetrical matrix. *USSR Comput. Math. and Math. Phys. 2* (1963) 362–363

FROBENIUS, G.: [1] Über Matrizen aus positiven Elementen. *Sitzungsbericht Akad. Wiss. Phys.-math. Klasse Berlin* 417–476 (1908) und 514–518 (1909)

FROMMER, A. und D. B. SZYLD: [1] H–Splittings and two-stage iterative methods. *Numer. Math. 63* (1992) 345–356

GANTMACHER, F. R.: [1] *Matrizenrechnung*, Bände I und II. Deutscher Verlag der Wissenschaften, Berlin 1958 (Bd. I) und 1959 (Bd. II)

GEORGE, J. A.: [1] Solution of linear systems of equations: direct methods for finite element problems. In: Barker [1] 52–101

GLOWINSKI, R.: siehe CHAN, T. F. et al.

GLOWINSKI, R., G. H. GOLUB, G. A. MEURANT und J. PÉRIAUX (Hrsg.): [1] *First international* symposium *on domain decomposition methods for partial differential equations.* Proceedings, Jan. 1987, Paris. SIAM, Philadelphia 1988

GLOWINSKI, R. und J. L. LIONS (Hrsg.): [1] *Computing methods in applied sciences and engineering.* Lecture Notes in Economics and Math. Systems 134, Springer, New York 1976

GLOWINSKI, R.: siehe CHAN, T. F. et al.

GOLUB, G.: [1] Direct methods for solving elliptic difference equations. In: Morris [1] 1–19

GOLUB, G. H. und D. O'LEARY: [1] Some history of the conjugate gradient and Lanczos algorithms: 1948–1976. *SIAM Review 31* (1989) 50–102

GOLUB, G. H. und M. L. OVERTON: [1] The convergence of inexact Chebyshev and Richardson iterative methods for solving linear systems. *Numer. Math. 53* (1988) 571–593

GOLUB, G. H. und Ch. F. VAN LOAN: [1] *Matrix computations.* North Oxford Academic, Oxford 1983

GOLUB, G. H.: siehe CONCUS, P. et al., GLOWINSKI, R. et al.

GRIGORIEFF, R. D.: siehe BULIRSCH, R. et al.

GUNN, J. E.: [1] The solution of elliptic difference equations by semi-explicit iterative techniques. *SIAM J. Numer. Anal. 2* (1964) 24–45

GUSTAFSSON, I.: [1] A class of first order factorization methods. *BIT 18* (1978) 142–156

GUTKNECHT, M. H.: [1] A completed theory of the unsymmetric Lanczos process and related algorithms. Part I: *SIAM J. Matrix Anal. Appl. 13* (1992) 594–639 – Part II: Erscheint in *SIAM J. Matrix Anal. Appl.*

GUTKNECHT, M. H.: [2] The unsymmetric Lanczos algorithms and their relations to Padé approximation, continued fractions, the QD algorithm, biconjugate gradient squared methods, and fast Hankel solvers. Publikation geplant bei *SIAM Review*

HAASE, G., U. LANGER: [1] On the use of multigrid preconditioners in the domain decomposition method. In: Hackbusch [19] 101–110

HACKBUSCH, W.: [1] A fast iterative method solving Poisson's equation in a general region. In: Bulirsch-Grigorieff-Schröder [1] 51–62

HACKBUSCH, W.: [2] On the convergence of a multi-grid iteration applied to finite element equations. Report 77-8, Univ. zu Köln 1977

HACKBUSCH, W.: [3] On the multi-grid method applied to difference equations. *Computing 20* (1978) 291–306

HACKBUSCH, W.: [4] Convergence of multi-grid iterations applied to difference equations. *Math. Comp. 34* (1980) 425–440

HACKBUSCH, W.: [5] The fast numerical solution of very large elliptic difference schemes. *J. IMA 26* (1980) 119–132

HACKBUSCH, W.: [6] Die schnelle Auflösung der Fredholmschen Integralgleichung zweiter Art. *Beiträge Numer. Math. 9* (1981) 47–62

HACKBUSCH, W.: [7] On the convergence of multi-grid iterations. *Beiträge Numer. Math. 9* (1981) 213–239

HACKBUSCH, W.: [8] On the regularity of difference schemes. *Ark. Mat. 19* (1981) 71–95

HACKBUSCH, W.: [9] On the regularity of difference schemes – part II: regularity estimates for linear and nonlinear problems. *Ark. Mat. 21* (1983) 3–28

HACKBUSCH, W.: [10] Multi-grid convergence theory. In: Hackbusch-Trottenberg [1] 177–219

HACKBUSCH, W.: [11] The frequency decomposition multi-grid method. Part I: Application to anisotropic equations. *Numer. Math. 56* (1989) 229–245

HACKBUSCH, W.: [12] A parallel conjugate gradient method. *J. Numer. Linear Algebra with Applications 1* (1992) 133–147

HACKBUSCH, W.: [13] The solution of large systems of BEM equations by the multi-grid and panel clustering method technique. In: Monegato [1] 163–187

HACKBUSCH, W.: [14] *Multi-grid methods and applications.* Springer-Verlag, Berlin 1985

HACKBUSCH, W.: [15] *Theorie und Numerik elliptischer Differential-gleichungen.* Teubner, Stuttgart 1986 – Englische Übersetzung: *Elliptic differential equations. Theory and numerical treatment.* Springer-Verlag Berlin 1992

HACKBUSCH, W.: [16] *Integralgleichungen – Theorie und Numerik.* Teubner, Stuttgart 1989

HACKBUSCH, W. (Hrsg.): [17] *Efficient solvers for elliptic systems.* Notes on numerical fluid mechanics *10.* Vieweg, Braunschweig 1984

HACKBUSCH, W. (Hrsg.): [18] *Robust Multi-Grid Methods.* Proceedings, Kiel, Jan. 1988. Notes on numerical fluid mechanics **23.** Vieweg, Braunschweig 1988

HACKBUSCH, W. (Hrsg.): [19] *Parallel Algorithms for PDEs.* Proceedings, Kiel, Jan. 1990. Notes on numerical fluid mechanics **31.** Vieweg, Braunschweig 1991

HACKBUSCH, W.: [20] Comparison of different multi-grid variants for nonlinear equations. *ZAMM 72* (1992) 148-151

HACKBUSCH, W.: [21] The frequency decomposition multi-grid method. II: Convergence analysis based on the additive Schwarz method. *Numer. Math. 63* (1992) 433-453

HACKBUSCH, W.: siehe BRAESS, D. et al.

HACKBUSCH, W. und A. REUSKEN: [1] Analysis of a damped nonlinear multilevel method. *Numer. Math. 55* (1989) 225-246

HACKBUSCH, W. und U. TROTTENBERG (Hrsg.): [1] *Multi-grid methods.* Proceedings, Köln-Porz, November 1981. Lecture Notes in Mathematics **960.** Springer, Berlin 1982

HACKBUSCH, W. und U. TROTTENBERG (Hrsg.): [2] *Multi-grid methods II.* Proceedings, Köln, Oktober 1985. Lecture Notes in Mathematics **1228.** Springer, Berlin 1986

HACKBUSCH, W. und U. TROTTENBERG (Hrsg.): [3] *Multi-grid methods III.* Proceedings, Bonn, Oktober 1990. ISNM *98,* Birkhäuser, Basel, 1991

HAGEMAN, L. A. und D. M. YOUNG: [1] *Applied Iterative Methods.* Academic Press, New York 1981

HANKE, M., M. NEUMANN und W. NIETHAMMER: [1] On the SOR method for symmetric positive definite systems. *LAA 154-156* (1991) 457-472

HEMKER, P. W.: [1] The incomplete LU-decomposition as a relaxation method in multi-grid algorithms. In: Miller [1] 306-311

HEMKER, P. W.: [2] Mixed defect correction iteration for the accurate solution of the convection diffusion equation. In: Hackbusch-Trotten-berg [2] 485-501

HEMKER, P. W.: [3] On the comparison of line-Gauss-Seidel and ILU relaxation in multigrid algorithms. In: Miller [2] 269-277

HEMKER, P., R. KETTLER, P. WESSELING und P. M. DE ZEEUW: [1] Multigrid methods: development of fast solvers. *Appl. Math. Comput.* *13* (1983) 311-326

HEMKER, P. W. und H. SCHIPPERS: [1] Multiple grid methods for the solution of Fredholm integral equations of the second kind. *Math. Comp. 36* (1981) 215-232

HESTENES, M. R.: [1] *Conjugate direction methods in optimization.* Springer, New York 1980

HESTENES, M. R., E. STIEFEL: [1] Methods of conjugate gradients for solving linear systems. *J. Res. Nat. Bur. Standards 49* (1952) 409-436

HOLSTEIN, H.: siehe PADDON, D. J. et al.

IL'IN, V. P.: [1] Some estimates for conjugate gradient methods. *USSR Comput. Math. and Math. Phys. 16,4* (1976) 22-30

IL'IN, V. P.: siehe AXELSSON, O. et al.

JEA, D. C. und D. M. YOUNG: On the effectiveness of adaptive Chebyshev acceleration for solving systems of linear equations. *J. Comput. Appl. Math. 24* (1988) 33-54

JENNINGS, A. und G. M. MALIK: [1] Partial elimination. *J. IMA 20*(1977) 307-316

JENSEN, K. und N. WIRTH: [1] *PASCAL user manual and report.* 2. Auflage. Springer, New York 1978

KACZMARZ, S.: [1] Angenäherte Auflösung von Systemen linearer Gleichungen. *Bulletin de l'Academie Polonaise des Sciences et Lettres A35* (1937) 355-357

KERSHAW, D. S.: [1] The incomplete Cholesky-conjugate gradient method for the iterative solution of systems of linear equations. *J. Comput. Phys. 26* (1978) 43-65

KETTLER, R.: [1] Analysis and comparison of relaxation schemes in robust multigrid and preconditioned conjugate gradient methods. In: Hackbusch-Trottenberg [1] 502-534

KETTLER, R.: siehe HEMKER, P. W. et al.

KEYES, D. E.: siehe CHAN, T. F. et al.

KOSMOL, P.: [1] *Methoden zur numerischen Behandlung nichtlinearer Gleichungen und Optimierungsaufgaben.* Teubner, Stuttgart 1989

KOSMOL, P. und XINLONG ZHOU: [1] The limit points of affine iterations. *Numer. Funct. Analysis and Optim. 11* (1990) 403-409

KRONSJØ, L. und G. DAHLQUIST: [1] On the design of nested iterations for elliptic difference equations. *BIT 11* (1971) 63-71

KUNOTH, A.: siehe DAHMEN, W. et al.

KUZNECOV (KUZNETSOV), Ju. A.: [1] Algebraic multigrid domain decomposition methods, I. *Soviet J. Numer. Anal. and Math. Model. 4* (1989) 361-392

KUZNECOV, Ju. A.: [2] Multigrid domain decomposition methods for elliptic problems. *Computer Methods in Applied Mechanics and Engineering 75* (1989) 185-193

KUZNECOV, Ju. A.: [3] Multigrid domain decomposition methods. In: Chan-Glowinski-Périaux-Widlund [2] 290-313

LANGER, U.: siehe HAASE, G. et al.

LEBEDEV, V.I.: [1] On a Zolotarev problem in the method of alternating directions. *USSR Comput. Math. and Math. Phys. 17, 2* (1977) 58-76

LEBEDEV, V.I. und S. A. FINOGENOV: [1] On the order of choice of the iteration parameters in the Chebyshev cyclic iteration method. *USSR Comput. Math. and Math. Phys. 11,2* (1971) 155-170 und *13,1* (1973) 21-41

LIEBAU, F.: siehe WITTUM, G. et al.

LIONS, J. L.: siehe GLOWINSKI, R. et al.

LOAN, Ch. F. VAN: siehe GOLUB, G. H. et al.

LUENBERGER, D. G.: [1] *Introduction to linear and nonlinear programming.* Addison-Wesley Publ. Comp., Reading, Mass., Menlo Park 1973

MAESS, G.: [1] *Vorlesungen über numerische Mathematik. I. Lineare Algebra.* Birkhäuser, Basel 1985

MAESS, G.: [2] Projection methods solving rectangular systems of linear equations. *J. of Comput. and Appl. Math. 24* (1988) 107-119

MAITRE, J.-F. und F. MUSY: [1] Multigrid methods: convergence theory in a variational framework. *SIAM J. Numer. Anal. 21* (1984) 657-671

MAITRE, J.-F., F. MUSY und P. NIGON: [1] A fast solver for the Stokes equations using multigrid with a UZAWA smoother. In: Braess-Hackbusch-Trottenberg [1]

MALIK, G. M.: siehe JENNINGS, A. et al.

MANDEL, J.: [1] A multilevel iterative method for symmetric, positive definite problems. *Appl. Math. Optim. 11* (1984) 77-95

MANDEL, J.: [2] Multigrid convergence for nonsymmetric, indefinite variational problems and one smoothing step. *Appl. Math. Optim. 19* (1986) 201-216

MANDEL, J.: [3] On block diagonal and Schur complement preconditioning. *Numer. Math. 58* (1990) 79-93

MANDEL, J. und S. MCCORMICK: [1] Iterative solution of elliptic equations with refinement. In: Chan-Glowinski-Périaux-Widlund [1] 81-102

MANDEL, J.: siehe BJØRSTAD, P. E. et al.

MANSFIELD, L.: [1] On the conjugate gradient solution of the Schur complement system obtained from domain decomposition. *SIAM J. Numer. Anal. 27* (1990) 1612–1620

MANTEUFFEL, T. A.: [1] Adaptive procedure for estimating parameters for the nonsymmetric Tchebychev iteration. *Numer. Math. 31* (1978) 183–208

MANTEUFFEL, T. A.: [2] An incomplete factorization technique for positive definite linear systems. *Math. Comp. 34* (1980) 473–497

MANTEUFFEL, Th. A.: siehe ASHBY, S. F. et al.

MARCOWITZ, U.: siehe MEIS, Th. et al.

MAREK, I.: [1] Iterative methods of solving linear systems with a rectangular matrix. Report 8132, Universität Nijmegen 1981

MAREK, I.: siehe EIERMANN, M. et al.

MCCORMICK, S. (Hrsg.): [1] *Multigrid methods*. SIAM, Philadelphia 1987

MCCORMICK, S.: siehe MANDEL, J. et al.

MEHRMANN, V.: siehe VARGA, R. S. et al.

MEIJERINK, J. A.: [1] Iterative methods for the solution of linear equations based on incomplete factorisation of the matrix. Shell Publ. 643, Rijswijk 1983

MEIJERINK, J. A. und H. A. VAN DER VORST: [1] An iterative solution method for linear systems of which the coefficient matrix is a symmetric M-matrix. *Math. Comp. 31* (1977) 148–162

MEIS, Th. und U. MARCOWITZ: [1] *Numerische Behandlung partieller Differentialgleichungen.* Springer, Berlin 1978 – Engl. Übers.: *Numerical solution of partial differential equations.* Springer, New York 1981

MEURANT, G.: siehe CHAN, T. F. et al., CONCUS, P. et al., DUFF, I. S. et al., GLOWINSKI, R. et al.

MILLER, J. J. H. (Hrsg.): [1] *Boundary and interior layers – computational and asymptotic methods.* Proceedings, Dublin, June 1980. Boole Press, Dublin 1980

MILLER, J. J. H. (Hrsg.): [2] *Computational and asymptotic methods for boundary and interior layers.* Proceedings, Dublin, June 1982. Boole Press, Dublin 1982

MOE, R.: siehe BJØRSTAD, P. E. et al.

MONEGATO, G. (Hrsg.): [1] Numerical Methods in Applied Science and Industry, *Rend. Sem. Mat. Univ. Pol. Torino,* Fascicolo Speciale 1991. Proceedings, Juni 1990, Turin.

MORRIS, J. Ll. (Hrsg.): [1] *Symposium on the theory of numerical analysis.* Proceedings, Dundee, Sept 1970. Lecture Notes in Mathematics 193. Springer-Verlag, Berlin 1971

MRÓZ, M.: Domain decomposition method for elliptic mixed boundary value problems. *Computing 42* (1989) 45-59

MUNKSGAARD, N.: [1] Solving sparse symmetric sets of linear equations by preconditioned conjugate gradients. *ACM Trans. Math. Software 6* (1980) 206-219

MUSY, F.: siehe MAITRE, J.-F. et al.

NATTERER, F.: [1] *The mathematics of computerized tomography.* J. Wiley und Teubner, Stuttgart 1986

NEPOMNYAŠIČ, S. V.: [1] *Domain decomposition and Schwarz methods in a subspace for the approximate solution of elliptic boundary value problems* (russ.). Doctoral thesis, Novosibirsk 1986.

NEUMAIER, A. und R. S. VARGA: [1] Exact convergence and divergence domains for the symmetric successive overrelaxation iterative (SSOR) method applied to H-matrices. *LAA 58* (1984) 261-272

NEUMANN, M.: siehe HANKE, M. et al.

NICOLAIDES, R. A.: [1] On multiple grid and related techniques for solving discrete elliptic systems. *J. Comput. Phys. 19* (1975) 418-431

NICOLAIDES, R. A.: [2] On the ℓ^2 convergence of an algorithm for solving finite element equations. *Math. Comp. 31* (1977) 892-906

NIETHAMMER, W.: [1] Relaxation bei nichtsymmetrischen Matrizen. *Math. Zeitschr. 85* (1964) 319-327

NIETHAMMER, W.: [2] Relaxation bei komplexen Matrizen. *Math. Zeitschr. 86* (1964) 34-40

NIETHAMMER, W.: [3] The SOR method on parallel computers. *Numer. Math. 56* (1989) 247-254

NIETHAMMER, W. und R. S. VARGA: [1] The analysis of k-step iterative methods for linear systems from summability theory. *Numer. Math. 41* (1983) 177-206

NIETHAMMER, W.: siehe EIERMANN, M. et al., HANKE, M. et al., STARKE, G. et al.

NIGON, P.: siehe MAITRE, J.-F. et al.

NIKOLAEV, E.S.: siehe SAMARSKII, A. A. et al.

O'LEARY, D. P.: [1] The block conjugate gradient algorithm and related methods. *LAA 29* (1980) 293-322

O'LEARY, D. P.: [2] Parallel implementation of the block conjugate gradient algorithm. *Parallel Computing 5* (1987) 127-139

O'LEARY, D. P.: siehe CONCUS, P. et al., GOLUB, G. H. et al.

OPFER, G. und G. SCHOBER: [1] Richardson's iteration for nonsymmetric matrices. *LAA 58* (1984) 343-361

ORTEGA, J. M.: [1] *Introduction to parallel vector solution of linear systems.* Plenum Press, New York 1988

OSTROWSKI, A. M.: [1] Über die Determinanten mit überwiegender Hauptdiagonale. *Commentarii Mathematici Helvetici 10* (1937) 69–96

OSTROWSKI, A. M.: [2] On the linear iteration procedures for symmetric matrices. *Rend. Math. e. Appl. 14* (1954) 140–163

OSWALD, P.: [1] On function spaces related to finite element approximation theory. *Zeitschrift für Analysis und ihre Anwendungen 9* (1990) 43–64

OVERTON, M. L.: siehe GOLUB, G. H. et al.

PADDON, D. J. und H. HOLSTEIN (Hrsg.): [1] *Multigrid methods for integral and differential equations.* Proceedings, Bristol, Sept 1983. Clarendon Press, Oxford 1985

PAIGE, C. C. und M. A. SAUNDERS: [1] Solution of sparse indefinite systems of linear equations. *SIAM J. Numer. Anal. 12* (1975) 617–629

PARLETT, B. N.: [1] *The symmetric eigenvalue problem.* Prentice-Hall, Englewood Cliffs 1980

PASCIAK, J. E.: siehe BRAMBLE, J. H. et al.

PEACEMAN, D.W. und H. H. RACHFORD: [1] The numerical solution of parabolic and elliptic differential equations. *J. SIAM 3* (1955) 28–41

PEARCY, C.: [1] An elementary proof of the power inequality for the numerical radius. *Michigan Math. J. 13* (1966) 289–291

PEISKER, P. und D. BRAESS: [1] A conjugate gradient method and a multigrid algorithm for Morley's finite element approximation of the biharmonic equations. *Numer. Math. 55* (1987) 567–586

PÉRIAUX, J.: siehe CHAN, T. F. et al., GLOWINSKI, R. et al.

PERRON, O.: [1] Zur Theorie der Matrices. *Math. Ann. 64* (1907) 248–263

PLEMMONS, R. J.: siehe BERMAN, A. et al.

POLMAN, B.: siehe AXELSSON, O. et al.

PROSKUROWSKI, W. und O. WIDLUND: [1] On the numerical solution of Helmholtz's equation by the capacitance matrix method. *Math. Comp. 30* (1976) 433–468

REID, J. K.: [1] On the method of conjugate gradients for the solution of large sparse systems of linear equations. In: Reid [2] 231–254

REID, J. K. (Hrsg.): [2] *Large sparse sets of linear equations.* Proceedings, Oxford, April 1970. Academic Press, New York 1971

REID, J. K.: [3] Solution of linear systems of equations: direct methods (general). In: Barker [1] 102–129

REID, J. K.: siehe DUFF, I. S. et al.

REUSKEN, A.: [1] Steplength optimization and linear multigrid methods. *Numer. Math. 58* (1991) 819–838

REUSKEN, A.: [2] A new lemma in multigrid convergence theory. Report RANA 91–07, Eindhoven 1991

REUSKEN, A.: siehe HACKBUSCH, W. et al.

RICE, J. R.: siehe DE BOOR, C. et al.

ROSENBERG, R. L.: siehe STEIN, P. et al.

RUTTAN, A.: siehe EIERMANN, M. et al.

SAAD, Y. und M. H. SCHULTZ: [1] GMRES: A generalized minimal residual method for solving nonsymmetric linear systems. *SIAM J. Sci. Statist. Comput. 7* (1986) 856–869

SAFF, E. B.: siehe VARGA, R. S. et al.

SAMARSKII, A. A. und E. S. NIKOLAEV: [1] *Numerical methods for grid equations. Vol. II: Iterative methods.* Birkhäuser, Basel 1989

SAUNDERS, M. A.: siehe PAIGE, C. C. et al.

SAYLOR, P. E.: siehe ASHBY, S. F. et al.

SCHATZ, A. H.: siehe BRAMBLE, J. H. et al.

SCHIPPERS, H.: siehe HEMKER, P. W. et al.

SCHOBER, G.: siehe OPFER, G. et al.

SCHRÖDER, J. und U. TROTTENBERG: [1] Reduktionsverfahren für Differenzengleichungen bei Randwertaufgaben I. *Numer. Math. 22* (1973) 37–68

SCHRÖDER, J.: siehe BULIRSCH, R. et al.

SCHULTZ, M. H.: siehe SAAD, Y. et al.

SCROGGS, J. S.: siehe CHAN, T. F. et al.

SHELDON, J.: [1] On the numerical solution of elliptic difference equations. *Math. Tables Aids Comput. 9* (1955) 101–112

SKOGEN, M.: siehe BJØRSTAD, P. E. et al.

SLUIS, A. VAN DER: siehe VAN DER SLUIS, A.

SONNEVELD, P., P. WESSELING und P. M. DE ZEEUW: [1] Multigrid and conjugate gradient methods as convergence acceleration techniques. In: Paddon–Holstein [1] 117–167

SOUTHWELL, R. V.: [1] Stress-calculation in frameworks by the method of "systematic relaxation of constraints" – parts I,II: *Proc Roy Soc (A) 151* (1935) 56–95; part III: *Proc Roy Soc (A) 153* (1935) 41–76

SOUTHWELL, R. V.: [2] *Relaxation methods in engineering science – a treatise on approximate computation.* Oxford Univ. Press, London 1940

SOUTHWELL, R. V.: [3] *Relaxation methods in theoretical physics.* Clarendon Press, Oxford 1946

SPEDICATO, E. (Hrsg.): [1] Computer Algorithms for solving linear algebraic equations. The state of art. Proceedings, Sept. 1990. NATO ASI Series F, vol. 77. Springer-Verlag, Berlin 1991

STARKE, G.: [1] Optimal ADI parameter for nonsymmetric systems of linear equations. *SIAM J. Numer. Anal. 28* (1991) 1431–1445

STARKE, G. und W. NIETHAMMER: [1] SOR for $AX - XB = C$. *LAA 154–156* (1991) 355–375

STEIN, P., R. L. ROSENBERG: [1] On the solution of linear simultaneous equations by iteration. *J. London Math. Soc. 23* (1948) 111–118

STEWART, G. W.: siehe DUFF, I. S. et al.

STIEFEL, E.: [1] Über einige Methoden der Relaxationsrechnung. *Z. Angew. Math. Phys. 3* (1952) 1–33

STIEFEL, E.: [2] Relaxationsmethoden bester Strategie zur Lösung linearer Gleichungssysteme. *Comment. Math. Helv. 29* (1955) 157–179

STIEFEL, E.: siehe HESTENES, M. R. et al.

STOER, J.: [1] *Einführung in die Numerische Mathematik I.* 5. Aufl., Springer, Berlin, 1989

STOER, J.: [2] Solution of large systems of linear equations by conjugate gradient type methods. In: *Mathematical Programming, the state of art* (Hrsg.: A. Bachem, M. Grötschel, B. Korte). Springer, Berlin 1983

STOER, J. und R. BULIRSCH: [1] *Einführung in die Numerische Mathematik 2.* 3. Auflage, Springer, Berlin, 1990

STOER, J. und R. BULIRSCH: [2] *Introduction to numerical analysis.* Springer, Berlin 1980

STONE, H. L.: [1] Iterative solution of implicit approximations of multidimensional partial differential equations. *SIAM J. Numer. Anal. 5* (1968) 530–558

STRAKOŠ, Z.: [1] On the real convergence rate of the conjugate gradient method. *LAA 154* (1991) 535–549

STRAUSS, E. G.: siehe FORSYTHE, G. E. et al.

STÜBEN, K.: [1] Algebraic multigrid (AMG): experiences and comparisons. *Appl. Math. Comput. 13* (1983) 419–451

SZYLD, D. B: siehe FROMMER, A. et al.

TANABE, K.: [1] Projection method for solving a singular system of linear equations and its applications. *Numer. Math. 17* (1971) 203–214

TODD, J.: [1] Applications of transformation theory: A legacy from Zolotarev (1847–1878). In: *Approximation theory and spline functions* (Hrsg.: S. P. Singh et al.), Seiten 207–245. Reidel Publ., Dordrecht 1984

TROTTENBERG, U.: siehe BRAESS, D. et al., FREHSE, J. et al., HACKBUSCH, W. et al., SCHRÖDER, J. et al.

Van der Sluis, A.: [1] Condition numbers and equilibrium matrices. *Numer. Math. 14* (1969) 14–23

van der Sluis, A. und H. A. van der Vorst: [1] The rate of convergence of conjugate gradients. *Numer. Math. 48* (1986) 543–560

van der Sluis, A.: siehe Axelsson, O. et al.

van der Vorst, H. A.: [1] Iterative solution methods for certain sparse linear systems with a non–symmetric matrix arising from pde-problems. *J. Comput. Phys. 44* (1981) 1–19

van der Vorst, H. A.: [2] A vectorizable variant of some ICCG methods. *SIAM J. Sci. Statist. Comput. 3* (1982) 350–356

van der Vorst, H. A.: [3] Bi–CGSTAB: A fast and smoothly converging variant of Bi–CG for the solution of nonsymmetric linear systems. *SIAM J. Sci. Statist. Comput. 13* (1992) 631–644

van der Vorst, H. A.: siehe Meijerink, J. A. et al., van der Sluis, A. et al.

van Loan, Ch. F.: siehe Golub, G. H. et al.

Varga, R. S.: [1] Factorization and normalized iterative methods. In: Boundary problems in differential equations (Hrsg.: R. E. Langer), Seiten 121–142. University of Wisconsin Press, Madison 1960

Varga, R. S.: [2] *Matrix iterative analysis.* Prentice Hall, Englewood Cliffs 1962

Varga, R. S.: [3] On recurring theorems on diagonal dominance. *Lin. Alg. Appl. 13* (1976) 1–9

Varga, R. S., E. B. Saff und V. Mehrmann: [1] Incomplete factorizations of matrices and connections with H-matrices. *SIAM J. Numer. Anal. 17* (1980) 787–793

Varga, R. S.: siehe Alefeld, G. et al., Eiermann, M. et al., Neumaier, A. et al., Niethammer, W. et al.

Vassilevski, P.: [1] Multilevel preconditioning matrices and multigrid V-cycle methods. In: Hackbusch [18] 200–208

Vassilevski, P.: siehe Axelsson, O. et al.

Vogt, R. G.: siehe Chan, T. F. et al.

Vorst, H. A. van der: siehe van der Vorst, H. A.

Wachspress, E. L.: [1] *Iterative solution of elliptic systems and applications to the neutron diffusion equations of reactor physics.* Prentice-Hall, Englewood Cliffs 1966

Walker, H. F.: [1] Implementation of the GMRES method using Householder transformations. *SIAM J. Sci. Statist. Comput. 9* (1988) 152–163

Walter, A.: siehe Deulhard, P. et al.

Wang, J.: siehe Bramble, J. H. et al.

Welfert, B. D: siehe Bank, R. E. et al.

WESSELING, P.: [1] Theoretical and practical aspects of a multigrid method. *SIAM J. Sci. Statist. Comput. 3* (1982) 387–407

WESSELING, P.: [2] A robust and efficient multigrid method. In: Hackbusch–Trottenberg [1] 614–630

WESSELING, P.: [3] *An introduction to multigrid methods.* Wiley, Chichester 1991

WESSELING, P.: siehe SONNEVELD, P. et al., HEMKER, P. W. et al.

WIDLUND, O.: [1] A Lanczos method for a class of nonsymmetric systems of linear equations. *SIAM J. Numer. Anal. 15* (1978) 801–812

WIDLUND, O.: [2] Iterative substructuring methods: Algorithms and theory for elliptic problems in the plane. In: Glowinski–Golub–Meurant–Périaux [1] 113–128

WIDLUND, O.: [3] Optimal iterative refinement methods. In: Chan–Glowinski–Périaux–Widlund [1] 114–125

WIDLUND, O.: siehe BJØRSTAD, P. E. et al., BÖRGERS, Ch. et al., CAI et al., CHAN, T. F. et al., DRYJA, M. et al., PROSKUROWSKI, W. et al.

WINDISCH, G.: [1] *M-matrices in numerical analysis.* Teubner–Texte zur Mathematik, Band 115. Leipzig 1989

WIRTH, N.: siehe JENSEN, K. et al.

WITTUM, G.: [1] *Distributive Iterationen für indefinite Systeme als Glätter im Mehrgitterverfahren am Beispiel der Stokes- und Navier-Stokes-Gleichungen mit Schwerpunkt auf unvollständige Zerlegungen.* Dissertation, Kiel 1986

WITTUM, G.: [2] Multi-grid methods for Stokes and Navier-Stokes equations. Transforming smoothers: Algorithms and numerical results. *Numer. Math. 54* (1989) 543–563

WITTUM, G.: [3] On the convergence of multi-grid methods with transforming smoothers. Theory with applications to the Navier-Stokes equations. *Numer. Math. 57* (1989) 15–38

WITTUM, G.: [4] Linear iterations as smoothers in multigrid methods: Theory with applications to incomplete decompositions. *Impact of Computing in Science and Engineering 1* (1989) 180–215

WITTUM, G.: [5] On the robustness of ILU smoothing. *SIAM J. Sci. Stat. Comput. 10* (1989) 699–717

WITTUM, G.: [6] An ILU-based smoothing correction scheme. In: Hackbusch [19] 228–240

WITTUM, G.: [7] *Filternde Zerlegungen: Schnelle Löser für große Gleichungssysteme.* Teubner Skripten zur Numerik, Teubner, Stuttgart, 1992

WITTUM, G. und F. LIEBAU: [1] On truncated incomplete decompositions. *BIT 29* (1989) 719–740

WOZNIAKOWSKI, H.: [1] Round-off error analysis of iterations for large linear systems. *Numer. Math. 30* (1978) 301–314

XU, JINCHAO: [1] *Theory of multilevel methods.* Thesis. Penn State University, 1989

XU, JINCHAO: [2] Iterative methods by space decomposition and subspace correction. *SIAM Review 34*

XU, JINCHAO: [3] A new class of iterative methods for nonselfadjoint or indefinite problems. *SIAM J. Numer. Anal. 29* (1992) 303–319

XU, J.: siehe BRAMBLE, J. H. et al.

YOUNG, D. M.: [1] *Iterative methods for solving partial differential equations of elliptic type.* Doctoral thesis, Harvard University 1950

YOUNG, D. M.: [2] *Iterative solution of large linear systems.* Academic Press, New York 1971

YOUNG, D. M.: [3] On the accelerated SSOR method for solving large linear systems. *Adv. in Math. 23* (1977) 215–271

YOUNG, D. M.: siehe HAGEMAN, L. A. et al., JEA, D. C. et al.

YSERENTANT, H.: [1] On the convergence of multi-level methods for strongly nonuniform families of grids and any number of smoothing steps per level. *Computing 30* (1983) 305–313

YSERENTANT, H.: [2] Hierarchical bases of finite element spaces in the discretization of nonsymmetric elliptic boundary value problems. *Computing 35* (1985) 39–49

YSERENTANT, H.: [3] On the multi-level splitting of finite element spaces. *Numer. Math. 49* (1986) 379–412

YSERENTANT, H.: [4] Preconditioning indefinite discretization matrices. *Numer. Math. 54* (1989) 719–734

YSERENTANT, H.: [5] Two preconditioners based on the multi-level splitting of finite element spaces. *Numer. Math. 58* (1990) 163–184

YSERENTANT, H.: [6] Hierarchical bases. In: ICIAM91 (O'Malley, R. E., Hrsg.), p. 256–276, Proceedings, SIAM Philadelphia,

YSERENTANT, H.: [7] Old and new convergence proofs for multigrid methods. *Acta Numerica* (erscheint 1993)

YSERENTANT, H.: siehe BANK, R. E. et al., BORNEMANN, F. et al.

ZEEUW, P. M. DE: siehe DE ZEEUW, P. M.

ZHEN, M: siehe ALLGOWER, E. et al.

ZHOU, XINLONG: siehe KOSMOL, P. et al.

Stichwortverzeichnis

Fett gedruckte Seitenangaben weisen auf Hauptzitate (Definitionen, Kapitelüberschriften, etc.) hin. Der Verweis (→...) zeigt auf weitere Stichworte verwandter oder untergeordneter Art.

Verzeichnis der Pascal-Namen (Prozeduren, Typen)

Bestellung:

Ich bitte um Zusendung der Pascal-Quelltexte zum Buch "Iterative Lösung großer schwachbesetzter Gleichungs~ systeme" (W. Hackbusch). Außer den Quelltexten der Prozeduren enthält die Diskette Beispielsrahmen~ programme für verschiedene Verfahren.

Die Diskette soll in folgendem Format geliefert werden:

O 3.5" (Atari)
O 3.5" (IBM, MS-DOS)
O 5.25" (IBM, MS-DOS)

Ein Verrechnungsscheck über DM 30.- ist beigefügt.

Datum   Unterschrift

Absender: Betrifft:

Pascal-Quelltexte

____

____

____

____

____

An
Prof. Dr. W. Hackbusch
Institut für Informatik
  und Praktische Mathematik
Christian-Albrechts-Universität zu Kiel
Olshausenstr. 40
D-2300 Kiel 1

Teubner Studienbücher

Mathematik

Afflerbach: **Statistik-Praktikum mit dem PC.** DM 24,80

Ahlswede/Wegener: **Suchprobleme.** DM 37,–

Aigner: **Graphentheorie.** DM 34,–

Ansorge: **Differenzenapproximationen partieller Anfangswertaufgaben.**
DM 32,– (LAMM)

Behnen/Neuhaus: **Grundkurs Stochastik.** 2. Aufl. DM 39,80

Bohl: **Finite Modelle gewöhnlicher Randwertaufgaben.** DM 36,– (LAMM)

Böhmer: **Spline-Funktionen.** DM 32,–

Bröcker: **Analysis in mehreren Variablen.** DM 38,–

Bunse/Bunse-Gerstner: **Numerische Lineare Algebra.** DM 38,–

v. Collani: **Optimale Wareneingangskontrolle.** DM 29,80

Collatz: **Differentialgleichungen.** 7. Aufl. DM 38,– (LAMM)

Collatz/Krabs: **Approximaltionstheorie.** DM 29,80

Constantinescu: **Distributionen und ihre Anwendungen in der Physik.** DM 23,80

Dinges/Rost: **Prinzipien der Stochastik.** DM 38,–

Dufner/Jensen/Schumacher: **Statistik mit SAS.** DM 42,–

Fischer/Kaul: **Mathematik für Physiker.**
Band 1: Grundkurs. 2. Aufl. DM 48,–

Fischer/Sacher: **Einführung in die Algebra.** 3. Aufl. DM 28,80

Floret: **Maß- und Integrationstheorie.** DM 39,80

Großmann/Roos: **Numerik partieller Differentialgleichungen.** DM 48,–

Großmann/Terno: **Numerik der Optimierung.** DM 36,80

Hackbusch: **Integralgleichungen.** Theorie und Numerik. DM 38,– (LAMM)

Hackbusch: **Iterative Lösung großer schwachbesetzter Gleichungssysteme.**
2. Aufl. DM 44,80 (LAMM)

Hackbusch: **Theorie und Numerik elliptischer Differentialgleichungen.** DM 38,–

Hackenbroch: **Integrationstheorie.** DM 23,80

Hainzl: **Mathematik für Naturwissenschaftler.** 4. Aufl. DM 39,80 (LAMM)

Hässig: **Graphentheoretische Methoden des Operations Research.** DM 26,80 (LAMM)

Hettich/Zonke: **Numerische Methoden der Approximation und semi-intiniten
Optimierung.** DM 29,80

Hilbert: **Grundlagen der Geometrie.** 13. Aufl. DM 32,–

Ihringer: **Allgemeine Algebra.** 2. Aufl. DM 27,80

B. G. Teubner Stuttgart

Teubner Studienbücher

Mathematik

Jeggle: **Nichtlineare Funktionalanalysis.** DM 32,–

Kall: **Analysis für Ökonomen.** DM 29,80 (LAMM)

Kall: **Lineare Algebra für Ökonomen.** DM 28,80 (LAMM)

Kall: **Mathematische Methoden des Operations Research.** DM 28,80 (LAMM)

Kohlas: **Stochastische Methoden des Operations Research.** DM 26,80 (LAMM)

Kohlas: **Zuverlässigkeit und Verfügbarkeit.** DM 38,– (LAMM)

Kosmol: **Methoden zur numerischen Behandlung nichtlinearer Gleichungen und Optimierungsaufgaben.** 2. Aufl. DM 32,–

Krabs: **Optimierung und Approximation.** DM 29,80

Lehn/Wegmann: **Einführung in die Statistik.** 2. Aufl. DM 27,80

Lehn/Wegmann/Rottig: **Aufgabensammlung zur Einführung in die Statistik.** DM 26,80

Louis: **Inverse und schlecht gestellte Probleme.** DM 28,80

Metzler: **Dynamische Systeme in der Ökologie.** DM 28,80

Müller: **Darstellungstheorie von endlichen Gruppen.** DM 28,80

Rauhut/Schmitz/Zachow: **Spieltheorie.** DM 38,– (LAMM)

Schmieder: **Grundkurs Funktionentheorie.** DM 23,80

Schwarz: **FORTRAN-Programme zur Methode der finiten Elemente.** 3. Aufl. DM 27,80

Schwarz: **Methode der finiten Elemente.** 3. Aufl. DM 46,– (LAMM)

Spaniol: **Arithmetik in Rechenanlagen.** DM 28,80 (LAMM)

Stiefel/Fässler: **Gruppentheoretische Methoden und ihre Anwendung.** DM 34,– (LAMM)

Stummel/Hainer: **Praktische Mathematik.** 2. Aufl. DM 39,80

Topsøe: **Informationstheorie.** DM 19,80

Uhlmann: **Statistische Qualitätskontrolle.** 2. Aufl. DM 39,– (LAMM)

Velte: **Direkte Methoden der Variationsrechnung.** DM 28,80 (LAMM)

Vogt: **Grundkurs Mathematik für Biologen.** DM 24,80

Walter: **Biomathematik für Medizin.** 3. Aufl. DM 28,80

Witting: **Mathematische Statistik.** 3. Aufl. DM 29,80 (LAMM)

Wolfsdorf: **Versicherungsmathematik.**
Teil 1: Personenversicherung. DM 45,–
Teil 2: Theoretische Grundlagen, Risikotheorie, Sachversicherung. DM 39,80

Preisänderungen vorbehalten.

B. G. Teubner Stuttgart